普通高等教育"十一五"国家级规划教材

普通高等教育铁道部规划教材

车 辆 工 程

（第三版）

西南交通大学　　严隽耄　傅茂海　主编

　　　　　　　　　　李　芾　　　　主审

U0381630

中国铁道出版社有限公司

2024 年·北京

内 容 简 介

本书主要介绍我国铁路常见的、有代表性的主型客货车辆的构造、作用、原理、总体设计及车辆强度和动力学的基本原理。内容包括:铁道车辆基本知识;转向架结构原理及基本部件;货车转向架;客车转向架;摆式列车及城市轨道交通车辆转向架;铁道车辆的运行性能;车端连接装置;货车车体;客车车体;车辆结构强度;车辆总体设计等十一章。

本书是高等学校铁道车辆专业教材,也可作为铁道职业教育教材,还可作为从事铁道车辆专业的工程技术人员学习的参考书。

图书在版编目(CIP)数据

车辆工程/严隽耄,傅茂海主编. —3 版. —北京:中国铁道出版社,2007.8(2024.11 重印)

普通高等教育"十一五"国家级规划教材
ISBN 978 – 7 – 113 –08313 –7

Ⅰ. 车⋯ Ⅱ.①严⋯②傅⋯ Ⅲ.车辆工程 – 高等学校 – 教材 Ⅳ. TU27

中国版本图书馆 CIP 数据核字(2007)第 142027 号

书　　名:车辆工程
作　　者:严隽耄　傅茂海

责任编辑:程东海　　　编辑部电话:(010)51873133　　　电子邮箱:ni_yh_press@163.com
封面设计:薛小卉
责任印制:赵星辰

出版发行:中国铁道出版社有限公司(100054,北京市西城区右安门西街 8 号)
网　　址:https://www.tdpress.com
印　　刷:河北宝昌佳彩印刷有限公司
版　　本:1992 年第 1 版　1999 年第 2 版　2008 年 1 月第 3 版　2024 年 11 月第 20 次印刷
开　　本:787×1 092　1/16　印张:35.5　字数:890 千
书　　号:ISBN 978-7-113-08313-7
定　　价:88.00 元

版权所有　侵权必究

凡购买铁道版图书,如有印制质量问题,请与本社读者服务部调换。电话:(010)51873174
打击盗版举报电话:(010)63549461

第三版 前言

本书为普通高等教育"十一五"国家级规划教材,同时也是普通高等教育铁道部规划教材,是由铁道部教材开发领导小组组织编写,并经铁道部相关业务部门审定,适用于高等院校铁路特色专业教学以及铁路专业技术人员使用。本书为铁道机车车辆系列教材之一。

《车辆工程》是车辆工程专业铁道车辆方向的一本重要专业教科书。自1992年问世以来已经过两次修订再版。第一版1997年获铁道部优秀教材一等奖、国家优秀教材二等奖。第二版被列为国家级重点教材,2000年又获铁道部优秀教材一等奖,2002年获全国普通高等学校优秀教材二等奖。

国民经济的发展推动了铁路运输的发展。全国铁路经过了五次提速后,2007年铁路又实现了第六次提速,在京广、京沪、京哈和胶济线部分区段最高时速已达250 km。北京和天津之间不久将开行城际高速列车。我国正在跨入世界高速铁路的行列。与此同时我国又设计制造了大量新型客车和货车,采用各种新技术、新材料和新工艺。为了及时把车辆的各种新进展反映到教学中去,对原教科书再一次进行修订。在编写时仍保持原书风格,对教材内容吐故纳新,并请生产第一线的专家提供有关车辆最新技术的初稿并由有教学经验的专家在原书的基础上,对每章归纳、整理和统稿。

本书编写中,长客股份、四方股份、齐车集团、时代新材股份公司,株洲、眉山、北京二七、西安、太原、武昌车辆厂,四方车辆研究所等单位提供了丰富的技术资料,正因为得到他们的鼎力支持,才使得本书尽量反映了当前我国铁路车辆的技术水平,在此对他们表示衷心的谢意。

本书由严隽耄、傅茂海担任主编;李芾担任主审;严隽耄负责修订第一章、第六章、第十一章;傅茂海负责修订第二章、第三章、第四章、第五章;黄运华负责修订第七章;卜继玲负责修订第八章、第九章、第十章。

编　者

2007 年 12 月

第二版 前言

《车辆工程》教科书出版以来，得到广大教师和学生的厚爱，1997年获国家优秀教材二等奖，铁道部优秀教材一等奖。

本教材第一版问世已八年有余，在这段时间内，我国国民经济有了很大发展，尤其是铁路运输方面发展很快，在大秦线上开行了万吨货物列车，广深线上开行了160 km/h的准高速客运列车以及200 km/h的X2000摆式高速列车。全国主要铁路干线上经过两次提速开行大量140 km/h的快速列车。与此同时，我国研制成功了众多适应重载快速运输的货车和客车。因此原教材部分内容显得有些陈旧，不能反映我国铁路车辆的现状，需要更新再版。

再版教材的编写和修订工作基本保持第一版的风格，增加"七五""八五"及"九五"期间我国铁道车辆发展的成果，反映我国铁道车辆当前的实际情况，并介绍国外铁路车辆重载高速的发展动向。为了提高本书质量还特别聘请一些车辆专家为本书编写某些重点部分。

本书由西南交通大学严隽耄主编，上海铁道大学成建民主审。参加编写工作的有：西南交通大学徐道玄（第一章、第十章）；北方交通大学郭继斌（第二章）；长沙铁道学院陈建农（第三章）；兰州铁道学院高岳（第四章）；严隽耄（第五章）；上海铁道大学张振淼（第六章）；南京铁路运输学校苏宝瑛（第七章）；大连铁道学院任启麟（第八章）；中国铁道科学院洪原山（第九章）。特约编写人员有：长春客车工厂金莲珠（CW-2转向架）；浦镇车辆工厂楚永萍（209HS转向架）；四方机车车辆工厂张琪（206KP转向架），西南交通大学傅茂海（摆式客车转向架）。

本书在编写过程中得到铁道部原车辆局、中国铁路机车车辆工业总公司，长春客车厂，四方机车车辆厂，浦镇、眉山、株洲、齐齐哈尔、二七、武昌车辆厂，四方车辆研究所和有关路局等单位提供资料和咨询，在这里向他们表示感谢。

编　者
1999年3月

第一版 ● 前言

本教材是根据高等学校铁道车辆专业"车辆工程"课程教学大纲编写的。

根据国家教委提出的"拓宽专业面、增强适用性"的要求,对铁道车辆专业课程的设置进行了必要的调整,减少了专业必修课的教学时数,增加了选修课,适当合并专业课课程。经铁道部教育司批准,将原来设置的车辆构造、车辆强度计算理论、车辆动力学三门课程中最基本的理论知识有机地合编在一起,作为车辆专业必修课程,而将一些专题研究的内容单独编写为选修课教材。合并后的教材定名为《车辆工程》,适用于120学时课堂教学和2周现场教学。

铁道车辆车种繁多,结构各不相同,本着少而精、重点突出、举一反三的原则,着重介绍常见的有代表性的主型车辆,其他类型的车辆则通过归纳提炼,略作必要的阐述,以期达到启发性教学的目的。

国家第七个、第八个五年计划期间是我国铁路大发展的时期,也是铁路车辆大发展的时机。为了适应铁路向重载、高速方向发展,已经和正在研制各种新型客车、大吨位货车及专用车辆,在这次编写过程中,已注意将这些新技术、新工艺、新材料、新结构收入书中,并得到充分的反映。同时,还积极介绍国外的先进技术及其发展动态。

本书在编写过程中,还根据大学生初次接触专业,不习惯阅读复杂工程图的特点,配合工程图绘制了大量立体图,帮助学生理解内容和便于自学。

本教材内容主要包括转向架结构原理及基本部件;货车和客车转向架;铁道车辆的运行性能;车钩缓冲装置;货车和客车的型式及结构;车辆强度计算及车辆总体设计等。

本书由西南交通大学严隽耄主编,上海铁道学院成建民主审。参加编写工作的有:西南交通大学徐道玄(第一章、第十章);北方交通大学郭继斌(第二章);长沙铁道学院欧阳红(第三章);兰州铁道学院高岳(第四章);严隽耄(第五章);上海铁道学院张振淼(第六章);西南交通大学苏宝瑛(第七章、第九章);大连铁道学院任启麟(第八章)。

编　者
1991年3月

目 录

绪　　论

一、当前铁路运输对车辆的要求

铁路是我国主要运输方式,在国民经济中起着非常重要的作用,是国民经济发展的先导。铁路的客货运量占我国总运量约 55% 左右。近年来,在改革开放政策的指导下,我国国民经济发展十分迅速,要求铁路运输能力与国民经济发展相适应。当前铁路运能已不能适应国民经济的发展,成为制约国民经济发展的瓶颈。这个问题引起全国上下的关注,认识到铁路提前发展的重要性。经中央及时采取措施,加大铁路基本设施建设力度,对铁路有较大的投入以改变铁路落后状态。

解决铁路运能不足的根本措施是增加新线,改造既有线路,铺设复线,增加机车车辆及各种先进的铁路设施,开行高速旅客列车和重载货物列车。铁路运输是一个系统工程,要提高铁路运能,必须加强铁路运输中每一个环节。每一个环节健全了,才能全面提高铁路的运输能力。

铁路车辆是铁路运输中直接载运旅客和货物的工具,是铁路中的一个主要环节。完成铁路运输任务要求有足够数量、品种齐全、质量优异的车辆。

铁路运输的任务包括运送旅客和货物两大类。运送旅客和运送货物对车辆的要求是不同的。运送旅客的客车要求运行平稳、乘坐舒适、旅行安全和方便,满足旅客在旅行生活中的各种需求。因此客车上要配备运行品质良好的走行装置,车厢内应有舒适的座席和卧铺,明亮开阔的窗户,性能良好的通风装置,照明装置,加温、降温设施,解决饮水、膳食的设施,卫生设施和行李设施。车厢内还应有便于旅客上下车和适当活动场所,根据不同要求还要装置广播、电视、通信、信息设备和安全检测装置。运送货物的车辆则应根据所运货物不同而有不同的结构。例如有些货物怕日晒雨淋,需要车辆有防雨防晒结构,有些货物需要保温或低温,有些货物是液体,有些货物是气体,有些货物是散粒或粉末,有时还要运输活家畜、活水产,铁路车辆应有相应的结构来满足这种运输要求。铁路还承担特大、特重的货物运输,也应准备某些特种车辆来满足这类货物的运输。有些车辆要求通用性强,在结构上要考虑运送各种货物的可能性;有些车辆考虑卸货方便,设有自动卸货机构;有的车辆用翻车机卸货,车辆结构要适应翻车机的要求。由于运输的要求不同,所以旅客车辆有硬座、软座、硬卧、软卧、餐车、行李车、邮政车、发电车、公务车等;货物车辆有平车、敞车、棚车、罐车、自翻车、漏斗车、冷藏车、家畜车等,品种、类型繁多。

由于铁路车辆是编组成列运行,车辆与车辆之间装有车钩缓冲装置便于列车编组、分解和调车作业,另外每辆车上均有各自的制动停车装置,而制动、缓解的操纵是在列车端部的机车上。因此车辆上的制动装置应能使整列车辆互相配合,动作一致。

随着社会的进步,运输对车辆的要求越来越高,车辆上的各种装备也越来越多,因此车辆的自重也越来越大。在同样列车重量下所运的旅客和货物就越少,从而增加运输成本和制造成本。因此在车辆设计和制造时应采用新材料、新工艺、新结构来降低车辆自重,以提高运输效率。

二、我国铁路车辆的发展概况和展望

新中国成立以前,我国虽然已有铁路,但在线路上行驶的都是美、日、法、英、德、比等外国的车辆,没有中国自己制造的车辆。这些车辆包括客车 130 多种 3 987 辆,货车 500 多种 46 487 辆。它们的共同特点是种类杂,运行性能差,技术指标落后,安全性和舒适性差,零部件不能互换,检修不方便。

新中国成立后,党和政府十分重视铁道车辆事业的发展和人才培养。1949 年在西南交通大学前身,原唐山铁道学院开始培养车辆专业技术人才,以后其他各铁路高等院校也陆续设置车辆专业。1950 年筹建铁道科学院,1959 年成立四方车辆研究所。解放后对原有车辆修理工厂进行调整充实,技术改造和扩建的同时开始制造车辆。在铁道部成立了车辆局,各铁路局成立车辆处(科),建立车辆段,逐步形成我国完整的车辆制造、修理和养护体系。我国车辆的发展可以概括为以下几个阶段。

1. 1949~1957 年仿制阶段

1949 年我国开始制造货车,首先仿制了 C_1 型 30 t 敞车,采用铆接钢底架,钢骨木板车体,转 15 型螺栓拱架结构转向架,采用滑动轴承轮对。1952 年开始制造 21 型全钢客车,车体为钢结构,车长为 21.97 m。采用 101 型均衡梁式铸钢转向架。虽然这些车辆的结构不十分先进,但开始了新中国自己制造车辆的历史。

1954 年有计划地从全国各地抽调工程技术人员和熟练工人组成设计队伍和形成批量生产车辆的力量,并确定四方机车车辆厂和齐齐哈尔车辆厂分别为客车、货车设计主导厂,两厂率先成立了车辆设计科。1954 年、1955 年、1966 年分别新建的长春客车厂、株洲车辆厂和眉山车辆厂成为专业客车、货车的制造工厂。

从此以后,我国制造的货车车型逐渐增加,先后制造了平车、棚车、各种用途的罐车、漏斗车、家畜车和保温车等,货车的吨位也逐渐由 30 t、40 t 增加到 50 t,同时也仿制三大件式铸钢货车转向架。我国自己制造的 21 型客车也逐渐配套,有硬席车、硬卧车、软席车、软卧车、餐车、行李车和邮政车等近 3 000 辆。

中华人民共和国成立后,由于发达国家对我国实行经济封锁,我们只能与苏联进行各方面的技术交往,铁路车辆也从苏联引进技术。1955 年~1958 年设计制造了转 6 型和转 8 型 D 轴三大件货车铸钢转向架及各种类型的 60 t 货车。1955 年仿照苏联全钢客车制造了车长为 23.6 m 的 22 型客车,采用独立温水取暖,有一部分车辆采用大气压式蒸汽取暖,称为 23 型客车,两种客车的车体结构基本相似。曾经仿制苏联无导框式转向架成为我国的 201 系列的 D 轴转向架和仿制带螺旋弹簧和液压减振器的 202 型 C 轴转向架。202 型客车转向架经逐步改进,成为我国 C 轴客车的主型转向架。

2. 1958~1977 年独立设计制造阶段

经过一段时间的仿制过程,我国车辆工厂已经积累了相当丰富的经验,从各铁路院校中培养出的一大批车辆高级专业技术人才也逐渐成长,车辆工业走上了一个新台阶。1958 年四方机车车辆厂研制成功我国第一列双层客车并配备了 U 型转向架。这列客车先后在北京—天津,北京—沈阳,上海—杭州、杭州—金华之间运行历时 23 年,为国产客车的设计和制造起到了推动作用。

1960 年研制成功一列低重心旅客列车,该列车由 8 辆硬座车、一辆软座车和一辆行李发电车共 10 辆组成。其结构特点是重心低,自重轻,采用铝合金车体,外表呈流线形。该列车曾在天津—北京之间运行,为我国自行设计特种客车积累了宝贵经验。四方机车车辆厂为国际联运车研制成功 U 型构架的 206、207 型客车转向架,浦镇车辆工厂于 1974 年研制成功了 209型 D 轴客车转向架。由于这两种转向架性能良好,推广使用后被定为我国 D 轴客车主型转向架,并大批量生产这两种转向架逐步替代 202 型 C 轴转向架。

自 1965 年开始研制新一代长 25.5 m 的 25 型客车,1969 年试制成功硬座、餐车和行李发电车并编组投入使用,并逐步取代 22 型客车。

3. 改革开放以来车辆迅速发展阶段

1978 年中共十一届三中全会以后,我国进入了以实现四个现代化为目的,以经济建设为中心的新时期,铁路车辆也进入了一个大发展的新阶段。通过"六五"、"七五"和"八五"国家重大科技攻关项目和全路科技发展规划的实施,铁道车辆面貌出现了重大变化。

在货车方面,除改进和发展 C_{62}、C_{64} 等各种车辆外,为了实现晋煤外运,研制了 C_{61}、C_{63} 型专用运煤敞车。这两种缩短形敞车可在翻车机上卸煤,在站线有效长度为 850 m 的条件下 C_{61} 编组的列车重量可达 5 000 t,在站线有效长度为 1 050 m 的条件下,C_{63} 编组的列车重量可达 6 000 t,促进了我国重载运输的发展。

在研制 C_{63} 型敞车时,引进了美国 F 型旋转车钩以便列车在不解体条件下用翻车机卸煤,同时还引进了为重载列车使用的 Mark50 缓冲器和 ABDW 制动机,仿制了控制型货车转向架。齐齐哈尔车辆厂和株洲车辆厂研制成功了 350 t 和 280 t 的 D_{35} 钳夹式大型货车,承担大型发电设备,如定子、变压器的运输任务。此外还研制了一批专用货车,如 PD_3 型毒品车,冷板冷藏车,PJ_2、PJ_3 型家畜车,NJ_{6A} 型集装箱平车,四层长钢轨列车,运输小轿车的双层平车等。"八五"期间研制了轴重为 25 t 的低动力作用通用和专用型敞车。

为了扩大客运能力,浦镇车辆工厂于 20 世纪 80 年代中期成功地设计和制造了第二代双层客车,并在浦镇车辆厂和长春客车厂批量生产投入运用。国家八五重点攻关项目的三种时速为 160 km 的准高速客车投入广深线使用,其中有浦镇车辆工厂的双层准高速客车,四方机车车辆工厂和长春客车厂的单层准高速客车。

在发展准高速列车技术储备的基础上,1997 年 4 月 1 日全国主要干线客运开始第一次提速,开行了 20 对快速列车,实现了大城市之间夕发朝至或朝发夕至的列车,方便了旅客。

准高速车辆研制成功之后,车辆科技人员继续为赶上世界高速铁路的发展而努力。1998 年 7 月在郑(州)武(昌)线,对我国自行研制的高速列车进行试验,最高时速达到 240 km。2002 年 10 月 10 日"先锋号"动车组在秦沈客运转线山海关—绥中区间试验速度达 292.2km/h,同年 11 月 27 日"中华之星"电动车组在秦沈客运专线山海关—绥中区段最高速度达 321.5 km/h。

九五和十五计划期间我国开发了大量新型的客车和货车以满足不断增长的铁路运输的需要。

举世闻名的世界海拔最高的青藏铁路也于 2006 年通车,经过千山万水,列车直通拉萨,实现了我国所有的省会城市铁路联网。

2007 年 4 月我国铁路进行了第六次提速,采用和谐号电动车组,京广、京沪、京哈和胶济线的最高时速为 250 km。不久,北京、天津间将开城际高速列车。

这些列车都用我国自己生产的车辆和动车组。

4. 展望铁道车辆的未来

解放以来,特别是改革开放 20 多年来铁道车辆依靠科学进步取得了迅速发展,今后发展将更快。

根据我国铁路中长期发展规划,客运方面:在 2020 年前我国将建设北京—上海,北京—广州,北京—哈尔滨,西安—徐州,上海—杭州、长沙,太原—青岛等六条高速铁路,另外还有上海—武汉,成都,沪—甬、厦、深二条高速通道,计长 1 万多公里。在货运方面:在列车到发线有效长度为 850 m 条件下开行 3 000 ~ 4 000 t 的货物列车,在到发线有效长度为 1 050 m 的条件下开行 5 000 t 以上的重载列车,在运煤专线开行 10 000 t 以上的重载列车。

我国的铁路是客货运混跑的铁路,客车提速了,为了不影响铁路运能,货车也需要提速。因此研制既要增加轴重又要快速的货车也是铁路车辆部门的一项重要任务。

由以上可见,提高旅客列车速度和增加货物列车重量将是我国车辆发展的主要方向,今后将研制适应提速和高速运行的客车和转向架、各种新型的悬挂装置以保证客车运行的平稳性、稳定性和安全性。要研制不同层次的新型客车,其中包括各种双层客车、空调车、高级旅游车等。例如唐山机车车辆工厂正在与德国 SIEMENS 公司合作生产 300 ~ 350 km/h 的电动车组。

各货车制造工厂正在研制 160 km/h、25 t 轴重的低动力作用货车和适应新的铁路运输要求的各种货车。

改革开放以来,我国车辆部门吸收了大量国外先进技术,同时也承担出口任务,车辆要不断提高科学技术水平才能立足于世界铁路强国之林。

根据我国铁路的发展,铁道车辆有着广阔的发展前景,需要有一大批献身于铁道车辆事业的高级科技人才,为我国铁道车辆事业服务。

三、本教科书的内容

本书是根据我国铁道车辆的实际,为车辆本科学生编写的一本基本教材。主要介绍我国铁路常见的有代表性的主型客车和货车的构造、作用、原理,总体设计和车辆强度及动力学的基本理论。本书在编写时也兼顾车辆部门工程技术人员参考的需要。

全书共十一章,其中:第一章为铁道车辆基本知识,介绍铁道车辆的特点、用途及分类,车辆标记、方位,车辆限界和主要技术参数等,还简单介绍与车辆有直接关系的线路结构。

第二章为转向架结构原理及基本部件,介绍转向架的作用、组成,结构形式及分类,同时还介绍转向架中的主要部件,即轮对、轴箱、弹性元件和减振装置的结构原理。

第三章为货车转向架,介绍目前我国各种主型货车 D、E 轴转向架及其他型的两轴转向架、多轴转向架,并简单介绍国外几种典型货车转向架。

第四章为客车转向架,介绍客车转向架的分类及我国主型 D 轴转向架和 C 轴转向架、准高速和高速客车转向架等,同时还介绍几种国外的典型客车高速转向架。

第五章为城市轨道车辆转向架,介绍地下铁道和轻轨车辆的转向架。

第六章为铁道车辆的运行性能,介绍车辆在运行过程中引起的车辆振动,包括自由振动、强迫振动和自激振动的基本原理和车辆动力学仿真基本方法,以及评价车辆运行平稳性、稳定性和安全性的标准;同时还介绍了高速列车空气动力学中的一些基本概念和设计原则。

第七章为车端连结装置,包括车钩缓冲装置和风挡装置。介绍车钩类型、组成及作用原理,缓冲器的性能、结构以及车辆冲击时车钩力与缓冲器性能之间的关系;介绍风挡装置的结构原理。

第八章为货车车体,介绍货车的类型及结构形式,并较详细介绍了我国几种主型平车、敞车、棚车、保温车、罐车等的具体结构。

第九章为客车车体,介绍客车的各种类型,25 型客车以及其他主要客车的具体结构。

第十章为车辆强度计算,介绍车体强度计算的方法,载荷标准及强度、刚度的容许标准。

第十一章为车辆总体设计,介绍车辆总体设计的内容和方法,车辆设计的原则,各零部件之间关系和旅客、车辆维修人员与车辆之间的人机关系。

本书是一本专业课程教材,有一部分内容适宜课堂教学,有一部分内容最好结合实物进行现场教学。

第一章 铁道车辆基本知识

第一节 铁道车辆的特点及组成

近代交通运输,由航空、水运、路面和管道运输体系构成。路面运输中,最主要的就是铁路运输和公路运输,两者各有其无法替代的优势而共存。就运送一定数量的货物或旅客而言,铁路运输所消耗的能源要少得多,而且可以使用价格较便宜的燃料或电力,对环境的污染也大为减少。在占地面积一定及相同时间内,铁路可以运送更多的旅客或货物。高速铁路客运可以比高速公路客运更迅速、更安全、更舒适。但是在运输的区域及时间上,公路运输可以更机动、更灵活,容易实现门到门的运输。因此,各种运输形式是优势互补的,应充分发挥各自的作用。铁道运输的运载工具是铁道车辆。广义地说,所谓铁道车辆是指那种必须沿着专设的轨道运行的车辆。这些车辆由于具有以下即将提到的特点,在社会生活的各个方面获得了广泛的应用。除在铁路干线上及在厂矿、林区运行的铁道车辆外,城市中的轻轨车辆、有轨电车、地下铁道车辆、建筑工地及矿井中运送土石等的翻斗小车、工厂车间内运送物料的有轨车辆、旅游设施中的缆车、悬挂式和跨座式单轨车以及磁悬浮车等均可列入有轨车辆的范畴。本书中提到的铁道车辆,不论其本身是否具有牵引动力,均能运载旅客或货物。仅提供牵引动力的机车不属于铁道车辆。本书主要论述在铁路干线上运行的铁道车辆,在不会混淆的情况下把它简称为车辆。由于各种有轨车辆之间有许多共同的特点,本书所述的车辆结构原理基本上也适用于其他有轨车辆。

一、铁道车辆的基本特点

铁道车辆与其他车辆的最大不同点,在于这种车辆的车轮必须沿专门为它铺设的钢轨上运行。这种特殊的轮轨关系成了铁道车辆结构上最大的特征,并由此产生出许多其他的特点。

1. 自行导向:除铁道上运行的机车车辆之外,其他各种运输工具都要有操纵运行方向的机构。铁道车辆通过其特殊的轮轨结构,车轮即能沿轨道运行而无需控制运行的方向。

2. 低运行阻力:除坡道、弯道及空气对车辆的阻力之外,运行阻力主要来自走行机构中的轴与轴承以及车轮与轨面的摩擦阻力。铁道车辆的车轮及钢轨都是含碳量偏高的钢材,轮轨接触处的变形较小,而且铁道线路的结构状态也尽量使其运行阻力减小,故铁道车辆运行中的摩擦阻力较小。

3. 成列运行:由于以上两个特点决定它可以编组、连挂组成列车。为了适应成列运行的特点,车与车之间需设连接、缓冲装置;且由于列车的惯性很大,每辆车均需设制动装置。

4. 严格的外形尺寸限制:铁道车辆只能在规定的线路上行驶,无法像其他车辆那样主动避让靠近它的物体,为此要制定限界,严格限制车辆的外形尺寸以确保运行安全。

二、铁道车辆的组成

铁道车辆从出现初期直至近代,由于不同的目的、用途及运用条件,使车辆形成了多种多

样的类型与结构,但均可以概括为由以下五个基本部分组成:

1. 车体:车体的主要功能是容纳运输对象(旅客、货物)和整备品,又是安装与连接其他四个组成部分的基础。早期的车体,除底架外多为木结构,辅以钢板、弓形杆等来增加其强度;近代的车体以钢结构或轻金属结构为主,尽量使所有的车体构件均承受载荷以减轻自重。绝大部分车体均有底架,视需要添加端墙、侧墙及车顶等。

2. 走行部:它的位置介于车体与轨道之间,引导车辆沿钢轨行驶和承受来自车体及线路的各种载荷并缓和动作用力,是保证车辆运行品质的关键部件,一般称之为转向架。早期二轴车的走行部把轮对、轴箱、弹簧等直接装在车体底架下,近代走行部的结构形式多样,一般都做成一个相对独立的通用部件以适应多种车辆的需要。

3. 制动装置:它是保证列车准确停车及安全运行所必不可少的装置。由于整个列车的惯性很大,不仅要在机车上设制动装置,还必须在每辆车上也设制动装置,这样才能使运行中的车辆按需要减速或在规定的距离内停车。车辆上常见的制动装置是通过列车主管中空气压力的变化而使制动装置产生相应的动作。速度为 160 km/h 以上的车辆上常装有电空制动装置。此外,车辆上还设有手制动装置,货车在编组、调车作业中常要用到它,其他车辆的手制动装置作为一种辅助装置以备急需。

4. 连接和缓冲装置:车辆要成列运行必须借助于连接装置。早期的连接装置仅仅考虑了牵引工况,由链条、钩及铰接装置组成链子钩,后在链子钩两侧装了带弹性的缓冲盘以适应推送,这种结构虽然陈旧但仍在欧洲国家中广泛使用。近代车辆的连接装置多为各种形式的自动车钩。车钩后部的钩尾框中装着能储存和吸收机械能的缓冲装置,以缓和列车冲动。

5. 车辆内部设备:是一些能良好地为运输对象服务而设于车体内的固定附属装置,如客车上的电气、给水、取暖、通风、空调、座席、卧铺、信息、行李架等装置。货车由于类型不同,内部设备也因此千差万别,一般来说比客车简单。如棚车中的拴马环、床托等分别为运送大牲畜及人员所设。其他如保温车、家畜车、罐车等各有其特殊的内部设备。

第二节　铁道车辆的用途及分类

由于运送对象不同或其他某些特殊需要,铁道车辆常采用不同的外形和内部结构。因此用途就成为车辆分类的依据。铁道车辆可分为客车及货车两大类,每一大类中又可按用途细分。

一、客　　车

客车的一般外形特点是:两侧墙上有较多的带玻璃的车窗;两车厢连接处有供旅客通行的通过台风挡与渡板;其转向架必须具有较好的运行品质;车身一般比较长等。客车的主要用途是运送旅客或提供某种为旅客服务的功能。还有一些客车既不运送旅客又不为旅客服务,但因某种特殊的用途编在旅客列车中或单独几辆编组,按旅客列车在线路上运行,这些车如试验车、轨检车、公务车等。客车可以有两种分类方法,其一是按用途分;其二是按运营的性质或范围分。

按用途,常见的客车车种如下:

1. 硬座车:是旅客列车中的主要组成部分,车内的主要设备是硬席座椅,每节车厢可容纳的旅客较多。我国新造的硬座车座席定员均在 118(128)人左右,因其所设座席数较软席车多,故座席的舒适性较软席车差。

2. 软座车:基本作用与硬座车相同。车内的主要设备是软席座椅,但座垫和靠背均有弹性装置,座椅间距离较大,车内座席数较硬座车少,车内装饰也较硬座车讲究,具有较好的乘坐舒适性。

3. 硬卧车:在长途旅客列车中,目前它是仅次于硬座车的主要组成部分。车内主要设备是硬席卧铺,一般硬卧车内分成若干个开敞式的隔间,每个隔间内设 6 个铺位,总定员一般为66 人左右。少数硬卧车也可如软卧车那样做成包间式。

4. 软卧车:编挂在长途旅客列车中,车内主要设备是卧铺,卧铺垫有弹性装置,一般做成包间式,每个包间定员不超过 4 人,总定员一般为 36 人左右。少数软卧车采用开敞式,但每个隔间定员也不超过 4 人。

5. 行李车:供旅客运送行李与包裹,车内设有专为工作人员办公与休息的空间。

6. 邮政车:供运送邮政信件及邮包的车辆,车内有邮政工作人员办公及休息的设施。

7. 餐车:供应旅客膳食的车辆,其一端为厨房,另一端为餐室,有的餐车上还设置有酒吧间。

按运营的性质或范围分类如下:

1. 轻轨车辆及地铁车辆:这是一种城市交通系统中所用的短途车辆,本身设有驱动装置。

2. 市郊客车:比上一类车运行距离稍远,在大城市与其周边的中、小城镇或卫星城市之间运行。

3. 高速客车:运行于大城市之间,其最高商业运行速度大于或等于 200 km/h,它的五个基本组成部分的技术状态都必须与运行速度相适应。

4. 准高速客车:运行于大城市之间,其最高商业运行速度介于 160 km/h 与 200 km/h 之间。

5. 常速客车:指最高商业运行速度小于 160 km/h 的客车。

轻轨车、地铁车、市郊车由于运行距离短,往往只有一种车种,而高速客车、准高速客车和常速客车又可按第一种分类包含多个车种。

二、货　　车

除某些棚车在特殊情况下可临时运送旅客或其他人员外,货车主要用于运送货物。由于国民经济中货物类型千差万别,因此需要多种多样的货车来运送它们。其中敞车、棚车、平车、罐车及冷藏车属于通用性货车,可以装的货物类型较多,在货车总数中占的比重较大。另一些属专用货车,只能运输一种或很少几种货物。常见的货车车种如下:

1. 敞车:通用性最强,在底架的四周有较高的端墙及侧墙、无车顶的货车,它既可运输煤炭等散粒货物,也可以装运木材、钢材、集装箱等,若在其上覆盖防水篷布,还可以运送怕潮的货物。

2. 棚车:具有顶棚和门窗的货车,能运输贵重的,怕日晒雨淋的货物及大牲畜等,在需要时也能运送兵员或其他旅客。

3. 平车:无墙或有可以放倒的活动矮墙板,主要用来运输钢材、机器设备、集装箱、拖拉机、汽车、军用装备等货物,也能利用矮墙板运输矿石、砂土等,还有一种有专门锁具的集装箱平车。

4. 保温车:用来装运易腐货物。车体设有隔热材料能减少车内外热交换、供运输易腐及对温度有要求货物的车辆。车内有降温及加温的设备,以调节货物保鲜所需的温度的保温车称冷藏车。

5. 罐车:主要用来装运液体、液化气体及粉状货物,外形多为一个卧放的圆筒。由于上述货物在化学性能、物理性能上差异很大,每一种罐车往往只适宜装运一种货物。装轻油、重油、酸、碱、水泥、液化气体等的罐车在结构上都不完全相同,所以罐车通用性较差。

第三节 车辆代码、标记及方位

一、车辆代码

为了对车辆识别与管理,特别因全国铁路用微机联网管理的需要,必须对运用中的每一辆车都进行编码,且每一辆车的代码是唯一的。代码分车种、车型、车号三段,车种代码原则上在该车汉语拼音名称中一般选取一个或两个大写字母构成,具体可见表1-1,其中客车用两个字母,而货车仅用一个字母。车型代码必须与车种代码连用,它是为区分同一车种中因结构、装载量等的不同而设,一般用1~2个数字构成,必要时其后还可再加大写拼音字母。车型代码作为车种代码的后缀,原则上两代码合在一起不得超过五字符。举例如下:

C_{62B} C(车种)   62(顺序系列)   B(结构区别)

N_{17A} N(车种)   17(顺序系列)   A(结构区别)

YW_{25G} YW(车种)   25(车长系列)   G(结构区别)

车号代码均为数字,因车种、车型不同,区分了使用数字的范围。

一辆车的代码是该车的重要标识,必须涂刷在车辆显眼的位置(如侧墙)上。

表1-1 车辆车种编码表

客　车			货　车		
顺　号	车　　种	代　　码	顺　号	车　　种	代　　码
1	软座车	RZ	1	棚　车	P
2	硬座车	YZ	2	敞　车	C
3	硬卧车	YW	3	平　车	N
4	软卧车	RW	4	集装箱平车	X
5	餐　车	CA	5	矿石车(自翻车)	$F(K_F)$
6	行李车	XL	6	长大货物车	D
7	邮政车	UZ	7	罐　车	G
8	厨房车	CF	8	保温车	B
9	公务车	GW	9	毒品车	W
10	医务车	YI	10	家畜车	J
11	卫生车	WS	11	水泥车	U
12	试验车	SY	12	粮食车	L
13	维修车	EX	13	特种车	T
14	文教车	WJ	14	守　车	S
15	特种车	TZ			
16	代用座车	ZP			
17	代用行李车	XP			
18	简易座车	DP			

二、车辆标记

习惯上把车辆标记分为产权、制造、检修、运用四类。但实质上这些标记主要是为运用及检修等情况下便于管理和识别所设置的。

（一）运用标记

1. 自重、载重及容积：自重为车辆本身的全部质量；载重即车辆允许的正常最大装载质量，均以 t 为单位。因车辆定期检修或加装改造而发生质量在 100 kg 以上差异时，经检衡后应修改自重标记。货车以及客车中的行李车、邮政车应注明载货容积，以说明可以载货的最大容量。容积以 m³ 为单位，并在括号内注明"内长×内宽×内高"，尺寸以 m 为单位。

2. 车辆全长及换长：车辆全长为该车两端钩舌内侧面间的距离，以 m 为单位。换长等于全长除以 11，保留一位小数，尾数四舍五入。换长也可以称为计算长度，说明该车折合成 11 m 长的车辆（以解放初期 30 t 敞车平均长度为计算标准）时，相当于它的多少倍，以便在运营中估算计算列车的总长度。

3. 车辆定位标记：以阿拉伯数字 1 或 2 标记之，货车涂在车体两侧的端下角，客车涂在脚蹬的外侧面及车内两端墙上部。

4. 表示车辆（主要指货车）设备、用途及结构特点的各种标记：

Ⓜ——表示可以参加国际联运的客货车。

Ⓐ——表示禁止通过机械化驼峰调车场的货车。

Ⓐ——表示具有车窗、床托等的棚车，必要时供运送人员使用。

Ⓗ——表示具有拴马环或其他拴马装置的货车。

Ⓣ——表示可以装运坦克及特殊货物的车辆。

Ⓐ——表示装有牵引钩车辆的牵引钩部位。

⌂——表示顶车作业的指定部位。

⌷——表示吊装作业的指定部位。

危险——运送危险品货物的罐车，罐体纵向中部，涂打一条宽 200 mm 表示所运货物主要特征的水平环形色带，红色表示易燃，黄色表示有毒，黑色表示腐蚀。液化气体罐车的色带宽 300 mm，上层 200 mm 涂蓝色，下层 100 mm 涂其他颜色，红色表示易燃液体，黄色表示剧毒液体，白色表示不燃无毒液体。色带留一空处，涂打专用货物名称及其危险性并用分子分母形式表示，如 $\dfrac{苯}{易燃有毒}$。如遇水会发生剧烈化学反应的货物，还须在分母内，涂打"禁水"二字。

□——表示救援列车。在车辆的两侧墙中央涂刷宽为 200 mm 的白色横线。

☒——毒品车标志，涂刷在车门左侧，并在车门的车号标记下面涂打"毒品专用车"标记。

此外，车辆上还有客车运行区间牌、色票插、货票插及特种票插等供运输部门及车辆部门放置色票、货票等用。

有时根据一定时期内检修、试验、统计等工作的需要，也可以涂刷某些临时性的标记。如客车滚动轴承结构改进后，涂刷一定标记以区分该轴承是否改进；目前对能以 120 km/h 或 160 km/h 等速度运行的客车涂打速度标记，以确定该车能编挂在何种运行速度的列车上。

5. 客车车种汉字标记及定员标记：为了便于旅客识别，在客车侧墙上的车号前必须用汉字涂刷上车种名称,如硬座车 $YZ_{25G}46188$。有车门灯的客车还可以在车门灯玻璃上涂刷车种汉字名称,以便旅客夜间识别。在客车客室内端墙上方的特制标牌上,标明车号及按座席或铺位可容纳的定员数,如:

YZ₂₅G46188
定员:128 人

RW₂₅Z31688
定员:36 人

（二）产权标记

1. 国徽:凡参加国际联运的客车须在侧墙中部悬挂特制的国徽。

2. 路徽:凡产权归我国铁道部的车辆,均应在侧墙或端墙适当部位涂刷路徽,对于货车还应在侧梁适当部位安装铁道部的产权牌(用金属制作的、椭圆形的路徽标志牌)。我国的路徽 ⊗ ,含有人民铁道之意。其他国家或公司所属的铁道车辆也各有其自己的标志。参加国际联运的货车虽无国徽,一旦离开产权所有国,可凭路徽标志回送至产权国内而不会混淆使用。

3. 路外厂矿企业自备车辆的产权标志:我国各路外厂矿企业的自备车因运送货物或委托路内厂、段检修而需在正线上行驶,为避免铁路运输部门混淆使用,必须有明显的产权标志。一般在侧墙上或其他相应的部位用汉字涂刷上"××企业自备车"字样,并注明该企业所在地的特殊到站。

4. 配属标记:所有客车以及某些有固定配属的货车,必须涂刷上所属局、段的简称(各车辆修、造厂及车辆段的简称及代号见厂修、段修规程)。例如:标有"成局渝段"的车表示成都铁路局九龙坡车辆段的配属车;部属车以带边框的 部 字表示。客车配属标记均涂刷在端墙左下角处。

（三）检修标记

检修标记是便于车辆计划预修理制度执行与管理的标记,共有两种。它记下本次修程、类型及检修责任单位并提醒下一次同类修程应在何时进行等,且车辆一旦发生重大行车事故,可藉此追查与车辆检修有关的责任单位及责任者。

1. 定期修理标记:分段修、厂修两栏。例如:

客车类型,硬座车的标记 $\dfrac{07.9 \quad 06.3 \quad 成成}{14.3 \quad 06.9 \quad 柳厂}$

货车类型,敞车标记 $\dfrac{07.11 \quad 06.5 \quad 成成东}{14.11 \quad 06.11 \quad 眉厂}$

上列标记中,第一栏为段修标记,第二栏为厂修标记,左侧为下次检修年月,右侧为本次检修年月及检修单位的简称。若为新造车,也须在第二栏右侧填写制造年月及单位简称。此种标记规定:货车涂刷在两侧墙左下角;客车涂刷在两外侧端墙右下角。

2. 辅修及轴检标记:货车除厂、段修外尚有辅修及轴检。辅修周期为六个月;轴检须视轴承的不同形式规定周期。若为滚动轴承装置,其轴检并入辅修内进行,不另打标记;若为滑动轴承装置,轴检周期一般为三个月,其标记的形式类似辅修。货车由于无配属,故必须涂刷标记以备查考;客车由于有配属,故不必涂刷辅修标记。由于这两种修程的周期短,故仅需标注月日及检修单位简称及下次应作检修的日期等即可,所留空格可供以后顺序使用。这两种修程的标记如下:

3 – 15	9 – 15 都

辅修标记

12 – 15	9 – 15 都

轴检标记

（四）其他标记

1. 制造标记：在每辆车上有一块生产厂家的金属标志牌，形式由各厂家自定。此外，车辆的主要零、部件，如车轮、车轴、转向架、车钩及制动分配阀等，在其上一般均有该零、部件生产厂家的某种代号，锻件常打出数码代号，铸件常铸出铸造代号。这些标记的基本作用是在发生事故后可据此追查责任。

2. 红旗列车标记：进京红旗旅客列车竞赛优胜者，在列车中部某车厢的侧墙中央相当于悬挂国徽的部位悬挂此标记。

三、车辆方位

铁道车辆在前后、左右方向是一个接近对称的结构，在对称轴上或在对称的部位上有许多结构相同或相近的零、部件。设置车辆方位就像数学上给定坐标系一样，便于在设计、制造、检修、运用中确定同类型零、部件在车辆中的位置。车辆的方位一般以制动缸活塞杆推出的方向为第一位，相反的方向为第二位，如图 1－1 所示，并在车上规定的部位涂刷上方位标志。对有多个制动缸的情况则以手制动安装的位置为第一位，如按上述方法确定方位仍有困难可人为规定某端为第一位。如客

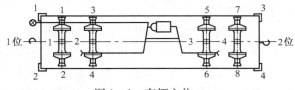

图 1－1　车辆方位

车转向架使用盘形制动装置时制动缸数较多，可以手制动端为第一位。一些长大货车使用转向架群，手制动装置也可能有数个，则可人为规定一位端。

车辆同形零、部件称呼规则如下：当人面对车辆的一位端站立时，对排列在纵向对称轴上的构件可由一位端顺序向二位端编号。如转向架、轮对、底架上的同形横梁等均可按此编号。对分布在对称轴左右的构件，则左侧为奇数，右侧为偶数，顺序从一位端向二位端编号，如侧墙、立柱、车窗、轴箱、侧架等均可按此编号。

第四节　铁路限界

一、设置限界的意义及制定限界的原则

铁路限界由机车车辆限界（简称"车限"）和建筑限界（简称"建限"）两者共同组成，两者间相互制约与依存。铁路限界是铁路安全行车的基本保证之一，为了使机车车辆能在一定范围的路网内通行无阻，不会因机车、车辆外形尺寸设计不当，货物装载位置不当，或建筑物、地面设备的位置不当而引起不安全的行车事故，必须用限界分别对机车、车辆和建筑物等地面设备的空间尺寸或空间位置加以制约。因此，限界是铁路各业务部门都必须遵循的基础技术规程。限界制定得是否合理、先进，也关系到铁路运输总的经济效果。

一般建筑限界和机车车辆限界均指在平直线路上两者中心线重合时的一组尺寸约束所构成的极限轮廓，如图 1－2 所示。

实际的机车车辆与靠近线路中心线的建筑物之间必须留有一定的、为保证行车安全所需的空间。这部分空间

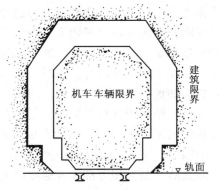

图 1－2　机车车辆限界与建筑限界

应该包括:

（1）车辆制造公差引起的上下、左右方向的偏移或倾斜。

（2）车辆在名义载荷作用下弹簧受压缩引起的下沉,以及弹簧由于性能上的误差可能引起的超量偏移或倾斜。

（3）由于各部分磨耗或永久变形而造成的车辆下沉,特别是左右侧不均匀磨耗或变形而引起的车辆倾斜与偏转。

（4）由于轮轨之间以及车辆自身各部分存在的横向间隙而造成车辆与线路间可能形成的偏移。

（5）车辆在走行过程中因运动中力的作用而造成车辆相对线路的偏移。它包括曲线区段运行时实际速度与线路超高所要求的运行速度并不一致而引起的车体倾斜;以及车辆在振动中也会产生上下、左右各个方向的位移。

（6）线路在列车反复作用下可能产生的变形,如在第六章将提到轨道一般会产生四种随机不平顺现象。

（7）运输某些特殊货物时可能会超限。

（8）为应付可能出现的特殊情况,还应该有足够的裕留空间。

以上最后两点指的是由铁路承运的某些不宜分解的大型、重型机器设备（可参看图1-6超限货物装载限界参考图）,以及某些特大型的机器设备,如大型发电设备及化工设备等。

理论上,由于机车车辆限界包括以上提到的八种空间的多少而可以分成三种不同的限界。

1. 无偏移限界:当机车车辆限界仅考虑上述第（1）点内容时的限界称为无偏移限界,又可称为制造限界。此时,车限与建限之间所留的空间应该很大。

2. 静偏移限界:当机车车辆限界考虑了上述第（1）至第（3）点内容时称静偏移限界或静态限界。此时,车限与建限之间的空间可以压缩一些,只包括第（4）至第（8）点内容。

3. 动偏移限界:当机车车辆限界考虑了第（1）至第（5）点内容时,则车限与建限之间的空间可以留得很少,这种限界称为动偏移限界或动态限界。

三种限界虽然都应考虑以上八点内容,但以无偏移限界空间利用率最低,这是因为各种不同的机车、车辆可能发生的最大偏移量都各不相同。要把除了制造公差以外的全部内容都包含在机车车辆限界与建筑限界之间的空间内,所以这个空间只能留得尽可能大些,以免发生意外。而以动偏移限界的空间利用率最高,因为可以在车限内考虑各种机车、车辆发生不同的偏移状况,而把车限与建限之间的不定因素减到最小限度,因此车限与建限之间所留的空间可以最小。我国准轨铁路的机车车辆限界GB 146.1—83在横向基本属于无偏移限界;而在垂向除需考虑车钩高的变化外尚需考虑弹簧的平均静挠度及垂向均匀磨耗,故基本属于静偏移限界。在欧洲的国际铁路联盟UIC制定了机车车辆动态限界,而沿线固定建筑物的限界由各成员国根据情况自行确定必要的安全裕量。

除上述三种限界外,根据制定限界的这些原则,在某些特殊的路网上还可以使用特殊的限界。如地下铁道所涉及的路网仅在一个城市范围内,而所使用的车辆型式又比较单一,故可以通过较精确的计算把第（1）至第（6）点的内容均包括在车辆限界内,这样的限界可称为"动态包络线限界"。如此,便能大量节省开挖地下隧道的土方工作量,我国香港的地铁基本采用此类限界。又如,高速客运专线上在考虑行车安全时必须考虑空气动力学问题,因此复线的线间距及隧道截面积等都比普通线路大（详见本章第六节）。

二、我国准轨机车车辆限界及其使用方法

1. 定义及其对车辆垂向尺寸的制约

机车车辆限界是一个和线路中心线垂直的极限横断面轮廓。机车、车辆无论是空车或重车,无论是具有最大标准公差的新车或是具有最大标准公差和磨耗限度的旧车,当其停放在水平直线上且在无侧向倾斜及偏移时,除电力机车升起的受电弓外,其他任何部分均应容纳在限界轮廓之内,不得超越。

在使用中由如把一个直角坐标系固定在极限图中,所有竖直高度均从轨面算起;所有横向宽度均从中垂线向两侧计算。若一辆车在某横截面处的总宽虽不超限,但只要某侧半宽超限即为超限。

我国的机车车辆限界经过多次修改,目前实施的运行速度低于 200 km/h 的准轨机车车辆限界标准为 GB146.1—83。其上部限界、下部限界以及货车过驼峰时的下部限界分别示于图 1－3～图 1－5 中。对于运行速度达到 200 km/h 以上的铁道车辆,其适应的机车车辆上部、下部限界如图 1－6 和图 1－7 所示。

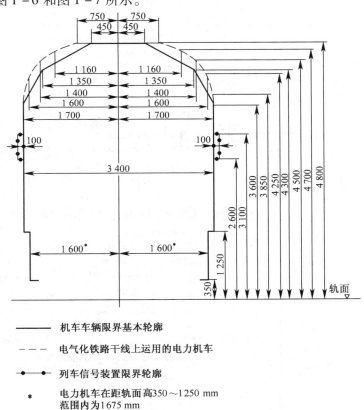

图 1 - 3　机车车辆上部限界 GB 146.1—83(车限 - 1A)

($v < 200$ km/h)

利用给定的机车车辆限界可以具体校核车辆的尺寸如下:例如新造车需在空载状态下按机车车辆上部限界,即按车限—1A(图 1－3)校核其垂直面内的最大尺寸,且在考虑顶部尺寸时应以车钩距轨面高的上偏差为准,即以名义高度加 10 mm 不得超出顶部限界。在考虑下部限界时可分两种情况:对不通过自动化、机械化驼峰的一般车辆,按车限 - 1B(图 1－4)校核;

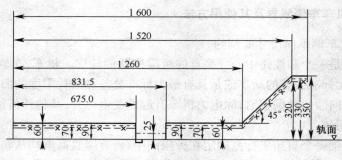

图 1-4　机车车辆下部限界（车限-1B）

($v < 200$ km/h)

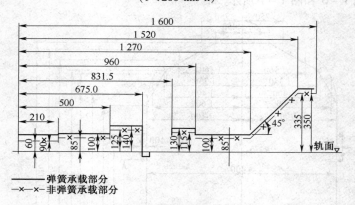

图 1-5　通过装减速器（工作位置）驼峰的货车下部限界

（车限-2）（$v < 200$ km/h）

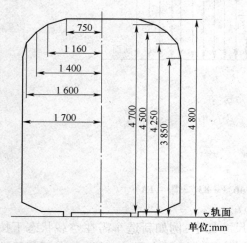

图 1-6　机车车辆上部限界

（$v \geqslant 200$ km/h）

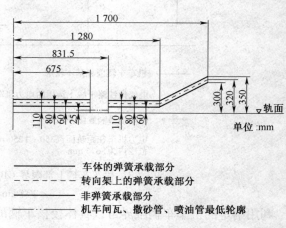

图 1-7　机车车辆下部限界

（$v \geqslant 200$ km/h）

对需要通过驼峰的货车按车限—2(图1-5)校核。在校核车辆下部限界时应以车体或转向架处于最低可能位置来考虑,即车辆不仅在名义载重作用下具有静挠度,而且应该按厂、段修规程检修限度表中允许的心盘、销套、轮辋等的最大磨耗及弹簧、车体各梁允许的最大永久变形等来校核。

　　铁路有时装运某些特大型的机器设备,如大型发电设备和化工设备,装车后的尺寸超过机车车辆限界。GB 146.1—83还附有超限货物装载限界参考图(图1-8)。

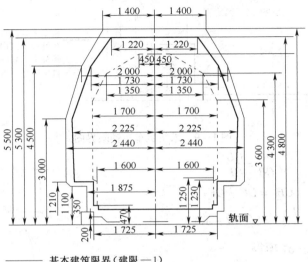

　　—————— 基本建筑限界(建限—1)

　　—————— 最大级超限货物装载限界

　　- - - - - - 基本货物装载限界(机车车辆限界基本轮廓)

　　注:1. 等于或小于基本货物装载限界的货物列车可在全国标准轨距的
　　　　　铁路通行
　　　　2. 最大级超限货物装载限界的货物列车可通行采用本建筑限界标
　　　　　准的铁路

图1-8　超限货物装载限界参考图

　　我国除准轨铁路外,尚有部分非准轨铁路,这些铁路都有各自的限界标准。昆明铁路局境内的米轨机车车辆限界(图1-9)是参照准轨限界制定的,其限界的性质基本与准轨限界相同。

　　2. 车辆在曲线上的静偏移量

　　图1-10表示一辆无转向架的二轴车在曲线上的偏移状况。假定轮对与钢轨之间没有间隙,车体与轮对之间在水平面内也没有相对运动,此时圆弧$\overset{\frown}{ADB}$表示曲率半径OD为R的曲线区段的线路中心线,MM'为车体纵向中心线,L为车体长度,A、B两点分别为前、后轮对的中心,l为车辆定距。

　　由图可知,车体的纵向中心线与线路的中心线仅在A、B两点处重合,其余位置均存在偏移。在两轮对以外的部分,车体偏向曲线外侧,且以车体端部M处(或M'处)的偏移量$ME = \delta_1$为最大;在两轮对之间的部分,车体偏向曲线内侧,且以中部C点的偏移量$DC = \delta_2$最大。δ_1及δ_2的数值均可由图中的几何关系求得:

　　　　因为　　　　　　　　　　　　　　$\triangle CDB \sim \triangle CFB$

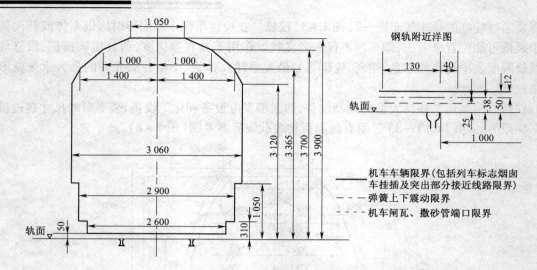

图 1-9　米轨机车车辆限界图

所以

$$\frac{DC}{CB}=\frac{CB}{CF}$$

即

$$CB^2=DC\cdot CF$$

则

$$\left(\frac{l}{2}\right)^2=\delta_2(2R-\delta_2)$$

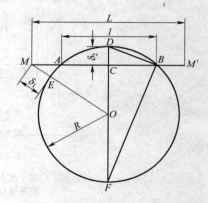

图 1-10　二轴车在曲线
上的偏移状况

由于 $\delta_2 \ll 2R$，故可略去 δ_2^2 项得

$$\delta_2=\frac{l^2}{8R} \qquad (1-1)$$

又由直角三角形 $\triangle MCO$ 可得

$$\left(\frac{l}{2}\right)^2+(R-\delta_2)^2=(R+\delta_1)^2$$

展开,略去微项 δ_1^2 及 δ_2^2 并代入 $\delta_2=\dfrac{l^2}{8R}$ 得

$$\delta_1=\frac{L^2-l^2}{8R} \qquad (1-2)$$

为了充分利用限界,希望车辆的 $\delta_1=\delta_2$（而对于机车、铺轨机、轨道吊车等由于内部装置的布置或其他要求,不强调 δ_1 非等于 δ_2 不可）,即令

$$\frac{L^2-l^2}{8R}=\frac{l^2}{8R}$$

化简后得

$$\frac{L}{l}=\sqrt{2}\approx1.4 \qquad (1-3)$$

上式说明车体长度与车辆定距之比等于1.4时利用限界较为合理,但上式是由二轴车推导出来的,而对于有转向架的车辆。转向架本身就是一个小的二轴车,转向架心盘处也要向曲线内侧偏移（参见图 1-11）。设转向架的固定轴距为 b,则其中部的偏移量 r_2 为

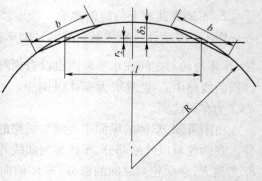

图 1-11　四轴车在曲线上的偏移状况

$$r_2 = \frac{b^2}{8R} \tag{1-4}$$

由于 $R \gg b$，且 $\gg r_2$，略去一些角度引起的偏差，可得四轴车车体中央的偏移量为

$$\delta'_2 = \delta_2 + r_2 = \frac{(b^2 + l^2)}{8R} \tag{1-5}$$

四轴车车体端部的偏移量为

$$\delta'_1 = \delta_1 - r_2 = \frac{(L^2 - l^2 - b^2)}{8R} \tag{1-6}$$

如遇到长大货车等轴数较多且带转向架群的车辆，可依照以上分析类推。

3. 车辆最大宽度的允许值

由以上计算公式可知，车辆在曲线上将产生偏移量。为了保证建限与车限之间仍有足够的安全行车所需的空间，铁路技术管理规程规定，在曲线上自线路中心至建限两侧轮廓线之间的距离将依据曲线半径 R 及超高 h 分别予以扩大。但车辆两端及中部的偏移量不仅与线路的曲率半径 R 有关，还与车辆本身的几何尺寸 L、l 及 b 有关，故当车辆几何尺寸偏大时，若不采取削减车宽的措施，仍然不能保证安全行车所需的空间。在确定包含制造公差在内的车辆最大容许制造宽度时，GB 146.1—83 为了方便计算，引入了"计算车辆"与"计算曲线"。我国计算曲线半径规定为 300 m。计算车辆在计算曲线上的静偏移量列在表 1—2 上，设计车辆或实际车辆在计算曲线上的静偏移量若小于或等于计算车辆的值，则可按车限—1A 的极限轮廓在计入制造公差后设计车宽；若设计车辆的偏移量大于计算车辆的值，则应把中部及端部偏移量差值中较大的一个作为削减设计车辆半宽的值。

表 1 - 2　计算车辆在计算曲线上的静偏移量

计算车辆种类	车体长度 L(m)	车辆定距 l(m)	L/l	在计算曲线上的静偏移量	
				中部(mm)	端部(mm)
1	13.22	9.35	1.414	36.42	36.39
2	26	18	1.414	135	146

为什么要规定两种不同的计算车辆呢？它们并非是分别针对货车与客车的。因为解放前修建的准轨路网历史背景十分复杂，不同地区、不同时期存在着不同的限界标准，由于地形复杂、经济效益等多种原因部分旧有线路并未按新标准加以改造，要通行全国准轨路网的车辆必然在尺寸上受到更多的制约，只能与第一种计算车辆相比较，而第二种计算车辆仅能通过符合 GB 146.2—83 建筑限界的路网。

4. 处在复线曲线区段相邻两车间隙校核

当两列车运行在同一曲线区段上时，内侧曲线上车辆的端部与外侧曲线上车辆的中部相距最近，它们是否会相碰，可利用式(1－5)、式(1－6)作校核性计算。

在图 1－12 所示的位置上，外线车辆的中部偏移及内线车辆的端部偏移分别为

$$\delta'_{2w} = \frac{b_w^2 + l_w^2}{8(R+E)}, \qquad \delta'_{1n} = \frac{L_n^2 - l_n^2 - b_n^2}{8R}$$

则相邻两车的最小间隙 e 可由下式求出：

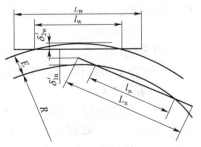

图 1－12　复线的曲线处
两车的最小间隙

$$e = E - (\delta'_{1n} + \delta'_{2w}) - \left(\frac{B_n + B_w}{2}\right) \qquad (1-7)$$

式中　B——车体宽度；

　　　　E——复线在曲线 R 处的线间距；

　　　　w、n——外侧曲线、内侧曲线上的车辆几何参数的下标；

　　　　其他符号同前。

一般选用常见的、较长的车辆来作此类校核计算，如 25 型客车、载重 100 t 左右的长大平板货车等。一些载重吨位很大的特种长大货车由于使用率低，可作特殊处理。

三、UIC 铁路限界简介

UIC(Union Internationale des Chemins de fer) 是国际铁路联盟的简称，按 UIC 铁路限界制造的车辆可以在该联盟范围内的铁路上运行并实现国际联运。此外，世界上有不少国家的铁路也采用 UIC 铁路限界。

由于我国机车车辆制造业的发展和进步，生产水平不断提高，不少国家向我国定购各种机车车辆并要求按 UIC 标准设计。

UIC 铁路限界是一种动态限界，根据具体的机车车辆特点来确定该种机车车辆的最大结构限界。

（一）UIC 限界中采用的几个定义

在说明 UIC 限界前，先介绍该规范中几个特定的定义。

1. 基准坐标

基准坐标是一个正交坐标，它处于一个垂直于轨道中心线的平面内。其中一根轴为该平面与轨道走行面（我国称为轨面）的交线，有时也称为水平轴（如果轨面为水平面），另一根轴为垂直于该交线而且与左右钢轨等距离。此轴即为线路中心线。UIC 的各种限界均建立在基准坐标上的。

为了便于比较各种限界，在计算中认为，线路中心线和机车车辆中心线是重合的。

2. 滚动中心 C

当机车车辆车体上受到一个平行于轨道走行面的侧向力（重力分量）作用［见图 1 - 13（a）］或离心力作用［见图 1 - 13（b）］时，车体则在其悬挂系统上倾斜。

当车辆横向游间和弹性间隙已到达极值时，车辆原来的中心线 $X \, X'$ 倾斜到 $X_1 \, X'_1$，这两根线的交点为 C，C 点称为滚动中心。C 点到轨道走行面的距离 h_c 称为滚动中心高度。在车辆常规横向位移情况下，C 点位置与侧向力无关。在机车车辆极端位置时，在确定 h_c 时应考虑车体与转向架之间一侧止挡的作用。

3. 不对称角

当车辆停在水平轨道上，车体中心线与线路中心线之间可能出现一个夹角 η_0［见图 1 - 13（c）］，称为不对称角。不对称角是由于结构缺陷，如悬挂调整不均匀和偏载等原因造成的。

4. 柔度系数 s

当一个静止的车辆停在一个左右轨高不一致的轨道上，轨道走行面与水平面之间有一个夹角 δ，在悬挂上倾斜的车体中心线与轨道中心线之间形成一个夹角 η［见图 1 - 13（a）］。二者之比 s 称为柔度系数，即

$$s = \frac{\eta}{\delta}$$

　　柔度系数可用计算或实测求得:机车考虑运用状态;车辆则考虑运行状态和满载状态。在 UIC 范围内的车辆,其柔度系数一般不大于0.4。

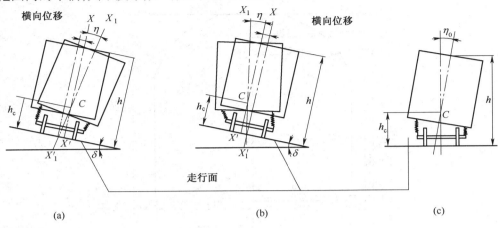

图 1 - 13　滚动中心 C

(二)UIC 各种限界之间的关系

　　UIC 规范中有各种限界如机车车辆最大结构限界、动态限界、建筑限界,各种限界之间的关系示于图 1 - 14 中。

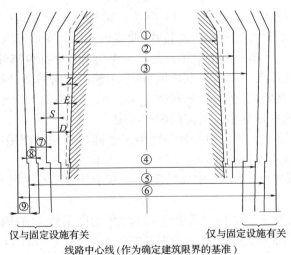

图 1 - 14　UIC 各种限界之间的关系

　　下面对图中各个部分进行说明:

　　1. 机车车辆最大结构限界(图 1 - 14 中①),是某一种机车或车辆任何部分均不能超过的最大外形。每一种机车车辆的最大结构限界是不同的。

　　2. 动态限界的参照轮廓(见图 1 - 14 中②),以下简称参照轮廓,是 UIC 505—1 规范中给定的建立在基准坐标上的一个轮廓尺寸。根据 UIC 505 规范中给定的各种缩减规则,从参照轮廓可以求出每一种机车车辆的最大结构限界。

　　参照轮廓分为上部和下部两部分,在距轨道走行面 400 mm 以上的称上部(见图 1 - 15),适合于任何机车车辆。

　　参照轮廓下部又分为两种,一种是适合不通过钢轨制动和自动调车装置的车辆;另一种适用于通过钢轨制动和自动调车装置的车辆。此外还有车顶上有受电弓和活动装置参照轮廓（详见 UIC 505—1 规范）。

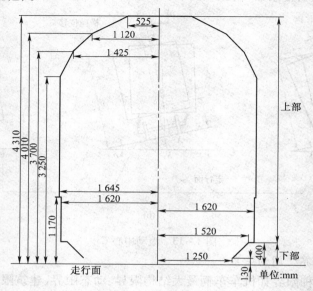

图 1 – 15　参照轮廓上部

3. 机车车辆轮廓的极限位置（图 1 – 14 中③），是机车车辆在运行中容许达到的极限位置，其中考虑机车车辆运行中的静位移、动位移、曲线偏移以及变形等因素。

4. 机车车辆动态限界（图 1 – 14 中④），是机车车辆上各个部位离开基准坐标中心线的最远位置，其中包括轮对在线路上的最不利位置、机车车辆的横向移动以及准静态位移。

动态限界不包括某些随机因素（如振动和 $\eta_0 \leqslant 1°$ 的不对称角），机车车辆悬挂部分在振动时可能超过这个限界，这些位移由工务部门综合考虑。

5. 沿线结构的极限位置（图 1 – 14 中⑤），由工务部门考虑在使用中线路的缺陷、振动和 $\eta_0 \leqslant 1°$ 等因素形成的位移后的极限位置。

6. 沿线固定建筑限界（图 1 – 14 中⑥），是一个基于基准坐标的外形，任何建筑物不论轨道有无弹性，均不能侵入的空间。

7. 准静态位移是机车车辆结构性质和悬挂弹性（柔度系数 s）原因引起的一部分横向位移，例如在欠超高和过超高线路上由离心力引起的滚动角［图 1 – 13(a)、(b)］或不对称角［图 1 – 13(c)］。这部分横向位移与所考察断面中各点距轨道走行面的高度有关。

准静态位移包括两个部分，即 Z 和⑦（图 1 – 14）。其中准静态位移⑦是机车车辆极限位置和机车车辆动态限界之间预留的常见的准静态位移，即过超高和欠超高为 0.05 m，柔度系数 $s = 0.4$，$h_c = 0.5$ m 时的情况；准静态位移 Z 是准静态位移超过常见的准静态位移值而必须缩减最大结构限界的量，即线路过超高和欠超高为 0.05～0.2 m，柔度系数 $s > 0.4$，$h_c < 0.5$ m 的情况。

8. 机车车辆侧向位移量 D（图 1 – 14），是机车车辆所考察截面上各点在通过直线或曲线时侧向位移的总和，其中包括通过曲线或轨距加宽时的几何偏移、准静态位移 Z 以及重载货车的车体鼓胀量。

9. 外占量 S（见图 1 – 14），是机车车辆在曲线上或（及）轨距大于 1 435 mm 的线路上运行时，车辆的侧向位移 D 超出参照轮廓的量，在 UIC 505—1 中对各种机车车辆外占量 S 许容的

最大值 S_0 有具体的规定。

10. 缩减量 E（见图 1-14），是参考轮廓与机车车辆最大结构限界宽度差的一半。在两轴车的两车轴之间或两转向架的中心销之间的缩减量为 E_i，在两轴或中心销之外的缩减量为 E_a。为了保证机车车辆在运行中侧向位移为 D 时，其轮廓线不超过其极限位置，则其缩减量 E 应保证：

$$E_i \text{ 或 } E_a \geqslant D - S_0$$

11. 工务部门的限界附加宽度（见图 1-14 中的⑧）是工务部门考虑轨道在使用中的缺陷，振动及不对称角 $\eta_0 \leqslant 1°$ 时所形成的位移后增加的宽度。

12. 各国铁路自定的限界加宽量（见图 1-14 中的⑨），是各铁路考虑一些特殊情况（如运输特种货物，提速和横向的大风等）而加大的宽度。

（三）确定机车车辆最大结构限界

机车车辆最大结构限界是根据机车车辆具体结构及运行情况产生的垂向位移和横向位移，对动态限界的参照轮廓进行缩减后得到的。

根据图 1-14 可以看出，只要求出机车车辆轮廓上具体的横向位移 D（即准静态位移 Z，运行时通过曲线时的几何偏移，轨距加宽时的偏移，各部件之间的侧向间隙以及重载车辆的鼓胀量之和）和容许最大外占量 S_0 即可求得机车车辆的横向缩减量 E（E_0 或 E_i），并保证 $E \geqslant D - S_0$。

根据参照轮廓减去机车车辆轮廓上不同高度的 E 值，即可求得机车车辆的最大结构限界各处的宽度。

在 UIC 505-1 中给出了各种机车车辆的容许最大外占量 S_0，并提供两种确定 D 的方法：计算法和作图法。

UIC 505-1 中也提供了确定机车车辆最大高度和最小高度的计算方法，并列举了几种确定机车车辆最大结构限界的实例。

第五节　车辆主要技术参数

车辆技术参数是指车辆技术规格的某些指标，是从总体上表征车辆性能及结构的一些数字，一般分性能参数与主要尺寸两大类。

一、车辆性能参数

性能参数中的自重、载重、容积、定员等已在本章第三节"车辆标记"中做了说明，此外还有以下几项。

1. 自重系数：是运送每单位标记载重所需的自重，其数值为车辆自重与标记载重的比值。对于一般货车而言，这是一个重要的技术参数。例如 C_{70} 型敞车标记载重为 70 t，自重为 23.8 t，则自重系数为 0.34。

2. 比容系数：该参数是对一般货车而言的，它是设计容积与标记载重的比值。不同类型的货车因装载货物种类不同，要求不同的比容系数。例如：P_{70} 型棚车标记载重为 70 t，设计容积为 145 m^3，故比容系数为 2.07 m^3/t；C_{70} 型敞车标记载重为 70 t，设计容积为 77 m^3，则比容系数为 1.1 m^3/t。某些类型的货车没有这项参数或改用别的参数代替，例如平车就没有比容系数；罐车一般采用比容系数的倒数，称为"容重系数"。

3. 最高运行速度：除满足上述安全及结构强度条件外，还必须满足连续以该速度运行时车辆有足够良好的运行性能。以往常用"构造速度"作为参数，因其概念不够明确，现多以"最高试验速度"和"最高运行速度"来替代它。

4. 最高试验速度：指车辆设计时，按安全及结构强度等条件所允许的车辆最高行驶速度。最高试验速度一般为最高运行速度的 1.1 倍。

5. 轴重：是指按车轴型式及在某个运行速度范围内该轴允许负担的并包括轮对自身在内的最大总质量。轴重的选择与线路、桥梁及车辆走行部的设计标准有关。

6. 每延米轨道载重：是车辆设计中与桥梁、线路强度密切相关的一个指标，同时又是能否充分利用站线长度、提高运输能力的一个指标，其数值是车辆总质量与车辆全长之比，其单位为 t/m。按目前桥梁设计规范，允许车辆每延米轨道载重可取到 8 t。在车辆设计中希望尽量提高这个指数。例如 C_{70} 型敞车总质量为 93.8 t，全长 13.976 m，每延米轨道载重为 6.71 t。

7. 通过最小曲线半径：指配用某种型式转向架的车辆在站场或厂、段内调车时所能安全通过的最小曲线半径。当车辆在此曲线区段上行驶时不得出现脱轨、倾覆等危及行车安全的事故，也不允许转向架与车体底架或与车下其他悬挂物相碰。

对于客车，一般没有自重系数与比容系数。直接载客的客车车种如硬座车、软座车、硬卧车、软卧车等均给出了以下三个参数，即"每个定员所占自重"、"车辆每米长所能容纳的定员"及"车辆每米长所占自重"。

二、车辆尺寸参数

车辆的尺寸参数除前述的车辆全长外，尚有以下几项：

1. 车辆定距：车体支承在前、后两走行部之间的距离，若为带转向架的车辆，车辆定距又可称为转向架中心间距，如图 1 - 16 中的 C。除长大车外，车辆定距多在 20 000 mm 之内。

2. 转向架固定轴距：不论是二轴转向架或是多轴转向架，同一转向架最前位轮轴中心与最后位轮轴中心线之间的距离称为转向架固定轴距，如图 1 - 16 中的 D。常规货车的固定轴距一般小于 2 000 mm，如我国新造货车二轴转向架其固定轴距为 1 830 mm（转 K6 转向架）和 1 800 mm（转 K5、转 K7 型转向架）；新造客车二轴转向架其固定轴距多为 2 500 mm。

3. 车辆最大宽度、最大高度：车辆最大宽度指车体最宽部分的尺寸；车辆最大高度指车辆顶部最高点离钢轨水平面之间的距离。这两个尺寸均需符合机车车辆限界的要求。

4. 车体长、宽、高：又有车体外部与内部之别，但车体内部的长、宽、高必须满足货物装载或旅客乘坐等要求。

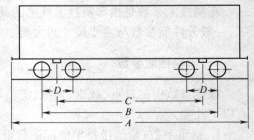

图 1 - 16 车辆纵向尺寸参数

5. 车钩中心线距轨面高度：简称车钩高。它是指车钩钩舌外侧面的中心线至轨面的高度。列车中机车与车辆的车钩高基本一致，是保证正常传递牵引力及列车运行时不会发生脱钩事故所必需的。我国规定新造或修竣后的空车标准车钩高为 880 mm；其他国家由各自的历史条件决定了其使用的车钩高，如俄罗斯及东欧各国的车钩高（或盘形缓冲器的中心线高）定为 1 060 mm。

6. 地板面高度：地板面距轨面的高度与车钩高一样，均指新造或修竣后空车的数值。它将受到两方面的制约，一是车辆本身某些结构高度的限制，如车钩高及转向架下心盘面的高度等;另一方面又与站台高度的标准有关,如货物站台高度为1.1 m,通用货车车种的地板面应与站台高度相适应,以便装卸。旅客列车便于人员在各车厢间通行,通过台处渡板距轨面高度均为1 333 mm,各种客车地板面距轨面高度也大致接近。

第六节　铁路线路构造概要

铁路线路是列车运行的基础。铁路线路是由路基、轨道和桥梁、隧道建筑物组成的一个整体工程。列车在线路上行驶,轮轨直接接触,机车车辆与线路相互产生影响。只有合理确定两者的结构性能才能取得较好的运行效果。

根据铁路在路网中的作用、性质和远期客货运量,铁路划分为三级:

Ⅰ级铁路是铁路网中起骨干作用的铁路,远期年客货运量大于或等于15 Mt者;

Ⅱ级铁路是铁路网中起骨干作用或起联络、辅助作用的铁路,远期客货运量在7.5 ~ 15 Mt之间者;

Ⅲ级铁路是为某一区域服务具有地区运输性质的铁路,远期年客货运量小于7.5 Mt者。

不同等级的铁路,在修建、养护和容许的最高行车速度等方面的技术标准是不同的。

一、线路的基本结构

线路包括轨道、路基和桥隧建筑物。其中路基和桥隧建筑物是轨道的下部基础。在桥梁部分以外的线路结构如图1-17所示。图中路基是线路的基础,轨道为线路的上部建筑。轨道又由钢轨、轨枕、连接零件、道床、防爬设备及道岔等主要零部件组成。钢轨、轨枕及道床等线路上部建筑,虽然由不同力学性质的材料组成,但却是一个结构的统一体。它们之间存在着既联系又制约的关系,应该组成一个等强度的整体结构,某一部分材料、结构的改变,都将影响其他部分的使用效果与使用寿命。

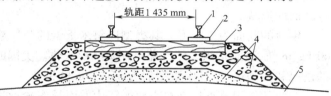

图1-17　线路基本结构

1—钢轨;2—中间连接件;3—轨枕;4—道床;5—路基

等强度的结构应该与运量、机车车辆轴重及行车速度三个运营参数相配套。线路上部建筑按结构状态与运量的关系分为特重型、重型、次重型、中型及轻型五种。具体规定如表1-3所示。

表1-3　正线轨道类型

条件	项　　目		单　位	特重型	重　型	次重型	中　型	轻　型
运营条件	年通过总重密度		Mt·km/km	>60	60 ~ 30	30 ~ 15	15 ~ 8	<8
	最高运行速度		km/h	≥120	≥120	120	100	80
轨道结构	钢　　轨		kg/m	≥70	60	50	43	43 ~ 38
	轨枕根数	预应力混凝土枕(混凝土枕)	根/m	1 840 ~ 1 760	1 760	1760 ~ 1 680	1 680 ~ 1 600	1 600 ~ 1 520
		木　枕	根/m	1 840	1 840	1 840 ~ 1 760	1 760 ~ 1 600	1 600
	道床厚度	非渗水土路基　面层	cm	30	30	25	20	20
		非渗水土路基　垫层	cm	20	20	20	20	15
		岩石、渗水土路基	cm	35	35	30	30	25

由该表可见,轨道各部分结构是配套的。我国在20世纪80年代中期全国路网平均轨道

重量还不足 50 kg/m,而 60 kg/m 级的钢轨铺设比较零散。20 世纪 80 年代末期对我国繁忙干线进行了强化改造,在这些线路上全面推广 60 kg/m 级轨道结构。

轨道构造中很重要的一项技术指标为轨距。轨距为两钢轨轨头部内侧间与轨道中心线相垂直的距离,并规定在轨顶下 16 mm 处测量。在世界各国铁路发展的历史中形成了各种不同尺寸的轨距,各种轨距下的限界及相应的机车车辆尺寸各不相同。我国除个别冶金、矿山、森林、地方铁路外,绝大部分线路的轨距为 1 435 mm,称为标准轨距(简称准轨)。大于 1 435 mm 的称为宽轨,国外有 1 676、1 520 mm 的轨距;小于 1 435 mm 的称为窄轨,例如 1 067、1 000 mm 等。由于历史原因,我国台湾省的铁路轨距为 1 067 mm,昆明铁路局管辖范围内的昆明至河口段、碧色寨至石屏段的轨距为 1 000 mm,并简称为米轨,这是连接我国与越南的重要通道之一。允许速度为 120 km/h 线路直线处准轨轨距允许的误差为 $^{+6}_{-2}$ mm,速度较高线路的轨距误差要适当减小,但轮轨间应保持适当的游间,以便轮对能顺利沿直线运行并通过曲线。轮轨之间的配合除要规定轨距、轨距公差外,还要使钢轨顶面与车轮踏面间配合得合适。轨头轮廓曲线一般由多段圆弧组成,而机车、车辆的踏面均呈圆锥状,其中一种的母线为直线,称为锥形踏面;另一种的母线为曲线,称为磨耗型踏面(均在第二章详细讨论)。不论何种踏面,车轮均为外侧直径小,内侧直径大,为此要设置轨底坡(我国轨底坡定为 1/40),使轨头内倾,以适应车轮踏面的形状。

钢轨的断面为工字形。其类型以每米重量的公斤数表示。我国新建和改建的正线都采用 60 kg/m 轨,重载运煤专线线路采用 75 kg/m 轨。美国的钢轨较重,多在 66 kg/m 以上;俄罗斯的情况和我国接近,其中重型的为 65 kg/m 的钢轨。

钢轨的作用是承担来自车轮的压力并引导车轮前进。钢轨通过扣件与轨枕连接,扣件的主要功能是阻止钢轨对于轨枕的纵、横向移动,保持钢轨的正确位置。轨枕按其材质分为木枕、钢筋混凝土轨枕和钢轨枕三类。就我国的情况而言,正在大量采用钢筋混凝土轨枕,因为它既能大量节约木材,又能保证轨枕尺寸一致,弹性均匀,使运行平顺性得到提高。轨枕的作用是承受钢轨传下来的垂向力和水平力,并把力传布于道床,有效地保持钢轨的轨距、方向和位置。每公里线路配置的轨枕根数,随线路等级及平面、纵断面的结构条件而异。一般线路上每公里铺设的轨枕根数是:木枕分 1 840、1 760、1 680 三挡;混凝土轨枕分 1 840、1 760、1 680、1 600 四挡。在线路的加强地段,例如在半径小于 600 m 的曲线上,按每公里的标准再加 80 根,但为保证道床捣固方便,每公里铺设的轨枕数不得超过 1 920 根。轨枕的共同特点是不能连续支承钢轨,因而使道床局部受力较大,产生轨道沉陷的情况也较多,线路维修工作量随之加大。为克服此缺点,正在发展某些新型轨下基础,连续铺设的钢筋混凝土轨枕板及整体道床是常见的两种形式。

道床分为有砟道床和整体道床。我国大部分线路均采用有砟道床。道床的面层为质地坚韧、耐风化的碎石道砟。道床的主要功用有五点:

1. 能把轨枕传下来的力均匀地散布到面积较大的路基面上去;

2. 轨枕传下来的动作用力使碎石之间产生适当的移动、摩擦,从而形成一定的弹性和减振能力;

3. 具有孔隙,能渗透地表水,使路基上不会积水,以免土质路基强度降低,道床的多孔隙性也可避免我国北方冬季结冰造成的冻害;

4. 阻止轨枕移动,维持线路现有形状;

5. 通过改变道床形状,可以调整或校正线路的平面形状及纵断面形状,通过调整道床也可以消除轨道产生的偏差与变形。

二、线路纵断面构造

线路的纵断面根据地形变化,必然有上坡、下坡及平道,但为了运营的目的,线路的坡度不应取得过大,两相邻坡段的坡度值之差也不应取得过大,在一个区段内坡段数也不宜过多等。

1. 限制坡度:限制坡度是铁路的主要技术标准之一,因列车牵引重量受限制于坡度的约束,故不同等级的铁路为了满足一定的年输送能力,要规定限制坡度的大小。我国客货共线的Ⅰ、Ⅱ级铁路区间线路最大限制坡道为:

Ⅰ级铁路:一般地段6‰(内燃牵引),困难地段12‰(内燃牵引),15‰(电力牵引)。

Ⅱ级铁路:一般地段6‰(内燃牵引),困难地段15‰(内燃牵引),20‰(电力牵引)。

各级铁路的加力牵引坡度,内燃牵引的可用至25‰,电力牵引的可用至30‰。

2. 变坡点与坡段长度:两相邻坡段的交点叫变坡点;两变坡点之间的水平距离叫坡段长度。坡段的长短,对工程和运营均有很大的影响,坡段愈长则变坡点数目愈少,运行的平顺性愈好,因为列车通过变坡点时,将在车钩上产生附加应力。坡段长度不宜小于表1-4的规定。

表1-4　坡　段　长　度(m)

到发线有效长度	1 050	850	750	650	550
坡段长度	500	400	350	300	250

改建既有线和增建第二线,困难条件下,可采用200 m的坡段长度。

3. 相邻坡段的连接:列车通过变坡点时,车钩内产生附加应力,若该应力值过大,加之司机操纵不良,有可能产生断钩事故。为了保证行车的安全与平顺,相邻坡段坡度的代数差不得大于该线路重车方向的限制坡度。为了让列车能平稳地由一个坡段过渡到另一个坡段,不使车钩上、下错动过大而造成脱钩;以及不致使旅客列车产生过大的垂向加速度而影响舒适性,在变坡点处设置圆曲线型的竖曲线,一般Ⅰ、Ⅱ级线路竖曲线半径为10 000 m,Ⅲ级线路为5 000 m。

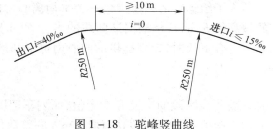

图1-18　驼峰竖曲线

4. 驼峰构造:在编组站,为了加快货物列车的分解与编组,人工设置一个土堆,称为驼峰。换言之,在区段中的坡段是为了适应地形稍加改变而成的,而驼峰却是人为设置的坡度与竖曲线,具体构造参看图1-18。

三、线路平面构造

在线路的平面图中有直线区段、圆曲线区段以及连接两者的缓和曲线;在站场中的多股道之间要用道岔连接它们。

1. 直线

两股钢轨在直线地段时,轨顶应在同一水平面上。若左、右两轨的四点间不在同一水平面上则称为有三角坑。当车辆停放在直线上时,如果轨顶不在同一水平面上,将使车辆轮对所受的垂向力产生不均匀分配。为减小与控制垂向载荷的不均匀分配,要求正线和到发线沿线路长度方向每18 m的距离范围内无超过4 mm(其他线为6 mm)的三角坑。

直线沿平面向前延伸时,分为有缝线路及无缝线路两种。我国钢轨的标准长度为12.5 m

及 25 m 两种,钢轨的接头为线路的薄弱处,往往由于磨损、变形而造成局部下陷。我国采用左、右轨同时出现轨缝的对接接头方法,这种形式比轨缝左、右错开排列的错接接头容易保证任意四点的轨顶在同一平面内。无缝线路是用普通标准长度的钢轨在线路上焊接而成的长钢轨,不能理解为在无限长的线路上都不出现一个轨缝,而仅是大大减少了轨缝的数量。由于接头减少了,使车辆运行能更趋平顺,线路也减少了破坏。钢轨的热胀冷缩是无法避免的,无缝线路靠轨枕、道床等形成的纵向阻力阻碍钢轨的变形,这称为"锁定"。夏季温度过高时,线路内的温度压应力相当大,在轮对与线路间的横向力作用下,可能会产生一种称为"涨轨"的严重扭曲变形。

2. 曲线

在曲线区段,由于有列车的离心力,因此在此区段线路受力较大,它是线路的薄弱环节。列车运行于曲线区段要克服附加的阻力,相应的运营费用要增加,行车速度要受曲线半径的限制,轮轨间的磨耗也比直线区段严重得多。

曲线最小半径既与铁路等级有关,又与地形有关。对于客货共线的 Ⅰ、Ⅱ 级铁路区间线路的最小曲线半径如表 1-5 所示。对于个别地形实在困难的地段,经铁道部批准,允许在 Ⅰ、Ⅱ 级铁路上最小曲线半径 $R_{min} \geqslant 300$ m。

表 1-5　客货共线 Ⅰ、Ⅱ 级铁路区间线路最小曲线半径(m)

铁路等级	Ⅰ			Ⅱ	
路段设计行车速度(km/h)	200	160	120	120	80
一般	3 500	2 000	1 200	1 200	600
特殊困难	2 800	1 600	800	800	500

为了给运行的列车提供一个平衡离心力的重力分量,曲线区段的外轨要比内轨高。外轨的超高值 h(mm) 是根据该曲线的半径 R(m) 及列车的速度 v(km/h) 的大小来确定的。当超高值符合下式时,超高提供的向心力可全部平衡离心力,即

$$h = 11.8 \frac{v^2}{R} \tag{1-8}$$

因曲线区段的半径 R 为定值,而列车速度 v 却是变值,故式(1-8)中的 v 应为各列车速度的均方根值。外轨的超高值取 5 mm 的整数倍,当计算值小于 10 mm 时可不设超高。合理地设置外轨超高可以减小曲线区段处钢轨的磨损与压溃,延长钢轨的使用年限,同时车辆同一轮对左右两侧垂向力的差别也可减小。但由于列车实际运行速度不可能等于设置超高的平均计算速度,必然出现超高不足(欠超高)或超高过剩(过超高)的情况,《铁路工务规则》规定,允许最大未被平衡的超高度为 60 ~ 75 mm,特殊情况下可放宽至 90 mm。若曲线内轨(或外轨)发现明显的压溃或磨耗,说明超高设置不当,要重新测定列车平均运行速度并调整超高。我国在曲线段所取的最大超高为 $h_{max} = 150$ mm,在此超高度下若允许未平衡的离心加速度为 0.45 m/s^2,则在曲线区段允许的最大运行速度为

$$v_{max} = 4.3 \sqrt{R} \tag{1-9}$$

在该超高条件下,离心力与向心力平衡时允许的速度为

$$v \approx 3.6 \sqrt{R} \tag{1-10}$$

式(1-9)及式(1-10)中各量所用的单位均同式(1-8)。

表 1-6 为按上式计算出来的曲线处的最大运行速度及两力平衡时的运行速度。

表1-6　车辆在曲线处的运行速度

曲线半径(m)	250	300	400	600	800	1 000	1 200	1 500
最大允许速度(km/h)	68	74	86	105	122	136	149	166
力平衡时的速度(km/h)	47	62	72	88	102	114	125	139

为了使列车能顺利地通过曲线,除外轨需设置超高外还要加宽曲线处的轨距。其加宽值原先是以固定轴距为4 m的二轴车,当后轴取径向位置时能顺利通过曲线为条件计算出来的,换言之,加宽量即为该圆曲线处8 m弦长的矢高。各曲线轨距加宽以移动外轨来实现。但我国现在所用的车辆转向架固定轴距超过4 m者所占比例较小,三轴机车转向架的固定轴距多在4 m左右(如韶山$_9$型和韶山$_{7E}$型电力机车转向架的固定轴距均为4.3 m)。因此,按4 m轴距算出的曲线轨距加宽量一般来说轮轨间隙偏大,轮对容易偏转、摆动,使轮缘与轨头内侧面的磨耗加大。为此,工务部门适当缩减了轨距加宽量,并规定如下:曲线半径超过350 m者不加宽;300~350 m者加宽5 mm;250~299 m者加宽10 mm;250 m以下者加宽15 mm,实践证明效果较好。

3. 缓和曲线

由于直线与圆曲线的线路构造不完全相同,为了保证行车的安全与平顺,在直线与圆曲线之间设置一段缓和曲线。在缓和曲线范围内,曲线半径由无限大逐渐变到圆曲线半径,外轨超高由零逐渐上升到圆曲线的超高值,轨距由标准轨距逐渐加宽到圆曲线的加宽程度。在两个不同半径的圆曲线之间也可以设置缓和曲线,其曲率半径、外轨超高和轨距加宽也是由一个圆曲线的规定值逐渐过渡到另一个圆曲线的规定值。

为了保证列车运行的平顺性和旅客的舒适性,缓和曲线的长度不能太短,应保证在缓和曲线上外轨超高的顺坡不大于2‰,而且缓和曲线长度不小于20 m。

一段圆曲线的两边均为缓和曲线,为了避免一辆客车可能会同时处于两段缓和曲线上造成行车不平稳的因素,规定两段缓和曲线所夹的圆曲线长度必须在20 m以上。在地形比较困难的地段,有时两相邻的反向圆曲线位置较近,造成圆曲线端部的两段缓和曲线相邻更近。为了满足线路维修及列车运行平顺的要求,两相邻缓和曲线之间必须夹一段直线,该直线的长度在Ⅰ、Ⅱ级线路上分别不小于30 m和25 m。

4. 道岔

在铁路站场,机车车辆往往要从一条线路转往另一条线路,这就要利用道岔。道岔的种类虽多,但最常用的是"普通单开道岔",它约占道岔总数的90%以上(见图1-19)。这种道岔的主线为直线方向,侧线可由主线向左(或向右)岔出。

标准道岔号数以辙叉角余切值取整表示,道岔号数愈大,其辙叉角α便愈小,

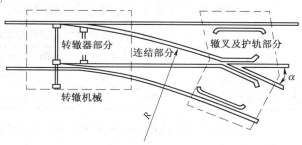

图1-19　普通单开道岔

导曲线半径则愈大,容许侧向过辙叉的速度也愈高(参看表1-7)。但是道岔号数愈大,道岔的全长也大,其使用将受到站场总长度的限制。道岔号数 N 有6、7、8、9、11、12、18、24、30及42等,其中以9、12、18号最常用。在导曲线上一般不设置轨底坡,而且也不设置超高,这是道岔中的导曲线与区间中曲线在结构上的区别。

表1-7 道岔基本参数

道岔号数 N	辙叉角 α	尖轨及辙叉的形式			
		直线尖轨及直线辙叉		曲线尖轨及直线辙叉	
		导曲线半径(m)	侧向过岔速度(km/h)	导曲线半径(m)	侧向过岔速度(km/h)
8	7.125°	145	33~35	160	34~37
9	6.34°	180	36~39	200	38~41
11	5.1944°	280	45~49	300	47~50
12	4.7635°	330	49~53	360	51~55
18	3.17°	/	/	800	76~82
30	1.909°			2 700	140
38	1.507°	/	/	3 300	140
41	1.347°			4 000	160

四、高速旅客列车对线路的要求

旅客不仅希望旅途安全与舒适,也要求快捷。面对现代公路与航空的竞争,只有发展高速铁路客运,铁路才能生存与发展。当列车运行速度超过200 km/h后,不仅轮轨间的动作用力迅速增加,而且一系列有关空气动力学的技术问题亟待解决,因此,高速客运线路与普通线路相比发生了一系列质的变化。

高速客运线路的一系列技术措施归结起来都与列车运行速度指标有关,故建设线路之先,都必须确定近期的运行速度、运输模式以及远期可能达到的速度,因为线路一经建成,再进行改建将十分困难。我国拟建的京沪高速铁路初步确定为300 km/h的高速车与160 km/h的中速车混合运行,并预留了把速度提高到350 km/h的条件,以此来确定线路的各项技术标准。

根据京沪高速铁路设计暂行规定,京沪高速铁路的线路采用以下主要技术标准:

曲线半径:规定最小 R_{min} =7 000 m,个别困难条件下为5 500 m,最大不宜大于12 000 m,个别不大于14 000 m,否则改用直线。

缓和曲线:直线与圆曲线之间设置三次抛物线型缓和曲线,其长度根据曲线半径而定。表1-8为京沪高速铁路设计暂行规定建议的曲线半径、超高及缓和曲线长度。

表1-8 京沪高速铁路曲线半径、超高和缓和曲线长度

曲线半径(m)	14 000	12 000	11 000	10 000	9 000	8 000	7 000	6 000	5 500
超高(mm)	65	85	95	105	125	145	150	160	160
缓和曲线长度(m)	280	330	370	430	490	570	670	700	700

夹直线和圆曲线长度:两相邻曲线间的夹直线和两缓和曲线间圆曲线长度一般为280 m,困难地段为210 m。

线间距:由于高速列车引起的空气动力学问题增多,为了列车会车的安全,其线间距一般不小于5 m,高速列车与普通列车并行地段,线间距不应小于5.3 m。

线段坡度:为了减少列车坡道阻力,线路最大坡度小于20‰。

隧道:在隧道设计中考虑空气动力学效应对行车、旅客乘坐舒适、车辆结构强度的影响,其断面面积和形状不同于常规铁路隧道。

此外高速铁路的铺设、养护都有比常规铁路更严格的要求。

===== **复习思考题** =====

1. 为什么说铁道车辆所具有的一些特点都是由轮轨关系派生出来的？

2. 从铁道车辆的特点出发，试比较铁路运输与汽车运输各有哪些优缺点？铁路的未来将如何发展？

3. 有没有从不运旅客的客车及从不装货物的货车？

4. 车辆标记起什么作用？

5. 确定车辆全长与确定一般机器设备的全长有何不同？为什么车辆这样来规定它的全长？

6. 确定车辆垂向尺寸是否超过限界时，上部和下部各如何校核？

7. 车限—1A（图1-4）对电气化铁路干线上运行的电力机车，限界有所放宽，顶部允许用虚线，底部半宽1 600 mm处允许加大到1 675 mm，这些在设计车辆时是否可以利用？

8. 一辆长25.5 m的双层客车（具体尺寸见第八章）通过曲线时是否会超限？设计时是如何考虑的？

9. 在某站场上一列25型客车因临时停车，停在$R=200$ m的曲线上，在该曲线外侧、线间距为4.6 m的另一股道上，一组编挂有D_{10}型长大车的货车因调车正在通过（D_{10}使用2台H型构架式三轴转向架转向架），试问D_{10}型车与25型客车两侧的最小间距。本题所需尺寸数据请自行从第三章、第八章、第九章中查找。

10. 学习线路构造的一些基本知识，对车辆专业学生的意义何在？

11. 高速线路与常规线路在考虑平、纵断面构造时有何区别？

12. UIC动态限界有什么特点？

===== **参考文献** =====

[1]西南交通大学主编．车辆构造．北京：中国铁道出版社，1980.

[2]中华人民共和国铁道部．铁路技术管理规程．北京：中国铁道出版社，2006.

[3]GB 146—83 准轨铁路限界．北京：技术标准出版社，1983.

[4]TB 1888—87 铁道客货车车辆和车号规则．北京：中国铁道出版社，1987.

[5]TB 1994—87 铁路客货车辆车型车号代码．北京：中国铁道出版社，1987.

[6]TB/T 2435—93 铁路货车车种车型车号编码．北京：中国铁道出版社，1993.

[7]京沪高速铁路设计暂行规定．北京：中国铁道出版社，2003(3).

[8]UIC Code 505—1 International Union of Raiways 2003(11).

[9]孙翔．世界各国的高速铁路．成都：西南交通大学出版社，1992.

[10]铁工务〔1997〕109号部令．铁路线路维修规则．1997.

第二章　转向架结构原理及基本部件

第一节　转向架的作用与组成

一、转向架的作用

铁路运输事业发展的初期,世界各国均采用二轴车辆,将轮对直接安装在车体下面,如图 2 – 1 所示。这种二轴车一般比较短小,为便于通过曲线,前后两轮对车轴中心线之间的距离一般不大于 10 m。二轴车的总重受到容许轴载重的限制,其载重量一般不大于 20 t(B 轴)。

随着铁路运输事业的发展,二轴车在载重、长度和容积等多方面都不能满足运输要求,于是曾出现与二轴车结构相仿的多轴车辆,如图 2 – 2 所示。虽然多轴车辆能增加载重量,但为能顺利通过小半径曲线,前后两轴之间的距离仍受限制,不能太大,从而限制了车辆长度和容积的进一步增加。另外,车辆通过小曲线半径时,中间轮对相对车体要有较大的横向游动量,如图 2 – 2 中下图所示,使得车辆结构复杂,且中间轮对承担轮轨横向力的能力较差,因此多轴车没有被推广采用。

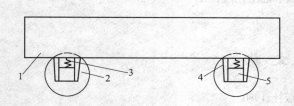

图 2 – 1　二轴车辆

1—车体;2—轮对;3—弹簧装置;4—导框;5—轴箱

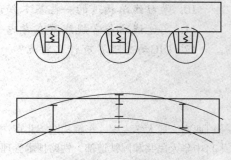

图 2 – 2　三轴车辆

多轴车辆一般采用带转向架结构形式。把两个或几个轮对用专门的构架(侧架)组成的一个小车,称为转向架。车体支承在前后两个转向架上。为便于通过曲线,车体与转向架之间可以相对转动。这样,相当于将一个车体坐落在两个二轴小车上(如转向架是二轴式),使车辆的载重量、长度和容积都可以增加,运行品质得以改善,以满足近代铁路运输发展的需要。目前绝大多数车辆都采用转向架的结构形式。

转向架的基本作用及要求:

1. 车辆上采用转向架是为增加车辆的载重、长度与容积,提高列车运行速度,以满足铁路运输发展的需要。

2. 保证在正常运行条件下,车体都能可靠地坐落在转向架上,通过轴承装置使车轮沿钢轨的滚动转化为车体沿线路运行的平动。

3. 支承车体,承受并传递从车体至轮对之间或从轮轨至车体之间的各种载荷及作用力,并使轴重均匀分配。

4. 保证车辆安全运行,能灵活地沿直线线路运行及顺利地通过曲线。

5. 转向架的结构要便于弹簧减振装置的安装,使之具有良好的减振特性,以缓和车辆和线路之间的相互作用,减小振动和冲击,减小动应力,提高车辆运行平稳性、安全性和可靠性。

6. 充分利用轮轨之间的黏着,传递牵引力和制动力,放大制动缸所产生的制动力,使车辆具有良好的制动效果,以保证在规定的距离之内停车。

7. 转向架是车辆的一个独立部件。在转向架与车体之间尽可能减少连接件,并要求结构简单,装拆方便,以便于转向架可单独制造和检修。

二、转向架的组成

由于车辆的用途、运行条件、制造和检修能力及历史传统等因素的不同,使得转向架的类型繁多,结构各异。但它们又都具有共同的特点,其基本作用和基本组成部分是相同的。一般转向架的组成可以分为以下几个部分(参看图3-1、图4-1)。

1. 轮对轴箱装置:轮对沿着钢轨滚动,除传递车辆重量外,还传递轮轨之间的各种作用力,其中包括牵引力和制动力。轴箱与轴承装置是联系构架(或侧架)和轮对的活动关节,使轮对的滚动转化为构架(或侧架)、车体沿钢轨的平动。

2. 弹性悬挂装置:为减少线路不平顺和轮对运动对车体的各种动态影响(如垂向振动,横向振动等),转向架在轮对与构架(侧架)之间或构架(侧架)与车体(摇枕)之间,设有弹性悬挂装置。前者称为轴箱悬挂装置(又称第一系悬挂),后者称为摇枕(中央)悬挂装置(又称第二系悬挂)。目前,大多数货车转向架只设有摇枕悬挂装置或轴箱悬挂装置,而客车转向架既设有摇枕悬挂装置,又设有轴箱悬挂装置。

弹性悬挂装置包括弹簧装置、减振装置和定位装置等。

3. 构架或侧架:构架(侧架)是转向架的基础,它把转向架各零、部件组成一个整体。所以它不仅仅承受、传递各种作用力及载荷,而且它的结构、形状和尺寸大小都应满足各零、部件的结构、形状及组装的要求(如应满足制动装置、弹簧减振装置、轴箱定位装置等安装的要求)。

4. 基础制动装置:为使运行中的车辆能在规定的距离范围内停车,必须安装制动装置,其作用是传递和放大制动缸的制动力,使闸瓦与轮对之间或闸片与制动盘之间产生的转向架的内摩擦力转换为轮轨之间的外摩擦力(即制动力),从而使车辆承受前进方向的阻力,产生制动效果。

5. 转向架支承车体的装置:转向架支承车体的方式(又可称为转向架的承载方式)不同,使得转向架与车体相连接部分的结构及形式也各有所异,但都应满足以下基本要求:安全可靠地支承车体,承载并传递各作用力(如垂向力、振动力等);为使车辆顺利通过曲线,车体与转向架之间应能绕不变的旋转中心相对转动;为使车辆稳定运行,车体与转向架之间应具有一定的回转阻力或阻力矩。

转向架的承载方式可以分为心盘集中承载、心盘部分承载和非心盘承载三种。

第二节 转向架的分类

由于车辆的用途不同,运行条件的差异,制造维修方法的制约和经济效益等具体因素的影响,对转向架的性能、结构、参数和采用的材料及工艺等要求就有差别,因而出现了多种型式的转向架。我国国内目前使用的客车转向架、货车转向架有几十种,各种转向架的主要区别在于:转向架的轴数和类型,弹簧悬挂系统的结构与参数,垂向载荷的传递方式,轮对支承方式,轴箱定位方式,基础制动装置的类型与安装,以及构架、侧架结构型式等诸方面。

一、按转向架的轴数、类型及轴箱定位方式分类

(一)轴数与类型

在各种转向架上,采用轮对的数目与类型是有区别的。根据国家标准(GB/T12814 – 2002),按容许轴重,车辆所用的车轴基本上可分为 B、C、D、E、F、G 六种。车轴直径越粗,容许轴重越大,但最大容许轴重要受线路和桥梁的强度标准的限制。一般货车采用 B、D、E、F、G 五种轴型,客车采用 C、D 两种轴型。随着我国铁路运输的发展,其趋势是发展重载和快速运输,因此新型货车主要采用 E 轴,新型客车主要采用 D 轴。

按轴数分类,转向架有二轴、三轴和多轴。转向架的轴数一般是根据车辆总重和每根车轴的容许轴重确定的,例如采用二 E 轴转向架的货车每根轴容许轴重为 25 t,因此,其最大重量(自重与载重之和)不能超过 $4 \times 25 = 100$ t。如果超过 100 t,就需要用三轴或三轴以上的多轴转向架。我国大多数客、货车采用二轴转向架,一些大吨位货车及公务车等采用三轴转向架,在长大重载货车上采用多轴转向架或转向架群。

(二)轴箱定位方式

约束轮对与构架之间相对运动的机构,称为轴箱定位装置,由于轴箱相对于轮对在左右、前后方向的间隙很小,故约束轮对相对运动的轮对定位通常也称为轴箱定位。

对于轴箱定位装置的基本要求是:在纵向和横向具有适宜的弹性定位刚度值,其值是该装置主要参数;它的结构形式应能保证良好地实现弹性定位作用,性能稳定,结构简单可靠,无磨耗或少磨耗,制造、组装和检修方便,重量轻,成本低。

适宜的轴箱弹性定位,不仅可以避免车辆在运行速度范围内发生蛇行运动失稳,还能保证车辆在曲线上运行时具有良好的导向性能,从而减小轮对与钢轨之间的冲击和侧压力,减轻车轮轮缘与钢轨的磨耗。确保车辆运行的安全性和平稳性。

轴箱定位装置有多种结构形式,常见的有下面几种:

1. 固定定位:轴箱与转向架侧架铸成一体,或是轴箱与侧架用螺栓及其他紧固件连接成为一个整体,使得轴箱与侧架之间不能产生任何相对运动,如图 2 – 3(a)所示。

2. 导框式定位:轴箱上有导槽,构架(或侧架)上有导框。构架(侧架)的导框插入轴箱的导槽内,这种结构可以容许轴箱与构架(侧架)之间在铅垂方向有较大的相对位移,但在前后、左右方向仅能在容许的间隙范围之内,有相对小的位移,如图 2 – 3(b)所示。

3. 干摩擦导柱式定位:安装在构架上的导柱及坐落在轴箱弹簧托盘上的支持环均装配有磨耗套,导柱插入支持环,发生上下运动时,两磨耗套之间是干摩擦,它的作用原理是由于轴箱橡胶垫产生不同方向的剪切变形,实现弹性定位作用,如图 2 – 3(c)所示。

4. 油导筒式定位:把安装在构架上的轴箱导柱和坐落在轴箱弹簧托盘上的导筒分别做成活塞和油缸形式,导柱插入导筒。导柱在导筒内上下移动时,油液可以进出导柱的内腔,产生减振作用。它的作用原理是,当构架与轴箱之间产生水平方向的相对运动时,利用导柱与导筒传递纵向力和横向力,再通过轴箱橡胶垫传递给轴箱体,使橡胶垫产生不同方向的剪切变形,实现弹性定位作用,如图 2 – 3(d)所示。

5. 拉板式定位:用特种弹簧钢材制成的薄形定位拉板,一端与轴箱连接,另一端通过橡胶节点与构架连接。利用拉板在纵、横方向的不同刚度来约束构架与轴箱的相对运动,以实现弹

性定位。拉板上下弯曲变形刚度小,对轴箱与构架上下方向的相对位移约束很小,如图2-3(e)所示。

6. 拉杆式定位:拉杆两端分别与构架和轴箱销接,拉杆可以容许轴箱与构架在上下方向有较大的相对位移。拉杆中的橡胶垫、套分别限制轴箱与构架之间的横向与纵向的相对位移,实现弹性定位,如图2-3(f)所示。

7. 转臂式定位:又称弹性铰定位。定位转臂一端与圆筒形的轴箱体固接,另一端以橡胶弹性节点与焊在构架上的安装座相连接。橡胶弹性节点容许轴箱相对构架有较大的上下方向位移,但它里边的橡胶件使轴箱纵向与横向位移的定位刚度有所不同,以适应纵、横两个方向的不同弹性定位刚度的要求,如图2-3(g)所示。

8. 橡胶弹簧定位:构架与轴箱之间设有橡胶弹簧,这种橡胶弹簧上下方向的刚度比较小,轴箱相对构架在上下方向有比较大的位移,而它的纵、横方向具有适宜的刚度以实现良好的弹性定位,如图2-3(h)所示。

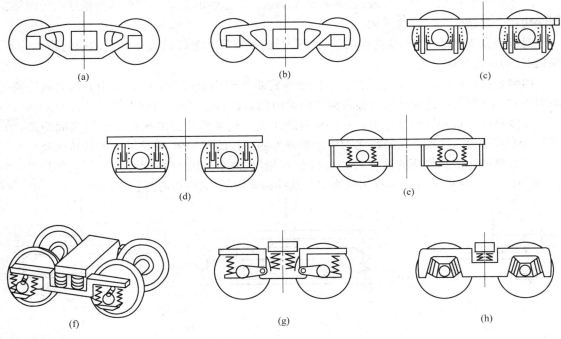

图2-3 轴箱定位方式

二、按弹簧悬挂装置分类

1. 一系弹簧悬挂:在采用一系悬挂的车辆上,从车体至轮对之间,只设有一系弹簧减振装置,如图2-4(a)所示。所谓"一系",一般是指车体的振动只经过一次(空间三维方向均包括)弹簧减振装置实施减振。该装置在转向架中设置的位置,有的是设在车体(摇枕)与构架(侧架)之间,有的是设在构架与轮对轴箱之间。采用一系弹簧悬挂,转向架结构比较简单,便于检修、制造,成本较低。所以一般多在对运行品质要求相对较低的货车转向架上采用。

2. 二系弹簧悬挂:在采用二系悬挂的车辆上,从车体至轮对之间,设有二系弹簧减振装置,如图2-4(b)所示。在转向架中同时有摇枕弹簧减振装置和轴箱弹簧减振装置,使车体的振动经历二次弹簧减振装置衰减。

显而易见,二系弹簧悬挂的转向架结构比较复杂,采用的零、部件数目明显增多,但由于它是从上向下由车体至构架再从上向下由构架到轮对,先后两次充分利用从车体底架至轮对之间的有限空间,具有较大的弹簧装置总静挠度,并对摇枕悬挂和轴箱悬挂分别选择各自的减振阻尼及刚度,确定适宜的挠度比(实质是两系刚度之比),明显地改善了车辆的运行品质。所以,二系弹簧悬挂多在对运行品质要求较高的客车转向架上采用。

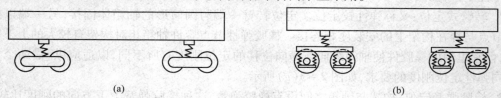

(a)   (b)

图 2-4　弹簧悬挂装置
(a)一系弹簧悬挂;(b)二系弹簧悬挂

二系弹簧悬挂只要设计合理,已能满足车辆运行平稳性的要求。多系弹簧悬挂的转向架,因结构过分复杂,因此,很少采用。

对以心盘支承车体(心盘集中承载)的转向架,根据摇枕悬挂装置中弹簧的横向跨距的不同,悬挂的形式又区分为:

内侧悬挂。转向架中央(摇枕)弹簧的横向跨距小于构架两侧梁的纵向中心线之间距离,如图2-5(a)所示。这种转向架称为构架侧梁内侧悬挂的转向架,简称内侧悬挂转向架。

外侧悬挂。这种转向架中央弹簧的横向跨距大于构架两侧梁的纵向中心线之间距离,如图2-5(b)所示。这种转向架称之为构架侧梁外侧悬挂的转向架,简称外侧悬挂转向架。

中心悬挂。中央弹簧的横向跨距与构架两侧梁的纵向中心线之间距离相等,如图2-5(c)所示。这种转向架称之为构架侧梁中心悬挂的转向架,简称中心悬挂转向架。

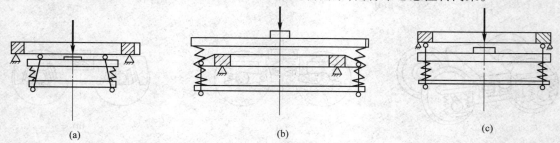

(a)   (b)   (c)

图 2-5　弹簧装置的横向跨距
(a)内侧悬挂;(b)外侧悬挂;(c)中心悬挂

在一般转向架上,构架两侧梁纵向中心线之间的距离和轮对轴颈中心距是一致的,每种车轴轴颈中心距都是固定的。所以,以轴颈中心距作为标准衡量中央弹簧横向跨距的大小是比较简便的,中央弹簧横向跨距大小对于车体在弹簧上的倾覆稳定性影响显著,增加其跨距可以增加车体的倾覆复原力矩,提高车体在弹簧上的稳定性。

一般客、货车转向架均采用轴承安装在车轮外侧的结构型式,称为外轴箱悬挂转向架。此外,也有将轴承安装在轮对车轮内侧的结构型式,称为内轴箱悬挂转向架。内轴箱悬挂转向架具有重量轻、易于通过曲线的特点,通常在城市轨道车辆上采用。

三、按垂向载荷的传递方式分类

转向架结构形式的不同,使车辆垂向载荷传递的方式也多种多样,一般可按各部位载荷传递方式分类。

（一）车体与转向架之间的载荷传递

车辆车体与转向架之间衔接部分的结构形式,要相互吻合而组成一个整体。显然,它与载荷的传递方式密切相关。按不同的载荷分配及载荷作用点,可分为以下三种。

1. 心盘集中承载:车体上的全部重量通过前后两个上心盘分别传递给前后转向架的两个下心盘,如图2－6(a)所示。早期的客、货车转向架都是这种承载方式。

2. 非心盘承载:该种型式的转向架没有心盘装置,虽然有的转向架上还有类似心盘的装置存在,但它仅作为传递纵向力及转动中心之用,而车体上的全部重量通过中央弹簧悬挂装置直接传递给转向架构架。其中有的转向架在中央弹簧悬挂装置与构架之间安装有旁承装置时,对这种转向架又称为旁承承载,如图2－6(b)所示。

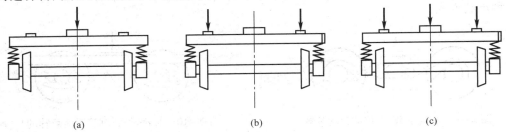

(a)	(b)	(c)

图2－6　车体载荷传递方式

3. 心盘部分承载:这种承载方式的结构是上述两种承载方式结构的组合,即车体上的重量按一定比例分配,分别传递给心盘与旁承,使之共同承载,如图2－6(c)所示。这种承载方式的旁承结构比较复杂,目前,我国货车主要采用这种承载形式。

在旁承承受全部或局部载荷的情况下,当转向架绕心盘或转动中心转动时,上下旁承之间有摩擦力。这种摩擦力形成的摩擦力矩可以阻止转向架相对车体的转动。适宜的摩擦力矩可以有效抑制车辆蛇行运动。若摩擦力矩的取值过大,则不利于车辆的曲线通过,甚至造成车辆脱轨现象的发生。

（二）转向架中央(摇枕)悬挂装置的载荷传递

转向架中央悬挂装置的载荷传递,按其结构特点,大体上可分为有摇动台装置及无摇动台装置两种形式。

1. 具有摇动台装置的转向架:如图2－7所示,车体通过心盘(或旁承)支承在摇枕上,摇枕两端支承在摇枕弹簧的上支承面,摇枕弹簧下支承面坐落在弹簧托板(或托梁)上,弹簧托板通过吊轴、吊杆与吊销悬挂在构架上。这样,摇枕、摇枕弹簧、弹簧托板、吊轴与吊杆连同车体,在侧向力作用下,可做类似钟摆的摆动,使之相对构架产生左右摇动。转向架中可以横向摆动的这个部分称为摇动台装置,它具有横向弹性特性。这种结构的载荷传递特点是心盘(或旁承)承载后通过摇动台将载荷传递给构架。

2. 无摇动台装置的转向架:按结构特点又可分非心盘承载和心盘集中承载两种。

（1）非心盘承载的无摇动台转向架:如图2－8所示,车体直接通过中央弹簧将载荷传递给构架,没有摇动台装置,车体的左右摇动位移,以及车辆通过曲线时转向架与车体之间的转动位移均是依靠中央弹簧的横向、纵向弹性变形来实现。这种结构的特点是无心盘承载,中央弹簧不仅须有良好的垂向弹性特性,还具有良好的横向弹性特性。为此,一般采用的弹簧是空气弹簧或是高圆螺旋弹簧,由于它结构比较简单,在一些新型高速客车转向架上得到了应用。

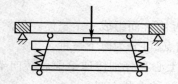

图2-7 心盘承载的摇动台装置

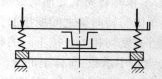

图2-8 非心盘承载,无摇动台的装置

(2)心盘集中或部分承载的无摇动台转向架:如图2-9所示,车体通过心盘或旁承坐落在摇枕上,摇枕两端坐落在左右摇枕弹簧上,左右摇枕弹簧又直接坐落在构架的两个侧梁(或左右二个侧架)上。这种转向架设有摇枕弹簧装置,但无摇动台结构,三大件式货车转向架都是这种承载方式。

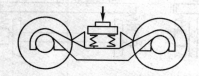

图2-9 心盘承载,无摇动台的装置

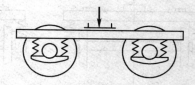

图2-10 心盘承载,轴箱弹簧悬挂的装置

另外,还有一种结构形式是车体通过心盘或旁承支承在构架上,构架直接坐落在轴箱弹簧上,车体与构架之间没有弹簧减振装置,如图2-10所示,整体焊接构架货车转向架采用这种结构形式。

(三)构架(侧架)与轮对轴箱之间的载荷传递

构架(侧架)与轮对轴箱之间载荷传递的方式,主要有如下几种形式:

1. 转向架侧架直接置于轮对轴箱上,而无轴箱弹簧装置(图2-9);

2. 转向架的每侧有一个纵向布置的、较长的均衡梁,均衡梁两端支于前后两个轴箱上。均衡梁上有均衡梁弹簧及弹簧座,转向架构架支悬于均衡梁弹簧之上[图2-11(a)];

3. 转向架构架由轴箱顶部的弹簧支承[图2-11(b)];

4. 每个轴箱左右两侧铸有弹簧托盘,转向架构架由弹簧托盘上的轴箱弹簧支承[图2-11(c)]。

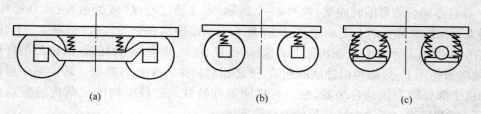

(a)　　　　　　　　　　(b)　　　　　　　　　　(c)

图2-11 构架与轴箱轮对的载荷传递方式

第三节　轮　　对

一、轮对组成及基本要求

轮对是由一根车轴和两个相同的车轮组成的,如图 2 – 12 所示。在轮轴接合部位采用过盈配合,使两者牢固地结合在一起,为保证安全,绝对不允许有任何松动现象发生。

轮对承担车辆全部重量,且在轨道上高速运行,同时还承受着从车体、钢轨两方面传递来的其他各种静、动作用力,受力很复杂。因此,对车辆轮对的要求是:应有足够的强度,以保证在容许的最高速度和最大载荷下安全运行;应在强度足够和保证一定使用寿命的前提下,使其重量最小,并具有一定弹性,以减小轮轨之间的相互作用力;应具备阻力小和耐磨性好的优点,这样可以只需要较少的牵引动力并能提高使用寿命;应能适应车辆直线运行,同时又能顺利通过曲线,还应具备必要的抵抗脱轨的安全性。

轮对是转向架中重要的部件之一,又是影响车辆运行安全性的关键部件之一,故在新造、厂段修及运用中,对轮对都有严密的技术要求和严格的管理制度。例如:对用于标准轨距的轮对两轮缘内侧距离必须符合组装要求(参见表 2 – 10),并要求在同一轮对

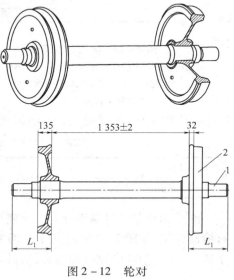

图 2 – 12　轮对
1—车轴;2—车轮

的三等分点上所测得的内侧距,最大差值不应超过 1 mm;车轮与车轴接缝处的内侧,涂一圈白铅油,其宽度在车轮内侧和车轴上各为 25 mm,并在白铅油圈的三等分处,涂有三条长 50 mm、宽 20 mm 的红油漆标记,与白铅油圈相互垂直,作为检查轮毂与车轴松动的标记线。

二、车　　轴

（一）车轴各部位名称及作用

铁路车辆用的车轴绝大多数是圆截面实心轴。由于车轴各部位受力状态不同及装配的需要,其直径也不一样。各部位名称和作用如下(参看图 2 – 13)。

1. 轴颈:用以安装滑动轴承的轴瓦或滚动轴承,负担着车辆重量,并传递各方向的静、动载荷。

2. 轮座:是车轴与车轮配合的部位。

为了保证轮轴之间有足够的压紧力,轮座直径比车轮孔径要大 0.10～0.35 mm,同时为了便于轮轴压装,减少应力集中,轮座外侧(靠防尘板座侧)直径向外逐渐减小,成为锥体,其小端直径比大端直径要小 1 mm,锥体长 12～16 mm。轮座是车轴受力最大的部位。

3. 防尘板座:为车轴与防尘板配合部位,其直径比轴颈直径大,比轮座直径小,介于两者之间,是轴颈和轮座的中间过渡部分,以减小应力集中。

4. 轴身:是车轴中央部分,该部位受力较小。

应该指出,为减小应力集中,各相邻截面直径变化时,交接处必须缓和过渡(参看GB/T12814 – 2002)。为了提高车轴的疲劳强度,对轴颈、防尘板座和轮座要进行滚压强化和精加工。在车轴两端面有中心孔,以便于轮对在机床上进行卡装,其形状、尺寸如图 2 – 14 所示。

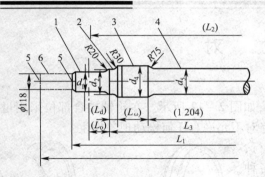

图 2-13 滚动轴承车轴
1—轴颈;2—防尘板座;3—轮座;4—轴身;
5—螺丝孔;6—两点划线部分为发电
机传动车轴加长的部分

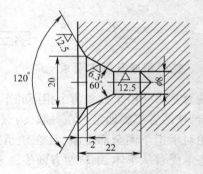

图 2-14 车轴中心孔
（标准车轴）

以中心孔轴线为基准刻划一个标记圆（基准圆），如图 2-15 所示。标记圆直径如表 2-1 所列。

表 2-1 标记圆直径

轴 型	B	C	D	E
d(mm)	110	130	140	150

滚动轴承车轴每端平分为三个扇形,两端六个扇形中的任一扇形内刻打制造标记,其余刻打检修标记,如图 2-15(a)所示。旧型滚动轴承车轴端部由防松板槽一分为二,两端共四个半圆,在任一半圆中刻打制造标记,其余刻打检修标记,如图 2-15(b)所示。

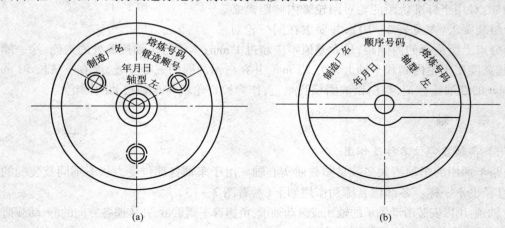

图 2-15 滚动轴承车轴新制标记
（a）标准型;（b）旧型

车轴轴型已标准化和系列化,这是为了简化设计,便于制造、检修、运用,同时为了减轻车轴自重,提高经济效益,以适应不同车种和不同车辆自重和载重的要求,以及适应客、货运输用途不同的需要。

根据国家标准 GB/T12814-2002,标准型滚动轴承车轴有 RB₂、RD₂、RE₂、RC₂ₐ、RC₃、RC₄、RD₃、RD₄、RD₃ₐ、RD₄ₐ、RD₃ᵦ型。其中 RB₂、RD₂、RE₂、RE₂ₐ、RE₂ᵦ型用于货车,RD₃、RD₄ 型既可用于货车,也可用于客车,其余用于客车。RC₄、RD₄ 型车轴为发电机传动车轴,在车轴一端有发电机皮带轮安装轴（图 2-13 中双点画线所示）。各型车轴的主要参数列于表 2-2 中,各型车轴基本尺寸见图 2-16 所示,车轴各部主要尺寸及重量列于表 2-3 中。

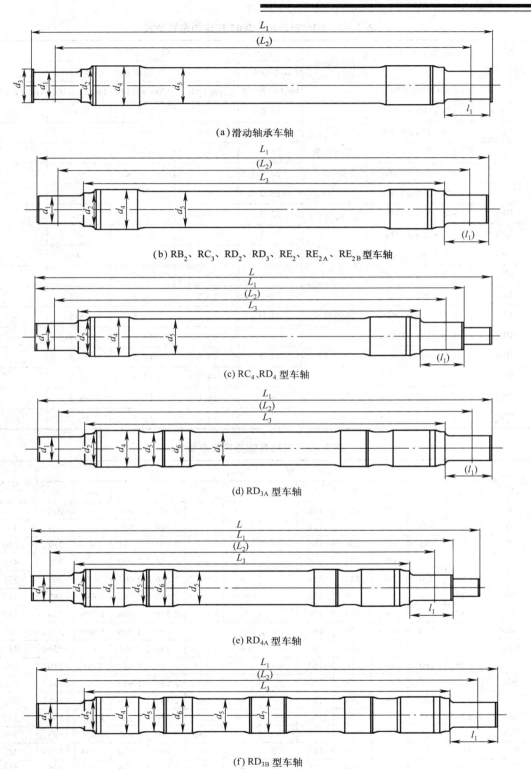

(a) 滑动轴承车轴

(b) RB$_2$、RC$_3$、RD$_2$、RD$_3$、RE$_2$、RE$_{2A}$、RE$_{2B}$ 型车轴

(c) RC$_4$、RD$_4$ 型车轴

(d) RD$_{3A}$ 型车轴

(e) RD$_{4A}$ 型车轴

(f) RD$_{3B}$ 型车轴

图 2-16　各型车轴基本尺寸

表 2 - 2 GB/T12814 - 2002 规定的车轴型式

轴 型	车轴主要尺寸 $d_1 \times l_1 \times L_2$ （mm × mm × mm）	适应轴承类型	轴 重(t)				
			用于货车 $v \leqslant 120$ km/h	用于客车 v(km/h)			
				$v \leqslant 120$	$120 < v \leqslant 140$	$140 < v \leqslant 160$	$160 < v \leqslant 200$
B	$105 \times 203 \times 1\,905$	滑动轴承	12.0	—	—	—	—
D	$145 \times 254 \times 1\,956$		21.0	—	—	—	—
E	$155 \times 279 \times 1\,981$		25.0	—	—	—	—
F	$165 \times 305 \times 2\,007$		30.0	—	—	—	—
G	$178 \times 305 \times 2\,007$		35.0	—	—	—	—
RB$_2$	$100 \times 187 \times 1\,905$	滚动轴承	12.0	—	—	—	—
RD$_2$	$130 \times 220 \times 1\,956$		21.0	—	—	—	—
RE$_2$	$150 \times 240 \times 1\,956$		25.0	—	—	—	—
RE$_{2A}$	$150 \times 230 \times 1\,981$		25.0	—	—	—	—
RC$_3$	$120 \times 191 \times 1\,930$		—	15.5	14.5	13.5	—
RD$_3$	$130 \times 195 \times 1\,956$		21.0	18.0	17.5	16.5	—
RC$_4$	$120 \times 191 \times 1\,930$		—	15.5	14.5	13.5	—
RD$_4$	$130 \times 195 \times 1\,956$		21.0	18.0	17.5	16.5	—
RD$_{3A}$	$130 \times 195 \times 1\,956$		—	18.0	17.5	16.5	—
RD$_{4A}$	$130 \times 195 \times 1\,956$		—	18.0	17.5	16.5	—
RD$_{3B}$	$130 \times 195 \times 2\,000$		—	18.0	17.5	16.5	15.5

表 2 - 3 车轴各部分尺寸及质量

轴 型	尺 寸(mm)												质量(kg)
	d_1	d_2	d_3	d_4	d_5	d_6	d_7	L	L_1	(L_2)	L_3	l_1	
B	108	133	133	155	138	—	—	—	2 140	1 905	—	203	243
D	145	170	170	194	174	—	—	—	2 248	1 956	—	254	406
E	155	185	185	206	184	—	—	—	2 304	1 981	—	279	470
F	165	197	197	222	198	—	—	—	2 356	2 007	—	305	487
G	178	210	210	241	215	—	—	—	2 356	2 007	—	305	571
RB$_2$	100	127	—	155	138	—	—	—	2 062	1 905	1 688	(187)	232
RD$_2$	130	165	—	194	174	—	—	—	2 146	1 956	1 706	(220)	380
RE$_2$	150	180	—	206	184	—	—	—	2 166	1 956	1 686	(240)	440
RE$_{2A}$	150	180	—	210	184	—	—	—	2 191	1 981	1731	(230)	451
RE$_{2B}$	150	180	—	210	184	—	—	—	2 181	1 981	1761	(210)	451
RC$_3$	120	145	—	178	158	—	—	—	2 110	1 930	1 728	(191)	315
RD$_3$	130	165	—	194	174	—	—	—	2 146	1 956	1 756	(195)	383
RC$_4$	120	145	—	178	158	—	—	2 270	2 110	1 930	1 728	(191)	332
RD$_4$	130	165	—	194	174	—	—	2 286	2 146	1 956	1 756	(195)	398
RD$_{3A}$	130	165	—	194	174	198	—	—	2 146	1 956	1 756	(195)	403
RD$_{4A}$	130	165	—	194	174	198	—	2 286	2 146	1 956	1 756	(195)	415
RD$_{3B}$	130	165	—	194	174	198	200	—	2 190	2 000	1 800	(195)	420

注:括号内尺寸为参考尺寸。

（二）车轴材质及要求

车轴采用优质碳素钢，如平炉钢或电炉钢钢锭或专门的车轴钢坯加热锻压成型，经过热处理（正火或正火后再回火）和机械加工制成。

车轴钢的化学成分应符合表2-4的规定。

车轴热处理后，其机械性能应符合表2-5的规定。在金相检查时，其晶粒度应为5~8级。

表2-4　车轴钢的化学成分（%）

车轴钢钢种	$w(C)$	$w(Mn)$	$w(Si)$	$w(P)$	$w(S)$	$w(Cr)$	$w(Ni)$	$w(Cu)$
				不大于				
40钢	0.37~0.45	0.50~0.80	0.15~0.35	0.040	0.045	0.30	0.30	0.25
50钢	0.47~0.55	0.60~0.90	0.15~0.35	0.035	0.035	0.30	0.30	0.25

表2-5　车轴钢机械性能

车轴钢钢种	抗拉强度 σ_s（MPa）	伸长率 $\delta_5(l=5d)$（%）	冲击韧性（N·m/cm²）	
			四个试样平均值	个别试样最小值
			不　小　于	
40钢	≥549~569	22	59	39
	>569~598	21	49	34
	>598	20	39	29

车轴钢钢种	车轴最大直径（mm）	σ_b	σ_s	$\delta_5(\delta_4)$	断面收缩率 ψ（%）	冲击韧性（N·m/cm²）	
		（N/mm²）		（%）		4个试样平均值	个别试样最小值
50钢	≤200	≥605	≥344	≥22(20)	≥37	≥39	≥29
	200~300	≥593	≥330	≥21(19)	≥35	≥34	≥29

（三）空心车轴

车轴是转向架轮对中重要的部件之一，直接影响车辆运行的安全性，同时又是转向架簧下质量的主要组成部分，特别是对于高速车辆和重载车辆，降低车辆簧下部分质量对改善车辆运行平稳性和减小轮轨间动力作用有重要影响。虽然，簧下结构的轻量化内容很多，如车轮、轴箱、轴承、传动装置等的轻量化，但相对来说车轴的轻量化潜力最大，空心车轴比实心车轴可减轻20%~40%的质量，一般可减60~100 kg，甚至更多。

空心车轴的结构形式，如图2-17所示。由于车轴主要承受横向弯矩作用，截面中心部分应力很小，制成空心后，对车轴强度影响很小。这是因为车辆最大弯曲应力与其抗弯断面模数

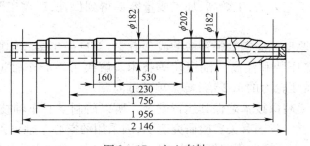

图2-17　空心车轴

成反比。而直径为 D 的实心车轴的断面模数与外径为 D、内径为 d 的空心车轴的断面模数之比，为 $[1-(d/D)^4]^{-1}$，若 $d/D=0.5$ 时，两者之比为 $100:93.75$，说明空心轴对强度影响虽小，但减重效果明显。

另外，若采用高强度材料，也可以缩小车轴断面尺寸，以减小车轴自重，但会使成本提高，而且更重要的是随着材料强度的提高对缺陷的敏感性也随之增高。加之因断面尺寸减小工作应力增大，发生断轴事故可能性随之增加并且维护困难，所以一般不采用这种方法。

空心车轴生产工艺的选择至关重要，它对空心车轴的性能、减重效果、维修检查方式、生产成本等都密切相关。世界各国使用过的生产工艺有一二十种之多。举例说明：实心轴坯钻、镗孔成型；离心铸造一次成型；厚壁无缝钢管轴颈锻缩成型；多段摩擦焊接成型等。

1. 采用实心轴坯钻、镗孔成型方法工艺比较费时费工，浪费大量金属。假若轴颈小于 150 mm 时，轴内孔内径均为 60 mm 的通直型空心车轴，每根轴只能减轻 60 kg 左右，减重效果不够理想；若把轴身部分内孔扩大到 100 mm，还需特种工艺装备，生产效率也低。

2. 离心铸造工艺是苏联创造的一种生产空心车轴的新工艺。据介绍，在运用实验中效果还不错，不过用于高速车辆是否可行值得商榷。

3. 摩擦焊接空心车轴的结构形式一般可分为三段式和两段式。三段式的车轴是事先将轴身和两端轴端部分（轴颈部分为实心轴）分段加工，然后在双头摩擦焊机上一次焊接成型。两段式的车轴是由两节锻制和镗孔的半轴（轴颈部分为实心轴）在中央部位相接，采用摩擦焊接法焊接成整体轴。

摩擦焊接过程可分为四个步骤，主轴转速达到要求，分步骤施加轻、重不同轴向载荷，使两个焊接部分受压摩擦、生热，焊接表面产生塑变金属层，并清除碎屑，熔除多余金属，停止旋转，最后大大增加载荷，锻压使两焊接部分粘连在一起，达到焊接强度与母体一样。

全部摩擦焊接过程完全自动操作，消除因人工操作产生的差错，焊机焊接参数由内置检查机构控制，以保证最佳焊接参数。对可能出现的偏差能及时测出。所以，这种生产工艺是比较理想的成型工艺。而且生产功效很高，约 5 min 就可以完成一根空心车轴的组焊。但必须注意在焊缝内壁焊头形成的"鳍形卷边"（焊缝的截面形状类似鱼尾的分叉），若它与空心车轴内壁之间形成的过渡圆弧不足够大时，裂纹始发于此点并扩展至空心轴壁。所以鳍形卷边可能是裂缝始发的部位——疲劳源。另外，工艺装备复杂。

4. 采用无缝钢管，内孔经镗旋后，轴颈作防氧化收口工艺。收口时由于芯棒与模具的引导，材料是从内向外延伸，内壁纤维产生纵向流动，过渡部平滑流畅，所以不影响强度。收口层的内壁由于无氧化皮脱落而不起皱，故不妨碍从内壁使用超声波探测轮座裂纹。收口工艺的技术关键是控制"壁偏差"，如某空心车轴的理论计算，当壁厚偏差 1 mm 时，静不平衡量可达高速轮对允许静不平衡量的 75%，而且又无法在车轴上采取校正措施，所以生产时必须配备对中工装。采用这种工艺方法，工效高，加工质量容易得到保证，所需工装设备比摩擦焊接法所需装备简单。

目前在我国采用厚壁无缝钢管轴颈锻缩成型方案，并已做了多年实验研究工作。采用优化结构设计，车轮加热压装和注高压油退轮等技术。解决了空心车轴退轮时退压压力降低（要求退轮力应能保持压轮力的 1.2 倍）等多项关键问题。

使用空心车轴需要超探技术确保其运行安全。所以研制空心车轴技术的同时，必须研制自动化超声波探伤装置。我国有关实验研究表明，因采用的空心车轴可以实现内壁检测，使超探路径短，空心车轴轮座部横向裂纹探测精度比实心车轴高，裂纹定位正确，漏探、误判机率可明显减少。所以空心车轴的使用安全性比实心车轴还要高。

值得指出的是，为能尽量减轻簧下质量，希望空心车轴的壁厚薄一点为好，但为提高空心车轴的弯曲疲劳强度和摩擦腐蚀疲劳强度，为使车轴弯曲自振频率（壁厚减薄，其频率降低）远离车轴的高速旋转频率，以避免发生车轴弯曲共振，其壁厚不可太薄。国外实验研究表明，空心轴内外径之比最大为6:10。

三、车　轮

（一）车轮各部分名称及作用

目前我国铁路车辆上使用的车轮绝大多数是整体辗钢轮，它包括踏面、轮缘、轮辋、辐板和轮毂等部分，如图2-18(a)所示。车轮与钢轨的接触面称为踏面。一个突出的圆弧部分称为轮缘，是保持车辆沿钢轨运行，防止脱轨的重要部分。轮辋是车轮上踏面下最外的一圈。轮毂是轮与轴互相配合的部分，辐板是联接轮辋与轮毂的部分，辐板上有两个圆孔，便于轮对在切削加工时与机床固定和搬运轮对之用。

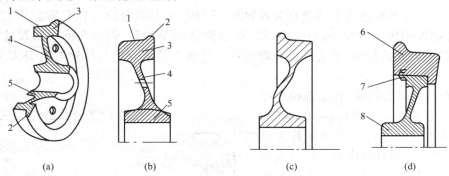

图2-18　车轮
（a）整体轮；（b）直辐板形轮；（c）S形辐板轮；（d）轮箍轮
1—踏面；2—轮缘；3—轮辋；4—辐板；5—轮毂；6—轮箍；7—扣环；8—轮心

车轮踏面需要做成一定的斜度（图2-19），其作用是：

1. 便于通过曲线。车辆在曲线上运行，由于离心力的作用，轮对偏向外轨，于是在外轨上滚动的车轮与钢轨接触的部分直径较大，而沿内轨滚动的车轮与钢轨接触部分直径较小，使滚动中的轮对中大直径的车轮沿外轨行走的路程长，小直径的车轮沿内轨行走的路程短，这正好和曲线区间线路的外轨长内轨短的情况相适应，这样可使轮对较顺利地通过曲线，减少车轮在钢轨上的滑行。

2. 可自动调中。在直线线路上运行时，如果车辆中心线与轨道中心线不一致，则轮对在滚动过程中能自动纠正偏离位置。

3. 踏面磨耗沿宽度方向比较均匀。

从上述分析可知，车轮踏面必须有斜度。而由于它的存在，也是轮对以至整个车辆发生自激蛇行运动的原因。

锥形踏面[图2-19(a)]有两个斜度，即1:20和1:10，前者位于轮缘内侧48～100 mm范围内（钢轮），是轮轨的主要接触部分，后者为离内侧100 mm以外部分。踏面的最外侧做成 $R=6$ mm的圆弧，其作用是便于通过小半径曲线，也便于通过辙叉。

磨耗型踏面[图2-19(b)、(c)、(d)]是在研究、改进锥形踏面的基础上发展起来的。

各国车辆运用经验表明,锥形踏面车轮的初始形状,运行中将很快磨耗,但当磨耗成一定形状后(与钢轨断面相匹配),车轮与钢轨的磨耗都变得缓慢,其磨耗后的形状将相对稳定。

实践证明,把车轮踏面一开始就做成类似磨耗后的稳定形状,即磨耗型踏面,可明显减少轮与轨的磨耗、减少车轮磨耗过限后修复成原形时旋切掉的材料、延长了使用寿命,减少了换轮、旋轮的检修工作量。磨耗型踏面可减小轮轨接触应力,即能保证车辆直线运行的横向稳定,又有利于曲线通过。

图 2 – 19(b)是我国客、货车 LM 磨耗型踏面形状,图 2 – 19(c)是我国快速客车 LM_A 磨耗型踏面形状,图 2 – 19(d)是 UIC S1002 磨耗型踏面形状。

各国采用的车轮踏面形状多种多样,概括起来说应具备下列条件:具有良好的抗蛇行运动稳定性;具有良好的防止脱轨的安全性;轮轨之间的磨耗少,发生磨耗后,外形变化要小;易于通过曲线;轮轨之间接触应力要小;以及旋修车轮时,无益的消耗少,切削去掉部分的质量要小等。

总之,在选择车轮踏面形状及有关参数时,应进行充分的理论分析和实验研究,根据车型种类、转向架结构及参数、运行速度、轴重、线路结构及参数、钢轨截面形状尺寸,以及经济效益等诸多方面的影响,综合性的合理选择。注意不能孤立地只从轮对自身来考虑与分析。

由于车轮踏面有斜度,各处直径不相同,按规定,钢轮在离轮缘内侧 70 mm 处测量所得的直径为名义直径,该圆称为滚动圆,即以滚动圆的直径作为车轮名义直径。车轮直径的大小,对车辆的影响各有利弊。轮径小,可以降低车辆重心,增大车体容积,减小车辆簧下质量,缩小转向架固定轴距;但阻力增加,轮轨接触应力增大,踏面磨耗较快,同时,小直径车轮通过轨道凹陷和接缝处对车辆振动的影响也将加大。轮径大的优缺点则与之相反。所以,车轮直径尺寸的选择,应视具体情况而定。我国货车标准轮径为 840 mm,客车标准轮径为 915 mm。

(二)车轮种类

车轮的结构、形状、尺寸、材质是多种多样的。按其用途可分为客车用、货车用、机车用车轮。按其结构分有整体轮与轮箍轮。轮箍轮又可分铸钢辐板轮心、辗钢辐板轮心及铸钢辐条轮心的车轮。整体轮按其材质又可分为辗钢轮、铸钢轮等。为降低噪声,减小簧下质量,国外还采用弹性车轮、消声(消除噪声)车轮、S

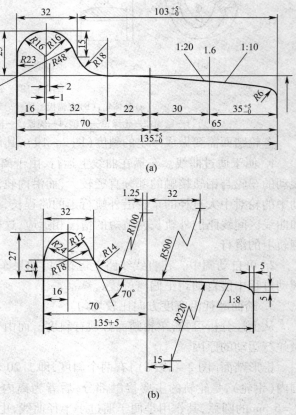

图 2 – 19 车轮轮缘踏面外形(一)

(a)锥型踏面;(b)LM 磨耗型踏面

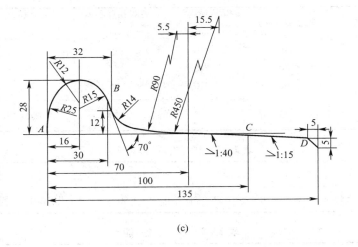

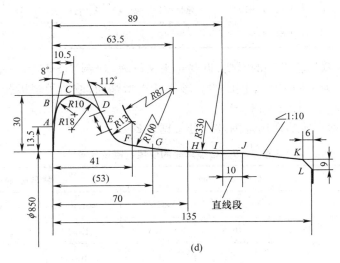

图 2 – 19　车轮轮缘踏面外形(二)

(c)LM$_A$ 磨耗型踏面；(d)S1002 型踏面

形辐板车轮等车轮。

目前我国采用辗钢整体轮和铸钢整体轮以及少量的轮箍轮。

1. 辗钢整体轮：简称辗钢轮，是由钢锭或轮坯经加热辗轧而成，并经过淬火热处理。

辗钢轮具有强度高、韧性好、自重轻、安全可靠，运用中不会发生轮箍松弛和崩裂故障，适应载重大和运行速度高的要求；维修费用较低，轮缘磨耗过限后可以堆焊，踏面磨耗后可以旋削，能多次旋修使用等优点。所以它是我国铁路车辆上采用的主型车轮。但辗钢轮制造技术较复杂，设备投资大，踏面的耐磨性不如轮箍轮的轮箍好。

为了与不同型号的车轴相配合，辗钢轮也相应地规定了几种型式，其各部分尺寸列于表 2 – 6 中。

辗钢轮的材质用Ⅱ牌号 CL60 钢材，其化学成分和机械性能见表 2 – 7 和表 2 – 8。

我国长期以来，作为标准件沿用的客货整体辗钢轮为多次磨耗轮，轮辋厚度 65 mm，具有直辐板和较厚的轮毂壁[参见图 2 – 18(b)]。

表2-6 辗钢轮的型式尺寸(GB8601-88)

车 种	轮 型	轮径 D(mm)	轮辋内侧内径 D_1 (mm)	轮毂孔直径 d_0 (mm)	轮毂外径 D_3 (mm)	理论质量(kg)
货 车	HB	840	710	138	241	344
	HD	840	710	170	273	351
	HE	840	710	186	279	353
客 车	KD	915	785	170	273	394

表2-7 化 学 成 分(%)

牌 号	w(C)	w(Si)	w(Mn)	w(S)	w(P)
CL60	0.55~0.65	0.17~0.37	0.50~0.80	<0.040	<0.035

表2-8 机 械 性 能

牌 号	抗拉强度(MPa)	延伸率(%)≥	断面收缩率(%)≥	硬度(HBS)≥
CL60	910~1155	10	14	248

为适应高速、重载运输发展的需要,近些年来又开发、研制了S形辐板整体辗钢轮。它的结构主要特点:辐板为不同圆弧连接成的S形状;LM型踏面;取消了辐板孔;适当减薄轮毂孔壁厚度(为40 mm)[参见图2-18(c)]。

各S形辐板系列车轮的使用范围及代号参见表2-9。

表2-9 各型车轮的使用范围及代号

轮 型		客车轮(ϕ915 mm)			货车轮(ϕ840 mm)		
适用范围	速度(km/h)	≤120	≤160	≤200	≤120	≤120	≤120
	轴重(t)	18	16.5	15.5	12	21	25
	轴型	D	D	D	B	D	E
轮型代号		KDS	KDS	KKD	HBS	HDS	HES
备 注		①KKD为采用盘形制动的快速客车S形车轮,适用标准为TB/T 2708-96;②其余各型车轮适用标准为TB/T 2817-97,915E轴S形车轮暂不列入					

S形辐板轮大多采用CL60车轮钢(参见表2-7),要求严格控制其纯净度,以提高车轮内在质量。采用先进的间歇淬火或三面淬火新工艺,提高轮辋的淬透性和轮辋断面的硬度分布均匀性。车轮为全加工、全喷丸、全探伤,有效消除了由于尺寸公差超差所造成的踏面不圆,车轮偏心等问题,故明显有别于现有国标车轮。要求严控车轮残余静平衡值,使制造精度比现有国标车轮均普遍提高。

对客车S形辐板轮进行有限元计算和实物静强度对比实验表明,在相同载荷下比直辐板形车轮可提高结构强度约30%;热处理后的车轮残余应力分布合理,其改善程度达到国际先进水平;动应力测试表明,由于该S形辐板轮具有较好的径向弹性,可显著改善轮轨动作用力,其最大峰值可减少约50%。1998年我国正式批量生产S形辐板整体辗钢轮。

辗钢轮制成后,在每个车轮的轮辋外侧面上立刻打上制造年月、压延号、厂标、轮型和熔炼

炉号等制造标记。如图 2－20 所示,图中:716 为制造年月,71
为压延号, 为马鞍山钢铁厂标记,4 为轮型,1178 丙为熔炼
炉号。

2. 铸造形式车轮:在解放初期的 50 年代,为了适应铁路运
输的需要,曾经大量生产过冷铸生铁轮和批量生产过旧型铸钢
轮。

冷铸生铁轮强度低,韧性差,踏面容易剥离、缺损,严重影
响车辆运行品质和行车安全,故早已淘汰。

图 2－20 辗钢轮制造标记

旧型铸钢轮为一体式,它比冷铸生铁轮强度高,韧性好,所以当时主要安装在客车上,也为
铁路运输做出了一定贡献。但由于它铸造时容易产生砂眼、气孔、缩孔等缺陷,成品率不高,并
且踏面硬度低不耐磨,容易出现轮辋辗宽等缺陷,所以也已停止生产。

新型铸钢轮生产工艺是采用电弧炉炼钢、石墨铸型、雨淋式浇口浇铸工艺。

采用电弧炉熔炼钢水,钢水纯度较高。采用石墨铸型,使铸件表面光洁,尺寸精度高,
由于石墨导热性能优良,铸件凝固速度快,晶粒细化,可提高材质机械性能和车轮的内在质
量。采用雨淋式浇铸工艺,冒口与浇口设在同一位置,浇铸时钢水由轮辋、辐板至轮毂顺序
凝固,补缩用的钢水自冒口沿补缩通道不断补充,达到最佳补缩效果。铸成后的车轮,进行
缓冷处理,使铸件各部位均匀冷却,以消除内应力。随之进行热轮抛丸以清理表面余砂及
氧化铁皮,再进行加热、淬火及回火的热处理工艺,对辐板要求进行抛丸强化处理,提高车
轮的使用寿命。由于采用上述这些先进的生产工艺,使新型铸钢轮具有尺寸精度高、安全
性好、制造成本低等优点。

新型铸钢轮与整体辗钢轮相比,明显的区别是:

(1) 铸钢车轮是由钢水在生产线上直接铸造成型。与辗钢车轮相比,省去了铸锭、截断再
加热、水压机压型、冲孔、轧制等诸多工序,因生产工序少、劳动力消耗少、生产能耗低。

(2) 由于采用石墨型浇铸工艺,避免了辗钢轮由于下料偏差引起的尺寸和重量偏差,使新
型铸钢轮尺寸精确、几何形状好、内部组织均匀、质量分布均匀,轮轨之间动力作用相对小。

(3) 新型铸钢车轮辐板为深盆形结构(又称流线形结构),耐疲劳、抗热裂的性能均优于
辗钢车轮。

新型铸钢车轮的化学成分与辗钢车轮相近,二者的标准中所有技术要求相同,探伤和检验
的标准相同。而铸钢车轮轮辋的要求更高一些。

在我国发展新型铸钢车轮是解决铁路车轮供应短缺,提高运输效益的有效措施。在国外
有的国家已规定新造货车均采用新型铸钢轮。

3. 轮箍轮:又称带箍轮或有箍轮,由轮箍 6、轮心 8 和扣环 7 组成[见图 2－18(d)]。从车
轮的工作性质而言,这种结构形式比较合理,轮箍是用平炉优质钢[化学成分: $w(C)$ 为
0.55% ~0.70% , $w(Mn)$ 为 0.60% ~0.90% , $w(Si)$ 为 0.15% ~0.35% , $w(S)$ 和 $w(P)$ 都不大
于 0.05%]辗压制成,强度高,耐磨性好;而轮心是用含碳量较低的 Q235 钢铸造的,韧性好,耐
冲击,但是由于轮箍和轮心是组合式的,在运行中容易产生轮箍松弛和崩裂,严重威胁行车安
全,且轮箍、轮心的机械加工量大,烧嵌工作量多,修理费用高,及自重大等缺陷,故目前车辆上
已很少使用。

4. 高速轻型车轮:为了减少高速运行时轮轨之间动作用力,减轻簧下质量是重要措施之

一。因车轮约占轮对质量的 $\frac{1}{2}$，所以实现车轮的轻量化成为必然。为能使车轮轻量化，虽然可以选择减少轮径来实现，但随着轮径的减少，会加大轮轨接触应力，增加轮轨磨耗并在运行里程相同的条件下，还将会加速轮轴、轴承的疲劳损伤。所以，一般采用的方法是维持轮径不变而减小车轮质量，为此需要实现车轮有限元的优化设计。

纵观国外高速车辆轻型车轮结构，主要特点是：采用薄轮辋（厚约为 50 mm）、薄辐板（一般最小在 9~15 mm 左右）、薄轮毂壁厚（约 30 mm 左右）；采用适用于高速运行的踏面外形，如 UIC 的 S1002［如图 2-19（c）所示］；采用设计合理的辐板外形，如双曲形、双波纹形、大圆弧形等，并均为圆弧连接。

另外，设计高速车辆时，要对车轮的加工精度及质量均衡性提出更高要求。如在 UIC 标准中规定的车轮允许的静不平衡值与运行速度 v 之间关系为：$80 < v \leqslant 120$ km/h 时为 1.25 N·m；$120 < v \leqslant 200$ km/h 时为 0.75 N·m；$v > 200$ km/h 时为 0.5 N·m。

5. 弹性车轮：在轮心（轮毂）与轮箍之间安置弹性元件——橡胶垫，使车轮在空间三维方向上的弹性与整体轮相比，比较柔软。这样结构的车轮，称为弹性车轮。采用弹性车轮明显减小车辆簧下部分重量，减小轮轨之间作用力，缓和冲击，提高列车运行平稳性，改善车轮与车轴的运用条件，减少轮轨磨耗，减小噪声。弹性车轮的缺点是结构复杂，制造检修较难，并使车辆运行阻力略有增加。

根据橡胶元件的受力状态，弹性车轮的结构形式分承压、承剪和承剪压三种。前两种形式由于结构限制，如同时要求做到比较理想的径向和轴向缓冲性能是比较困难的，采用较多的是承剪压式橡胶元件弹性车轮。

如图 2-21 所示，是其中的一种形式。橡胶垫安装在轮箍与轮心之间，与车轮纵垂平面成一定斜角，在垂向载荷作用下，既受剪切又受压缩。在应用中，只要适当改变橡胶垫的安装斜度和厚度，就可调整其径向和轴向的缓冲性能。

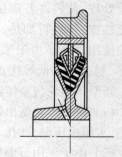

图 2-21 弹性车轮

试验表明：采用弹性车轮，车辆垂向和水平方向的加速度都显著地降低，比起装有普通钢轮的车辆约减小 1/3，同时也减少了噪声和轮缘磨耗。

四、轮对形状尺寸与线路的相互关系

（一）轮缘内侧距离与线路尺寸的关系

轮对在正常状态线路上运行时，轮缘的内侧距离和车轮踏面几何形状将是影响行车安全和运行平稳性的重要因素。轮缘内侧距有严格规定，因为它影响到如下几个方面：

1. 保证轮缘与钢轨之间有一定游间，以减少轮缘与钢轨的磨耗，并实现轮对的自动调中作用，并且，避免对轮对两侧车轮直径的允许公差要求过高，避免轮轨之间的过分滑动及偏磨现象。我国《铁路技术管理规程》规定，对于标准轨距线路，无论在直线上或曲线上的其最小轨距为 1 433 mm，而轮对最大内侧距离为 1 359 mm，见表 2-10。钢轮轮缘最大厚度为 32 mm，轮缘与钢轨之间最小游间 e 可由下式求得：

$$e = 1\ 433 - (1\ 359 + 32 \times 2) = 10 \text{ mm}$$

由上式可知，每侧轮缘与钢轨之间的平均最小游间为 5 mm，故能保证正常状态下轮缘与钢轨不致发生严重磨耗。但从车辆运行品质角度考虑，则要求有尽可能小的游间，以限制轮对

蛇行运动的振幅。因此,在保证行车安全的条件下,轮缘与钢轨的游间也不宜太大。

表 2-10 轮对内侧距离(mm)

轮辋宽度		原型	厂修	段修	辅修
127~135 以下	最大	1 357	1 359	1 359	1 359
	最小	1 354	1 354	1 354	1 354
135 及以上	最大	1 355	1 356	1 356	1 356
	最小	1 351	1 350	1 350	1 350

2. 安全通过曲线。《铁路技术管理规程》规定最小曲线半径区段的最大轨距为 1 456 mm,而车辆标准型轮对的最小内侧距离为 1 350 mm,轮缘厚度最薄为 22 mm,轮辋厚为 130 mm(旧型车轮)。假定一侧轮缘紧贴钢轨,则另一侧车轮踏面的安全搭载量 e_1 可由下式求得:

$$e_1 = 1\ 350 + 22 + 130 - 1\ 456 = 46 \text{ mm}$$

如果考虑到运用中可能产生的不利因素:

(1)钢轨头部圆弧半径最大为 13 mm;

(2)钢轨负载后造成的弹性外挤开为 8 mm;

(3)车轮踏面外侧圆弧半径为 6 mm;

(4)轮对负载后内侧距离减小量为 2 mm。

按最不利的条件累计后,则车轮踏面安全搭载量 e_1 为

$$e_1 = 46 - 13 - 8 - 6 - 2 = 17 \text{ mm}$$

由上述计算可知,足以保证行车安全,不会因搭载量不足而导致车辆脱轨。

3. 安全通过辙叉。《铁路技术管理规程》规定,辙叉心作用面至护轮轨头部外侧的距离不小于 1 391 mm,而辙叉翼轨作用面至护轮轨头部外侧的距离不大于 1 348 mm(图 2-22)。为此要求:

(1)轮对最大内侧距离加上一个轮缘厚度应小于或等于 1 391 mm,如大于 1 391 mm,车轮将骑入辙叉的另一侧,导致脱轨;

(2)轮对最小内侧距离应大于 1 348 mm,否则,轮缘内侧面将被护轮轨挤压,不能安全通过道岔。

从上面的分析可知,应该对轮对内侧距离要有严格的规定。

(二)踏面斜度与曲线半径

车辆通过曲线时,为使压装在同一车轴上的左右两个车轮与钢轨之间不发生滑动现象,理想情况是运行中外轮滚动的距离与外轨长度相适应,内轮滚动距离与内轨长度相适应,于是每个瞬时的车轴纵向中心线与曲线半径的方向总是相重叠的(保持径向),轮对以如此状态通过曲线,称为径向通过曲线。这样的通过,可以减小运行阻力,减小轮轨之间的磨耗,并有利于避免脱轨现象的发生。由于轮对踏面具有斜度 λ,轮缘与钢轨之间存在游间,当车轮外移 y 时,可使内侧车轮按半径 $r_0 - \lambda y$,外侧车轮按半径 $r_0 + \lambda y$ 同时滚动。在纯滚动条件下,锥形车轮通过曲线如图 2-23 所示。

因为 b、r_0、y 与 R 相比均是很小的量,故可运用三角形相似定理,近似得到下式:

$$\frac{r_0 + \lambda y}{r_0} = \frac{R + b}{R}$$

则有

$$R = \frac{b r_0}{\lambda y}$$

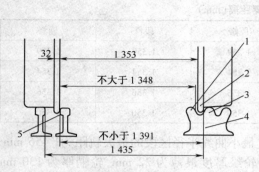

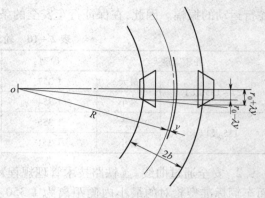

图 2 - 22　轮对与辙叉　　　　　　　图 2 - 23　锥形车轮通过曲线

1—翼轨；2—轮缘；3—叉心；4—辙叉；5—护轮轨

式中　R——曲线半径，也是轮对纯滚动时转动半径；

　　　r_0——车轮半径；

　　　λ——踏面斜度或等效斜度；

　　　b——轮对的两滚动圆距离之半；

　　　y——轮对横向位移量。

分析上式可知，若 r_0、b、y 各参数为常数，则踏面斜度 λ 与曲线半径 R 成反比，这说明增大踏面斜度 λ，在不发生滑动现象的情况下可以通过较小的半径 R 的曲线。例如：$2r_0 = 840$ mm，$\lambda = 0.05$，$2b = 1\ 493$ mm，$y = 10$ mm，得到不发生滑动现象的最小曲线半径 $R = 630$ m；若 $2r_0 = 915$ mm，则 $R = 686$ m。

实际运行线路，正线的最小曲线半径为 250 m。为能使车辆顺利通过小半径曲线，应允许轮对横移量 y 增大，也就是要求曲线区段轮轨之间的游间比直线区段要加大，即把外侧钢轨外移。在《铁路技术管理规程》中具体规定了曲线的加宽。例如，曲线半径 $R < 350$ m 时，轨距最大宽度为 1 456 mm（$1\ 450^{+6}_{-2}$ mm），轮缘最小内侧距离为 1 350 mm，轮缘厚度最薄限度为 22 mm，故轮轨之间最大间隙 e' 为

$$e' = 1\ 456 - (1\ 350 + 2 \times 22) = 62 \text{ mm}$$

从上述分析可以得出：

（1）车轮踏面必须有斜度，增大踏面斜度，可以通过较小的半径曲线；

（2）为了使车辆顺利通过曲线，曲线区段（$R \leqslant 650$ m 时）的轨距要加宽。

第四节　轴 箱 装 置

轴箱装置的作用是：将轮对和侧架或构架联系在一起，使轮对沿钢轨的滚动转化为车体沿线路的平动；承受车辆的重量，传递各方向的作用力；保证良好的润滑性能，减少磨耗，降低运行阻力；良好的密封性，防止尘土、雨水等物侵入及甩油，从而避免破坏油脂的润滑，甚至发生燃轴等事故。

一、滚动轴承轴箱装置

（一）滚动轴承轴箱装置的特点

采用滚动轴承轴箱装置是铁路车辆技术现代化的重要措施之一，采用滚动轴承后，显著地

降低了车辆起动阻力和运行阻力,可以提高牵引列车的重量和运行速度。经验证明:采用滚动轴承与滑动轴承相比,列车起动阻力约降低85%。当速度为30、60、70 km/h时,运行阻力分别降低18%、12%、8%,并且改善了车辆走行部分的工作条件,减少了燃轴等惯性事故,减轻了日常养护工作,延长检修周期,缩短检修时间,加速车辆的周转,节省油脂,降低运营成本。当然,滚动轴承的制造工艺要求比较精密,初期投资大,但从长远看,在经济上是合理的,增加的投资一般三至四年即可收回,尤其是在技术上对提高列车牵引重量和运行速度关系重大。所以,新造客、货车都采用了滚动轴承。

（二）车辆滚动轴承轴箱装置的形式

由于铁路车辆容许轴重比较大,故采用承载能力比较大的滚子滚动轴承。按滚子的形状可分为圆柱滚动轴承、圆锥滚动轴承和球面滚动轴承。轴承由外圈、内圈、滚子和保持架（隔离环）所组成。内、外圈和滚子是用高碳铬钢制成的,保持架是用青铜或锻钢制成。

滚子与内、外圈之间有一定的径向和轴向间隙,以保证滚子自由滚动、载荷分布合理和传递轴向与径向力。保持架使滚子与滚子之间保持一定距离,防止相互挤压而被卡住。

1. 圆柱滚动轴承与轴箱

图2-24所示是RD₃型滚动轴承轴箱装置。它用于206型、209型等客车转向架上,为无导框式。该轴箱装置是由两个单列向心短圆柱滚子轴承——前轴承（152726T）6与后轴承（42726T）5、轴箱体11、防尘挡圈STBX2、毛毡3、轴箱后盖4、压板7、防松片8、螺栓9和轴箱盖10等组成。

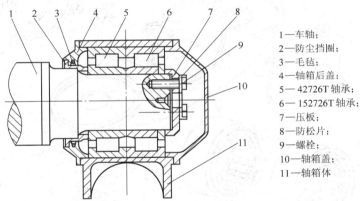

1—车轴;
2—防尘挡圈;
3—毛毡;
4—轴箱后盖;
5— 42726T轴承;
6— 152726T轴承;
7—压板;
8—防松片;
9—螺栓;
10—轴箱盖;
11—轴箱体

图2-24　RD₃型车轴与轴承轴箱

圆柱滚动轴承的滚子与内、外圈的滚道成线接触,承载后接触面积较大,因而承受径向载荷的能力较大。轴承外圈两侧都有挡边,内圈只有一侧有挡边（或挡圈）,这种结构称为半封闭式轴承。轴承内、外圈挡边（或挡圈）可以传递轴向力。当轴向力作用时,滚子以其部分端面与挡边（或挡圈）接触,相互之间产生摩擦滑动,如果制造、装配不良时,滚子稍为歪斜,就挤掉了润滑油,使端面处不易形成油膜,滚子端部很快会产生磨耗、剥离和缺角等故障,所以对其制造装配技术要求很严格。另一方面也说明该型轴承承受轴向力的性能差。为了减小滚子端部的应力集中,在滚子母线两端做成长度为5～6 mm的弧坡。这种轴承的优点是:结构简单、制造容易、成本低、检修方便、运用比较安全可靠。

前后轴承的内圈与轴颈采用过盈配合。将内圈放在高频电感应炉中加热,待加热温度为100～130 ℃时,再将膨胀后的内圈套在轴颈上,冷却后与轴颈紧固成一体。轴承外圈、滚子连同保持架一起装在轴箱体内,外圈与轴箱体为滑动配合。

轴箱体为铸钢件,内孔为贯通式圆筒形。

防尘挡圈,又称防尘板,安装在车轴防尘板座上,与车轴过盈配合,用以横向固定42726T轴承内圈,并防止污秽、雨水侵入轴箱和甩油,材质为铸钢。

轴箱后盖,为铸钢件,孔内开有梯形槽,槽内装毡垫。毡垫和防止挡圈接触起密封作用。毡垫在组装前先放在50~60℃的变压器油中浸透。

轴箱盖,为铸钢件,起密封作用,并便于检查轴承。盖口凸边插入轴箱孔内,用以止挡前轴承外圈。

轴箱内其他零件,如防尘挡圈、压板、防松片和螺栓等都是用来由前向后依次地固定前轴承内圈,防止轴箱脱出。

RD₃型滚动轴承轴箱装置除了前述的轴承所具备的许多优点之外,其他零件,如轴箱体、轴箱前后盖与轴箱体的连结关系等,曾经多次改进,结构比较合理,检修方便。因此,这种轴箱装置被广泛运用。RD₃型滚动轴承轴箱装置内部零件的组装顺序如图2-25所示。

车辆运行中,RD₃型滚动轴承轴箱装置承受并传递垂向、纵向和横向三个方向的力。假定

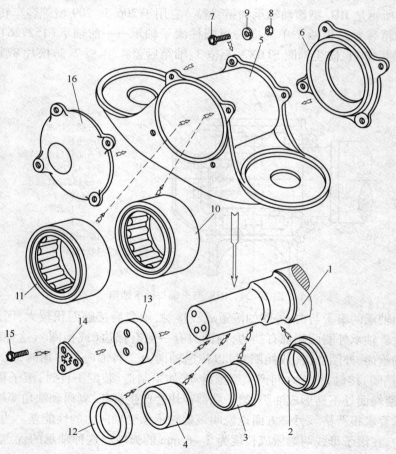

图 2-25 RD₃型滚动轴承轴箱内各零部件

1—车轴;2—防尘挡圈;3—42726T轴承内圈;4—152726T轴承内圈;
5—轴箱体;6—轴箱后盖;7—螺栓;8—螺母;9—弹簧垫圈;
10—42726T轴承外圈;11—152726T轴承外圈;12—152726T轴承挡圈;
13—压板;14—防松片;15—螺钉;16—轴箱前盖

在图 2-24 中,该轴箱装置位于轮对的右端,若钢轨对轮对作用有指向右端的横向力,则轮对两端轴箱装置横向力的传递顺序分别是:

右端:车轴→防尘挡圈与后轴承内圈,经内圈挡边→后轴承滚子→后轴承外圈右挡边,经后轴承外圈→前轴承外圈→轴箱盖(前盖)→螺栓(紧固前盖的)→轴箱体。

左端:车轴→螺栓(紧固压板的)→压板→前轴承挡圈→前轴承滚子→前轴承外圈左挡板,经前轴承外圈→后轴承外圈→轴箱后盖→螺栓(紧固后盖的)→轴箱体。

垂向力与纵向力的传递顺序,请读者自己分析。

标准滚动轴承端部采用与货车滚动轴承相同结构,即在轴端有三个螺栓孔,配以一块压板和三个 M22 的螺栓及防松片来固定轴承。

为改善轴箱密封性能,自 1988 年以来,逐渐以橡胶迷宫式客车轴箱密封装置(参见图 2-26)取代原毛毡式的密封。对防止燃轴、切轴、保证客车运行安全起了重要作用。

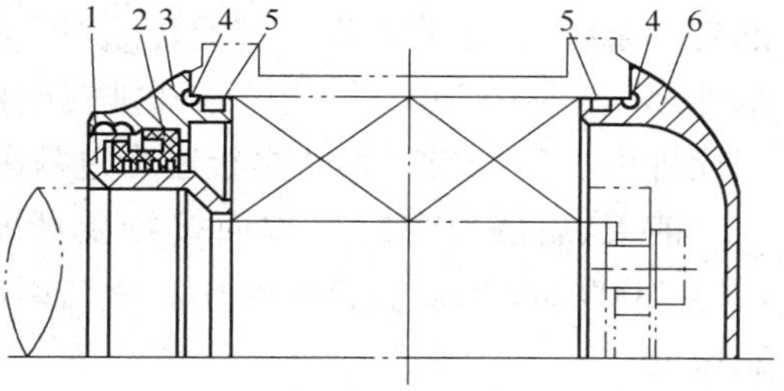

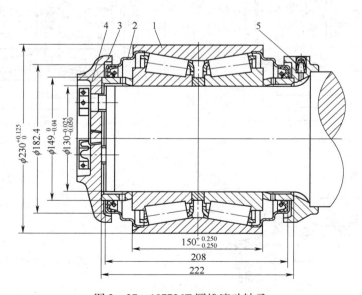

图 2-26　橡胶迷宫式密封装置
1—防尘挡圈;2—橡胶油封;
3—轴箱后盖;4,5—O 形密
封圈;6—前盖

2. 圆锥滚动轴承

图 2-27 为无轴箱式,用于 21 t 轴重货车转向架上,由轴承(197726T)1、油封组成 2、前盖 3、防松片 4、通气栓 5 和密封座、后挡等组成。

197726T 轴承系一个双列圆锥滚子轴承,滚子与轴承转动轴线成一定的倾角。这样,既能承受径向力,又能承受轴向力。轴承外圈是一个整体,可起轴箱体的作用。轴承内圈则是由二个对称的内圈与夹在中间的内隔圈组成。

图 2-27　197726T 圆锥滚动轴承
1—轴承;2—油封组成;3—前盖;4—防松片;5—通气栓

货车用圆锥轴承的内圈与滚子不可分离,只能应用压配合,即用油压机将轴承直接压装于轴颈上。为防止压装时拉伤或磨损轴颈,轴承内圈装配倒角与圆孔母线连接处不能有尖棱,必须圆滑过渡,轴颈表面在装配前应涂一层二硫化钼成膜剂。轴承不宜经常拆卸。

前盖用 30 号或 Q235 锻钢制造,并用三个 M22 螺栓固定在车轴端部,用防松板防止螺栓松动。前盖中心装有螺堵,供加润滑脂用,因前盖与车轴一起旋转,故又称为旋转端盖。

后挡材质与前盖相同,在后挡上开有一个通气孔,以安放通气栓。通气栓为橡胶件,其顶部有一条缝,在正常情况下缝是闭合的,当轴承内部因温度变化,或润滑脂过多使压力超过轴承外部 3.5 ~ 10 kPa 时,缝就张开排气或排出多余的润滑脂。注入润滑脂时,多余空气也从通气栓排出。后挡与车轴防尘板座为过盈配合。

前盖、后挡与密封座端面接触要严密,以防水汽进入轴承内部。承载鞍顶部为圆弧形($R = 2\,000$ mm),以起自位作用。密封组成由橡胶金属制成。密封罩是用 1.5 mm 厚的薄钢板制成的。

圆锥滚动轴承结构简单,制造容易,检修方便,由于无轴箱体而重量轻。铁路货车的双列圆锥滚子轴承有 97720T、97726T、97730T 和 197720T、197726T、197730T 两个系列,后一系列内部结构更加合理,所以前一系列已停止生产,并在运用中逐渐被后一系列替换。

为了满足铁路货车提速、重载的需要,提高轴承的运用可靠性,于 2005 年开发了 353130A、353130B、353130C 型紧凑型轴承,如图 2 – 28 所示。紧凑型轴承的主要特点是减少了轴承的零件,缩短了轴向宽度。353130A、353130B、353130C 型紧凑型轴承适用于缩短了轴颈长度的 RE_{2B} 型车轴。

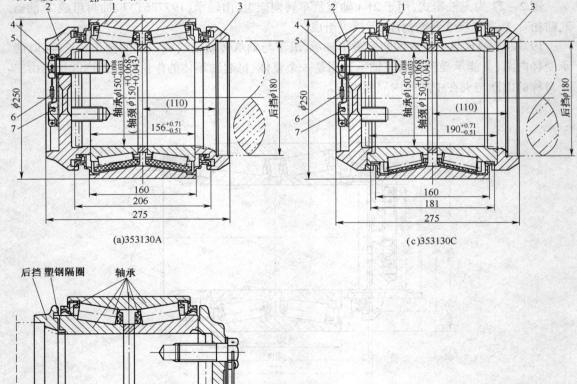

图 2 – 28　353130A、353130B、353130C 型紧凑型轴承

1—外圈;2—前盖;3—后挡;4—螺栓;5—防松片;6—施封锁;7—标志板

353130A、353130B、353130C 型紧凑型轴承主要轮廓尺寸如下：

内圈直径 d × 外圈直径 D × 装配高 B_1 × 外圈宽度 C_1

353130A 型：$\phi 150_{-0.033}^{-0.008}$ mm × $\phi 250_{+0.01}^{+0.08}$ mm × $156_{-0.51}^{+0.71}$ mm × $160_{-0.25}^{+0.05}$ mm

353130B 型：$\phi 150_{-0.033}^{-0.008}$ mm × $\phi 250$ mm × $180.6_{-0.51}^{+0.71}$ mm × $160_{-0.05}^{+0.05}$ mm

353130C 型：$\phi 150_{-0.033}^{-0.008}$ mm × $\phi 250_{+0.01}^{+0.08}$ mm × $190_{-0.51}^{+0.71}$ mm × $160_{-0.25}^{+0.05}$ mm

二、滚动轴承的选型

车辆滚动轴承选型方法很多，目前较常用的是根据额定动载荷来选取。

额定动载荷是指额定寿命为 100 万转时，轴承所能承受的负荷，它是代表轴承负荷能力的主要指标。

所谓额定寿命是指一批同型号、同尺寸的轴承，在相同条件下转动时，其中 90% 的轴承在疲劳剥离前能够达到或超过的总转数，或在一定转速下的工作小时数。换句话说，能达到此寿命的可靠性（概率）为 90% 。一个滚动轴承的使用寿命多长，也是考核的主要指标。

轴承的型号和尺寸不同，其额定动载荷也不相同，各种轴承的额定动载荷可在《滚动轴承产品样本》中查到。

新设计或改装轴承部件时，需要选择适用的轴承。选用轴承的程序如下：

1. 确定轴承的工作条件

（1）轴承所承受负荷的大小和方向（径向、轴向或径向与轴向同时作用）；

（2）负荷性质（稳定负荷、交变负荷或冲击负荷）；

（3）轴承转速；

（4）轴承工作环境（温度、湿度、酸度等）；

（5）机器部件结构上的特殊要求（调心性能、轴向位移、可调整游隙，以及对轴承的尺寸和旋转精度的要求等）；

（6）要求轴承的寿命。

2. 根据轴承的工作条件，选择轴承类型及确定轴承精度等级。

3. 选用轴承：根据轴承的负荷、转速和要求的寿命，计算所需轴承额定动负荷，并按此值在轴承产品样本中选取适用的轴承（计算值≤"样本"的值）。需要注意，这里计算取的轴承负荷，当轴承同时承受径向和轴向负荷时，必须换算为当量动负荷进行计算。

铁路车辆滚动轴承，在运用中承受着较大的、且变化的静、动载荷的联合作用。因此，要求轴承耐振、耐冲击、寿命高，而且要有较小的尺寸与重量，确保行车安全。所以，一般铁路轴承均设计为非标准系列的形式。设计中，轴承寿命应考虑厂、段修的期限，以便在检修车辆时，同时检修轴承。

三、高速车辆对滚动轴承的要求

旅客列车的高速运行对车辆部件包括轴承提出了更高要求。轴承的使用条件已很严酷，轴承的工作环境（振动力、位移、速度和温度）对轴承的性能有很大影响，因此，全面限定轴承的工作环境对于高速车辆轴承的设计、研究和试验是很重要的。

影响轴承性能的主要因素是：轴承结构（形式、保持架、内部形状）；轴承质量（材质、热处理、精度）；润滑油（质量、数量、种类）；密封（形式、质量）和工作环境。

在高速列车情况下，需要对整个轴承系统进行分析，以准确地确定轴承性能。轴承系统包

括所设计车辆的环境条件、轴承、轴箱、润滑和密封方式,值得注意的是:

(1)部件性能的相互依赖性,即一个元件的变化会使其他元件的性能发生变化;

(2)轴承在机械系统中工作时,它影响系统,而且还受系统的影响。

对于高速车辆使用的轴承,应着重解决的问题是:尽力降低轴承运转温度和实现小型轻量化。

(一)轴承的选型、精度等级、材质及热处理硬度

目前世界高速铁路所采用的轮对轴承主要是圆柱滚子轴承和圆锥滚子轴承两种结构。在时速 200 ~ 230 km 的情况下,使用两种结构形式的轴承,都取得了较成功的实际使用经验。大量的研究工作也表明,两者在性能上无明显差异,基本相同。

随着运行速度的提高,世界较多国家的研究工作表明,采用圆锥滚子轴承性能优于圆柱滚子轴承的性能。这是因为在高速、高负荷情况下,圆锥滚子轴承的轴向负荷主要是由滚道承受(约另有 20% ~ 30% 是由内圈挡边承受),而滚子与滚道的接触面之间主要是滚动摩擦;但圆柱滚子轴承则主要是靠两个挡边承受轴向负荷,滚子端面与挡边之间是滑动摩擦。所以圆锥滚子轴承摩擦力矩小,摩擦力矩小,摩擦产生的温度低。如有的实验表明,在时速 250 km 条件下,圆锥滚子轴承温度比圆柱滚子轴承温度低 15 ~ 20 ℃,从而提高了安全性,延长了润滑脂寿命。故时速超过 240 km 的高速车辆,一般采用圆锥滚子轴承。

轴承的精度是指基本尺寸精度和旋转精度,轴承的基本尺寸是指:内径、外径、套圈宽度等。轴承的旋转精度是指:内圈端面侧摆,内圈和外圈的径向摆动,内圈和外圈的滚道侧摆,内圈两端面平行差等。

轴承的精度等级不同,对轴承零件的表面粗糙度和工艺过程均有不同的要求,精度高的轴承寿命较长,极限转速也可提高,但制造成本也比较高。

高速轴承,例如 SKF 和 FAG 公司滚动轴承的尺寸、形状和运动精度按 ISO 设定标准。精度符合 ISO 国际标准。一般分为普通级、P6、P5、P4(三个精度分别等于 ISO - 6 级、5 级、4级)、SP 和 UP 级。

我国生产的轴承精度分别为 G、E、D、C 四个等级。我国铁路一般车辆采用的是 G 级(普通级),与 SKF 和 FAG 公司轴承的普通级相当。考虑准高速运行条件,精度等级要比普通级高。所以,我国几种准高速客车转向架引进 SKF 公司轴承的精度等级为 P6 级,相当我国 E 级精度等级。

轴承的寿命在很大程度上决定于轴承材料的质量(化学成分、均匀的金相组织、纯洁度),为保证高速列车安全与轴承质量,采用真空脱气或真空冶炼的优质轴承钢(轴承寿命可提高约 3 倍)。SKF 和 FAG 轴承采用的特殊钢有真空弧再熔钢(VAR)和电解熔渣精炼钢(ESR)等。材质为渗碳钢。我国货车轴承为渗碳钢 20CrNiMoA,化学成分与日本 SNCM420 渗碳钢相同,与美国 SAE4320 渗碳钢相当。

车辆轴承,例如 SKF 和 FAG 公司的轴承,都经过适当的热处理,其硬度控制在 HRC58 ~ 65。关于硬度与寿命的关系,国内试验的结果表明,轴承硬度在 HRC 62 左右时寿命最长。硬度过高时,轴承韧性差,容易脆裂,硬度偏低时,耐磨性降低,轴承寿命缩短。同一轴承零件硬度均匀性(即各点测值之差)低于 HRC2。

(二)轴承润滑脂

实际经验及研究结果都已证明,若轴承滚动体与滚道的滚动表面之间能被润滑油薄膜有效分隔,并且滚动表面未因沾染异物而致损坏,在这样的理想条件下,轴承寿命可以达到非常

长久。由此充分说明润滑条件对轴承寿命及性能的影响是非常重要的。

轴承润滑油脂的基本功能是隔离轴承滚动件的金属表面,减小摩擦与磨损和防止杂物进入轴承,适宜的油膜厚度是防止轴承疲劳的临界条件。同时润滑油的油基粘度和化学成分也影响轴承寿命。已有试验表明,疲劳寿命的重大差别也取决于添加剂的浓度。

轴承的润滑可采用润滑油或润滑脂,两者的主要区别是:润滑油可用于高负荷、高速、高温(采用循环冷却等),润滑性能很好,对减少振动和噪音也很有利,但主要问题是密封装置复杂,维护保养困难,而对于润滑脂虽然前述几项特性不如润滑油好,然而密封装置较之简单,维护保养较之容易,所以在铁路车辆上多采用润滑脂润滑。在选择车辆轴承润滑脂时,考虑的主要因素是粘度、使用温度范围、防锈性及油脂的机械安定性和胶体安定性等。

目前我国铁路车辆轴承使用的润滑脂是锂基润滑脂。一般适应运转温度为 $-30 \sim +110 \, ℃$。

但因锂基润滑脂实际上不溶于水,故无法防止腐蚀,所以若使用则需加入防锈剂,若再含有 EP 添加剂(主要是铅混合物)则效果更佳。油脂对轴承表面的附着性非常良好,并不溶于水,因此特别适用含有可能水渗入轴承装置的铁路车辆轴承使用,若加入 EP 添加剂,则可以增加油膜薄膜的荷重能力,提高运转可靠性。

高速列车车轴轴承,使用高基油粘度会使轴承工作温度高,减少润滑脂寿命,造成轴承早期疲劳损坏,所以基本要求是粘度低,同时考虑轴承内润滑脂填充少。

(三) 润滑脂的填充量

假若轴承计算工作寿命高于润滑脂的工作寿命时,必须补充润滑脂,而且必须在轴承润滑仍处于良好状态时进行。

补充润滑脂的时间取决于许多因素,而这些因素之间又相互影响。如轴承类型与尺寸、转速、运行温度、润滑脂类型、轴承和轴承箱的自由空间及环境条件(外温、散热情况)。由于问题的复杂,目前仅在统计的基础上给出推荐值。

通常润滑脂的填充量为轴承和轴承箱的自由空间的 $30\% \sim 50\%$,若填充量过多,在高速情况下,特别容易引起温度迅速升高,所以,高速车辆轴承的润滑脂的填充量要少,以减少轴承内润滑脂搅动损耗的能量,防止轴温过高。

在高速专用试验台上进行试验的结果表明,高速车辆(试验速度相当 250 km/h 线路速度)轴承的润滑油量对轴承性能有很大影响,实验时润滑油填充量分别为 255 g 和 510 g,在静、动承载的不同工况下,填充量多比填充量少时的轴温高出 $6 \sim 20 \, ℃$,特别是在振动状态。

法国 TGV 密封轴承安装时润滑脂最佳填充数量也比较少,根据滚子轴承来源的不同,填充量为 350 ~ 520 g,德国 ICE 动车 TBU 型圆锥轴承,每一轴承装有 410 g 的润滑脂。

润滑脂填充量与车辆运行有密切关系,尤其是对于高速运行的车辆更为重要,然而,适用于我国高速运行的轴承润滑脂填充量,还有待研究与试验,还需要实际运行的数据和积累。

(四) 轴承密封

现代工业和科学技术的发展与密封技术的进步是密不可分的,密封技术已成为涉及材料、机械、物理、化学、数学、电学和流体力学等多学科的新技术,对密封的研究,已不仅仅停留在密封元件装置的结构和性能上,而且在密封的基本理论以及新的工艺材料等方面也进行了许多颇有成效的研究。对于轴承来说,密封的作用就是防止外部污染物进入和内部润滑剂外溢,以保证轴承内部清洁和正常的润滑状态,否则轴承的应用可靠性将大大降低,轴承的使用寿命将大大缩短。因为轴承内含有杂质和润滑不良,使轴承在工作时其滚动面产生压痕、擦伤、麻点、锈蚀、变色等缺陷,使轴承在发生以内部为起点的正常材料疲劳损坏之前,就已经发生了表面为起点的疲劳损坏。

从我国的有关厂、段对客、货车轴承故障的调查情况可看出,由于密封、润滑和光洁度不良造成轴承报废的数量占轴承总报废数量的比例大约为 42% ~62% 左右。显然对于高速转向架,其轴箱密封装置的作用是很重要的。不能采用毛毡式等结构,应采用整体金属迷宫式。为了避免金属件间相接触而造成事故,受到加工和组装精度限制,其迷宫间隙不能太小,所以其密封压力和性能受到一定限制。故它是一种不完全密封结构。它的优点是结构简单,装卸和检修方便,检修成本低,无磨损,不产生附加运行阻力及摩擦生热,有利于控制轴温,寿命长,密封性能稳定,所以能满足客车的应用要求。

(五)轴承游间的影响

轴承径向游隙:径向游隙对轴承的工作性能有重要影响,每一种轴承在一定的作用条件下,都有最佳的径向游隙,使轴承寿命高,摩擦阻力小和磨损少。

径向游隙分为原始游隙,配合游隙和工作游隙,正确选择适宜的轴承游隙,可以使轴承的负荷合理地分布于滚动体之间,减少轴承工作时的振动和噪音,轴承转动灵活,轴和外壳在径向和轴向的活动量限制在游隙范围之内。

影响轴承游隙的主要因素是轴承与轴及轴箱体的配合形式与公差、加工精度、轴温变化、轴承的负荷。游隙过小,会使轴承工作温度升高,不利于润滑,影响轴承不同方向力的正常传递,甚至使滚子卡死,游隙过大,将会使轴承寿命减少,使振动与噪声增大,所以选择合适的游隙是重要的。

轴承轴向游隙:轴承轴向工作游隙对转向架性能有影响,在允许的条件下轴向游隙愈小,转向架性能愈佳。

(六)轴承的运转温度及为降低轴温采取的措施

影响轴温的因素是多而复杂,如轴承的质量与结构、轴承内摩擦、轴承工作环境、润滑脂的粘度与质量和轴承系统的散热条件等。

为维持轴承良好品质,低的运转温度极为重要。即使温度稍有增加,也会降低油膜厚度,减少润滑脂寿命,缩短轴承寿命,使轴承尺寸增长。有关数据说明,若轴承温度从 85 ℃降至65 ℃,约可使轴承寿命增加 35% 、油膜厚度增厚 65% 、润滑脂寿命增长 150% 、轴承尺寸安定度提高 100% ,因此轴承滚动所产生的内部摩擦,非常重要。

影响轴温因素的有关实验情况为:轴承温升的大小,要受是否连续运行的影响,但受负荷大小的影响小;高速车辆轴承承受的动态作用(振动)比一般车辆轴承大得多,这些动作用力会使轴承力矩增大一倍(约从 5 N·m 增至 11 N·m),从而大大降低轴承的性能。

为降低轴温采取的措施:如轴承材质要好,适当提高精度、光洁度和可靠性;保证良好的润滑状态,选取适宜的润滑脂粘度,填充量要少;连续不停车运行时间应有一定限制;改善振动性能等。

第五节　弹性悬挂元件

车辆在轨道上运行时,将伴随产生复杂的振动现象。为了减少有害的车辆冲动,车辆必须设有缓和冲动和衰减振动的装置,即弹簧减振装置。车辆上采用的弹簧减振装置,按其主要作用的不同,大体可分为三类:一类是主要起缓和冲动的弹簧装置,如中央及轴箱的螺旋圆弹簧;

二类是主要起衰减(消耗能量)振动的减振装置,如垂向、横向减振器;三类是主要起定位(弹性约束)作用的定位装置,如轴箱轮对纵、横方向的弹性定位装置,摇动台的横向止挡或纵向牵引拉杆。

上述各类装置在车辆振动系统中又称为弹性悬挂装置。这些装置对车辆运行是否平稳,能否顺利通过曲线并保证车辆安全运行,都起着重要的作用,故应合理地设计其结构,选择适宜的各个参数。

一、弹性元件的作用及主要特性

1. 弹簧装置的主要作用

铁道车辆弹簧装置的作用主要体现在二个方面:一是使车辆的质量及载荷比较均衡地传递给各轮轴,并使车辆在静载状况下(包括空、重车),两端的车钩距轨面高度应满足《铁路技术管理规程》规定的要求,以保证车辆的正常联挂;二是缓和因线路的不平顺、轨缝、道岔、钢轨磨耗和不均匀下沉,以及因车轮擦伤、车轮不圆、轴颈偏心等原因引起车辆的振动和冲击。由于有弹簧装置,使车辆的弹簧以上部分和弹簧以下部分分成既有联系又有区别的两个部分,即簧上、簧下的作用力虽互相传递,但运动状态(位移、速度、加速度)不完全相同。

车辆内设置弹簧装置可以缓和轮轨之间相互作用,可以提高车辆运行的舒适性和平稳性,保证旅客舒适、安全,保证货物完整无损,延长车辆零部件及钢轨的使用寿命。

2. 弹簧的主要特性

弹簧的主要特性是挠度、刚度和柔度。挠度是指弹簧在外力作用之下产生的弹性变形的大小或弹性位移量,而弹簧产生单位挠度所需的力的大小,称为该弹簧的刚度,反之单位载荷作用下产生的挠度称为该弹簧的柔度。

弹簧的特性可用弹簧挠力图表示,设纵坐标表示弹簧承受的载荷 P,横坐标表示其挠度 f,如图 2-29 所示(不考虑内部阻力的情况)。图(a)表示力与挠度呈线性关系,即弹簧刚度为常量。螺旋圆弹簧的特性就是如此。图(b)表示力与挠度呈分段线性关系,属于非线性弹簧,又称准线性。图(b)曲线 1,刚度特性为"先软后硬",如重载货车上采用的两级刚度弹簧的特性就是这样情况。图(c)表示力与挠度呈曲线关系,即刚度随着载荷的变化而变化,为非线性特性。图(c)中曲线 1 的刚度,随载荷增加而逐渐增大,如车辆上采用的一些橡胶弹簧、横向缓冲器的特性就属于这种特性。显而易见,在车辆悬挂系统中,为了减小振动,控制振动位移在一定范围内,不能使用图中曲线 2 的特性("先硬后软"或随载荷增加,刚度逐渐变小)弹簧。

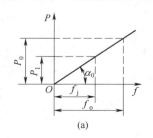　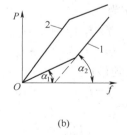　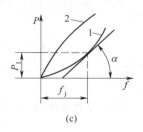

图 2-29　弹簧挠力图

(a)线性弹簧特性;(b)分段线性弹簧特性;(c)非线性弹簧特性

弹簧刚度特性的表达式为

线性弹簧 $$K = \frac{1}{i} = \frac{P}{H_0 - H} = \frac{P}{f} = \tan\alpha_0 = 常量 \qquad (2-1)$$

非线性弹簧 $$K = \frac{\mathrm{d}P}{\mathrm{d}f} = \tan\alpha \qquad (2-2)$$

式中　K——弹簧刚度；

$\quad\quad i$——弹簧柔度；

$\quad H_0$——弹簧自由高；

$\quad\quad H$——静载荷作用下弹簧高度；

$\quad\quad P$——弹簧承受的静载荷；

$\quad\quad f$——静载荷作用弹簧的挠度；

α、α_0——挠力线（或挠力线某点的切线）与横坐标轴的夹角。

3. 弹簧的串联、并联刚度的计算

为了改善弹簧的特性，适应安装位置及空间大小的需要，在铁路车辆上时常采用组合弹簧。这些弹簧有并联、串联和串并联三种。组合弹簧的总（当量）刚度计算方法如下：

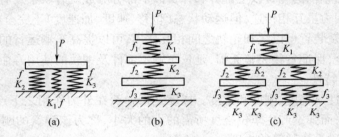

图 2-30　弹簧系统布置

(a)并联；(b)串联；(c)串并联

并联时，如图 2-30(a)所示，一般弹簧为对称分布。由于各弹簧在载荷 P 作用下产生相同的挠度 f，所以 n 个弹簧中的每个弹簧上分布的载荷分别为

$$P_1 = K_1 f, P_2 = K_2 f, \cdots, P_n = K_n f$$

故有 $$P = P_1 + P_2 + \cdots + P_n = (K_1 + K_2 + \cdots + K_n)f = K_\Sigma f \qquad (2-3)$$

式中 $$K_\Sigma = K_1 + K_2 + \cdots + K_n \qquad (2-4)$$

因此，并联布置的弹簧系统的当量刚度等于各个弹簧刚度的代数和。

串联时，如图 2-30(b)所示，在组合弹簧上作用着载荷 P，分别使各弹簧产生挠度为 f_1，f_2，$\cdots$，f_n。所以，组合弹簧的总挠度 f 为

$$f = f_1 + f_2 + \cdots + f_n \qquad (2-5)$$

故有 $$f = i_1 P + i_2 P + \cdots + i_n P = (i_1 + i_2 + \cdots + i_n)P = iP \qquad (2-6)$$

式中　i——组合弹簧的当量柔度，其值为

$$i = i_1 + i_2 + \cdots + i_n \qquad (2-7)$$

组合弹簧的当量刚度 K_Σ 为

$$K_\Sigma = \frac{1}{i_\Sigma} = \frac{1}{i_1 + i_2 + \cdots + i_n} = \frac{1}{\dfrac{1}{K_1} + \dfrac{1}{K_2} + \cdots \dfrac{1}{K_n}} \qquad (2-8)$$

当 $K_1 = K_2 = \cdots = K_n = K$ 时，有

$$K_\Sigma = \frac{K}{n} \qquad (2-9)$$

串联布置的弹簧系统的总柔度等于各弹簧柔度的代数和。

串并联时[图2-30(c)],可先将各级并联弹簧当量刚度用式(2-4)计算出来,然后简化成串联布置的当量弹簧系统,再用式(2-8)计算其当量刚度,就是整个系统的当量刚度。

在讨论弹簧系统的总柔度或总刚度时,弹簧自重可忽略不计。在车辆静载荷作用下的挠度称为静挠度,弹簧装置刚度小,静挠度大,使得车体自振频率低,这对车辆运行平稳性有利。所以,在条件允许的情况下,应尽可能采用较大的弹簧静挠度。

二、钢弹簧结构及计算

(一)螺旋弹簧结构及主要参数

在铁路车辆上通常采用簧条截面为圆形的圆柱压缩螺旋弹簧,故又称圆簧,如图2-31所示。

常用的弹簧材质及其化学成分见表2-11,机械性能见表2-12。弹簧材料主要采用硅锰钢,这种硅锰弹簧钢热处理时有较高的淬透性,加热时氧化皮较少,能获得较好的表面质量与较高的疲劳强度,而且与其他合金弹簧钢相比价格低廉。此外,车辆上也有某些弹簧采用碳钢或铬锰钢。

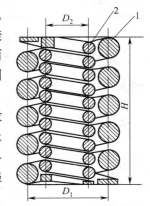

图2-31　双卷螺旋弹簧
1—外层簧;2—内层簧

制造弹簧时分为冷卷与热卷,车辆转向架上采用的簧条直径一般都较粗,故多为热卷。另外,制造时还要将簧条每端约有3/4圈的长度制成斜面,使弹簧卷成后,两端成平面,以保证弹簧平稳站立,并尽量减少偏载。两端的3/4圈作为支持平面,是弹簧辅助部分,起传递载荷作用,称为弹簧支持圈。

螺旋圆弹簧的主要参数有:簧条直径 d,弹簧平均直径 D,有效圈数 n,总圈数 N,弹簧全压缩高度 H_{min},弹簧自由高度 H_0,弹簧指数 $m = D/d$,垂向静挠度 f_v 和垂向刚度 K_v 等。

表2-11　车辆用弹簧钢化学成分

牌　号	化　学　成　分（%）								
	$w(C)$	$w(Si)$	$w(Mn)$	$w(Cr)$	$w(V)$	$w(Ni)$	$w(Cu)$	$w(P)$	$w(S)$
55Si$_2$Mn	0.50~0.60	1.50~2.00	0.60~0.90	≤0.30	—	≤0.50	–	≤0.05	≤0.05
60Si$_2$Mn	0.55~0.65	1.50~2.00	0.60~0.90	≤0.30	—	≤0.50	–	≤0.05	≤0.05
60Si$_2$MnAT	0.56~0.64	1.06~2.00	0.60~0.90	≤0.35	—	≤0.35	≤0.25	≤0.025	≤0.020
60C$_2$AT	0.58~0.63	1.06~2.00	0.60~0.90	≤0.30	—	≤0.25	≤0.20	≤0.025	≤0.020
60C$_2$XφAT	0.56~0.64	1.4~1.80	0.40~0.70	0.90~1.20	0.10~0.20	≤0.25	≤0.20	≤0.020	≤0.020
60Si$_2$CrVAT	0.56~0.64	1.4~1.80	0.40~0.70	0.90~1.20	0.10~0.20	≤0.35	≤0.20	≤0.020	≤0.020
注:60C$_2$AT、60C$_2$X$_φ$AT 为向俄罗斯订货的专用钢号									

表 2 - 12　车辆用弹簧钢的机械性能

牌　号	屈服强度 σ_s （MPa）	抗拉强度 σ_b （MPa）	伸长率 δ_5 （%）	收缩率 ψ（%）	剪切和扭转许 用应力（MPa）
55Si$_2$Mn	1 200	1 300	6	30	750
60Si$_2$Mn	1 200	1 300	5	25	750
60Si$_2$MnAT	≥1 370	≥1 570	≥8	≥20	≥735
60C$_2$AT	≥1 375	≥1 570	≥8	≥20	≥735
60C$_2$XφAT	≥1 660	≥1 860	≥8	≥20	≥1 050
60Si$_2$CrVAT	≥1 665	≥1 860	≥8	≥20	≥1 050

（二）单卷弹簧的轴向（垂向）特性计算

由材料力学可知，单卷弹簧轴向特性计算的有关公式如下：

刚度　　　　　　　　　$K_v = \dfrac{Gd}{8nm^3} = \dfrac{Gd^4}{8nD^3}$

挠度　　　　　　　　　$f_v = \dfrac{8P_v m^3 n}{Gd} = \dfrac{P_v}{K_v}$

应力　　　　　　　　　$\tau_{max} = \dfrac{8P_{max}DC}{\pi d^3} \leqslant [\tau]$

簧条直径　　　　　　　$d_{计算} = \sqrt{\dfrac{8P_{max}mC}{\pi[\tau]}}$　　　　　（2 - 10）

有效圈数　　　　　　　$n = \dfrac{Gd}{8K_v m^3}$

总圈数　　　　　　　　$N = n + 1.5$

弹簧全压缩高　　　　　$H_{min} = (n+1)d$

弹簧自由高　　　　　　$H_0 = H_{min} + f_{max}$

弹簧稳定性校核　　　　$H_0 \leqslant 3.5D$

式中　G——剪切弹性模数，弹簧钢 $G = 79.4$ GPa；

　　P_v——作用于弹簧上的垂向静载荷；

　　P_{max}——作用于弹簧上的最大垂向载荷，其值为 $P_{max} = P_v(1 + K_{vd})$；　　（2 - 11）

　　D——弹簧平均直径（也称为弹簧的中径），为弹簧圈内、外径的平均值；

　　m——弹簧指数，又称旋挠比，其值为 $m = \dfrac{D}{d}$；　　　　　　　（2 - 12）

　　C——应力修正系数，其值为 $C = \dfrac{4m-1}{4m-4} + \dfrac{0.615}{m}$；　　　（2 - 13）

　　f_{max}——最大挠度，其值为 $f_{max} = f_v(1 + K_{vd})$；　　　　　　（2 - 14）

　　n——有效圈数；

　　N——弹簧总圈数，为工作圈数与支持圈圈数之和；

　　H_{min}——弹簧全压缩高度，即弹簧在全压死状态下的高度；

H_0——弹簧自由高度，为无载荷状态下的高度；

$[\tau]$——许用应力，其取值见表 2-12。

弹簧挠度裕量系数 K_{vd}，是弹簧在静载重作用下各簧圈之间的间隙总和 a（即弹簧最大挠度）与静挠度 f_{st} 之比值。计算时规定取值：在弹簧装置中有减振器并 f_{st} 较大时，货车取 $K_{vd} \geqslant 0.6$，客车取 $K_{vd} \geqslant 0.5$；在弹簧装置中无减振器或减振阻力很小时，货车取 $K_{vd} \geqslant 0.9$，客车取 $K_{vd} \geqslant 0.6$。

弹簧指数，铁路车辆弹簧一般取 $m = 4 \sim 7$，选取的 D 值应能与弹簧空间位置相适应，选取的 d 值应符合我国弹簧钢材规格中标准簧料直径系列所规定（参看表 2-13）的值。m 值越小，表明弹簧卷曲程度越大，引起的附加应力也越大，即应力修正系数 C 越大。

表 2-13　圆截面弹簧材料直径系列（mm）

第一系列	0.1	0.15	0.2	0.25	0.3	0.35	0.4	0.45	0.5
	0.6	0.8	1	1.2	1.6	2	2.5	3	3.5
	4	4.5	5	6	8	10	12	16	20
	25	30	35	40	45	50	60	70	80
第二系列	0.7	0.9	1.4	(1.5)	1.8	2.2	2.8	3.2	3.8
	4.2	5.5	7	9	14	18	22	(27)	28
	32	(36)	38	42	(55)	65			

注：1. 应优先采用第一系列。

2. 括号内直径只限于目前不能更换的产品使用。

有效圈数 n，即弹簧起弹性变形部分的工作圈数。增加 n 值可降低刚度值，但使弹簧全压缩高度 H_{min} 增大，另外也有可能影响挠度裕量系数 K_{vd} 不满足规定要求。

在设计车辆悬挂装置中的弹簧时，为提高车辆运行平稳性，则在结构空间位置、车钩高差等条件的允许情况下，应尽量增大弹簧总静挠度。所以，设计中必须注重刚度和静挠度值的选取，为能降低刚度，增加挠度，时常在符合许用应力及有关的要求下，可以不按一般弹簧的设计要求选取某些参数值，如弹簧有效圈数的尾数值，平均直径和自由高的值，都可以不符合有关标准系列值的要求。

（三）双卷弹簧的轴向（垂向）特性计算

转向架的弹簧装置中，时常采用双卷弹簧，个别情况还有采用三卷弹簧的。多卷弹簧与单卷弹簧相比，在承载与弹性特性相同的条件下，可以明显减小弹簧所占空间位置，使结构紧凑。这对于铁路车辆载重量大，转向架弹簧装置所占的空间位置受到多方面条件限制，采用双卷弹簧是很适宜的。

为避免卷与卷之间发生卡住或簧组转动，要求双卷（或多卷）弹簧中紧挨着的两卷层弹簧的螺旋方向不能一致，一个左旋，另一个则右旋。

双卷弹簧完全代替单卷弹簧必须满足以下条件：双卷弹簧的外卷和内卷的指数 m_1 和 m_2、应力 τ_1 和 τ_2、挠度 f_1 和 f_2，要分别等于单卷弹簧的 m、τ 和 f，以此来导出双卷和单卷弹簧之间的尺寸关系。

1. 弹簧指数相等，说明它们的挠曲程度一样，由挠曲引起的应力修正系数也一样，即

$$\frac{D}{d} = \frac{D_1}{d_1} = \frac{D_2}{d_2} = m \tag{2-15}$$

$$C = C_1 = C_2 \tag{A}$$

2. 使应力相等,意味着充分利用了材料的强度,即

$$\tau = \tau_1 = \tau_2 \tag{B}$$

设单卷弹簧的载荷为 P,双卷弹簧外卷和内卷的载荷分别为 P_1 和 P_2,则有

$$P = P_1 + P_2 \tag{C}$$

而且

$$P = \frac{\pi d^3 \tau}{8DC}, P_1 = \frac{\pi d_1^3 \tau_1}{8D_1 C_1}, P_2 = \frac{\pi d_2^3 \tau_2}{8D_2 C_2} \tag{D}$$

所以,将式(D)代入式(C),并考虑式(B)关系,得

$$\frac{d^3}{D} = \frac{d_1^3}{D_1} + \frac{d_2^3}{D_2} \tag{E}$$

利用式(2-15)的关系,上式(E)可写为

$$d^2 = d_1^2 + d_2^2 \tag{2-16}$$

3. 取各卷弹簧的挠度(和原单卷弹簧的挠度)相等,以保证(双卷簧与单卷簧)性能一样,即

$$f = f_1 = f_2 \tag{F}$$

由式(2-15)和式(2-10),整理后可得

$$f_j = \frac{8D^3 n}{Gd^4} P_j \quad (j=1,2) \tag{G}$$

用 $P = \frac{\pi d^3}{8D} \times \frac{\tau}{C}$ 代入上式,并由式(F)可得

$$\frac{8D^3 n}{Gd^4} \times \frac{\pi d^3}{8D} \times \frac{\tau}{C} = \frac{8D_1^3 n_1}{Gd_1^4} \times \frac{\pi d_1^3}{8D_1} \times \frac{\tau_1}{C_1} = \frac{8D_2^3 n_2}{Gd_2^4} \times \frac{\pi d_2^3}{8D_2} \times \frac{\tau_2}{C_2}$$

经整理后可得

$$nD = n_1 D_1 = n_2 D_2 \tag{2-17}$$

因而,用双卷弹簧来代替单卷弹簧时,应满足式(2-15)、式(2-16)和式(2-17)诸条件。

此外,为了不使双卷螺旋弹簧内外卷互相接触而产生磨损,在内外卷弹簧之间应保持一定的间隙 S,其大小一般为 $3\sim 5$ mm。为了维持此条件,可得出 d_1 和 d_2 之间的补充关系式,根据图 2-32 得

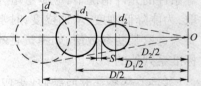

图 2-32 计算双卷螺旋弹簧关系简图

$$\frac{d_1}{2} + S + \frac{d_2}{2} = \frac{D_1}{2} - \frac{D_2}{2}$$

用 $D_1 = md_1, D_2 = md_2$ 代入上式,即

$$\frac{d_1}{2} + S + \frac{d_2}{2} = \left(\frac{d_1 - d_2}{2}\right) m$$

由此可得

$$d_2 = \frac{(m-1)d_1 - 2S}{m+1} = \alpha d_1 - 2\beta \tag{H}$$

式中

$$\alpha = \frac{m-1}{m+1}, \beta = \frac{S}{m+1}$$

将式(H)代入式(2-16)得

$$d_1 = \frac{1}{1+\alpha^2} \sqrt{(1+\alpha^2)d^2 - 4\beta^2} + \frac{2\alpha\beta}{1+\alpha^2}$$

因 $4\beta^2$ 比 $(1+\alpha^2)d^2$ 小得多,故可略去不计,所以

$$d_1 = \frac{d}{\sqrt{1+\alpha^2}} + \frac{2\alpha\beta}{1+\alpha^2}, d_2 = \frac{\alpha d}{\sqrt{1+\alpha^2}} - \frac{2\beta}{1+\alpha^2} \qquad (2-18)$$

按上式可根据单卷弹簧的 d 值,求出双卷簧的外卷簧条直径 d_1,然后再由式(2-16)求出内卷簧条直径 d_2。d_1 与 d_2 求得后,可按已选定的弹簧指数 m 求出外卷簧的平均直径 D_1 和内卷簧的平均直径 D_2,最后再由式(2-17)确定出外卷簧和内卷簧的有效圈数 n_1 和 n_2。

在设计中,为了使计算工作简便,还可应用表2-14所列的简单计算方法。表内所列出的各数,是利用换算的单卷弹簧设计双卷弹簧时的数据,内、外卷簧之间间隙为3 mm。

表2-14　双卷螺旋弹簧数据(mm)

m	d_1	d_2	D_1	D_2	P_1	P_2
3.5	$0.875d+0.6$	$0.486d-1.0$	$0.875D+2.0$	$0.486D-3.5$	$0.765\left(1+\dfrac{1.4}{d}\right)P$	$0.235\left(1-\dfrac{4.5}{d}\right)P$
4.0	$0.875d+0.5$	$0.514d-0.9$	$0.857D+2.0$	$0.514D-3.5$	$0.734\left(1+\dfrac{1.2}{d}\right)P$	$0.264\left(1-\dfrac{3.4}{d}\right)P$

实际上,由于受簧条直径规格等条件的限制,只能近似地满足式(2-16)、式(2-17)和式(2-18)的三个条件,因而需要对有关参数进行修正。修正时要保持内、外卷弹簧的当量刚度和挠度值与原单卷弹簧的参数值一致,设法使内外卷弹簧的压缩高度相等(特定条件时除外),以及应力均在许用应力范围。

车辆弹簧的计算往往非常繁琐,为能在许可条件下,尽量降低弹簧刚度、增加弹簧静挠度,需要经过反复修正。设计时有两种方法使用较多:一种方法可将内、外卷所承受的载荷按 1/3:2/3 的比例进行分配;对于三卷组合弹簧的内、中、外三卷所承受的载荷按 1/7:2/7:4/7 的比例进行分配。然后分别进行各单卷弹簧参数、簧卷间隙和组合当量刚度等值的设计计算,并适当给以修正,满足设计要求。另一种方法是依据设计任务书提出的具体要求(如自重、载重、挠度、刚度等值),参照已有车辆双卷弹簧的参数值(估计取值,如内、外卷的平均直径、簧条直径、有效圈数等),直接分别计算内、外卷弹簧的刚度、挠度、应力及稳定性校核,并经过反复修正,取得符合设计要求的弹簧参数、簧卷间隙和组合当量刚度等值。

(四)两级刚度弹簧的轴向(垂向)特性

随着货车载重量增加,带来的问题是空、重车簧上质量相差悬殊。若仍采用一级刚度的螺旋弹簧组,有可能使空车的弹簧静挠度过小,自振频率过高,其振动性能不良。采用两级刚度的螺旋弹簧组,可使空车时因刚度小而有较大的弹簧静挠度,改善其运行品质,同时使轮重减载率减小,有利于防止脱轨的发生。在重车时选用刚度较大的第二级弹簧刚度,可避免弹簧挠度过大而影响车钩高度。所以,采用两级刚度螺旋弹簧组时,可兼顾空、重车两种状态,选择适宜的弹性特性曲线(参看图2-34)。目前,两级刚度的螺旋弹簧组在国内、外货车转向架中得到了应用。

一般只有在空、重车质量差别很大时,才适于采用两级刚度螺旋弹簧组,按其结构形式一般可分为三种,如图2-33所示。三种形式虽然不同,但相同的是空车和重车弹簧组的刚度均为两级,并且重车时刚度大于空车时刚度。图(a)形式,空车时为内外簧串联承载,重车时为外簧承载,但由于结构上的缺点已很少采用。图(b)形式,空车时为外簧承载,重车时为内外簧并联承载,故又称为不等高两级刚度弹簧组,结构简单,使用的最多。图(c)形式,空车时为内外簧串联,重车时为内外簧并联,由于结构比较复杂,一般在特种车上采用。

两级刚度弹簧组的弹性特性曲线如图2-34所示。它是由 OA、AB 两部分直线组成的一

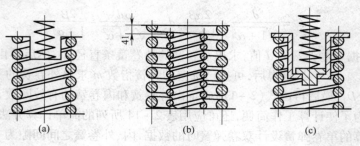

图 2 – 33 两级刚度弹簧形式

条折线，A 点是刚度转折点，对应的载荷为 P_A，挠度为 f_A。在不同载荷作用下，弹簧组有两种刚度特性：当载荷 $P \leqslant P_A$ 时，其刚度值 $K_A = P_A/f_A = \tan\alpha_1$；当载荷 $P > P_A$ 时，其刚度值 $K_B = P_{zh}/f_d = \tan\alpha_2$。$K_B > K_A$，呈渐增形特性曲线。

选取两级刚度螺旋弹簧组的参数时，由于转向架运用条件比较复杂，结构形式多种多样，因此应根据具体要求来确定，并必须保证空重车的正常车钩联挂。

根据国内外运用经验建议：弹簧静挠度 $f_k = 20$ mm 左右，相对摩擦系数 $\varphi = 0.10 \sim 0.15$（相对摩擦系数的意义见本章第六节）；重车当量静挠度 $f_{zh} = 40$ mm 左右，相对摩擦系数 $\varphi = 0.08 \sim 0.1$；一般取转折点的载荷 P_A 约为空车载荷 P_K 的 1.7 ~ 2 倍。

不等高两级刚度弹簧组参数的计算是在满足空、重车承载条件下，采用刚度分配法进行内、外簧参数的选择。与一般的等高一级刚度弹簧组不同的是：由于弹簧在承载中，内、外簧的挠度不同，所以内、外簧的载荷比不仅与内、外簧的刚度有关，而且与其挠度有关。故计算时增加了内、外簧的载荷比、刚度比等参数值。

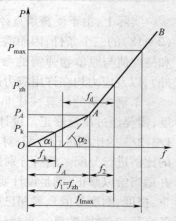

图 2 – 34 两级刚度弹簧
组弹性特性曲线

当空重车载荷比 e、内外簧刚度比 a 与弹簧挠度裕量系数 K_{vd} 确定时，则图 2 – 34 中所示各挠度值均可用重车时弹簧当量静挠度 f_d 来表示。并注意到在重车状态下，内外卷弹簧同时承载后所产生的弹簧变形是相等的条件。故可以通过一定的转化，像一般刚度弹簧组那样，采用"刚度分配"的计算方法，设计出所需的弹簧组参数。

实际中往往是空重车载荷是已知的，f_d 是由设计要求提出的，所以只要确定内外簧刚度比 a 就可确定各有关挠度值、刚度值等。

不等高两级刚度螺旋弹簧组参数的有关计算公式如下：

1. 外卷与内卷弹簧的最大载荷比 η

$$\eta = \frac{P_{1max}}{P_{2max}} = \frac{a + e}{1 - e} \qquad (2 - 19)$$

2. 空、重车载荷比 e

$$e = \frac{P_k}{P_{zh}} < 1 \qquad (2 - 20)$$

3. 外簧与内簧的刚度比 a

根据设计提出的要求，可分为两种情况进行计算。

（1）设计任务书的要求是在满足重车振动性能的前提下，尽可能改善空车振动性能，则

$$a = \frac{8(1-e)(1+K_{vd})P_{zh}m_2C_2}{\pi d_2^2[\tau]} - 1 \tag{2-21}$$

（2）在设计任务书的要求中明确提出当量静挠度 f_d 和空车静挠度 f_k 的数值，则

$$a = \frac{ef_d}{f_k - ef_d} \tag{2-22}$$

4. 内卷弹簧簧条直径 d_2

根据计算刚度比 a 的不同条件，可分为两种情况进行计算。

（1）对应式(2-21)时。参照有关两级弹簧组参数等资料，选择适宜的 d_2 值，再代入式(2-21)计算刚度比 a。

（2）对应式(2-22)时，参照有关两级弹簧组参数等资料，选择适宜的内卷弹簧指数 m_2 值，及根据式(2-22)计算的刚度比 a 值，按下式计算 d_2 值，即

$$d_2 = \sqrt{\frac{8(1-e)(1+K_{vd})P_{zh}m_2C_2}{\pi(1+a)[\tau]}} \tag{2-23}$$

5. 外卷弹簧簧条直径 d_1

分为两种情况进行计算。

（1）若 $m_1 = m_2$，$C_1 = C_2$，则 $\qquad d_1 = d_2\sqrt{\frac{a+e}{1-e}} \tag{2-24}$

（2）若 $m_1 \neq m_2$，则 $\qquad d_1 = d_2\sqrt{\frac{(a+e)m_1C_1}{(1-e)m_2C_2}} \tag{2-25}$

6. 内、外卷弹簧的间隙 $2S$

一般可取 $\qquad S = \frac{d_1 - d_2}{2} \tag{2-26}$

有时为调整内、外卷弹簧的有关参数，使之符合设计任务书的要求，可适当加大其值，$2S$ 可取 $10 \sim 15$ mm。

7. 刚度

内卷弹簧刚度 $\qquad K_2 = \frac{P_{zh}}{f_d(1+a)} \tag{2-27}$

外卷弹簧刚度 $\qquad K_1 = aK_2 \tag{2-28}$

弹簧组第一级刚度 $\qquad K_A = K_1 \tag{2-29}$

弹簧组第二级刚度 $\qquad K_B = K_1 + K_2 \tag{2-30}$

8. 挠度

外卷弹簧最大挠度 $\qquad f_{1max} = \left(1 + \frac{e}{a}\right)(1+K_{vd})f_d \tag{2-31}$

内卷弹簧最大挠度 $\qquad f_{2max} = (1-e)(1+K_{vd})f_d \tag{2-32}$

重车时外卷弹簧静挠度 $\qquad f_1 = f_A + f_2 \tag{2-33}$

重车时内卷弹簧静挠度 $\qquad f_2 = \frac{P_{zh} - P_A}{K_B} \tag{2-34}$

重车时弹簧组静挠度 $\qquad f_{zh} = f \tag{2-35}$

重车时弹簧组当量静挠度 $\qquad f_d = \frac{P_{zh}}{K_B} \tag{2-36}$

9. 内、外卷弹簧高度差,亦是转折点处弹簧组静挠度

$$f_A = \frac{P_A}{K_A} = (1 + K_{vd})f_k = H_{01} - H_{02} \tag{2-37}$$

为了能获得符合设计要求的 f_A 值,可在近似等强度条件之下,调整内、外卷弹簧指数 m_2 与 m_1,使之内、外卷弹簧的全压缩高度 H_{02} 与 H_{01} 相等。

10. 转折点处弹簧组静载荷

或
$$\left. \begin{array}{l} P_A = K_A f_A = (1 + K_{vd})P_k \\ P_A \approx (1.7 \sim 2)P_k \end{array} \right\} \tag{2-38}$$

式中　G——剪切弹性模数,弹簧钢 $G = 79.4$ GPa;

C_1、C_2——分别为外卷与内卷弹簧的应力修正系数,参见式(2-13);

H_{01}、H_{02}——分别为外卷与内卷弹簧的自由高,参见式(2-10);

K_{vd}——弹簧挠度裕量系数,取值参见式(2-11);

〔τ〕——许用应力,参看表 2-12。

除上述计算公式外,关于弹簧的平均直径、有效圈数、全压缩高度、自由高、各种状态下弹簧所承受的载荷及弹簧稳定性的校核等参数的计算,可以参照图 2-34 和式(2-10)进行。

应该注意,由于不等高两级刚度螺旋弹簧组的弹性特性是用其内、外簧的高度差来实现的,所以要求弹簧制造的精度要高,弹簧两端需要并紧磨平。

例 2—1 已知:$P_{zh} = 58.8$ kN,$P_k = 15.1$ kN,$e = 0.257$,〔τ〕$= 750$ MPa,$f_d = 37.7$ mm,$K_{vd} = 0.7$。

求:设计一组两级刚度螺旋弹簧组,要求是 $f_k = 23$ mm,$f_A = f_k \times 1.7 = 39$ mm。内、外簧间隙 $2S = 10 \sim 25$ mm。

解　由于本设计对于 f_k、f_{zh} 均有具体要求,应按式(2-22)求出其刚度比 a,即

$$a = \frac{ef_d}{f_k - ef_d} = 0.73$$

由式(2-23)计算 d_2,取 $m_2 = 3.76$,计算得出 $C_2 = 1.435$,则

$$d_2 = \sqrt{\frac{8(1-e)(1+0.7)P_{zh}m_2C_2}{\pi(1+a)\lceil\tau\rceil}} = 28 \text{ mm}$$

$$D_2 = m_2 d_2 = 105 \text{ mm}$$

假定 $m_1 = m_2$,初选 d_1,即

$$d_1 = d_2\sqrt{\frac{a+e}{1-e}} = 32.4 \text{ mm}$$

查看簧条规格表 2-13,取 $d_1 = 36$ mm,$2S = 13$ mm,则

$$D_1 = d_1 + d_2 + D_2 + 2S = 182 \text{ mm}$$

$$m_1 = \frac{D_1}{d_1} = 5.05,C_1 = 1.31$$

通过计算说明 $m_1 \neq m_2$,需要重新复选 d_1。按式(2-25)计算求 d_1,即

$$d_1 = d_2\sqrt{\frac{(a+e)m_1C_1}{(1-e)m_2C_2}} = 35.8 \text{ mm}$$

取 $d_1 = 36$ mm,符合强度及几何关系的要求。并按相应公式求得弹簧参数如下:

刚度
$$K_1 = 660 \text{ kN/m}, K_2 = 900 \text{ kN/m}$$
$$K_A = 660 \text{ kN/m}, K_B = 1\,560 \text{ kN/m}$$

有效圈数
$$n_1 = 4.3, n_2 = 5.8$$

弹簧全压缩高度
$$H_{min1} = H_{min2} = 191 \text{ mm}$$

各挠度值及自由高：
$$f_k = 23 \text{ mm}, f_A = 39 \text{ mm}, f_2 = 21.2 \text{ mm}$$
$$f_1 = 60.2 \text{ mm}, f_{1max} = 90 \text{ mm}, f_{2max} = 51 \text{ mm}$$
$$H_{01} = 281 \text{ mm}, H_{02} = 242 \text{ mm}$$

稳定性校核
$$\frac{H_{01}}{D_1} = 1.54 < 3.5, \frac{H_{02}}{D_2} = 2.3 < 3.5$$

均符合要求。

应力校核
$$\tau_{1max} = 745 \text{ MPa} < [\tau], \tau_{2max} = 750 \text{ MPa} \leqslant [\tau]$$

符合要求。于是求得弹簧参数为：
$$d_1 = 36 \text{ mm}, D_1 = 182 \text{ mm}, n_1 = 4.3$$
$$d_2 = 28 \text{ mm}, D_2 = 105 \text{ mm}, n_2 = 5.8$$
$$f_k = 23 \text{ mm}, f_A = 39 \text{ mm}, f_d = 37.7 \text{ mm}$$
$$H_{01} = 281 \text{ mm}, H_{02} = 242 \text{ mm}$$

（五）螺旋弹簧径向（横向）特性计算

以螺旋弹簧的横向弹性来代替吊杆的作用，制成的无摇动台式高速客车转向架，具有结构简单、重量轻、维修方便等特点。转向架中央弹簧同时承受垂向力和横向力的作用，并产生相应的挠度。

设计时需要进行螺旋圆弹簧的横向刚度、横向弹性、稳定性及应力的计算。计算时可将弹簧看做成一个弹性圆柱体（或称等效直梁），运用弹性力学的知识，求得有关计算公式。

1. 径向刚度计算

同时承受轴向（垂向）力 P 和径向（横向）力 Q 的螺旋弹簧的一般计算，如图 2-35 所示。计算分两种情况。

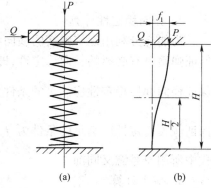

图 2-35　螺旋弹簧横向刚度计算

（1）弹簧的两个端面与支撑体的接触面之间为刚性接触，并假定在 P 和 Q 作用下，弹簧的上、下支承面在运动过程中保持平行，则有挠度比公式

$$\frac{f_1}{f_v} = \frac{Q}{P}\left[0.295\left(\frac{H}{D}\right)^2 + 0.384\right]i \qquad (2-39)$$

刚度公式
$$K_1 = \frac{K_v}{\left[0.295\left(\frac{H}{D}\right)^2 + 0.384\right]i} \qquad (2-40)$$

式中　f_v——弹簧在 P 力作用下的垂向挠度；

f_1——弹簧在 Q 力作用下的横向挠度；

K_v, K_1——分别为弹簧的垂向刚度和横向刚度；

D——弹簧平均直径；

H——弹簧的计算高度,是指弹簧在垂向载荷 P 作用下,弹簧上、下支承面之间的高度 H' 和簧条直径 d 之差,其值为 $H = H' - d$; $\qquad$ (2 – 41)

i——垂向载荷 P 对弹簧横向变形的影响系数,其近似值为

$$i = \frac{1}{1 - \dfrac{P}{P_{cr}}} \qquad (2 – 42)$$

其中 P_{cr}——考虑横向变形后的临界压缩载荷值,P_{cr} 可用下式计算:

$$\frac{P}{P_{cr}} = \left\{ 1.3 \left[\sqrt{1 + 4.29 \left(\frac{D}{H} \right)^2} - 1 \right] \right\}^{-1} \frac{f_v}{H} \qquad (2 – 43)$$

(2)弹簧的两个端面与支撑体的接触面之间为弹性接触(如设有橡胶垫),并假定在 P 和 Q 力作用下,弹簧的上、下支承面能相对转动,则有挠度比公式

$$\frac{f_1}{f_v} = \frac{Q}{P} \left[1.18 \left(\frac{H}{D} \right)^2 + 0.384 \right] i' \qquad (2 – 44)$$

刚度公式 $$K_1 = \frac{K_v}{\left[1.18 \left(\frac{H}{D} \right)^2 + 0.384 \right] i'} \qquad (2 – 45)$$

式中 $$i' = \frac{1}{1 - \dfrac{P'}{P'_{cr}}} \qquad (2 – 46)$$

$$\frac{P'}{P'_{cr}} = \left\{ 1.3 \left[\sqrt{1 + 1.07 \left(\frac{D}{H} \right)^2} - 1 \right] \right\}^{-1} \frac{f_v}{H} \qquad (2 – 47)$$

2. 径向稳定性计算

为能充分利用螺旋弹簧的横向特性,通常将它设计成细而高,称之高圆弹簧。但必须注意保证弹簧具有必要的径向稳定性,即径向弹性稳定性和倾覆稳定性两个方面。

保证径向弹性稳定性应满足的条件为 $\dfrac{K_1}{K_v} \geqslant 1.2 \dfrac{f_v}{H}$ $\qquad$ (2 – 48)

保证倾覆稳定性应满足的条件为 $f_1 \leqslant \dfrac{PD}{K_1 H + P}$ 和 $Q \leqslant \dfrac{PDK_1}{K_1 H + P}$ $\qquad$ (2 – 49)

式中所用符号意义同前。

3. 应力计算

螺旋圆弹簧的最大剪切应力发生在端部簧圈的内侧,计算公式为

$$\tau_{max} = \tau \left[1 + \frac{f_1}{D} \left(1 + \frac{K_1 H}{K_v f_v} \right) \right] \leqslant [\tau] \qquad (2 – 50)$$

式中 τ 为仅作用轴向力 P 时螺旋弹簧的剪切应力,可依照式(2 – 10)计算剪切应力,但需将式中 P_{max} 改换为相应螺旋弹簧有效工作高度 H 时的轴向力 P,其余符号意义同前。

由式(2 – 50)可知,剪切应力 τ_{max} 随着横向挠度 f_1 的增大而呈线性关系增加。一般横向挠曲产生比较大的附加应力,所以,要把弹簧的横向挠度限制在应力状态允许的范围内,以保证弹簧具有足够的强度。允许的横向挠度 f_1 可由下式确定:

$$f_1 = D \left(\frac{[\tau]}{\tau} - 1 \right) \left(1 + \frac{K_1 H}{K_v f_v} \right)^{-1} \qquad (2 – 51)$$

式中 $[\tau]$——许用应力;

其余符号意义同前。

同时承受轴向力 P 和径向力 Q 的双卷弹簧,外卷比内卷承受的横向载荷大。所以,为使内、外卷接近等强度,初步计算垂向力载荷作用下的剪应力 τ 时,可适当增大内卷剪应力或减小外卷剪应力。

（六）车辆的抗侧滚装置

为能改善车辆垂向振动性能,需要相当柔软的垂向悬挂装置（如采用空气弹簧或柔软的钢弹簧）,当然同时也就出现了车体侧滚振动的角刚度也随之变得相对柔软。因此使得运行中的车辆车体侧滚角角位移增大。尤其是当车辆通过道岔时,呈现车体侧滚角大,侧滚运动加剧,使旅客感觉明显的不舒适。故需要设计出既能保证车辆具有良好垂向振动性能,又能提高抗侧滚性能的转向架。

采取措施之一是在转向架中央悬挂装置中设置抗侧滚装置,从国内外客车转向架结构,尤其是高速客车转向架的结构来看,几乎各国采用空气弹簧的转向架大都是中央位置悬挂,与此同时都设置有抗侧滚装置。我国几种型式的准高速、高速客车转向架都采用了抗侧滚装置。

采取措施之二是尽量增大中央悬挂装置中空气弹簧或钢弹簧的横向间距,以增大其角刚度,从而增强抗侧滚性能。如日本新干线高速客车转向架,采用无摇动台的空气弹簧装置,空气弹簧横向间距为 2 500 mm（DT200 型等）,为外侧悬挂形式,再如德国 MD 型高速客车转向架,中央悬挂装置是采用有摇动台的钢弹簧,弹簧横向间距为 2 580 mm,也为外侧悬挂形式,上述这些转向架均能满足高速运行。

虽然措施不同,但都能实现车辆具有良好的垂向振动性能和抗侧滚性能。然而,选择什么措施则应根据国家国情不同、车辆限界、线路条件、车体结构与外廓尺寸及转向架结构形式等因素来确定。例如日本新干线车体宽度约为 3 300 ~ 3 400 mm,比中国和欧洲许多国家的车体宽了约 300 mm 之多。所以,即使采用空气弹簧直接支承于车体底架之下,转向架仍有条件可采用外侧悬挂形式,使空气弹簧横向间距达到 2 500 mm 之多。由于大的横向间距使得转向架左右空气弹簧的角刚度明显增大,保证了抗侧滚性能。所以可不再设抗侧滚装置。

1. 抗侧滚扭杆装置的作用原理

抗侧滚扭杆装置结构及原理如图 2 - 36 和图 2 - 37 所示。分析原理示意图可知,当左右弹簧发生相互反向的垂向位移时（即车体侧滚时）,水平放置的两个扭臂对于扭杆（扭臂与扭杆之间近似为刚性节点）分别有一个相互反向的力与力矩的作用,使弹性扭杆承受扭矩而产生扭转弹性变形,起着扭杆弹簧的作用。扭杆弹簧的反扭矩,总是与车体产生侧滚角角位移的方向相反,以约束车体的侧滚振动。但是,当左右弹簧为同向垂直位移时,因扭杆两端为转轴及轴承支承,所以左右两个扭臂只是使扭杆产生同向的转动,而不发生扭杆弹簧作用,故对车体不产生抗侧滚作用。从上述作用原理可知,抗侧滚扭杆装置实现了既增强了中央悬挂装置的抗侧滚性能,又不影响或基本上不影响中央悬挂装置中原弹簧的柔软弹性。

扭杆弹簧的主体为一直杆,它是利用扭杆的扭转弹性变形起弹簧作用的。在实用范围内扭转力矩与扭转角的特性曲线呈线性。扭杆弹簧具有自重轻、结构简单、单位体积变形大及占空间位置小等特点,所以在铁道车辆上用于抗侧滚装置。扭杆弹簧的材质和制造精度要求较高,在制造加工过程中对其防腐处理要及时,并需进行探伤检验。

2. 抗侧滚扭杆装置的设置位置及主要性能要求

抗侧滚扭杆装置的作用特性,确定它应设置在空气弹簧（中央弹簧）的上、下支承部分之间。因转向架结构形式的不同,它可以设置在摇枕与弹簧托梁之间,如设有摇动台装置的

209HS 和 CW—2 型客车转向架;或者设置在摇枕与构架之间,如采用旁承支重、无摇动台装置的 SW—160 型客车转向架;还可以设置在车体与构架之间,如无心盘、无旁承、无摇动台装置的客车转向架。

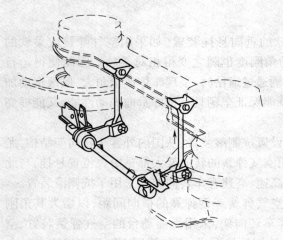

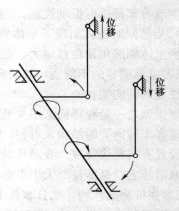

图 2-36 抗侧滚扭杆装置   图 2-37 抗侧滚扭杆装置示意图

虽然抗侧滚扭杆装置安装的位置有所不同,但都有相同的主要性能要求。

(1)应具有前述的作用特点和适宜的抗侧滚扭转刚度,同时应具有能适应空气弹簧(中央弹簧)上、下支承两个部分之间相对运动的随动性。

(2)在垂向、横向及纵向的三个方向上,均应尽量减小对中央悬挂装置刚度的影响。

(3)扭杆与转臂之间应有足够大的刚度。

(4)应注意防止车辆高频振动的传递。

实践证明,正确、合理的设计与制造,取得了良好效果。

抗侧滚扭杆装置的最佳抗扭刚度值如何选择,应根据车辆结构及车体重心的高低、转向架结构及悬挂参数、运行速度、线路条件、通过道岔的型号及速度等诸多因素来考虑。应进行必要的理论分析计算和试验工作而确定。已运行的双层客车抗侧滚扭杆装置的扭转刚度值为 $1.5 \sim 2 \ \text{MN} \cdot \text{m/rad}$。

图 2-38 为抗侧滚扭杆装置结构图,表 2-15 为我国部分客车及城市轨道车辆转向架上采用的抗侧滚扭杆装置的主要技术参数。

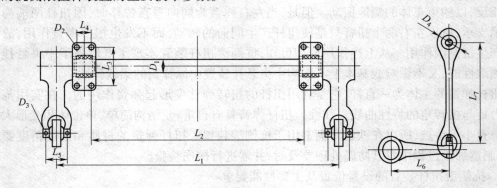

图 2-38 抗侧滚扭杆装置结构图

表 2 – 15 部分抗侧滚扭杆主要参数

| 扭杆名称 | 扭杆编号 | 主要尺寸参数 | | | | | | | | | | | 质量 (kg) | 整体刚度 (MN·m/rad) |
		L_1	L_2	L_3	L_4	L_5	L_6	L_7	D_1	D_2	D_3	D_4		
上海杨浦线	XT0255	1 496	990	160	86	98	285	650.5	$\phi56$	M20	M16	$\phi115$	107	1.75
天津滨海线	XT0044	2 496	2 126	140	60	102	180	556	$\phi34$	M16	M18	$\phi90$	76	0.9
广州 2 号线	96S218	2 400	1 976	135	62	130	250	506	59	M12	M16	$\phi125$	181	4.04
荷兰 Y32	XT0001	1 100	1 210	130	50	142	250	480	46.8	M14	M18	$\phi84$	71	0.8
上海 1 号线	XT0326	1 030				98	220	573	59		M16	$\phi115$	102	2.5

三、橡胶元件结构及计算

铁道车辆上采用橡胶元件具有下列优点:

1. 可以自由确定形状,使各个方向的刚度根据设计要求确定。利用橡胶的三维特性可同时承受多向载荷,以便于简化结构。

2. 可避免金属件之间的磨耗,安装、拆卸简便,并无需润滑,故有利于维修,降低成本。

3. 可减轻自重。

4. 具有较高内阻,对高频振动的减振以及隔音性有良好的效果。

5. 弹性模量比金属小得多,可以得到较大的弹性变形,容易实现预想的良好的非线性特性。

它的缺点主要是耐高温、耐低温和耐油性能比金属弹簧差,使用时间长易老化,而且性能离散度大,同批产品的性能差别可达 10% 以上。但随着橡胶工业的发展,正在研究改进橡胶性能,以弥补这些不足。

铁道车辆上的橡胶元件,主要应用于弹簧装置与定位装置。此外车体与摇枕、摇枕与构架、轴箱与构架、弹簧支承面等金属部件直接接触部位之间,经常采用橡胶衬垫、衬套、止挡等橡胶元件。

(一)橡胶元件设计时的注意事项

1. 橡胶具有特殊的蠕变特性,即压缩橡胶元件时,当载荷加到一定数值后,虽不再增载,但其变形仍在继续,而当卸去载荷后,也不能立即恢复原状。这种特性通常称为时效蠕变或弹性滞后现象。因此,橡胶的动刚度比静刚度大,其增大的倍率与动载荷的频率和振幅有关,一般要增大 10% ~40% 。

2. 橡胶元件的性能(弹性、强度)受温度影响较大。当温度变化后这些性能也随之改变,大多数橡胶元件随着温度的升高,刚度和强度有明显降低。当温度降低时,其刚度和强度都有提高,一般是先变硬,后变脆。因此,当温度在 – 30 ~ +70 ℃时,设计的橡胶元件可依据不同使用温度,选用不同材质的橡胶,使之具有比较稳定的弹性特性,以满足运用要求。

3. 橡胶具有体积基本不变的特性,即几乎是不可压缩的。它的弹性变形是由于形状改变所致,因此,必须保证橡胶元件形状改变的可能性。

4. 橡胶的散热性不好,故不能把橡胶元件制成很大的整块,需要时应做成多层片状,中间夹以金属板,以增强散热性。

橡胶元件的疲劳损坏,主要由于应力集中处产生的裂纹,橡胶和金属黏合处发生的剥离以及在压缩时侧面产生摺皱现象等逐渐发展造成,所以,设计时应特别注意防止出现这些现象。

为了防止形成应力集中,与橡胶接触的配件表面不应该有锐角、凸起部位的沟孔,橡胶元件在形状上尽量使橡胶表面的变形比较均匀。

5. 橡胶变形受载荷形式影响较大,承受剪切载荷时橡胶变形最大,而承受压缩载荷时其变形最小。因此,承受剪切变形的橡胶弹簧承载能力小而柔度大,承受压缩变形的橡胶弹簧承载能力大而柔度小,受拉伸的橡胶弹簧则很少使用。

橡胶元件是属于粘弹性材料,其力学特性比较复杂。它的特性与其成分、制造工艺、金属元件支承面结合方式以及工作温度等因素有密切关系。通常它的性能是不稳定的,所以要精确计算它的弹性特性相当困难,为在设计计算时有所遵循,需要进行必要的初步估算。

(二)橡胶元件的有关计算

1. 静弹剪模数(G)、静弹性模数(E_a)、表观弹剪模数(G_a)及动弹性模数的计算

静弹剪模数是橡胶元件设计中的最基本参数之一,它与橡胶的硬度及成分有关,其中最主要的因素是橡胶的硬度,对于硬度相同而成分不同的橡胶,其值之差不超过 10% 。

橡胶元件在压缩或剪切下的应力与应变关系,可以归结为确定橡胶的静弹剪模数。但是在技术条件中,一般并不规定静弹剪模数,而是规定橡胶的硬度。

静弹剪模数与肖氏硬度的关系如图 2 – 39 所示,设计计算时可查取或利用下式进行计算:

$$G = 0.119e^{0.034HS} (\text{MPa}) \tag{2 – 52}$$

式中　HS——肖氏硬度。

静弹性模数是橡胶弹簧设计中的重要参数,它与橡胶的品种、硬度、工作温度、形状尺寸、变形特点以及与金属支承面固结状态等许多因素有关,试验表明:

拉伸变形时　　　　　　　　　　　　　$E_a \approx 3G$ 　　　　　　　　　　　(2 – 53)

压缩变形时　　　　　　　　　　　　　$E_a \approx iG$ 　　　　　　　　　　　(2 – 54)

式中　i——几何形状和硬度影响系数,可用以下近似公式计算:

$$\left.\begin{array}{l} 垫圈 \quad i = 3 + kS^2 \\[2mm] 衬套 \quad i = 4 + 0.56kS^2 \\[2mm] 矩形块 \quad i = \dfrac{1}{1+\dfrac{b_1}{b_2}}\left[4 + 2\dfrac{b_1}{b_2} + 0.56\left(1+\dfrac{b_1}{b_2}\right)^2 kS^2\right] \end{array}\right\} \tag{2 – 55}$$

其中　k——系数,$k = 10.7 \sim 0.098HS$,

　　　b_1、b_2——矩形块的宽度和长度,

　　　　S——形状系数。

形状系数 $S = A_1/A_f$,即 S 为橡胶元件的承载面积 A_1 与自由面积 A_f 之比。例如:直径为 D、高度为 H 的圆柱体,$S = D/(4H)$;长为 A、宽为 B 的矩形块,$S = AB/[2(A + B)H]$。剪切变形时,有

$$G_a = jG \tag{2 – 56}$$

式中　j——弯曲变形影响系数,其值为

$$j = \left(1 + \frac{H^2}{12i\rho^2}\right)^{-1} \tag{2 – 57}$$

其中　ρ——截面回转半径,

　　　H——橡胶元件高度,

　　　i——几何形状和硬度影响系数,其值由式(2 – 55)确定。

当橡胶弹簧圆柱体的 H/D 或矩形块的 H/A（或 H/B）的值小于 0.5 时，可略去弯曲变形影响，对于较薄的橡胶衬套也可以同样处理，这时近似取

$$G_a = G \qquad (2-58)$$

动弹性模数是橡胶弹簧承受动载荷时的弹性模数，其值不仅取决于橡胶硬度，而且还与温度、变形速度和幅值，以及平均应力或平均应变等因素有关。目前因为有关资料较少，在初步估算时，可利用图 2-40 查取。当采用试验方法确定动弹性模数时，试验条件应尽可能符合其运用工况。

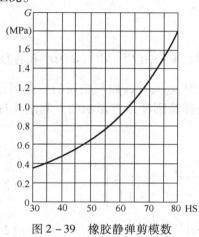

图 2-39　橡胶静弹剪模数

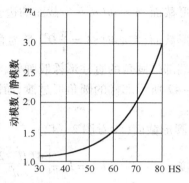

图 2-40　橡胶元件动、静模数比和硬度关系曲线

2. 应力计算

橡胶元件在简单拉伸和压缩变形时，其应力 σ 和应变 ε 的关系式为

$$\sigma = \frac{E_a}{3}\left[\,(1+\varepsilon) - (1+\varepsilon)^{-2}\,\right] \qquad (2-59)$$

式中 $\varepsilon = \delta_v/h$（δ_v 为橡胶弹簧变形量，h 为橡胶弹簧厚度）。该公式约在拉伸应变为 20% 和压缩应变为 50% 这个重要的工程应用范围内有足够的精确度。从橡胶弹簧承受疲劳强度考虑，一般应变量控制在 $\varepsilon < 15\%$，此时可近似地取

$$\sigma \approx E_a\varepsilon \qquad (2-60)$$

橡胶弹簧剪切应力 τ 和剪切应变 γ 的关系式为

$$\tau = G_a\gamma = jG\gamma \qquad (2-61)$$

上式中 $\gamma = \delta_1/h = \tan\theta$，$\delta_1$ 为剪切变形量，h 是弹簧高度。试验表明，τ 与 γ 呈线性关系在 $\gamma < 1$ 时成立。

橡胶的许用应力与许用应变的选取是否合理，将会影响橡胶弹簧的使用寿命，许用应力和许用应变与橡胶弹簧承受载荷特性及重复次数有关。表 2-16 中列出了许用应力和许用应变，可供设计计算时参考。这些数值是一般形状和材质的平均数值，对于特殊形状和材质的橡胶弹簧，需要由实验来确定。

表 2-16　橡胶的许用应力和许用应变

应力类型	许用应力（MPa）		许用应变（%）	
	静　态	动　态	静　态	动　态
压　缩	3.0	±1.0	15	5
剪　切	1.5	±0.4	25	8
扭　转	2.0	±0.7	—	—

3. 静刚度和动刚度的计算

(1)橡胶弹簧的静刚度计算

①直柱形橡胶弹簧如图 2-41 所示(上、下支承面与金属体不黏接)。

压缩刚度

$$K_1 = \frac{E_a A}{H} \tag{2-62}$$

剪切刚度

$$K_s = \frac{GA}{H} \tag{2-63}$$

式中 A——承截面积。

矩形截面：$A = ab$(a、b 为截面的边长)。

圆形截面：实心时，$A = \frac{\pi}{4}D^2$(D 为直径)；有中心孔时，$A = \frac{\pi}{4}(D^2 - d^2)$($d$ 为小孔直径)。

②端部带圆角的直柱形橡胶弹簧，为了避免应力集中，通常在橡胶与金属的硫化部分做成如图 2-42 所示那样的圆角形过渡，而圆角半径对橡胶弹簧刚度是有影响的。其刚度计算公式如下：

a. 圆形截面(参看图 2-42)

压缩刚度

$$K'_1 = E_a \pi \left[\frac{4(H - 2r)}{d^2} + 2\int_0^r \frac{\mathrm{d}z}{\left(\frac{d}{2} + r - \sqrt{r^2 - z^2}\right)^2} \right]^{-1} \tag{2-64}$$

当 $r \ll d$ 时

$$K'_1 = E_a \frac{\pi d^2}{4}\left[H - (8 - 2\pi)\frac{r^2}{d} \right]^{-1} \tag{2-65}$$

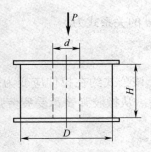

图 2-41 直柱形橡胶弹簧

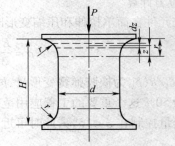

图 2-42 带圆角的圆柱形橡胶弹簧

当 $r = 0$ 时

$$K'_1 = E_a \frac{\pi d^2}{4H} \tag{2-66}$$

由 K'_1/K_1 可以看出其影响情况。图 2-43 表明了橡胶弹簧在有和没有圆角半径 r 时，压缩刚度比 K'_1/K_1 与 r/H 比值、形状系数 S 之间的关系。

b. 矩形截面，等截面部分的长边为 a，短边为 b，压缩刚度

$$K'_1 = E_a \left[\frac{H - 2r}{ab} + 2\int_0^r \frac{\mathrm{d}z}{(a + r - \sqrt{r^2 - z^2})(b + r - \sqrt{r^2 - z^2})} \right]^{-1} \tag{2-67}$$

当 $r \ll a$、b 时

$$K'_1 = E_a ab\left[H - \left(2 - \frac{\pi}{2}\right)\frac{a + b}{ab}r^2 \right]^{-1} \tag{2-68}$$

当 $r = 0$ 时

$$K'_1 = E_a \frac{ab}{H} \tag{2-69}$$

③衬套式橡胶弹簧

a. 轴向剪切或轴向扭转的橡胶衬套

衬套的长度不变,如图 2 – 44(a)所示。

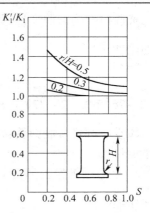

轴向剪切刚度
$$K_s = \frac{2\pi l G}{\ln\left(\frac{r_2}{r_1}\right)} \qquad (2-70)$$

轴向扭转刚度
$$K_\tau = 4\pi l G\left(\frac{1}{r_1^2} - \frac{1}{r_2^2}\right)^{-1} \qquad (2-71)$$

衬套的长度随半径线性改变,如图 2 – 44(b)所示。

轴向剪切刚度
$$K_s = \frac{2\pi G(l_1 r_2 - l_2 r_1)}{(r_2 - r_1)\ln\left(\frac{l_1 r_2}{l_2 r_1}\right)} \qquad (2-72)$$

轴向扭转刚度
$$K_\tau = \frac{4\pi G(l_1 r_2 - l_2 r_1)\left(\frac{1}{r_1^2} - \frac{1}{r_2^2}\right)^{-1}}{r_2 - r_1} \qquad (2-73)$$

图 2 – 43　r/H 和形状系数 S
对刚度比 K'_1/K_1 的影响

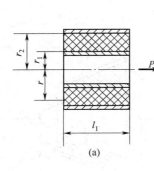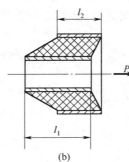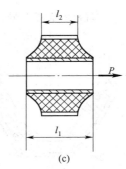

图 2 – 44　衬套式橡胶弹簧

衬套切应力和半径无关而为常数,如图 2 – 44(c)所示。

轴向剪切刚度(应满足 $l_1 r_1 = l_2 r_2 = lr$ 的条件)
$$K_s = \frac{2\pi G l_2 r_2}{r_2 - r_1} \qquad (2-74)$$

轴向扭转刚度(应满足 $l_1 r_1^2 = l_2 r_2^2 = lr^2$ 的条件)
$$K_\tau = \frac{2\pi G l_2 r_2^2}{\ln\left(\frac{r_2}{r_1}\right)} \qquad (2-75)$$

b. 同时承受压缩和剪切的橡胶衬套

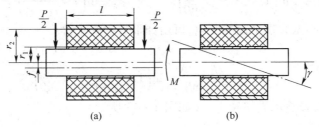

图 2 – 45　衬套式橡胶弹簧
(a)径向变形;(b)弯曲变形

橡胶衬套为径向变形,如图 2 – 45(a)所示。

径向刚度
$$K_s = \frac{\pi l(E_a + G)}{\ln\left(\frac{r_2}{r_1}\right)} \qquad (2-76)$$

橡胶衬套为弯曲变形,如图 2 - 45(b)所示。

弯曲刚度
$$K_w = \frac{\pi l^3 (E_a + G)}{12\ln\left(\frac{r_2}{r_1}\right)} \qquad (2-77)$$

式(2 - 76)和式(2 - 77)中 $E_a = iG, i = 4 + 0.56ks^2, S \approx \frac{1}{2(r_2 - r_1)}$。

④空心圆锥橡胶弹簧:在研究空心圆锥橡胶弹簧时,假设其橡胶元件具有彼此平行的内外支承面母线。

a. 空心圆锥橡胶弹簧承受轴向载荷(如图 2 - 46 所示)

轴向压缩刚度
$$K_1 = \frac{\pi l (r_1 + r_2)}{b_0} (E_a \sin^2\beta + G\cos^2\beta) \qquad (2-78)$$

式中 $E_a = iG, i = 4 + 0.56kS^2$,见式(2 - 55),$S = \frac{l}{2b_0}$。

b. 空心圆锥橡胶弹簧承受径向载荷(如图 2 - 47 所示)

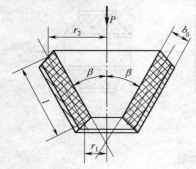

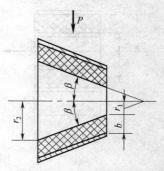

图 2 - 46　承受轴向力的空心圆锥橡胶弹簧　　　图 2 - 47　承受径向力的空心圆锥橡胶弹簧

径向刚度
$$K_r = \frac{\pi (r_1 - r_2)}{\tan\beta \ln\left(1 + \frac{2b}{r_1 + r_2}\right)} (E_a + G) \qquad (2-79)$$

c. 空心圆锥橡胶弹簧承受弯矩载荷(如图 2 - 48 所示)

弯曲刚度
$$K_w = \frac{\pi H z_0^2 (E_a + G)}{3\ln\left(1 + \frac{2b}{2r_2 - z_0\tan\beta}\right)} + \frac{\pi G}{3\tan\beta} \times \frac{(r_2 + b)^3 - (r_1 + b)^3}{\ln\left(1 + \frac{2b}{r_1 + r_2}\right)} \qquad (2-80)$$

式中　z_0——弯曲中心至大端平面的距离,可由如下方程式求得:

$$\frac{z_0^2}{\ln\left(1 + \frac{2b}{2r_2 - z_0\tan\beta}\right)} = \frac{(H - z_0)^2}{\ln\left(1 + \frac{2b}{r_1 + r_2 - z_0\tan\beta}\right)} \qquad (2-81)$$

d. 空心圆锥橡胶弹簧承受扭转力矩(如图 2 - 49 所示)

同轴扭转刚度
$$K_n = \frac{4\pi G}{b\tan\beta} \left[\frac{1}{8}(r_2^4 - r_1^4) + \frac{b}{4}(r_2^3 - r_1^3) + \frac{b^2}{16}(r_2^2 - r_1^2) - \frac{b^3}{16}(r_2 - r_1) - \frac{b^4}{32}\ln\frac{2r_2 + b}{2r_1 + b} \right] \quad (2-82)$$

(2)橡胶弹簧的动刚度计算

橡胶弹簧的动刚度主要依靠实验测定,在设计时可用下式进行估算:

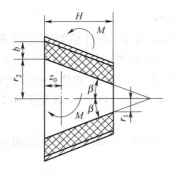

图 2-48 承受弯矩的空心圆锥橡胶弹簧

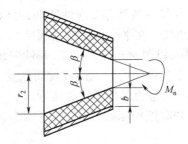

图 2-49 承受扭矩的空心圆锥橡胶弹簧

$$K_d = m_d K_{st} \qquad (2-83)$$

式中 K_{st}——静载荷作用下橡胶弹簧的静刚度；

m_d——系数,表示动模数与静模数之比,可由图 2-40 查取。

橡胶元件在铁道车辆中已得到广泛应用,如轴箱橡胶垫、旁承、橡胶关节等。图 2-50 为在城轨车辆、货车和部分客车转向架上作为轴箱弹簧的锥形橡胶弹簧,表 2-17 为部分锥形橡胶弹簧的基本尺寸和应用实例。

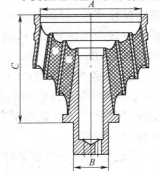

图 2-50 锥形橡胶弹簧

表 2-17 锥形橡胶弹簧主要技术参数

型 号	安装尺寸（mm）			垂直载荷（kN）	垂直刚度（kN/m）	径向刚度（kN/m）		橡胶参考硬度（°Sha）	质量（kg）	应 用 范 围
	A	B	C			实 向	空 向			
96S275	φ120	φ60	236	45	0.75	≥3.9		54	28	深圳地铁动车
96S247	φ120	φ60	236	36	0.60	≥2.9		50	28	深圳地铁拖车
960749/750	φ232	φ80	252	34.4	0.75	3.5~5.2	2.6~4.8	65	29	北京城铁 13 号线动车
960836/837	φ232	φ80	252	37.51	0.728	3.3~6.2	2.6~5.2	65	29	北京地铁八通线动车
960852/853	φ232	φ80	252	33.76	0.633	3.3~5.2	2.5~4.2	65	29	北京地铁八通线拖车
960841/842	φ232	φ80	252	29.46	0.74	3.5~5.2	2.6~4.8	65	29	武汉轻轨动车
960850/851	φ232	φ80	252	27.05	0.65	3.3~5	2.5~4	62	29	武汉轻轨拖车
96S390	φ132	φ60	150	17	0.85	4.7	3.5	55	7.8	大连有轨电车
96S425	φ45	φ50	107.5	23.6	1.45	≥4.5		52	12.5	布鲁塞尔有轨电车
960960	φ128	φ48	120	22.5	0.5	2.8	1.6	60	13.4	昆明工程车
MF2000	φ180	φ50	130	22.2	0.59	6.4		50	11	庞巴迪 MF2000 转向架
广州地铁	φ180	φ50	156	20	1.15	6.25		65	12.6	广州地铁 4&5 号线

四、空气弹簧结构及计算

(一)空气弹簧装置的应用及特点

铁道车辆悬挂装置采用空气弹簧的主要优点是:

1. 空气弹簧的刚度可选择低值,以降低车辆的自振频率。

2. 空气弹簧具有非线性特性,可以根据车辆振动性能的需要,设计成具有比较理想的弹性特性曲线。在平衡位置振动幅度较小时(正常运行时的振幅)刚度较低,若位移过大,刚度显著增加,以限制车体的振幅,弹性曲线的形状可设计成图 2-29(c)中曲线 1 的挠力图。

3. 空气弹簧的刚度随载荷而改变,从而保持空、重车时车体的自振频率几乎相等,使空、重车不同状态的运行平稳性接近。

4. 和高度控制阀并用时,可按车体在不同静载荷下,保持车辆地板面距轨面的高度不变。

5. 空气弹簧可以同时承受三向的载荷,并且有较大的径向变形能力。利用空气弹簧有较柔软的横向弹性特性,可以代替传统转向架的摇动台;利用空气弹簧有较大的径向变形能力,可以代替传统转向架的摇枕,从而实现"三无"结构(无摇枕、无摇动台、无磨耗),可简化转向架的结构,减轻自重。

6. 在空气弹簧本体和附加空气室之间装设有适宜的节流孔,可以代替垂向液压减振器。

7. 空气弹簧具有良好的吸收高频振动和隔音性能。

采用空气弹簧的缺点是由于它的附件(如高度控制阀、差压阀)较多,成本较高,并增加了维护与检修的工作量。

然而,根据空气弹簧的显著特点,它在城轨车辆、高速客车和高速动车组上得到了广泛应用。

(二)空气弹簧装置系统的组成

空气弹簧装置的整个系统如图 2-51 所示,主要是由空气弹簧本体、附加空气室、高度控制阀、差压阀及滤尘器等组成。空气弹簧所需要的压力空气,由列车制动主管 1 经 T 形支管 2、截断塞门 3、滤尘止回阀 4 进入空气弹簧储风缸 5,再经纵贯车底的空气弹簧主管向两端转向架上的空气弹簧供气。转向架上的空气弹簧管路与其主管用连接软管 6 接通,压力空气再经高度控制阀 7 进入附加空气室 10 和空气弹簧本体 8。

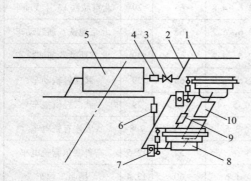

图 2-51 空气弹簧装置系统
1—列车主风管;2—支管;3—折断塞门;4—止
回阀;5—储风缸;6—连结软管;7—高度控制
阀;8—空气弹簧;9—差压阀;10—附加空气室

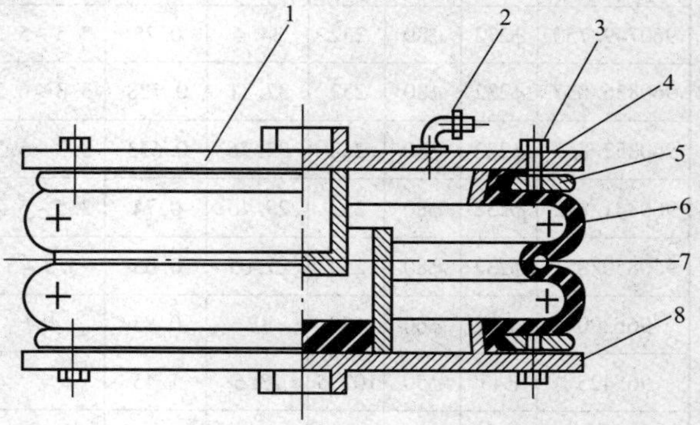

图 2-52 双曲囊式空气弹簧
1—上盖板;2—气嘴;3—紧固螺钉;4—钢丝圈;
5—法兰盘;6—橡胶囊;7—中腰环钢丝圈;
8—下盖板

(三)空气弹簧的分类及组成

空气弹簧大体上可分为囊式和膜式两类。

1. 囊式空气弹簧,可分为单曲、双曲和多曲等形式。双曲囊式空气弹簧的结构如图 2-52

所示,这类空气弹簧使用寿命长,制造工艺比较简单。但刚度大,振动频率高,所以在铁道车辆上已不采用。

2. 膜式空气弹簧,可分为约束膜式、自由膜式等形式。

约束膜式空气弹簧的结构如图2-53所示,它由内筒、外筒和将两者连接在一起的橡胶囊等组成。这种形式的空气弹簧刚度小,振动频率低,其弹性特性曲线容易通过约束裙(内、外筒)的形状来控制,但橡胶囊工作状况复杂,耐久性较差。

自由膜式空气弹簧的结构如图2-54所示,由于它没有约束橡胶囊变形的内、外筒,可以减轻橡胶囊的磨耗,提高了使用寿命。它本身的安装高度比较低,可以明显降低车辆地板面距轨面的高度。重量轻,并且其弹性特性可以通过改变上盖板边缘的包角加以适当调整,使弹簧具有良好的负载特性。所以,在无摇动台装置的空气弹簧转向架上应用较多。

空气弹簧的密封要求高,以保证弹簧性能稳定和节省压缩空气。一般采用压力自封式和螺钉紧封式两种密封形式。压力自封式,是利用空气囊内部的空气压力将橡胶囊的端面与盖板(或内、外筒)卡紧加以密封;螺钉紧封式,是利用金属卡板与螺钉夹紧加以密封。压力自封式的结构简单,组装检修方便,应用较多。

空气弹簧橡胶囊是由内、外橡胶层、帘线层和成型钢丝圈组成。

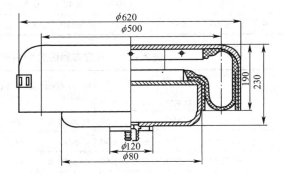

图2-53　约束膜式空气弹簧

内层橡胶主要是用以密封,需采用气密性和耐油性较好的橡胶材质,外层橡胶除了密封外,还起保护作用。因此,外层橡胶应采用能抗太阳辐射和臭氧浸蚀并耐老化的橡胶材质,还应满足环境温度的要求,一般为氯丁橡胶。

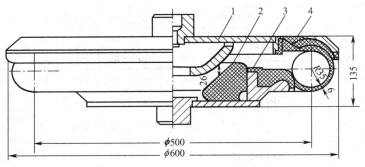

图2-54　自由膜式空气弹簧
1—上盖板;2—橡胶垫;3—下盖板;4—橡胶囊

帘线的层数为偶数,一般为两层或四层,层层帘线相交叉,并与空气囊的经线方向成一角度布置。由于空气弹簧上的载荷主要是由帘线承受,而帘线的材质对空气弹簧的耐压性和耐久性起着决定性作用,故采用高强度的人造丝、维尼龙或卡普隆作为帘线。

表2-18、表2-19为在我国客车和城轨车辆转向架上使用的部分空气弹簧的主要参数。

表2-18　株洲时代新材生产的部分空气弹簧的主要参数

序号	型号	有效直径(mm)	行程(mm)		压力(MPa)	最大外径(mm)	工作高度(mm)	质量(kg)	密封方式	应用示例
			垂向	横向						
1	φ640	640	±40	±100	0.5	790	200	104	自密封	SW-160
2	φ600A	600	±30	±40	0.5	713	150	90	自密封	CW-2
3	φ580D2	580	±120	±35	0.5	700	200	95	自密封	SW-220
4	φ540A2	540	±30	±110	0.5	680	200	66	自密封	青藏线发电车
5	φ550D	550	±30	±80	0.5	686	200	75	自密封	SW-160
6	φ580A	580	-30～+40	±110	0.5	750	210	90	自密封	CW-200
7	φ725	505	-70	±120	0.5	725	300	167	螺栓密封	城市轨道车辆
8	φ600C	600	±30	±40	0.5	710	195	132	螺栓密封	209HS
9	φ540	540	±30	±110	0.5	680	200	64	自密封	地铁车辆

表2-19　四方车辆研究所生产的部分空气弹簧的主要参数

序号	型号	有效直径(mm)	行程(mm)		压力/载荷(MPa/t)	最大外径(mm)	工作高度(mm)	质量(kg)	密封方式	应用示例
			垂向	横向						
1	SYS550C	550	±30	±60	0.5/12.0	686	200	74	全压力自封	206KP型转向架
2	SYS550D	550	±30	±60	0.5/12.0	686	200	76	全压力自封	SW-160型转向架
3	SYS550E	550	±30	±60	0.5/12.0	686	200	76	全压力自封	SW-160型转向架
4	SYS550H	550	±30	±60	0.5/12.0	686	200	78	全压力自封	SW-160型转向架(低温地区)
5	SYS600	600	±30	±40	0.5/14.0	710	196	122	螺钉紧固	209HS型转向架
6	SYS600A	600	±30	±40	0.5/14.0	713	150	89	全压力自封	CW-2型转向架
7	SYS600H	600	±30	±40	0.5/14.0	713	150	89	全压力自封	CW-2型转向架(低温地区)
8	SYS640A	640	±30	±60	0.5/16.0	790	200	108	全压力自封	SW-160型行李车和发电车转向架
9	SYS640D	640	±30	±60	0.5/16.0	790	200	110	全压力自封	
10	SYS580	580	±30	±120	0.5/13.0	750	210	88	全压力自封	CW-200转向架
11	SYS580D1	580	±30	±110	0.5/13.0	680	200	85	全压力自封	SW-220K转向架
12	SYS580H	580	±30	±110	0.5/13.0	680	200	88	全压力自封	SW-220K转向架
13	SYS630A	630	±30	±60	0.5/15.5	750	210	98	全压力自封	用于双层客车和发电车CW-200转向架
14	SYS630B	630	±30	±60	0.5/15.5	750	200	98	全压力自封	用于双层客车和发电车SW-220K转向架

（四）高度控制阀和差压阀

1. 高度控制阀

铁道车辆上采用的高度控制阀是空气弹簧悬挂系统装置中一个重要组成部件。空气弹簧的优点只有在采用良好的高度控制阀情况下，才能充分体现出来。

高度控制阀的主要作用及要求是：维持车体在不同静载荷下都与轨面保持一定的高度；在直线上运行时，车辆在正常的振动情况下不发生进、排气作用；在车辆通过曲线时，由于车体的倾斜，使得转向架左右两侧的高度控制阀分别产生进、排气的不同作用，从而减少车辆的倾斜。

高度控制阀一般可分为机械式和电磁式两种,按组成的不同又可分为有延时机构和无延时机构;按引起高度控制阀产生进、排气作用的传动方式还可分为直顶式和杠杆式等。

高度控制阀的组成如图2-55所示。一般是由高度控制机构、进排气机构和延时机构等部分组成。

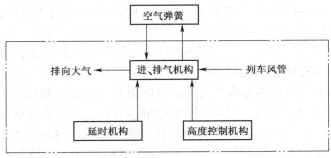

图2-55　高度控制阀组成

工作原理:由于车体静载荷的增加(或减小),空气弹簧被压缩(或伸长)使空气弹簧高度降低(或增高)。随之,车体距轨面高度发生改变,这样,高度控制机构使进、排气机构工作,向空气弹簧充气(或排气),当空气弹簧内压与所承受的静载荷相平衡时,空气弹簧恢复到原来高度,高度控制机构停止工作,进、排气机构处于关闭状态,充气(或排气)停止。

延时机构一般是由缓冲弹簧和阻尼减振器(油阻尼或空气阻尼)组成,该机构使得车辆运行时,空气弹簧在正常的振动情况下,即空气弹簧高度(幅度)虽有变化,但不发生进、排气作用。此时仅仅是该机构的缓冲弹簧伸缩变形,而进排气阀并不作用。但是,当振动的频率低于某一值时(该频率值要低于车辆正常振动的频率,又称为截止频率),进排气阀工作,使空气弹簧进、排气,为此,需选取适宜的缓冲弹簧刚度和减振器阻尼值。这样,就可实现车辆运行时在正常振动中(振动频率高于截止频率),空气弹簧不进气或不排气,而当静载荷变化或车辆通过曲线时(变化频率低于截止频率)空气弹簧要充气或排气的要求。

进排气机构由几组阀门组成,而阀门的开启或关闭受到高度控制机构和延时机构的控制。

高度控制机构一般是由杆件组成的。按传动方式不同,可分为直顶式和杠杆式。直顶式是由高度控制阀的接触杆直接把空气弹簧高度(即车体距轨面高度)的变化情况(幅值和频率)传递给进排气机构和延时机构。杠杆式是把空气弹簧高度变化情况,通过杠杆机构,将空气弹簧的大位移(振幅)转换成小位移,再传递给进排气机构和延时机构。直顶式比杠杆式减少了一套杠杆传动机构,使结构简单,并克服了杠杆传动中销套连接产生的误差,但对其安装的垂直度要比较严格。

设有延时机构的高度控制阀结构比较复杂,为保证其性能稳定,对各件参数的配合要求较严,其工艺加工要求较高,无延时机构的高度控制阀在车辆运行中进气阀和排气阀不断地开启、关闭,因而空气消耗量大,虽然结构简单,但在车辆上较少采用。

电磁式高度控制阀作用灵敏,高度调整迅速,但运用维护比较麻烦,工作时需要电源,所以平时调车或长途回送车辆不方便。为节省压力空气的消耗,在行车时需采用切断电源的措施,故对长途车辆是不适合的,所以在干线车辆上几乎不采用,而在市郊和短途车辆上有所采用。

高度控制阀的主要特性及参数如下。

(1)截止频率:为保证在直线运行时,车辆在正常振动过程中,空气弹簧不发生充、排气作用,要求高度控制阀工作的频率必须低于车辆的垂直低主振频率,称为截止频率。只有车辆高度变化的频率低于该值时(如静止状态车辆载荷的变化及车辆通过曲线时)高度控制阀才充、排气。对于高速车辆,因弹簧悬挂装置的刚度非常柔软,则要求较低的截止频率。由上可以看出,截止频率是延时机构正常工作的重要参数。一般该值为1Hz左右。

(2)无感区:为避免车辆载荷发生微小变化而高度控制阀就发生充、排气作用,以及为安装高度控制阀必然存在的高度差确定所允许的适宜值,需要该阀有无感区,在无感区高度变化的范围内,高度控制阀不发生充、排气作用。一般无感区约为±4mm。

(3)延迟时间:高度控制阀设有延时机构,目的是使高度控制阀具有"截止频率"和"无感区"的性能。为此需要有确定的延迟时间,一般为1s左右。

(4)充、排气时间:设有该参数值是为保证转向架左右高度控制阀充气快慢尽可能一致,以减小空气弹簧承载的不均衡性,并保证在规定的时间内,空气弹簧的充、排气量的多少,符合所规定的要求。所以,它是保证高度控制阀充、排气的快慢符合规定要求的特性参数。例如:规定某容积为12L的空气弹簧,内压从零升到0.42MPa时,充气时间为5.5s,而从0.42MPa降至0.2MPa时,排气时间为7.75s。

(5)供风风压:要求列车供风的风压符合高度控制阀正常工作所需的数值,铁道车辆列车管风压一般为0.6MPa。

(6)检修期:为保证高度控制阀的正常工作,减少维修量,延长使用寿命,保证质量,要规定无检修期。例如:对某型高度控制阀规定车辆运行20万km之内无检修。

在确定上述各主要特性参数值时,应注意要结合车辆悬挂参数、运行速度、空气弹簧类型、线路条件及高度控制阀的结构形式等具体条件选择。

2. 差压阀

差压阀是保证一个转向架两侧空气弹簧的内压之差,不能超过为保证行车安全规定的某一定值,若超出时,则差压阀自动沟通左右两侧的空气弹簧,使压差维持在该定值以下。所以,差压阀在空气弹簧悬挂系统装置中起保证安全的作用。

在由四个空气弹簧直接支承于车体的车辆悬挂系统中,即使是车辆的几何尺寸、重量等都为对称的参数及结构,空气弹簧的内压也往往不是均衡的,即当车辆斜对角两处的空气弹簧内压增大时,而另一对角两处的空气弹簧内压将减小。把这种斜对角之间内压不均衡状况称为"对角压差"。该状态下各空气弹簧上的承载也是斜对称形的。这是因为在实际中,由于各空气弹簧充排气时间及速度的差别,线路不平顺,各高度控制阀的高度控制杆有效长度(高度差)的不同及车辆载荷的不均衡等原因,使得静止或运行中的转向架的左右两侧空气弹簧内压力有区别。当不采用差压阀时,其压差可达0.1~0.15MPa左右。这会使转向架两侧的垂直载荷很不均衡,使减载侧抵抗脱轨的能力明显降低。为保证车辆平稳、安全的运行,防止脱轨,必须在空气弹簧悬挂系统中设有差压阀。

差压阀的结构示意如图2-56所示,当左右两侧空簧压差小于某一定值时(一般为≤0.08MPa)左右两个阀都处于关闭状态,左右两个空簧均不相通。若左边空簧压力增高,并超过该定值时,即阀中下室空气压力大于上室空气压力,左阀的弹簧受压缩,打开阀门,使压力空气从左边流向右边。

反之,上室压力高时,右阀弹簧压缩,打开阀门,使压力空气从右边流向左边,由于差压阀的这种安全作用,使得空气弹簧的承载符合安全要求。

在选择差压阀的差压值时,应注意以下几点:

(1)在转向架左右两侧空气弹簧为均载条件下,车辆正常运行时,该压差值应不影响由于车辆振动所引起的空气弹簧内压变化的值。

（2）差压阀的差压值应高于车辆在曲线（包括过渡曲线）上运行时，仅是由于车体两侧增减载的载荷变化，使左右两个空气弹簧内压变化的压差值（包括高度控制阀的充、排气作用）。

（3）在上述两个要求的允许条件下，尽量取较小的压差值，使各空气弹簧承载不会发生过分的不均衡，以提高车辆的运行平稳性和抗脱轨性能。

（4）当转向架一侧空气弹簧发生破裂事故时，另一侧空气弹簧内压不能过高，并仍使车辆能以较低速安全运行，以便于事故的处理。

一般差压阀的压差值取为 $0.08 \sim 0.12$ MPa。在取值时应根据车型的结构形式、载重、车体重心高度、运行条件、运行速度以及采用空气弹簧和高度控制阀的形式等因素考虑确定。

（五）自由膜式空气弹簧刚度计算

自由膜式空气弹簧的刚度计算如图 2-57 所示。

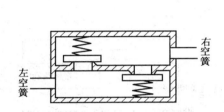

图 2-56　差压阀的结构示意图

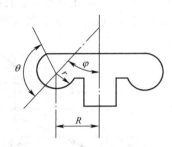

图 2-57　自由膜式空气弹簧尺寸

1. 垂向刚度计算

$$
\left.\begin{aligned}
K &= n(1+t)(p_\mathrm{a}+p_0)\frac{A_0}{V_0}+ap_0a_0 \\[2mm]
a &= \frac{1}{R}\times\frac{\sin\theta\cos\theta+\theta(\sin^2\theta-\cos^2\varphi)}{\sin\theta(\sin\theta-\theta\cos\theta)} \\[2mm]
t &= \frac{r^2}{R^2}\Big[2+\frac{\cos^2\varphi(\theta^2-\sin^2\theta)-\theta^2\sin^2\theta}{\sin\theta(\sin\theta-\theta\cos\theta)}\Big]
\end{aligned}\right\} \qquad (2-84)
$$

式中　　p_0——空气弹簧的内压力，通常铁道车辆上采用的空气压力 $p_0 < 0.6$ MPa，一般在 $0.3 \sim 0.5$ MPa，它影响空气弹簧几何参数 R 的选取，静载荷 $P = p_0A_0 = \pi R^2 p_0$；

　　　　p_a——大气压力，计算时一般取 $p_\mathrm{a} = 0.1$ MPa；

　　　　A_0——静平衡位置时空气弹簧的有效承压面积；

　　　　V_0——静载荷作用下空气弹簧的容积，即 $V_0 = V_1 + V_2$

　其中　V_1——空气弹簧本身的容积，

　　　　V_2——附加空气室容积；

　　　　n——多变指数，计算时通常取 $n = 1.3 \sim 1.38$；

　　　　t,a——空气弹簧的垂向特性形状系数，取决于空气弹簧的几何形状，与空气弹簧几何参数 θ、φ、R 有关（参看图 2-57）；

　　　　φ——橡胶囊圆弧部分的回转轴与空气弹簧中心线夹角，该回转轴是指圆弧中点与该弧圆心的连线；

　　　　θ——橡胶囊圆弧部分形成的包角之半；

　　　　R——A_0 有效承压面积的半径。

图 2 – 58 所示是理论计算和试验结果,从图可见,两者比较接近。

2. 横向刚度计算

$$K_1 = bp_0 A_0 + K_1'$$
$$b = \frac{1}{2R} \times \frac{\sin\theta\cos\theta + \theta(\sin^2\theta - \sin^2\varphi)}{\sin\theta(\sin\theta - \theta\cos\theta)}$$

(2 – 85)

式中 K_1' ——橡胶囊本身的横向刚度,其值需要通过试验确定;

b ——空气弹簧的横向特性形状系数,取决于空气弹簧几何形状,与几何参数 θ、φ、R 有关。

自由膜式空气弹簧的横向静特性试验结果如图 2 – 59 所示,说明帘线角(帘线相对于橡胶囊的经线方向的夹角)对空气弹簧的横向刚度有明显的影响。横向刚度随帘线角的增大而增加。橡胶囊本身的横向刚度 K_1' 主要取决于帘线角的角度。考虑到自由膜式空气弹簧的工作特性和外胀变形,取较小的帘线角较为合理。

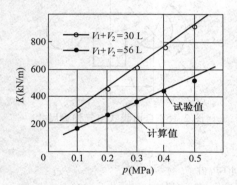

图 2 – 58 自由膜式空气弹簧垂
向静刚度试验结果

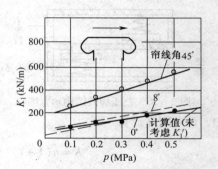

图 2 – 59 帘线角对横向刚度的影响

因此,设计计算时需要附加橡胶囊本身的横向刚度,建议 K_1' 值取为 50 ~ 100 kN/m,压力高时取偏大值。

以上分析所得的空气弹簧刚度仅是参考值,空气弹簧实际刚度应以试验数值为准。

3. 当量静挠度和当量吊杆长度的换算

为能与一般有摇动台装置及采用钢弹簧的转向架的有关参数进行分析、比较,通常把簧上载荷 P 与相应状态下的空气弹簧垂向刚度 K 之比 $P/K = f_{dst}$ 称为空气弹簧的"当量静挠度";把簧上载荷 P 与相应状态下的空气弹簧横向刚度 K_1 之比 $P/K_1 = L$ 称为空气弹簧的"当量吊杆长度"。

(六)空气弹簧节流孔

在空气弹簧本体和附加空气室之间装设有适宜的节流孔(参见图 2 – 51 和图 2 – 63),当空气弹簧垂向变位时,上述两者之间将产生压力差。若空气弹簧处于静态变位(缓慢变位)过程,其压力差较小,若是在振动过程(快速变位),则其压力差较大。空气流过节流孔由于阻力而耗散部分的振动能量,使之具有减振作用。一般采用空气弹簧悬挂装置的车辆,都采用这种减振方式。

空气弹簧采用的节流孔可分为固定节流孔和可变节流孔。节流孔形式的不同,使车体振动特性不同,从实验结果比较两者可知:

当采用固定节流孔时在低频振动范围,无论振幅或大或小,对于振动的衰减效果,都存在相对阻尼不足(即节流孔开孔过大)或相对阻尼过大(即节流孔开孔不足)的区域;在高频振动范围,因节流孔相对开孔不足(可类比过硬的弹簧一样),当振动速度(振幅)大时,存在着对于高频振动隔振不好的区域;当采用可变节流孔时,由于可依据振动速度的变化而改变节流孔的大小,使之处于最佳节流效应的状态;在低频振动范围,对于不同幅值的振动都可以获得适宜的减振;在高频振动范围,由于节流孔孔径加大(增加了一个节流孔),而不会发生过硬弹簧的现象,使隔振有良好效果。

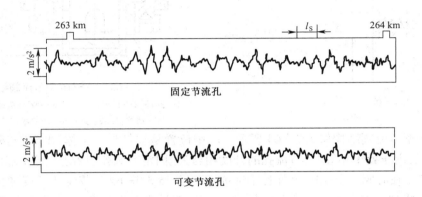

图 2-60　固定节流孔与可变节流孔的空气弹簧的
比较实例(车体横向振动加速度波形)

在空气弹簧试验台上得到的试验结果如图 2-60 和图 2-61 所示。在车辆上采用可变节流孔的空气弹簧,不仅可使车辆垂直方向的低、高频振动均有适宜的阻尼,并且对车体侧滚的低频振动也有良好的衰减特性。所以,在我国准高速客车转向上采用了可变节流孔的空气弹簧。板阀式节流孔装置的结构原理图如图 2-62 所示。中央是固定节流孔,两侧为板阀式节流孔,当右侧(左侧)空气压力高于左侧(右侧)空气压力时,上边(下边)的板阀式节流孔开通。由于压缩弹簧变形挠度与压力差成正比,所以压差大弹簧挠度也大,节流孔开度也大。这样就可避免压差过大而空气阻力的激剧增加。

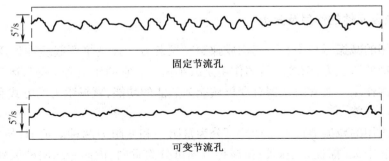

图 2-61　固定节流孔与可变节流孔的空气弹簧的
比较实例(车体侧滚角速度波形)

选择适宜的节流孔直径($r_0 = r$)和压缩弹簧的刚度(K),就可以得到适宜的阻尼特性(近似为线性流量特性)。

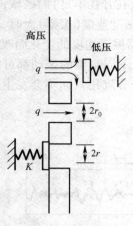

图 2 – 62　可变节流孔
的工作原理

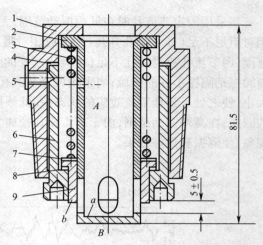

图 2 – 63　SYSZ16 型节流阀结构
1—阀座；2—心阀；3—弹簧；4—调整垫；5—螺钉；
6—阀盖；7—调整垫；8—调整垫；9—套阀

SYSZ16 型节流阀结构如图 2 – 63 所示。图中位置是空气弹簧本体(A 部)与附加空气室(B 部)的空气内压处于相等时，节流孔的开度相当为"固定节流孔"情况。当 A 部内压力高于 B 部时，将加压在心阀 2 下端内 a 面上，使心阀压缩弹簧 3 并下移，节流孔开度加大。当 B 部内压力高时，将加压在套阀 9 下端 b 面上，使套阀压缩弹簧 3 并上移，节流孔开度加大，实现了可变节流孔的特性。空气弹簧内压差与节流阀节流孔当量直径之间的关系参见图 2 – 64。

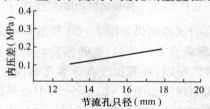

图 2 – 64　空气弹簧内压差与节流阀节流孔当量直径间的关系

第六节　减振元件

一、车辆减振元件的作用及分类

车辆上采用的减振器与弹簧一起构成弹簧减振装置。弹簧主要起缓冲作用，缓和来自轨道的冲击和振动的激扰力，而减振器的作用是减小振动。它的作用力总是与运动的方向相反，起着阻止振动的作用。通常减振器有变机械能为热能的功能，减振阻力的方式和数值的不同，直接影响到振动性能。

铁路车辆采用的减振器按阻力特性可分为常阻力和变阻力两种减振器；按安装部位可分为轴箱减振器和中央(摇枕)减振器；按减振方向可分为垂向、横向和纵向减振器；按结构特点又可分为摩擦减振器和油压减振器。

摩擦减振器结构简单，成本低，制造维修比较方便，故广泛应用在货车转向架上。但它的缺点是摩擦力随摩擦面的状态的改变而变化，并且由于摩擦力与振动速度基本无关，有可能出现以下情况：当振幅小时，摩擦阻力可能过大而形成对车体的硬性冲击；当振幅大时，摩擦阻力又显得不足而不能使振动迅速衰减。

油压减振器主要是利用液体粘滞阻力所做的负功来吸收振动能量,它的优点在于它的阻力是振动速度的函数,其特点是振幅的衰减量与幅值大小有关,振幅大时衰减量也大,反之亦然。这种"自动调节"减振的性能,正符合铁路车辆的需求。因而,为了改善客车的振动性能,广泛采用性能良好的油压减振器。但它具有结构复杂、维护比较困难、成本高及受外界温度影响等缺点。

二、摩擦式减振器

(一)变摩擦楔块式减振器

摩擦式减振器是借助金属摩擦副的相对运动产生的摩擦力,将车辆振动动能转变为热能而散逸于大气中,从而减小车辆振动。

1. 变摩擦楔块式摩擦减振器

如图 2-65(a)所示的转 8A 转向架的摩擦减振器,它具有变摩擦力的特点,摩擦楔块的一边为 45°角,该斜边嵌入摇枕端部的楔形槽中,另一边与铅垂线的夹角为 2°30′,压紧在侧架立柱的磨耗板上。每台转向架摇枕的两端各有左右两上摩擦楔块,每个楔块又坐落在一个双卷螺旋弹簧上,摇枕两端各坐落在 5 个双卷螺旋弹簧上。所以,摇枕每端的减振装置是由摇枕、两个楔块、两块磨耗板和 7 组双卷螺旋弹簧组成。

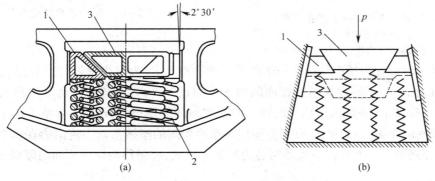

图 2-65　转 8A 转向架变摩擦楔块式摩擦减振器
(a)结构图;(b)作用原理简图
1—楔块;2—螺旋弹簧;3—摇枕

楔块式变摩擦减振器的作用原理,如图 2-65(b)所示,车体重量通过摇枕作用于弹簧上,使弹簧压缩。由于摇枕和楔块之间为 45°的斜面,因此在车体作用力和弹簧反力的作用下,楔块与摇枕之间、楔块与侧架立柱磨耗板之间产生一定的压力。在车辆振动过程中,摇枕和楔块由原来的实线位置移到了虚线位置。这样,楔块与摇枕、楔块与侧架立柱磨耗板之间产生相对移动和摩擦,从而使振动动能变为摩擦热能,实现减小车辆振动和冲击的目的。各摩擦面上的摩擦力与摇枕上的载荷 P 有关,P 大摩擦力也大,即减振阻力也大,反之亦然。所以空车和重车时,减振阻力不同,故称为变摩擦力减振器。楔块式摩擦减振器在水平方向(横向振动方向)也有减振作用。

2. 阻力特性及计算

为了确定楔块式摩擦减振器的阻力特性和该结构参数与摩擦力之间的关系,首先研究摩擦面间的相对运动和受力情况。

图 2-66 表明各摩擦面间相对位移关系。当摇枕向下运动时,摇枕与楔块,楔块与侧架立柱之间都产生相对位移。摇枕向下移动 z 时,楔块向下移动 z_1,而摇枕和楔块之间的相对位移为 δ_1,楔块和侧架立柱之间的相对位移为 δ。图中 α 和 β 分别为楔块与摇枕、楔块与侧架立柱接触面的倾角,则由三角形 abc 得

$$\left.\begin{array}{l} z_1 = \dfrac{z}{1 + \tan\alpha\tan\beta} \\[3mm] \delta_1 = \dfrac{z\tan\beta}{(1 + \tan\alpha\tan\beta)\cos\alpha} \\[3mm] \delta = \dfrac{z}{(1 + \tan\alpha\tan\beta)\cos\beta} \end{array}\right\} \qquad (2-86)$$

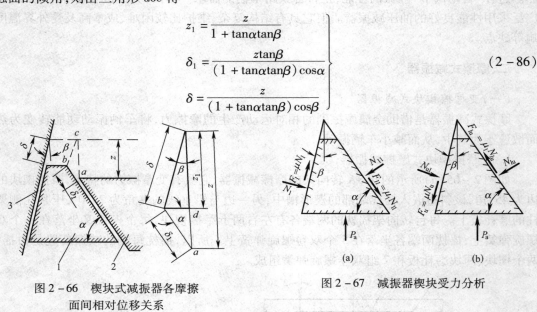

图 2-66　楔块式减振器各摩擦
面间相对位移关系
1—楔块;2—摇枕;3—侧架立柱

图 2-67　减振器楔块受力分析

楔块运动时的受力情况如图 2-67 所示。图中符号 P_a 为楔块弹簧的反力;N_1、N_{11} 为系统(车体、摇枕)向下运动时楔块两摩擦面间的正压力;N_u、N_{1u} 为系统向上运动时楔块两摩擦面间的正压力;F_1、F_{11} 为系统向下运动时楔块两摩擦面间的摩擦力;F_u、F_{1u} 为系统向上运动时楔块两摩擦面间的摩擦力;μ 和 μ_1 分别为楔块两摩擦面间的摩擦系数。将诸力在垂直和水平面内投影,可分别得到向上和向下运动时各力平衡方程式,并解得两摩擦面间的摩擦力为

向下运动时
$$\left.\begin{array}{l} F_1 = \mu N_1 = K_1\mu\,\dfrac{\sin\alpha - \mu_1\cos\alpha}{\Delta_1}z_1 \\[3mm] F_{11} = \mu_1 N_{11} = K_1\mu_1\,\dfrac{\cos\beta + \mu\sin\beta}{\Delta_1}z_1 \end{array}\right\} \qquad (2-87)$$

式中　$\Delta_1 = (1 + \mu\mu_1)\cos(\alpha - \beta) - (\mu_1 - \mu)\sin(\alpha - \beta)$;

$z_1 = \dfrac{P_a}{K_1}$;

K_1——支承楔块的弹簧刚度,亦即减振弹簧的刚度。

向上运动时
$$\left.\begin{array}{l} F_\mu = \mu N_\mu = K_1\mu\,\dfrac{\sin\alpha + \mu_1\cos\alpha}{\Delta_\mu}z_1 \\[3mm] F_{1\mu} = \mu_1 N_{1\mu} = K_1\mu_1\,\dfrac{\cos\beta - \mu\sin\beta}{\Delta_\mu}z_1 \end{array}\right\} \qquad (2-88)$$

式中
$$\Delta_\mu = (1 + \mu\mu_1)\cos(\alpha - \beta) - (\mu_1 - \mu)\sin(\alpha - \beta)$$
$$P_a = K_1 z_1$$

由式(2-87)和式(2-88)可以看出,系统向下和向上运动时摩擦力是与振动位移即弹簧挠度 z_1 成正比的,但上下行程时的摩擦力是不相等的,并且不同摩擦面的摩擦力也是不相等的,如图2-68所示。

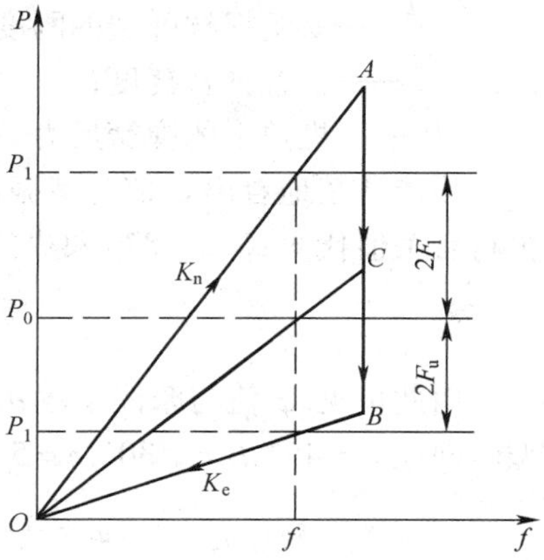

摩擦阻力所做的功 A 分别为

向下运动时 $\quad A_1 = \delta F_1, A_{11} = \delta_1 F_{11}$

向上运动时 $\quad A_\mu = \delta F_\mu, A_{1\mu} = \delta_1 F_{1\mu}$

两摩擦面上摩擦阻力所做功的比值为

向下运动时 $\eta_1 = \dfrac{A_{11}}{A_1} = \dfrac{\mu_1 (\cos\beta + \mu\sin\beta)\sin\beta}{\mu(\sin\alpha - \mu_1\cos\alpha)\cos\alpha}$

向上运动时 $\eta_\mu = \dfrac{A_{1\mu}}{A_\mu} = \dfrac{\mu_1 (\cos\beta - \mu\sin\beta)\sin\beta}{\mu(\sin\alpha + \mu_1\cos\alpha)\cos\alpha}$

图2-68 变摩擦楔形弹簧减振装置的特性

通常 $\alpha = 45° \sim 55°$,$\beta = 1° \sim 3°$,摩擦系数 $\mu = 0.25 \sim 0.35$,$\mu_1 = 0.35 \sim 0.40$。现取 $\alpha = 45°$,$\beta = 1°$ 和 $3°$,μ 和 μ_1 取不同值时 η_1 和 η_μ 的计算结果列于表2-20中。

表2-20 楔块两摩擦面间摩擦功的比值

摩擦系数 μ 和 μ_1	摩擦力作功的比值 η (%)			
	$\alpha = 45°,\beta = 1°$		$\alpha = 45°,\beta = 3°$	
	η_1	η_μ	η_1	η_μ
$\mu = 0.25,\mu_1 = 0.35$	7.5	3.9	21.5	11.2
$\mu = 0.25,\mu_1 = 0.40$	9.0	4.5	26.6	12.8
$\mu = 0.35,\mu_1 = 0.40$	6.8	3.0	19.5	8.6

由表2-20可知,楔块和摇枕摩擦面间的摩擦阻力功主要与 β 角及摩擦副的摩擦系数 μ 和 μ_1 有关。在 β 角增加到 $3°$ 时,其最大值约为侧架立柱和楔块摩擦面间摩擦阻力功的四分之一。由于 β 面的摩擦功大于 α 面的摩擦功,所以称 β 面为主摩擦面,α 面为副摩擦面。运用实践证明,β 面磨耗情况严重,因此,应采用易更换、且耐磨的磨耗板。

摩擦减振器摩擦力的大小,通常用相对摩擦系数 φ 来表示,相对摩擦系数的定义是悬挂装置中的摩擦力与垂向力的比值。斜楔摩擦减振器的相对摩擦系数 φ,一般只用主摩擦面上的摩擦力来计算。如前所述,上下行程的摩擦力 F_u 和 F_1 是不相等的,故其相对摩擦系数也是不相等的,通常用平均值来表示,即

$$\varphi = \frac{2F_\mu + 2F_1}{2P} = \frac{F_\mu + F_1}{P} \tag{2-89}$$

式中 P——摇枕每端弹簧垂向反力的总和,包括所有摇枕弹簧和楔块下减振弹簧的弹性反力。

由图2-65和图2-68可知

$$P = nKz + 2P_a \tag{2-90}$$

式中 n——每端摇枕上弹簧组数;

　　K——一组摇枕弹簧的刚度；

　　z——摇枕弹簧挠度；

　　P_a——楔块上的弹簧反力。

　　为能清楚地看出 φ 值与减振器结构参数的关系，考虑到实际情况，可以认为 $\beta \approx 0, K_1 = K$，再将有关值代入式（2-87）和式（2-88）得楔块减振器平均相对摩擦系数，即

$$\varphi = \frac{2\mu}{(n+2)(1+\mu\mu_1)} \tan\alpha \tag{2-91}$$

　　由此可见，φ 值与摩擦系数 μ 和 μ_1、摇枕弹簧组数 n 以及楔块倾角 α 有关。例如，转 8A 型转向架 $\alpha = 45°, \beta = 2°30', n = 5$，取 $\mu = 0.30, \mu_1 = 0.37$，则相对摩擦系数为

$$\varphi = \frac{2 \times 0.30}{(5+2)(1+0.30 \times 0.37)} \times 1 = 0.077$$

　　该值正符合振动理论中所要求的 $\varphi = 0.07 \sim 0.1$ 的范围。实践证明，转 8A 型转向架的 φ 值的选取基本上是适宜的。

　　保持减振器摩擦力的稳定性是很重要的。在这方面，β 角虽然不大，但它起着重要作用。当 $\beta = 0°$ 时，减振器工作是不稳定的，在运用中由于摩擦面的不均匀磨耗，有可能磨出负的 β 角，造成摩擦力特性不稳定，影响其正常工作。由表 2-21 所列在（ $+3° \geqslant \beta \geqslant -3°$ ）时，计算的向上、向下运动时摩擦力的比值 $\lambda = F_1/F_u$，其中 $\alpha = 45°, \mu = \mu_1 = 0.3$，可看出，当 $\beta \leqslant 0°$ 时，减振器阻力比值 λ 急剧增大；当 $\beta > 0°$ 时才能保证楔块减振器有比较稳定的摩擦力。为此，我国转 8A 型货车转向架取 $\beta = 2°30'$，从而克服了老转 8 型转向架 $\beta = 0°$ 时缺点。

表 2-21　楔块向下、向上运动时摩擦力比值与 β 角的关系

β	$+3°$	$+1.5°$	$0°$		$-1.5°$	$-3°$
			$\rightarrow$	$\leftarrow$		
λ	0.377	0.447	0.532	9.4	13.25	18.5
λ/λ_{+3}	1.0	1.19	1.41	25	35	49

注：表中 λ_{+3} 为 β 角 $+3°$ 时的值。

　　这种摩擦力与位移成正比的减振器，其摩擦力主要与主、副摩擦面的状态（即 μ 与 μ_1），及主、副摩擦面角度 β 和 α，以及楔块弹簧刚度 K_1 有关。楔块和侧架立柱摩擦面间有尘土、污垢及润滑剂等都将使摩擦力发生变化。运用及试验表明，运用中在摩擦副处加注润滑后，振动的振幅显著增大。所以，除新造时可以加少量润滑脂以利于摩擦面的磨合，运用中禁止加注润滑脂，以防减小摩擦阻力。

　　这种斜楔式变摩擦减振器的立柱磨耗板、斜楔磨耗板，以及斜楔和摇枕之间的摩擦面在车辆运行中均要产生相对运动，因此，这些摩擦面之间不可避免要产生磨耗，这些摩擦面磨耗后斜楔要上升，减振弹簧的压缩量减小，支撑斜楔的反力降低，斜楔的减振力下降，导致减振器的相对摩擦系数降低，同时也减弱了摇枕和侧架之间的联系，降低了转向架的抗菱刚度。因此，在这些摩擦面磨耗到一定程度后，其减振力有可能降低到不能满足运行要求的程度。在车辆运用中，对于这些摩擦面，特别是立柱磨耗板、斜楔磨耗板的容许磨耗量要制定严格的限度，以保证车辆运行中减振能力及抗菱形变形能力的需要。

　　此外，也可以采取适当增加减振弹簧预压缩量的方法，来保证各摩擦面磨耗后，减振器仍具有一定的减振和抗菱形变形的能力。

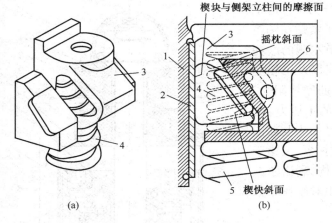

图 2-69　Ride Control（控制型）减振器

(a)外形；(b)装配示意图

1—侧架立柱；2—磨耗板；3—楔块；

4—减振器弹簧；5—摇枕弹簧；6—摇枕

(二)常摩擦楔块式减振器

美国铸钢公司（ASF）在其生产的一种三大件式铸钢转向架上采用了一种叫 Ride Control 的摩擦减振器（图 2-69）。

该减振器由一个中间挖空的外形特殊的斜楔和一个控制弹簧等组成。装配时，将控制弹簧预压缩后与斜楔一起装入摇枕端部的凹进部分，控制弹簧的下平面支承在摇枕端部铸出的平台上，弹簧的上平面则顶在楔块内部的挖空处，并且在弹簧预压缩力的作用下将整个楔块往上顶至楔块斜面与摇枕斜面以及楔块主摩擦面与焊在侧架立柱上的磨耗板贴紧为止。控制弹簧不是转向架上的承载弹簧,减振器一旦装配完成以后,它的变形量就始终维持为装配时的预压缩量而不发生变化。因此,弹簧给楔块的作用力、楔块与摇枕斜面之间、楔块与立柱磨耗板之间的作用力维持不变。所以,在转向架振动过程中楔块主摩擦面与侧架立柱磨耗板之间的摩擦阻力就不随转向架的簧上载荷变化而维持为一常数。故这种减振器是一种常摩擦减振器。据介绍,Ride Control 减振器性能稳定,可靠性好,只要控制弹簧不折损就不会失效。另外,这种减振器的楔块较宽,磨耗面积较大,这样就加强了转向架侧架和摇枕之间的联系,对转向架的菱形变形具有一定的"控制"作用,从而提高了转向架的蛇行运动稳定性。

但常摩擦减振器由于减振摩擦力不随转向架的簧上载荷而变化,对于自重系数较小的货车,这种特性很难同时满足空车和重车工况对减振能力的要求。

(三)利诺尔减振器

利诺尔减振器是一种新型的变摩擦减振器,它由导框、弹簧帽、弹簧、吊环、吊环销、顶子和磨耗板等零部件组成,如图 2-70 所示。导框用焊接方式或螺栓连接的方式固定于构架上。转向架心盘上所受的垂向载荷经构架 1 传至导框 2 上,

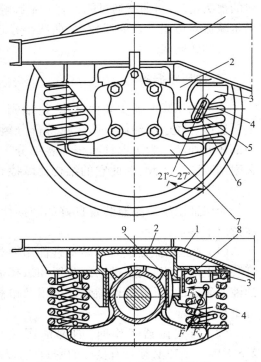

图 2-70　利诺尔减振器及其安装

1—构架；2—导框；3—弹簧帽；

4—弹簧组成；5—吊环；6—吊环销；

7—轴箱；8—顶子；9—磨耗板

再通过导框上的吊环销 6、吊环 5、弹簧帽 3 传至轴箱弹簧 4 上,最后传至轴箱 7、轴承和轮对上。另一方面,由于吊环的安装具有一个倾斜角（根据减振力的需要,此倾斜角一般为 21°~

27°),吊环同时给弹簧帽一个纵向水平分力 F_h,这个水平分力使弹簧帽在纵向压紧顶子使顶子紧贴在轴箱上的磨耗板上,同时还使左侧导框与轴箱左侧的磨耗板贴紧。车辆振动时,顶子与磨耗板之间以及轴箱左侧的导框与磨耗板之间便产生衰减振动的摩擦阻力。由于水平分力 F_h(即顶子与磨耗板之间的正压力)与外圆弹簧所受的垂向载荷 F_v 成正比,故摩擦力与转向架所受载荷成正比,因此它属于变摩擦减振器,又由于具有两级刚度的轴箱弹簧装置的特殊结构,利诺尔减振器方便地实现了空、重车两种不同的相对摩擦系数 φ 值。

利诺尔减振器对垂直和横向振动都有衰减作用,它的性能稳定,摩擦力受外界气候条件及磨耗状态的影响较小,磨耗面平易于修复。

由于轴箱与构架间纵向无间隙增加了轮对的纵向定位刚度,提高了转向架的运行稳定性,但也约束了轮对的摇头运动,对曲线通过能力有一定影响。因此,利诺尔减振器适用于在曲线较少、曲线半径较大的线路上运行的转向架。

三、油压减振器

一般油压减振器主要由活塞、进油阀、缸端密封、上下连接、油缸、储油筒及防尘罩等部分组成,减振器内部还有油液。为了保证减振器各部分工作可靠、经久耐用和防止泄漏,因此它的结构比摩擦式减振器要复杂得多。

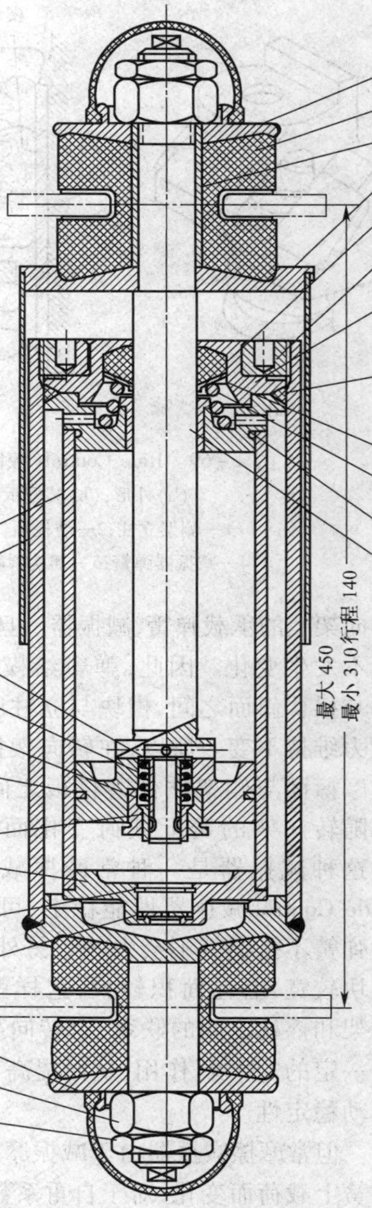

为保证油压减振器装置良好的减振性能,应充分注意以下各点:

(1)油压减振器良好的减振性能主要是依靠活塞杆装置上的节流装置、进油阀装置和选择适宜的减振油液而确定的,所以设计、制造、运用及检修都必须充分重视上述部分。

(2)当减振器工作时,内部油压较高(可高达 2.5 MPa),所以必须具有良好的密封性,以确保减振特性和使用寿命。为了保证密封部分的性能,必须特别注意零件的各种加工精度,如同心度、垂直度和表面光洁度等,以减少零件之间的磨耗和变异。另外,对活塞杆装置应设有导向装置(如导向套),使活塞杆中心线和油缸中心线保持一致。

(3)对于减振器两端连接部的连接方式,要考虑减振器与被相连部件结构之间运动的随动性,在各个方向(包括转角)具有适宜的弹性,满足相互之间力、位移等的传递,其弹性变形

图 2 - 71 SFK₁ 型油压减振器

1—压盖;2—橡胶垫;3—套;4—防尘罩;
5—油封圈;6—螺盖;7—密封盖;8—密封圈;
9—托垫;10—弹簧;11—缸端;12—活塞杆;
13—缸筒;14—储油筒;15—心阀;16—弹簧;
17—阀座;18—涨圈;19—套阀;20—进油阀;
21—锁环;22—阀瓣;23—防锈帽;24、25—螺母

又可减少活塞与油缸、活塞杆与导向套之间的偏心,使活动顺滑,减少偏磨。为此,不同形式与作用特性的油压减振器的两端连接方式,需要用不同形式的弹性橡胶节点。

（4）为保证油压减振器正常工作,应合理地选择在转向架上的安装空间位置（如高度、角度等）,并兼顾方便装拆与检修。

（一）垂向和横向油压减振器

图 2 – 71 所示为客车转向架采用的 SFK_1 型垂向油压减振器。

1. 活塞部分是产生减振阻力的主要部分:由活塞杆 12、心阀 15、心阀弹簧 16、套阀 19 和阀座 17 组成（参见图 2 – 72）。在心阀侧面下部开有两个直径为 2 mm 和两个直径为 5 mm 的节流孔。组装后,2 mm 直径节流孔的一部分露出套线,露出部分的节流孔称为初始节流孔,减振器的阻力主要决定于初始节流孔的大小。为能调整阻力的大小,在心阀、套阀和阀座的底部,设有 0.2 mm 或 0.5 mm 厚的调整垫。5 mm 直径的节流孔的作用是防止减振器因振动速度过大,致使油压过高,即限压作用,故又称卸荷孔。在活塞杆的头部,设有胀圈 18,它的主要作用是提高活塞的密封性,防止活塞磨耗后造成过大的阻力变化。

2. 进油阀部分:如图 2 – 73 所示,进油阀装在油缸 13（图 2 – 71）的下端,它的主要作用是补充或排出油液的通道,在进油阀体 20 上装有阀瓣 22 和锁环 21。在阀瓣和阀体座上的阀口之间,以及在进油阀体和油缸筒 13 之间都要求接触严密,防止漏泄。

3. 缸端密封部分:如图 2 – 74 所示,油缸端部设有比较复杂的密封结构,它一方面使活塞杆上下运动时起导向作用,使活塞杆中心和油缸中心线保持一致,另一方面是防止油液流出和灰尘进入减振器内,影响减振器正常工作。当减振器工作时,油缸内油压最高可达 2.5 MPa,所以密封是一个很重要的问题,SFK_1 型液压减振器的密封部分,曾进行过多次改进。现在采用的结构是在油缸筒 13 上装缸端 11、油封圈 5、密封弹簧 10、密封托垫 9、密封圈 8 和密封盖 7,并由螺盖 6 通过密封盖把这些零件紧紧压住。在缸端 11 上还压装一个由铸锡青铜作成的导向套。油封圈 5 的作用,是把漏过导向套和活塞杆之间缝隙的少量油液从活塞杆上刮下来,经过缸端 11 上的回油孔,回到贮油筒 14 中。油封圈 5 和密封圈 8 必须采用耐寒耐油的橡胶,要求橡胶在汽油中浸泡 24 h 后没有膨胀和油蚀现象,并要求在低温下保持一定的弹性,油封圈 5 的刮油齿要有合理的形状和高度,齿根应防止裂纹。

4. 上下连接部分（图 2 – 71）:由两部分组成,液压减振

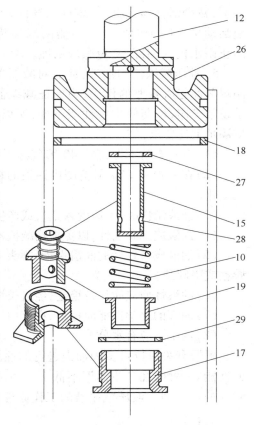

图 2 – 72　活塞部分
1 ~ 25 见图 2 – 71;26—活塞部分;
27—调整垫;28—节流孔;29—调整垫

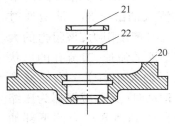

图 2 – 73　进油阀部分
（图注见图 2 – 71）

器上端与转向架摇枕上的安装座相连接,下端与转向架弹簧托板上的安装座相连接。橡胶垫 2 的作用:一方面可以缓和上下方向的冲击;另一方面,当摇枕和弹簧托板在前后左右方向有相对偏移时,橡胶垫可有变形,减少活塞与油缸、活塞杆与导向套之间的偏心,使活动平滑减少偏磨。减振器两端加装防锈帽后可防止雨水侵入端部,避免螺母锈蚀。

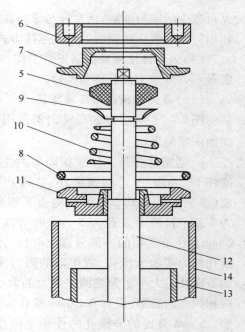

图 2 - 74　缸端密封部分
（图注见图 2 - 71）

5. 油压减振器的油液:油液对减振器的阻力和使用耐久性起着重要的作用,为保证减振器在不同温度下正常工作,长期使用中性能不变,所以,选择的油液应满足下述要求:

(1)应具有防冻性,在 - 40 ℃气温下油液不凝固;

(2)在 - 40 ~ + 50 ℃范围内油液的粘度不应有很大变化;

(3)油液工作时,不应混入空气或产生气泡;

(4)油液应无腐蚀性,以免损伤减振器零件;

(5)油液应有较好的润滑性能,不夹杂沥青、灰渣、胶粘或坚硬杂质;

(6)油液性质应能保持稳定,经过长期工作不改变其物理性能;

(7)油液的化学性能应稳定,在使用过程中不氧化,无渣滓、不变质;

(8)油中不应有水分。

根据有关单位对多种油类进行的性能试验结果,表明 SYB1207 - 56 号仪表油具有较好的性能。另外,在冬季温度不低于 - 15 ~ - 20 ℃的地区,仍可用变压器油和 22 号透平油各 50% 的混合油。液压减振器的工作原理可用图 2 - 75 进行说明(同时参看图 2 - 71)。

活塞把油缸分成上下两个部分,摇枕振动时,活塞杆随摇枕运动,与油缸之间产生上下方向的相对位移。当活塞杆向上运动时(又称减振器为拉伸状态),油缸上部油液的压力增大,这样,上下两部分油液的压差迫使上部部分油液经过心阀的节流孔流入油缸下部。油液通过节流孔时产生阻力,该阻力的大小与油液的流速、节流孔的形状和孔径的大小有关。当活塞杆向下运动时(又称减振器为压缩状态),受到活塞压力的下部油

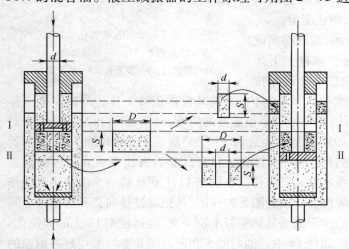

图 2 - 75　液压减振器工作原理

液通过心阀的节流孔流入油缸上部,也产生阻力,因此,在车辆振动时液压减振器起减振作用。

以上讨论的情况只有在活塞杆不占据油缸体积的条件下才是合适的,但实际上活塞杆具有一定的体积,当活塞上下运动时,使得油缸上部和下部体积的变化是不相等的。

设油缸直径为 D,活塞杆直径为 d,若活塞杆从初始位置 I 向下移动距离 S 后到达位置 II。这样,油缸下部体积缩小 $\frac{1}{4}\pi D^2 S$,而上部体积增大 $\frac{1}{4}\pi(D^2-d^2)S$,上下两部分体积之差为 $\frac{1}{4}\pi d^2 S$,下部排出的油液多于上部所需补充的量。为保证减振器正常工作,在油缸外增加一储油筒,在油缸底部设有进油阀,当活塞杆由 I 向 II 位置运动时,油缸下部油液压力增大,迫使阀瓣紧紧扣在进油阀体上,同时,多余的油液通过阀瓣中间的节流孔流入储油筒,使减振器工作正常。反之,活塞杆向上运动,则上部因体积缩小而排出的油液量将填充不足下部因体积增大而需要的油量,所欠油量从储油筒经进油阀(阀瓣处于抬起状态)进入油缸下部,使减振器正常工作。

如前所述,SFK$_1$ 型减振器心阀部分设有直径为 5 mm 的卸荷孔,开启卸荷孔增大节流孔面积,可以限制油压的急剧增高,起到限压作用。减振器的卸荷特性可设计成图 2-76 那样,曲线 OA 段表示正常工作区,AB 段表示卸荷区,阻力缓慢上升。通常减振器工作在卸荷之前。所谓"卸荷",实际上就是起安全阀的作用。

图 2-77 为横向油压减振器,它的内部结构与垂向油压减振器基本相同,结构上的特点是增加了一个空气包。空气包的作用是为了使进油阀完全浸在油中,不露出油液面,防止空气进入缸筒内部。横向减振器一般是水平安装于摇枕与构架之间。

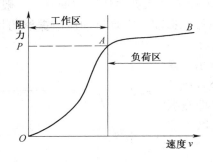

图 2-76　减振器的卸荷特性　　　　　图 2-77　横向油压减振器

(二)抗蛇行减振器

为抑制高速车辆的蛇行运动,在车体与转向架之间设有抗蛇行运动回转阻尼装置。理论计算与运行实践均证明,这是非常有效的重要措施之一。

采用的抗蛇行运动回转阻尼装置大致可分为旁承支重方式、抗蛇行运动油压减振器方式和大心盘方式。第三种方式由于偏载、偏磨及占用空间位置较大等问题存在,在客车转向架上已不多采用。

1. 旁承支重方式

目前我国几种准高速客车转向架都采用旁承支重方式,而货车转向架也采用旁承和心盘联合承载。这些都是利用上、下旁承摩擦副之间的摩擦力,相对车辆与转向架转动中心形成的摩擦力矩,就能有效地抑制车辆蛇行运动,提高蛇行失稳临界速度。

旁承支重方式的结构形式按润滑条件的不同可分为有自润滑性能的干摩擦式和有液体润

滑油式两种。后者由于润滑油的防漏很困难,又需要定期加油,所以已多不采用。自润滑干摩擦式旁承支重装置的特点是:旁承摩擦力矩随旁承承载量增加而增大;当承载确定后,摩擦力矩基本上是一个常量,它不因车体与转向架之间转角和角速度的变化而改变;对旁承支重摩擦副的材质要求较高,材质应耐磨,具有自润滑性能和合适的、稳定的摩擦系数;结构简单、制造修方便、成本低。

回转摩擦阻力矩的选择很重要,过小不利于有效地抑制蛇行运动;过大会使通过曲线时的轮轨之间侧向力增加,轮轨磨耗增多,并对抵抗脱轨不利。所以取值要适宜。

回转阻力矩之值因各国条件的不同并不一致。我国 KZ_2 型客车转向架(B 轴)自重状态时为 11 kN·m,载重状态时为 17 kN·m。L_{78} 型客车转向架(D 轴)自重状态时为 14 kN·m。

我国客车转向架旁承摩擦副的材质有:40Cr 钢与普通灰铸铁(有液体润滑油);60Mn 钢与四氟乙烯;40Cr 钢与增强聚四氟乙烯;40Cr 钢与超高分子聚乙烯等。上述几种摩擦副的摩擦系数约为 0.085 ~ 0.12。

我国货车转向架旁承摩擦副的材质主要采用特种含油尼龙(下旁承)与 45 号钢(上旁承)配合,摩擦系数约为 0.25 ~ 0.36。

左右两个旁承的横向间距直接影响回转阻力矩的大小,选择该横向间距时要考虑其影响。同时还要考虑旁承位置的选择要适合车体与转向架空间结构的整体布置的合理。另外,当通过曲线车体相对转向架转动时,应保证上、下旁承相对位移所需的空间位置。

2. 抗蛇行油压减振器方式

抗蛇行油压减振器安装在车体与转向架之间,又可称为二系纵向油压减振器。一般情况下,运行速度大于 160 km/h 的客车转向架均安装抗蛇行减振器。它具有油压减振器的特点,只是节流孔结构与节流特性不同于其他形式油压减振器。

抗蛇行油压减振器的阻力特性曲线如图 2 – 78 所示。横坐标轴 v 表示减振器两端端点的相对运动速度,纵坐标轴 F 表示减振器的阻力。阻力特性曲线可以用两个参数,即减振器饱和阻力 F_{max} 和减振器卸荷速度 v_0 来表示。所以,减振器阻尼参数的选取可归结为 F_{max} 和 v_0 的选取。

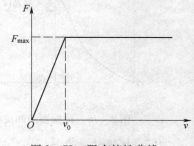

图 2 – 78 阻力特性曲线

从蛇行运动稳定性理论计算可知,减振器饱和阻力 F_{max} 对车辆失稳临界速度有明显影响。以某车理论计算为例,当 F_{max} 从零增至 10 ~ 12 kN 时,失稳的临界速度由 290 km/h 增至 490 km/h,这说明高速客车转向架加装抗蛇行减振器的必要性。但若继续增大 F_{max} 值,则失稳临界速度反呈下降趋势。这是由于过大的阻力导致车辆各部传递作用力增加,而影响蛇行运动稳定性。所以,对于车辆蛇行运动稳定性存在最佳的 F_{max} 值,使车辆失稳临界速度最高。另外,从阻力特性曲线可知,若 $v < v_0$,则减振器阻力呈下降趋势(曲线斜线部分),减振器的这种特性又有利于车辆的曲线通过性能。当车辆通过曲线时,车体与转向架之间的回转角速度较小,即减振器两端的相对速度 v 也较小,所以在车体与转向架之间所产生的较小的阻力矩使车辆容易通过曲线。

分析图 2 – 78 可知,当 F_{max} 为定值时,从蛇行稳定性方面来看,v_0 取值小为好。但考虑曲线通过性能时,v_0 不宜取得过小。总之,F_{max} 和 v_0 的取值,应进行理论计算和试验来确定。

抗蛇行油压减振器的特点是:阻力特性明显优于旁承支重方式,但结构复杂,制造、维护较难,成本较高。为保证抗蛇行减振器的正常使用,还需注意正确选择安装位置和安装接头型式。两端节点的连接装置应能适应车体与转向架之间相对空间位移,使之具有良好的随动性。

与横向和垂向油压减振器相比,抗蛇行减振器有以下特点:

1. 端部连接结构的轴向刚度大。由于抗蛇行减振器要抑制的运动位移很小,通常只有几毫米,因此选择合适的端部结构很重要,应使其轴向刚度尽可能地大,否则将影响抗蛇行减振器的效能。

2. 阻尼系数大。由于减振器在一个周期中所吸收的阻力功与减振器阻尼系数成正比,而与振幅的平方成正比。由于抗蛇行减振器的工作行程小,为了使其在运用中有足够的阻力功,必须采用很大的阻尼系数。

3. 卸荷速度低。由于抗蛇行减振器行程很小而使其运动速度很低,因此其卸荷速度相应也很低。

旁承支重方式具有结构简单、成本低廉等优点,但其阻力特性不能同时使车辆蛇行运动稳定性和曲线通过性能都得到最适宜的摩擦阻力矩,只能以兼顾的观点确定阻力矩之值,通常用在货车转向架和运行速度不太高(小于 160km/h)的客车转向架上。而抗蛇行油压减振器虽然结构复杂、成本较高,但其阻力特性可以同时使车辆蛇行运动稳定性和曲线通过性能都得到适宜的阻力值,所以,在高速客车转向架上广泛采用抗蛇行油压减振器。

复习思考题

1. 转向架如何分类?

2. 车轮与车轴如何结合? 为什么要采用这种方式结合?

3. 车轴有哪些型号? 各自的特点是什么?

4. 车轮踏面外形有哪些特点? 为什么车轮踏面要做成一定的锥度?

5. 我国铁路车辆采用哪些滚动轴承? 其结构特点如何?

6. 对高速车辆使用的轴箱轴承有哪些主要要求?

7. 车辆上采用哪些弹性元件? 各自的特点如何?

8. 为什么要用双卷螺旋弹簧? 根据哪些原则设计双卷螺旋弹簧?

9. 为什么采用两级刚度弹簧? 它有什么特点?

10. 空气弹簧有什么特点? 与空气弹簧配套使用的有哪些装置?

11. 简述橡胶弹簧的特点及在设计中应注意的事项?

12. 为什么要对斜楔变摩擦减振器的立柱磨耗板、斜楔磨耗板等摩擦表面的磨耗量制定严格的限度?

13. 车辆上常见的减振器有哪些? 各有什么特点?

14. 为什么客车转向架中主要使用油压减振器,而货车转向架中主要使用摩擦减振器?

参 考 文 献

[1]GB/T12814-2002. 铁道车辆用车轴型式与基本尺寸.

[2]龚积球,龚震震,赵熙雍编著. 橡胶件的工程设计及应用. 上海:上海交通大学出版社,2003.

[3]杨国桢,王福天编著.机车车辆液压减振器.北京:中国铁道出版社,2003.

[4]陈大名,张泽伟.铁路货车新技术.北京:中国铁道出版社,2004.

[5]郑卫生.国外轮轴技术发展综述.国外铁道车辆.1998(5).

[6]郑卫生.我国S形系列辗钢轮的研制与开发.铁道车辆.1998(5).

[7]郭荣生.空气弹簧悬挂的振动特性和参数计算.铁道车辆.1992(5).

[8]小柳志郎.乘心地ゑ变えた可变绞ク空气ほわ.RRR.1990(2).9.

[9]刘增华.铁道车辆空气弹簧动力学及其主动控制研究.西南交通大学博士论文.2007.7.

第三章　货车转向架

铁路货车主要用于运送各种货物,它的载重量一般比客车大得多。货车转向架是铁路货车的关键部件,而且在车辆的组成中是一个相对独立的部件,因而对各型车辆具有较大的适应性。

对货车转向架的一般要求是:结构简单合理,工作安全可靠,运行性能良好,制造成本低廉,维护检修方便等。

一般货车转向架主要由轮对轴箱装置、弹簧减振装置、构架或侧架和摇枕、基础制动装置等几部分组成。货车转向架的数量很大,为了降低制造和检修成本,要求货车转向架具有比较简单合理的结构,一般仅在摇枕和侧架之间或轮对轴箱和构架之间设置一系弹簧装置。近年来,随着货车运行速度的逐步提高,货车转向架弹簧装置静挠度有增大的趋势。在现代货车转向架上一般均安装结构简单的减振装置,以保证转向架具有较好的动力学性能,将货物安全无损地运送到目的地。早期的货车转向架在其轮对和轴箱之间一般安装滑动轴承,现代货车则普遍采用性能良好的滚动轴承。由于货车的载重量较大,其转向架承受的静、动载荷都较大,因此货车转向架的构架或侧架和摇枕一般都做得比较粗大,以保证具有足够的强度和刚度。货车转向架的基础制动装置一般采用结构简单的单侧闸瓦制动,也有部分货车转向架采用双侧闸瓦制动或其他形式的制动。

第一节　我国货车转向架的发展

1949 年以前,我国没有设计、制造货车的能力,主要靠进口美国、日本等国 30 t 级货车,转向架以拱板型为主(即转 15、转 16 型),以及少量的铸钢三大件式转向架(转 1、转 2)。建国以后,于 1952 年首先设计制造了载重 50 t 货车用的转 3 及转 4 型,随后又设计制造了 60 t 级货车用的转 5 型转向架。1956 年设计制成了 60 t 级货车用的转 6 型转向架。1958 年设计制造了老转 8(原名 608)型转向架。1961~1965 年研究改进老转 8,研制成新转 8,又称转 8A 型,1966 年定型后大批量生产,成为我国的主型货车转向架,同时还生产了少量改进转 6 型的转 6A 型转向架。我国还先后研制出了 30 t 曲梁(转 9)、60 t 老曲梁、新曲梁、66 型、67 型、69 型和改 69 型转向架,以及设计研制了带有常摩擦减振器的控制型转向架,自导向、迫导向径向转向架,带轴箱悬挂装置的构架式转向架等新型转向架,特别是 1994 年我国公布的铁路主要技术政策中,明确提出要积极发展轴重 25 t 低动力作用的大型货车,提高货运速度,满足国民经济的发展需要。

自 1996 年以来,各工厂先后引进了侧架交叉支撑技术、侧架摆动式技术、整体焊接构架技术、副构架自导向技术等,并结合我国国情,先后开发了用于 60 t 级货车的 21 t 轴重的转 K1、转 K2、转 K3、转 K4 型转向架,以及用于 70 t 级通用货车和 80 t 级专用货车的 25 t 轴重的转 K5、转 K6 型和转 K7 型转向架,并正在开发时速为 160 km 的快速货车转向架。

一、转 8 系列货车转向架

转 8 型转向架,原名 608 型,是 1958 年参照苏联的 ЦНИИ – Х3 – О(哈宁)型转向架设计制造的。转 8 型转向架结构简单,低速时运行平稳性较好,但由于该转向架在制造、检修和运用过程中出现了三角孔太小,不便于检查闸瓦、吊挂式制动梁结构复杂、维修困难等一系列问题,1964 年对其进行了改进设计。改进后的转向架 1966 年通过铁道部鉴定,定名为转 8A 型。

转 8A 型转向架结构简单,自重轻,强度较大,对线路不平顺的适应能力强,在低速运行时性能较好,因此,在较长一段时期内成为我国 50～60 t 级货车使用的主型转向架。转 8A 型转向架至今已有 40 多年的历史,经过不断改进和创新,在一段时间内基本满足了我国铁路运输的需要。

但在多年的运用中,转 8A 型转向架也暴露出了一些问题,主要有:抗菱刚度低,菱形变形大;枕簧空车静挠度偏小,减振装置的减振性能不稳定,当斜楔和与其配合的磨耗板磨耗到接近段修限度时,减振装置便丧失了减振作用;与车体之间的回转阻力矩较小,导致车体的低速摇头运动不能得到有效抑制,使车辆的动力学性能变差。

2001 年以来,随着我国铁路货车提速计划的实施,转 8A 型转向架由于其固有的缺陷,已不能满足提速要求,2001 年停止新造。

为了满足货车提速的需要,在转 8A 型转向架的基础上,采用加装交叉支撑装置、两级刚度弹簧、双作用常接触弹性旁承、含油尼龙心盘磨耗盘等技术措施,设计了转 8AG 型转向架,用于对转 8A 型转向架的改造。

由于转 8A 型转向架侧架强度储备偏低,在设计转 8AG 后,在其基础上重新设计了采用 B 级钢材质的新结构侧架,定型为转 8G 型,主要用于新造货车。

转 8AG、转 8G 型转向架在运用中,交叉支撑装置出现疲劳裂纹,已停止生产。

此外,为满足大秦线 C_{63} 型专用运煤敞车的需要,1986 年～1987 年原齐齐哈尔车辆工厂先后设计了与之相配套的 2D 轴控制型和 2D 轴曲梁型转向架。

2D 轴控制型转向架为铸钢三大件结构,为了提高转向架的抗菱形变形能力,采用了加宽主副摩擦面的楔块式常摩擦减振装置。2D 轴控制型转向架自 1988 年以来共生产了约 6 500 台。

2D 轴曲梁型转向架也为铸钢三大件结构,侧架为取消上弦杆的曲梁型,斜楔的主摩擦面与摇枕端部侧壁组成摩擦副,其余部分与 2D 轴控制型转向架相同。

二、21 t 轴重提速货车转向架

为满足铁路货运提速发展的需要,齐车公司和株洲车辆厂相继设计制造了 21 t 轴重的转 K1、转 K2、转 K3、转 K4 型转向架。

转 K1 型转向架仍为三大件式转向架,主要结构特点是:两侧架间安装弹性中交叉支撑机构;在侧架与承载鞍之间安装八字形橡胶垫;中央悬挂系统采用两级刚度弹簧;上下心盘之间安装心盘磨耗盘;采用双作用弹性旁承等。转 K1 型转向架主要用于 P_{65} 行包快运棚车,批量较小,也有部分用于出口车。

转 K2 型转向架是 1998 年齐车公司采用美国标准车辆转向架公司(SCT)的侧架交叉支撑技术研制而成的,亦属于铸钢三大件式转向架。与转 K1 转向架不同的是:该转向架在两侧架之间安装弹性下交叉支撑机构,交叉杆从摇枕下面穿过;侧架、摇枕采用 B 级钢材质铸造;减

振装置采用整体式斜楔或分离式斜楔;基础制动装置为锻造中拉杆结构等。

我国从 2004 年开始,在货车厂修时用转 K2 型转向架更换转 8A 型转向架,并且采用转 K2 转向架技术对转 8A 转向架大量进行技术改造。因此,转 K2 型转向架成为我国铁路 20 t 轴重的主型货车转向架。

株洲车辆厂在吸取欧洲 Y25 型构架式转向架优点的基础上,结合我国的具体情况于 1998 年设计开发了转 K3 型转向架。该转向架采用了整体焊接构架、轴箱一系悬挂、轮对纵横向弹性定位、常接触弹性旁承、球面心盘等技术,基础制动装置装用单侧吊挂式踏面制动,主要用于 X_{1K} 快运集装箱平车。

2001 年株洲车辆厂引进美国原 NACO 公司的摆动式转向架技术,研制开发了转 K4 型转向架。该转向架结构是在传统的三大件式转向架的基础上增加了弹簧托板,用弹簧托板把左右摇枕弹簧连接在一起,并通过摇动座坐落在侧架中央承台的摇动座支承上,不但提高了转向架的抗菱刚度,同时左右侧架通过其顶部导框摇动座分别支承在前后两承载鞍上,使左右两侧架成为横向可同步摆动的吊杆,增加了车辆的横向柔性,提高了车辆的横向运行品质。

三、25 t 轴重重载货车转向架

在 20 世纪 90 年代,为了进一步提高列车载重,积极发展 25 t 轴重低动力作用的大型四轴货车,齐齐哈尔、株洲、眉山三厂承担了 25 t 轴重低动力作用货车转向架的研制,分别研制了焊接构架式和三大件式 25 t 轴重 E 轴转向架,并投入运用考验。

为满足开行万吨重载列车和 70 t 级通用货车的需要,2003 年以来,株洲车辆厂采用摆动式转向架技术、齐车公司采用交叉支撑技术、眉山车辆厂采用副构架自导向转向架技术分别研制出 25 t 轴重的转 K5、转 K6 和转 K7 型转向架。

转 K5 型转向架是在转 K4 转向架的基础上研制开发的,其主要部件如侧架、摇枕、弹簧托板、摇动座、摇动座支承、弹簧、减振装置、轮对、轴承等的结构设计与转 K4 型转向架类似,其强度按 25 t 轴重设计。部分 X2H 型双层集装箱平车、C80 型铝合金运煤敞车和 70 t 级货车上装用了转 K5 型转向架。

转 K6 型转向架在转 K2 转向架的基础上研制成功的,主要结构与转 K2 型转向架类似,不同之处是在承载鞍和侧架之间加装了橡胶弹性剪切垫,实现了轮对的弹性定位。转 K6 型转向架各部件的强度按 25 t 轴重设计。部分 X2H 型双层集装箱平车、部分 C80 型铝合金运煤敞车和多数 70 t 级货车上装用了转 K6 型转向架。

四、160 km/h 快速货车转向架

为适应我国快速货物运输的发展需要,2003 年齐车公司成功研制了 160 km/h 快速货车转向架。160 km/h 快速货车转向架属于焊接构架式转向架,采用轴箱、中央两系弹簧悬挂装置中,在轴箱和构架间安装了可变阻尼的垂向液压减振器,在构架和摇枕之间设置横向液压减振器及纵向牵引拉杆装置;基础制动装置采用轴盘制动,每轴安装 2 套制动盘,并在轴端安装了机械式防滑装置。

2004 年 9 月,160 km/h 快货车转向架在北京局管内进行了线路动力学试验,试验最高运行速度为 181.6 km/h。

我国主型货车转向架的主要技术参数列于表 3 - 1 中,转向架悬挂弹簧的主要参数列于表 3 - 2 中。

表 3 - 1　我国主型货车转向架主要技术参数及结构特点

项目	转 8A	转 8AG	转 8G	转 K1	转 K2	转 K3	转 K4	转 K5	转 K6
转向架型式	转 8A	转 8AG	转 8G	转 K1	转 K2	转 K3	转 K4	转 K5	转 K6
轨距（mm）	1 435								
最高设计速度（km/h）	100			120					
基本结构模式	三大件式			焊接构架式				三大件式	
侧架连接方式	交叉拉杆			交叉拉杆			弹簧托板		交叉拉杆
轴距（mm）	1 750			1 800			1 750	1 800	1 830
轴型	RD₂							RE₂	
车轮直径（mm）	φ840								
轴重（t）	21							25	
轴承型号	197726T 圆锥滚子轴承	197726T 圆锥滚子轴承	197726T 圆锥滚子轴承	SKF - 197726 圆锥滚子轴承	SKF - 197726 圆锥滚子轴承	SKF - 197726 圆锥滚子轴承	SKF - 197726 圆锥滚子轴承	TBU150 或 TAROLI50 圆锥滚子轴承	TBU150 或 TAROLI50 圆锥滚子轴承
轴颈中心距（mm）	1 956							1 981	
旁承型式	同隙旁承			常接触弹性旁承					
旁承中心距（mm）	1 520								
下心盘型式及直径（mm）	平面心盘，φ308	平面心盘，φ308	平面心盘，φ308	平面心盘，φ355	平面心盘，φ355	球面心盘，SR190	平面心盘，φ355	平面心盘，φ375	平面心盘，φ375
心盘允许载荷（kN）	372.8	371.3	370.4	370.3	370.3	370.4	370.4	443.9	443.4
下心盘距轨面自由高（mm）	692	702	702	698	698	658	703	710	694
下心盘面距下旁承面距离（mm）	60	92（自由状态）83（工作状态）	92（自由状态）83（工作状态）	93（自由状态）83（工作状态）	93（自由状态）83（工作状态）	131（自由状态）122（工作状态）	71（自由状态）62（工作状态）	83（自由状态）74（工作状态）	92（自由状态）83（工作状态）
斜楔主摩擦面角度（°）	2.5		0						
斜楔副摩擦面角度（°）	45	45	45	40	40	20	40	40	40
减振器相对摩擦系数	0.067～0.09	0.102（空车）0.073（重车）	0.102（空车）0.073（重车）	0.127（空车）0.07（重车）	0.128（空车）0.072（重车）	0.091（空车）0.08（重车）	0.077（空车）0.07（重车）	0.121（空车）0.072（重车）	0.155（空车）0.071（重车）
制动杠杆与铅垂面的夹角（°）	40							50	
基础制动装置制动倍率	6.5	6.5	6.5	6.5	4.0	6.48	6.48	4.0	4.0
重量（t）	4.0	4.15	4.2	4.25	4.25	4.2	4.2	4.7	4.8
主持设计单位	齐车集团公司						株洲车辆厂		齐车集团公司

表 3 - 2 我国主型货车转向架弹簧几何参数

转向架型号	弹 簧	杆径 D（mm）	中径 D（mm）	有效圈数 n	自由高 H_0（mm）	每转向架用数量	刚 度（N/mm）	材 料
转 8A	摇枕外圆弹簧	27	125	4.8	220	14	562.6	$55Si_2Mn$
	摇枕内圆弹簧	16	72	8.7	220	14	200.3	$55Si_2Mn$
转 8AG、转 8G	摇枕外圆弹簧	25	125	5.35	228	10	371.0	$60Si_2CrVA$
	摇枕内圆弹簧	19	75	6.7	206	10	457.6	$60Si_2CrVA$
	减振外圆弹簧	25	125	5.35	228	4	371.0	$60Si_2CrVA$
	减振内圆弹簧	16	72	8.25	228	4	211.2	$60Si_2CrVA$
转 K1	摇枕外圆弹簧	25	123		230	10		$60Si_2CrVA$
	摇枕内圆弹簧	18	72		205	10		$60Si_2CrVA$
	减振外圆弹簧	20	102		246	4		$60Si_2CrVA$
	减振内圆弹簧	12	60		246	4		$60Si_2CrVA$
转 K2	摇枕外圆弹簧	26	122	5.05	232	10	494.6	$60Si_2CrVA$
	摇枕内圆弹簧	18	70	7.7	210	10	394.5	$60Si_2CrVA$
	减振外圆弹簧	18	98	7.7	255	4	143.8	$60Si_2CrVA$
	减振内圆弹簧	12	60	12.1	255	4	78.7	$60Si_2CrVA$
转 K3	外圆弹簧	32	175	4.2	274	8	462.3	$60Si_2CrVA$
	中圆弹簧	22	107	6.5	241	8	291.9	$60Si_2CrVA$
	内圆弹簧	16	62	9.3	216	8	293.5	$60Si_2CrVA$
转 K4	摇枕外圆弹簧	24	123	5.46	269	8	324.1	$60Si_2CrVA$
	摇枕内圆弹簧	20	76	6.85	232	8	528.1	$60Si_2CrVA$
	减振外圆弹簧	21	105	6.45	275	4	258.5	$60Si_2CrVA$
	减振内圆弹簧	17	64	8.32	232	4	380.0	$60Si_2CrVA$
转 K5	摇枕外圆弹簧	23	127	5.96	269	12	227.5	$60Si_2CrVAT$
	摇枕内圆弹簧	20	78	7.09	234	12	471.9	$60Si_2CrVAT$
	减振外圆弹簧	21	105	6.45	275	4	258.5	$60Si_2CrVAT$
	减振内圆弹簧	17	64	8.32	232	4	380.0	$60Si_2CrVAT$
转 K6	摇枕外圆弹簧 1	24	115	5.75	252	12	376.5	$60Si_2CrVAT$
	摇枕外圆弹簧 2	24	115	5.75	229	2	376.5	$60Si_2CrVAT$
	摇枕内圆弹簧	16	66	9	229	14	251.4	$60Si_2CrVAT$
	减振外圆弹簧	20	106	6.5	262	4	205.1	$60Si_2CrVAT$
	减振内圆弹簧	12	65	10.2	262	4	73.5	$60Si_2CrVAT$

第二节 转 8A 型系列转向架

一、转 8A 转向架

转 8A 型转向架属于三大件式转向架,2004 年前是我国大量运用的一种主型货车 D 轴转向架。这种转向架的主要优点是:结构比较简单、坚固,检修方便,在新车状态时速 90 km 的速度范围内具有较好的运行品质。转 8A 型转向架由轴承 1、轮对 2、侧架 3、楔块 4、摇枕 5、枕簧 6、滑槽式基础制动装置 7、旁承 8 及下心盘 9 等主要零部件组成,如图 3 - 1 所示,主要技术参数见表 3 - 1 所示。

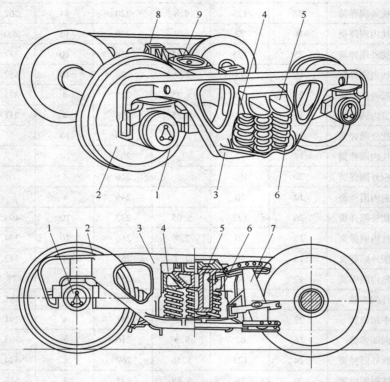

图 3 - 1 转 8A 型货车转向架

1—轴承;2—轮对;3—侧架;4—楔块;5—摇枕;
6—弹簧;7—制动装置;8—旁承;9—下心盘

1. 轮对和轴承装置

转 8A 型转向架的轮对轴承装置全部采用标准 RD$_2$ 型滚动轴承、RD$_2$ 型车轴和整体辗钢车轮。根据 TB 450 - 83 的规定,RD$_2$ 型滚动轴承轮对的容许轴重为 21 t,故采用该型转向架的货车其自重和载重总和不能超过 84 t。

RD$_2$ 型滚动轴承装置包括 197726T 双列圆锥滚子轴承和承载鞍。圆锥滚子轴承既能承受径向力,又能承受一定的轴向力。承载鞍顶部为圆弧形($R = 2\ 000$ mm)。由于无轴箱体,所以重量轻。

早期生产的转 8A 型转向架采用 D 丙型滑动轴承。轴箱内有 D 型轴瓦、轴瓦垫、泡沫塑料油卷、前枕和后挡板等油润装置。

2. 侧架和摇枕

转 8A 货车转向架的构架是由左右两个独立的侧架与一个摇枕组成的三大件结构。每一侧架联系前后两个轮对一侧的轴箱,左右两个侧架之间在中央部位用一根横向放置的摇枕联系在一起。摇枕和侧架可以有上下方向的相对移动,而前后、左右方向的相对位移则限制在间隙容许的范围之内,一般移动量很小。

转 8A 型转向架的侧架和摇枕均采用 GB 5676 - 85 规定的 ZG230 - 450 碳素钢铸钢件。铸件应能保证机械性能,而化学成分容许略有偏差。

　　转8A型转向架采用导框式轴箱定位,其侧架结构如图3-2所示。这种侧架的两端具有宽度较大的导框,这就是导框式转向架名称的由来。侧架的导框插入承载鞍(或轴箱)的导槽之内。导框和导槽的作用限制了轴箱与侧架之间前后、左右方向的相对位移。侧架中部有一较大的方形孔,在这个空间内安装摇枕和摇枕弹簧。在方孔两侧的立柱内侧平面上固定安装磨耗板。装有磨耗板的面就是与楔块相接触的主摩擦面,主摩擦面与铅垂线的夹角为2°30′。磨耗板规定用45号钢,表面硬度经热处理后为HRC32~45,亦允许用类似的材料钢代替,但硬度应符合规定要求。实践证明,材质硬度符合规定的磨耗板,经四年运用考验后,其中86%的磨耗量为1~2 mm,最大磨耗量为4 mm。而同时使用的未经渗碳硬化,材质为Q235A的磨耗板,在半年内,其中79%的磨耗量已大于1~2 mm,最大磨耗量也已超过4 mm。由此可见,保证磨耗板的硬度对于减振装置的正常工作是非常必要的。

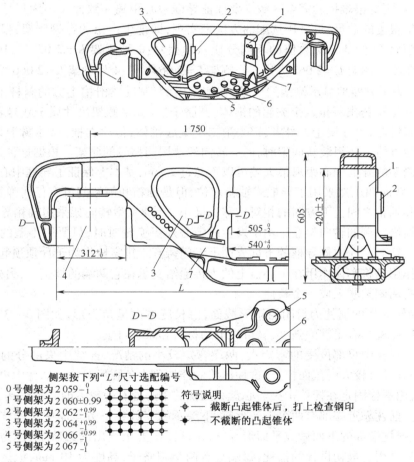

图3-2　转8A型转向架侧架

1—磨耗板;2—楔块挡;3—检查孔;4—轴箱导框;
5—圆脐子;6—弹簧承台;7—制动梁滑槽

　　在侧架方孔后面焊有两个楔块挡。它的作用是在摇枕弹簧横向失稳或轴瓦垫板脱出(对于滑动轴承轴箱)时,防止左右两侧架与摇枕分离。当上述情况发生时,楔块挡贴靠楔块的一侧,而楔块又嵌在摇枕内,因此,侧架不能脱出摇枕之外,保证摇枕和侧架连在一起。方形孔的下部为面积较大的弹簧承台,承台上铸出7个固定弹簧用的圆脐子。在侧架内侧面还铸有制动梁滑槽。采用滑槽式制动装置比悬吊式制动装置零件少，安全可靠，制造也方便，这也是转8A型转向架区别于以往生产的老转8型转向架的一处重要差别。铸钢侧架两边开有三角形检查孔，一方面可以减轻侧架重量，另一方面，从检修运用的角度来看，侧架上设置检查孔便于检修基础制动装置和更换闸瓦。

为了合理地利用材料，减轻侧架自重，侧架各部分截面均做成槽形或空心箱形。铸钢侧架的壁厚为16 mm左右。

多年的运用经验及研究结果表明，货车转向架前后两轮对的中心线保持平行，对于轴承（或滑动轴承的轴瓦）的正常工作有很重要的作用。如果前后两轮对中心线不能保持平行，则前后轮对运行方向不一致导致轮缘磨耗（或滑动轴承的轴瓦端部磨耗）严重。为了使前后两轮对的中心线保持平行，转向架上左右两侧架的导框中心距离应相等。但是，在实际生产的侧架中，导框中心距离很难控制完全一致。要保证导框中心距离一致而又不因尺寸要求过于严格而增加侧架报废的数量，可采用选配的方法来实现，即把生产出的铸钢侧架，根据前后导框两内侧面的距离 L（图3－2）数值的不同分成六种型号：0号侧架 $L = 2\,059\,_{-1}^{0}$；1号侧架 $L = 2\,060 \pm 0.992$；2号侧架 $L = 2\,062\,_{-1}^{+0.99}$；3号侧架 $L = 2\,064\,_{-1}^{+0.99}$；4号侧架 $L = 2\,066\,_{-1}^{+0.99}$；5号侧架 $L = 2\,067\,_{0}^{+1}$。为了方便地显示侧架的型号，在侧架内侧、制动梁滑槽上方的斜杆上（或在侧架外侧的同一方位），铸出一排六个突起的锥体（圆脐子）。如果侧架尺寸属于0号者，铲去最上面的一个突起锥体；尺寸属于1号者，铲去第二个突起锥体，依此类推，尺寸属于5号者，铲去最后一个突起锥体。在组装转向架时，同一转向架选用同型号的侧架。根据这种选择，同一转向架左右两侧架的导框中心距离最大差可以不超过2 mm，基本上保证了导框中心距的一致。

转8A型转向架虽然采用了导框式轴箱定位，但是轴箱和侧架间没有任何弹簧装置，故在运用中导框和轴箱之间上下方向的相对位移量极小。转8A型转向架采用轴箱导框装置主要是为了方便检修。例如转向架在运用中发生故障必须更换轮对时，只要用小型的千斤顶顶起侧架便可推出轮对。在内侧导框的下部表面上专门铸有一排突棱作为千斤顶顶起的部位。

摇枕的作用是将车体作用在下心盘上的力传递给支承在它两端的枕簧上，另外，它还用来把转向架左右两侧架联系成一个整体。

转8A型转向架的摇枕为封闭的箱形截面，沿长度方向呈鱼腹形，如图3－3所示。这种结构既能保证摇枕具有足够的强度，又可以节约材料和减轻自重。

为了适应摇枕中央部位受的弯矩大，两端弯矩较小的情况，摇枕中央部分的截面比两端大，使中央部分具有较大的截面模数，这种形状的摇枕称为鱼腹形摇枕。摇枕中央有8个心盘螺栓孔，心盘用螺栓固定在摇枕中央。心盘和摇枕的中心处有一较大的心盘销孔，中心销就安插在此孔中。摇枕靠近端部有两个下旁承座，下旁承铁安放在下旁承座中。摇枕两端支承在弹簧上，因此摇枕端部的下面做成平面形，同时每端铸出五个突出的圆脐子，作为弹簧定位和牵制侧架位移之用。最初设计的摇枕，每端只有两个圆脐子，高度为10 mm，但运用中发生弹簧跳出丢失，所以，以后生产的摇枕每端改为五个圆脐子，高度也增至15 mm。

摇枕两端的侧面上，有向内凹进并与水平面成45°夹角的楔块槽，楔块槽的斜面与楔块摩擦减振器相接触，此接触面即为减振装置的副摩擦面，这种结构是转8A型转向架特有的。在下心盘与旁承座之间摇枕中部上下平面有两个较大的泥心孔，在摇枕铸造完成之后，泥心可以从此孔中清出。

摇枕各个配合面的尺寸偏差和形位公差应保证各组弹簧受力一致及侧架在运用中保持正位。摇枕侧面焊有固定杠杆支点座（过去生产的摇枕采用铆接工艺）。支点座的圆销孔内镶

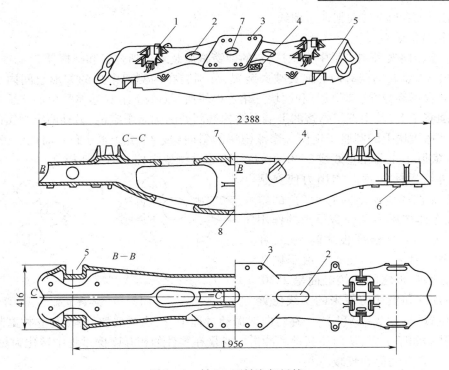

图3-3　转8A型转向架摇枕

1—下旁承座;2—泥心孔;3—心盘螺栓孔;4—固定杠杆支点座;

5—楔块槽;6—圆脐子;7—中心销孔;8—排水孔

装衬套,以便磨耗后更换。

　　下心盘(图3-4)和装在车体枕梁下面的上心盘互相配合,一方面承受车体上的垂向力和水平力;另一方面,车辆通过曲线时,转向架的下心盘和车体的上心盘之间可以自由地相对转动,以减少车辆通过曲线时的阻力。为了避免上下心盘脱开,两心盘之间垂向安插一根锻钢中心销。下心盘用螺栓固定在摇枕上,在下心盘与摇枕之间加适当厚度的垫板,以调整车钩高度。为了减少心盘之间的摩擦,在制造或检修组装时,上下心盘的接触面处应放一些润滑油脂。转8A型转向架曾采用过一种下心盘与摇枕铸成一体的摇枕。这种摇枕结构减少了它与下心盘结合的加工面,省去了心盘螺栓,对制造和检修来说比较方便,可是调整钩高就比较困难。

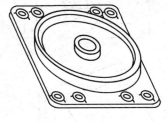

图3-4　下心盘

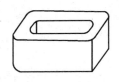

图3-5　下旁承铁

　　下旁承采用铸铁平面摩擦式刚性旁承(图3-5),结构比较简单。当车辆通过曲线时,离心力的作用使车体产生倾斜,当倾斜超过一定量时,车体一侧的上下旁承便接触并承担一定的垂向载荷。当车辆处于正常状态时,上下旁承之间要保持一定的间隙。有关规程规定:段修落车后,同一转向架左右旁承游间之和为10~16 mm,但一侧最小不少于4 mm,在运用中允许游间之和为2~20 mm。间隙过大则增加车体的侧滚和倾斜;过小则上下旁承接触过早,增加转向架回转阻力,不利于转向架通过曲线。

3. 弹簧减振装置

转8A型转向架采用一系中央悬挂,它的弹簧减振装置包括弹簧和减振器。

每台转8A型转向架有两套弹簧减振装置,分别装在两侧架中央的方形空间内。每套装置由7组双卷螺旋弹簧(圆弹簧)和两块三角形楔块所组成。7组双卷弹簧全部支承在侧架弹簧承台的圆脐子上,其中五组弹簧的上端由摇枕端部处的圆脐子定位,另外两组弹簧的上端由前后两个摩擦楔块上的圆脐子定位。摩擦楔块的斜面(成45°角)部分嵌入摇枕的楔块槽中,两竖直面(实际上是与铅垂线成2°30′角的斜面)紧贴侧架立柱上的磨耗板。

车体传给摇枕的垂向作用力使弹簧压缩,由于摇枕和楔块之间有45°角的斜面,因此在车体作用力和弹簧反力的作用下,楔块和侧架立柱磨耗板之间、楔块和摇枕之间均产生一定的压力。由于楔块和侧架立柱磨耗板之间的接触面呈2°30′角,受力后摇枕和楔块由原来的实线位置

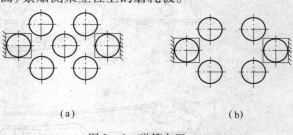

(a)   (b)

图3-6 弹簧布置

移至虚线位置[见图2-65(b)]。在转向架振动过程中,楔块与摇枕、楔块与立柱磨耗板之间产生相对移动和摩擦力,从而使振动和冲击的能量在零件的相互摩擦过程中转化为热能,散逸在空气中,于是振动得到衰减。

转8A型转向架弹簧减振装置中双卷弹簧的数目和布置可根据不同吨位的车辆作适当调整。转8A转向架用于60 t敞车,棚车、平车时,采用七组双卷弹簧[图3-6(a)],50 t棚车和罐车时,抽去中央一组双卷弹簧[图3-6(b)]。

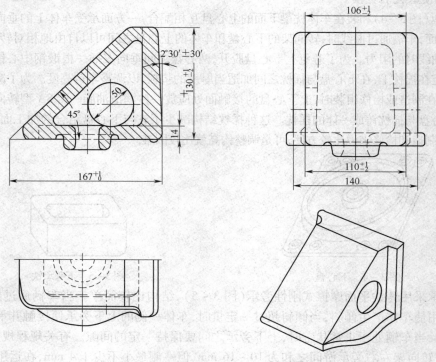

图3-7 摩擦楔块

转 8A 型转向架摩擦楔块(图 3 - 7)的材质为铸钢,楔块成 45°角的斜面为副摩擦面。为了保持摩擦力的稳定,主摩擦面也有一定的倾斜度,经实践证实,它与铅垂线之间的角度为 $2°30'_{0}^{+30'}$ 较为适宜。

转 8A 型转向架弹簧减振装置的作用力和挠度之间的关系与单纯圆弹簧装置的挠力关系不同,因为作用力除了要使弹簧变形以外,还要克服减振装置的摩擦阻力。加载时,要使弹簧减振装置得到与无减振器时同样的挠度,所加的力要比单纯圆弹簧装置时为大,其差值即为加载时减振装置的摩擦阻力;卸载时,弹簧挠度随作用力的减小而减小。但是,由于存在摩擦阻力,要使弹簧减振装置得到与无减振器时的同样挠度,簧上的作用力要比单纯圆弹簧装置时为小,其差值即为卸载时的摩擦阻力。在某一挠度下由加载变为卸载或由卸载变为加载的过程中,由于摩擦力改变方向作用力要发生变化,而弹簧减振装置的挠度不发生变化。

OA、OB 两条直线均通过坐标原点(图 2 - 68),因为当作用力减小时,摩擦阻力亦随之变小,而当作用力变为零时,摩擦阻力亦变为零,故这种减振器又称变摩擦力减振器。由于 OA、OB 是两条不同的直线,在整个加载、卸载过程中弹簧减振装置的挠力关系不沿一条直线变化,所以这种摩擦减振器的阻尼特性是非线性的。

转 8A 型转向架弹簧减振装置摩擦阻力的大小,用相对摩擦系数 φ 来表示。相对摩擦系数 φ 定义为摩擦阻力 F 与作用力 P 的比值。由于在加载和卸载时 F 值不等,簧上载荷(作用力)P 也不相同,一般取它们的平均值来计算 φ,即

$$\varphi = \frac{\dfrac{2F_u + 2F_1}{2}}{\dfrac{P_1 + P_2}{2}} = \frac{2F_u + 2F_1}{P_1 + P_2} \tag{3-1}$$

式中　$2F_1$——加载过程中在某一挠度下一侧摇枕弹簧处前后两楔块摩擦阻力之和;

　　　$2F_u$——卸载过程中同一挠度下一侧摇枕弹簧处前后两楔块摩擦阻力之和;

　　　P_1——加载过程中同一挠度下转向架一侧摇枕弹簧的簧上载荷;

　　　P_2——卸载过程中同一挠度下转向架一侧摇枕弹簧的簧上载荷。

根据试验分析和理论计算,在一般条件的线路下,对弹簧静挠度为 30 ~ 40 mm、运行速度在 0 ~ 100 km/h 范围内的货车转向架,其弹簧减振装置的相对摩擦系数一般为 0.07 ~ 0.10 较好。如果相对摩擦系数不足,则不能有效地克服共振时车辆振幅的迅速增长;如果相对摩擦系数过大,导致弹簧锁闭,从而线路钢轨的冲击会直接传至车体。

转 8A 型转向架弹簧减振装置的相对摩擦系数,是以主、副摩擦面均为干摩擦情况而设计的,其 φ 值为 0.067 ~ 0.09,符合以上要求。如果运

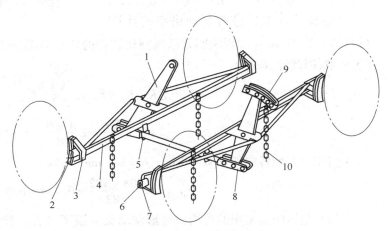

图 3 - 8　基础制动装置

1—制动杠杆;2—闸瓦;3—闸瓦托;4—制动梁;5—安全吊;
6—滚子轴;7—滚动套;8—下拉杆;9—固定杠杆支点;10—安全链

用时在各摩擦面间错误地注油将使 φ 值降低,反而导致摩擦力不足,影响运行性能。

4. 基础制动装置

转 8A 型转向架的基础制动装置与以前制造的其他类型转向架有所不同,采用单侧滑槽式弓形制动梁,其结构包括制动杠杆 1、闸瓦 2、闸瓦托 3、制动梁 4、安全吊 5、滚子轴 6、滚动套 7、下拉杆 8、固定杠杆支点 9 及安全链 10,如图 3-8 所示。

基础制动装置的作用是将制动缸的作用力放大后传给轮对。当列车制动时,制动缸的作用力通过车体下的制动杠杆、上拉杆以及转向架上的制动杠杆,将制动梁连同闸瓦贴靠车轮,阻止车轮转动(图 3-9)。车轮与闸瓦之间的摩擦,使列车运行的动能转化为热能散逸在大气中。列车制动时,制动缸传至转向架的作用力经转向架杠杆机构扩大

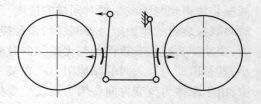

图 3-9 制动杠杆作用原理图

的倍数,称之为转向架的制动倍率,用 n 转表示。图 3-10 为转向架制动倍率计算简图,图中 P 为制动缸传递至转向架制动杠杆上的作用力,K_1、K_2 为闸瓦压力,P_1 为下拉杆压力根据受力分析可知,下拉杆实际上所受的力为压力,故应称为"下压杆"。但是,过去在设计部门和生产现场人们都习惯将其称为下拉杆,故这一名称沿用至今。

α 为 K_1(或 K_2)与 P_1 在水平方向的夹角。根据受力关系,则

$$K_2 = \frac{A+B}{B}P\cos\alpha, \quad P_1 = \frac{A}{B}P,$$

$$K_1 = \frac{A+B}{B}P_1\cos\alpha = \frac{A+B}{B}P\cos\alpha$$

每一台转向架的闸瓦总压力为

$$\sum K = K_1 + K_2 = 2\frac{A+B}{B}P\cos\alpha \quad (3-2)$$

故转向架的制动倍率为

$$n_{\text{转}} = \frac{\sum K}{P} = 2\frac{A+B}{B}\cos\alpha \quad (3-3)$$

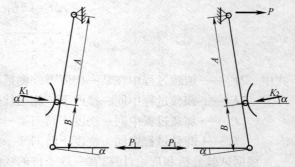

图 3-10 转向架制动倍率计算简图

但是我国目前在进行制动倍率的计算时,习惯上是将 $\cos\alpha$ 的影响归入基础制动装置的传动效率中去考虑,而不把 $\cos\alpha$ 的值计算在 $\sum K$ 中,因此计算时取

$$\sum K = K_1 + K_2 = 2\frac{A+B}{B}P \tag{3-4}$$

即

$$n_{\text{转}} = \frac{\sum K}{P} = 2\frac{A+B}{B} \tag{3-5}$$

对于转 8A 型转向架,$A = 408$ mm,$B = 182$ mm,所以

$$n_{\text{转}} = 2 \times \frac{408+182}{182} = 6.484 \approx 6.5$$

转 8A 型转向架采用的滑槽式弓形制动梁克服了过去悬挂式制动梁零件多、制动梁易脱落等缺点,具有制造简单、检修方便和运行安全等优点。

为了使拉杆避开中梁位置,保证制动杠杆有一定长度,减小杠杆角度变化和便于检修,所以制动杠杆呈倾斜位置安装,它与车体纵垂面成 40°夹角。

制动梁两端为闸瓦托,每个闸瓦托上有专门的孔,可以焊装滚子轴。滚子轴的材质为Q275,滚动套的材质为Q235A,用无缝钢管切割成54×38×8或54×40×7套在滚子轴上。

制动梁两端的滚子轴插入左右两侧架的滑槽内,侧架滑槽与水平面成9°的倾斜角,缓解时制动梁借重力复原。转8A型转向架基础制动装置存在的主要问题是制动梁强度不足、闸瓦偏磨和缓解不良等。在以往的设计和生产中曾对这些问题提出了一些改进措施,如加大制动梁某些截面的尺寸,对一些易断裂部位进行局部补强等,但收效不大,没有从根本上解决问题。目前,已经设计出了一种结构简单、重量轻、强度刚度大、制造检修方便的新型制动梁,并已在我国铁路的新造货车转向架上广泛使用。

5. 运用情况及改进方向

转8A型转向架由于具有自重轻、强度大、结构简单、制造容易、检修方便和重车动力性能较好等优点而成为我国的主型货车转向架。自1966年经部鉴定推广生产以来,有50多万辆货车装用,占货车转向架总数的75%左右。

但是,经多年的生产、运用和检修实践,转8A型转向架也暴露出一些问题,主要有:

①带有滑动轴承的转8A型转向架轴瓦端部磨耗严重,而改装滚动轴承后,虽然轴瓦端磨问题获得彻底解决,但轮缘磨耗问题却变得严重,由于没有轴箱弹性悬挂,簧下质量过大,使滚动轴承寿命降低;

②侧架摇枕定位刚度不足,容易产生菱形变位,加之弹簧静挠度不大(空车时仅有5~6 mm),致使转向架的动力性能不好,尤其是空车动力性能较差;

③减振装置的斜楔不耐磨,磨损后修复困难,当斜楔和与其配合的磨耗板磨耗到接近段修限度时,减振装置基本丧失了减振作用;

④与车体之间的回转阻力矩较小,导致车体的低速摇头运动不能得到有效抑制。

针对转8A型转向架存在的问题,有关部门曾经对其进行多次改进,主要有以下几点。

(1)外簧弹性定位

加强三大件式转向架侧架与摇枕之间的刚度,防止侧架横移和菱形变形以改善横向动力性能,乃是降低侧向力,减少轴瓦端磨或轮缘磨耗的一种有效途径。转8A原型靠侧架和摇枕的小圆脐通过内弹簧起微弱的定位作用,侧架的横移定位刚度和菱形定位刚度不大,不能有效地抑制侧架横移及菱形变形。采用外簧定位,在侧架上焊装定位挡边,侧架横移定位刚度和菱形定位刚度提高,加强了三大件之间的联系,提高了转向架对线路不平顺的适应能力。

(2)增加弹簧装置静挠度

加大转向架弹簧装置的静挠度是改善车辆动力性能的一个重要途径。转8A原型空车时的弹簧静挠度太小(仅5.3~6.5 mm),动力性能不好;重车时的静挠度为35.8 mm,与国外先进转向架相比亦相差较大。转8A改进方案采用内簧预压缩的"两级刚度"弹簧装置或重新设计的大挠度内、外簧,使静挠度达:空车14~17 mm,重车44~52 mm,可改善动力性能。

(3)减振斜楔加装耐磨衬板

转8A原型减振装置的斜楔不耐磨,磨耗后又不易修复。转8A改进方案采用在斜楔磨耗面贴附一层耐磨衬板的"贴面斜楔",以延长楔块的使用寿命。改进方案选用了两种结构形式的"贴面斜楔":一种是原型铸钢斜楔磨耗到限后,加工焊接钢背合成材料贴面板即成,可以充分利用现有斜楔;另一种采用生铁代替铸钢来制造斜楔体,在其上加装合成材料贴面板,可降低成本,方便铸造。两种贴面斜楔可以相互混用。

(4)摇枕八字面加工并装磨耗板

转8A原型摇枕的八字面为铸造不加工面,尺寸及角度误差较大,尤其磨耗后很难修理,影响减振和定位作用。改进方案建议由工厂将摇枕八字面用专用机床加工,再焊接高碳钢磨耗板,磨耗到限后,修理更换较容易,且能按设计尺寸修复。

(5)加装轴箱弹性悬挂

转8A原型由于无轴箱弹性悬挂装置,出现如蛇行运动稳定性不好、曲线通过困难、滚动轴承损坏过快等问题。为解决这些问题,在转8A的承载鞍与轴承间加装瓦形橡胶垫,用以提供第一系弹性悬挂和轮对的纵横向弹性定位。这样做不仅有利于提高运行平稳性、稳定性和曲线通过性能,而且还可以降低轮轨磨耗,延长滚动轴承的寿命。

理论计算及动力学试验的结果表明,按上述途径改进后的转8A型转向架其曲线通过性能、运行平稳性和蛇行运动稳定性都有所改善,侧向力及簧上加速度都有一定程度的降低。

根据我国铁路发展趋势,旅客列车正在不断提速,根据分析,如果客运速度为 160 km/h,则货运速度应当相应提高到 120 km/h,才能与客运速度匹配而不影响铁路运能。但转8A转向架在磨损情况下,在较低速度时就会出现蛇行失稳,铁路部门不得不将装有转8A型转向架的货车运行速度限定在空车 70 km/h、重车 80 km/h 以内运行,以保证运输安全,由此严重制约了铁路货车和客车的进一步提速。

二、转8AG、转8G 转向架

针对转8A转向架的不足,1999 年对其进行改进,以适应铁路货车提速的要求。

转8AG 型转向架是在转8A 型转向架基础上加装了侧架交叉支撑装置,也属于变摩擦三

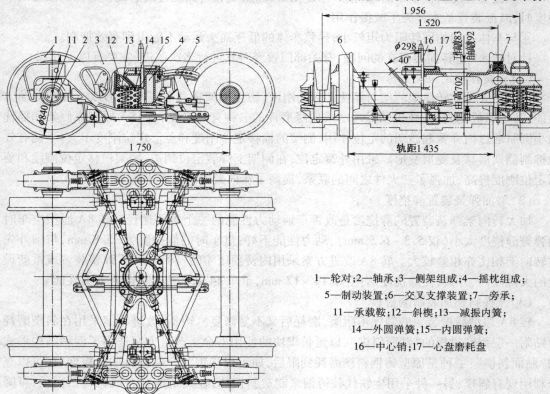

1—轮对;2—轴承;3—侧架组成;4—摇枕组成;
5—制动装置;6—交叉支撑装置;7—旁承;
11—承载鞍;12—斜楔;13—减振内簧;
14—外圆弹簧;15—内圆弹簧;
16—中心销;17—心盘磨耗盘

图 3 – 11 转 8AG 转向架

大件式转向架,保留了转 8A 型转向架的基本结构特点,并采用了以下新技术及新结构:

(1)在两个侧架之间加装弹性下交叉支撑装置,增大了转向架的抗菱刚度和抗剪刚度,提高了蛇行运动稳定性;

(2)采用了双作用弹性旁承,约束了车体的侧滚运动,增大了车体与转向架间的回转阻力矩,以满足空车和重车工况对蛇行运动稳定性的要求;

(3)采用两级刚度弹簧,增大了空车弹簧静挠度,使空车在磨耗板和斜楔磨耗到段修限度时转向架还能够保证有一定的相对摩擦因数,一定程度上解决了减振系统失效问题;

(4)加装心盘磨耗盘,使心盘受力均匀,减少上下心盘之间的磨耗;

(5)采用奥－贝球铁衬套和配套 45 钢圆销,提高了耐磨性,减小了检修工作量。

转 8AG 型转向架的结构见图 3－11,三维图见图 3－12,交叉支撑装置见图 3－13,主要技术参数列于表 3－1 中,悬挂弹簧的几何参数见表 3－2。

图 3－12　转 8AG 转向架三维图

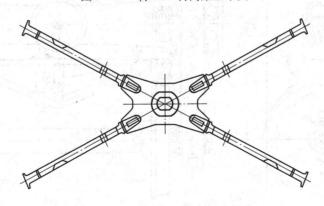

图 3－13　转 8AG 转向架交叉支撑装置

转 8AG 型转向架采用了上述措施后,改善了蛇行运动稳定性和空车的运行品质。

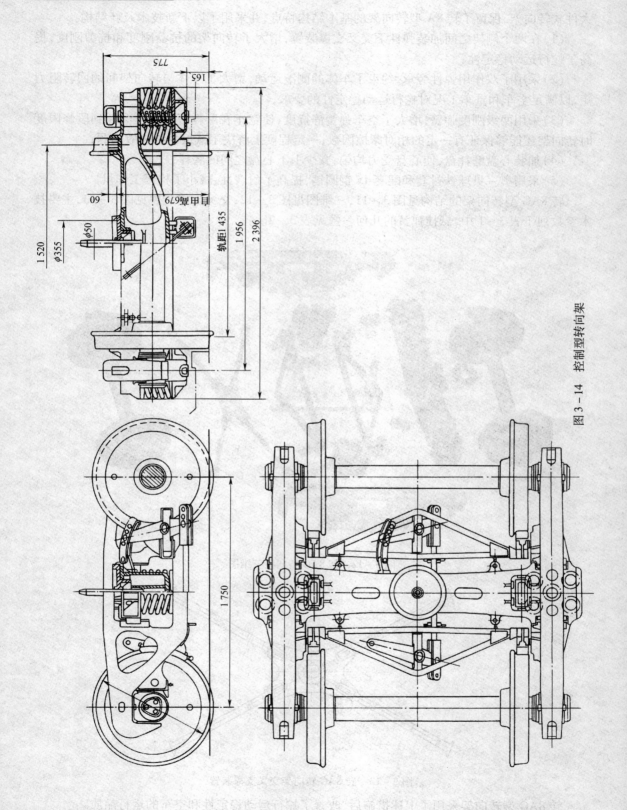

图 3 - 14　控制型转向架

2000 年齐车公司在转 8AG 型转向架成熟技术基础上,设计了转 8G 型转向架。转 8G 型转向架是转 8A 型转向架的更新换代产品。该转向架采用了改进型侧架,提高了侧架的运用可靠性,其他零部件与转 8AG 型转向架基本相同。

三、控制型转向架

我国运煤专用 C_{63} 型敞车采用控制型转向架。该转向架是 1986 年借鉴美国 ASF 铸钢公司的 Ride control 转向架而成的。该转向架和转 8A 型转向架一样是铸钢三大件式转向架,主要铸钢件由 B 级钢制造。控制型转向架外型如图 3 - 14 所示。轮对采用 RD_2 型车轴,整体辗钢车轮,车轮直径为 840 mm,车轮踏面为 LM 型踏面,采用 197726T 双列圆锥滚动轴承。承载鞍采用窄式,有别于转 8A。

该转向架仍采用枕簧一系悬挂,每台转向架有 10 个外圆簧和 14 个内圆簧组成,弹簧的材质为 $60Si_2CrVA$ 高强度钢,内圆弹簧自由高比外圆弹簧自由高高 10 mm,空车状态下枕簧静挠度为 17 mm,即内圆弹簧压缩 17 mm,外圆弹簧压缩 7 mm。重车状态下枕簧的静挠度为 52 mm,当量静挠度为 45 mm,比转 8A 的静挠度大,枕簧的挠度裕量系数为 0.7,转向架的弹簧柔度为 0.12 mm/kN。

控制型转向架采用常摩擦楔块式减振器,其结构如图 2 -69 所示。楔块与摇枕、楔块与侧架立柱之间的压力由装在楔块和摇枕之间的一个减振器弹簧产生,而与枕簧变形无关。楔块主摩擦面与水平面呈 90°角,副摩擦面与主摩擦面之间的夹角为 37°30′。为了提高转向架的正位能力即抗菱形变形刚度,加大了楔块的主副摩擦面宽度。减振器的相对摩擦系数空车为 0.119,重车为 0.026。

为了减少运用中上心盘产生裂纹,采用了直径为 355 mm 的较大心盘以降低上、下心盘间单位面积压力。由于心盘直径加大,常规的用螺栓固定心盘的方式比较困难,下心盘采用取消螺栓的座入式结构,不仅转向架组装方便而且在运用中减少了列检工作量。

控制型转向架采用滑槽式制动,弓形槽钢制动梁,制动倍率为 6,杠杆倾斜角为 40°。

控制型转向架在抗菱形变形方面比转 8A 略有改进,但是由于摩擦减振器为常摩擦力,因此相对摩擦系数空重车相差悬殊,无法同时满足空重车不同的减振要求。空车时相对摩擦系数过大,而重车时相对摩擦系数不足,因此在运用中性能不十分理想,损伤率比转 8A 转向架高。

第三节　转 K1 型、转 K2 型、转 K6 型转向架

如本章第一节所述,转 K2 型转向架和转 K6 型转向架已分别成为我国 21 t 轴重和 25 t 轴重主型货车转向架,下面重点介绍这两种转向架的主要结构特点。

一、转 K2 型转向架

转 K2 型转向架是在转 8A 型转向架的基础上,通过采取在两侧架间加装弹性下交叉支撑拉杆装置、空重车两级刚度弹簧、双作用常接触弹性旁承、心盘磨耗盘等技术设计而成的,基本结构与转 8G 类似,通过大量试验表明其具有较好的动力学性能。

1. 组成

转 K2 型转向架由 RD_2 型轮对、TBU - CSD - SKF - 197726 圆锥滚子轴承、承载鞍、侧架、摇枕弹簧、减振弹簧、斜楔、摇枕、下心盘、侧架下交叉支撑装置、双作用常接触弹性旁承、中拉

杆式基础制动装置等主要零部件组成。转 K2 型转向架主要结构如图 3－15 所示,三维图见图 3－16,主要技术参数列于表 3－1 中。

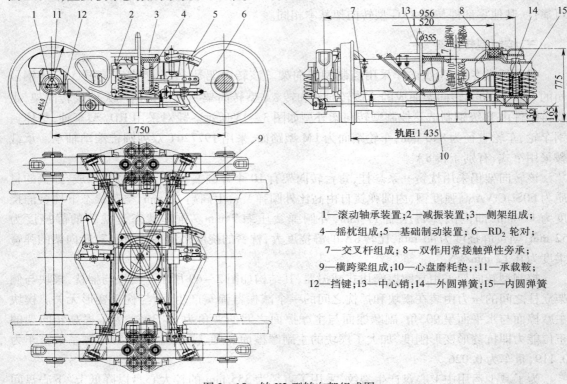

1—滚动轴承装置;2—减振装置;3—侧架组成;
4—摇枕组成;5—基础制动装置;6—RD₂ 轮对;
7—交叉杆组成;8—双作用常接触弹性旁承;
9—横跨梁组成;10—心盘磨耗垫;11—承载鞍;
12—挡键;13—中心销;14—外圆弹簧;15—内圆弹簧

图 3－15　转 K2 型转向架组成图

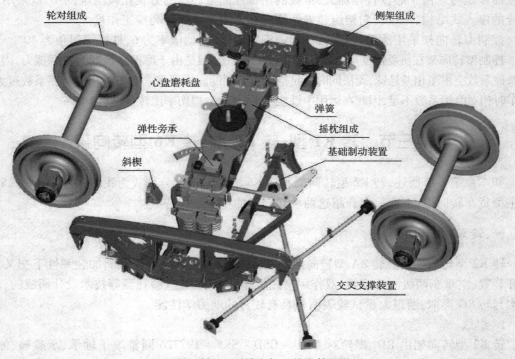

图 3－16　转 K2 型转向架三维实体组装图

2. 结构特点

（1）侧架组成、摇枕组成见图 3-17、图 3-18。主要特点有：摇枕和侧架材料采用 B 级钢，提高了摇枕、侧架的强度；摇枕中部腹板上开设椭圆孔，便于制动装置中的拉杆穿过；在侧架斜悬杆下部组焊交叉支撑座；侧架导框采用窄导框结构；采用卡入式滑槽磨耗板等。焊接在侧架上的支撑座受力复杂，是一个关键的部件，因此，其与侧架的焊接质量将影响侧架的寿命。

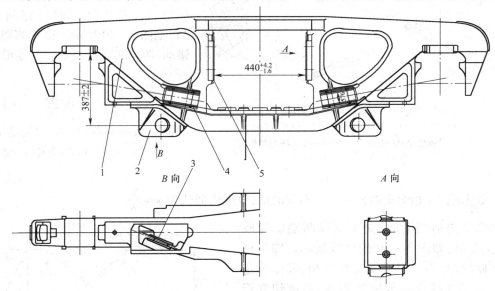

图 3-17　侧架组成

1—侧架；2—支撑座；3—保持环；4—滑槽磨耗板；5—磨耗板

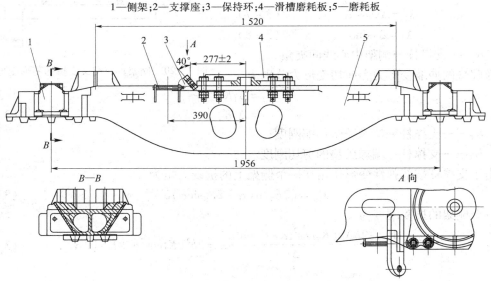

图 3-18　摇枕组成

1—斜面磨耗板；2—托架组成；3—固定杠杆支座组成；4—下心盘；5—摇枕

（2）转 K2 型转向架在两个侧架之间沿水平面加设了弹性下交叉支撑装置，交叉支撑装置组成如图 3-19 所示。交叉支撑装置由 2 根相互交叉连接的上下交叉杆、上下交叉杆扣板、X 形和 U 形弹性垫组成。

交叉支撑装置的四个弹性结点连线呈一矩形,限制了两侧架之间的菱形变形,提高了转向架的抗菱刚度,有利于提高转向架的运动稳定性。

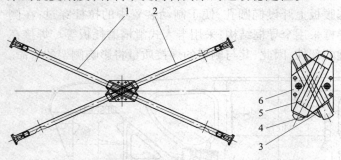

图 3-19 交叉支撑装置组成

1—上交叉杆;2—下交叉杆;3—交叉杆下扣板;
4—X 形弹性垫;5—U 形弹性垫;6—交叉杆上扣板

在三大件转向架的两侧架上安装交叉支撑后,侧架的菱形变形受到交叉支撑的约束。设右边侧架向前移动 Δx,左边侧架向后移动也为 Δx,如图 3-20 所示。由于侧架前后错动,两侧架变成菱形。其菱形角为 γ。

$$\gamma = \arctan \frac{\Delta x}{2b} \qquad (3-6)$$

式中　Δx——右侧架向前错动量;

$2b$——左右侧架中心线的跨距。

一般来说 Δx 相对 b 而言是一个不大的量,故可近似认为 $\gamma \approx \dfrac{\Delta x}{b}$。

当侧架向前错动时,交叉支撑两端的橡胶垫,产生变形,如图 3-20 的虚线所示。即一根交叉支撑拉伸,另一根交叉支撑缩短,其变形量可分解为沿支撑杆的伸缩变形 Δ_T 及剪切变形 Δ_S。

$$\Delta_\mathrm{T} = \Delta x \cos \alpha \qquad (3-7)$$
$$\Delta_\mathrm{S} = \Delta x \sin \alpha \qquad (3-8)$$

式中　α——支撑杆与侧架中心线间夹角。

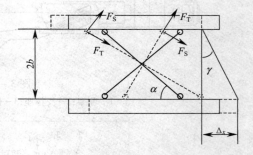

图 3-20 侧架具有交叉支撑的菱形变形

橡胶垫的伸缩变形力和剪切变形力分别为

$$F_\mathrm{T} = \Delta_\mathrm{T} K_\mathrm{T} \qquad\qquad\qquad (3-9)$$
$$F_\mathrm{S} = \Delta_\mathrm{S} K_\mathrm{S} \qquad\qquad\qquad (3-10)$$

式中　K_T——支撑杆一端橡胶垫伸缩刚度;

K_S——支撑杆一端橡胶垫的剪切刚度。

由于支撑杆端部弹性变形作用在一个侧架上的抗菱力矩为

$$M_\mathrm{w} = (2F_\mathrm{T}\cos \alpha + 2F_\mathrm{S}\sin\alpha)b \qquad (3-11)$$

一个侧架的抗菱刚度为

$$K_\mathrm{w} = \frac{M_\mathrm{w}}{\gamma} = \frac{2b\Delta x(K_\mathrm{T}\cos^2\alpha + K_\mathrm{S}\sin^2\alpha)}{\dfrac{\Delta x}{b}} = 2b^2(K_\mathrm{T}\cos^2\alpha + K_\mathrm{S}\sin^2\alpha) \qquad (3-12)$$

由(3-12)式可知,如果支撑杆端部刚度 K_T 和 K_S 足够大,则两个侧架在水平面内可视作无菱形变形的一个钢架。

(3)采用双作用常接触滚子旁承,如图 3-21 所示。

双作用常接触弹性旁承由调整垫板、弹性旁承体、旁承磨耗板、垂向垫板、旁承座、滚子、纵向垫板等组成。常接触弹性旁承在预压力作用下,上、下旁承摩擦面间产生摩擦力,左、右旁承产生的摩擦力矩方向与转向架相对车体的回转方向相反,从而达到抑制转向架蛇行运动的目的,可提高蛇行运动的失稳临界速度。

当车体相对转向架摇头时,其作用在转向架上的回转力矩如图 3-22 所示。其中第一段为斜线,为车体与摇枕和构架一起转动时,仅有悬挂装置弹性变形时的力矩。

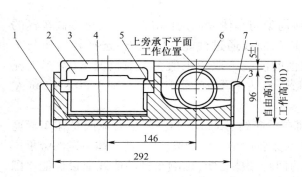

图 3-21　双作用常接触弹性旁承

1—调整垫板;2—弹性旁承体;3—旁承磨耗板;
4—垂向垫板;5—旁承座;6—滚子;7—纵向垫板

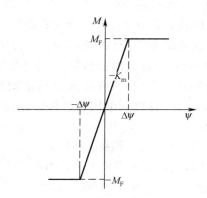

图 3-22　车体相对转向架
摇头时的回转力矩

$$M = -K_m \times \psi$$

式中　K_m——悬挂装置的回转刚度;

ψ——车体相对转向架的摇头角。

第二段为水平线,当悬挂装置变形的弹性力矩大于心盘、旁承间的摩擦力矩 $K_m \times \psi \geqslant M_F$ 或 $\psi \geqslant \Delta\psi$ 时出现,或车体相对转向架的摇头角大于悬挂装置弹性变形容许的摇头角:$\psi > \Delta\psi$ 时出现,即

$$M = M_F = M_{cp} + M_{SB} \tag{3-13}$$

式中　$\Delta\psi$——悬挂装置弹性变形容许的摇头角;

M_F——心盘和旁承摩擦力矩之和;

M_{cp}——心盘摩擦力矩,其值为

$$M_{cp} = -\frac{2}{3} P_{cp} r_{cp} \mu_{cp} \times \text{sgn}(\dot{\psi}) \tag{3-14}$$

M_{SB}——旁承摩擦力矩,其值为

$$M_{SB} = -\mu_{SB} P_{SB} \times 2b_s \times \text{sgn}(\dot{\psi}) \tag{3-15}$$

式中　P_{cp}——心盘载荷;

P_{SB}——每个旁承上的载荷,对于通用货车,P_{SB} 的取值约为车体重量的 1/6,根据有关规定,每个心盘载荷 P_{cp} 不得小于车体重量的 10%,因此,P_{SB} 的最大值不得大于车体重量的 20%;

μ_{cp}——心盘面间的摩擦系数;

μ_{SB}——上下旁承之间的摩擦系数,一般情况下,μ_{SB} 在 0.24~0.36 范围内取值;

r_{cp}——心盘半径;

$2b_s$——左右旁承间中心距,我国通用货车转向架 $2b_s = 1\,520$ mm。

如果摇枕与侧架之间或转向架构架允许的弹性变形转角为 $\Delta\psi$,而

$$K_m \times \Delta\psi < M_F \tag{3-16}$$

则摇枕或构架与止挡相接触后,车体与摇枕之间或车体与构架之间出现相对转动前回转力矩

M 有一个阶跃,直到 $M = M_F$ 时,上、下心盘和上下旁承之间出现相对转动。

根据常接触弹性旁承的结构特点,如果忽略摇枕的弹性变形,在空车和装载工况下旁承上的垂直作用载荷 P_{SB} 是一致的,车辆的全部载重由心盘承担。因此,根据式(3 - 13)~ 式(3 - 15)可知,空车情况下转向架与车体之间的回转力矩主要由旁承提供,重车情况转向架与车体之间的回转力矩由旁承和心盘联合提供。

根据试验和理论仿真结果可知,合适的转向架与车体之间的回转阻力矩,可提高车辆的运动稳定性,但过大的回转阻力矩将影响车辆的曲线通过性能。因此,在选择转向架与车体间的回转阻力矩时,应在满足其运动稳定性的前提下取较小值。一般情况下,空车工况下转向架与车体之间的回转摩擦力矩在 10 kN · m 左右取值,重车工况下则在 20 kN · m 左右取值。

在图 3 - 21 中,下旁承磨耗板与滚子之间在垂向约有 5 mm 的高差,主要原因是在车辆通过曲线时,车体在未平衡的离心力作用下要相对于转向架产生侧滚运动,使车体一侧的旁承压缩量增加,如果旁承压缩量过大,将产生较大的回转摩擦力矩,影响车辆的曲线通过性能。因此在旁承上设置一个滚子,限制旁承产生过大的压缩量,而滚子与上旁承之间产生滚动,其滚动摩擦阻力较小,有利于车辆顺利通过曲线。

(4)摇枕悬挂采用自由高不等的摇枕内圆弹簧和摇枕外圆弹簧,参数见表 3 - 2 所示。在空车状态下,只压缩摇枕外圆弹簧,由于摇枕外圆弹簧刚度较小,使空车状态下的弹簧静挠度增大,可改善空车的动力学性能。重车时,摇枕外圆弹簧的压缩量增加,当其高度与内圆弹簧自由高一致时,内圆弹簧开始与外圆弹簧一起承载,弹簧总刚度增大,形成两级刚度悬挂特性。

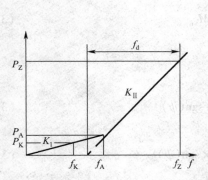

图 3 - 23 两级刚度悬挂
弹簧特性曲线

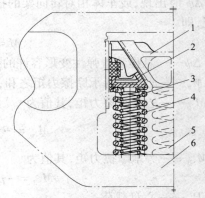

图 3 - 24 转 K2 型转向架
减振装置组成
1—摇枕;2—组合式斜楔;
3—减振内圆弹簧;4—减振外圆弹簧;
5—摇枕弹簧;6—侧架

两级刚度悬挂弹簧的特性曲线如图 3 - 23 所示。图中 f_K、f_Z 分别为空车和重车状态弹簧的静挠度,f_A 为第一级刚度 K_I 和第二级刚度 K_{II} 的转折点,f_d 为悬挂弹簧的当量静挠度。一般情况下,空车状态应在第一级刚度下工作,重车状态应在第二级刚度下工作。这样在满足空、重车连挂的前提下,即空、重车挠度差一定时,尽可能的增大了空车状态的弹簧静挠度,使空、重车状态下均具有较好的动力学性能。

转 K2 转向架的减振内、外圆弹簧均高于摇枕内、外圆弹簧,有较大的压缩量,即使在斜楔磨耗后,仍有一定的压缩量,有利于保持减振性能和抗菱刚度的稳定。

（5）减振系统采用斜楔式变摩擦减振装置,由组合式斜楔、磨耗板和减振弹簧等组成,如图 3 - 24 所示。

组合式斜楔如图 3 - 25 所示,由斜楔 1、垫圈 2、主磨耗板 3 组成。主磨耗板采用耐磨材料,提高了减振装置的寿命周期。

（6）在下心盘内加装含油尼龙的心盘磨耗盘,使心盘载荷分布均匀,减少了上、下心盘的磨耗量。

（7）基础制动装置如图 3 - 26 所示,由左、右槽钢弓形组合式制动梁、中拉杆、固定杠杆、固定杠杆支点、游动杠杆和高摩合成闸瓦等组成。

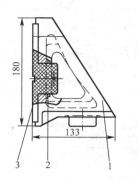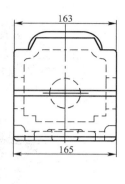

图 3 - 25　组合式斜楔
1—斜楔;2—垫圈;3—主磨耗板

转 K1 型转向架与转 K2 型转向架的结构基本相同,其最大区别在于侧架交叉支撑的安装位置不同。转 K1 型转向架在两个侧架之间沿水平面加设了侧架弹性中交叉支撑装置,并在摇枕腹板中部开设四个长孔,以满足中交叉支撑装置的安装。

图 3 - 26　转 K2 型转向架基础制动装置三维实体图
1—游动杠杆组成;2—中拉杆;3—组合式制动梁;
4—固定杠杆组成;5—固定杠杆支点;6—高摩合成闸瓦

二、转 K6 型转向架

转 K6 型转向架属于 25 t 轴重带变摩擦减振装置的新型铸钢三大件式转向架,基本结构与转 K2 型转向架相同。转 K6 型转向架主要结构见图 3 - 27 所示,三维图见图 3 - 28,主要技术参数列于表 3 - 1 中。

转 K6 型转向架与转 K2 型转向架不同之处有:车轴采用 E 轴,轴距增大至 1 830 mm,在承载鞍和侧架间增设弹性橡胶垫以实现轮对的弹性定位,摇枕一端增加两组承载弹簧,采用直径为 ϕ375 mm 的下心盘,摇枕和侧架加大断面以满足 25 t 轴重强度的要求等。

转 K6 型转向架在侧架导框座与轴箱承载鞍之间加装橡胶垫,实现了轮对的弹性定位。如果该橡胶垫通过选用适当的三向刚度值,可以获得适当的转向架的剪切刚度和弯曲刚度。

在轴箱处布置弹性元件,不仅对轮对起到了弹性定位的作用,还相当于给转向架配置了一系悬挂,如果该悬挂装置具有一定的挠度,使侧架及其安装在它上面的拉杆的质量,从簧下质

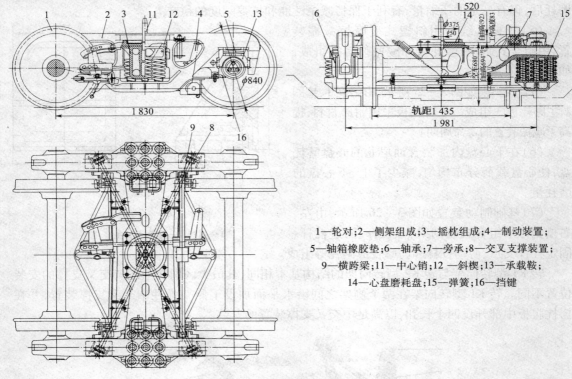

1—轮对;2—侧架组成;3—摇枕组成;4—制动装置;
5—轴箱橡胶垫;6—轴承;7—旁承;8—交叉支撑装置;
9—横跨梁;11—中心销;12—斜楔;13—承载鞍;
14—心盘磨耗盘;15—弹簧;16—挡键

图 3-27 转 K6 型转向架组成图

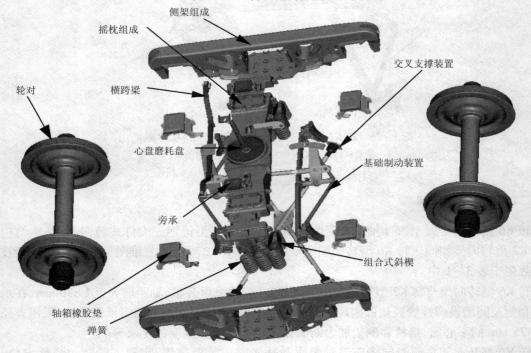

图 3-28 转 K6 转向架三维图

量变为簧上质量,从而减小了转向架与线路之间的不良动作用力,有利于改善转向架的动力学性能,降低轮轨磨耗。

转 K6 型转向架主要用于载重 80 t 级的专用货车和载重 70 t 级的通用货车。

第四节　转 K4、转 K5 型转向架

一、转 K4 型转向架

转 K4 型摆动式转向架是中国南车集团株洲车辆厂从美国原 ABC – NACO 公司引进摆动式(Swing Motion)转向架技术,研制的商业运营速度为 120 km/h 的二 D 轴货车转向架。

1. 组成

转 K4 型转向架主要由侧架、摇枕、弹簧托板、摇动座、摇动座支承、承载弹簧、减振装置、轮对和轴承、基础制动装置及常接触式弹性旁承等组成。转 K4 转向架的主要结构如图 3 – 29 所示,三维组装图见图 3 – 30,主要技术参数列于表 3 – 1 中。

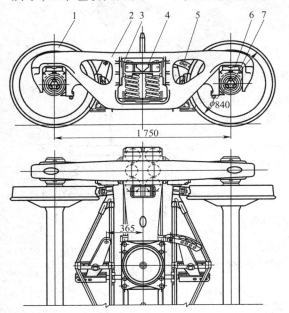

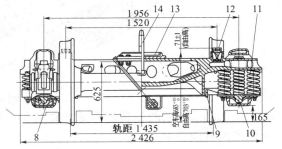

1—RD₂ 型轮对;2—侧架组成;3—斜楔减振装置;
4—摇枕组成;5—基础制动装置;6—承载鞍;
7—滚动轴承装置;8—摇动座支承;9—弹簧托板;
10—摇动座;11—摇枕弹簧;
12—常接触弹性旁承;13—心盘衬垫;14—中心销

图 3 – 29　转 K4 型货车转向架

2. 结构特点

转 K4 型转向架仍属于三大件式转向架,因而保留了三大件式转向架均载性能好的优点。此外由于它独特的侧架横向摆动方式,较之传统的三大件式转向架,其横向柔度和抗菱刚度大大增加,因此其运行速度大大提高,横向运行性能有较好的改善。

转 K4 型转向架的主要结构特点是:

(1)在两侧架间增设一弹簧托板,枕簧放在弹簧托板上,弹簧托板下与摇动座相连,摇动座置于摇动座支承上,摇动座支承放在侧架内,在侧架导框与承载鞍之间设置导框摇动座,因此侧架与弹簧托板之间及侧架与承载鞍之间均成圆弧轴承状配合连接,侧架可以作横向最大 4.2°的摆动。当侧架摆动达到最大摆动角时,侧架的承台接触到摇动台座,侧架的横向摆动受到抑制,此外摇枕上每侧的下止挡与枕簧托板的止挡间也有间隙,容许每一侧有 16 mm 的横向运动(总计 32 mm)。

根据摆动式转向架的结构特点,可以认为侧架上端铰接于承载鞍上,侧架下端铰接于弹簧托板端部,形成一个矩形的摇动台,如图 3 – 31 所示。

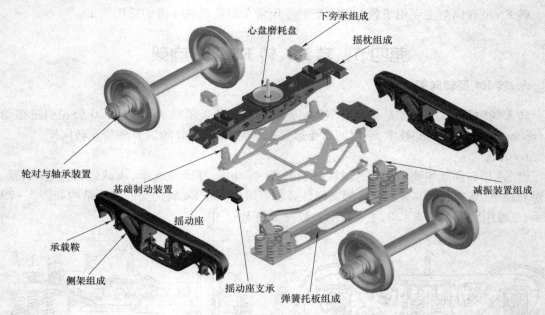

图 3 - 30 转 K4 型转向架三维组装图

当摆动式侧架的弹簧托板横向位移为 y 时,每个侧架上的横向复原力 F_y 为

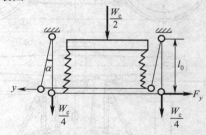

$$F_y = \frac{W_c}{4} \frac{y}{\sqrt{l_0^2 - y^2}} \qquad (3-17)$$

式中 W_c——车辆簧上部分重量;

    l_0——摆动侧架上下转动中心之间的垂向距离。

一般侧架的摆动角不超过 4.2°,故 $\sqrt{l_0^2 - y^2} \approx l_0$。

若把摆动式侧架横向摆动性能换算成一个等效弹簧,则其等效横向刚度 K_{sy} 为

图 3 - 31 摆动式侧架的动力学模型

$$K_{sy} = \frac{W_c}{4l_0} \qquad (3-18)$$

根据式(3-18)可知,摆动式侧架的等效横向刚度与车体的重量成正比,因此,空、重车工况下有不同的等效横向刚度,有利于改善空车的横向运行品质。

侧架的横向位移分为两个阶段。第一阶段可称为低阻力保护阶段,见图 3 - 32 中曲线的第一段,此阶段转向架的横向刚度值为侧架横向等效刚度与二系悬挂横向刚度的串联刚度;第二阶段可称为对完全压实侧向冲击的高阻力保护阶段,此阶段转向架的横向刚度值为二系悬挂的横向刚度。因此,侧架摆动式转向架利用弹簧托板、横向止挡使其横向悬挂特性形成类似图 3 - 32 所示的多级刚度。

(2)转向架的摇枕挡被取消,车体受到的侧向力通过弹簧托板传给侧架,见图 3 - 33,侧向力对转向架的作用点,由传统的摇枕挡高度 h_1 降到枕簧座的高度 h_2。这样在极端状态下,由侧向力 L 引起的车轮减载,使车轮抬起而脱轨的倾覆力矩显著地降低。

(3)减振装置由两级刚度螺旋弹簧及斜楔式变摩擦减振器组成。减振外簧比承载外簧高6 mm,组合式斜楔的主摩擦板采用高分子复合材料,铸铁斜楔材质为贝氏体球墨铸铁或针状

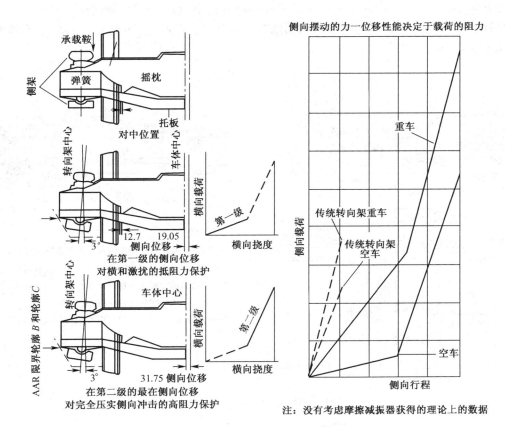

图 3－32 对未加控制的侧向运动的防护设计

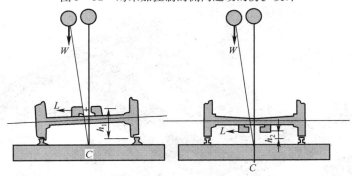

图 3－33 对侧滚的防护设计

马氏体铸铁。

（4）基础制动装置由高摩合成闸瓦、单侧滑槽式 L－C 型组合式制动梁等组成。固定杠杆支点与固定杠杆支点座间及制动杠杆与制动梁支柱间为球铰连接。

摆动式转向架较之传统的三大件转向架,其横向运动性能,特别是轮轨横向力、车体的横向运行品质等有较大改善。

二、转 K5 型转向架

为适应我国 25 t 轴重货车的发展,中国南车集团株洲车辆厂在美国原有 25 t 轴重摆动式转向架及中美联合设计转 K4 型转向架的成功经验基础上,设计了 2E 轴摆动式转向架——转 K5 型转向架。转 K5 型转向架主要结构如图 3 – 34 所示,三维组装图见图 3 – 35,主要技术参数列于表 3 – 1 中。

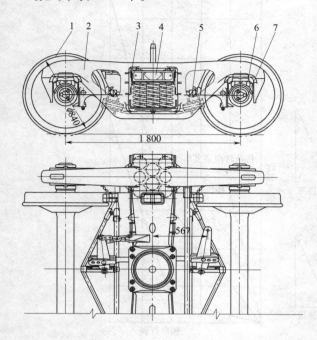

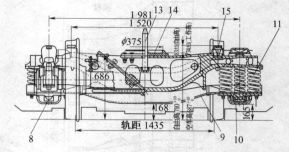

1—RE₂ 型轮对;2—侧架组成;3—斜楔减振装置;
4—摇枕组成;5—基础制动装置;6—承载鞍;
7—滚动轴承装置;8—摇动座支承;9—弹簧托板;
10—摇动座;11—摇枕弹簧;
12—常接触弹性旁承;13—中心销;14—心盘衬垫

图 3 – 34　转 K5 型货车转向架

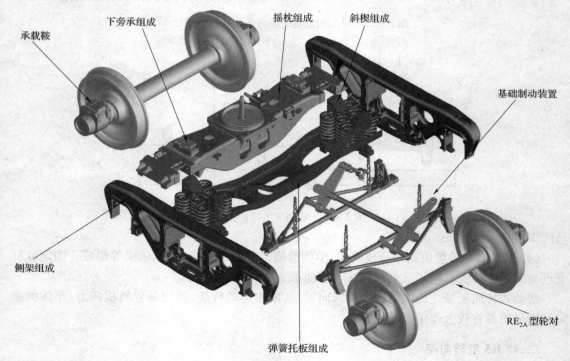

图 3 – 35　转 K5 型转向架三维组装图

转 K5 型转向架与转 K4 型转向架不同之处有:车轴采用 E 轴、轴距增大至 1 800 mm、弹簧托板由平板形改为凹形结构、摇枕一端增加 2 组承载弹簧、采用直径为 φ375 mm 的下心盘、摇枕和侧架加大断面以满足 25 t 轴重强度的要求等。

第五节　转 K3 型、Y25 型转向架

转 K3 型、Y25 型转向架均为整体焊接构架式货车转向架。

一、转 K3 型转向架

转 K3 型转向架是中国南车集团株洲车辆厂于 20 世纪 90 年代末为适应中国铁路货运提速而研制、开发的一种新型快速货车转向架,目前主要用于集装箱平车。

1. 组成

转 K3 型转向架主要由 H 型整体焊接构架、多级刚度轴箱弹簧悬挂装置、RD₂ 轮对、轴箱、轴承、常接触式弹性旁承及基础制动装置等组成。转 K3 转向架的主要结构如图 3 - 36 所示,三维组装图见图 3 - 37,主要技术参数列于表 3 - 1 中。

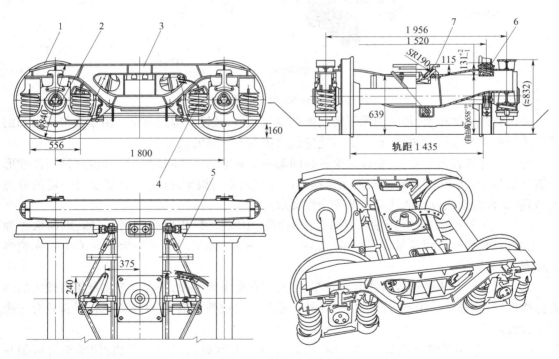

图 3 - 36　转 K3 型转向架

1—RD₂ 型轮对;2—轴箱组成;3—整体焊接构架;

4—轴箱弹簧悬挂、减振装置;5—基础制动装置;6—旁承;7—球面心盘

2. 结构特点

(1)整体构架由两根工字形断面(也称单腹板)侧梁、一根箱形断面的横梁、导框座、斜楔座等组焊而成,如图 3 - 38 所示。侧梁由上盖板、下盖板、单腹板及加强筋板等组焊而成,横梁

由上盖板、下盖板及双腹板等组焊而成;横梁、侧梁采用 16Mnq 高强度低合金钢板,导框座、斜楔座等铸件的材质为 B 级钢。

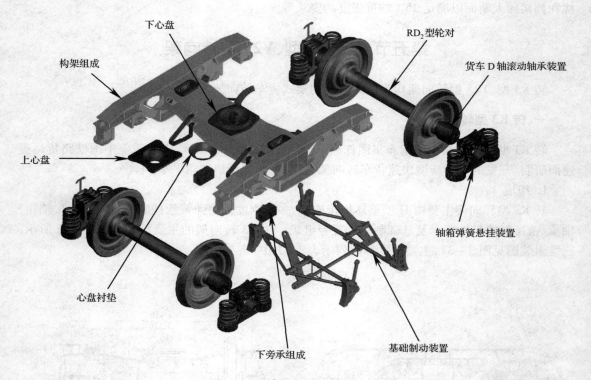

图 3 - 37 转 K3 型转向架组装图

采用整体焊接构架,彻底消除了转向架的菱形变形,减轻了构架质量。由单腹板结构的侧梁组成的构架有较好的柔性,有一定的适应线路扭曲不平顺的能力。

与三大件式转向架相比,整体构架式转向架两个侧梁的点头刚度较大,适应线路扭曲变形的能力较差,因此,构架式转向架的主悬挂应设置在轴箱与构架之间,并且要求有一定的静挠度,以满足转向架通过扭曲线路时的安全性要求。

(2)轴箱弹簧悬挂装置由轴箱、轴箱外圆弹簧、中圆弹簧、内圆弹簧、斜楔体、纵向橡胶弹簧、主摩擦块、副磨耗板及吊杆等组成,如图 3 - 39 所示,弹簧的材质均为 $60Si_2CrVA$,弹簧参数见表 3 - 2 所示。

为了适应装载集装箱等货物时有空车、半空车和重车等工况,并在空车工况下有较大的弹簧静挠度,轴箱弹簧采用不等高的内、中、外三卷弹簧组成弹簧组,因此轴箱悬挂弹簧具有三级刚度特性。

(3)采用轴箱单侧斜楔式变摩擦减振器,导框内装有纵向定位橡胶块,使轴箱对构架在纵、横向都具有合适的定位刚度,不但满足了蛇行运动稳定性的要求,也便于通过曲线。

(4)采用 UIC 标准的球面心盘,如图 3 - 40 所示。在上、下心盘间装有合成材料制成的耐磨衬垫。

球面心盘的球面半径为 198 mm,壁厚为 25 mm。与平面心盘相比,球面心盘接触面大,载荷分布比较均匀,有利于减少上下心盘面的磨耗,此外,传递车体和构架之间的纵向力和横向力的能力更强。不足之处是结构较复杂,重量稍大。

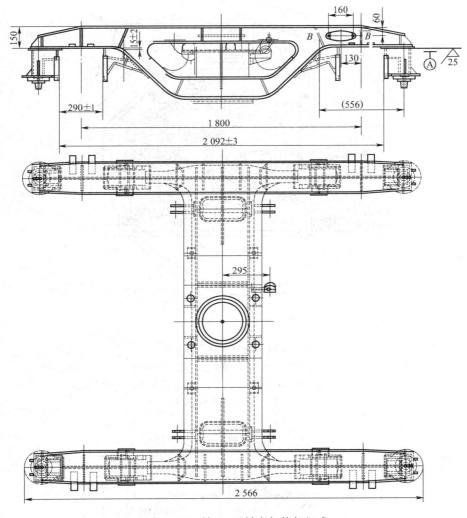

图 3 – 38 转 K3 型转向架构架组成

（5）采用常接触式弹性旁承,常接触弹性旁承由弹簧、弹性挡及下旁承磨耗板等组成,如图 3 – 41 所示。

（6）采用 RD$_2$ 型轮对。车轮采用 HDS 型(S 型腹板)全加工整体辗钢轮,且单个车轮的静态不平衡力矩不得超过 0.75 N·m;车轴采用 50 钢;轮对组成后动态不平衡力矩不得大于 1.25 N·m。

轴承采用 197726 型双列圆锥滚子轴承。

（7）基础制动装置由制动杠杆、高磨合成闸瓦、单侧吊式制动梁等组成。制动梁采用整体锻造式端头,并将制动梁安全链改为安全托,使基础制动装置的可靠性、安全性提高。其中制动杠杆、固定杠杆支点与转 8A 型转向架通用。采用耐磨衬套及圆销。

二、Y25 型转向架简介

Y25 型转向架(图 3 – 42)是法国铁路部门研制出的一种采用焊接构架和第一系轴箱悬挂的货车转向架。由于 Y25 型转向架的性能理想,1967 年国际铁路联盟(UIC)将其确定为西欧

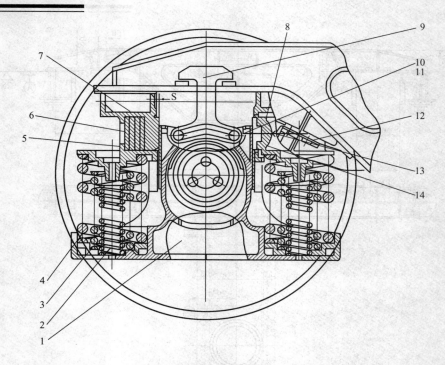

图 3 – 39　轴箱弹簧悬挂装置

1—轴箱;2—内圆弹簧;3—中圆弹簧;4—外圆弹簧;5—纵向橡胶弹簧;6—主磨耗板(左);
7—导向套;8—斜楔体;9—安全吊;10—螺栓;11—止动垫片;12—副磨耗板;
13—销;14—主磨耗板(右)

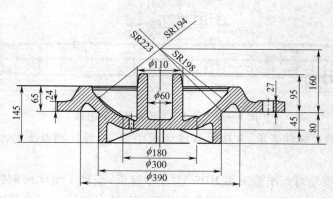

图 3 – 40　球面心盘

铁路的标准型货车转向架。Y25 型转向架的结构特点如下。

(1)采用焊接一体式刚性构架:其重量较铸钢构架轻,而且,由于采用轴箱弹簧悬挂,其簧下质量仅为轮对和轴箱,从而大大减小了轮轨间的相互动作用力。

(2)采用两级刚度弹簧:轴箱弹簧由高度不等的内、外圈弹簧构成。当作用在转向架弹簧上的总载荷小于 136 kN 时,仅由外圈弹簧承载,弹簧刚度较小;当作用在弹簧上的总载荷大于 136 kN 时,由内、外圈弹簧并联承载,弹簧刚度较大。图 3 – 43 是 Y25C 型转向架的挠力曲线。

从图中可以看出,弹簧刚度的转折点 A 不是选在空车自重载荷下(75 kN)而是选在小载重载荷(136 kN)下,这样做有利于在空车运行情况下不致于发生由于动载荷所引起的刚度突

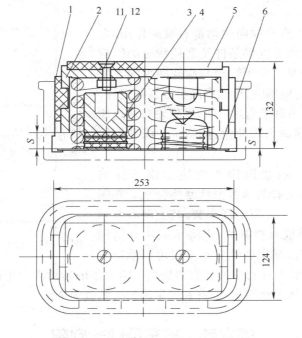

图 3－41　转 K3 型转向架旁承
1—磨耗板；2—下旁承体；3—旁承弹性挡；4—弹簧；
5—下旁承摩擦板；6—调整板；11—螺钉；12—螺母

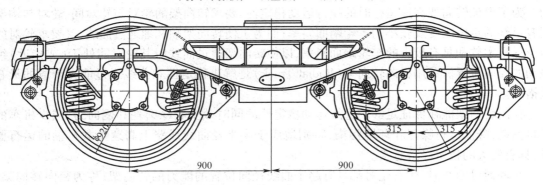

图 3－42　法国 Y25 型转向架

变。由于 Y25 型转向架在空车时的弹簧刚度小，静挠度大，从而提高了其空车垂向平稳性。

（3）采用利诺尔减振器：利诺尔减振器是一种新型的摩擦减振器，它由导框、弹簧帽、弹簧、吊环、吊环销、顶子和磨耗板等零部件组成，如图 2－70 所示。导框用焊接方式或螺栓连接的方式固定于构架上。转向架心盘上所受的垂向载荷经构架 1 传至导框 2 上，再通过导框上的吊环销 6、吊环 5、弹簧帽 3 传至轴箱弹簧 4 上，最后传至轴箱 7、轴承和轮对上；另一方面，由于吊环的安装具有一个倾斜角（21°～27°），吊环同时给弹簧帽一个纵向水平分力 F_h，这个水平分力使弹簧帽在纵向压紧顶子使顶子紧贴在轴箱上的磨耗板，同时还使左侧导框与轴箱左侧的磨耗板贴紧。车辆振动时，顶子与磨耗板之间以及轴箱左侧的导框与磨耗板之间便产生衰减振动的摩擦阻力。由于水平分力 F_h（即顶子与磨耗板之间的正压力）与外圆弹簧所受的垂向载荷 F_v 成正比，故摩擦力与转向架所受载荷成正比，它属于变摩擦减振器，又由于具有两级刚度的轴箱弹簧装置的特殊结构，利诺尔减振器方便地实现了空重车两种不同的相对摩擦

系数 φ 值。

利诺尔减振器对垂直和横向振动都有衰减作用,它的性能稳定,摩擦力受外界气候条件及磨耗状态的影响较小,磨耗面平易于修复。由于轴箱与构架间纵向无间隙增加了轮对的纵向定位刚度,虽然提高了运行稳定性,但轮对定位刚度太大,不利于通过曲线,导致轮对通过曲线时产生较大的轮轨横向力和冲角,加剧了轮缘和钢轨的磨耗。

(4)采用弹性旁承:法国用于特快运输条件的Y25CSS型转向架上都装有圆弹簧弹性摩擦旁承。在摇枕两端的旁承座上垂向安放两组圆弹簧,其上面有旁承盒,盒上的磨耗板用合成材料制成,上旁承采用高锰钢板,以便摩擦系数稳定。采用弹性旁承不仅可以承担一

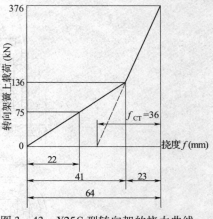

图 3 - 43　Y25C 型转向架的挠力曲线

部分垂向载荷,而且可以给运行中的转向架提供一定大小的转动阻力矩以限制其摇头蛇行运动,同时还可以限制车体的滚摆运动,有利于车辆的抗倾覆安全性。

第六节　货车径向转向架

提高转向架横向运动稳定性的要求和改善转向架曲线通过性能的要求往往是互相矛盾的。为了保证转向架高速运行时的蛇行运动稳定性,要求转向架的轮对与轮对间、轮对与构架间有足够的定位刚度及较小的车轮踏面斜率;而为了使转向架顺利地通过曲线,又要求轮对的定位尽量柔软和具有较大的车轮踏面斜率,以使转向架通过曲线时其轮对能处于(或接近)纯滚动的径向位置。采用径向转向架(Radial Truck)是解决稳定性和曲线通过能力矛盾的最有效措施。

径向转向架能在保证足够的直线运动稳定性的同时减少轮缘磨耗和侧向力,减少机车的燃料消耗,降低运行噪音和环境污染,特别适应于小半径曲线线路上高速重载车辆的运行要求,具有较大的技术经济意义。

车辆通过曲线时,所有轮对都具有趋于曲线径向位置的能力的转向架,称为径向转向架。根据导向原理不同,径向转向架分为自导向转向架(self - steering truck)和迫导向转向架(forced - steering truck)两大类。自导向径向转向架是依靠轮轨间的蠕滑力进行导向的,它利用进入曲线时轮轨间产生的蠕滑力,通过转向架自身导向机构的作用使转向架的前、后轮对"自动"进入曲线的径向位置。迫导向径向转向架是利用进入曲线轨道时车体与转向架构架间的相对回转运动,通过专门的导向机构(如连接车体与轴箱或副构架的杠杆系统)使前、后轮对偏转,强迫轮对进入曲线后处于曲线径向位置。

一、自导向机构

自导向机构的作用是使车辆通过曲线时,同一转向架前后两轮对呈八字形,其摇头角大小相等,方向相反,通过蠕滑力的作用使转向架上两轮对趋于径向位置,见图 3 - 44。

导向机构的作用是使前后轮对产生相反的摇头角,其中杠杆比为1:1。

1. 刚性自导向机构情况

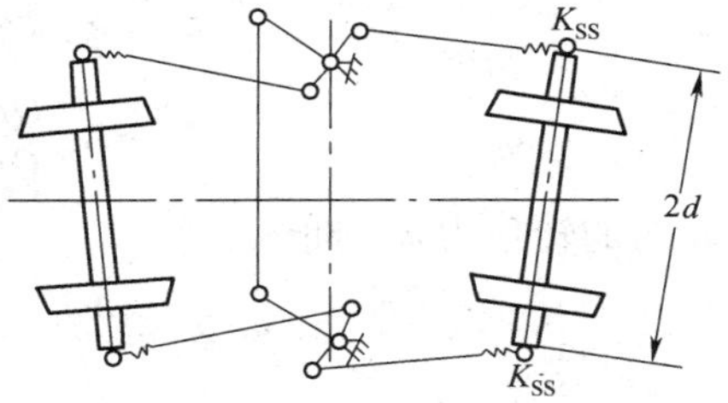

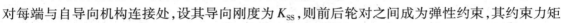

当自导向机构为理想情况,即不考虑导向机构的弹性变形和连接间隙,则导向机构的作用是给同一转向架前后两轮对的摇头角一个约束,使

$$\psi_{w1} = -\psi_{w2} \qquad (3-19)$$

式中　ψ_{w1}——前轮对的摇头角;

　　　ψ_{w2}——后轮对的摇头角。

图 3 – 44　自导向机构

2. 弹性导向机构情况

当导向机构有弹性时,把导向机构的弹性换算到轮对每端与自导向机构连接处,设其导向刚度为 K_{SS},则前后轮对之间成为弹性约束,其约束力矩

$$M_{SS} = 2(\psi_{w1} + \psi_{w2})K_{SS}d^2 \qquad (3-20)$$

式中　ψ_{w1}——同一转向架上前轮对摇头角;

　　　ψ_{w2}——后轮对摇头角;

　　　K_{SS}——换算在轮对每端与自导向机构连接处的导向刚度。

　　　$2d$——轮对上左右导向机构的横向跨距。

前轮对上的导向力矩与 $(\psi_{w1} + \psi_{w2})$ 方向相反,后轮对上的导向力矩与 $(\psi_{w1} + \psi_{w2})$ 方向相同。

二、迫导向机构

1. 刚性导向机构情况

迫导向转向架的原理是利用车辆通过曲线时转向架相对车体所作的摇头角位移,迫使轮对处于径向位置。当轮对处于完全径向位置时(如图 3 – 45 所示),前、后轮对相对转向架的摇头角 $\pm\psi_w$ 与转向架相对车体之间摇头角 ψ_T 有如下关系:

$$G_N = \frac{\psi_w}{\psi_T} = \frac{\arcsin\dfrac{l}{R}}{\arcsin\dfrac{L}{R}} \qquad (3-21)$$

式中　$2l$——转向架轴距;

　　　$2L$——车辆定距;

　　　R——曲线半径。

由于 $R \gg L, R \gg l$,故

$$\arcsin\frac{l}{R} \approx \frac{l}{R}, \arcsin\frac{L}{R} \approx \frac{L}{R}$$

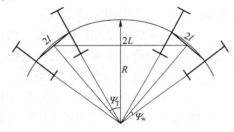

图 3 – 45　轮对处于径向位置时 ψ_w 与 ψ_T 之间关系

$$G_N = \frac{l}{L} \qquad (3-22)$$

式中　G_N——迫导向机构的全径向增益。

迫导向机构的实际增益 G 是通过杠杆不同长度的比例关系实现的,如图 3 – 46 所示。图中,A_1、A_2 为迫导向杠杆与车体连结点,B_1、C_1、B_2、C_2 为杠杆与轮对连结点,O_1、O_2 为杠杆在转向架的固定支点。

先看转向架一侧的迫导向机构。当 A 点向前纵向位移为 X_A 时,B 点向前纵向位移为 X_B,C 点向后纵向位移为 X_C,由于 OB、OC 的长度相等,X_B 与 X_C 的纵向位移大小相等方向相反。

转向架相对车体的转角为 ψ_T 时,有

$$X_A \approx \psi_T \cdot B$$

$$X_B \approx X_A \frac{OB}{OA}$$

轮对的转角为 ψ_w，即

$$\psi_w \approx \frac{X_B}{d}$$

故迫导向机构实际增益 G 为

$$G \approx \frac{X_B}{d} \Big/ \frac{X_A}{B} \approx \frac{OB}{OA} \cdot \frac{X_A}{d} \Big/ \frac{X_A}{B} \approx \frac{OB}{OA} \cdot \frac{B}{d}$$

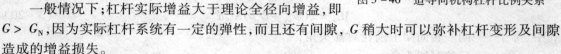

图 3 - 46　迫导向机构杠杆比例关系

一般情况下，杠杆实际增益大于理论全径向增益，即
$G > G_N$，因为实际杠杆系统有一定的弹性，而且还有间隙，G 稍大时可以弥补杠杆变形及间隙造成的增益损失。

刚性导向机构的作用，是给 ψ_T 和 ψ_w 之间一个刚性约束，使

$$\psi_{w1} = G\psi_T$$

$$\psi_{w2} = -G\psi_T$$

(3 - 23)

式中　ψ_{w1}——同一转向架上前轮对摇头角；

ψ_{w2}——同一转向架上后轮对摇头角。

2. 弹性导向机构情况

当导向机构有弹性时，设导向机构的弹性均换算到轮对每端与导向机构连接处，其刚度为 K_{FS}，则车体与两轮对之间出现一个弹性约束，其约束力矩各为

前轮对

$$M_{FS1} = (G\psi_T - \psi_{w1})2K_{FS}d^2$$

后轮对

$$M_{FS2} = (G\psi_T + \psi_{w2})2K_{FS}d^2$$

(3 - 24)

式中　G——迫导向机构增益；

ψ_T——转向架相对车体摇头角；

ψ_{w1}、ψ_{w2}——前后轮对相对转向架摇头角；

K_{FS}——迫导向机构换算刚度；

$2d$——轮对上左右导向机构连接处的横向跨距。

前轮对上 M_{FS1} 方向与 ψ_T 相同，后轮对上 M_{FS2} 方向与 ψ_T 方向相反。

三、国外几种自导向转向架

1. 南非 Scheffel 副构架自导向转向架

最先取得成功并已得到普遍应用的轮对自导向转向架是南非铁路的对角斜撑转向架，发明者是南非铁路工程师 Herbert Scheffel，所以也称 Scheffel 转向架（图 3 - 47）。这种转向架采用对角斜撑以确保直线运行时两轮对的可靠定位，而在曲线运行时轮对能沿曲线半径方向自由通过。其设计特点是：

（1）采用标准磨耗型踏面，等效斜率为 0.22；

（2）以比较小的水平回转约束将轮对弹性悬于侧架，这是通过附加的橡胶垫来实现的，在轴箱承载鞍上有两块剪切刚度较小（0.17 MN/m）的橡胶垫，用以支承侧架并允许轮对作较小的横向位移；

（3）采用两根斜撑连结斜对角的轴箱承载鞍，允许轮对作径向或八字形位移，但限制菱形

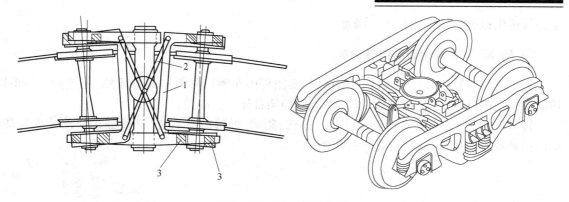

图 3 - 47 Scheffel 转向架

1—副构架;2—对角斜撑;3—承载鞍与侧架间的夹层橡胶垫

位移,这样就相当程度地提高了系统的稳定性。

试验和运用情况表明,这种转向架有较好的曲线通过性能,轮缘磨耗很小,运行品质也显著改进,最高运行速度可达 120 km/h。该转向架上安装于侧架和轴箱承载鞍之间的橡胶元件起了第一系悬挂的作用,有效地降低了簧下质量。

2. DR - 1 自导向转向架

美国铁路工程协会 List 设计的 DR - 1 型转向架是利用自导向径向转向架原理对现有三大件式转向架进行"径向改造"的一个例子。这种转向架

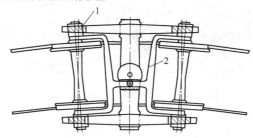

图 3 - 48 Dresser Dr - 1 型转向架

1—承载鞍上的剪切橡胶垫;
2—安装于承载鞍上的导向臂

的导向臂是由 Dresser 公司提供的,所以称为 Dresser DR - 1 型转向架(图 3 - 48)。其基本结构为两个弓形导向臂分别固定于每一个车轴处的两个承载鞍上,并通过摇枕上的一个孔连接起来,以提供轮对间的对角控制,起稳定和导向作用。在承载鞍与转向架侧架间安装橡胶垫,提供第一系弹性悬挂并给轮对以较大的纵向自由度,允许其进入曲线的径向位置。这种转向架已经在美国和加拿大铁路上进行了大量的运行试验,积累了不少经验。

3. Devine - Scales 迫导向转向架

由英国 Scales 发明设计,美国匹兹堡 Devine公司制造的 Devine - Scales 转向架(图 3 -49)是迫导向径向转向架的一个例子。该转向架采用由高强度低合金钢焊接而成的刚性构架、标准 AAR 轴箱弹簧和摩擦减振器。转向架每侧的导向杠杆系统将轮对与车体连接起来。车辆进入曲线时,由于车体与转向架间的相对回转运动,导向杠杆系统使曲线外侧的轴距扩大,曲线内侧的轴距缩小,从而使轮对处于径向位置;而在直线轨道上,刚性构架和导向杠杆系统使轮对保持在与轨道垂直的位置上,增加横向稳定性,抑制转向架的蛇行运动。据称,这种转向架在加拿大铁路的煤车

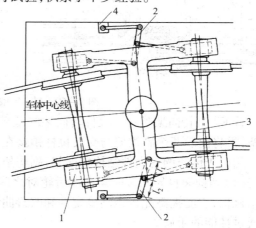

图 3 -49 Drvine - Scales 转向架

1—轮对轴箱及第一系弹性悬挂;2—导向杠杆系统;
3—刚性构架;4—车体支点

上进行运用试验的结果比较令人满意。

四、转 K7 型副构架自导向转向架

为了满足铁路重载运输需求,中国南车集团眉山车辆厂在引进南非成熟、先进的 Scheffel 转向架技术的基础上,研制成功了转 K7 型副构架自导向转向架。

转 K7 型转向架主要由轮对、副构架、摇枕、侧架、弹簧减振装置、常接触式弹性旁承及基础制动装置等组成,主要结构见 3 – 50 所示。

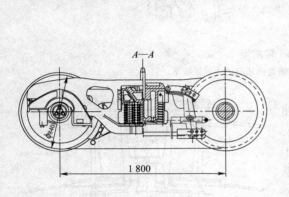 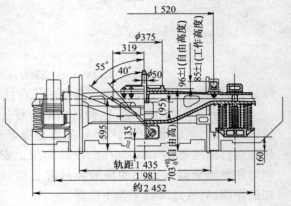

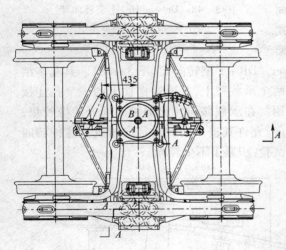

图 3 – 50　转 K7 型副构架自导向转向架

转 K7 型转向架是在三大件转向架的基础上将一个轮对的左右两个承载鞍相连,形成副构架,再将前后两个副构架与交叉拉杆销接在一起,从而形成自导向机构,如图 3 – 51 所示。

相对于传统的三大件结构转向架,副构架自导向转向架具有以下优势:

(1)副构架自导向转向架在前后轮对之间采用轮对交叉拉杆和副构架相连,形成自导向径向机构,它能提高蛇行运动稳定性和改善曲线通过能力,解决了常规转向架运行稳定性和曲线通过性能的矛盾。

由于轮对受刚性副构架和交叉拉杆的约束,增加了转向架前后轮对的正位能力,因此在直线上运行时具有较高的蛇行运动临界速度;而在曲线运行时,受径向机构的作用,前后两个轮对均能够趋于曲线的径向位置,减小了轮轨间的横向作用力峰值及轮对冲角,降低了轮轨力,

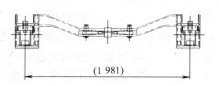

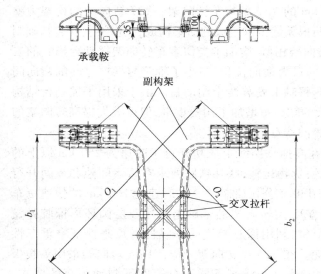

图 3 – 51　副构架及交叉拉杆组成

减轻了轮轨磨损、运行阻力和运行噪声。

（2）副构架转向架一系悬挂采用多层橡胶－金属剪切垫，实现了轮对的弹性定位，减轻了簧下质量，改善了轮轨之间的动力作用和车辆的运行品质。

轮对弹性定位提高了轮对与侧架间的横向及纵向复原刚度，减轻了承载鞍和侧架之间的磨耗。由于轴箱弹簧的存在，将传统转向架的侧架变为簧上质量，有效地降低了簧下质量，对改善轮轨之间的动作用力、提高转向架的运行品质有利。

由于副构架自导向径向转向架的上述特点，通常用于重载铁路货车。

需要注意的是，副构架自导向转向架良好的蛇行运动稳定性和曲线通过性能的前提是柔软的轮对纵向和横向定位刚度、较小的交叉拉杆变形、以及副构架和交叉拉杆连接部位的无间隙或小间隙等，否则，径向机构将失去作用。所以，在设计副构架机构时，副构架与交叉拉杆连接部应尽量采用无磨耗件或耐磨件，交叉拉杆应有足够的刚度，并严格控制径向机构的间隙和弹性变形。

第七节　快速货车转向架

20 世纪 70 年代以来，许多国家积极发展高速铁路，在高速客运方面取得了巨大成功，如法国 TGV、德国 ICE、日本新干线等，为充分利用高速线路的运输能力和适应快速货物运输的需要，一些国家研制出了多种形式的快速货车转向架。比较成功的有法国的 Y37 型、德国的 DRRS 型、意大利的 Fiat 快速货车转向架等。

一、国外快速货车转向架发展及其特点

为提高货车的运行速度和开行快速货物专列，法国国铁于 20 世纪 80 年代在 Y25 和 Y30

型转向架的基础上研制成功了时速为 160 km 的 Y37 型货车转向架。Y37 转向架的构架为整体焊接构架,由左右侧梁及两侧梁之间由两根无缝钢管组成的横梁构成,在横梁上安装基础制动装置。该转向架的轴箱定位同 Y25 型转向架相似,增加了类似客车转向架摇动台形式的二系悬挂,以降低其横向刚度。为限制车体的最大横向位移,减小了轴箱与导框之间的横向间隙。基础制动采用盘形制动加踏面清扫器,每轴上安装两个制动盘。由于采用了摇动台结构和盘形制动,故将轴距加大至 2.3 m。较大的轴距虽增加了构架重量,但可大大提高转向架的临界速度,具有结构简单和动力学性能理想的特点。

20 世纪 90 年代,德国联邦铁路(DB)在高速铁路线上成功开行了时速为 250 km 以上的 ICE 高速旅客列车。为充分利用线路和加快货物运输,联邦铁路要求在客运间隙和夜间开行速度为 160 km/h 的货运列车。为此,德国 Talbot 公司研制了一种时速为 160 km 的快速货车转向架——DRRS 转向架。该转向架是在 Y25 型转向架的基础上采用双层圆环形橡胶弹簧(Double Rubber Rolling Spring)进行轴箱定位,利用橡胶弹簧的非线性特点来保证空重车性能,并以横向柔性定位来改善曲线通过性能。和 Y25 型转向架一样,DRRS 转向架采用单腹板的整体焊接构架、常接触弹性旁承和球面心盘。为满足不同运行速度下制动距离的要求,DRRS 转向架有两种基本结构形式,运行速度为 120 km/h 时采用双侧踏面制动,运行速度为 160 km/h 时采用盘形制动,每轴上安装三个制动盘单元,并安装有机械式或电子防滑器。DRRS 转向架主要用于集装箱平车和公铁两用车,其最高试验速度达到 230 km/h。

Fiat 快速货车转向架是意大利 Fiat 公司研制的,如图 3-52 所示,最大商业运行速度 140 km/h,轴重 22.5 t。其轴箱悬挂采用了轴箱两侧螺旋钢弹簧和拉杆式轴箱定位装置,这种悬挂方式也可使轴箱结构简化,有效地降低了簧下质量,实现无磨耗设计。在轴箱弹簧内部安装垂向液压减振器;构架为由箱形侧梁和横梁组焊的整体焊接结构;二系采用橡胶堆悬挂,车体的全部载荷由位于左右两侧梁的橡胶堆承载;基础制动装置采用轴盘制动,每轴安装两套制动单元。

图 3-52　Fiat 快速货车转向架

综上所述,世界各国铁路根据实际运输的需要,研制了多种不同结构、具有良好动力学性能的快速货车转向架,这些转向架能满足 120~160 km/h 的速度运行,其中法国 Y37 型转向架最高试验速度达到 281.8 km/h,创造了货车运行速度的世界纪录。

从上述几种快速货车转向架的结构中可知,快速货车转向架有以下主要技术特点。

(1)采用非线性的轴箱弹性悬挂,减轻簧下重量

簧下重量对车辆的动力学性能和轮轨作用力都有较大影响,簧下重量越大,动力学性能越差,轮轨作用力也越大,在高速情况下更是如此。上述的几种转向架均采用了不同形式的轴箱弹性悬挂,为使空、重车都具有良好的动力学性能,主悬挂系统都具有两级或多级非线性刚度特性。因此,快速货车转向架应尽量减轻簧下重量,而采用轴箱弹性悬挂是减少簧下重量的最有效措施。

(2)减小转向架的二系横向刚度

转向架轴箱定位刚度值对车辆的运行稳定性起着关键作用,为保证车辆在高速情况下稳

定运行,轴箱定位的刚度值不能太小。而货车在空重车工况下载荷变化大,受限界和车钩高度的限制,货车转向架垂向总挠度及空重车状态下垂向挠度差有严格限制。所以要改善货车转向架的垂向性能困难较大,而目前这些转向架的垂向性能均能满足使用要求。但运行速度提高以后,对车辆的横向平稳性提出了新的要求,而影响横向平稳性最敏感的因素是转向架的二系横向刚度值,所以 Y37、Fiat 等转向架采取不同措施来降低转向架的二系横向刚度。

（3）减少悬挂中的磨耗件

随着运行速度的提高,转向架各部件的振动加剧,如转向架中磨耗件太多,将严重影响车辆运行性能的稳定,缩短维修周期,加大维修工作量和维修成本。所以快速货车转向架应尽量减少悬挂中的磨耗件,最好实现无磨耗。在结构上可采用弹性定位、液压减振器等方式来实现。

（4）采用整体构架

三大件转向架的菱形变形是影响车辆运行稳定性的主要因素,因此采用三大件式结构的快速货车转向架应在结构上采取相应措施增加转向架抗菱形变位的能力。而整体构架则彻底消除了菱形变形,具有良好的横向运动稳定性,同时整体构架也为安装双侧踏面制动和盘形制动提供了条件,使转向架具有较好的制动性能,所以整体构架在快速货车转向架中得到了广泛的运用。

（5）采用常接触弹性旁承

货车速度提高以后,对稳定性的要求相应提高,由于货车结构和制造成本的限制,在车体和转向架构架间安装油压式的抗蛇行减振器目前还不易推广,而加装常接触弹性旁承对于提高车辆的运动稳定性也是非常有效的。常接触弹性旁承还能有效地抑制车体的侧滚运动,避免车体侧滚出现刚性冲击和降低轮重减载率。但常接触弹性旁承过大的回转力矩会恶化车辆的曲线通过性能,因此在选择常接触弹性旁承的回转阻力矩时要同时兼顾运动稳定性和曲线通过性能。

（6）采用盘形基础制动装置

车辆速度提高后,对转向架的基础制动装置也提出了新的要求。由于不同国家对制动距离的要求不尽相同,所以快速货车转向架的制动方式也有较大区别。如欧洲铁路对制动距离要求较高,120 km/h 以下的转向架采用单侧或双侧踏面制动,当速度提高到 140 km/h 以上时,普遍采用盘形制动加防滑器的方式。三大件式转向架受其结构特点的制约,实现盘形制动或双侧踏面制动是十分困难的。

二、我国快速货车转向架方案

我国 160 km/h 快速货车转向架方案如图 3－53 所示,三维结构图如图 3－54 所示。我国快速货车转向架由轮对、轴箱悬挂装置、焊接构架、中央悬挂装置、摇枕、常接触弹性旁承、心盘和盘形基础制动装置等组成。

1. 轮对

轮对要承受来自钢轨和车体的各种动静载荷的作用,受力情况十分复杂,是影响车辆安全运行的关键部件之一。我国快速货车转向架轮对轴重为 18 t,轴颈中心距为 2 000 mm,在轴身上加制两个制动盘安装座;车轮采用整体辗钢车轮及 LM 磨耗型踏面。轮对须通过动平衡试验,最大剩余不平衡值≤0.75 N·m。

轴承采用 FAG577997B 型双列圆锥滚子轴承。

2. 轴箱及轴箱悬挂装置

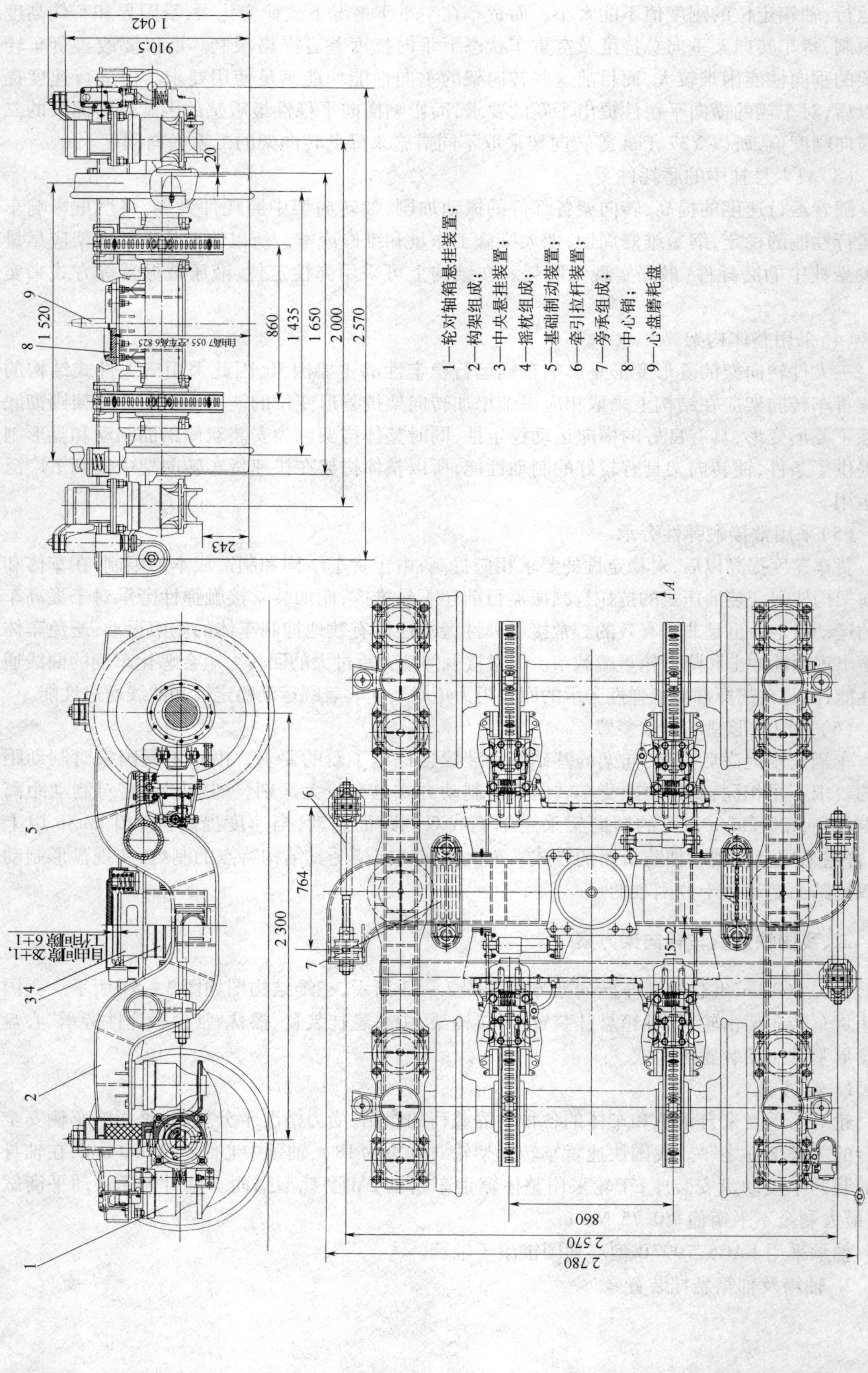

1—轮对轴箱悬挂装置;
2—构架组成;
3—中央悬挂装置;
4—摇枕组成;
5—基础制动装置;
6—牵引拉杆装置;
7—旁承组成;
8—中心销;
9—心盘磨耗盘

图 3 - 53 快速货车转向架结构方案图

轴箱采用高强度铸钢制造,轴箱两侧有弹簧托盘,在轴箱顶部有一圆形平台,用于安装轴箱顶部弹簧。在轴箱上设一系垂向减振器安装座。

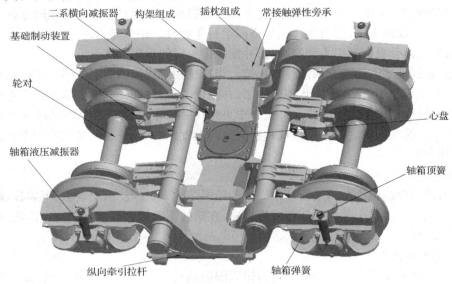

图 3-54 快速货车转向架三维图

轴承采用进口圆锥滚子轴承,轴承内径 130 mm,外径 220 mm。

轴箱悬挂由两侧弹簧和轴箱顶部螺旋钢弹簧组成。空车时车体及转向架构架的重量由轴箱两侧弹簧承载,重车时车体自重、载重和转向架构架的重量由轴箱两侧弹簧和轴箱顶部螺旋弹簧联合承载。采用这种组合式轴箱悬挂装置,较容易实现多级刚度特性,适合快速货车空重车重量变化大的特点,有利于改善车辆、特别是空车的运行品质。

轴箱弹簧悬挂的垂向特性曲线(包括轴箱螺旋弹簧、橡胶定位器和轴箱螺旋顶簧)如图 3-55 所示。为与 Y25 转向架的轴箱悬挂比较,在图中绘出了 Y25 转向架轴箱悬挂的垂向特性曲线。

轴箱用圆锥形橡胶弹簧定位,其三向刚度容易满足运行性能需要的纵、横向刚度值,对车辆在满足蛇行稳定性的前提下,减少轮轨磨耗、提高曲线通过性能有利。

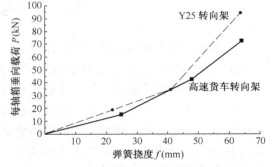

图 3-55 轴箱悬挂特性曲线

在轴箱和构架之间安装一系变阻尼垂向液压减振器,这种液压减振器在空重车工况下可提供不同的阻尼值,能满足空、重车减振的需要。与摩擦减振器相比,液压减振器的最大优点是无磨耗,且性能稳定。

3. 焊接构架

构架由两个侧梁、两个横梁和相关部件组成。转向架侧梁是由低合金高强度结构钢板焊接而成的 U 形箱形结构梁,两侧梁中心线的横向距离为 2 000 mm,在侧梁中部的上盖板加宽、加厚,以安装橡胶堆弹簧。侧梁采用双腹板结构,侧梁上焊接有一系垂向减振器安装座。

两侧梁之间用横梁相连,横梁为无缝钢管,贯通于两侧梁之间,为防止雨水等污物进入横梁,在横梁的两端加焊堵板。在横梁中部焊接制动吊座和横向减振器安装座,在横梁的端部焊接牵引拉杆座。

4. 中央悬挂装置

中央悬挂装置位于转向架侧梁中部和摇枕之间。中央悬挂装置采用橡胶堆弹簧。橡胶堆弹簧硫化在钢板上,上部与摇枕端部相连,下部与侧梁相连。中央悬挂采用橡胶弹簧的主要目的是提供一定的横向柔度,以改善车辆的横向运行平稳性。中央橡胶堆弹簧还可提供一定的纵向刚度,传递部分纵向牵引力和制动力,并能提供一定的垂向刚度。

在侧梁和摇枕之间还设有横向弹性止挡。当摇枕相对构架的横向位移小于横向止挡间隙时,横向止挡不起作用,反之横向止挡起作用,并提供一定的横向刚度,限制车体产生过大的横向位移,减小摇枕和构架之间的横向冲击。中央悬挂装置中还设有两个斜对称的横向液压减振器,安装在摇枕和构架之间。在摇枕和构架之间设置纵向牵引拉杆,牵引拉杆中心线距轨面高度取在转向架重心附近。

5. 摇枕

摇枕由低合金高强度结构钢板焊接而成的箱形结构梁。摇枕由上盖板、下盖板、腹板和中间隔板等组成。在摇枕中部焊接横向减振器座,在摇枕下盖板上焊接有横向止挡座,在摇枕端部焊接牵引拉杆座。

6. 常接触弹性旁承

常接触弹性旁承提供一定的回转阻力矩以限制摇枕和车体间的摇头运动,提高车辆的运动稳定性。弹性旁承还可减小车体侧滚时车体与摇枕之间的冲击,提供较大的车体侧滚回复力。

7. 基础制动装置

基础制动装置采用单元式盘形制动及机械防滑传感器,在每一轮对上设置两个制动盘单元。

第八节　多轴货车转向架

二轴转向架在铁路车辆上的应用最为广泛,目前,各国的铁路货车一般以采用两台二轴转向架的四轴车为主。但是,二轴转向架的最大承载能力受到其允许轴重的限制,转向架自重和心盘载重之和最大不能超过其两根轴的允许轴重之和。

努力增加货运列车载重量是提高铁路运输能力和经济效益的一个重要方面。而增加转向架的承载能力是提高车辆载重进而提高整个货物列车载重量的最有效途径之一。另一方面,运送各种笨重货物(如大型机床、大型发电机及汽轮机转子、成套设备等)的要求也需要尽量提高转向架和货车的承载能力。

增加转向架承载能力的办法有两个:一是提高转向架的允许轴重,每根轴的承载能力提高了,整个转向架的承载能力也就提高了;另一个方法是增加转向架的轴数,即采用多轴转向架。多年来,我国铁路的车辆和线路部门,一直在为提高线路的承载能力和转向架允许轴重而努力。由于受我国现有线路条件(如轨重、桥梁承载能力等)的限制,所以,要很快提高允许轴重是困难的,而且,在目前的经济条件和技术水平下,也不可能在短期内对所有的现有线路进行彻底改造。因此,采用三轴或三轴以上的多轴转向架是我国铁路发展特大型货车的一条重要途径。

多轴转向架可以增加车辆的载重量。但多轴转向架的结构比二轴转向架远为复杂。为了充分利用每根轴的承载能力,在多轴转向架上应尽量想办法使每根轴均匀承载。此外,转向架的轴数增多了,其固定轴距也就增加了,在设计转向架时,就必须考虑如何使车辆能灵活地通过曲线,如何减少轮缘磨耗和轮缘力,以及如何防止脱轨等问题。

我国现有的多轴转向架品种很多,下面介绍其中数量比较多的几种。

一、三轴货车转向架

H 形构架式三轴转向架是我国 1967 年设计制造的载重 100 t(后改为 90 t)的大吨位货车转向架。这种转向架一开始采用旁承支重结构,经运用表明,这种结构不适用于空重车载荷变化很大的车辆,所以,1970 年又在这个基础上设计了心盘支重结构的三轴 H 形构架转向架。该型转向架用于 D10 型 90 t 凹底平车。

该型转向架的构架为 H 形整体焊接结构,由枕梁、横梁和侧梁组成,如图 3 – 56 所示。所有梁件均为钢板焊接的封闭箱形结构。转向架采用无导框式一系轴箱弹簧悬挂,轴箱定位为导柱式,圆簧套在轴箱两侧的轴箱导柱上,轴箱导柱用螺栓固定于构架侧梁上(结构与 201 型客车转向架的滑动轴承轴箱弹簧装置相似)。轴箱弹簧装置中无摩擦减振器,在 H 形构架上安装两个 152 mm 的制动缸,每个制动缸控制转向架一侧车轮的制动系统。同时,构架上还装有一个增压风缸。基础制动装置采用无制动梁式的单侧闸瓦制动,每台转向架共六块闸瓦。

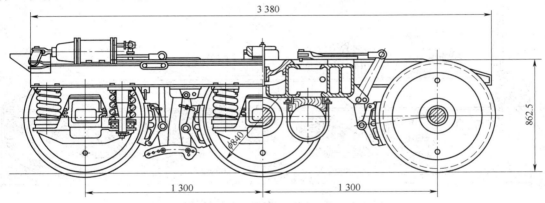

图 3 – 56　H 形构架式三轴货车转向架

心盘支重结构的该型转向架采用 360 mm 的球形心盘,旁承为平面摩擦式。其轴箱弹簧为簧径较大的单卷圆弹簧,在弹簧底座加装橡胶减振垫,轮对、轴瓦和瓦垫采用标准 D 形滑动轴承轮对。转向架构架为 09Mn$_2$ 低合金钢焊制,但其枕梁为铸钢件。

车体的自重和载重作用在下心盘上,通过枕梁、横梁、侧梁等同时作用在十二个轴箱弹簧上。轮对每端轴颈上承受的载荷与轴箱弹簧的刚度和变形量的乘积成正比。为了保证转向架中各轴均载,必须使:

(1)心盘中心处于构架的对称中心位置(或两旁承横向对称,刚度一致,高度相等);

(2)各车轮直径一致,轴箱弹簧下支承面距轨面高度一致;

(3)各弹簧的工作高度及自由高一致;

(4)在铅垂载荷作用下,构架为绝对刚体。

事实上,上述条件是不可能完全满足。转向架各零部件的尺寸在制造和使用过程中始终存在着一定的偏差,构架也不可能完全不变形,所以不可能做到各轮对完全均载。但是,如果严格掌握各零部件的尺寸偏差,则各轴颈上所承受载荷的偏差可以控制在某一允许范围内。

三轴转向架通过曲线时,如果以前、后两轮对作为沿钢轨运行的基准,则中间轮对的中心就不可能与线路中心线一致。为了顺利地通过曲线,该型转向架在设计时采取了切薄中间轮对轮缘或中间轮对处采用短瓦体轴瓦(瓦体长 240 mm)的措施,以利在通过曲线时减小轮缘磨耗和轮缘力。

H 形构架式转向架采用一系轴箱弹簧悬挂,转向架的簧下部分仅为轮对和轴箱,故每个车轮处的簧下质量比一般中央悬挂的二轴转向架小,从而使车辆和线路之间的动作用力减小。我国的三轴货车转向架还有转 27、转 28、ZCZ1 等型。转 27、转 28 型转向架是旧型三轴铸钢转向架,采用侧架摇枕结构,一系摇枕弹簧悬挂。ZCZ1 型转向架构架由钢板焊接而成,下心盘和下旁承都装在构架上,弹簧悬挂装置采用轴箱叠板弹簧。

二、四轴货车转向架

1. Z10 型四轴构架式转向架

Z10 型转向架是我国于 1977 年为载重 210 t 的 D_2 型凹底平车而设计的四轴构架式转向架。它有两种形式:一种是位于 D_2 车上的 1、4 位转向架(图 3 - 57),其上面装有牵引梁、车钩缓冲装置和手制动装置;另一种是位于 D_2 车上的 2、3 位转向架,其上无钩缓装置和手制动。除了这些不同点以外,这两种转向架的其他结构是一致的。

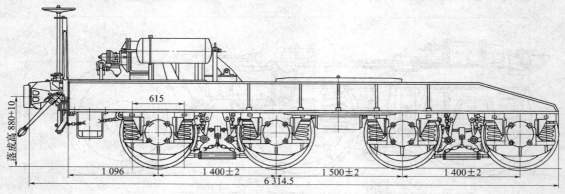

图 3 - 57   Z10 型四轴构架式转向架

Z10 型转向架的构架系由钢板组焊而成,它包括两根侧梁,一根下凹的心盘梁和两根同样下凹的横梁。在每根侧梁下焊有四付导框,心盘梁上装有 $R = 750$ mm 的球面心盘。2、3 位转向架的一端有端梁,而 1、4 位转向架的一端则装有牵引梁,车钩缓冲装置就装在牵引梁内。这种构架具有较大的垂向刚度,利用构架的这一刚性,同时在制造检修时严格控制各零部件的尺寸偏差及装配位置误差,就可基本上做到使转向架的四根车轴比较均匀地承载。

Z10 型转向架采用 4 个标准滚动轴承 RE_2 型轮对,一系轴箱弹簧悬挂和导框式轴箱定位。轴箱弹簧装置具有两级刚度,它由圆弹簧 1、2、3 和弹簧挡 4 组成,如图 3 - 58 所示。空车时,弹簧 2、3 并联后再与弹簧 1 串联在一起承载,弹簧装置的刚度较小,可以获得较大的空车静挠度;重车时,弹簧 1 首先被压死,然后由弹簧 2、3 并联承载,这时弹簧装置的刚度是圆簧 2、3 的并联刚度,比空车时要大,这样就实现了空、重车两级不同的弹簧刚度。由于空车时弹簧装置的刚度小,静挠度较大,可以获得较好的空车动力性能和空车抗脱轨稳定性。

在 Z10 型转向架上还直接装有三通阀、副风缸和制动缸等空气制动装置、1、4 位转向架上还装有手制动装置。制动缸(或手制动装置)的作用力通过一系列的杠杆机构放大,传递至每一车轮处的闸瓦上。

2. 包板式 4E 轴转向架

包板式 4E 轴转向架是一种四轴包板式转向架,用于载重 450 t(后降为 350 t)的 D_{35} 型钳夹式长大货车。所谓包板式转向架指的是转向架构架的侧梁为较高开口截面的板梁式结构。这种转向架一般采用导框式轴箱定位和轴箱叠板弹簧悬挂(有时也带有圆弹簧)。

包板式 4E 轴转向架也有两种形式,一种是用于 D_{35} 长大车两端的 1、8 位转向架(图 3-59),它带有车钩缓冲装置和手制动装置;另一种是位于 D_{35} 长大车中间的 2~7 位转向架,它不带钩缓和手制动装置。

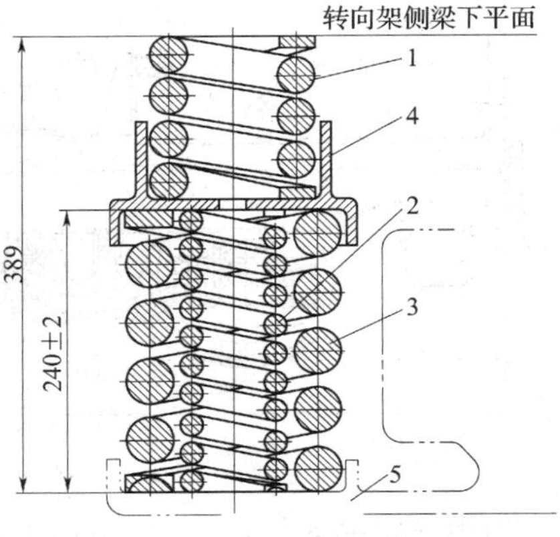

图 3-58　Z10 型转向架轴箱弹簧组成
1、2、3—圆弹簧;4—弹簧挡;5—轴箱

包板式 4E 轴转向架的构架采用钢板和梁件焊接成板梁一体式结构,它由两根侧梁、一根心盘梁、两根横梁、两根端梁和纵向补助梁组成。在 1、8 位转向架的一端端梁上还安装有车钩缓冲装置。

包板式 4E 轴转向架采用 RD 型滚动轴承车轴,一系轴箱弹簧悬挂和导框式轴箱定位。在每个轴箱上安装一个叠板弹簧。为了使每个轴颈所承受的载荷基本相等,在每侧 1、2 位轮对和 3、4 位轮对之间增设附加弹簧(圆簧),并通过均衡支架将各弹簧连结起来。

为了便于转向架通过曲线,采取了将中间两轮对(2、3 位轮对)的轮缘减薄和增大轴箱与导框之间的纵横向间隙等措施。装有包板式 4E 轴转向架的 D35 型大车空车时能通过的最小曲线半径为 150 m。

在包板式 4E 轴转向架上直接安装空气制动装置和基础制动装置。转向架的 1、4 位轮对采用双侧闸瓦制动,2、3 位轮对采用单侧闸瓦制动。转向架的制动倍率为 7.86。

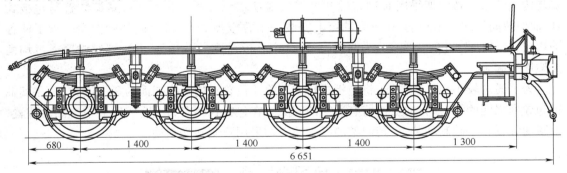

图 3-59　包板式四轴转向架

三、五轴货车转向架

我国的五轴货车转向架有五轴构架一体式、包板式等几种,其中五轴构架一体式为构架式。

五轴构架一体式转向架是为载重 150 t 的 D_{17} 型落下孔车而生产的专用转向架。它采用五个滑动轴承轮对,焊接式构架,一系轴箱弹簧悬挂和导框式轴箱定位。五轴构架一体式转向架的结构如图 3-60 所示。

五轴构架一体式转向架的构架采用焊接一体式结构,由一根中梁、两根侧梁、两根大横梁、一根中横梁和一根端梁组成。中侧梁皆为封闭箱形梁,具有较大的强度和刚度,大横梁的刚度

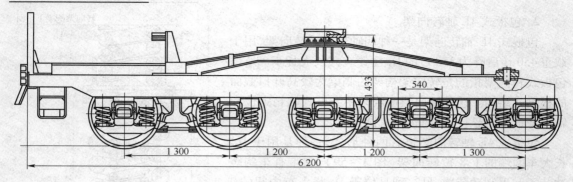

图 3-60 五轴构架一体式货车转向架

约为中横梁的 5 倍。在中梁的一端安装有车钩缓冲装置。

五轴构架一体式转向架采用标准滑动轴承 D 型轮对和轴箱,轴箱两侧有导槽,与构架上的导框相配合,在轴箱下部两侧铸出弹簧托盘,转向架的一系轴箱圆弹簧就座落在弹簧托盘内。在第 2、4 位轮对的弹簧装置中装有斜楔式摩擦减振装置。为了顺利地通过曲线,转向架的轴箱和导框之间在纵、横方向上都留有适当的间隙,而且将中间轮对(第 3 位轮对)的轮缘适当减薄。

在每台五轴构架一体式转向架上直接安装 GK 型三通阀和一个直径为 356 mm 的制动缸,基础制动装置采用单侧闸瓦制动。

包板式转向架是一种五轴包板式转向架,为载重 370 t 的 D30 型双联平车设计的转向架。每两个包板式转向架组成一台凹型平车,两台凹型平车组成一辆双联平车。

包板式转向架的构架采用板梁焊接,由两片侧梁、四根横向梁和一根中梁组成,在中梁上安装钩缓装置。转向架采用 E 型车轴和导框式滑动轴承轴箱。它的弹簧减振装置与包板式 4E 轴型转向架的基本相同,在每个轴箱上安装一个叠板弹簧,但没有附加圆弹簧。为了使各轴均载,将转向架的叠板弹簧分为两组(一组两个叠板弹簧,另一组三个),两组弹簧通过均衡支架连接起来。

为了通过较小半径的曲线,将包板式转向架第 3 位轮对的轮缘减薄为 24 mm,同时在其轴箱和导框之间的纵、横方向上都留有适当的间隙。在包板式转向架上直接安装空气制动装置、手制动装置和基础制动装置,转向架的五个轮对均采用双侧闸瓦制动。

复习思考题

1. 简述我国货车转向架的发展。

2. 转 8A 型转向架的结构特点是什么?

3. 控制型转向架与转 8A 型转向架的区别何在?

4. 转 K1、转 K2、转 K6 转向架的结构特点是什么?

5. 转 K4、转 K5 转向架的结构特点是什么?

6. 摆动式转向架的结构原理是什么?

7. Y25、转 K3 转向架的结构特点是什么?

8. 径向转向架有哪几种? 各自的作用原理和结构特点是什么?

9. 副构架自导向径向转向架的结构特点是什么? 与传统三大件转向架相比,有何优势?

10. 快速货车转向架的结构和技术特点是什么？

11. 简述常接触弹性旁承的结构和作用。

12. 多轴转向架各轮对之间如何均载？如何通过曲线？采取哪些措施？

参 考 文 献

[1] 杨爱国,绍文东. 我国货车转向架的现状与发展趋势. 铁道车辆,2005(6).

[2] 铁路货车交叉支撑转向架. 北京:中国铁道出版社,2002.

[3] 严隽髦,翟婉明,陈青,傅茂海. 重载列车系统动力学. 北京:中国铁道出版社,2003.

[4] 陈雷,张志建. 70 t 级铁路货车及新型零部件. 中国铁道出版社,2006.

[5] 陈大名,张泽伟. 铁路货车新技术. 中国铁道出版社,2004.

[6] 傅茂海,李芾,等. 160 km/h 高速货车转向架方案及其动力学性能分析,铁道车辆. 2003(11).

[7] 铁道部运输局装备部. 新型铁路货车检修图册. 北京:中国铁道出版社,2003.

第四章 客车转向架

客车是用来运送旅客和为旅客服务的,因此,对客车转向架的要求比对货车转向架的要求更严格。客车转向架不仅要有足够的强度,而且还要有良好的运行平稳性和较高的运行速度,以便将旅客安全、快捷、平稳、舒适地送到目的地。

实践经验和理论分析表明,转向架上采用合理的结构和柔软的弹簧可以得到较好的动力学性能。为了改善车辆的垂向动力性能,一般要求客车转向架的弹簧静挠度大于 170 mm。由于转向架结构的限制,只用一系钢质弹簧很难达到这样大的静挠度,因此,客车转向架通常采用两系弹簧悬挂装置,在摇枕(或车体)与构架之间设有第二系弹簧悬挂(又称中央弹簧),在轴箱和构架之间设有第一系悬挂弹簧(又称轴箱弹簧)。

为了改善客车转向架的横向动力性能,早期的客车转向架专门设有横向弹性复原装置,如由吊杆、吊轴和弹簧托板等组成的摇动台装置。现代客车转向架利用了空气弹簧的横向弹性复原作用,因而采用了无摇动台的结构。

为了耗散车辆振动所产生的能量,客车转向架通常都设有减振装置,如采用各种类型的油压减振器和空气弹簧的节流孔技术等。

此外,在高速运行的客车转向架中采用各种形式的轴箱定位装置,以抑制转向架在线路上的蛇行运动,以确保车辆运行的稳定性。

客车转向架的基础制动装置,速度在 120 km/h 以下时,一般采用双侧闸瓦踏面制动,以改善制动性能和车轴的受力状况。在高速客车转向架上则采用盘形制动或盘形制动加踏面制动的复合制动装置以及其他形式的制动装置。

目前我国运用的客车转向架,都采用滚动轴承,以减少列车起动阻力和运行阻力,并可减少燃轴事故。

客车转向架的种类很多。无论何种客车转向架基本上由轮对轴箱弹簧装置、摇枕弹簧装置、转向架构架和基础制动装置等四个部分组成。

第一节 我国客车转向架的发展及现状

我国客车转向架的发展有以下几个阶段:

20 世纪 50 年代,我国开始自行设计客车转向架,主要型号有 101、102、103 型,构造速度为 100 km/h,用于 21 型客车,但其结构复杂,笨重,运行性能差,已淘汰。

202 型转向架是四方厂 1959 年设计的无导框 C 轴转向架,构造速度为 120 km/h,用于 22 型客车。202 型转向架采用铸钢 H 型构架,导柱式轴箱定位装置,摇动台式摇枕弹簧悬挂装置,两系螺旋弹簧悬挂,二系油压减振器,吊挂式闸瓦基础制动装置等,曾经是我国的主型客车转向架,于 1986 年停产。

20 世纪 70 年代,四方厂研制了 U 形结构的 206 型转向架,浦镇厂研制了 H 形构架的 209 型转向架。206 型转向架采用侧梁中部下凹的 U 形构架,干摩擦导柱式轴箱定位装置,带横向拉杆的小摇动台式摇枕弹簧悬挂装置,双片吊环式单节长摇枕吊杆外侧悬挂以及吊挂式闸瓦基础制动装置等,1993 年开始在中央悬挂部分加装横向油压减振器,加装两端具有弹性节点的纵向牵引拉杆,形成 206G 转向架,后加装盘型制动装置,形成 206P 转向架。

209 型转向架是浦镇厂研制的,于 1975 年开始批量生产。它采用 H 形构架,导柱式轴箱定位装置,摇动台式摇枕弹簧悬挂装置,长吊杆,构架外侧悬挂,摇枕弹簧带油压减振器,吊挂式闸瓦基础制动装置等。1980 年后,又生产了具有弹性定位套的轴箱定位结构和牵引拉杆装置的 209T 转向架。在此基础上,还生产了采用盘型制动的 209P 转向架。

在 209T 转向架的基础上,浦镇厂又开发了供双层客车使用的 209PK 转向架。主要在以下方面进行改进:采用盘型制动和单元制动缸,取消踏面制动;设空重调整阀;采用空气弹簧和高度调整阀;安装抗侧滚扭杆等。

1994 年以来,四方厂、长客厂、浦镇厂相继研制出了 206WP、206KP、CW－2、209HS 型转向架,最高试验时速达到了 174 km。

206KP、206WP 型转向架是四方厂为广深线准高速客车和发电车设计的转向架,二者除中央悬挂部分和构架侧梁局部不同外(206WP 中央悬挂为无摇动台高圆簧外侧悬挂,206KP 则为空气弹簧,并加装抗侧滚扭杆),其他部分完全相同。其构架,摇枕均为焊接结构,U 形侧梁,采用单转臂式轴箱定位、盘形制动和踏面复合制动。

四方厂在 206KP、206WP 型转向架的基础上研制成功了 SW－160 型转向架,它主要有以下特点:构架由两片 U 形压型梁改为四块钢板拼焊结构;轴距由 2 400 mm 增加到 2 560 mm;采用空气弹簧;空气弹簧横向间距由 1 956 mm 增加到 2 300 mm,以改善车辆抗侧滚性能。

209HS 型转向架是浦镇厂在 209PK 转向架的基础上研制的,构造速度为 160 km/h,主要有以下改进:轴箱定位结构由弹性摩擦套定位改成无磨耗的橡胶堆定位;摇动台吊杆端部由销孔结构改为无磨耗弹性吊杆结构;改心盘支重为全旁承支重;取消空气弹簧阻尼孔,加装垂向油压减振器;轴箱悬挂系统加装垂向油压减振器;采用钢板焊接型构架以减轻自重;加装电子防滑器等。

CW－1、CW－2 型转向架是长客厂在吸收进口英国 BT10 转向架技术后,设计的两种准高速转向架,其中 CW－1 型转向架中央悬挂采用螺旋钢弹簧和油压减振器,供准高速空调发电车使用;CW－2 型转向架中央悬挂为空气弹簧和可变节流阀,用于准高速列车其他车种。

CW－2 转向架的构架,摇枕为焊接结构;装用转臂轴箱定位装置和控制杆;全旁承支重;中央悬挂为有摇动台结构;设带橡胶套的中心销轴牵引拉杆,横向挡,横向拉杆,横向油压减振器,抗侧滚扭杆;轴箱悬挂系统设垂向油压减振器;基础制动装置为单元盘型制动,设电子防滑器。

1998 年起,各工厂相继推出了时速超高 200 km 的高速转向架,例如浦镇厂的 PW－200 型转向架,长客厂的 CW－200 型、CW－300 型转向架,四方厂的 SW－200 型、SW－220K 型、SW－300 型转向架等。

PW－200 转向架是在 209HS 转向架的基础上重新研制的,采用了无磨耗的橡胶堆轴箱弹性定位装置和高速轻型轮对;轴颈中心距改为 2 000 mm;装用带可调阻尼和弹性支承的空气弹簧,采用两端为球铰的纵向拉杆;装用新型盘轴式基础制动装置等,并优化了构架结构。

SW－200 型转向架结构与 SW－160 转向架基本相同,优化了一系、二系悬挂系数;采用轴盘式基础制动装置,适用于 200 km/h 的高速客车。

长客厂生产了 CW－200 型无摇枕转向架。其构架采用钢板拼焊,横梁采用无缝钢管,中央悬挂采用空气弹簧悬挂,采用抗蛇行油压减振器,单拉杆牵引,设横向油压减振器和抗侧滚装置,其轴箱为转臂式无磨耗定位,基础制动为每轴 3 个盘的轴盘式盘型制动装置。此后,长客厂又开

表 4-1 我国部分客车转向架主要技术参数及结构特点

转向架型号	206	209T	209P	209PK	209HS	SW-160	SW-220K	SW-300	CW-2	CW-200	CW-270
轨距（mm）	1 435	1 435	1 435	1 435	1 435	1 435	1 435	1 435	1 435	1 435	1 435
最高运行速度（km/h）	120	120	120	140	160	160	200	270	160	200	270
基本结构模式	有摇动台、有摇枕、有心盘	有摇动台、有摇枕、有心盘	有摇动台、有摇枕、有心盘	有摇动台、有摇枕、有心盘	有摇动台、有摇枕、无心盘	无摇动台、有摇枕、无心盘	无摇动台、有摇枕、无心盘	无摇动台、无摇枕、无心盘	有摇动台、有摇枕、无心盘	无摇动台、有摇枕、无心盘	无摇动台、无摇枕、无心盘
构架形式	铸钢一体U形	铸钢一体H形	铸钢一体H形	铸钢一体H形	焊接构架H形	焊接构架U形	焊接构架U形	焊接构架U形	焊接构架H形	焊接构架U形	焊接构架U形
轴距（mm）	2400	2400	2400	2400	2400	2560	2500	2560	2500	2500	2560
轴型	RD$_3$、RD$_4$	RD$_3$、RD$_4$	RD$_3$、RD$_4$	RD$_3$	RD$_3$	RD$_3$			RD$_3$		
车轮直径（mm）	φ915	φ915	φ915	φ915	φ915	φ915	φ915	φ915	φ915	φ915	φ915
轴重（t）	18	18	18	18	16.5	16.5	16.5	14.5	16.5	15.5	14.5
轴承型号	42726T 152726T	42726T 152726T	42726T 152726T	42726T 152726T	进口SKF	进口SKF	进口SKF或FAG轴承	进口SKFF或FAG轴承	进口SKF	进口SKFF或FAG轴承	进口SKFF或FAG轴承
轴颈中心距（mm）	1 956	1 956	1 956	1 956	1 956	1 956	2 000	2 000	1 956	2 000	2 000
中央弹簧装置形式	圆弹簧，外侧悬挂	圆弹簧，外侧悬挂	圆弹簧，外侧悬挂	空气弹簧	空气弹簧	空气弹簧	空气弹簧	空气弹簧	空气弹簧	空气弹簧	空气弹簧
减振形式	二系油压减振器	二系油压减振器	二系油压减振器	二系为节流孔	一系单向油压减振器，二系为可变节流孔	一系单向油压减振器，二系为可变节流孔	一系单向油压减振器，二系为可变节流孔	一系单向油压减振器，二系压减振器	一系单向油压减振器，二系为可变节流孔	一系单向油压减振器，二系为可变节流孔	一系单向油压减振器，二系为可变节流孔
轴箱弹簧装置形式	圆弹簧	圆弹簧	圆弹簧	圆弹簧	圆弹簧	圆弹簧	圆弹簧	圆弹簧	圆弹簧	圆弹簧	圆弹簧
轴箱定位装置形式	弹簧导柱式	弹簧导柱式	弹簧导柱式	弹簧导柱式	橡胶定位器定位	转臂定位	转臂定位	转臂定位	转臂定位	转臂定位	转臂定位
中央弹簧中心横向跨距（mm）	2 400	2 510	2 510	2 280	2 280	2 300	2 300	2 000	1 956	2 000	2 000
轴箱弹簧中心横向跨距（mm）	1 956	1 956	1 956	1 956	1 956	1 956	2 000	2 000	1 956	2 000	2 000
摇枕吊杆有效长度（mm）	574	590	590	590	710				685		
吊杆倾斜角度（°）	0	0	0	0	0				0		
抗侧滚装置	无	无	无	有	有	有	有	有	有	有	有
两旁承中心距（mm）	1 520	2 390	2 390	2 310	1 400	1 850			1450		
基础制动装置形式	双侧踏面制动	双侧踏面制动	轴盘制动+单侧闸瓦制动	轴盘制动	轴盘制动+防滑器	轴盘制动+防滑器	轴盘制动+防滑器	轴盘制动+防滑器	轴盘制动+防滑器	轴盘制动+防滑器	轴盘制动+防滑器
转向架重量（t）	6.8	6.8	6.8	6.98	6.95	6.5	5.9	6.5	6.8	6.3	6.1

发了 CW－200KD、CW－300 等型号的无摇枕转向架。

2004 年以来，有关工厂引进国外先进技术，联合研制了 CRH(China Railway High－speed)系列高速动车组转向架，运行速度达到 200 km/h 以上。

我国部分客车转向架主要技术参数及结构特点列于表 4－1 中。

第二节　209T、209P、209PK 型转向架

209T 型客车转向架是我国自行研制的 209 型系列客车转向架中的一种。这种转向架是在我国传统的客车转向架结构上改进的，具有结构简单、性能可靠、磨耗件少、检修方便、运行平稳等优点，因而被广泛应用于我国 23.6 m 和 25.5 m 铁路客车上，是我国主型 D 轴客车转向架之一。209T 型客车转向架适用于时速 120 km/h 以下运行。

209T 型客车转向架的外形如图 4－1 所示。它主要由构架 1、轮对轴箱弹簧装置 2、摇枕弹簧装置 3 和基础制动装置 4 等部分组成。其主要技术参数见表 4－1。

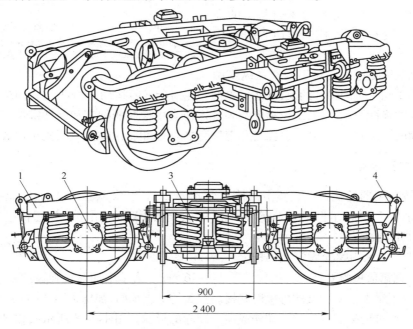

图 4－1　209T 型客车转向架
1—构架;2—轮对轴箱弹簧装置;3—摇枕弹簧装置;4—基础制动装置

一、轮对轴箱弹簧装置

209T 型转向架采用 RD₃ 型滚动轴承轮对和相应的滚动轴承轴箱，并配用 42726T 和 152726T 型滚动轴承。

轴箱弹簧装置为无导框式，由轴箱体 1、轴箱弹簧 2、弹簧支柱 3、弹性定位套 4、定位座组成 5、支持环 6 和橡胶缓冲垫 7 等组成，如图 4－2 所示。

轴箱体呈圆筒形，箱体两侧铸有弹簧托盘，托盘中央有圆孔。弹簧支柱用螺栓固定在构架的侧梁上。弹性定位套由橡胶压入内外钢套组成。组装时将弹性定位套套入支柱下部，然后用挡盖和螺钉固定。定位座安放在轴箱的弹簧托盘上。在定位座内圈设有过盈配合的摩擦套。摩擦

套采用有较好耐摩性能和摩擦系数较低的HZ – 801材料。在定位座的底盘上安装橡胶缓冲垫、支持环和轴箱弹簧。由于弹性定位套和定位座内的摩擦套之间有 0.2 ~ 0.4 mm 的配合间隙,所以组装时将支柱落入定位座内即可。

轴箱弹簧装置有以下作用:

1. 连接作用:把两个轮对和构架联为一体,组成转向架。

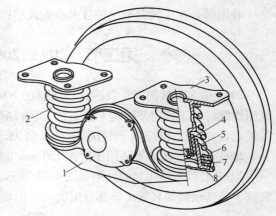

2. 隔离和缓和振动和冲击:在轮对与构架之间的一系弹簧悬挂装置,能够隔离和缓和由轮对传来的振动和冲击。无导框式轴箱弹簧装置的优点是车辆的簧下部分只有轮对和轴箱,因此车辆与线路之间相互作用的动载荷较小,这对于改善车辆零部件和线路的受力条件都是有利的。设在轴箱弹簧和轴箱托盘之间的橡胶缓冲垫可以吸收大部分来自簧下的高频振动,有利于缓和冲击、减少噪声和提高构架的疲劳寿命。

图 4 – 2 209T 型转向架轴箱弹簧装置
1—轴箱体;2—轴箱弹簧;3—弹簧支柱;4—弹性定位套;
5—定位座组成;6—支持环;7—橡胶缓冲垫;8—弹簧托盘

3. 定位作用:使轮对相对于构架在纵横两

个方向的运动受到一定的弹性约束,从而可以抑制轮对的蛇行运动。209T 型转向架的轴箱定位方式为导柱式的弹性定位结构,定位程度与弹性定位套中橡胶的刚度和弹性定位套与定位座内的摩擦套之间的间隙有关。因此,摩擦套和定位套之间的间隙不能过大,否则定位效果差。

二、摇枕弹簧装置

209T 型转向架的摇枕弹簧装置由摇枕 1、下心盘 2、下旁承 3、枕簧 4、油压减振器 5、弹簧托梁 6、摇枕吊轴 7、摇枕吊杆 8、纵向牵引拉杆 9、安全吊 10、摇枕吊销 11、摇枕吊销支承板 12等主要零部件组成,如图 4 – 3 所示。

下心盘和下旁承用螺栓固定在摇枕上。

摇枕为铸钢箱形鱼腹梁结构。摇枕壁厚 14 ~ 16 mm。为了增加摇枕弹簧的横向跨距,采用了外侧悬挂;为了增加摇枕弹簧的静挠度并提高弹簧的上支承面,摇枕采用从构架侧梁的下部通过的形式,摇枕通过构架侧梁后的两端作成向上翘起的形状(如图 4 – 3 所示),以便安装高大的摇枕弹簧。在摇枕的两端还有安装纵向牵引拉杆的安装座及安装油压减振器的安装座。

摇枕的两端支撑在两组双卷弹簧上。为了便于组装、分解和检修,每组弹簧用上下夹板和螺栓预压缩,以限制其在空载时的高度。

枕簧安放在弹簧托梁上。弹簧托梁为整体铸钢的横梁式结构,具有较好的耐腐蚀性能。弹簧托梁两端设有枕簧安装座及油压减振器安装座。托梁两端用螺栓固定在摇枕吊轴上。

摇枕吊轴为一实心等强度的锻件,两端加工成端轴,端轴插入摇枕吊杆的下孔内,摇枕吊杆可以绕摇枕吊轴转动。

摇枕吊杆上端经摇枕吊销 11 和支承板 12 悬挂于构架的摇枕吊杆托架上。吊杆可以绕摇枕吊销转动,吊销用销轴固定不能旋转,这样可以省去支承板圆孔内的销套,有利于检修。

摇枕定位采用两端具有弹性结点的纵向牵引拉杆 9,这种结构可以减缓摇枕和车体的纵向振动,具有无磨耗、不需润滑、维修简便、减少噪声等优点。

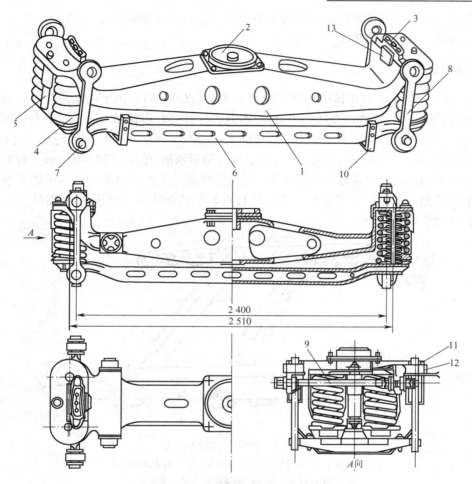

图 4-3 209T 型转向架摇枕弹簧装置
1—摇枕;2—下心盘;3—下旁承;4—枕簧;5—油压减振器;6—弹簧托梁;7—摇枕吊轴;
8—摇枕吊杆;9—纵向牵引拉杆;10—安全吊;11—摇枕吊销;12—摇枕吊销支承板;13—调整垫

摇动台式的摇枕弹簧装置,不但利用枕簧的作用可以第二次缓和来自轮对的垂向振动和冲击,而且在横向由于摇动台吊杆的摆动使转向架具有横向复原作用,可以缓和来自水平方向的振动和冲击。

209T 型转向架左右摇枕弹簧中心距离为 2 510 mm,摇枕吊杆有效长度为 590 mm,吊杆为垂向悬挂。理论和实践都表明,枕簧跨距大、吊杆长,对于缓和车体的横向振动、提高车体在弹簧上的抗倾覆稳定性是有利的。

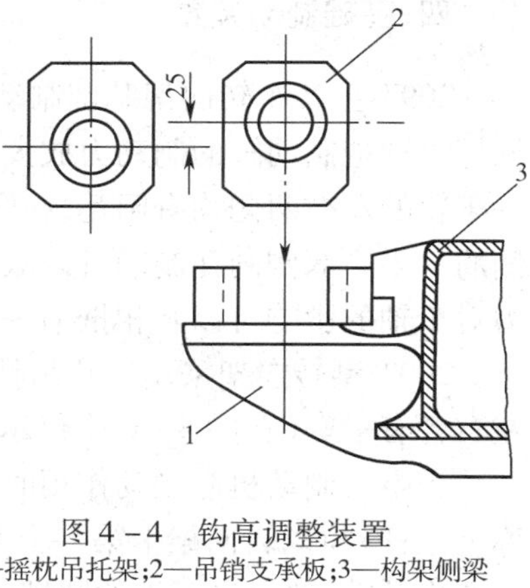

在 209T 型转向架的摇枕两端和托梁之间与摇枕弹簧并联地装有垂向油压减振器。

为了限制车辆通过曲线时摇动台的横向摆动量,在构架的侧梁外侧装有钢板和橡胶制成的横向缓冲器。横向缓冲器与焊接在摇枕端部内侧的调整垫 13 之间的间隙为25 mm。

图 4-4 钩高调整装置
1—摇枕吊托架;2—吊销支承板;3—构架侧梁

此外,为了便于调整车钩中心线的高度,209T 型转向架特设有钩高调整装置。在构架侧梁的摇枕托架内插入活动的吊销支承板 2,其圆孔中心离上下边的偏心为 25 mm(图 4-4),只要上下倒置即可调整车钩高度。

三、转向架构架

209T 型转向架构架采用铸钢一体式的 H 形构架(图 4-5)。由于构架是转向架的主要部件,它把转向架各种零部件组合成一个整体,因此,它的结构、形状和大小应满足有关零部件组装的需要。构架由两根横梁 5、两根侧梁 1 和四段小端梁 4 所组成。构架的轮廓尺寸(长×宽×高)为 3 550 mm×2 093 mm×325 mm,各梁均为箱形断面,壁厚为 14~16 mm。在侧梁与横梁交接处的外侧铸有四个摇枕吊杆托架 2。摇枕吊杆通过摇枕吊销和活动的吊销支承板悬挂在托架上。在侧梁下面位于横梁与端梁之间共有 8 个轴箱弹簧支柱座 9,轴箱弹簧导柱用螺栓固定在构架的导柱座上。

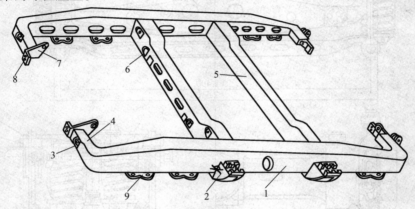

图 4-5 209T 型转向架构架

1—侧梁;2—吊杆托架;3—闸瓦托吊座;4—端梁;5—横梁;6—制动拉杆吊座;
7—固定杠杆支点座;8—缓解弹簧座;9—弹簧支柱座

在侧梁与横梁交接处的下部焊有安全吊的吊座,吊座上设有螺栓孔。

在端梁和横梁的外侧面还焊有八个闸瓦托吊座 3,8 个缓解弹簧座 8 和 6 个制动拉杆吊座 6。在转向架一端的两端梁端部还焊有两个固定杠杆支点座 7。

四、基础制动装置

209T 型客车转向架基础制动装置(图 4-6)的作用原理和货车转向架的一样,也是利用杠杆原理把制动缸的制动力放大后传给轮对的。但 209T 型转向架采用双侧闸瓦制动,即在同一车轮的左右两侧均有闸瓦,在同样制动力的条件下,双侧闸瓦制动的每个闸瓦上的压力为单侧的一半。双侧闸瓦制动可以减小由闸瓦压力引起的车轴弯曲应力,因为左右两侧闸瓦上的力对车轴的影响可以互相抵消一部分。

209T 型转向架采用双片吊挂直接作用式基础制动装置。在一台转向架上制动杠杆系统左右各有一套(在图 4-6 中仅示出一侧车轮的一套,另一侧与此完全相同)。

当空气制动机起制动作用时,制动缸活塞推动制动缸前的杠杆系统,并通过制动拉杆(又称上拉杆)拉动转向架上第一个移动杠杆 5 的上端,第一个移动杠杆以中间的一个圆销为中心产生转动,并通过下端的圆销和拉环把制动梁推向车轮。制动梁朝向轮对移动时直接带动闸瓦托和闸瓦移向轮对,直到闸瓦贴靠车轮踏面。当车体下的制动上拉杆继续拉动第一个移

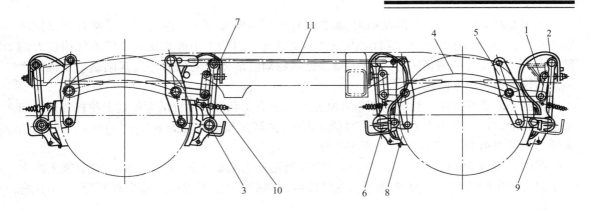

图 4-6　209T 型转向架的基础制动装置
1—拉杆吊；2—缓解弹簧；3—制动梁；4—移动杠杆拉杆；5—移动杠杆；
6—拉环；7—闸瓦托吊；8—闸瓦；9—闸瓦托；10—闸瓦托弹簧；11—移动杠杆上拉杆

动杠杆的上端时，第一个移动杠杆 5 由于下端相对固定，便以下端的圆销为中心产生转动，通过它的中间圆销拉动移动杠杆拉杆 4 和第二个移动杠杆的中间圆销，使第二个移动杠杆绕它的上部圆销转动，于是第二个闸瓦便贴靠第一个车轮踏面的另一侧。此后，在制动力的继续作用下，第二个移动杠杆又绕下部圆销转动，它的上端圆销拉动移动杠杆上拉杆 11 和第三个移动杠杆的上端，其作用与第一个移动杠杆开始动作时一样，直到第三个和第四个闸瓦贴靠第二个车轮的两侧踏面为止。第四个移动杠杆由于上端有固定支点又称为固定杠杆，其上端用圆销固定在转向架构架的固定杠杆支点座上。

为了便于分析，在上面的说明中把移动杠杆的动作进行分解，即第一个移动杠杆先绕中间圆销转动，第二个移动杠杆是先绕上部圆销转动，等到闸瓦贴靠车轮后，再绕下部圆销转动。但实际上移动杠杆同时绕两个圆销转动，直至所有闸瓦贴靠车轮为止。当转向架上 8 块闸瓦全部贴靠在车轮踏面上时，制动缸的制动力开始传给闸瓦和车轮，阻止车轮转动。由于所有移动杠杆的两臂的比例是一样的，根据杠杆原理，每个闸瓦上的压力大小是一致的。

为了防止闸瓦在缓解状态下，其上部贴靠车轮踏面（闸瓦垂头），以及保持闸瓦和车轮踏面之间的正常间隙，在闸瓦托吊和闸瓦托之间设有闸瓦托弹簧 10。

当缓解时，制动装置靠八个缓解弹簧 2 的作用恢复原位。缓解弹簧也起制动梁安全托的作用。

移动杠杆拉杆 4 的两端，用两个拉杆吊 1 悬挂在构架上，使基础制动装置的部分重量由拉杆吊承担，以减少各部分的磨耗和保证作用灵活。闸瓦、闸瓦托及制动梁通过闸瓦托吊 7 悬挂在构架的闸瓦托吊座上。

209T 型转向架的基础制动装置工作时，制动力由制动梁直接传递给闸瓦，这种作用方式称作"直接作用式"。有些转向架（如 202 型）的基础制动装置，制动力由制动梁经过闸瓦托吊的杠杆作用间接传递给闸瓦，故称"间接作用式"。其次，209T 型转向架基础制动装置的移动杠杆 5 以及拉杆吊 1 均为双片结构，与 202 转向架的单片结构不同，故称"双片吊挂"，而后者称作"单片吊挂"。

基础制动装置的主要任务可归结为：

1. 传递制动缸所产生的力到各个闸瓦；
2. 将此力增大一定的倍数；
3. 保证各个闸瓦的压力大小相等。

　　要想在制动时得到必要的制动力,就必须有一定的闸瓦压力。闸瓦压力是来自制动缸活塞的推力,活塞推力的大小与制动缸内径大小及空气压力的大小成正比。为了不使用过大的制动缸而得到较大的闸瓦压力,通常的做法是将制动缸活塞上的推力经过基础制动装置放大一定的倍数再传给各闸瓦。

　　把制动缸活塞传给一台转向架所有闸瓦上的压力总和与制动缸活塞经过上拉杆传至转向架基础制动装置的作用力 P_1(图 4-7)的比值称为"转向架的制动倍率"。一台转向架制动倍率的大小可以由图 4-7 所示的简图来计算。

　　图中,L 表示制动缸活塞的行程,此时所有闸瓦都已贴靠车轮,作用在制动缸活塞上的空气压力所产生的活塞推力为 P,通过活塞杆传给制动缸前的杠杆系统。根据杠杆原理,上拉杆所受拉力 P_1 为 $P_1 = \dfrac{a}{b}P$。

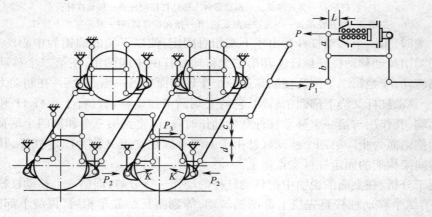

图 4-7　客车转向架制动倍率计算

　　力 P_1 经上拉杆传到转向架基础制动装置两侧的第一个移动杠杆。由于基础制动装置左右两侧的杠杆系统完全相同,因此,只要计算出一根制动梁的两个闸瓦压力再乘以 4 便是一台转向架闸瓦的总压力。图 4-7 中 P_2 表示作用于第一根制动梁上的水平力,K 表示一根制动梁上两块闸瓦压力之和,K 与 P_2 之间在水平方向的夹角为 α。由杠杆原理可知

$$P_2 = \frac{c}{d}P_1 = \frac{ac}{bd}P$$

$$K = P_2 \cos\alpha = \frac{ac}{bd}P\cos\alpha$$

　　按照同样的方法,可分别算出另外三根制动梁的闸瓦压力大小也为 $K = \dfrac{ac}{bd}P\cos\alpha$。于是,一台转向架上闸瓦压力之总和为

$$\sum K = 4\frac{ac}{bd}P\cos\alpha \tag{4-1}$$

　　闸瓦压力角 α,在使用中不断地变化着,且此夹角的值一般较小,对闸瓦压力的影响甚微。为简化计算,通常把这一角度的影响计入基础制动装置的传动效率中去考虑,这样,公式(4-1)可简化为

$$\sum K = 4\frac{ac}{bd}P \tag{4-2}$$

　　按照定义一台转向架的制动倍率为

$$n = \frac{\sum K}{P_1} = 4\frac{c}{d} \tag{4-3}$$

制动倍率是基础制动装置的重要参数,制动倍率的大小对制动效果及运用维修工作都有直接影响,在转向架设计中选用过大或过小的制动倍率都是不利的。209T 型转向架的制动倍率为 4。

运用中,在部分 209T 型转向架上装有车轴发电装置(图 4-8),它由感应子发电机和发电机轴端三角皮带传动装置组成。

轴端三角皮带传动装置包括:发电机吊架、皮带拉紧装置和轴端连接装置等三个部分。发电机吊架和皮带拉紧装置焊接在一位转向架构架三位端梁的外侧。发电机通过一根吊轴吊挂在发电机吊架上。轴端连接装置由三角皮带轮、退卸套、轴端压盖和专用的轴箱前盖等组成,三角皮带轮依靠退卸套紧套在加长的 RD₄ 型车轴上,轴端压盖用螺栓紧固在轴端,车轴转动时带动轴端的三角皮带轮转动,然后通过五根三角皮带带动发电机轴上的小皮带轮,使发电机发电。依靠皮带拉紧装置可以根据需要来调整 5 根 B 型三角皮带的松紧程度。

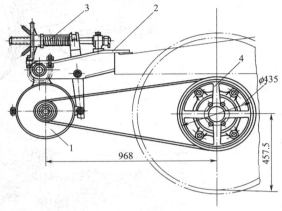

图 4-8 209T 型转向架轴端发电装置
1— 发电机;2— 发电机吊架;
3— 皮带拉紧装置;4— 轴端连接装置

除 209T 型转向架之外,209 系列客车转向架还有 209P 型、209PK 型和 209HS 型转向架。

209P 型客车转向架,为了适应较高速度需要,其基础制动装置采用盘形制动加单侧踏面制动的复合制动系统,其余结构则与 209T 型转向架完全相同。209P 型转向架主要用于 25.5m 客车上。

209PK 型客车转向架是为 25.5 m 双层空调客车设计的转向架,其最高运行速度为 140 km/h。

为了适应双层客车重心高、载客量大的要求,209PK 型转向架在 209T 型转向架的基础上作了改进。在二系悬挂中采用了空气弹簧,代替原来的钢弹簧,在摇枕与空气弹簧托梁之间增设了抗侧滚扭杆装置,摇枕与构架侧梁之间安装了横向油压减振器。基础制动装置采用了盘形制动单元和单侧踏面制动的复合制动系统,并采用了制动力空重车自动调整等新技术。209PK 型转向架不仅能满足双层客车的结构特点和运行要求,而且也能适用于普通客车。除了新研制的零部件外,绝大部分零部件均可与普通客车的 209T 型转向架互换,为运用维修提供了方便。

209HS 型转向架是为我国准高速双层客车研制、设计的准高速客车转向架,其结构原理将在本章第四节中详细介绍。

第三节　206 型客车转向架

206(207) 型客车转向架又称 UD₃(UD₄) 型客车转向架,属于我国 U 形客车转向架系列。它的主要结构特点是构架侧梁中部下凹成 U 形,使摇枕得以从构架侧梁上部通过。这样的结构形式,便于增加摇枕弹簧的静挠度和加大摇枕弹簧的横向距离。

206 型客车转向架的外形如图 4 – 9 所示,它是在 UD₁、UD₂ 型客车转向架的基础上改进的,采用 RD₃ 型车轴,适应于 1 435 mm 准轨线路运行。207 型客车转向架,其结构形式与 206 型客车转向架完全相同,但采用 RD₁₀ 型车轴,以适应 1 520 mm 的国外宽轨线路。这两种转向架均采用 42726T 型和 152726T 型滚动轴承,两轴箱弹簧的中心距离为 580 mm。

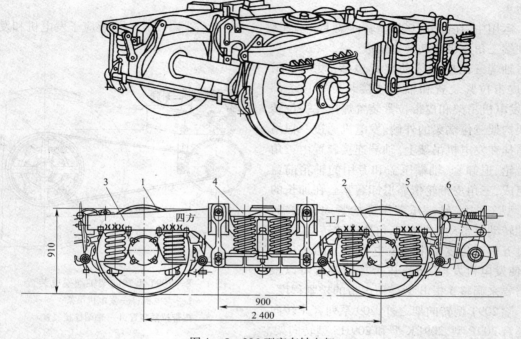

图 4 – 9　206 型客车转向架

1— 轮对;2— 轴箱弹簧装置;3—U 形构架;4— 摇枕弹簧装置;5— 基础制动装置;6— 车轴发电装置

206 型客车转向架主要用在我国 23.6m 和 25.5m 的铁路客车上。207 型客车转向架则适用于中、蒙、俄国际联运列车的软、硬卧客车和行李车。以下着重介绍适用于准轨铁路的 206 型客车转向架。

206 型客车转向架由轮对 1、轴箱弹簧装置 2、U 形构架 3、摇枕弹簧装置 4、基础制动装置 5 和车轴发电装置 6 等部分组成。

一、轮对轴箱弹簧装置

206 型转向架的轴箱弹簧装置与 209T 型基本相同,也是弹簧导柱式的无导框结构,采用干摩擦支柱式的轴箱定位装置。所不同的是 206 型转向架的定位装置中没有弹性定位套,以轴箱橡胶垫实现弹性定位的作用,其结构如图 4 –10 所示。图中内定位套由锻钢 Q275 制成,外定位套的材料为聚甲醛。

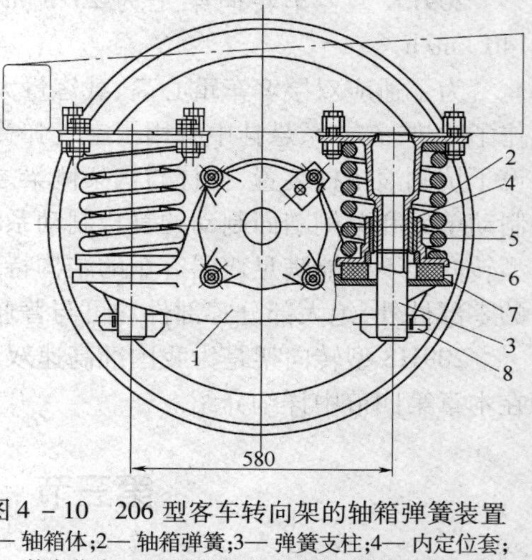

图 4 – 10　206 型客车转向架的轴箱弹簧装置

1— 轴箱体;2— 轴箱弹簧;3— 弹簧支柱;4— 内定位套;
5— 外定位套;6— 支持环;7— 橡胶缓冲垫;8— 扁销

二、摇枕弹簧装置

206 型客车转向架的摇枕弹簧装置(图 4 – 11)采用两组圆弹簧加油压减振器的摇动台结

构。其特点是:构架侧梁中央部向下凹陷,摇枕从构架上部通过;摇动台结构中取消了贯通式弹簧托板,而代之以互不连接的两个弹簧承台10。弹簧承台10与摇枕吊轴作成一体。在弹簧承台与摇枕底部之间安装一根横向定位拉杆8,定位拉杆的作用是允许枕簧可以有上下变形,但不允许弹簧作横向水平方向的变形,使弹簧免于承受水平力,其受力状态得到改善,延长了弹簧的使用寿命。

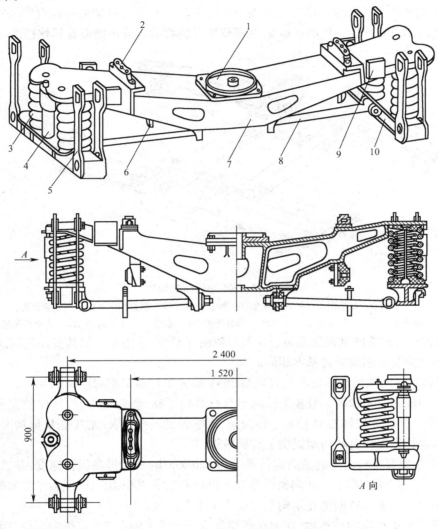

图 4 – 11　206 型客车转向架摇枕弹簧装置
1— 下心盘;2— 下旁承;3— 枕簧;4— 液压减振器;5— 吊环;6— 橡胶缓冲挡;
7— 摇枕;8— 定位拉杆;9— 摇枕挡;10— 弹簧承台

206 型转向架摇枕吊杆为双片吊环式。其有效长度为 574 mm,属于长吊杆。摇枕吊轴的每一端用两片吊环 5 悬挂于构架侧梁外侧的托架上,吊环既可做前后方向运动,也可做左右方向的运动。为了避免摇枕吊环在横向摆动过大,摇枕下面设有专门的橡胶缓冲挡 6。在摇枕端部的两侧还设有带橡胶垫的摇枕纵向挡 9,以限制摇枕的纵向位移。

此外,摇枕上还有一般转向架上所具有的下心盘 1 和下旁承 2。

三、转向架构架

206 型客车转向架构架(图 4 - 12)为铸钢一体式结构。它的两根侧梁中央下凹成 U 形,故称 U 形构架。在构架侧梁上焊有四个吊环托架 3。在侧梁的两端共铸有 8 个弹簧支柱座 4。构架有两根横梁 10 和四段较短的端梁 7。在横梁和端梁上有闸瓦托吊座 5、制动拉杆吊座 11 和缓解弹簧座 6。在构架一端的小端梁端部还有固定杠杆支点座 8,在另一端的一侧有发电机吊架 12。在侧梁中央内侧面有弹性止挡磨耗板 9,在侧梁中段的弯曲部分内侧面有摇枕挡磨耗板 1。

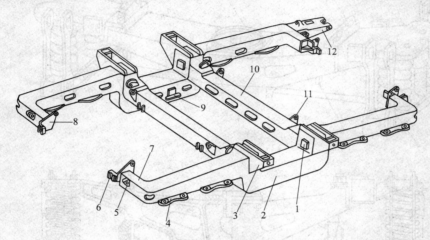

图 4 - 12 206 型转向架构架

1—磨耗板;2—U 形构架;3—吊环托架;4—弹簧支柱座;5—闸瓦托吊座;6—缓解弹簧座;
7—端梁;8—固定杠杆支点座;9—弹性止挡磨耗板;10—横梁;11—拉杆吊座;12—发电机吊架

206 型客车转向架的基础制动装置也是双侧闸瓦制动,采用双片吊挂直接作用式,与 209T 型客车转向架的基础制动装置基本相同。

206 型客车转向架的车轴发电装置也与 209T 型客车转向架相同。

多年运用证明,206(207)型客车转向架具有结构可靠,磨耗件少,检修比较方便,运行平稳等优点,是一种性能较好的 D 轴客车转向架,能够满足运行要求。尤其是 U 形构架的结构形式为进一步设计无摇动台转向架提供了有利条件。

206(207)型客车转向架的最高运行速度为 120 km/h。为了提高运行速度,并进一步改善横向动力性能,在 206(207)型转向架的基础上设计制造了 206(207)G 型客车转向架。

206(207)G 型客车转向架在结构上主要作了下列改进:

1. 取消了原摇枕纵向挡机构,在摇枕两端与构架侧梁之间设置 2 根纵向拉杆,用于传递摇枕与构架之间的纵向作用力(牵引力);

2. 在摇枕与构架间增设了两个横向油压减振器,提供横向运动阻尼,提高了车辆的横向运动稳定性和运行平稳性;

3. 对于摩擦导柱式轴箱定位装置进行了改进,利用了轴箱缓冲橡胶垫的径向压缩刚度,使导柱定位装置的定位刚度大大提高。

采取了以上技术措施之后,206(207)G 型客车转向架的运行速度有了较大提高。

第四节 209HS 型、206KP 型、CW－2 型、SW－160 型客车转向架

近来通常把时速在 200 km 以上的旅客列车称之为高速列车,而时速在 160 km 以上但低于 200 km 的客运列车称之为"准高速"列车。

为了适应旅客运输发展的需要,在 20 世纪 90 年代初期,我国先后研制成功几种类型的准高速客车并投入了运营。与之配套的准高速客车转向架分别为 209HS 型、206KP 型、CW－2 型和 SW－160 型转向架。以下分别介绍这几种转向架的结构原理和技术性能。

一、209HS 型客车转向架

209HS 型转向架(图 4－13),就其结构来说,属于 209 系列客车转向架。它是在 209T 型和 209PK 型转向架的基础上研制成功的。209HS 型客车转向架,目前主要用在准高速双层客车上。

为了保证准高速下的运行平稳性和安全性,209HS 型转向架在 209T 型转向架的基础上采取了下列技术措施:

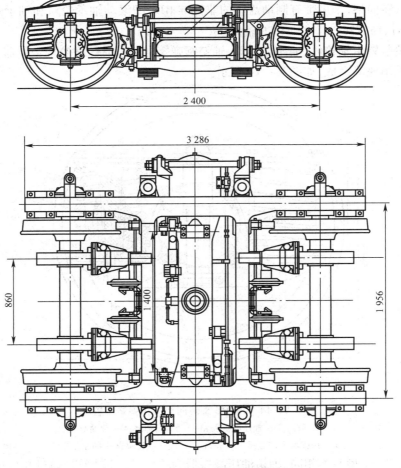

图 4－13 209HS 型客车转向架

1— 轮对轴箱弹簧装置;2— 转向架构架;3— 摇枕弹簧装置;4— 基础制动装置

1. 轴箱定位装置采用无磨耗的橡胶堆定位结构,代替了原来的干摩擦导柱式弹性定位结构。既避免了有害的磨耗又能保证所需要的纵、横向轴箱定位刚度。

2. 在轴箱与构架之间加装了垂向油压减振器,它可以减少构架的点头和浮沉振动。

3. 摇枕弹簧装置采用传统的摇动台结构。但以空气弹簧代替了圆弹簧,有利于提高垂向和横向平稳性。

4. 为了减少车体的横向振动,在摇枕与构架侧梁中部之间安装了两个横向油压减振器。

5. 为了增加车体的抗侧滚刚度,在摇枕与弹簧托梁之间,设置了抗侧滚扭杆装置以限制车体的侧滚角位移。

6. 采用了全旁承支重,能够有效地抑制转向架的蛇行运动,提高运行稳定性。

7. 为了保证高速运行时紧急制动的距离不超过 1 400 m,基础制动装置采用了单元盘形制动加单侧踏面制动的复合制动系统。同时在车轴的端部装有电子防滑器,以防止制动时车轮抱死而擦伤车轮。

由图 4 – 13 可见,209HS 型客车转向架由轮对轴箱弹簧装置 1、摇枕弹簧装置 3、转向架构架 2、基础制动装置 4 等四个部分组成。

（一）轮对轴箱弹簧装置

209HS 型转向架,采用带有制动盘座的非标准 RD$_3$ 型滚动轴承轮对和轴承规格相同于国产轴承 42726T、152726T 的进口 SKF 轴承。

轴箱弹簧装置由轴箱体、油压减振器、轴箱圆弹簧、弹簧导柱、橡胶堆定位器、支持环、缓冲橡胶垫及防松吊座等组成,如图 4 – 14 所示。

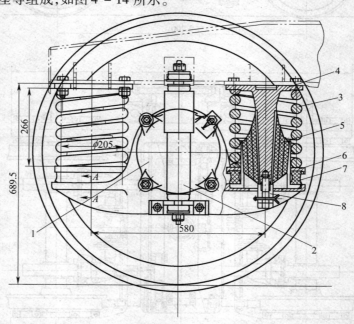

图 4 – 14　209HS 型转向架轴箱弹簧装置

1—轴箱体;2—油压减振器;3—轴箱圆弹簧;4—弹簧导柱;

5—橡胶堆定位器;6—支持环;7—缓冲橡胶垫;8—防松吊座

轴箱体与 209T 型基本相同。轴箱油压减振器为单向油压减振器,通过相应的安装座安装在轴箱与构架侧梁之间。橡胶堆定位器通过下部连接件与导柱连为一体。当轮对相对于构架运动时,橡胶堆定位器在三个方向均有弹性定位作用。为了实现纵向定位刚度大于横向定位刚度,橡胶堆在横向开有缺口。

（二）摇枕弹簧装置

209HS 型转向架的摇枕弹簧装置由摇枕 1、空气弹簧装置 2、弹性摇枕吊杆装置 3、弹簧托梁装置 4、抗侧滚扭杆装置 5、横向油压减振器 6、横向缓冲器 7、中心销牵引装置 8、牵引拉杆装置 9、旁承支重装置 10 和安全吊 11 等组成,如图 4 - 15 所示。

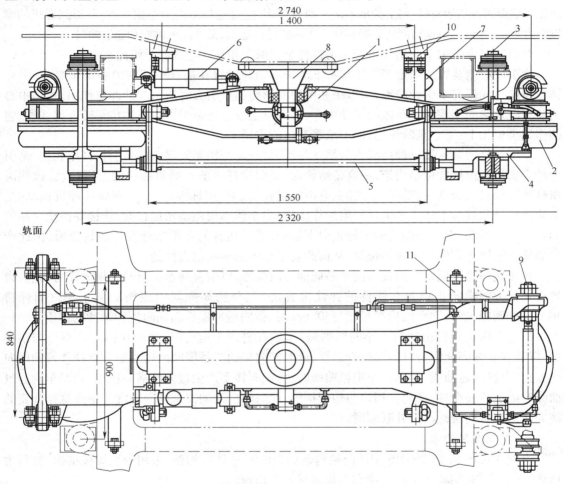

图 4 - 15 209HS 型转向架摇枕弹簧装置

1—摇枕;2—空气弹簧装置;3—弹性摇枕吊杆装置;4—弹簧托梁装置;5—抗侧滚扭杆装置;6—横向油压减振;

7—横向缓冲器;8—中心销牵引装置;9—牵引拉杆装置;10—旁承支重装置;11—安全吊

摇枕由 16MnR 钢板焊接成鱼腹形。内腔分隔成左、右两个独立的空间,作为两个空气弹簧的附加空气室,因此摇枕内腔的气密性要好,焊接后必须经水压试验。在摇枕上焊有下旁承座、中心销座、横向油压减振器座和牵引拉杆座等。摇枕通过两端的下平面坐落在左、右两个空气弹簧上。

空气弹簧装置由上盖、胶囊、密封圈、橡胶支承座、底座和高度控制阀等组成。空气弹簧为自由膜式,通过底座安装在弹簧托梁上。空气弹簧通过上盖的开孔与摇枕附加空气室相通。由于空气弹簧与附加空气室之间设有可变节流孔,可以起到减振的作用,所以空气弹簧转向架在二系悬挂中不再设置垂向油压减振器。此外,左、右两空气弹簧之间通过差压阀相连,以避免左、右空气弹簧之间的压力差超过一定限度而危及行车安全。

弹簧托梁由左、右弹簧座和连接左、右弹簧座的连接轴组成。弹簧座为铸钢件,空气弹簧即安装在弹簧座上。弹簧座用螺栓固定在吊轴上,然后通过四根摇枕吊杆悬挂于构架侧梁外侧,形成了摇动台结构。摇枕吊杆采用了弹性吊杆装置,在吊杆的上、下两端与吊座、吊轴的连接处设置了橡胶堆,这样的结构消除了以往金属销套连接结构的有害摩擦和磨耗,同时增加了摇枕吊杆的有效长度,降低了摇动台的横向刚度,提高了横向平稳性。

旁承支重装置由设置在车体枕梁下的上旁承和安装在摇枕上的下旁承、旁承板构成。旁承板表面涂一层聚四氟乙烯材料,与上旁承形成一对摩擦副,通过选择适当的摩擦系数,可得到理想的摩擦阻力矩,既能够有效地抑制转向架相对于车体的蛇行运动,又可使车辆顺利通过曲线。

牵引装置由牵引中心销装置和牵引拉杆装置两个相互独立的部分组成。

牵引中心销装置由固定于车体枕梁下的中心销和设置在摇枕中部的中心销座组成。中心销与销座之间设有牵引橡胶堆,用以缓和由中心销传递牵引力时所引起的冲击作用。牵引中心销装置既是转向架相对于车体的转动中心,又可以通过它把牵引力由车体传至转向架摇枕。它的作用类似于上、下心盘的作用,但不承受车体的重量。

牵引拉杆装置一端以弹性节点与摇枕相连,另一端与构架侧梁上的牵引拉杆座相连。牵引力经牵引拉杆由摇枕传给构架,最终传给轮对。牵引拉杆一般不妨碍摇枕的上下运动。抗侧滚扭杆装置设置在摇枕与弹簧托梁之间。它由固定杆、扭臂、扭杆等组成。当车体作浮沉振动时,抗侧滚扭杆装置对车体不产生任何附加作用力,当车体出现侧滚角位移时,连接在摇枕一端的固定杆向上运动,而另一端的固定杆则向下运动,通过扭臂的作用扭杆发生扭转变形,由此产生的反力矩阻止车体的侧滚角位移,从而改善了车体的横向动力性能。

在摇枕与构架侧梁之间设有两个横向油压减振器,以改善高速运行时的横向动力性能。设置在摇枕上的横向止挡为非线性的弹性橡胶块,它与构架侧梁内侧面的调整垫之间保持40 mm 的间隙,当摇动台的横摆量超过40 mm 时,横向缓冲器将起到阻挡和缓冲的作用。

确定横向止挡自由间隙大小的原则是:车辆在直线上运行时,横向止挡应该不与构架接触,以确保直线高速运行时的横向舒适性,此时转向架的二系横向刚度为中央悬挂弹簧的横向刚度;当车辆通过曲线,特别是小半径曲线时,为使车体不产生过大的横向位移,确保车辆通过曲线时的运行安全性,横向止挡应与构架接触,此时转向架的二系横向刚度为中央悬挂弹簧的横向刚度与横向缓冲器的并联刚度。

（三）转向架构架

由图 4 – 16 可见,209HS 型转向架构架仍为传统的 H 形构架,采用箱形焊接结构,材料为16Mn 低合金钢。构架由两根侧梁和两根横梁组焊而成。

在构架上设有弹簧导柱座、摇枕吊座、轴箱减振器座、横向油压减振器座、牵引拉杆座、盘形制动单元吊座、闸瓦托吊座和闸瓦制动缸吊座等。

（四）基础制动装置

209HS 型转向架的基础制动装置,采用单元盘形制动加单侧踏面制动的复合制动系统,如图 4 – 17 所示。

盘形制动系统由安装在车轴上的制动圆盘和悬挂在构架横梁上的制动单元组成。每台转向架设有相互独立的制动单元 4 个,图 4 – 17 所表示的基础制动装置是其中的一个。

每个盘形制动单元由制动缸、内、外侧杠杆、杠杆吊座、闸片托、闸片、闸片托吊、吊销等组成。制动缸采用 SP_2 型膜板式单元制动缸,带有间隙自动调整器,能自动调整闸片与制动盘之间的间隙。

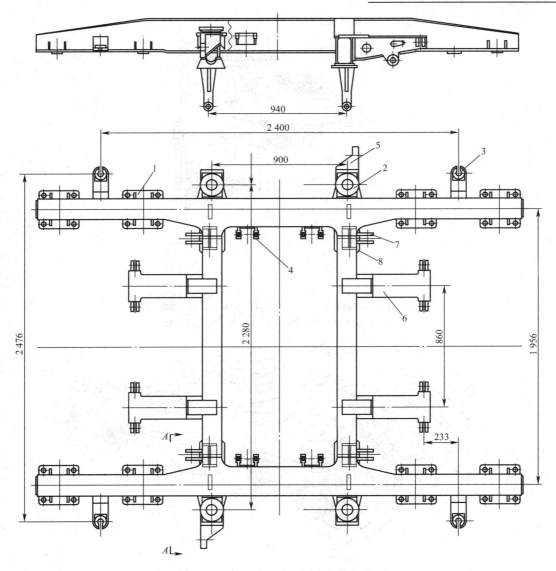

图 4 – 16　209HS 型转向架构架
1— 弹簧导柱座;2— 摇枕吊座;3— 轴箱减振器座;4— 横向油压减振器座;
5— 牵引拉杆座;6— 盘形制动单元吊座;7— 闸瓦托吊座;8— 闸瓦制动缸吊座

单侧踏面制动系统也是由四个独立的踏面制动单元构成。每个车轮的内侧设置一个踏面制动单元,悬挂在构架横梁下。每一个踏面制动单元由 SP₄ 型膜板式单元制动缸、闸瓦、闸瓦托和闸瓦托吊组成。同一轮对内侧的两个闸瓦托用一根连杆连接在一起,以保证动作的同步。踏面制动装置主要起清扫车轮踏面的作用,同时也提供一定比例的制动力。

单元盘形制动装置与以往的杠杆式基础制动装置相比,不仅制动力较大,而且减少了大量的销、套之间的磨耗,为检修运用带来方便。在基础制动装置中同样设有手制动机构。

209HS 型基础制动装置的制动力比较大,为了防止紧急制动时车轮抱死,通常在车轴端部装有电子防滑器。

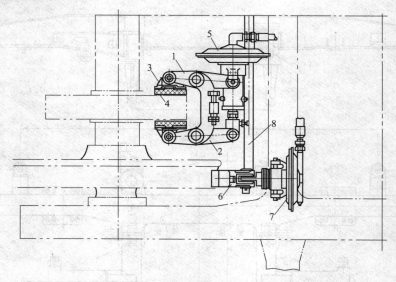

图 4 - 17 209HS 型转向架基础制动装置
1— 内侧杠杆;2— 外侧杠杆;3— 闸片托;4— 闸片;5—SP$_2$ 型膜式制动缸;
6— 闸瓦托;7—SP$_4$ 型膜式制动缸;8— 闸瓦托连杆

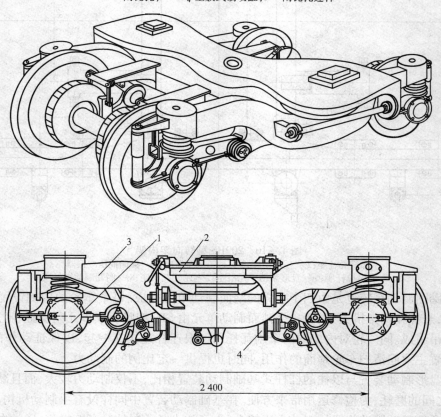

图 4 - 18 206KP 型客车转向架
1— 轮对轴箱弹簧装置;2— 摇枕弹簧装置;3— 转向架构架;4— 基础制动装置

二、206KP 型客车转向架

206KP 型客车转向架为无摇动台结构的转向架，它是在 206 型客车转向架的基础上研制成功的准高速客车转向架。由于其构架为 U 形，因而属于 U 形系列客车转向架。206KP 型转向架在 206 型转向架的基础上，吸收了国内外客车转向架的优点，采用了许多新的结构和新的技术。这种转向架结构简单可靠，性能良好，维修方便，主要用在 25 型准高速空调客车上。

206KP 型客车转向架由轮对轴箱弹簧装置 1、摇枕弹簧装置 2、构架 3 和基础制动装置 4 等零部件组成，如图 4 – 18 所示。

（一）轮对轴箱弹簧装置

206KP 型转向架的轮对轴箱弹簧装置由轮对 1、轴箱体 2、定位转臂 3、夹紧箍及弹性定位套 4、轴箱油压减振器 5、轴承 6、轴箱弹簧 7、缓冲橡胶垫 8、上夹板 9、下夹板 10 等零部件组成，如图 4 – 19 所示。

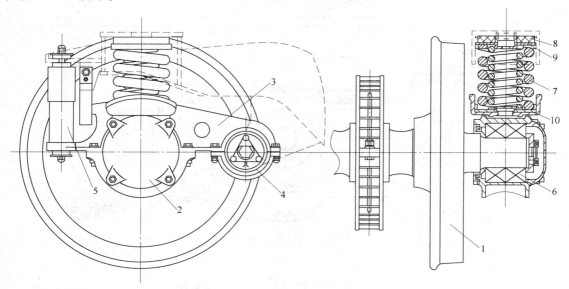

图 4 – 19 206KP 型转向架轮对轴箱弹簧装置
1— 轮对；2— 轴箱体；3— 定位转臂；4— 夹紧箍及弹性定位套；5— 轴箱油压减振器；
6— 轴承；7— 轴箱弹簧；8— 缓冲橡胶垫；9— 上夹板；10— 下夹板

206KP 型转向架采用带有制动盘安装座的非标 RD$_3$ 型车轴和进口 SKF 型滚动轴承。车轮踏面采用 LM 磨耗型踏面。

轴箱弹簧为单组双卷螺旋弹簧，置于轴箱顶部，弹簧组上半部伸到构架侧梁的弹簧座里面，在弹簧顶部与构架弹簧座之间设有一块橡胶垫，用以吸收来自钢轨的冲击和高频振动。

为了减少构架的点头和浮沉振动，在轴箱外侧与轴箱弹簧并联地安装了一个单向油压减振器，它仅在拉伸行程时起作用，这样可以避免传递来自钢轨的刚性冲击。

轴箱定位采用了具有金属－橡胶弹性节点的单转臂式定位装置。定位转臂一端通过弹性节点与构架上的定位转臂座相连，而另一端则用螺栓固定在轴箱体的承载座上。定位弹性节点主要由弹性定位套、定位轴、金属套等组成，当轮对轴箱相对于构架在纵、横向产生位移时，弹性定位套中的橡胶层发生变形，从而起到弹性定位作用。这种定位结构的主要优点是无磨耗，而且能实现不同的纵向和横向定位刚度，从而得以有效地抑制转向架的蛇行运动。

（二）摇枕弹簧装置

206KP 型客车转向架的摇枕弹簧装置,利用了 U 形构架的结构特点和空气弹簧的横向复原特性,采用了无摇动台的结构形式,如图 4－20 所示。这样的结构形式省去了摇枕吊杆、吊轴和弹簧托梁等零部件,使转向架的结构简化,重量减轻,运用维修比较方便。

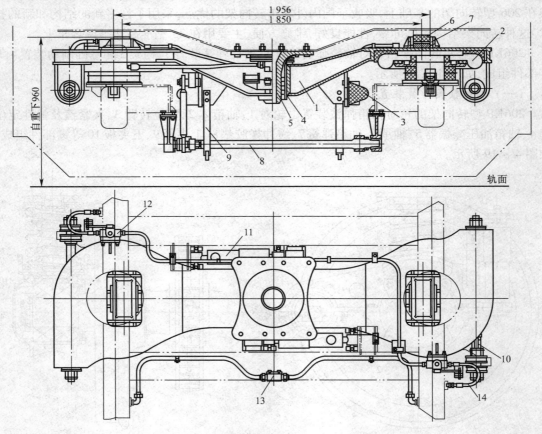

图 4－20 206KP 型转向架摇枕弹簧装置

1—摇枕;2—空气弹簧;3—横向挡;4—牵引套;5—牵引中心销;6—下旁承;7—旁承调整垫;8—抗侧滚扭杆装置;
9—扭杆安全吊;10—牵引拉杆;11—横向油压减振器;12—高度控制阀;13—差压阀;14—供风管路

206KP 型转向架摇枕弹簧装置由摇枕 1、空气弹簧 2、横向挡 3、牵引套 4、牵引中心销 5、下旁承 6、旁承调整垫 7、抗侧滚扭杆装置 8、扭杆安全吊 9、牵引拉杆 10、横向油压减器 11、高度控制阀 12、差压阀 13 及供风管路 14 等组成。

摇枕为钢板焊接结构。摇枕通过两端的下平面支承在空气弹簧的上盖板上。空气弹簧通过带橡胶堆的底座直接坐落在构架侧梁的弹簧座上,并以构架侧梁内腔做为附加空气室。空气弹簧与附加空气室之间设有可变阻尼的节流阀,这种节流阀阻尼的大小可随振动的大小变化,从而能使衰减振动的效果更好。

206KP 型转向架采用全旁承承载方式,利用上、下旁承间的摩擦阻力矩来抑制转向架的蛇行运动。正常情况下,空、重车的摩擦阻力矩分别为 11.0 kN·m 和 13.5 kN·m。

牵引力的传递也是依靠设置在车体枕梁与摇枕之间的牵引中心销装置和摇枕与构架之间的牵引拉杆装置来完成的。

此外,在 206KP 型转向架摇枕弹簧装置中也设有抗侧滚扭杆装置,横向油压减振器和横向弹性橡胶挡,它们的作用和工作原理与209HS型转向架是相同的。

（三）转向架构架

206KP型转向架的构架外形与206型转向架相似,为U形构架,如图4-21所示。但206KP型转向架的构架为焊接结构,其侧梁由两块14 mm的钢板热压成槽形梁体对焊而成,材质为Q235-A。侧梁内腔做成封闭式,横梁由壁厚为12 mm的圆管制成。

转向架的各种零部件都是通过构架组装在一起的,因此,在206KP型转向架构架上也焊有各种零部件的安装座和吊座,如图4-21所示。

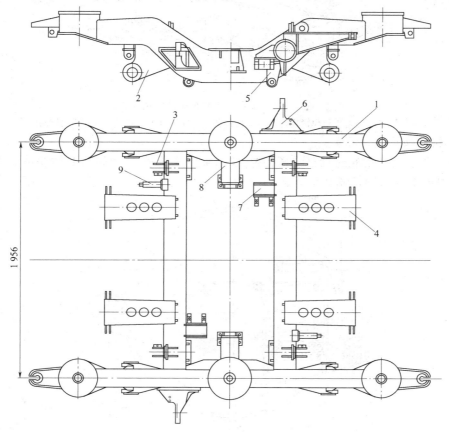

图4-21 206KP型转向架构架

1—构架;2—定位臂座;3—闸瓦托吊座;4—盘形制动单元吊座;5—闸瓦制动缸安装座;
6—牵引拉杆座;7—横向油压减振器座;8—横向挡及扭杆座;9—手制动转臂座

（四）基础制动装置

为了适应准高速运行的要求,206KP型转向架的基础制动装置也采用了单元盘形制动加单侧踏面制动的复合制动系统。基础制动中所采用的单元制动缸为178 mm活塞式制动缸,并带有间隙自动调整器。基础制动装置的其余结构则与209HS型相类似。

三、CW-2型客车转向架

CW-2型转向架是吸收了英国BT10高速客车转向架的先进技术,结合我国实际情况,设计制造的准高速客车转向架。

CW-2型客车转向架由构架1、轮对轴箱弹簧装置2、摇枕弹簧装置3、基础制动装置4和横向控制杆 5 等部分组成,如图 4 – 22 所示。

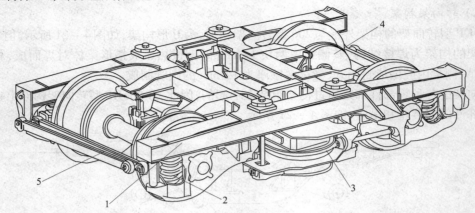

图 4 – 22   CW – 2 型客车转向架

1— 构架;2— 轮对轴箱弹簧装置;3— 摇枕弹簧装置;4— 基础制动装置;5— 横向控制杆

(一)轮对轴箱弹簧装置

CW – 2 型转向架的轮对轴箱弹簧装置,如图 4 – 23 所示,它由轮对 1、轴箱体 2、弹性定位套 3、油压减振器 4 和轴箱弹簧 5 等组成。

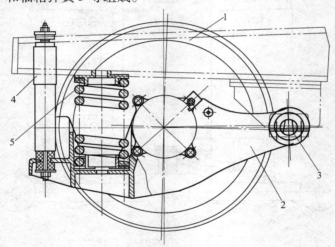

图 4 – 23   CW – 2 型转向架轮对轴箱弹簧装置

1— 轮对;2— 轴箱体;3— 弹性定位套;4— 油压减振器;5— 轴箱弹簧

轮对为带有制动圆盘安装座的非标 RD$_3$ 型轮对。轴承采用进口 SKF 滚动轴承。

轴箱体为整体铸钢件。轴箱体的一侧铸有轴箱弹簧安装座和油压减振器安装座,轴箱圆弹簧和一个单向油压减振器并联地安装在轴箱的外侧。轴箱体的另一侧则铸成定位转臂,定位转臂通过轴箱节点弹性定位套与构架的定位座相连,组成轴箱定位装置。轴箱结构的设计使垂直载荷在轴箱弹簧和弹性定位套之间的分配比例为 2:1,这样可以改善轴箱弹簧的受力状况。

由于 CW – 2 型转向架转臂的长度较长,导致轮对和构架之间横向定位刚度不足,需要在构架和轮对轴箱之间安装横向控制杆来增加轮对的横向定位刚度。因此,CW – 2 型转向架的轴箱定位是由转臂式轴箱定位装置和横向控制杆定位系统共同实现的,如图 4 – 24 所示。横向控制杆系统由两根中空矩形杆组成,一根是轴箱控制杆 1,一根是前控制杆 2。轴箱控制杆与同一轮对两端的轴箱相连,前控制杆一端与构架侧梁端部相连,另一端与轴箱控制杆相连,各连结点由定位销和橡胶套等组成。横向控制杆系统的纵、横向刚度和轴箱定位转臂节点弹性定位套的纵、横向刚度组合在一起,构成轴箱定位所需要的纵、横向刚度。

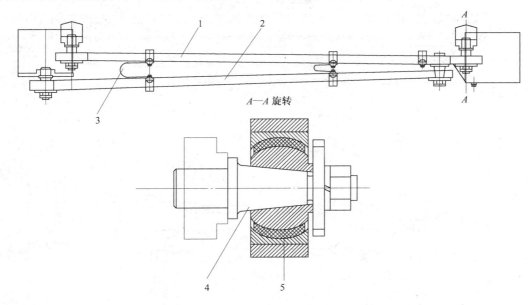

图4-24　CW-2型转向架横向控制杆组成

1—轴箱控制杆;2—前控制杆;3—安全钢丝绳;4—橡胶套;5—定位销

(二)摇枕弹簧装置

CW-2型转向架的摇枕弹簧装置采用带有空气弹簧的摇动台结构。它由摇枕1、空气弹簧2、弹簧托梁3、摇枕吊杆4、下旁承5、横向油压减振器6、抗侧滚扭杆装置7、牵引拉杆8、横向拉杆9和横向挡10等零部件组成,如图4-25所示。

摇枕为箱形焊接结构,其内腔分为左、右两个部分,分别作为左、右两个空气弹簧的附加空气室。

空气弹簧安装在摇枕与弹簧托梁之间,弹簧托梁由钢板焊接而成,弹簧托梁通过四根摇枕吊杆悬挂于侧梁上,组成摇动台结构。摇枕吊杆上、下两端通过一对球面接触的凹凸垫和橡胶垫与构架侧梁和弹簧托梁相连接,这种弹性悬挂结构,既可保证摇动台摇动自由,又不产生磨耗。

弹簧托梁与摇枕之间设有横向拉杆,以防止摇枕相对于弹簧托梁发生相对位移。弹簧托梁与构架之间装有四根不锈钢的钢丝绳作为摇动台的安全吊。

空气弹簧装置中也设有高度控制阀、压差阀和可变阻尼的节流阀等,以保证空气弹簧的正常功能和作用。

此外,CW-2型转向架与209HS型、206KP型转向架相同,为保证高速运行的平稳性和稳定性要求,采用了全旁承支重方式和抗侧滚扭杆装置,在摇枕与构架间设置了横向油压减振器和横向弹性止挡,在车体枕梁与摇枕之间设置了牵引中心销装置,构架与摇枕之间设置了牵引拉杆装置。

(三)转向架构架

CW-2型转向架构架如图4-26所示,为H形钢板焊接箱形结构,钢板材质为16MnR。与一般转向架相同,构架上设有各种安装座和吊座,但CW-2型转向架上各种安装座和吊座与

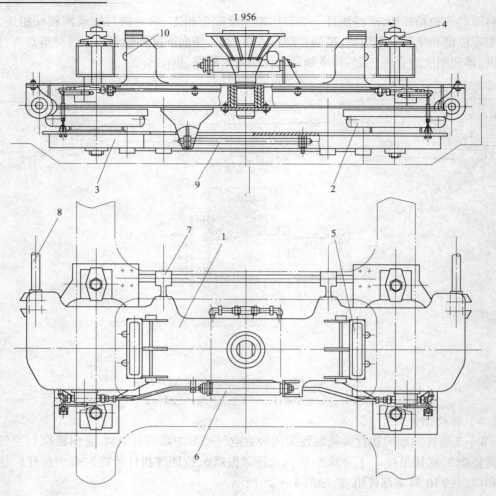

图 4 – 25　CW – 2 型转向架摇枕弹簧装置

1—摇枕；2—空气弹簧；3—弹簧托梁；4—摇枕吊杆；5—下旁承；

6—横向油压减振器；7—抗侧滚扭杆装置；8—牵引拉杆；9—横向拉杆；10—横向挡

构架的连接方式尽量不采用焊接工艺，而是采用螺栓或拉铆螺栓紧固的连接方式。这样做的好处是：可以减少焊接工艺对构架疲劳强度的不利影响。

此外，在 CW – 2 型转向架构架的横梁上设有四块纵向挡9，用以检验摇枕的组装位置是否正确。摇枕组装位置不正会造成载荷分布不均，车轮偏载，影响车辆的安全运行。对于采用旁承支座结构的车辆来说这一点尤为重要。

（四）基础制动装置

CW – 2 型转向架的基础制动装置由单元式盘形制动系统和轴端式电子防滑器组成，其单元制动缸为膜板式制动缸。它与 209HS 型、206KP 型基础制动装置不同的是没有设置单侧踏面制动装置，但在部分转向架上设有踏面清扫器。

四、SW – 160 型客车转向架

SW – 160 型客车转向架为无摇动台结构的转向架，它是在 206KP 型客车转向架的基础上进行改进、研制成功的准高速客车转向架。

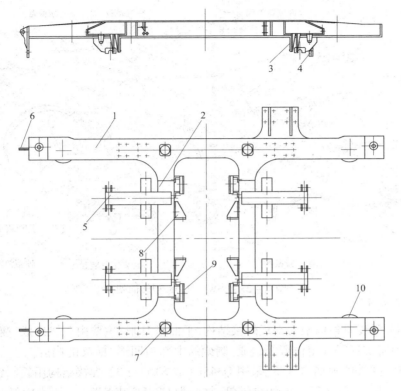

图 4－26　CW－2 型转向架构架

1—侧梁;2—横梁;3—轴箱转臂定位座;4—牵引拉杆座;
5—盘形制动单元吊座;6—横向控制杆安装座;7—摇枕吊杆座;
8—横向油压减振器座;9—纵向挡;10—轴箱弹簧座

SW－160 型转向架的结构与 206KP 基本相同,不同之处主要有:

1. 构架由两片 U 形压型梁改为 4 块钢板拼焊结构;

2. 轴距由 2 400 mm 增加到 2 560 mm;

3. 采用空气弹簧,空气弹簧横向间距增加到 2 300 mm,以改善车辆抗侧滚性能。

由以上所介绍的四种准高速客车转向架可见,它们在结构上各有特点,技术参数和工艺材料也不尽相同,但由于它们吸取了国内外客车转向架设计制造的成功经验,采取了新的技术和新的结构。试验表明,这些转向架都具有良好的运行性能,能够满足准高速运行的要求。

第五节　SW－220K 型、CW－200 型客车转向架

一、SW－220K 转向架

SW－220K 型转向架是在 SW－220 型转向架的基础上,根据 160 km/h 速度客车的要求,经局部改造而成的。SW－220 型转向架是南车四方股份公司与日本川崎重工业株式会社合作、由南车四方股份公司制造的一种新型高速客车转向架。

SW－220K 型转向架采用无摇动台、无摇枕、单转臂无磨耗弹性轴箱定位、空气弹簧、盘形制动等技术,可适应各种 160 km/h 速度等级的客车,结构如图 4－27 所示。

SW－220K 主要由构架组成、轮对轴箱定位装置、中央空气弹簧悬挂系统、盘形制动装置及轴温报警装置等组成。

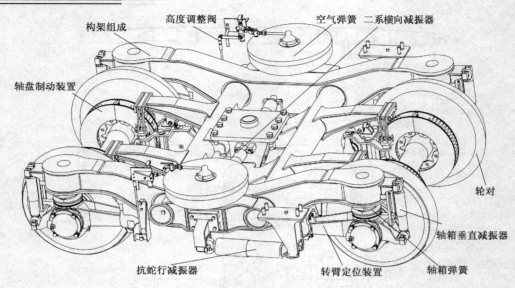

图 4 - 27　SW - 220K 型转向架

（一）构架组成

SW - 220K 型转向架构架为钢板焊接结构，平面呈 H 形。主要由侧梁组成、横梁组成、纵向辅助梁、空气弹簧支撑梁和定位臂等组成。侧梁的中部为凹形，横梁的内腔与空气弹簧支撑梁的内腔组成空气弹簧的附加空气室。采用 Q345C（或 ST52 - 3）焊接结构用轧制钢板。

横梁采用 $\phi203$ mm × 12 mm 无缝钢管，材质为 Q345C 或 ST52 - 3，表面经酸洗及磷化处理。其内腔作为空气弹簧的附加空气室。

（二）轮对轴箱定位装置

轮对采用 KKD 车轮、RD_{3A1} 车轴、轴装制动盘、进口 FAG 804468/804469 或进口 SKF BC1B322880/BC1B322881 轴承。

轴箱定位装置为单转臂无磨耗弹性定位，为减小定位节点刚度对一系垂向刚度的附加影响，定位转臂长为 550 mm，采用铸造件，材料为 ZG25MnNi。

轮对轴箱与定位转臂采用跨接形式，定位转臂通过 4 个 M20 的螺栓与压盖连接，定位转臂落入轴箱外部的槽内。若需要更换轮对，只需松开 4 个 M20 螺栓和接地线等，便可以使轮对轴箱与转向架分离，运用检修方便。

位于轴箱顶部和构架间的轴箱弹簧组成包括内、外圈钢簧、缓冲垫和上、下夹板。钢弹簧材质采用 $60Si_2CrVA$。

（三）中央空气弹簧悬挂系统

空气弹簧为由气囊和附加的橡胶弹簧组合而成的自由膜型式。上盖板上设有上进气口与车体相连，上进气口为锥面并用 O 形圈密封结构；下部通气口与构架相连，为圆柱面并用 O 形圈密封结构。为使空气弹簧在无气状态时转向架能够安全运行，在空气弹簧内部下支座上面设有特殊的滑板，以提高转向架的曲线通过性能。在空气弹簧内设置了固定节流孔，以提供二系垂向阻尼。

牵引装置采用单拉杆结构，传递牵引力和制动力。为降低转向架传递给车体的振动，每台转向架的前后牵引刚度设置为 5 MN/m。

横向弹性缓冲器（即弹性止挡）是为限制车体运行中产生过大的横向位移而设置的。为了避免运行中车体频繁碰撞横向缓冲器或者接触后出现硬性冲击,将横向缓冲器与止挡的间隙设置为(40±2) mm,同时缓冲器设计成非线性特性,它与空气弹簧的横向刚度共同完成限制车体的横移,且位移较大时,可提供非线性增长的复原力。

为防车体产生意外过大的抬升量,在转向架在横梁上设有防过冲座,与牵引拉杆头部之间设置了 70 mm 的间隙,具有阻止车体过高上升的功能。

为提高转向架的蛇行运动稳定性,在车体和构架之间安装了抗蛇行油压减振器。

（四）盘形基础制动装置

SW - 220K 型转向架采用轴装制动盘,由整体式铸铁结构的制动盘环和盘毂组成。制动盘与盘毂通过螺栓、垫块和弹性套等连接。制动盘毂与车轴为过盈配合,过盈量 0.14 ～ 0.22 mm,压装力 200 ～ 400 kN。

二、CW - 200 型转向架

CW - 200 型转向架是长客股份公司生产的一种用于 200 km/h 的客车用转向架,如图 4 - 28 所示。CW - 200 型转向架采用无摇枕、无摇动台结构,并装有抗蛇行减振器,中央悬挂采用空气弹簧,轴箱悬挂采用转臂式定位,并安装垂向减振器。基础制动装置采用每轴二个制动盘单元和电子防滑器。

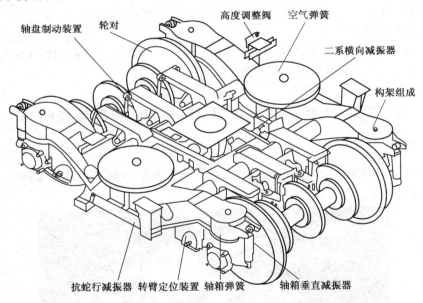

图 4 - 28　CW - 200 型转向架

CW - 200 系列转向架主要分为两类,一类是用于 200 km/h 车辆的转向架为 CW - 200 型,另一类为适应用于 160 km/h 提速车的转向架为 CW - 200K 型。

CW - 200 型转向架主要由轮对、构架组成、轴箱悬挂及定位装置、中央悬挂装置和基础制动装置等部分组成。

（一）构架组成

构架为 H 形钢板焊接结构,由两根侧梁和两根横梁组成。侧梁为中间下凹的鱼腹形 U 形梁,由 4 块钢板组焊成箱形封闭结构,侧梁内部有密封隔板使侧梁内腔成为空气弹簧的附加空气室。横梁采用无缝钢管。各种连接座焊接于构架的侧梁和横梁上。

（二）轮对轴箱定位装置

轴箱定位装置采用无磨耗转臂式定位方式,纵、横向定位刚度由橡胶节点来提供。节点装置包括橡胶节点、转轴、转轴套和盖形螺母,橡胶节点如图4-29所示。一系定位的纵、横向刚度均由橡胶节点决定,同一转向架各位置节点刚度相差值应≤0.2 MN/m。

在轴箱顶部设有双圈钢簧以提供垂向挠度,轴箱侧面设垂向减振器。

（三）中央空气弹簧悬挂

CW-200型转向架的中央悬挂装置取消了传统的摇枕、摇动平台和旁承等零部件,车体重量通过四个高柔度空气弹簧直接作用在构架侧梁上,车体和转向架间对称装有两个横向减振器和横向弹性缓冲器,以改善车体横向性能。每个空气弹簧设有高度阀,两附加空气室间设压差阀,车体和构架间设有防过充气装置。

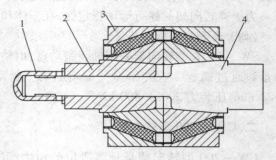

图4-29 节点装置
1—盖形螺母;2—转轴套;3—橡胶节点;4—转轴

此外,为防止车体通过曲线时侧滚,在车体与构架间设有抗侧滚扭杆。

车体与转向架间纵向力的传递由安装在两者之间的单牵引拉杆来完成。

（四）基础制动装置

CW-200型转向架基础制动装置采用盘形制动加电子防滑器,用于160 km/h时每轴设2个制动盘,用于200 km/h时用3个制动盘。

第六节 SW-300型、CW-300型客车转向架

一、SW-300转向架

SW-300型转向架是中国南车集团四方股份公司为秦-沈高速客运专线电动车组拖车而研制的高速转向架。

图4-30 SW-300型转向架

SW－300 型转向架为无摇枕转向架,采用单转臂式无磨耗弹性轴箱定位、空气弹簧支撑车体、Z 字形牵引拉杆、轴盘制动等结构,如图 4－30 所示。

SW－300 型转向架的主要技术特点:

1. 转向架采用无摇枕结构,结构简单,重量轻,符合高速化趋势。

2. 采用焊接构架,为尽可能降低自重,采用不同板厚对接及薄壁大断面等技术,在满足强度要求并有一定储备的前提下,使构架的自重达到最小。承载件板材均选用 ST52－3 钢。

3. 采用无磨耗的单转臂式轴箱定位,能够合理匹配满足性能要求的轮对纵向、横向定位刚度。

4. 轮对采用实心轴和轻型高速车轮,车轮采用 HSW300 轻型整体辗钢轮,踏面为低锥度的 LM_A 磨耗型踏面,轴承采用整体式圆柱滚子轴承组 SKFBC2－0103。在转向架每轴均设有碳刷式接地装置。

5. 转向架中央悬挂装置采用"高工作高度大胶囊式"空气弹簧,该空气弹簧更有利于提高车辆的乘坐舒适性,但要求底架有足够的空间。

6. 牵引装置采用了 Z 形拉杆结构。

7. 为使转向架具有良好的横向及垂向性能,在轴箱与构架间安装垂向油压减振器,在构架和车体间安装垂向、横向和抗蛇行油压减振器。

8. 为防止车体产生过大的侧滚角,安装抗侧滚扭杆装置。

9. 采用盘形制动,每轴设 4 个制动盘。为减小高速运行的空气阻力,盘体采用整体锻钢型式,具有高热容量的优点,制动盘与压装在车轴上的盘毂通过紧固件连接。闸片采用合成材料,具有稳定的摩擦特性,和盘片形成匹配的摩擦副。制动缸为带间隙自动调整装置的单元式制动缸。为了防止车轮擦伤,安装有微机控制的电子防滑系统。

二、CW－300 转向架

CW－300 型无摇枕转向架是以 CW－200 型转向架为基础设计的,基本结构和 SW－300 型转向架相似,如图 4－31 所示。

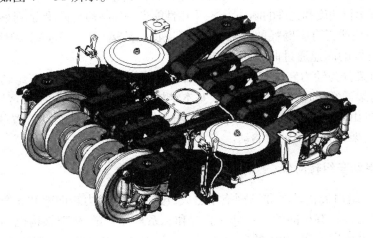

图 4－31　CW－300 型客车转向架

（一）构架组成

构架为钢板焊接结构,主要由两根侧梁和两根横梁组成。侧梁由 4 块钢板焊接成 U 形结构;横梁采用厚壁无缝钢管;横梁上焊有制动吊座,两横梁间设有两根纵向辅助梁,以安装横向止挡;侧梁内腔作为空气弹簧附加空气室。构架所用钢板材料均采用 16MnR,具有较高强度和良好的焊接性能。

(二)轮对轴箱定位装置

采用分体式轴箱、无磨耗转臂式轴箱定位结构,轴箱转臂一端与轴箱体连接,另一端压装定位节点,并通过定位座与构架相连。

(三)中央悬挂装置

中央悬挂装置采用空气弹簧系统,在空气弹簧和构架侧梁附加气室之间装有可变节流阀;牵引装置采用中央单拉杆牵引装置,单拉杆两端采用橡胶节点分别与车体牵引座和构架横梁上焊接的支座相连;在车体底架和构架间安装有抗侧滚扭杆装置,以提高车体抗侧滚刚度;在构架和车体牵引座之间对称安装有两个横向油压减振器和横向橡胶止挡;在转向架两外侧车体和构架之间对称安装有两个纵向抗蛇行减振器。

(四)盘型制动装置

每轴安装有 4 个轴装式锻钢制动盘,4 个带有间隙调整器的单元制动缸,可满足最高运行速度 300 km/h 的要求。

第七节　CRH1、CRH2 电动车组转向架

近年来,我国引进国外先进的高速动车组技术,联合开发了 CRH1、CRH2、CRH3、CRH5 高速动车组动力和非动力转向架,以满足我国高速动车组的开行。

和普通客车转向架相比,高速客车转向架应具有更高的安全性、舒适性和可靠性。因此,研制高速客车转向架必须解决下列几个问题:

1. 尽可能地减轻转向架的自重,尤其是减轻簧下质量,以减小轮轨之间的冲击作用;
2. 保证运行安全、可靠以及具有良好的垂向和横向运行平稳性;
3. 有效地抑制转向架的蛇行运动,保证高速运行的稳定性;
4. 根据最高运行速度和允许的制动距离,采用性能良好的制动装置,保证列车的行车安全;
5. 采用无磨耗或无有害磨耗的零部件,以保证良好的运行性能和降低维修费用;
6. 应具有良好的高速通过曲线的性能。

动车组转向架分为动力转向架和非动力转向架。对于动力分散的动车组转向架,动力转向架和非动力转向架通常采用模块化设计,其基本结构和主要参数相同,主要区别在于动力转向架有驱动装置,且由于驱动装置占用了轴盘制动的安装空间,基础制动装置往往采用轮盘制动,而非动力转向架通常采用轴盘制动。

一、CRH1 电动车组转向架

CRH1 电动车组由五辆动车和三辆拖车组成,包括 10 个动力转向架和 6 个非动力转向架,非动力和动车转向架具有相同的一系悬挂装置和二系悬挂装置,构架结构也相似,但非动力转向架的横梁没有电机安装座。动力转向架如图 4 - 32 所示,非动力转向架如图 4 - 33 所示。

CRH1 电动车组转向架主要技术参数列于表 4 - 2 中。

(一)构架组成

构架由铸件和钢板组焊成 H 形构架。构架由侧梁、横梁、纵向梁等组成。侧梁具有提供空气弹簧的支撑、连接抗蛇行减振器和横向减振器、组装一系转臂座的作用;动力转向架在构架

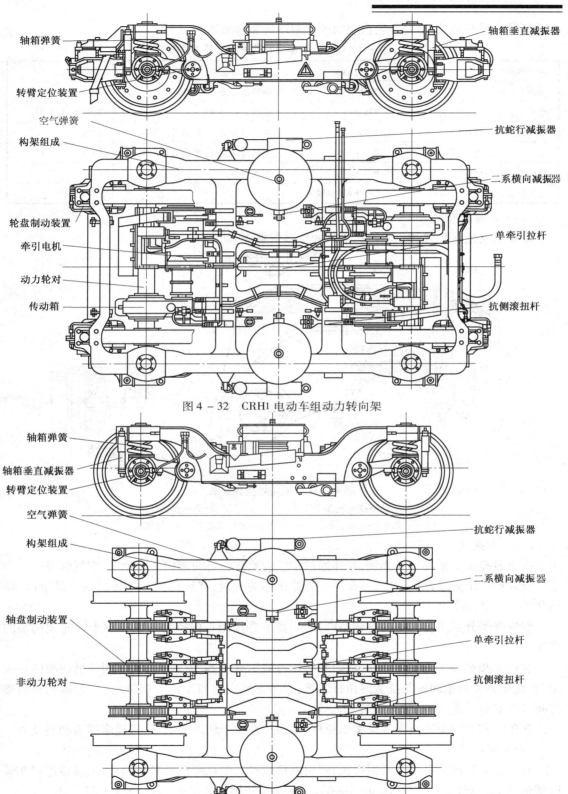

图 4 - 32 CRH1 电动车组动力转向架

图 4 - 33 CRH1 电动车组非动力转向架

端部还设有缓冲梁,用于安装轮盘制动单元制动机和排障器。

表4－2　CRH1动车组转向架主要技术参数

固定轴距	2 700 mm	正常运行速度	200 km/h
轴颈中心距	2 070 mm	最高运行速度	200 km/h
轮径	915 mm	最高试验速度	250 km/h
空气弹簧中心距	1 860 mm	基础制动型式(动力转向架)	轮盘
动力转向架自重	8.2 t	基础制动型式(非动力转向架)	轴盘
非动力转向架自重	6.3 t	车轴材料	EA4T
电机额定功率	265 kW/每轴		

（二）轴箱悬挂装置

轴箱悬挂包括转臂、螺旋弹簧、垂向液压减振器等,如图4－34所示。

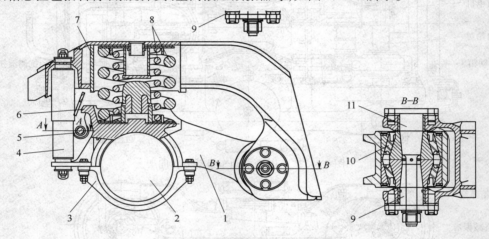

图4－34　轴箱悬挂装置图

1— 系转臂;2— 轴箱;3— 底部压板;4— 一系垂向减振器;5— 止挡管;6— 凸台;
7— 弹簧套;8— 螺旋弹簧;9— 锥形套;10— 橡胶套;11— 锥形销

（三）中央悬挂装置

中央悬挂装置采用空气弹簧,车体通过空气弹簧落在转向架构架侧梁上。空气弹簧由一个空气胶囊和一个紧急弹簧组成,其作用是支撑车体的重量,在转向架和车体之间提供垂向、横向和摇头的悬挂刚度。

空气弹簧分别由各自的高度调整阀控制,其主要作用是保持地板面相对于转向架构架的高度。

在构架和车体之间安装垂向、横向和抗蛇行液压减振器。为减小车体相对于转向架的侧滚运动,在车体和构架间安装抗侧滚扭杆装置;为防止转向架与车体垂向分离,在车体和转向架之间设置安全吊缆(即防过充装置)。

在车体和转向架之间安装单牵引拉杆,牵引拉杆位于转向架中部,传递牵引力和制动力。

（四）驱动装置

每个动力转向架有两个牵引电机,牵引电机通过三个柱形抗振吸收轴套,用螺栓连接在转向架构架上,如图4－35所示。牵引电机、齿轮箱及联轴节如图4－36、图4－37所示。

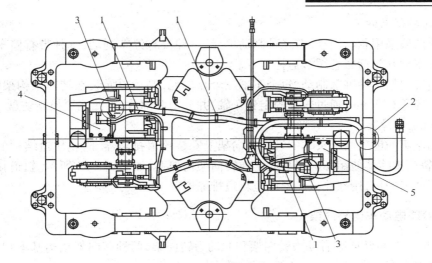

图 4 – 35　牵引电机安装
1— 夹钳;2— 缓冲箱下电缆固定;3— 电缆接到牵引电机接线盒;
4— 牵引电机 M$_1$;5— 牵引电机 M$_2$

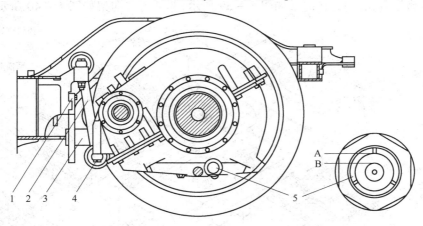

图 4 – 36　牵引电机
1— 防脱支架;2— 齿轮箱杆;3— 齿轮箱吊耳;4— 齿轮箱下杆接头;5— 油位表

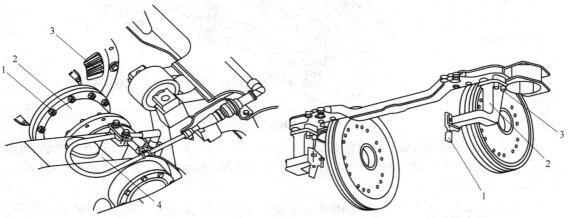

图 4 – 37　齿轮箱及连轴节
1— 螺栓及螺母;2— 联轴节;3— 电机;4— 齿轮

图 4 – 38　轨道排障器
1— 轨道排障器;2— 轨道排障器臂;3— 螺栓接头 M20

（五）基础制动装置

动力转向架采用轮盘制动，有三种制动单元，一种没有停车制动，一种带有停车制动和一种带有停车制动并包括紧急缓解遥控装置。

非动力转向架采用轴盘制动，每个车轴三个盘单元，制动单元装在转向架构架的横梁上。制动盘的直径是 640 mm，通过轮毂固定到车轴，并分为两部分，以便能更换制动盘。

（六）轨道排障器

在电动车组的前后两个头车的端部转向架上安装轨道排障器，防止轨道结构的异物引起列车脱轨。轨道排障器使用螺栓接头固定在转向架构架上，如图 4 – 38 所示。轨道排障器的下部是一块可调节的板，用螺栓接头紧固至轨道排障器臂上。

二、CRH2 电动车组转向架

CRH2 电动车组转向架有动力转向架和非动力转向架，两种转向架结构基本相同，不同的是动力转向架有牵引电机和驱动装置，而非动力转向架没有。

CHR2 电动车组转向架主要由构架、轮对轴箱、牵引装置、基础制动装置、二系悬挂装置、驱动装置等部分组成，动力转向架如图 4 – 39 所示，非动力转向架如图 4 – 40 所示。

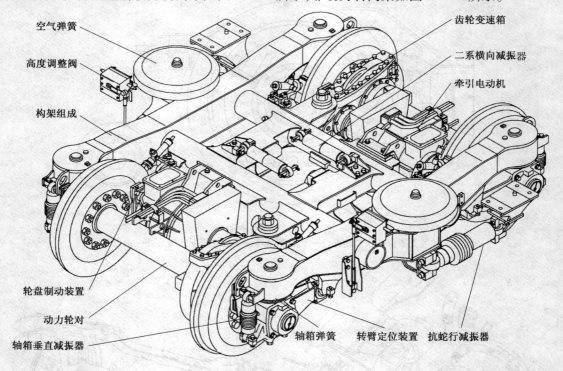

图 4 – 39   CRH2 动力转向架

CRH2 电动车组转向架的主要特点是采用了轻量化设计、焊接构架、二系空气弹簧、盘型制动、转臂式轴箱定位、单拉杆牵引、电机采用架悬方式等。转向架的主要参数如表 4 – 3 所示。

（一）构架组成

转向架构架采用 H 形焊接结构，由侧梁和横梁、相关支座、连接梁等构成。侧梁采用钢板焊接结构。侧梁的前端设置有安装圆弹簧的弹簧帽构成，在中央部分安装空气弹簧支座。横梁采用无缝钢管结构，内部可作为空气弹簧的辅助空气室使用，横梁上的支座主要有牵引电机、齿轮箱、制动钳、牵引拉杆支座等，均采用钢板焊接组装结构。构架板材采用耐候钢板SMA490BW(JIS G 3114)，铸钢件材质采用SCW480(JIS G 5101)。

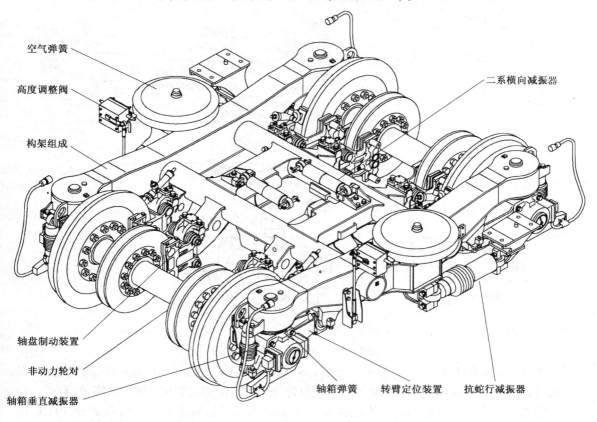

图4－40　CRH2非动力转向架

表4－3　转向架主要技术参数

技术参数	动力转向架	非动力转向架
最高运营速度	200 km/h	
最高试验速度	250 km/h	
齿轮传动比	3.036(85/28)	
最大轴重	< 14 t	
固定轴距	2 500 mm	
车轮直径	860 mm（全磨耗790 mm）	
轮对内侧距	$1\,353^{2}_{0}$ mm	
空簧支撑高度	1 000 mm	
一系悬挂	钢弹簧＋减振器＋转臂定位	
二系悬挂	空气弹簧＋橡胶堆	
空气弹簧	带固定节流装置	
牵引装置	单拉杆方式	
车轴形式	空心车轴	

（二）轴箱悬挂装置

轴箱悬挂采用轴箱顶簧悬挂、转臂式轴箱定位装置，如图 4 – 41 所示。

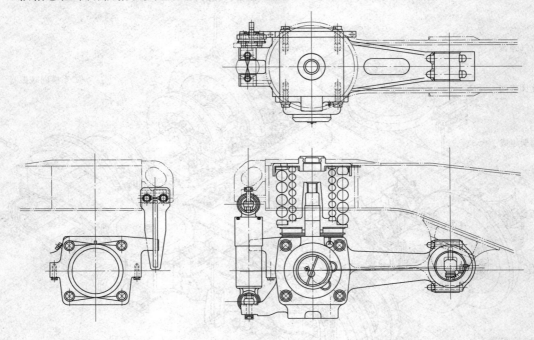

图 4 – 41　轴箱悬挂及定位装置

转臂式定位装置可方便地匹配轴箱悬挂刚度，能够同时兼顾高速运行的稳定性、乘坐舒适度以及曲线通过性能；同时部件数量较少，可实现轻量化，便于轴箱支撑装置的分解与组装，免维护。

轴箱顶簧采用由外簧和内簧构成的双卷钢弹簧，外簧的材质采用 SUP9A 或者 SUP11A，内簧的材质采用 SUP9 或者 SUP9A（均为 JIS G 4801）。

在下弹簧座和轴箱体之间安装防震橡胶，用于隔离高频振动。在轴箱和构架之间安装轴箱垂向油压减振器，减轻线路对构架的冲击。

（三）中央悬挂装置

中央悬挂采用空气弹簧，空簧的有效直径为 $\phi 520$ mm，工作高度为 200 mm。为了抑制车体的横移和摇头，每台转向架安装两个横向液压减振器。

为了防止高速运行时转向架出现严重的蛇行运动，每台转向架安装了两个抗蛇行减振器。用于安装减振器的支座，应具备足够的强度。由于车体采用铝合金材质制造，因此，在与钢制的减振器支座架所接触的部分，应采取相应措施，防止因不同金属的接触而发生电化学腐蚀。

为了防止车体产生过大的横向移动量，在转向架构架上安装横向限位橡胶止挡。横向限位橡胶止挡与中心销之间的初始间隙设定为 20 mm，橡胶弹性止挡的最大横向压缩量不超过 30 mm。

牵引方式采用单连杆方式，通过单连杆传递驱动力和制动力。单连杆采用钢管焊接组装结构，主要材质采用钢管 STKM13A（JIS G3445）。

（四）基础制动装置

CRH2 电动车组动力转向架采用轮盘制动，非动力转向架采用轮盘制动和轴盘制动。轮盘制动圆盘的外径为 $\phi 720$ mm，圆盘组装时的厚度为 133 mm；轴盘制动圆盘的外径为 $\phi 670$ mm、圆盘组装时的厚度为 97 mm;制动闸片为不含铅烧结合金。

CRH2 转向架采用液压制动缸,并设置踏面清扫器。设置踏面清扫装置的目的是在制动时将研磨装置压在车轮踏面上,除去车轮踏面的污垢及油迹,保持轮轨间稳定的黏着性能。

(五)排障装置

排障装置由安装臂、排障板支座、排障板等构成。排障装置具有以下特点:

由于排障装置安装在轴箱的下面,因此应具备足够的强度,即使承受较大的振动、也不易发生破损;应能够配合车轮直径、调节排障板的高度;在轴箱保持水平的状态下,排障板下端与钢轨面的距离可调节为大约 10 mm。对于转臂式的轴箱支撑方式,由于圆弹簧的挠曲会造成轴箱倾斜,因此在空车状态下,至钢轨面的距离调节大约为 4 mm。

第八节 国外高速客车转向架

自从 20 世纪 60 年代初期,日本东海道高速铁路干线建成后,世界各国相继研制和发展了用于高速运行的铁路客车。日本、法国、德国、英国、美国、意大利、苏联、瑞士、加拿大等国的部分高速线路上客运列车的最高运行速度都已超过 200 km/h,法国、德国、日本等国家的部分高速列车的速度已超过 300 km/h。

提高车辆运行速度的主要关键之一,在于研制性能良好能满足高速运行的转向架。国外在发展高速客车转向架中有两个途径:一是在原有主型客车转向架的基础上,加以技术改造,采用新技术和新的结构措施以达到高速运行的要求,如德国和瑞士等国,一是重新设计和研制新型的高速客车转向架,如日本、英国、法国、苏联和意大利等国。这两种途径都能达到提高运行速度的目的。

国外高速客车转向架的发展表明,只要通过合理的设计和采取必要的技术措施,上述要求是可以达到的。以下就几个主要国家有代表性的高速客车转向架的结构特点做一简单介绍。这些转向架的主要特性参数见表 4 - 4。

表 4 - 4 国外几种高速客车转向架的结构特点和主要技术参数

型 别 项 目	DT 200	TCK - 1	Y 32	Fiat	MD 52	BT 10
固定轴距(mm)	2 500	2 500	2 560	2 560	2 500	2 600
轮 径(mm)	910	950	890	890	870	914
轴 重(t)	—	—	—	—	采用 50 号钢 16 采用 37 号钢 12	—
转向架总柔度 (m/MN)	1.45	—	1.63	1.57	—	—
转向架总静挠度 (mm)	—	250 ~ 280	—	—	—	—
挠度分配比(%) 一系／二系	14:86	16:84	25:75	27:73	—	—
摇枕弹簧横向距离 (mm)	—	—	2 000	2 000	2 580	1 982
摇枕吊杆有效长度 (mm)	—	—	—	—	600	664
摇枕吊杆倾角	—	—	—	—	0°	0°
最高运行速度 (km/h)	210	200	200	200	300	200

型别\ 项目	DT 200	TCK－1	Y 32	Fiat	MD 52	BT 10
最高试验速度（km/h）	256	250	250	250	—	—
转向架自重(t)	9.78	8.2	5.9	—	带磁轨制动5.6 无磁轨制动4.7	—
摇枕弹簧装置形式	采用空气弹簧无摇动台结构,没有垂向液压减振器,设有两个横向液压减振器	采用膜式空气弹簧,无摇动台结构,设有两个垂向液压减振器和两个横向液压减振器	采用两组圆弹簧加橡胶垫的无摇动台结构,设有两个垂向液压减振器和一个横向减振器	采用两组双卷圆弹簧的无摇动台结构,其余与Y32型转向架相同	采用两组圆弹簧、外侧悬挂,设有两个垂向液压减振器和一个横向液压减振器	采用带有空气弹簧的摇动台结构,设有横向液压减振器
回转阻尼	旁承支重	旁承支重	设有抗蛇行运动减振器	没有抗蛇行运动减振器	采用机械式或液压式回转阻尼装置	旁承支重
抗侧滚装置	无	无	设有抗侧滚稳定器	设有抗侧滚扭杆装置	无	设有抗侧滚扭杆装置
轴箱弹簧装置形式	轴箱两侧设有圆弹簧,轴箱顶部装有液压减振器	两组圆弹簧	轴箱顶部设有双卷圆弹簧,轴箱外侧设有垂向液压减振器	与Y32型转向架相同	轴箱顶部圆弹簧加垂向液压减振器	一组轴箱圆弹簧和一个液压减振器并联安装在轴箱外侧
轴箱定位	拉板式	油导筒式	弹性关节转臂式	转臂式	双拉板式	转臂式
基础制动装置	盘形制动并设有车轮踏面清扫装置	盘形制动和磁轨制动复合系统,并设有踏面清扫装置	盘形制动,磁轨制动及单侧闸瓦制动系统	盘形制动,磁轨制动及单侧踏面清扫装置	盘形制动,磁轨制动及单侧踏面清扫装置	盘形制动并设有车轮踏面清扫装置

一、DT200 型转向架

DT200 型转向架（图 4－42）是日本生产的高速动车组的客车转向架,最高运行速度为210 km/h,最高试验速度达到 256 km/h。

DT200 型转向架的结构特点如下:

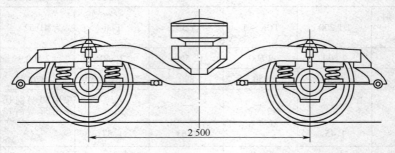

2 500

图 4－42 DT200 型转向架

1. 摇枕弹簧装置为无摇动台结构,采用膜式空气弹簧和半球形橡胶节点的摇枕纵向拉杆定位装置。采用全旁承承载的方法为车体和转向架之间提供回转阻尼,以抑制转向架的蛇行运动,其摩擦力矩为 16 000 N·m,此外,还设有两个横向液压减振器。

2. 轴箱弹簧装置采用两组螺旋弹簧加单向液压减振器的结构,轴箱定位采用 IS 型拉板式定位装置,利用拉板结构在纵向和横向的刚度不同来满足轴箱的纵向和横向定位的要求。拉板定位结构如图 4－43 所示。

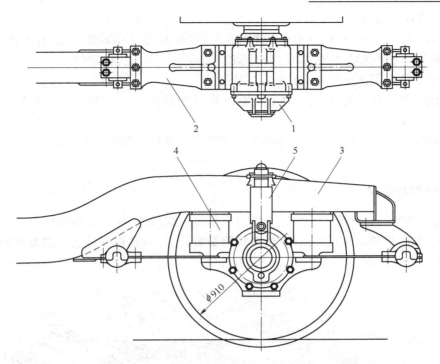

图4－43 拉板式轴箱定位装置

1—轴箱组成；2—拉板；3—构架；4—轴箱弹簧；5—液压减振器

3. 车轮直径为910 mm，采用1∶40的车轮踏面锥度和70°的轮缘角，有利于抑制轮对的蛇行运动和提高抗脱轨稳定性。

4. 采用盘形制动装置，制动圆盘装在车轮的幅板上。每台转向架设有4个制动缸，并设有车轮踏面清扫装置，以保持必要的制动黏着系数。

二、TCK－1型转向架

TCK－1型转向架（图4－44）是苏联研制的新型客车转向架，其运行速度可达200 km/h，于1972年正式投入生产。其结构特点如下：

1. 摇枕弹簧采用膜式空气弹簧，无摇动台装置。空气弹簧的附加空气室置于构架的侧梁内，空气弹簧与附加空气室之间设有节流孔，起减振作用，但在摇枕弹簧装置中还同时安装有

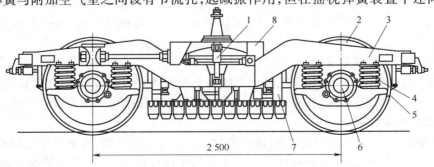

图4－44 TCK－1型转向架

1—垂向液压减振器；2—轮对；3—构架；4—轴箱弹簧；5—踏面清扫装置；
6—带防滑器的轴箱；7—磁轨制动装置；8—摇枕

垂向和横向液压减振器。

2. 采用全旁承支重。摇枕位于空气弹簧之上,摇枕两端设有下旁承,没有心盘,但有中心销起定位和传递水平力的作用。摇枕与构架之间采用纵向牵引拉杆定位。

3. 轴箱定位采用油导筒导柱式的定位装置。

4. 采用轻型轮对,轴箱内装有球形止推轴承,车轮踏面由1:100、1:20和1:7三种斜度组成,轮缘角为65°。

5. 基础制动装置采用盘形制动和磁轨制动的复合系统,并设有踏面清扫装置和电传机械式的防滑器。

三、Y32 型转向架

Y32 型转向架是法国生产的有代表性的客车转向架,以后的高速转向架是在 Y32 基础上发展起来的。Y32 型转向架主要由构架、摇枕弹簧装置、轮对轴箱弹簧装置和基础制动装置等组成,如图4-45所示。

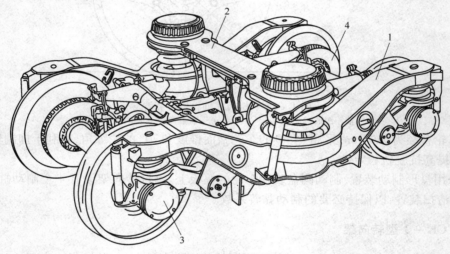

图4-45　Y32 型转向架
1—构架;2—摇枕弹簧装置;3—轮对轴箱弹簧装置;4—基础制动装置

（一）转向架构架

构架为钢板组焊结构,由两根较为粗大的变截面侧梁和两根管形横梁组成。两横梁之间有一根纵向梁相连系,侧梁中部下凹成 U 形,侧梁中部设置有摇枕弹簧座,在构架各梁上还设有各种装置的安装座。

（二）轮对轴箱弹簧装置

轮对采用直径为890 mm的车轮,踏面形状为磨耗型。轴箱弹簧为一组双卷螺旋弹簧,它置于轴箱顶部,与轴箱弹簧并联装有一个液压减振器。轴箱定位采用弹性关节转臂式定位装置。

（三）摇枕弹簧装置

摇枕弹簧装置为无摇动台结构。摇枕弹簧为一组单卷螺旋弹簧,直接坐落在构架的弹簧座内。摇枕置于枕簧上部,车体通过摇枕直接支承在两个螺旋弹簧上,摇枕与构架之间装有两个垂向液压减振器和一个横向减振器。

Y32 型转向架的弹簧装置相当柔软,为了防止侧滚角过大,在摇枕弹簧装置中设置了抗侧滚稳定器(图2-36),它不影响摇枕在上下、左右方向的运动,仅仅能阻止车体的倾斜。

当运行速度超过200 km/h，为了有效地抑制转向架的蛇行运动，在 Y32 型转向架上需要安装抗蛇行运动减振器以提供足够的回转阻尼，如图 4－46 所示，图中 BC 杆件具有相当大的扭转刚度，它的两端通过轴承固定在摇枕上。CD 杆和 BF 杆是两根垂向臂与 BC 杆焊成一体。DE 为水平连杆，一端与 CD 杆铰接，另一端固定在构架的横梁上。FG 为抗蛇行减振器，一端与 BF 杆铰接，另一端与构架横梁相连。这种结构的特点是它不妨碍摇枕在上下方向和相对于构架前后方向的

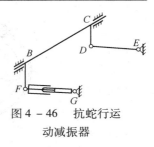

图 4－46 抗蛇行运动减振器

运动，但当摇枕相对于构架作摇头振动时，则抗蛇行运动减振器阻止这种转动。

Y32 型转向架牵引力传递方式比较特殊，它是依靠连接车体与构架上纵向梁之间的钢丝绳来传递的，这样的传递方式可以减轻车体与构架之间的纵向冲击。在车体与构架之间设有纵向挡，当钢丝绳上的牵引力超过 120 kN 时，纵向挡开始起作用。此外，在构架的纵向梁与摇枕之间还设有具有刚度呈递增特性的横向挡以限制摇枕的横向位移量。

（四）基础制动装置

Y32 型转向架的基础制动装置采用单侧铸铁闸瓦单元制动和盘形单元制动两种组合的制动装置。根据高速运行的需要还可以加装磁轨制动装置。

在 Y32 型转向架的基础上，法国又研制成功多种形式的高速客车转向架，其中具有代表意义的是 Y32P 型和 Y237 型客车转向架。Y32P 型转向架的结构特点是在二系悬挂中采用空气弹簧代替了原单卷螺旋弹簧，其余结构则与 Y32 型基本相同。Y237 型转向架是为法国 TGV 高速列车设计的铰接式客车转向架。这种列车的特点是相邻两车的车端铰接后支撑在同一台转向架上。Y237 型客车转向架为无摇枕空气弹簧结构，车体直接支承在空气弹簧上，而且其支点比车体的重心要高，这有利于提高车辆的运行平稳性和稳定性。转向架的中部设有牵引中心装置，做为转向架的转动中心和用以传递牵引力和制动力。Y237 型客车转向架的最高试验速度曾达到 515.3 km/h。

图 4－47 所示的转向架是由意大利的菲亚特公司和法国国营铁路联合设计由菲亚特公司制造的 Fiat 型转向架，在结构上与 Y32 型转向架相似，也具有良好的高速运行性能，被国际铁路联盟选作欧洲的标准型客车转向架。

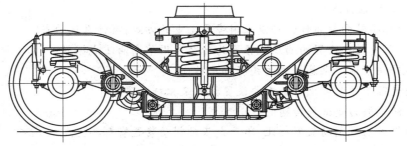

图 4－47 Fiat 型转向架

四、MD52 型转向架

Minden－Duetz 型（简称 MD 型）客车转向架是德国使用的主型客车转向架。MD52 型客车转向架的外形如图 4－48 所示。

MD52 型转向架最高运行速度为 300 km/h。在 MD52 型转向架上采用具有弹性节点的双拉板轴箱定位结构。轴箱弹簧置于轴箱顶部，与轴箱弹簧并联安装有垂向液压减振器。车轮采用

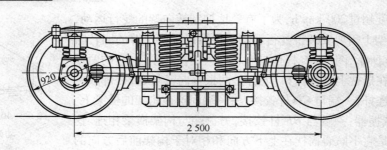

920

2 500

图4－48　MD52型转向架

DBⅡ型磨耗形踏面。

摇枕弹簧装置为摇动台式结构,采用螺旋钢簧作为摇枕弹簧,同时装有两个垂向和一个横向液压减振器。由于MD52型转向架采用外侧悬挂,枕簧中心的横向跨距为2 580 mm,因此,不再设置抗侧滚装置。MD52型转向架设有机械式抗蛇行运动的回转阻尼装置。承载方式为旁承承载,中心销采用带橡胶垫的弹性结构。

MD52型转向架采用盘形制动和磁轨制动的复合制动系统,并装有踏面清扫装置。

复习思考题

1. 与货车转向架相比,客车转向架为了提高运行平稳性和运行速度,在结构上主要采取哪些技术措施?

2. 209T型客车转向架由哪几个部分组成?各组成部分的结构如何?

3. 206型客车转向架的结构特点?为什么采用U形构架?

4. 206KP、209HS、CW－2三种准高速客车转向架在结构上各有什么特点?

5. SW－160型转向架与206KP型转向架的异同?

6. 客车转向架上为什么要设置横向缓冲器(或横向弹性止挡)?横向缓冲器的间隙是根据什么原则确定的?

7. 为什么要采用轴箱定位结构?客车转向架的轴箱定位方式主要有哪几种?说明转臂式轴箱定位装置的结构特点?

8. 准高速客车转向架为什么可以采用旁承支重的方式?有什么优缺点?

9. 在第一系悬挂中设置的油压减振器为什么采用单向油压减振器?

10. 客车转向架第二系悬挂的方式有哪几种?

11. 准高速客车转向架上为什么要设置抗侧滚扭杆装置?

12. 车辆的牵引力是如何传递的?

13. 与杠杆式基础制动装置相比,单元式基础制动装置有哪些优点?

14. 发展高速客车转向架必须解决哪些技术问题?

15. 国外高速客车转向架在轴箱定位、承载方式、减振方式、第一系悬挂、第二系悬挂、基础制动装置等方面采取哪些技术措施来提高车辆运行平稳性、安全性和稳定性?

16. 为什么由于空气弹簧的使用,转向架可以采用无摇动台、无摇枕结构?无摇动台、无摇枕转向架的结构有什么特点?为什么高速客车转向架通常采用无摇动台、无摇枕结构?

17. CRH1、CRH2动力转向架和非动力转向架的结构特点是什么?简述动车组动力转向架和非动力转向架的异同?

参 考 文 献

[1] 西南交通大学. 车辆构造. 北京:中国铁道出版社,1980.

[2] 程冰. CW－200 系列无摇枕转向架的研制. 铁道车辆. 2005(4).

[3] 傅小日. 我国客车转向架发展的概述. 铁道车辆. 2005(8,9,10,11).

[4] 李芾,傅茂海. 高速客车转向架发展及运用研究. 铁道车辆. 2004(10).

[5] 李芾,傅茂海. 高速客车转向架发展模式. 交通运输工程学报. 2002(3).

[6] 虞大联. 试验型铰接式高速客车转向架研制. 铁道车辆. 2003(2、3).

[7] 虞大联. SW－160 型转向架的研制. 铁道车辆. 1999(9).

[8] 王欢春. 德国新型客车转向架. 国外铁道车辆. 1999(5).

[9] 王松文,崔洪举,张洪. 206(206G) 型转向架构造与检修. 铁道车辆. 1999(1,2,3,4,5).

[10] 金莲珠,杨晨辉. CW－2 型准高速客车转向架. 铁道车辆. 1995(12).

[11] 黄诒祥,沈培德,钱立新,楚永萍. 209HS 型准高速客车转向架. 铁道车辆. 1995(12).

第五章　摆式列车及城市轨道交通车辆转向架

第一节　摆式列车的基本原理

一、摆式列车的提出

提高旅客列车的运行速度,主要有以下两条途径:

1. 修建高速铁路,开行高速旅客列车;

2. 改造既有铁路,开行摆式旅客列车。

修建高速铁路受到许多发达国家的重视,但投资大,建设周期长,只是在日本、法国、德国、西班牙等少数发达国家采用,因此,高速铁路总里程有限。而既有铁路由于曲线多、曲线半径小,且由于客、货列车共线,线路曲线外轨超高设置受到一定限制,因此,既有线路的曲线限制了旅客列车速度的提高。

当列车通过曲线时,线路曲线超高不足限制了列车速度的提高,如果车体能够向曲线内侧倾斜一定的角度,使车体重力产生更大的横向分力,在未平衡离心力不增加的条件下,以减少由于曲线外轨超高不足而对列车曲线通过速度的限制,即相当于增加了曲线外轨超高,可以提高列车通过曲线的速度而不降低旅客舒适度,因此,产生了车体可倾摆式列车,简称摆式列车。摆式列车是提高既有铁路旅客列车速度的有效运输装备。

摆式列车的基本原理是:在列车通过曲线时,车体倾摆装置使车体向曲线内侧倾斜一定角度,部分抵消列车通过曲线时车体未被平衡的离心加速度,使作用在旅客身体上的离心加速度保持在容许的范围之内,如图 5 - 1 所示,从而提高列车通过曲线时的运行速度。

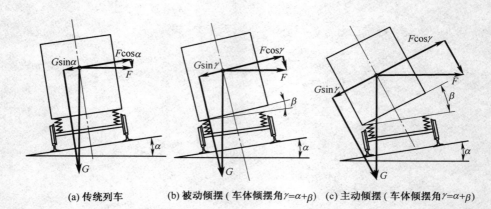

(a) 传统列车　　(b) 被动倾摆(车体倾摆角 $\gamma = \alpha + \beta$)　　(c) 主动倾摆(车体倾摆角 $\gamma = \alpha + \beta$)

图 5 - 1　摆式列车的基本原理

在图 5 - 1 中, G 为车体重力, F 为作用在车体上的离心力, α 为轨道外轨超高角, β 为车体实际倾摆角。

对于普通列车,列车通过曲线时的速度 $v(\mathrm{km/h})$ 为

$$v = \sqrt{\frac{R(h + \Delta h)}{11.8}} \qquad (5-1)$$

式中　R ——曲线半径(m)；

　　　h ——曲线外轨超高(mm)；

　　　Δh ——容许欠超高(mm)。

对于摆式列车,通过曲线时的速度 v 为

$$v = \sqrt{\frac{R(h + \Delta h + 2S\tan\beta)}{11.8}} \qquad (5-2)$$

式中　$2S$ ——车轮左右滚动圆横向间距,对于准轨铁路,$2S = 1\ 493$ mm；

　　　β ——车体倾摆角。

比较式(5-1)和式(5-2)可知,在相同的条件下,摆式列车能提高列车曲线通过速度。

采用摆式旅客列车提高通过曲线的速度后,可以缩短旅行时间,提高旅客的旅行速度,主要原因是：

(1)采用车体倾摆技术可以弥补线路曲线外轨超高不足,以提高列车通过曲线的速度；

(2)列车曲线通过速度提高后,减少了由于曲线限速所需要的进入曲线前制动减速过程和出曲线后加速过程所占用的时间。

二、摆式列车的分类

根据倾摆原理的不同,摆式列车分为被动摆式列车和主动摆式列车两种。

被动摆式列车的车体摆动中心(简称摆心)在重心的上方,可利用离心力的作用使车体自然地向曲线内侧倾斜,如图5-1(b)所示,所以又称为自然摆或无源摆。被动倾摆的倾摆角度可以达到3.5°~5°,倾摆角度较小,列车提速的幅度不大,由于倾摆装置存在阻力,进入和驶出曲线时车体倾摆滞后,舒适性较差。日本的283系,瑞士SIG的NEIKO,西班牙的Talgo Pendular等摆式列车采用了被动摆形式。

主动摆式列车的车体摆心在重心附近,但必须依靠一个外加的动力源,才能够使车体产生必要的倾斜,故又称为有源摆式列车或强制摆式列车。主动倾摆的车体倾摆角可达8°~10°,列车提速幅度较大,倾摆中心也可较低,车体重心横移小,对舒适性和车辆的安全性有利,但结构相对复杂。瑞典的X2000、德国的VT611、意大利FIAT的ETR460、英国西海岸摆式列车等采用了主动摆的形式。

摆式列车的倾摆机构主要有四连杆式倾摆机构、磙子式倾摆机构、吊钟式倾摆机构和扭杆式倾摆机构。其中吊钟式倾摆机构由于摆心较高,常用于被动摆式列车。

按照倾摆机构安装位置的不同,摆式列车又可分为簧上摆和簧间摆两种。

簧上摆是指包括作动器在内的倾摆机构布置在二系悬挂之上、车体之下的倾摆方式。采用簧上摆结构,倾摆机构直接作用于车体,车体倾摆角不受损失,但在倾摆过程中,车体重心横向偏移较大,二系弹簧受力状况较差,往往需要安装二系横向主动悬挂装置。

簧间摆是指包括作动器在内的倾摆机构都布置在一、二系悬挂之间的倾摆方式。采用簧间摆结构,二系弹簧和车体一起倾摆,二系弹簧受力不受倾摆的影响,受力状况较好,一般情况下,不需要二系横向主动悬挂装置。缺点是在倾摆过程中,二系弹簧要变形,车体实际倾摆角小于理论倾摆角。

主动摆式列车倾摆系统的驱动方式也各不相同,主要有液压式、气动式和机电式三种。气

动式驱动方式体积大,由于空气具有可压缩性,所以,响应速度比较慢,在缓和曲线的起始点存在响应迟滞现象,而且受结构限制,提供的倾摆力有限;液压式驱动方式技术成熟,响应速度快,但体积大,检修维护复杂;机电式倾摆系统除了具有同液压式倾摆系统相同的功能外,还具有能耗低、性能稳定、无油泄漏、成本低、结构简单、重量轻及易维护等优点。

第二节　摆式列车转向架

采用了车体倾摆技术,当列车通过曲线时旅客不会感受到过大的横向加速度,舒适性不会受到太大影响,但车体的倾摆并不能降低整个车辆所受到的离心力。列车通过曲线的速度提高后,车辆受到的离心力加大,轮轨之间的横向作用力也增大,如仍使用传统的客车转向架,必然会加剧轮轨之间的磨耗,降低列车的运行安全性。因此,在研制摆式客车倾摆系统的同时,必须研制能适合在既有线路上快速、安全通过曲线的转向架。世界各国根据不同的线路情况,研制出多种形式的摆式客车转向架,比较典型的有以下三种:

1. 以 X2000 为代表的一系柔性悬挂摆式列车转向架;

2. 以 VT611 为代表的自导向径向摆式动车组转向架;

3. 以 Fiat – SIG 为代表的迫导向径向摆式列车转向架。

一、瑞典 X2000 摆式列车转向架

X2000 是瑞典 ABB 公司开发成功的摆式列车,是目前世界上较为成功的摆式列车之一。X2000 摆式列车转向架为一系柔性定位转向架,如图 5 – 2 所示。

X2000 摆式列车转向架主要由轮对、一系人字形橡胶堆、一系减振器、制动盘、构架、抗蛇行减振器、摇枕、液压作动器、八字形吊杆、摆枕、二系空气弹簧、牵引拉杆和抗侧滚扭杆等组成。这种转向架的基本结构及基本原理如下:

1. 一系悬挂(轴箱悬挂)采用定位刚度相对较小的人字形橡胶弹簧定位和一系液压减振器。由于人字形橡胶弹簧的三向刚度可以通过调整橡胶的安装角度进行适当的选择,所以X2000 转向架的轮对摇头定位刚度可以取得较小,使一系纵向有较大的柔性,以减小车辆通过曲线时的轮对冲角和轮轨横向力,可提高曲线通过能力。在构架和轴箱之间装有一系液压减振器,一系减振器与垂直线之间有一定夹角,不但使轴箱和构架之间在垂向和横向都有减振作用,还可补偿因一系定位刚度太软而降低的蛇行运行临界速度。

由于一系纵向有较大的柔性,与普通的刚性较大的转向架相比,X2000 摆式列车在通过曲线时轮对可较容易地趋于径向,如图 5 – 3 所示。这种转向架在半径较大的曲线上趋于曲线径向的能力较好,但曲线半径较小时,导向效果不佳。

2. X2000 摆式列车转向架的二系悬挂采用空气弹簧,置于摆枕和车体之间,由于摆枕是可以倾摆的,所以二系弹簧和车体一起倾摆,这样可减少车辆通过曲线时由于车体倾摆引起的二系悬挂横向力。

3. 在摆枕和摇枕之间设置车体倾摆机构,属于簧间摆结构。车体倾摆机构为四根"八"字形吊杆和两个液压作动器。液压作动器的一端位于摆枕上,另一端位于摇枕上,车体和倾摆机构的重量通过吊杆机构坐落在摇枕上,如图 5 – 4 所示。车辆通过曲线时,一个液压作动器伸长,另一个液压作动器缩短,推动摆枕和车体倾摆一定的角度,以抵消部分未平衡的离心力。

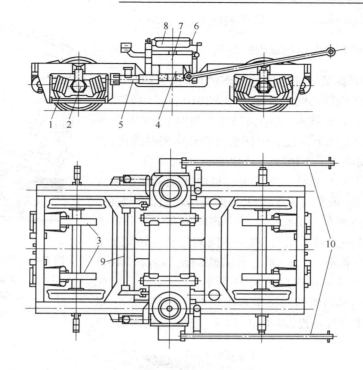

图 5 – 2　X2000 摆式列车非动力转向架

1—人字形橡胶堆;2——系减振器;3—制动盘;4—摇枕;5—抗蛇行减振器;
6—摆枕;7—液压作动器;8—空气弹簧;9—抗侧滚扭杆;10—牵引拉杆

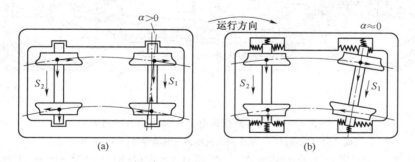

图 5 – 3　X2000 转向架径向调节功能示意图

（a）轮对刚性定位转向架;（b）X2000 一系轮对柔性定位转向架

4. 下摇枕通过橡胶堆支撑在构架的侧梁上,并可绕中心销相对车体转动。在下摇枕和构架之间安装有抗蛇行减振器,下摇枕两端有两根牵引拉杆和车体相连,传递牵引力和制动力。

5. 在车体和摆枕之间安装有抗侧滚扭杆装置,以增加车体的抗侧滚稳定性。

6. X2000 摆式列车转向架采用盘形制动,非动力转向架每根轴上安装有两个制动盘。

试验研究表明,X2000 摆式列车由于采用了主动车体倾摆技术和一系柔性定位技术,在曲线上的运行速度可提高 25% ~ 35% 。

X2000 摆式列车转向架的主要技术参数如下:

轨距	1 435 mm	最高运行速度	210 km/h
轴重	17 t	转向架轴距	2 900 mm

轮径(新) 880 mm 通过最小曲线半径 120 m

二、德国 VT611 摆式电动车组转向架

1986 年德国开始研究使用摆式列车的可行性,1988 年在巴伐利亚地区的快速铁路线上开始使用 VT610 摆式内燃动车组。VT610 引用了 Fiat 技术,其结构与意大利的 ETR450 基本相同,在 VT610 的基础上通过对倾摆系统和转向架的改进,德国自己研制、开发成功了 VT611、VT612 摆式电动车组。

VT611 摆式电动车组转向架是带有机电式主动倾摆装置的转向架,该转向架是专门为 VT611 型摆式动车组而开发的。VT611 动车组的每辆车上都有一个动力转向架和一个非动力车转向架,两种转向架基本相同,唯一不同的是动力转向架上有车轴传动箱,而非动力转向架上有磁轨制动装置。VT611 非动力车转向架的基本结构如图 5 - 5 所示。

VT611 摆式电动车组转向架主要由轮对、一系弹簧、一系垂向减振器、轮对导向装置、制动盘、构架、抗蛇行减振器、机

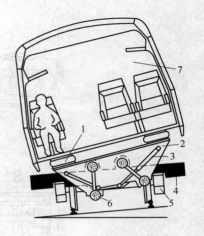

图 5 - 4 倾摆系统原理图
1—空气弹簧;2—上摇枕;
3—液压作动器;4—下摇枕;
5—构架;6—吊杆;7—车体

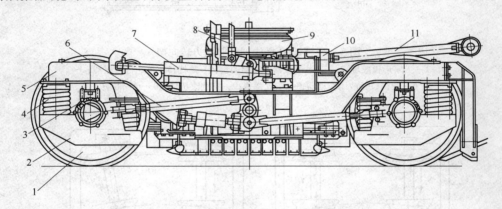

图 5 - 5 VT611 型摆式电动车组非动力转向架
1—轮对;2—轴箱;3——系垂向减振器;4—轴箱弹簧;5—转向架构架;
6—轮对导向机构;7—抗蛇行减振器;8—抗侧滚扭杆;9—空气弹簧;10—摆枕;11—牵引拉杆

电式作动器、八字形吊杆、摆枕、二系空气弹簧、牵引拉杆和抗侧滚扭杆等组成。VT611 非动力转向架的基本结构如下:

1. 一系悬挂(轴箱悬挂)采用对称布置的螺旋圆弹簧和橡胶定位弹簧,将构架支撑在轴箱上,轴箱和构架之间安装有一系垂向液压减振器。设置导向装置将前后轮对联系在一起,这种装置称为转向架的自导向调节装置,它使轮对在较小的曲线上有较佳的径向调节功能,通过上述连接装置,也能补偿由于轮对定位刚度减小而降低的蛇行运动稳定性。

2. VT611 转向架的二系悬挂采用空气弹簧,置于摇枕和车体之间,由于摇枕是可以倾摆的,所以二系弹簧和车体一起倾摆,这样可减少车辆通过曲线时由于车体倾摆引起的二系悬挂横向力。

3. 在摇枕和构架之间有车体倾摆机构,车体倾摆机构为四根"八"字形吊杆和一个滚珠丝杆直线驱动的电动调节器,如图 5 - 6 所示,位于摆枕和构架侧梁之间,车体和倾摆机构的重量

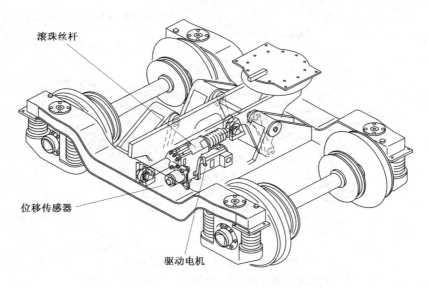

图5－6　VT611机电作动器安装示意图

通过吊杆机构坐落在构架横梁上,如图5－7所示。车辆通过曲线时,机电式作动器推动摆枕和车体倾摆一定的角度,以抵消部分未平衡的离心力。

4. 在摆枕和车体之间安装有抗蛇行减振器,用一根牵引拉杆将摆枕中部和车体相连,传递牵引力和制动力。

5. 在车体和摆枕之间安装有抗侧滚扭杆装置,以增加车体的抗侧滚稳定性。

6. VT611摆式电动车组转向架采用盘形制动,非动力转向架每根轴上安装有两个制动盘。

1995年11月至1996年1月,对装有新型倾摆系统和径向调节装置转向架的VT611摆式电动车组在墨尔斯布鲁克－佩格尼茨和特里尔－梅特拉赫线路上进行了试验。试验结果表明,VT611摆式动车组在曲线上可提高运行速度25%,同时能保持相同的旅客舒适度。

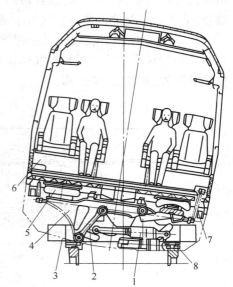

VT611摆式电动车组转向架的主要技术参数如下:

轨距	1 435 mm	最高运行速度	160 km/h
最大轴重	14.5 t	转向架轴距	2 450 mm
轮径(新)	890 mm	通过最小曲线半径	125 m

VT611摆式列车转向架的径向机构在使用中出现了疲劳裂纹现象,经改进后的转向架用于VT612摆式动车组中。

图5－7　VT611倾摆系统原理图
1—机电式作动器;2—吊杆;
3—转向架构架;4—摇枕;5—空气弹簧;
6—车体;7—抗侧滚扭杆;8—轴箱弹簧

三、Fiat－SIG摆式列车迫导向径向转向架

瑞士国铁(SBB)在1996年委托Adtranz(德国)和Fiat－SIG组成的集团研制24辆带主动倾摆装置的摆式列车。这种列车利用了瑞士工业公司(SIG)长期研制、开发径向转向架的技

术和经验,开发了新型的导航式(NAVIGATOR)(即迫导向)Fiat – SIG 摆式列车转向架。Fiat – SIG摆式列车迫导向径向转向架的外形如图5 – 8所示。

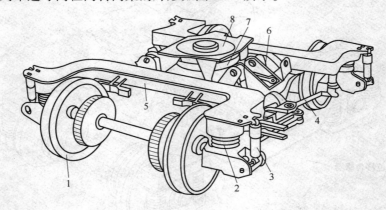

图5 – 8 Fiat – SIG 迫导向转向架

1—轮对;2—轴箱弹簧;3——系垂向减振器;4—迫导向装置;
5—转向架构架;6—摆枕;7—空气弹簧;8—下心盘

Fiat – SIG 摆式列车迫导向径向转向架主要由轮对、一系轴箱弹簧、一系垂向液压减振器、迫导向径向装置、抗蛇行减振器、转向架构架、摆枕、滚动轴、导向滚轮、空气弹簧、机电式倾摆装置、下心盘等部件组成。它的基本结构如下:

1. 一系悬挂(轴箱悬挂)采用螺旋圆弹簧和一系垂向液压减振器,将构架支撑在轴箱上。有一导向装置将前后轮对和空气弹簧上的枕梁联系在一起,这种装置称为转向架的迫导向径向调节装置,如图5 – 9所示。

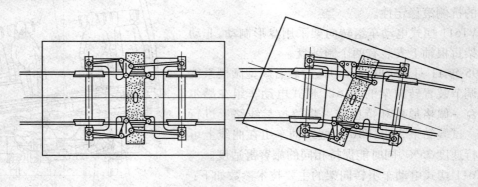

图5 – 9 Fiat – SIG 转向架迫导向机构径向调节功能示意图

图5 – 9所示的导向装置的导向原理是依靠车辆通过曲线时枕梁相对构架的转动来推动轮对摇头运动,使轮对在曲线上处于径向位置。这种转向架与自导向转向架的导向原理不同,即使在半径很小的曲线上,通过选取合适的导向机构参数,这种转向架的轮对也可处于完全的径向位置,它能够有效地减小轮轨横向力和轮轨磨耗,这种转向架特别适合在曲线较多、曲线半径较小的线路上运行。另外,通过迫导向径向连接装置,也能补偿由于轮对定位刚度减小而降低的蛇行稳定性。

2. Fiat – SIG 转向架的二系悬挂为一个空气弹簧,位于转向架的中部,空气弹簧置于摆枕和车体之间,由于摆枕是可以倾摆的,所以二系弹簧和车体一起倾摆,这样可减少车辆通过曲线时由于车体倾摆引起的二系悬挂横向力。

3. 在摆枕和构架之间有车体倾摆机构,车体倾摆机构为一个圆弧形的滚动轴、导向滚轮和一个机电式作动器,车体和倾摆机构的重量通过滚动轴作用于构架上,如图 5 – 10 所示。车辆通过曲线时,机电式作动器推动摆枕绕导向滚轮滚动,使车体倾摆一定的角度,以抵消部分未平衡的离心力。

4. Fiat – SIG 迫导向径向转向架的抗蛇行减振器与导向杠杆相连,通过杠杆可以提高减振器的效益,杠杆同时也传递牵引力和制动力。

5. 在车体和摆枕之间安装有抗侧滚扭杆装置,以增加车体的抗侧滚稳定性。

6. Fiat – SIG 迫导向摆式列车转向架采用盘形制动,非动力转向架每根轴上安装有两个制动盘。试验表明,Fiat – SIG 转向架的径向调整范围可通过 200 m 的小半径曲线。同装弹性定位轮对的转向架相比,在 300 m 曲线上轮轨磨耗将减小 30% 左右,轮轨动作用力可降低 50% 左右,可见该转向架的导向效果是非常显著的。

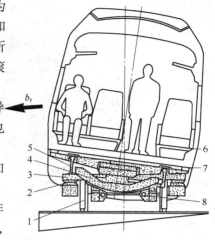

图 5 – 10　Fiat – SIG 倾摆系统原理图
1—轮对;2—轴箱弹簧;3—构架;
4—摆枕;5—抗侧滚扭杆;
6—车体;7—空气弹簧;8—导向滚轮

第三节　城市轨道车辆转向架

城市轨道车辆简称城轨车辆,主要有地铁车辆、轻轨车辆和城市有轨电车等。

一般的铁路车辆是由机车牵引在铁道上行驶的。而城市轨道车辆则多为电动车辆,它本身具有牵引电机和齿轮减速箱装置,使车辆能够独立或成组地沿铁道运行,不需要专门的机车牵引。由于城市轨道车辆主要承担运送旅客的任务,所以它的转向架也应具备一般客车转向架的各种装置和性能。除此以外,城市轨道车辆转向架应具有较低的噪声和适应载重量变化较大的能力。

与干线铁路相比,城市轨道交通有以下特点:

1. 道床薄,轨重轻,轨道弹性差,对轴重要求严格;

2. 曲线多,曲线半径小,缓和曲线短,顺坡率大,线路坡度大,线路条件较差;

3. 列车运行速度不高,但站间距短,启停频繁;

4. 行车密度大,行车间隔小;

5. 载客量大,对整车的轻量化要求高;

6. 空重车载荷差别大,为满足连挂及地板面高度的要求,轴箱悬挂的垂向刚度较大。

此外,城轨车辆在人口密集的城市运行,安全可靠性要求高,对列车运行噪音和环境污染有十分严格的要求。由于城轨交通的特殊性,在这些线路上运行的车辆也应与之相适应。

我国早期地铁转向架为 DK 型转向架。DK 型系列地铁转向架有 DK_1 型、DK_2 型、DK_3 型等,近来研制出了 DK_6 型、DK_7 型、DK_8 型、SDB – 80、跨坐式单轨转向架等城轨车辆转向架。

一、DK_3 型地铁转向架

图 5 – 11 所示为 DK_3 型地铁车辆转向架。由于二系悬挂采用了空气弹簧,故又称空气弹

簧式转向架。它的走行部分由轮对轴箱弹簧装置、构架、摇枕弹簧装置、纵向牵引拉杆和基础制动装置等部分组成。其主要技术参数见表 5 - 1。

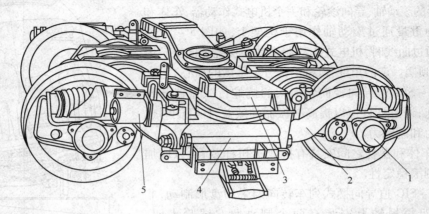

图 5 - 11　DK$_3$ 型地下铁道客车转向架

1—轮对轴箱弹簧装置;2—构架;3—摇枕弹簧装置;4—纵向牵引拉杆;5—基础制动装置

表 5 - 1　DK$_3$ 型地铁转向架主要技术参数

固定轴距	2 100 mm	载重时转向架弹簧装置总静挠度(当量)	206 mm
轴型	RC$_0$	轴箱弹簧装置静挠度	39 mm
轮径	840 mm	摇枕弹簧装置静挠度(当量)	167 mm
两旁承中心距	1 700 mm	转向架弹簧装置总刚度	0.753 MN/m
转向架自重	6.5 t	摇枕弹簧中心横向跨距	1 930 mm
最高运行速度	80 km/h	轴箱弹簧中心横向跨距	1 930 mm

1. 轮对轴箱弹簧装置

DK$_3$ 型转向架轴箱弹簧装置的特点是轴箱弹簧呈水平放置(图 5 - 12),采用金属橡胶弹性铰式的轴箱定位结构。

DK$_3$ 型转向架采用非标准 RC$_0$ 型滚动轴承车轴,车轴两端与 RC$_0$ 型车轴相同,中央部分加粗并有专门的传动齿轮安装座,供安装牵引装置用。滚动轴承采用 42724T 和 152724T 型。为了降低车辆重心,并充分利用地铁车辆限界,采用了直径为 840 mm 的车轮。

金属橡胶弹性铰式的轴箱定位装置的结构比较独特,这种结构允许轴箱绕金属橡胶弹性铰的中心作弹性转动,同时也允许轴箱相对于构架在前后方向有微量位移。轴箱的一侧有一角形弯臂,轴箱弹簧水平地安装在构架和轴箱弯臂之间。当构架的载荷增加时,构架便逐渐下降,金属橡胶硫化轴套连同心轴也随着下降,于是轴箱就绕车轴中心转动,弯臂开始压缩轴箱弹簧。根据几何关系,构架下降量与轴箱弹簧压缩量之比等于车轴中心至硫化橡胶套中心水平距离与车轴中心至弹簧中心线垂直距离之比。

2. 摇枕弹簧装置

DK$_3$ 型转向架的摇枕弹簧装置采用无摇动台的空气弹簧悬挂形式,如图 5 - 13 所示。

摇枕由钢板组焊成空心鱼腹形等强度梁,上、下盖板厚 14 mm,腹板厚 8 mm。由于摇枕兼做空气弹簧的附加空气室,因此,做成箱型密封结构。摇枕支承在空气弹簧上,由气嘴与空气弹簧相连通,空气弹簧与摇枕之间除用一块厚橡胶垫密封外,摇枕下盖板与气嘴接触处外侧开一倒角,在倒角处装一个三角形断面的密封圈,由车体重量把密封圈压入倒角之中,从而保证

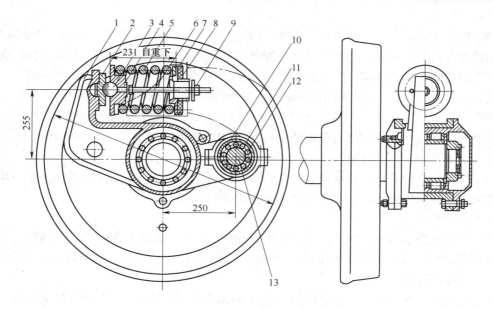

图 5 – 12　DK₃ 型客车转向架轴箱弹簧装置

1—轴箱体;2—滚道座;3—钢球;4—弹簧前盖;5—轴箱弹簧;6—螺栓;7—弹簧定位座;
8—橡胶缓冲垫;9—螺母;10—外套;11—硫化橡胶;12—内套;13—心轴

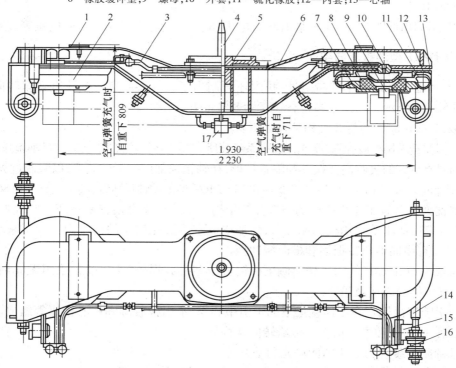

图 5 – 13　DK₃ 型转向架摇枕弹簧装置

1—下旁承及垫板;2—空气弹簧;3—空气管路;4—中心销;5—下心盘及垫板;6—摇枕;
7—空气弹簧座;8—橡胶垫;9—定位堵;10—节流孔;11—橡胶囊;12—橡胶垫;13—弹簧上盖;
14—纵向拉杆;15—高度控制阀;16—电磁阀及止回阀;17—差压阀

了气室的密封性。

DK₃ 型转向架采用自由膜式空气弹簧,并利用空气通过节流孔所产生的阻力来衰减振动,故不再设置专门的垂向减振器。装有高度控制阀,可以自动地控制弹簧的高度,同时,在左右两空气弹簧之间设置差压阀,它可以保证一侧空气弹簧发生故障时车体不发生倾覆。当空气弹簧无法充气时,其上盖板坐落在碗形橡胶垫上,可避免车体遭受硬性冲击,由于膜式空气弹簧具有横向复原力,故 DK₃ 型转向架不再设置摇动台,空气弹簧直接坐落在构架的侧梁上。在转向架的摇枕与构架之间装有纵向牵引拉杆,其作用是把轮周牵引力传递到摇枕上,但不妨碍摇枕在上下、左右方向的位移。

DK₃ 型转向架仍采用心盘承载的方式,下心盘直径为 360 mm。下旁承实际上是一块固定在摇枕上的渗碳摩擦板。上下旁承之间的间隙为 3～5 mm。

3. 构架

DK₃ 型转向架构架是由 20SiMn 低合金钢铸成的,在水平面呈 H 形,属于 H 形构架。它包括两根横梁和两根侧梁,各梁壁厚均为 12 mm。在构架上焊有电机座、齿轮箱吊座及各种制动吊座。

4. 基础制动装置

DK₃ 型转向架基础制动装置采用吊挂式单侧踏面制动,有两个直径为 178 mm 的制动缸分别安装在构架侧梁上,每一个制动缸控制转向架一侧车轮的制动。当使用空气制动时,制动缸推动水平杠杆和移动杠杆以及两轮之间的水平下推杆,使移动杠杆中部的闸瓦压紧相应的车轮,起制动作用。

除此以外,DK₃ 型转向架上还装有牵引电机、减速齿轮箱以及第三轨受电靴等装置。

二、CCDZ11 型地铁转向架

除 DK 型地下铁道客车转向架外,我国还研制出了 CCDZ11 型地下铁道客车转向架。其外形如图 5 – 14 所示。它的最高运行速度为 80 km/h。

CCDZ11 型转向架的主要结构特点如下:

1. 轴箱弹簧采用橡胶弹簧,既能保证一系悬挂所需要的弹簧静挠度,又能满足轴箱弹性定位的要求,同时具有良好的吸收高频振动和隔音性能,在轴箱顶部设有限位装置,以限制过大的位移。CCDZ11 型转向架采用 UIC –510 –2 型车轴和 152724QT 型滚动轴承装置,其车轮直径为 860 mm。

2. 摇枕弹簧装置采用无摇枕的空气弹簧结构。车体枕梁直接支承在两个空气弹簧上,空气弹簧通过定位座坐落在构架的侧梁上,附加空气室设置在构架的横梁内。为了减小车体的横向振动,设有横向油压减振器和横向缓冲挡。

3. 构架为 H 形焊接结构。构架侧梁由钢板压型拼装焊接,两根横梁采用无缝钢管制成。构架上设有各种安装座及吊座。

4. 牵引装置由固定在车体枕梁下的牵引中心销、牵引橡胶堆和中心销座等组成。牵引力通过中心销、橡胶堆和中心销座等传给转向架构架。

5. 基础制动装置为单侧踏面单元制动系统。

除此以外,转向架上也装有牵引电机、减速齿轮箱和第三轨受电装置。

三、SDB –80 型地铁车辆转向架

图 5 – 15、图 5 – 16 所示为中国南车集团四方股份公司为北京八通线地铁车辆设计制造的 SDB –80 地铁动力和非动力转向架,由构架组成、一系悬挂及轮对轴箱装置、二系悬挂装

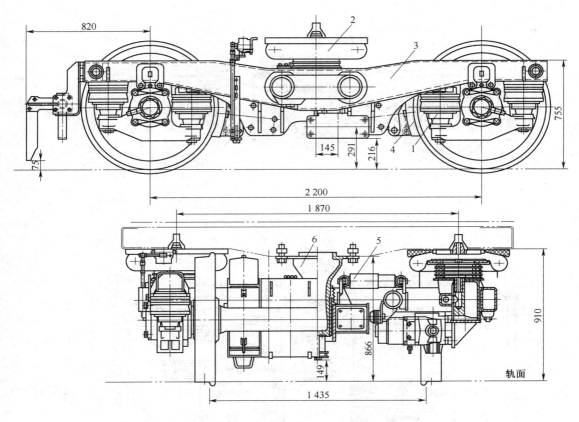

图5-14　CCDZ11型地铁转向架

1—轮对轴箱弹簧装置;2—空气弹簧装置;3—转向架构架;4—基础制动装置;5—横向油压减振器;6—牵引中心销装置

置、牵引装置、基础制动装置、排障器和ATP接收线圈、齿轮减速箱及挠性板联轴节、受流器安装、制动管路等组成,主要技术参数见表5-2所示。

表5-2　SDB-80型转向架主要参数

名　称	转向架型式		
	带司机室的动力车	不带司机室的动力车	非动力车
轴距(mm)	2 200		
轴箱间距(mm)	1 930		
最大长度(mm)	3 465(有排障器)	3 132(没有排障器)	
轴重(t)	≤14		
最高运行速度(km/h)	80		
车轮直径(mm)	840/770(磨耗到限)		
空气弹簧距轨面高度(mm)	855		
空气弹簧横向间距(mm)	1 850		
空气弹簧有效直径(mm)	540		
基础制动装置	单侧踏面制动单元,每轴配一个停车制动单元		
制动倍率	2.9		
每台转向架重量	6 920	6 856	4 490
通过最小曲线半径	正线:300 m 车场线:150 m		

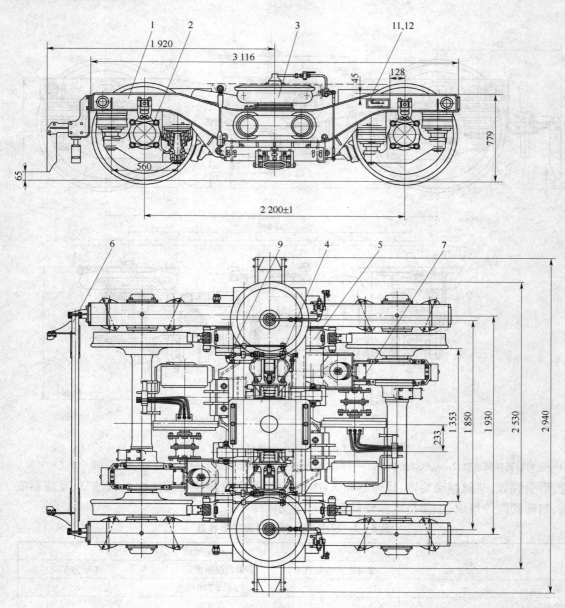

图 5 – 15 SDB – 80 动力转向架

1—构架组成;2——系悬挂及轮对轴箱装置;3—二系悬挂装置;4—牵引装置;5—基础制动装置;

6—排障器和 ATP 接收线圈;7—齿轮减速箱及挠性板联轴节;9—转向架制动管路

SDB – 80 型转向架的主要特点是:无摇枕、焊接 H 形构架、一系悬挂采用橡胶弹簧、二系悬挂采用空气弹簧、采用 Z 字形牵引装置、单侧踏面制动等。

1. 采用无摇枕车体支承方式和橡胶弹簧轴箱定位,减少了转向架中的摩擦副,简化转向架结构,并减少了零部件数量。

2. 轴箱悬挂由于采用了低横向刚度的圆锥形轴箱橡胶弹簧,不但简化了轴箱悬挂及轮对定位装置的结构,还减小了车辆通过曲线时的横向力,从而改善了车辆在曲线上的运行性能。

3. 中央悬挂装置采用了横向刚度较小的空气弹簧,以改善车辆乘坐舒适性。

4. 牵引方式采用 Z 字形全弹性无间隙牵引装置,可提供足够的牵引刚度,又避免了因间隙

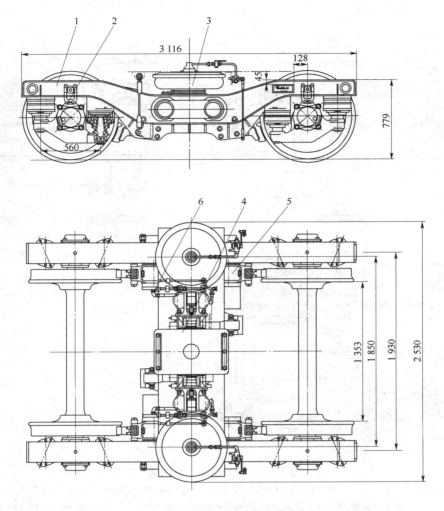

图 5-16　SDB-80 非动力转向架

1—构架组成;2——系悬挂及轮对轴箱装置;3—二系悬挂装置;4—牵引装置;5—基础制动装置;6—制动管路

引发的高频冲击传至车体。

5. ATP 及排障器安装梁为全弹性连接,在小横梁端部设置有橡胶弹性部件。

SDB-80 动力转向架的每根轴上由一台交流牵引电动机驱动。电机采用全悬挂方式安装在构架上。非动力转向架与动车转向架的不同之处在于构架横梁不设牵引电机悬挂座和齿轮减速箱悬挂座。

四、跨座式单轨转向架

图 5-17 为中国北车集团长客股份公司为重庆轻轨线路设计制造的跨座单轨转向架,主要技术参数见表 5-3 所示。

单轨转向架为跨座式结构,分为动力转向架和非动力转向架两种,主要由构架组成、走行轮组成、导向轮组成、稳定轮组成、走行辅助轮组成、中央悬挂装置、基础制动装置、停放制动缓解装置、基础制动配管、驱动装置、集电装置、内压检测装置、隔音板等组成;非动力转向架没有隔音板,但在转向架端部装有 ATP 天线,它的齿轮箱没有输入轴,主要起传递制动力的作用,并取消了牵引电机和联轴节。

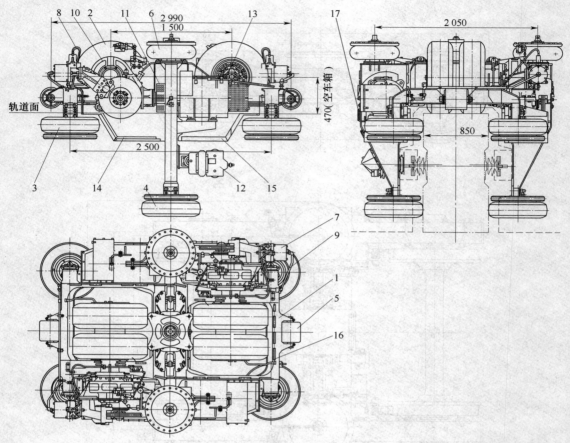

图 5-17 跨座式单轨转向架

1—构架组成;2—走行轮组成;3—导向轮组成;4—稳定轮组成;5—走行辅助轮组成;6—中央悬挂装置;7、9—基础制动装置;8—停放制动缓解装置;10—驱动装置;11—联轴节罩板;12—集电装置;13—内压检测装置;14、15—隔音板

表 5-3 跨座式单轨转向架主要技术参数

走行轮自由直径	1 006 mm	走行安全轮轴距	2 990 mm
走行轮轴距	1 500 mm	空气弹簧距轨面高度	928 mm
走行轮中心间距	400 mm	空气弹簧横向间距	2 050 mm
走行轮轴重	11 t	空气弹簧公称有效直径	450 mm
稳定轮自由直径	730 mm	最高运行速度	75 km/h
导向轮自由直径	730 mm	导向轮轴距	2 500 mm

跨座式单轨转向架具有以下特点:

(1)爬坡能力及曲线通过能力强:单轨车可以通过 60‰的坡道和曲线半径为 50 m 的线路,因此,单轨线路的选线非常自由。

(2)自重轻:走行轮的轴重仅为 11 t。

(3)运行噪声小:由于采用橡胶充气轮胎,噪声较小,避免了对环境的污染。

1. 构架组成

转向架构架为钢板焊接结构,由构架体、稳定轮支架、导向轮支架、减振器座和高度阀控制杆座等组成。构架体是由宽侧梁、窄侧梁、横梁和端梁组焊成的整体,在宽侧梁上焊有齿轮箱座,端梁上焊有走行辅助轮座;稳定轮支架的上部腔体作为空气簧的附加气室,在稳定轮支架中部有一个通过孔,用于联轴节的安装,电机座焊接在稳定轮支架的侧面,导向轮支架焊接在构架体上。

2. 走行轮胎组成

走行轮胎组成如图 5 - 18 所示,它采用充氮气的无内胎橡胶轮胎,可以降低运行时的噪音;起支撑作用的空心车轴为悬臂梁结构,压装到齿轮箱座内,走行轮芯通过两个轴承安装到空心轴上;驱动轴端还装有内压检测装置,通过两根空气软管把压力表和轮胎气门嘴连接起来,可以随时监测走行轮胎的压力。

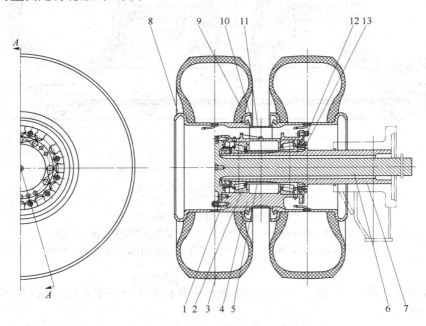

图 5 - 18　走行轮组成

1—楔块;2—轴承;3—轮胎;4—轮芯;5—轴承间隔筒;6—驱动轴;7—空心轴;8—轮辋;
9—锁环;10—边环;11—轮辋间隔筒;12—后盖;13—防尘圈

3. 导向轮组成

导向轮和稳定轮的轮胎均为橡胶轮胎,内充氮气,轮辋为锻铝材料,在轮辋上装有安全轮,当轮胎发生刺破或漏气时,安全轮就起导向轮、稳定轮的作用。

导向轮组成如图 5 - 19 所示。

走行辅助轮为实心轮,安装在转向架的两端,当走行轮发生刺破或漏气的情况下,可以由走行辅助轮承担走行任务,车辆仍可低速运行一段距离。

4. 中央悬挂装置

中央悬挂装置采用无摇枕结构,车体通过空气弹簧直接落在转向架构架上,中心销安装在车体枕梁上,中心销与中心销座之间通过特制螺栓连接,中心销座与构架横梁之间为 4 个牵引橡胶堆,中心销与中心销座之间还设有上下 2 个圆锥形橡胶,在构架横梁内安装有 2 个纵向止挡,减振器安装在中心销座与构架之间,在转向架上部设置的横向止挡可以限制车体过大的横

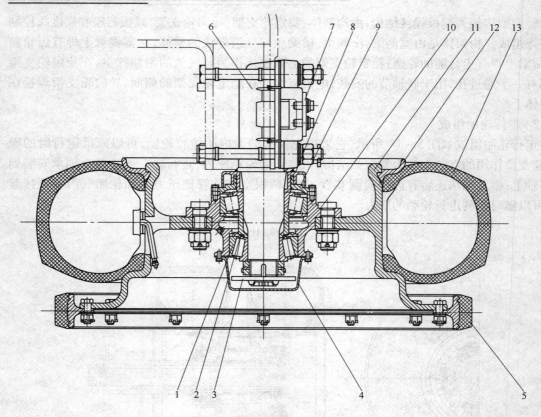

图 5-19　导向轮组成

1—轴承；2—轴承间隔筒；3—安全挡；4—下端盖；5—安全轮；6—车轴；
7—安全板；8—防尘圈；9—上盖；10—轮芯；11—轮辋；12—锁环；13—轮胎

向位移。

　　牵引力传递过程为：构架——牵引橡胶堆——中心销座——中心销橡胶（圆锥形）——中心销——车体。

　　5. 基础制动装置

　　基础制动装置包括：制动闸片、制动盘、空油转换器和卡钳等。空油转换器的作用是把空气压力转换成油压，卡钳则进一步提高压力将制动闸片推到安装于驱动装置的制动盘上，卡钳配备自动间隙调整装置，所以不需要调整制动闸片和制动盘之间的间隙；另外，每辆车的两个转向架中的一个安装带有停放制动的空油转换器，并配备手动缓解装置，在车内通过地板面的检查孔即可手动缓解；制动盘安装在齿轮箱的中间轴上，可以提高制动倍率。

　　6. 驱动装置

　　驱动装置包括：齿轮箱、联轴节、电机。齿轮箱为两级减速，直角传动结构，扭矩从输入轴通过伞齿轮传递到中间轴（制动盘安装在中间轴上），中间轴端部的小齿轮（斜齿圆柱齿轮）与连接驱动轴的大齿轮相啮合，把扭矩传递到车轮；联轴节为带有挠性板的 TD 联轴节，用于连接电机输出轴和齿轮箱输入轴；牵引电机通过 4 个安装螺栓紧固在构架的电机座上。

　　驱动装置组成如图 5-20 所示。

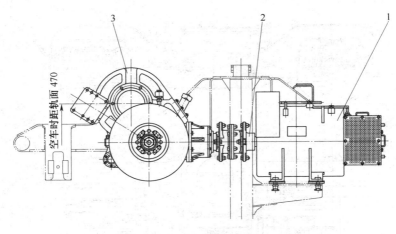

图 5-20 驱动装置组成
1—电机;2—联轴节;3—齿轮箱

五、国外地铁转向架

国外地铁转向架的种类很多,图 5-21 所示的地铁转向架是德国 Duewag 公司制造的无摇枕空气弹簧转向架。这种转向架分为动力转向架和非动力转向架两种。动力转向架上装有牵引电机和减速箱装置,非动力转向架上不设牵引减速装置。

图 5-21 为动力转向架,它由轮对轴箱装置、弹簧减振装置、转向架构架、中央牵引连接装置、牵引电机和齿轮减速箱装置以及制动装置等部分组成。

1. 轮对轴箱装置

轮对 3 由整体辗钢车轮和车轴压装而成。车轮直径为 840 mm,采用磨耗型踏面,允许车轮磨耗最小直径为 770 mm。

车轴轴身上装有齿轮减速箱 13,通过它将牵引电机 12 的转动力矩传给轮对,以牵引车辆沿轨道运行。

轴箱 2 由铝合金制成,轴承采用 SKF 双排单列圆柱形滚动轴承。

轴箱盖上设有速度传感器 15 和接地装置 16。

2. 弹簧减振装置

在构架导框和轮对轴箱之间装有人字形多层橡胶弹簧 4 作为一系弹簧减振装置,它由多层橡胶片和钢板硫化而成。选择人字形的倾角和橡胶片的层数,可达到所需要的轴箱弹簧静挠度,同时能够保证构架和轴箱之间在纵向和横向不同定位刚度的要求。此外,橡胶弹簧还有吸收高频振动和降低噪声的优点。

二系悬挂为无摇枕结构,它由空气弹簧 5、高度控制阀 17、垂直油压减振器 6、横向油压减振器 7、抗侧滚扭杆装置 8 和横向橡胶缓冲挡 9 等组成。

车体一端通过枕梁支撑在两个大柔度的空气弹簧上,空气弹簧坐落在构架侧梁中部的安装座上,构架与车体之间设有垂直油压减振器,用以衰减垂向振动。

抗侧滚扭杆从构架的横梁中穿过,其两端装有力臂杆和连杆,并与车体相连,用以抑制车体的侧滚振动。

3. 转向架构架

构架为箱形焊接结构,由两根侧梁和两根横梁组成 H 形。侧梁两端做成导框形状,导框

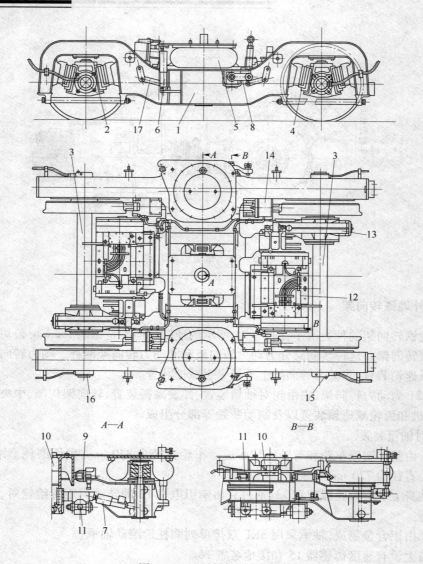

图 5 – 21　地铁动力转向架

1—构架;2—轴箱;3—轮对;4—橡胶弹簧;5—空气弹簧;6—垂直油压减振器;7—横向油压减振器;
8—抗侧滚扭杆装置;9—横向橡胶缓冲挡;10—中央牵引连接装置;11—牵引拉杆;12—牵引电机;
13—齿轮减速箱;14—单元踏面制动装置;15—速度传感器;16—接地装置;17—高度控制阀

内侧设有弹簧安装座,用以安装人字形橡胶弹簧。此外,构架上还设各种安装座及吊座,用来安装转向架的各种零部件。

4. 中央牵引连接装置

如图 5 – 22 所示,中央牵引连接装置由中心销、中心销导架、复合弹簧、中心架和牵引拉杆等组成。

中央牵引连接装置设于转向架中部,起着连接车体和转向架的作用,它的上部通过中心销导架固定在车体底架上,下部中心架安装在构架横梁中部的安装座上。中央连接装置不承受垂直载荷,中心销相对于中心架可以做上下运动,通过曲线时,转向架可以绕中心销相对于车体转动,因而起着转动中心的作用。两根牵引拉杆相对于中心销呈斜对称配置,其一端与中心

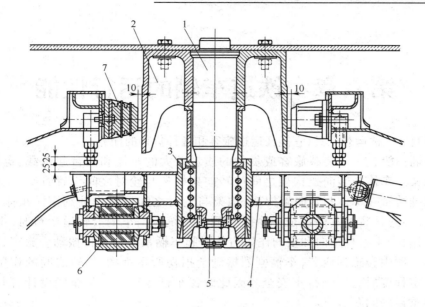

图 5 – 22　中央牵引连接装置

1—中心销;2—中心销导架;3—复合弹簧;4—中心架;5—定位螺母;6—牵引拉杆;7—横向橡胶缓冲挡

架相连,另一端与构架的横梁相连,它的主要作用是传递牵引力和制动力。设在中心销和中心架间的复合弹簧能够缓和牵引和制动过程中的冲击作用。

5. 制动装置

地铁转向架的制动装置由空气制动和电气制动两个系统组成。空气制动系统中的基础制动装置为单侧踏面单元制动。

复习思考题

1. 简述摆式列车的基本原理。

2. 摆式列车如何分类?

3. 摆式列车转向架有哪几种基本型式,X2000、VT611、Fiat – SIG 摆式列车转向架的基本结构是什么?

4. 和干线铁路相比,城市轨道交通有哪些主要特点? 城轨车辆在结构上应如何与此相适应?

5. SDB – 80 型地铁转向架的主要结构特点是什么?

6. 简述单轨跨座式转向架的特点和主要结构。

7. 说明 Duewag 地铁转向架的结构特点。

参 考 文 献

[1]李 芾,傅茂海,张洪,等. 高速摆式客车转向架方案设计及其动力学性能分析. 铁道车辆.2003(4).

[2]宋晓文. 北京八通线地铁车辆 SDB – 80 型转向架研制. 铁道机车车辆.2004(12).

[3]刘绍勇.重庆跨座式单轨车辆转向架.现代城市轨道交通.2006(1).

第六章 铁道车辆的运行性能

铁道车辆是一种运载工具,它担任运送旅客和各种货物的任务。

铁道车辆一般有一个装载旅客或货物的质量较大的车体和两台起承载、走行、导向等作用的转向架。车体与转向架构架之间或转向架构架与轮对之间设置具有一定弹性的悬挂装置。悬挂装置在车体与转向架构架、构架与轮对之间形成弹性约束。车体、转向架构架、轮对和弹性悬挂装置共同组成一个弹簧质量系统。当车辆沿轨道运行时,由于轮轨之间的相互作用,产生各种垂向和横向作用力并引起车辆系统的各种振动。旅客长期乘坐在不断振动的车厢中会感到疲劳,车辆剧烈振动会损伤所运货物,轮轨之间的作用力和车辆振动达到一定程度后会影响行车安全。因此改善车辆运行性能是车辆设计、制造、检修和运用中应当重视的问题。

本章将阐明车辆产生振动的原因,解析车辆振动的规律,确定车辆运行性能的方法,介绍车辆运行平稳性和安全性标准以及改善车辆运行品质的一些措施。

第一节 引起车辆振动的原因

实际的铁路轨道不可能是绝对平直和刚性的,铁路轨道上存在各种各样的不平顺,实际的车轮也不是一个理想几何圆形。因此,车辆在轨道上运行时,轮轨之间会出现不断变化着的轮轨作用力,这些作用力会激起车辆振动。引起车辆振动的原因很多,有些是确定的,有些是随机的。本节将介绍其中最基本的,而且具有一定规律的主要激振因素。

一、与轨道有关的激振因素

(一)钢轨接头处的轮轨冲击

一般线路是由 12.5 m 或 25 m 长的钢轨通过鱼尾板连接起来的。在无缝线路上,前后钢轨焊成一个整体,焊接处的强度和刚度与钢轨本身基本一致。一般线路上,钢轨接头处是一个薄弱环节。车轮通过钢轨接头时,轨道在接缝处会出现明显的形状变化,其中有接头处的接缝、台阶和折角。这些局部形状变化,使车轮通过钢轨接头时轮轨接触点出现跳跃,如图 6-1 所示。轮轨接触点跳跃形成轮轨之间的冲

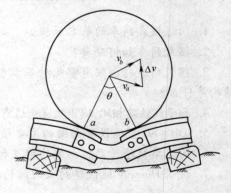

图 6-1 车轮通过钢轨接头

击。在分析车轮过钢轨接头处的冲击时,可以认为车轮过钢轨接头前的车轮瞬时转动中心为 a 点,轮心速度为 v_a,车轮过接头后瞬时转动中心由 a 点跳跃至 b 点,车轮中心速度为 v_b,车轮由 a 点至 b 点的速度变化为 Δv,车轮上受到的冲量为 S,则

$$S = M_w \Delta v = M_w v_a \theta \qquad (6-1)$$

式中 M_w——分配在每个车轮上的簧下质量;

θ——车轮通过钢轨接头前后轮轨接触点与轮心的张角。

我国铁路采用对接轨缝结构,同一轮对左右两车轮同时通过左右钢轨接头,轮对上所受的冲击是左右两车轮冲量之和。

轮对通过钢轨接缝处轮轨间的冲量大小与转向架的簧下质量、行车速度以及钢轨接头处的变形有关。车辆运行速度高,钢轨接头处的冲击就大;簧下质量小,轮轨间的冲击就小。在设计车辆时应尽可能减小簧下质量,如用弹性车轮和轻型轮对、转向架采用第一系悬挂时可以减小钢轨接头处的轮轨冲击。

钢轨接头处长期受冲击作用之后,轨道会产生永久变形,这些变形使 θ 角增大,从而使轮轨冲击也增大。

（二）轨道的垂向变形

轨道具有弹性,当车辆沿轨道运行时,在轮重的作用下,轨道也随轮对移动出现垂向弹性变形。一般的线路,在钢轨接头处刚度较小,其垂向弹性变形量也较轨条中部大,而且,钢轨接头处的轨道还有永久变形,钢轨在接头处的垂向总变形量也比轨条中部大。据

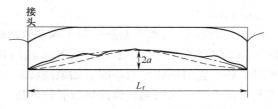

图6-2　有缝线路的垂向变形

统计,钢轨接头附近的下沉量比轨条中部大 10% ~15% 。因此,车轮沿钢轨运行时,轮轨接触点的迹线在垂向有图6-2的形状。在车辆动力学计算中,为了分析方便,把轮轨接触点垂向轨迹简化为半个正弦波式(6-2)或整个余弦波式(6-3),即

$$z_t = -\left| 2a\sin\frac{\pi vt}{L_r} \right| \tag{6-2}$$

$$z_t = a\left(\cos\frac{2\pi vt}{L_r} \right) \tag{6-3}$$

式中　$2a$——根钢轨的端部与中部下沉量之差;

$\quad L_r$——钢轨长度;

$\quad t$——自某初始位置经历的时间;

$\quad v$——车辆运行速度。

在一些研究中,轮轨接触点的垂向迹线也有用其他周期函数来表示。

（三）轨道的局部不平顺

铁道车辆在轨道上运行时还受到轨道各种局部不平顺的影响。例如车辆通过曲线时轨道垂向的超高及其顺坡,横向的方向变化、曲率半径变化和轨距的变化。再如车辆通过道岔的叉辙部时,由于存在有害空间,钢轨是不连续的,所以,轮对过叉辙时有垂向运动。由于道岔中有导曲线而无超高和缓和曲线,因此在横向有骤加的方向变化和曲率半径变化。除此而外,轨道还存在上坡下坡、钢轨局部磨损、擦伤,路基局部隆起和下沉,气温变化引起轨道涨轨等等。这些局部形状变化,都是激起车辆振动的原因。

（四）轨道的随机不平顺

轨道的不平顺,有些可以用确定的形式来描述,但是有些线路不平顺是不确定的,随时随地变化的。例如,路基不均质,轨道名义尺寸与实际尺寸的偏差等等,这些不平顺虽不能用确定形式来表达,但可以用数学统计的方法来描述。

为了便于分析,常把轨道不平顺分为轨距、水平、高低和方向等四种不平顺。

1. 水平不平顺

在直线区段,铁路两股钢轨顶面不可能保持完全水平,而有一定偏差,这个高差称为水平不平顺。《铁路技术管理规程》(以后简称《技规》)规定,两股钢轨在正线及到发线上在同一处的高差不应超过 4 mm,在其他线上不应超过 6 mm,高速铁路则要求不应超过 1 mm。

两股钢轨轨顶的水平误差,变化不可太骤。在 1 m 距离内变化不应超过 1 mm,否则即使两股钢轨的水平误差不超过允许范围也会引起机车车辆的剧烈振动。

在轨道上有两种不同性质的水平误差,对行车危害程度是不同的。第一种称为水平差,即在相当长的范围内,一股钢轨轨顶面始终高于另一股钢轨;另一种称为三角坑,例如在 18 m 线路长度范围内先是一股钢轨(左轨)高于另一股钢轨(右轨),然后另一股钢轨(右轨)高于这一股钢轨(左轨)。

在一般情况下,水平差能引起车辆左右滚动和两股钢轨上车轮压力的不同;三角坑对车辆的影响不同于水平差,如果在不足 18 m 线路长度范围内出现超过 3 mm 的三角坑,就可能使车辆上各车轮与钢轨压力不同。如果减载的车轮上又有很大的横向力使轮缘贴靠钢轨,在最不利的条件下可能引起爬轨而导致脱轨事故。

2. 轨距不平顺

铁路实际轨距与名义轨距之间有一定偏差,称为轨距不平顺。准轨铁路在直线上名义轨距为 1 435 mm;在曲线上则需要根据曲线半径值对轨距进行加宽。无论在直线上或曲线上容许偏差,最宽不超过名义轨距 6 mm,最窄不小于名义轨距 2 mm,但是高速线路则要求不超过 ±1 mm。

3. 高低不平顺

轨道中心线上下的不平顺称为高低不平顺。线路经长期运用后,由于路基捣固坚实程度不均匀、扣件松动、钢轨磨耗等会引起轨道高低不平顺。一般伸展很长(几米或十几米)的坑洼,主要是路基下沉和枕木腐朽形成的。长度在 4m 以下的高低不平顺,会引起轮轨间很大的作用力,使机车车辆振动和道床加速变形。长度在 100～300 mm 范围内的高低不平顺是由于钢轨波浪形磨耗、焊接接头低塌或轨面擦伤形成的。车轮经过这些不平顺,会产生较大的冲击力。试验结果表明,如果在长度为 100～300 mm 范围内有 3 mm 的高低不平顺,当车辆以 90 km/h 通过这些不平顺时所产生的轮轨冲击力可达 300 kN 左右,为轮轨静压力的 3 倍。这种短的不平顺,很难用轨道检测车测得。

大修后的线路,要用 10 m 长的弦线测量线路的高低不平顺。在正线上高低不平顺不能超过 4 mm;站线或专用线不能超过 6 mm,高速铁路则要求不超过 2 mm。

4. 方向不平顺

实际轨道中心线与理想轨道中心线的左右差称轨道方向不平顺。轨道方向不平顺,会引起车辆横向振动。根据工务施工规定,直线方向必须目视平顺,并用 10 m 弦线测量其方向误差,正线不超过 4 mm,站线及专用线不超过 6 mm,高速铁路则要求不超过 2 mm。

以上各种轨道不平顺仅规定了最大的不平顺限度,实际上轨道的不平顺是连续的、不间断的。若记录这些不平顺,并经过数理统计方法整理,可以得出轨道的轨距不平顺、方向不平顺、高低不平顺和水平不平顺谱(见本章第七节),利用这些轨道谱,可以计算机车车辆通过这种线路时的随机响应,并可测算车辆的运行平稳性和结构疲劳性能,同时也可计算线路上所受到的轮轨作用力。

二、与车辆结构有关的激振因素

除线路结构原因外,车辆本身结构的特点也会引起车辆振动,主要原因有以下几种。

(一)车轮偏心

轮对在制造或维修中,由于工艺或机床设备等原因,车轴中心和实际车轮中心之间可能存在一定的偏心。当车轮沿轨道运行时,车轴中心相对瞬时转动中心会出现上下和前后的运动。这些变化会激起车辆的上下振动和前后振动。

设车轮中心与车轴中心之间的偏心为 e(图 6-3),则车轮转动时,车轴中心的上下运动量 z_t 为

$$z_t = e\sin(\omega t + \theta_t) = e\sin\left(\frac{v}{r_0} + \theta_t\right) \quad (6-4)$$

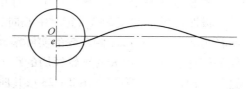

式中　v——车辆运行速度;

　　r_0——车轮名义半径;

　　t——自某初始位置经历的时间;

　　ω——车轮转动角速度,即 $\omega = \dfrac{v}{r_0}$;

图 6-3　车轮偏心

　　θ_t——初相角。

(二)车轮不均重

如果车轮的质量不均匀,车轮的质心与几何中心不一致,当车轮转动时车轮上会出现转动的不平衡力。设车轮质量中心与几何中心之偏差为 e_w,则车轮转动时的不平衡力为

$$F_w = M_w\left(\frac{v}{r_0}\right)^2 e_w \sin\left(\frac{v}{r_0}t + \theta_t\right) \quad (6-5)$$

式中　M_w——每一车轮的质量;

其他符号含义同式(6-4)。

如前所述,车轮偏心和不均重,都会引起轮轨之间的动作用,车辆运行速度越高,则引起的轮轨相互作用力越大。

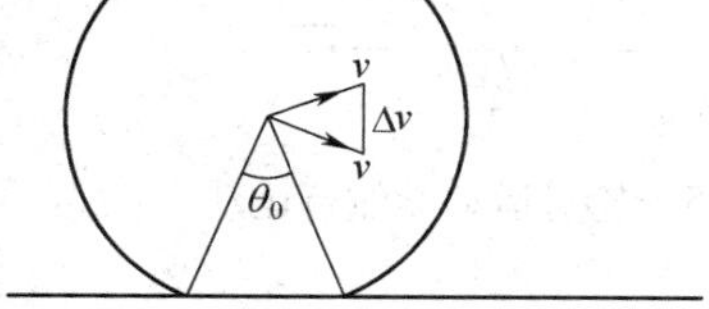

我国以常规速度运行的轮对,其偏心量有较严格的限制,经旋修的轮对,偏心量应小于 0.6 mm,未经旋修的轮对,偏心量应小于 2 mm。而轮对的偏重未作严格规定。

对于运行速度为 120~160 km/h 的轮对,在制造或修理时要进行动平衡测试,检测不平衡量,每个轮对的动不平衡量不能超过 0.75 N·m,而运行速度超过 160 km/h 时,轮对的动不平衡量不能超过 0.5 N·m,如不合格进行平衡整修。对于车轮偏心量应有更严格规定。

图 6-4　车轮踏面擦伤

(三)车轮踏面擦伤

车轮踏面存在擦伤时,车轮滚过擦伤处,轮轨间发生冲击,钢轨受到一个向下的冲量,而车轮受到一个向上的冲量。如果车轮擦伤长度与车轮中心所夹的圆心角为 θ_0,则车轮滚过踏面擦伤处的向上的冲量为(图 6-4)

$$M_w \Delta v = M_w v \theta_0 \quad (6-6)$$

车轮踏面擦伤后轮轨之间的冲击也是周期性的,其周期为

$$T = \frac{2\pi r_0}{v}$$

（四）锥形踏面轮对的蛇行运动

为了比较直观地研究车轮踏面形状对车辆运行的影响，现分析一种最简单的情况，即自由轮对在轨道上的蛇行运动。在分析中为了使问题简化作如下假定：

1. 轮对与转向架之间无任何刚性和弹性约束，轮对单独地在轨道上滚动；

2. 钢轨顶部呈刀刃状，而且是两根平行直线；

3. 轮对是两个对称圆锥体，轮对在轨道上运行时，轮轨之间无任何相对滑动；

4. 不计轮对上任何作用力和惯性力。

根据以上假定，可以导出自由轮对在钢轨上运行时的运动学关系。

设车轮踏面斜度为 λ_0，轮对中心向右偏离轨道中心线距离为 y，这时右侧车轮的实际滚动半径为 $r_r = r_0 + \lambda_0 y$，左侧车轮的实际滚动半径为 $r_r = r_0 - \lambda_0 y$。由于轮对沿轨道运行时左右两轮的转速相同，半径大的车轮经历的距离长，半径小的车轮经历的距离短，轮对中心的运动轨迹是一段圆弧（见第二章图 2-23），其曲率半径为

$$R = \frac{b r_0}{\lambda_0 y} \qquad (6-7)$$

式中　b——同一轮对左右车轮滚动圆跨距的一半。

事实上，直线区段的轨道是直线不是圆弧。当轮对绕曲率中心转动时，轮对中心相对轨道中心线的横移量 y 是随轮对运动而变化的。由图 6-5 可见，车轮离初始位置继续前进时，轮对中心偏离轨道中心的 y 值变小，于是左右两轮滚动半径差变小，轮对中心轨迹的曲率半径变大。当 y 值为零时，左右车轮的滚动半径相等，但这时轮对中心线与轨道中心线并不垂直而有一个倾斜角，轮对继续向前滚动时，轮对中心又在轨道中心的另一侧出现偏离。如此反复，轮对中心的运动轨迹呈现一条弯弯曲曲的曲线，称为自由轮对的运动学蛇行运动曲线。这条曲线可以用数学方法描述。

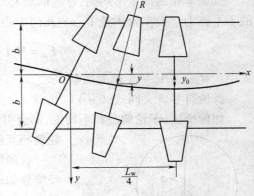

图 6-5　轮对运动学蛇行运动

根据高等数学，任意曲线的曲率为

$$\frac{1}{R} = \frac{-\dfrac{d^2 y}{dx^2}}{\left(1 + \dfrac{dy}{dx}\right)^{\frac{3}{2}}}$$

若近似地取

$$\frac{1}{R} = -\frac{d^2 y}{dx^2}$$

并把 R 值代入式（6-7）得

$$\frac{d^2 y}{dx^2} + \frac{\lambda_0 y}{b r_0} = 0 \qquad (6-8)$$

若取轮对中心的初始条件 $x = 0$ 时，$y = 0$；$x = \dfrac{\pi}{2}\sqrt{\dfrac{b r_0}{\lambda_0}}$ 时，$y = y_0$。

其解为

$$y = y_0 \sin \sqrt{\frac{\lambda_0}{br_0}} x \qquad (6-8\text{a})$$

由此可见,当车轮踏面为锥形时,只要轮对中心偏离轨道中心线,轮对就在横向产生正弦运动,这种运动称为自由轮对的蛇行运动。

若取 $x = vt$,并令 $\omega = \sqrt{\dfrac{\lambda_0}{br_0}} v$,则式(6-8a)可改写为

$$y = y_0 \sin \omega t \qquad (6-8\text{b})$$

式中　ω——轮对蛇行运动的角频率;
　　　v——车辆运行速度。

轮对蛇行运动的周期为

$$T_{\text{w}} = \frac{2\pi}{\omega} = \frac{2\pi}{v} \sqrt{\frac{br_0}{\lambda_0}} \qquad (6-9)$$

蛇行运动的波长为

$$L_{\text{w}} = 2\pi \sqrt{\frac{br_0}{\lambda_0}} \qquad (6-10)$$

由上式可见,车轮半径越大、踏面斜度越小,则轮对蛇行运动波长越长,即蛇行运动越平缓。轮对的蛇行运动也将激起车辆的振动。同样可以看出,滚动圆跨距对于蛇行运动的影响与轮径相似。

上述分析是在忽略了转向架对轮对的约束和轮轨之间的相互作用导出的结果。事实上轮对上所受的悬挂力和轮轨作用力都会影响轮对在轨道上的运动过程。

当车辆沿轨道运行时,轮对有蛇行的趋势,轮对的蛇行运动将激起车辆簧上部分的振动,而车辆簧上部分的振动也将反过来影响轮对的蛇行运动。当车辆沿完全平滑的轨道运行时,轮轨之间虽无明显的激扰作用,由于车轮踏面的特点也会激起车辆系统的振动,这种振动属于力学中的自激振动,只要车辆沿轨道运行,轮对中心与轨道中心线之间存在横向偏移时,就会引起轮对蛇行运动,车辆停止运动,蛇行运行也就自然停止。

第二节　轮对簧上质量系统的振动

由于车辆是一个多刚体多自由度的系统,振动过程和振动形式比较复杂,如果以完整的车辆系统来研究悬挂元件对车辆运行性能的影响,往往不容易得出比较简单和直观的结果。为此,在研究中针对研究目的,略去某些次要因素建立一个简化模型,用简化了的模型研究车辆悬挂系统,导出一些基本规律,可以推广应用于整车系统。

轮对簧上质量系统是一个简化的车辆力学模型。用一个轮对代表车辆各轮对在轨道上运行的特点,用一个簧上质量代表在弹簧上的车体(图6-6)。簧上质量与轮对之间不同的弹性悬挂装置可以代表实际车辆上不同的悬挂装置。后面将证明,车辆振动的力学模型在一定条件下可以直接转化为轮对簧上质量系统,也就是轮对簧上质量系统是车辆系统的一种特殊情况。应用这个简化系统研究得出的一些基本规律不仅适用于研究机车车辆的

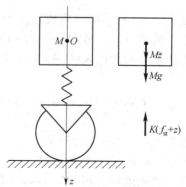

图6-6　轮对簧上质量系统

垂向振动,也适用于研究机车车辆的横向振动。

一、轮对簧上质量系统的自由振动

(一)无阻尼的自由振动

我国早期制造的货车转向架,例如转 3 型、转 4 型转向架,在悬挂系统中只有弹簧而无减振装置。首先分析这种最简单情况的车辆自由振动。

设车体(质量块)的质量为 M,弹簧的刚度为 K,当簧上质量系统处于静平衡状态时,弹簧的静挠度为 f_{st},这时车体的静平衡条件为车体重力与弹簧反力相平衡,即

$$Mg = Kf_{st} \qquad (6-11)$$

式中 g——重力加速度。

在静平衡条件下,过车体质心 O 作坐标轴 Oz,坐标原点取为 O 点,Oz 的方向以向下为正。

当轮对簧上质量系统受到外界某种瞬时力的作用,系统的平衡受到干扰,弹簧力不再与重力平衡。在不平衡的弹性恢复力作用下,系统作自由振动。

下面研究轮对簧上质量系统在铅垂方向的自由振动。设在某一瞬时,车体离开平衡位置的距离为 z,由于车体的重力 Mg 是不变的,而弹簧反力已增为 $K(f_{st} + z)$。此时车体上作用的两个铅垂方向的力不平衡,在不平衡力作用下,车体产生加速度。根据牛顿运动第二定律:作用于车体质心上所有力的合力等于车体的质量与沿合力方向加速度的乘积。取所有与坐标轴正方向一致的力、速度和加速度为正,可得到运动方程式

$$\Sigma F = Mg - K(f_{st} + z) = M\ddot{z} \qquad (6-12)$$

将式(6-11)中 $Mg = Kf_{st}$ 代入式(6-12),简化后得

$$M\ddot{z} + Kz = 0 \qquad (6-13)$$

这是单自由度自由振动的微分方程。由方程(6-13)可见,车体的重力只对弹簧的静挠度有影响,即影响车体静平衡位置,而不影响车体在静平衡位置附近作自由振动的规律。如果取静平衡位置为坐标原点建立微分方程时,方程式中就不会出现车体重力项。

式(6-13)中 Kz 称为弹簧复原力,它的大小与位移 z 成正比,它的方向始终和位移方向相反,即始终指向静平衡位置。

如引用符号

$$p^2 = \frac{K}{M} \qquad (6-14)$$

则式(6-13)可以改写成

$$\ddot{z} + p^2 z = 0 \qquad (6-15)$$

显然,$z = e^{\lambda t}$ 是方程式(6-15)的一个解。其中 λ 是一个待定的系数,e 是自然对数的底。将待定的解式代入式(6-15)可得

$$(\lambda^2 + p^2) e^{\lambda t} = 0$$

若上式恒为 0,只有 $\lambda^2 + p^2 = 0$,此式称为特征方程。由特征方程可以求得待定系数 λ 为

$$\lambda = \pm \mathbf{i}p$$

方程式(6-15)的通解为

$$z = c_1 e^{\mathbf{i}pt} + c_2 e^{\mathbf{i}pt}$$

式中 c_1, c_2——积分常数。

根据欧拉方程 $e^{\mathbf{i}pt} = \cos pt + \mathbf{i}\sin pt$,上式可化为

$$z = A\cos pt + B\sin pt \qquad (6-16)$$

式中,$A = c_1 + c_2$,$B = \mathbf{i}(c_1 - c_2)$。

A、B 为待定积分常数,可根据振动的初始条件决定。若取 $t = 0$ 时,$z = z_0$,$\dot{z} = \dot{z}_0$,则可求

得

$$A = z_0 , B = \frac{\dot{z}_0}{p}$$

于是式(6-16)可写成

$$z = z_0 \cos pt + \frac{\dot{z}_0}{p} \sin pt \tag{6-17}$$

由式(6-17)可以看出,簧上质量系统的自由振动包括两个部分:一部分正比于 $\cos pt$,其值取决于车体的初始位移 z_0 ;另一部分正比于 $\sin pt$,其值取决于初始速度 $\dot{z}_0$,这两部分可以用图6-7(a)及图6-7(b)表示。

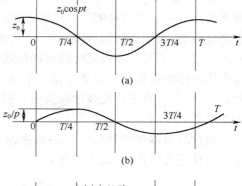

由于正弦函数和余弦函数中的 pt 相同,故两部分可合并为一个正弦函数,即

$$z = A \sin(pt + \varphi) \tag{6-18}$$

式中　A——振幅,其值为 $A = \sqrt{z_0^2 + \left(\dfrac{\dot{z}_0}{p}\right)^2}$;

φ——相位角,其值为 $\varphi = \arctan\left(\dfrac{z_0 p}{\dot{z}_0}\right)$ 。

合并的振动图形示于图6-7(c)中。

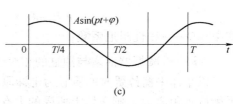

图6-7　自由振动波形

式(6-18)中的 A 称为车辆自由振动振幅。振幅大小取决于车辆振动的初始条件。如果初始位移 z_0 及初始速度 $\dot{z}_0$ 值大,则车辆自由振动的振幅亦大,否则振幅小。 p 称为振动的固有频率。

由式(6-14)及式(6-11)知

$$p = \sqrt{\frac{K}{M}} = \sqrt{\frac{g}{f_{st}}} (rad/s) \tag{6-19}$$

则以每秒振动次数计的圆周频率 f 为

$$f = \frac{1}{2\pi} \sqrt{\frac{K}{M}} (Hz) \tag{6-20}$$

振动周期为

$$T = \frac{1}{f} = 2\pi \sqrt{\frac{M}{K}} (s) \tag{6-21}$$

车辆固有频率和振动周期与车辆的质量、弹簧刚度有关,与振幅大小无关。

车辆自由振动的加速度可以表示为

$$\ddot{z} = -Ap^2 \sin(pt + \varphi) = -\frac{Ag}{f_{st}} \sin(pt + \varphi)$$

振动加速度的最大值(幅值)为

$$\ddot{z}_{max} = \frac{g}{f_{st}} A \tag{6-22}$$

在车辆转向架设计中,往往把车辆悬挂的静挠度大小作为一项重要技术指标。悬挂静挠度愈大,车辆自振频率低,在轮轨冲击力作用下振动比较缓慢,加速度也小。车辆在空车状态和重车状态的垂向静挠度是不等的。悬挂刚度越小,空车和重车静挠度差也越大。列车编组时空车和重车有可能连挂在一起,为了列车运行安全,任何车辆连挂时,邻接车辆之间车钩中心线高差不能过大。为了保证车辆在空车状态下有较大的静挠度而又不超过规定的车钩高度变化范围,在某些车辆上采用多级刚度弹簧或变刚度弹簧。例如法国的 Y25 型转向架,双层客车转向架和地铁转向架等。

（二）具有线性阻尼的自由振动

根据式（6－18）可以看出,当车辆系统中无阻尼时,一旦开始自由振动,车体将周而复始地以不变的振幅振动。但实际上车辆弹簧内部有一定的材料阻力。车辆零部件之间相对运动时有摩擦和空气阻力,振幅随时间慢慢衰减,不可能永远振动下去。由于这些阻力过小,不足以在较短时间内耗散系统的所有振动能量,所以在车辆悬挂中设置专门的减振器。车辆转向架上采用的减振器品种甚多,在此将首先研究线性减振器对振动的影响,然后再分析其他减振器的影响。

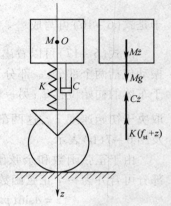

图 6－8 有线性阻尼的轮对簧上质量系统

线性减振器是一种理想化的减振器,它产生的阻力与减振器活塞位移速度成正比,阻力的方向与运动方向相反,即

$$F = -C\dot{z}$$

式中 C——线性阻尼系数;

$\dot{z}$——减振器活塞与油缸的相对运动速度。

以车体平衡位置时的质心为坐标原点作坐标轴 Oz,并规定向下为正。在某一瞬时车体离平衡位置距离为 z,则车体上所受的力有弹簧反力和阻尼力如图 6－8 所示。根据牛顿第二定律可得

$$M\ddot{z} = Mg - K(f_{st} + z) - C\dot{z}$$

上式中阻力 $C\dot{z}$ 与运动方向相反,故取负号。因在静平衡位置时 $z = 0$, $\dot{z} = 0$,$\ddot{z} = 0$ 故上式简化后得

$$Mg = Kf_{st}$$

$$M\ddot{z} + C\dot{z} + Kz = 0$$

或 $$\ddot{z} + 2n\dot{z} + p^2 z = 0 \tag{6-23}$$

式中,$2n = \dfrac{C}{M}$,$p^2 = \dfrac{K}{M}$。

式（6－23）为有线性阻尼的自由振动方程,其解可以设 $z = e^{\lambda t}$,只要求出 λ 即可解出自由振动方程。将所设的解代入式（6－23）后可得

$$(\lambda^2 + 2n\lambda + p^2)e^{\lambda t} = 0$$

根据在任何 t 时间内上式恒为零的条件,可求得振动的特征方程为

$$\lambda^2 + 2n\lambda + p^2 = 0$$

特征方程的两个根为 $$\lambda_{1,2} = -n \pm \sqrt{n^2 - p^2} \tag{6-24}$$

微分方程式（6－23）有两个解,其通解可写成

$$z = c_1 e^{\lambda_1 t} + c_2 e^{\lambda_2 t} = e^{-nt}\left(c_1 e^{\sqrt{n^2 - p^2}\,t} + c_2 e^{-\sqrt{n^2 - p^2}\,t}\right) \tag{6-25}$$

式中待定常数 c_1、c_2 可根据运动的初始条件求出。

式（6－25）所代表的运动性质,取决于 $\sqrt{n^2 - p^2}$ 是实数、零或是虚数。在车辆动力学研究

中经常用相对阻尼系数 D 来表示车辆减振器阻尼的大小。

$$D = \frac{n}{p} \tag{6-25a}$$

当 $n > p$ 或 $D > 1$，则 $\sqrt{n^2 - p^2}$ 是实数，称为过阻尼状态；当 $n < p$ 或 $D < 1$，则 $\sqrt{n^2 - p^2}$ 是虚数，称为弱阻尼状态；当 $n = p$ 或 $D = 1$，则 $\sqrt{n^2 - p^2} = 0$，称为临界阻尼状态；下面分别讨论以上三种阻尼状态。

1. 过阻尼状态

当 $n > p$ 或 $D > 1$ 时，由式(6-24)可见，λ_1 和 λ_2 是两个不等的负实根，式(6-25)中等式右侧两项的绝对值都是随着 t 的增大按指数规律减小，即车体离开平衡位置后最终将渐近地回到平衡位置。根据初始条件不同，即 c_1、c_2 的不同值，车体回到平衡位置的过程可能先由初始位置 z_0 增大到某一极值，然后逐渐减小到零，如图6-9(a)所示，或由 z_0 单调地减小，如图6-9(b)所示，也可能越过平衡位置与初始位移相反方向达到某一极值，然后再逐渐回到平衡位置，如图6-9(c)所示。由此可见，在过阻尼情况下，不出现周期振动。

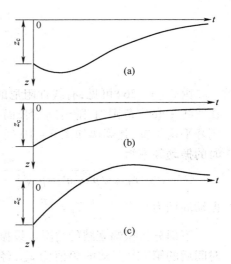

图 6-9 过阻尼运动

2. 临界阻尼状态

此时 $n = p$，$D = 1$。如临界阻尼用 C_{cr} 表示，根据 $n = p$ 条件由式(6-23)中 n 及 p 的定义可以求得

$$C_{cr} = 2\sqrt{KM} \tag{6-25b}$$

由式(6-25b)可知，临界阻尼的大小取决于系统本身的物理性质，即与车体的质量 M 和悬挂刚度 K 有关。在临界阻尼状态下，特征方程的根 λ_1、λ_2 为重根，即

$$\lambda_1 = \lambda_2 = -p$$

根据微分方程理论，方程式(6-23)的一个解为 e^{-pt}，而另一个解为 te^{-pt}。方程式(6-23)的通解为

$$z = e^{-pt}(c_1 + c_2 t)$$

通解代表的运动也是非周期性的，它在 $t = 0$ 时，$z = z_0$、$\dot{z} = \dot{z}_0$ 的初始条件下的运动方程为

$$z = e^{-pt}[\dot{z}_0 + (\dot{z}_0 + pz_0)t]$$

根据不同 z_0、$\dot{z}_0$ 也可得类似图6-9的按指数衰减的运动图形。

3. 弱阻尼状态

此时，$n < p$ 或 $D < 1$。在弱阻尼条件下，特征方程的两个根为

$$\lambda_{1,2} = -n \pm i\sqrt{p^2 - n^2}$$

利用欧拉公式 $e^{\pm i\sqrt{p^2 - n^2}t} = \cos\sqrt{p^2 - n^2}t \pm i\sin\sqrt{p^2 - n^2}t$，则式(6-25)可改写为

$$\begin{aligned}
z &= e^{-nt}(c_1 e^{i\sqrt{p^2-n^2}t} + c_2 e^{i\sqrt{p^2-n^2}t}) \\
&= e^{-nt}(b_1\cos\sqrt{p^2-n^2}t + b_2\sin\sqrt{p^2-n^2}t) \\
&= Ae^{-nt}\sin(\sqrt{p^2-n^2}t + \varphi)
\end{aligned} \tag{6-26}$$

式中　b_1、b_2、A、φ——待定系数。

设 $t = 0$ 时，$z = z_0$，$\dot{z} = \dot{z}_0$，代入式(6-26)后可得

$$z_0 = A\sin\varphi$$

$$\dot{z}_0 = A\left(\sqrt{p^2 - n^2}\cos\varphi - n\sin\varphi\right)$$

解上列联立方程后得

$$A = \sqrt{\frac{\dot{z}_0^2 + 2n\dot{z}_0 + p^2 z_0^2}{p^2 - n^2}}$$

$$\tan\varphi = \frac{z_0\sqrt{p^2 - n^2}}{\dot{z}_0 + nz_0}$$

由式(6-26)可见，有线性阻尼的轮对簧上质量系统不再作等幅简谐振动，而是振幅限制在曲线 $\pm Ae^{-nt}$ 范围内，随时间增长而振幅不断减小的衰减振动。当时间无限增长，车体恢复到静平衡位置，其规律如图6-10所示。有线性阻尼时的振动频率为

$$p_1 = \sqrt{p^2 - n^2} = p\sqrt{1 - D^2}$$

振动周期为

$$T_1 = \frac{2\pi}{p_1}$$

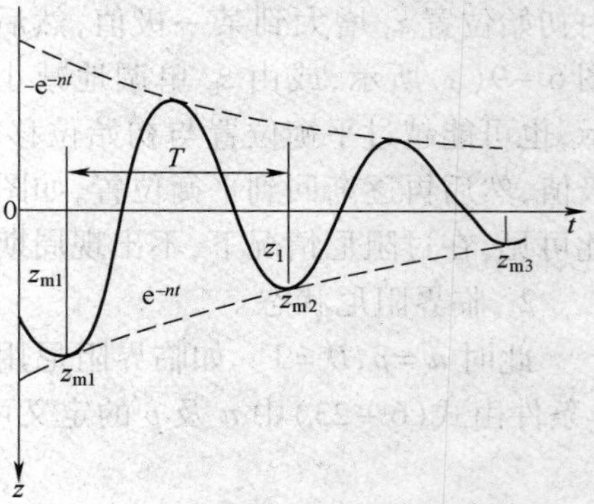

下面分析振幅衰减的情况。设振动开始后经过 t_i 时间后的第 i 次振动的幅值为 z_{mi}，经过 t_{i+1} 时间后的第 $i+1$ 次振动时的幅值为 z_{mi+1}，则相邻两次振动的幅值之比为

$$\frac{z_{mi}}{z_{mi+1}} = \frac{Ae^{-nt_i}}{Ae^{-n(t_i + T_1)}} = \frac{1}{e^{-nT_1}} = e^{nT_1} = e^{\delta}$$

图6-10　具有线性阻尼的衰减自由振动

式中　δ——对数衰减率，其值为

$$\delta = \ln\frac{z_{mi}}{z_{mi+1}} = nT_1 = \frac{2\pi n}{p_1} = \frac{\pi C}{Mp_1} = \frac{2\pi D}{\sqrt{1 - D^2}}$$

即有线性阻尼的自由振动，每振动一次其振幅按 $e^{-\delta}$ 的比例逐渐缩小。在车辆设计中，车辆垂向振动的相对阻尼系数 D 一般取值为 0.2～0.4。阻尼值大，可以有效地抑制共振，但是对于高频振动不利。

（三）具有摩擦阻尼的自由振动

在不少旧型客车上采用叠板弹簧作为悬挂装置，例如101型转向架和201型转向架。叠板弹簧的柔性可以减少轮轨作用力对车体的影响，簧片之间的摩擦力可以衰减车辆簧上部分振动时的振幅。货车转向架大都采用摩擦减振器，例如转 K2 型转向架的楔块式减振器，控制型转向架的等摩擦减振器等。

摩擦减振器按其摩擦阻力变化规律不同，可以分成两种类型：一种是摩擦阻力在振动过程中保持定值，例如控制型转向架的减振器；另一种为减振器的摩擦阻力与弹簧挠度成正比的，如叠板弹簧和转 K2 型转向架的楔块减振器。这两类减振器都是利用固体相对运动产生的摩擦力来减振，由于结构不同，摩擦力变化规律不同。

1. 轮对簧上质量系统中具有阻力与弹簧挠度成正比的摩擦减振器。减振器的特性曲线

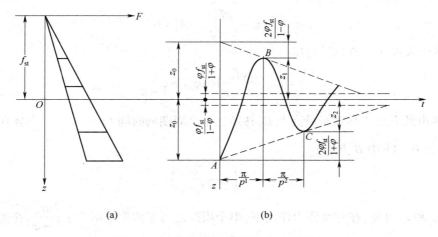

(a)　　　　　　　　(b)

图 6 – 11　具有变摩擦阻尼时的自由振动

如图 6 – 11(a)所示。其摩擦力 F 的大小可以用减振器的相对摩擦系数 φ 与弹簧弹力 P 的乘积表示,其方向与运动的方向相反。取车体在平衡位置时的质心为坐标原点,如图 6 – 11(a)所示。作坐标轴 Oz 并规定向下为正。变摩擦力 F 可以表示为

$$F = -\operatorname{sgn}(\dot{z})\varphi P = -\operatorname{sgn}(\dot{z})\varphi K(f_{st} + z)$$

式中　$\operatorname{sgn}(\dot{z})$——$\dot{z}$ 的运动方向。

当 $\dot{z} > 0$ 时,$\operatorname{sgn}(\dot{z}) = 1$;当 $\dot{z} < 0$ 时,$\operatorname{sgn}(\dot{z}) = -1$。

若用变摩擦力 $F = -\operatorname{sgn}(\dot{z})\varphi K(f_{st} + z)$ 来代替由振动方程式(6 – 23)中的线性阻尼力 $F = -C\dot{z}$,则振动的微分方程为

$$M\ddot{z} + \operatorname{sgn}(\dot{z})\varphi K(f_{st} + z) + Kz = 0$$

上式是一个非线性运动方程。通过分析后不难发现,当 $\dot{z}$ 始终保持为正数或负数时,在这个区间内微分方程保持为线性。因此具有摩擦阻尼时的运动方程可以分成 $\dot{z}$ 为正和 $\dot{z}$ 为负的两个方程,即分段线性微分方程,每个线性段可以单独求解。

先设振动速度 $\dot{z}$ 为负,即车体由下向上振动,这时 $\operatorname{sgn}(\dot{z}) = -1$,亦即摩擦力保持向下于是运动的微分方程为

$$M\ddot{z} - \varphi K(f_{st} + z) + Kz = 0$$

或写成

$$M\ddot{z} + K(1 - \varphi)\left(z - \frac{\varphi f_{st}}{1 - \varphi}\right) = 0$$

令 $\dfrac{K(1 - \varphi)}{M} = p_1^2$,则上式可写成为

$$\ddot{z} + p_1^2\left(z - \frac{\varphi f_{st}}{1 - \varphi}\right) = 0 \tag{6 – 27}$$

上式的通解为

$$z = A_1\cos p_1 t + A_2\sin p_1 t + \frac{\varphi f_{st}}{1 - \varphi}$$

式中　A_1、A_2——积分常数,可根据初始条件求出。

设 $t = 0$ 时,$z = z_0$,$\dot{z} = \dot{z}_0$。根据图 6 – 11(b)中 A 点,可求得

$$A_1 = z_0 - \frac{\varphi f_{\text{st}}}{1 - \varphi}, \quad A_2 = 0$$

将 A_1、A_2 值代入式(6 − 27)后,可得

$$z = \left(z_0 - \frac{\varphi f_{\text{st}}}{1 - \varphi} \right) \cos p_1 t + \frac{\varphi f_{\text{st}}}{1 - \varphi} \tag{6 − 28}$$

当车体由最下点 A 移动至最高点 B,共经过半个周期的时间 $t = \dfrac{T_1}{2} = \dfrac{\pi}{p_1}$。车体在最高点的坐标位置(图 6 − 11 中 B 点)为

$$z_1 = -\left(z_0 - \frac{2\varphi f_{\text{st}}}{1 - \varphi} \right) z \tag{6 − 29}$$

比较 z_0 和 z_1 可见,在变摩擦力作用下,半个周期之后车体振幅减少了 $\dfrac{2\varphi f_{\text{st}}}{1 - \varphi}$,在半个周期内振动波形 AB 为余弦曲线,但过余弦曲线中心的轴线比平衡位置下降了 $\dfrac{\varphi f_{\text{st}}}{1 - \varphi}$。

车体向上移动到达 B 点后又开始往下振动,这时车体的振动速度 $\dot{z}$ 向下,即为正值,变摩擦阻力方向向上,$\text{sgn}(\dot{z}) = 1$,这时车体运动微分方程为

$$M\ddot{z} + \varphi K(f_{\text{st}} + z) + Kz = 0$$

或写成

$$M\ddot{z} + K(1 + \varphi)\left(z + \frac{\varphi f_{\text{st}}}{1 + \varphi} \right) = 0$$

令 $\dfrac{K(1 - \varphi)}{M} = p_2^2$,则上式可以改写为

$$\ddot{z} + p_2^2 \left(z + \frac{\varphi f_{\text{st}}}{1 + \varphi} \right) = 0 \tag{6 − 30}$$

其通解为

$$z = B_1 \cos p_2 t + B_2 \sin p_2 t + \frac{\varphi f_{\text{st}}}{1 + \varphi}$$

式中 B_1、B_2——积分常数,可根据初始条件求得。

如果以上半个振动周期结束时最高点 B 作为下半个周期振动的起点,即 $t = 0$ 时 $z = z_1$ 及 $\dot{z} = 0$,那么 B_1、B_2 的值为

$$B_1 = z_1 + \frac{\varphi f_{\text{st}}}{1 + \varphi}, \quad B_2 = 0$$

将 B_1、B_2 值代入式(6 − 28)后,可以写出

$$z = \left(z_1 + \frac{\varphi f_{\text{st}}}{1 + \varphi} \right) \cos p_2 t - \frac{\varphi f_{\text{st}}}{1 + \varphi}$$

如果再将式(6 − 29)的 z_1 代入上式得

$$z = \left(-z_0 + \frac{2\varphi f_{\text{st}}}{1 - \varphi} - \frac{\varphi f_{\text{st}}}{1 + \varphi} \right) \cos p_2 t - \frac{\varphi f_{\text{st}}}{1 + \varphi}$$

车体由最高点 B 移动到最低点 C 又经历了半个周期 $t = \dfrac{T_2}{2} = \dfrac{\pi}{p_2}$,车体在最低点的坐标位置,即图 6 − 11 中的 C 点为

$$z_2 = z_0 - \frac{2\varphi f_{\text{st}}}{1 - \varphi} - \frac{2\varphi f_{\text{st}}}{1 + \varphi} = z_0 - \frac{4\varphi f_{\text{st}}}{1 - \varphi^2}$$

车体向下振动的波形为余弦曲线 BC，过余弦曲线中心的轴线比平衡位置线上升了 $\dfrac{\varphi f_{st}}{1+\varphi}$。

由以上分析可以看出，具有变摩擦减振器的轮对簧上质量系统在作自由振动时，向上运动半周期和向下运动半周期的时间是不同的，向上半周期的时间比向下半周期的长，向上半周期振幅衰减值比向下半周期大。

在常规车辆结构中，减振器的相对摩擦系数 φ 通常不大于 0.2，故振动一个周期的振幅衰减值

$$\Delta z = \frac{4\varphi f_{st}}{1-\varphi^2} \approx 4\varphi f_{st} \qquad (6-31)$$

即在振动过程中振幅按等差级数递减。

变摩擦系统的衰减自由振动的振动周期为

$$T = \frac{T_1 + T_2}{2} = \frac{\pi}{p_1} + \frac{\pi}{p_2} = \pi\left(\sqrt{\frac{M}{K(1-\varphi)}} + \sqrt{\frac{M}{K(1+\varphi)}}\right)$$

$$= \sqrt{\frac{M}{K}}\left(\sqrt{\frac{1}{1-\varphi}} + \sqrt{\frac{1}{1+\varphi}}\right) = \frac{\pi}{p}\left(\frac{\sqrt{1+\varphi} + \sqrt{1-\varphi}}{\sqrt{1-\varphi^2}}\right)$$

当 φ 值不大时，$T = \dfrac{2\pi}{p}$，即变摩擦阻力系统的自振频率，在相对摩擦系数不大的情况下，接近无阻尼系统的自振频率。

具有变摩擦阻力的轮对质量系统，当车体静止时，因其加速度及速度均应为零，则式（6-27）及式（6-30）中的 $\ddot{z}=0$，由此得到系统静平衡时的公式为

$$p_{1,2}^2\left(z \mp \frac{\varphi f_{st}}{1 \mp \varphi}\right) = 0 \qquad (6-32)$$

由于 $p_{1,2}^2$ 不可能为零，只有括号中的项为零，于是有

$$z = \pm \frac{\varphi f_{st}}{1 \pm \varphi}$$

这一数值称为摩擦矢，它是具有变摩擦力系统中向上振动和向下振动的余弦曲线中心的轴线相对静平衡位置移动量，当车体上下振动的振幅值落在此范围内，振动就终止。这一范围是车体静平衡位置的停滞区域。

由此可见，具有变摩擦减振器的车辆，当振动停止时车体的停止位置不是一个点，而是一个停滞区。由此可以解释车辆生产中的一些现象。具有摩擦减振器的车辆，当制造或修理工作结束后交车检查时经常发现，在某一时刻车钩高度是一个读数，车辆振动后车钩高度又是另一个读数。这种现象可归结为车体静平衡位置是一个停滞区的缘故。

2. 轮对簧上质量系统中具有常摩擦减振器的情况。此时运动的方程也是分段线性方程。车体向上运动和向下运动的范围内均为线性方程，求解方法与变摩擦减振器情况相似，请读者自行推导。设常摩擦力为 F，则车体向上移动和向下移动时振动半个周期范围内振幅衰减量均为

$$\Delta z_1 = \Delta z_2 = \frac{2F}{K}$$

式中　K——弹簧刚度。

自振一周的振幅衰减量为 $\qquad \Delta z = \Delta z_1 + \Delta z_2 = \dfrac{4F}{K} \qquad (6-33)$

振动角频率与无阻尼时一致

$$p_1 = p_2 = \sqrt{\frac{K}{M}} = p$$

停滞区为

$$z = \pm \frac{F}{K}$$

具有等摩擦减振器系统的自由振动时的振幅也按等差级数递减。

（四）能量法求解任意阻尼的自由振动

以上分析了轮对簧上质量系统具有线性阻尼、常摩擦力、与挠度成正比的变摩擦阻力等三种情况的自由振动振幅衰减情况，事实上，还存在各种其他形式的非线性阻力的减振器。有些减振器阻力可以用解析式表示的，有些则很难用简单解析式表示。具有这些减振器的轮对簧上质量系统均可以利用能量关系求解。所用方法简单而且精度足以满足工程应用的要求。

根据能量守恒原理，在一定时间范围内，系统内部能量的变化量应当等于作用在系统上所有外力在同一时间范围内所作的功。当轮对簧上质量系统作自由振动时，系统在振动一个周期内失去的能量应等于减振器所耗散的功。在现有车辆悬挂系统中，减振器的阻力不大，安装减振器后车体自由振动仍接近正弦（或余弦）规律变化而且振动频率仍十分接近无阻力时的固有频率。在这种条件下，振动系统的动能变化主要表现在振幅变化，亦即车体位移量的变化。

轮对簧上质量系统的自由振动方程一般可写成

$$M\ddot{z} + F(\dot{z}, z) + Kz = 0$$

或

$$\ddot{z} + p^2 z = \frac{-F(\dot{z}, z)}{M} \qquad (6-34)$$

式中　p——无减振器阻力时的自振频率，其值为

$$p = \sqrt{\frac{K}{M}}$$

$F(\dot{z}, z)$——减振器阻力，其方向随运动方向变化而变化，且与运动方向相反。

由于 $dz = \dot{z}\,dt$，在方程式（6-34）两侧各乘以 dz 或 $\dot{z}\,dt$ 后可得

$$\frac{d\dot{z}}{dt}\dot{z}\,dt + p^2 z dz = -\frac{F(\dot{z}, z)}{M}\dot{z}\,dt$$

或

$$\dot{z}\,d\dot{z} + p^2 z dz = -\frac{F(\dot{z}, z)}{M}\dot{z}\,dt$$

上列方程各项均在一个振动循环内积分，亦即 $t = 0, z = z_0, \dot{z} = 0$ 至 $t = T, z_1 = z_0 - \Delta z, \dot{z}_1 = 0$，于是有

$$\int_{\dot{z}_0}^{\dot{z}_1} \dot{z}\,d\dot{z} + p^2 \int_{z_0}^{z_0 - \Delta z} z dz = -\frac{1}{M}\int_0^T F(\dot{z}, z)\,\dot{z}\,dt$$

式中　Δz——在减振器阻力作用下一个周期后，系统振幅减小量。

第一项的定积分为零，第二项和第三项积分后得

$$p^2 \frac{(z_0 - \Delta z)^2}{2} - p^2 \frac{z_0^2}{2} = -\frac{R}{M} \qquad (6-35)$$

式中　R——系统振动一周减振器阻力所作的功，其值为 $R = \int_0^T F(\dot{z}, z)\,\dot{z}\,dt$。

式（6-35）展开后可得

$$\Delta z^2 - 2z_0 \Delta z + \frac{2R}{Mp^2} = \Delta z^2 - 2z_0 \Delta z + \frac{2R}{K} = 0$$

上式为一元二次方程,其解为

$$\Delta z = z_0 \left(1 \pm \sqrt{1 - \frac{2R}{Kz_0^2}} \right)$$

由于实际车辆振动的振幅衰减值不可能大于振幅,故只有一个根存在,即

$$\Delta z = z_0 \left(1 - \sqrt{1 - \frac{2R}{Kz_0^2}} \right) \tag{6-36}$$

令 $\frac{2R}{Kz_0^2} = \delta$,并且把根式按级数展开得

$$\sqrt{1-\delta} = 1 - \frac{\delta}{2} + \frac{\delta^2}{2.4} - \cdots$$

对于一般车辆悬挂参数的实际情况,$\frac{2R}{Kz_0^2} = \delta \ll 1$,舍去级数中的高次项,可得系统振动一周后的振幅衰减量

$$\Delta z = \frac{\delta z_0}{2} = \frac{R}{Kz_0} \tag{6-37}$$

用能量法分析振动问题可以回避解非线性微分方程的数学问题。由式(6-37)可见,只要知道减振器在振动一周中所耗散的功 R,系统的悬挂刚度 K 和初始振幅 z_0 即可求出系统自由振动一周后振幅的衰减值。减振器耗散的功可以用解析法或示功图面积求出。

下面计算轮对簧上质量系统在安装各种减振器条件下自由振动一周后振幅衰减量。

1. 阻力与速度平方成正比的减振器

已知减振器阻力为

$$F(\dot{z}) = \gamma |\dot{z}|^2 \mathrm{sgn}(\dot{z})$$

式中　γ——阻力系数。

在阻力不大的条件下,系统在一个周期范围内的振动可近似地表示为

$$z = z_0 \sin(pt)$$

式中　z_0——初始振幅。

于是相应的振动速度及位移增量分别为

$$\dot{z} = \frac{\mathrm{d}z}{\mathrm{d}t} = z_0 p \cos(pt)$$

$$\mathrm{d}z = z_0 \cos(pt) \mathrm{d}(pt)$$

振动中位移增量为 $\mathrm{d}z$ 时,减振器耗散的功为

$$\mathrm{d}R = \gamma(\dot{z})^2 \mathrm{d}z = \gamma z_0^3 p^2 \cos^3(pt) \mathrm{d}(pt)$$

系统振动一周减振器吸收的全部功为

$$R = 4\gamma z_0^3 p^2 \int_0^{\frac{\pi}{2}} \cos^3(pt) \mathrm{d}(pt) = \frac{8}{3} \gamma z_0^3 p^2$$

将所得的 R 值代入式(6-37),可求得轮对簧上质量系统自振一周后振幅衰减量为

$$\Delta z = \frac{8\gamma z_0^3}{3M} \tag{6-38}$$

2. 阻力与速度成正比的减振器

已知减振器阻力为
$$F = -C\dot{z}$$

式中　C——减振器线性阻尼系数。

轮对簧上质量系统自振一个周期范围内减振器所作的功可仿照上例的方法求出,即

$$R = \pi C p z_0^2 \tag{6-39}$$

振动一周振幅衰减量为

$$\Delta z = \frac{\pi C z_0}{Mp} \tag{6-39a}$$

式中　$\dfrac{\pi C}{Mp}$——对数衰减率$\dfrac{\pi C}{Mp_1}$的近似值。

3. 阻力与弹簧挠度成正比的减振器

减振器阻力为
$$F = -\varphi K(f_{st} + z)\,\mathrm{sgn}(\dot{z})$$

根据摩擦减振器特性曲线图(6-11)可以得出减振器振动一周吸收的功为

$$R = 4\varphi f_{st} K z_0$$

其相应的振幅衰减量为
$$\Delta z = 4\varphi f_{st} \tag{6-40}$$

4. 阻力为常数的减振器

减振器阻力为
$$F = \pm \mathrm{const}$$

常摩擦阻力下减振器振动一周所作的功为
$$R = 4F z_0$$

其相应振幅衰减量为
$$\Delta z = \frac{4F}{K} \tag{6-41}$$

比较式(6-40)与式(6-31)、式(6-41)与式(6-33)可以看出用能量法及解析法求出的具有摩擦振器振动系统的自由振动振幅衰减量是一致的。

根据各类减振器振动一周耗散的功相等的原理或系统内安装各类减振器后的振幅衰减量与系统内安装线性减振器后同类值相等的原理,可求出各类减振器的当量线性阻尼系数。

表6-1列出了车辆转向架上常用的各类减振器的主要性能,其中包括各类减振器的当量线性阻尼系数C_e。

表6-1　各类减振器的主要性能

减振器类型	阻力形式	阻力系数	振动一周减振器作的功 R	振动一周振幅衰减量 Δz	当量线性阻尼系数 C_e
液压减振器或空气节流孔	阻力与速度成正比 $F = -C\dot{z}$	C	$\pi C z_0^2 p$	$\dfrac{\pi C z_0}{Mp}$	C
	阻力与速度平方成正比 $F = \pm \gamma \dot{z}^2$	γ	$\dfrac{8}{3}\gamma z_0^3 p^2$	$\dfrac{8\gamma z_0^2}{3M}$	$\dfrac{8\gamma z_0 p}{3\pi}$
摩擦减振器	阻力为常数 $F = \pm \mathrm{const}$	F	$4F z_0$	$\dfrac{4F}{K}$	$\dfrac{4F}{\pi p z_0}$
	阻力与位移成正比 $F = \pm \varphi K(f_{st} + z)$	φ	$4\varphi f_{st} K z_0$	$4\varphi f_{st}$	$\dfrac{4\varphi f_{st} K}{\pi p z_0}$

(五)车辆通过钢轨接头时的冲击振动

如前所述,车轮通过有缝钢轨接头或车轮踏面上存在擦伤时,轮轨间出现周期性冲击,这

些冲击不仅使轮轨间产生打击噪声而且也激起车辆系统的振动。现仍以轮对簧上质量系统为对象来研究这种振动的特点。由于车辆通过钢轨接头的时间非常短暂,可以认为,车轮通过接头时受到一个脉冲 S,使车轮得到一个向上的初速度 $\Delta v = v\theta$[见式(6-1)]。

轮对向上的速度将通过悬挂装置传递给车体,根据苏联契尔诺可夫的研究,车轮通过钢轨接头时由悬挂装置传递给车体的骤加的速度为

$$\Delta v_c = \frac{\Delta v M_w K}{M(K + K_r)} \qquad (\text{I})$$

式中　K——与簧下部分最近的车辆悬挂装置垂向刚度;

$\quad\quad K_r$——钢轨在接缝处的刚度;

$\quad\quad M$——分配在一个车轮上的车体质量;

$\quad\quad \Delta v$——车轮通过钢轨接头之时的骤加速度;

$\quad\quad M_w$——车轮质量。

轮对在平顺的钢轨上运行时,通过钢轨接头前,车辆上无变化的外力作用,通过钢轨接头之后亦无变化的外力作用,故车辆通过第一个接头时车轮骤加给车体一个速度,然后车辆处于自由振动状态直到碰到第二个钢轨接头又受到另一个冲击,得到第二个骤加速度后又处于自由振动状态,见图6-12。由此可见,车辆受钢轨接头处冲击后的强迫振动,实质上是有初速度的自由振动,故以前研究的自由振动结果可以应用于研究车辆通过钢轨接头冲击情况。

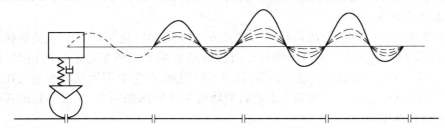

图6-12　车辆通过钢轨接头时的振动

设轮对簧上质量系统具有线性阻尼,自由振动的一般方程为式(6-26)。设车体到达第一个钢轨接头前无振动,通过第一个接头时车体将获得初速度 $\dot z_0 = \Delta v_c$。

根据 $t=0$ 时 $z=0$、$\dot z = \Delta v_c$ 的初始条件,可得车辆通过第一个钢轨接头时的车体振动方程式为

$$z = \frac{v\theta M_w K}{M(K + K_r)p_1}e^{-nt}\sin p_1 t \qquad (\text{II})$$

式中,$p_1 = \sqrt{p^2 - n^2}$,$p = \sqrt{\dfrac{K}{M}}$,$n = \dfrac{C}{2M}$。

其他符号见式(I)的说明。

车辆通过第二个,第三个,$\cdots$,s,$\cdots$ 钢轨接头时车体的振动也具有式(II)的形式,但振动滞后时间为 $s\tau = \dfrac{sL_r}{v}$,由于线性振动可以迭加,故车辆通过各钢轨接头时的运动方程可写为

$$z = \frac{KM_w v\theta}{Mp_1(K + K_r)}\sum_0^s e^{-n(t-\tau s)}\sin p_1(t - \tau s)$$

式中　s——以某一基准点开始钢轨接头的顺序数,其值为 $s = 0,1,2,\cdots,n$。

车辆通过钢轨接头时的振动也可用图 6 – 12 所示的迭加法绘出。图中虚线为车轮过一个钢轨接头时的车体振动,实线为车轮经过一系列钢轨接头后形成的车体振动。图中所绘的情况为车轮经过一根轨条的时间等于车辆的自振周期,由图可见经过几个钢轨接头之后车体幅逐渐趋为一稳定值。在一般情况下,车体振幅不大可能是一个稳定值。通过钢轨接头具有其他减振器和不同自振周期车辆的车体振动也可用类似的方法求出其近似值。

二、轮对簧上质量系统的强迫振动

由于线路及车辆本身的结构特点,车轮沿轨道运行时,在垂向及横向均能产生复杂的运动并经受各种轮轨作用力,这些运动和力经悬挂系统传至转向架和车体,激起车辆系统的强迫振动。车辆强迫振动的频率、振幅以及振动的形式,不仅与车辆本身的结构有关,而且与线路的不平顺特点、轮轨相互作用关系以及车辆的运行速度有关。如前所述,车辆在线路上运行时,轮轨之间的激振源有周期性的,例如钢轨接头,也有随机的,如线路随机不平顺。周期性的激振因素激起车辆稳态强迫振动,随机性的激振因素引起车辆随机响应,这种响应只能用数学统计方法来研究。在周期性激振因素作用下,如果激振因素的周期与车辆系统的某个固有频率一致时,在减振器阻力不大或无减振器的情况下,可能出现车辆系统振幅不断扩大的共振现象。为了研究车辆强迫振动的基本规律而不陷入复杂的数学公式,仍采用轮对簧上质量系统作为车辆模型。这种简化模型仅是实际车辆的一种特殊工况。

(一)无阻尼的强迫振动

车体上下振动(浮沉振动)的简化模型如图 6 – 13 所示。设车轮沿上下呈正弦变化的轨道运行,其波长为 L_r。这种现象可以出现在有缝线路轨端下沉或车轮偏心的情况,见式(6 – 3)和式(6 – 4)。经适当的坐标变换和选取合适的起始点,车轮上下运动的轨迹可用正弦函数 $z_t = a\sin\omega t$ 表示,其中 ω 为车辆在轨道上运行时轨道不平顺激振频率,该值与轨道正弦不平顺波长和车辆运行速度有关。

当系统中无阻尼时,车体强迫振动的方程可写为

$$M\ddot{z} = -K(z - z_t) = -K(z - a\sin\omega t)$$

或

$$\ddot{z} + p^2 z = p^2 a\sin\omega t = q\sin\omega t \qquad (6 – 42)$$

式中　p——轮对簧上质量系统的自振频率,其值为

$$p = \sqrt{\frac{K}{M}}$$

a——线路上下不平顺波幅;

$q = ap^2$。

式(6 – 42)为二阶非齐次线性微分方程,其解为对应齐次方程的通解(相当于自由振动)和非齐次方程的特解(强迫振动)之和。设非齐次方程的特解为 $z = B\sin\omega t$,将 z 及其二次导数代入式(6 – 42)后可求得

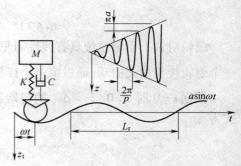

图 6 – 13　轮对簧上质量系统的强迫振动

$$B = \frac{q}{p^2 - \omega^2}$$

式(6 – 42)的全解为

$$z = A_1\cos pt + A_2\sin pt + \frac{q}{p^2 - \omega^2}\sin\omega t \qquad (6 – 42a)$$

式中　A_1、A_2——积分常数,可由初始条件求出。

整个系统的振动包括两个部分,以固有频率为 p 的自由振动和以激振频率为 ω 的强迫振动。设车辆强迫振动的初始条件 $t=0$ 时,$z=\ddot{z}=0$,于是可求出积分常数 A_1 和 A_2

$$A_1 = 0, A_2 = \frac{-q\omega}{p(p^2 - \omega^2)}$$

在上述初始条件下,式(6-42)的全解形式为

$$z = \frac{q(p\sin\omega t - \omega\sin pt)}{p(p^2 - \omega^2)} \tag{6-42b}$$

现在研究在同一线路上车辆速度不同时,车辆强迫振动振幅的变化情形。由式(6-3)或式(6-4)可见,当车辆运行速度由小逐渐变大,激振频率 ω 的数值逐渐增大,式(6-42b)中的分母 $p^2 - \omega^2$ 项逐渐减小,因而振幅逐渐增大。当 $p = \omega$ 时,出现共振,式(6-42b)变成0:0的不定式,根据高等数学中的罗比塔法则,分子、分母分别对 ω 取导数,求得

$$z_{\omega \to p} = \frac{q(pt\cos\omega t - \sin pt)}{-2\omega p} = \frac{a\sin pt}{2} - \frac{apt\cos pt}{2} \tag{6-42c}$$

式(6-42c)中第一项为恒幅振动,而第二项前的乘子 pt,其随时间 t 的增加而增大。故当 $pt = \pi, 2\pi, \cdots,$ 时,位移量 z 具有极值,于是可得出在共振时振动一周后振幅的增加量为

$$\Delta z = \frac{a[p(T+t) - pt]}{2} = \frac{apT}{2} = \pi a \tag{6-42d}$$

式中　T——振动周期,其值为 $T = \dfrac{2\pi}{p}$。

由式(6-42d)可见,车辆在共振时振幅是按算术级数增长的,如果线路质量差,轨道端部与中部之间高差 $2a$ 大,共振时每一周期后振幅增量也大。无阻尼情况下共振时振幅随着时间增加,共振时间越长车辆的振幅也越来越大,一直到弹簧全压缩而产生刚性冲击。出现共振时的车辆运行速度称为共振临界速度。在车辆设计时一定要尽可能避免激振频率与自振频率接近,避免出现共振。

(二)有线性阻尼的强迫振动

为了避免共振时振幅持续增长,在车辆系统中加装减振器。如果轮对簧上质量系统中设置线性阻尼 $F = -C\dot{z}$,车辆沿波形线路运行时的微分方程为

$$M\ddot{z} = -K(z - z_t) - C(\dot{z} - \dot{z}_t) \tag{6-43}$$

或

$$M\ddot{z} + C\dot{z} + Kz = Ca\omega\cos\omega t + Ka\sin\omega t \tag{6-43a}$$

$$= P\sin(\omega t + \varphi)$$

式中,$P = a\sqrt{K^2 + (C\omega)^2}$,$\varphi = \arctan\left(\dfrac{C\omega}{K}\right)$

式(6-43a)经适当变换可改写为

$$\ddot{z} + 2n\dot{z} + p^2 z = q\sin(\omega t + \varphi) \tag{6-43b}$$

式中,$n = \dfrac{C}{2M}, p^2 = \dfrac{K}{M}, q = \dfrac{P}{M}$。

式(6-43b)为非齐次线性微分方程,其解由齐次方程的通解及非齐次方程的特解组成,其中齐次方程的通解已由式(6-26)给出,它随时间的增加而振幅逐渐衰减。非齐次方程的特解即为稳定的强迫振动,设特解为

$$z = B\sin(\omega t + \varphi - \delta) \tag{6-44}$$

式中　B——待求的强迫振动振幅；

　　　δ——待求的相位角。

将式(6-44)代入式(6-43a)得

$$M\omega^2 B\sin(\omega t+\varphi-\delta)-C\omega B\cos(\omega t+\varphi-\delta)-KB\sin(\omega t+\varphi-\delta)-P\sin(\omega t+\varphi)=0$$

$$(6-45)$$

将上式中的 $\sin(\omega t+\varphi-\delta)$ 和 $\cos(\omega t+\varphi-\delta)$ 展开后得

$$(M\omega^2 B-KB)\left[\sin(\omega t+\varphi)\cos\delta-\sin\delta\cos(\omega t+\varphi)\right]-P\sin(\omega t+\varphi)$$

$$-C\omega B\left[\cos(\omega t+\varphi)\cos\delta+\sin(\omega t+\varphi)\sin\delta\right]=0$$

若上式恒为零,则以 $(\omega t+\varphi)$ 为变量的正弦函数和余弦函数前的系数均应为零,即

$$B(M\omega^2-K)\cos\delta+C\omega B\sin\delta-P=0 \tag{A}$$

$$-B(M\omega^2-K)\sin\delta-C\omega\cos\delta=0 \tag{B}$$

由式(B)得

$$\tan\delta=\frac{C\omega}{K-M\omega^2} \tag{6-45a}$$

$$\cos\delta=\frac{K-M\omega^2}{\sqrt{(K-M\omega^2)^2+(C\omega)^2}} \tag{C}$$

$$\sin\delta=\frac{C\omega}{\sqrt{(K-M\omega^2)^2+(C\omega)^2}} \tag{D}$$

由式(A)、式(C)、式(D)得

$$B=\frac{P}{\sqrt{(K-M\omega^2)^2+(C\omega)^2}}=\frac{a\sqrt{K^2+(C\omega)^2}}{\sqrt{(K-M\omega^2)^2+(C\omega)^2}} \tag{6-45b}$$

经适当变换后可得

$$B=\frac{a\sqrt{1+4D^2r^2}}{\sqrt{(1-r^2)^2+4D^2r^2}} \tag{6-45c}$$

$$\tan\delta=\frac{2Dr}{(1-r^2)}$$

式中　D——相对阻尼系数,$D=\dfrac{n}{p}$；

　　　r——激振频率与自振频率之比,其值为 $r=\dfrac{\omega}{p}$。

下面介绍振幅扩大倍率和加速度扩大倍率。车体振幅与线路波形振幅之比称为振幅扩大倍率 η_1,具有线性阻尼轮对簧上质量系统的振幅扩大倍率,可根据车体振幅和线路波幅求得,即

$$\eta_1=\frac{B}{a}=\frac{\sqrt{1+4D^2r^2}}{\sqrt{(1-r^2)^2+4D^2r^2}} \tag{6-46}$$

如果在式(6-46)两边各乘以 r^2,可得

$$\eta_2=\eta_1 r^2=\frac{B\omega^2}{ap^2}=\frac{r^2\sqrt{1+4D^2r^2}}{\sqrt{(1-r^2)^2+4D^2r^2}} \tag{6-46a}$$

η_2 称为加速度扩大倍率,因为 $\omega^2 B$ 是车体作稳态强迫振动时的加速度幅值,ap^2 是轮对以自振频率 p 沿波形线路作上下振动时的加速度,两者之比值相当于车体强迫振动的加速度比

轮对上下自振加速度增加倍数。

图 6-14 及图 6-15 分别示出振幅扩大倍率 η_1 和加速度扩大倍率 η_2 与强迫振动频率和自振频率比 r 之间的关系。图中采用无量纲的 r 为坐标,避免了具体的强迫振动频率和自振频率,使图 6-14 和图 6-15 的适用范围更加广泛。当轨道波形长度一定时,激振频率 ω 与车辆运行速度成正比,因此 r 也与行车速度成正比。图中横坐标 r 以一定比例代表行车速度,图6-14 和图 6-15 也可以看作振幅扩大倍率、加速度扩大倍率与行车速度的关系,$r=1$ 时,相当临界速度,$r=0.5$ 时,相当临界速度的一半。由图 6-14 可见,$r=0$ 及 $r=\sqrt{2}$ 时,在所有相对阻尼系数下,振幅扩大倍率 $\eta_1=1$,也就是车体的振幅大小与波形线路的波幅一致。由图 6-15 可见,在 $r=\sqrt{2}$ 时,在各种不同的相对阻尼系数下,加速度扩大倍率为一固定值,$\eta_2=2$。当速度不高时,$\eta_2\approx0$,也就是车体强迫振动的加速度接近零。在车辆运行速度很低时,旅客一般无振动的感觉。由图 6-14 及图 6-15 同时可以看出,在 $r=0\sim\sqrt{2}$ 范围内,减振器的阻力越大,车辆强迫振动的振幅和加速度越小,而 $r>\sqrt{2}$ 时的情形正好相反。因此,当车辆运行时,为使车体的振动加速度能在各种激振频率下都有较小的值,应使图 6-14 及图 6-15 中的曲线在不同 ω 时,都能保持低值且变化要平缓,对于运行速度范围较宽的车辆,阻尼系数过大和过小都不利,一般选择相对阻尼系数 $D=0.2\sim0.3$ 之间,D 确定之后,减振器阻尼系数 C 也就可以随之确定。

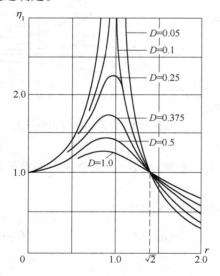

图 6-14 振幅扩大倍率与频率比关系   图 6-15 加速度扩大倍率与频率比关系

以上讨论的都是车体相对地面的绝对位移和绝对加速度,但是在实际应用中经常要知道悬挂系统上下支承面之间的相对位移、相对速度和相对加速度。悬挂系统上下支承面之间的相对位移即普通所说的弹簧动挠度,这一数据对确定弹簧簧条之间的间距、减振器行程和耗散的功等经常要用到的。

设弹簧两端在垂向的相对位移量为 z_r,z_t 为车体绝对位移量 z 与轮对在轨道上的上下位移量 z_t 之差,即 $z_r=z-z_t$,将以上关系代入式(6-43)中可得有阻尼轮对簧上质量系统以弹簧动挠度为变量的强迫振动方程为

$$\ddot{z}_r+2n\,\dot{z}_r+p^2z_r=-\ddot{z}_t=a\omega^2\sin\omega t \tag{6-47}$$

按前面的方法,可解出以动挠度为变量的振动

$$z_r = \frac{aM\omega^2}{\sqrt{(K - M\omega^2)^2 + (C\omega)^2}} \sin(\omega t - \delta) \qquad (6-47a)$$

式中
$$\delta = \arctan \frac{C\omega}{K - M\omega^2} = \arctan \frac{2Dr}{1 - r^2} \qquad (6-47b)$$

若把弹簧动挠度幅值与线路波形幅值之比称为弹簧动挠度振幅扩大倍率,并以 η_3 表示,则

$$\eta_3 = \frac{M\omega^2}{\sqrt{(K - M\omega^2)^2 + (C\omega)^2}} = \frac{r^2}{\sqrt{(1 - r^2)^2 + 4D^2 r^2}} \qquad (6-47c)$$

在不同频率比 r 和不同相对阻尼系数 D 的情况下弹簧动挠度振幅扩大倍率的变化如图 6 - 16 所示。

由图可见,当速度较大而减振器阻尼不是很大时,即 $D < 0.7$ 时,弹簧动挠度幅值往往大于线路波形的幅值,因此弹簧簧条之间要留较大的间距以避免在振动过程中簧条接触而出现刚性冲击。

（三）具有非线性阻尼的强迫振动

若车辆上采用摩擦减振器,或阻尼力与减振器活塞运动速度平方成正比的减振器,则轮对簧上质量系统的强迫振动方程不再是线性方程。这种强迫振动可以用当量线性阻尼系数代替线性阻尼系数的方法来列出方程。在列方程时,考虑减振器的性能与弹簧装置两端上下支承面之间的相对变形有关,故列出以弹簧动挠度为变量的强迫振动方程式

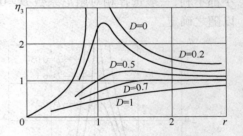

图 6 - 16　弹簧动挠度振幅扩大倍率与频率比关系

$$M\ddot{z}_r + C_e \dot{z}_r + Kz_r = Ma\omega^2 \sin\omega t \qquad (6-48)$$

式中　C_e——非线性减振器的当量线性阻尼,其值可由表 6 - 1 查出。

应当指出,在表 6 - 1 中所列的为自由振动情况下的当量阻尼系数,在此情况下应为强迫振动时的当量阻尼系数,故表 6 - 1 公式中的自振频率 p 应换为激振频率 ω。

参照式(6 - 47a)、式(6 - 47b)、式(6 - 47c),方程式(6 - 48)的解为

$$z_r = \frac{Ma\omega^2 \sin(\omega t - \delta)}{\sqrt{(K - M\omega^2)^2 + (C_e\omega)^2}} = z_{r0}\sin(\omega t - \delta) \qquad (6-48a)$$

式中　z_{r0}——稳态强迫振动振幅,其值为

$$z_{r0} = \frac{Ma\omega^2}{\sqrt{(K - M\omega^2)^2 + (C_e\omega)^2}}, \delta = \arctan \frac{C_e\omega}{K - M\omega^2} \qquad (6-49)$$

1. 常摩擦阻力减振器工况

将表 6 - 1 中常摩擦减振器的当量线性阻尼代入式(6 - 49)强迫振动的振幅中,得

$$z_{r0} = \frac{Ma\omega^2}{\sqrt{(K - M\omega^2)^2 + \left(\dfrac{4P}{\pi z_{r0}}\right)^2}} \qquad (6-49a)$$

在式(6 - 49a)中等式两侧均有 z_{r0},对等号两边平方解出 z_{r0},即强迫振动的稳态振幅为

$$z_{r0} = \frac{\sqrt{(Ma\omega^2) - \left(\frac{4P}{\pi}\right)^2}}{|K - M\omega^2|} = \frac{ar^2}{|1 - r^2|}\sqrt{1 - \left(\frac{4P}{\pi aKr^2}\right)^2} \qquad (6-49b)$$

式中　$\dfrac{4P}{\pi aK}$——常摩擦减振器振动一周的振幅衰减量$\dfrac{4P}{K}$与共振时无阻尼强迫振动一周的振幅

增加量 πa 之比。

2. 摩擦力与挠度成正比的减振器工况

用类似于上述方法可以求得在该情况下的稳态强迫振动的振幅为

$$z_{r0} = \frac{\sqrt{(Ma\omega^2)^2 - \left(\frac{4\varphi f_{st} K}{\pi}\right)^2}}{|K - M\omega^2|} = \frac{ar^2}{|1 - r^2|}\sqrt{1 - \left(\frac{4\varphi f_{st}}{\pi ar^2}\right)^2} \qquad (6-49c)$$

式中　$\dfrac{4\varphi f_{st}}{\pi a}$——阻力与挠度成正比的摩擦减振器振动一周的振幅衰减量$4\varphi f_{st}$与无阻尼强迫振

动一周振幅增加量 πa 之比。

若定义摩擦减振器系统振动一周振幅衰减量与无阻尼系统共振时振动一周振幅增加量之比为摩擦减振器的相对阻尼系数，并用 D_f 表示。则式(6-49b)或式(6-49c)可以写成统一的形式

$$z_{r0} = \frac{ar^2}{|1 - r^2|}\sqrt{1 - \left(\frac{D_f}{r^2}\right)^2} \qquad (6-49d)$$

具有摩擦阻尼情况下，强迫振动动挠度幅值与波形线路幅值之比仍称为动挠度振幅扩大倍率并用 η_{3f} 表示，则

$$\eta_{3f} = \frac{r^2}{|1 - r^2|}\sqrt{1 - \left(\frac{D_f}{r^2}\right)^2} \qquad (6-49e)$$

具有摩擦阻尼时弹簧动挠度振幅扩大倍率 η_{3f} 与频率比 r 的关系示于图 6-17 中。由图可见，当 $D_f = 1$ 时，在临界速度下振幅增长量与衰减量平衡；当 $D_f < 1$ 时，车辆速度不断提高接近共振时，η_{3f} 将不断增大；当 $D_f > 1$ 时，在临界速度以下不能起振，即动挠度始终为零，超过临界速度后，当 $r > 1$ 时开始起振，振幅为有限值。

3. 阻力与位移速度平方成正比的减振器工况

将表6-1中的阻力与位移速度平方成正比的减振器等效线性阻尼代入式(6-49)中得

$$z_{r0} = \frac{Ma\omega^2}{\sqrt{(K - M\omega^2)^2 + \left(\frac{8\gamma z_{r0}\omega^2}{3\pi}\right)^2}}$$

$$(6-49f)$$

上式中等号两边均有 z_{r0}，将等号两边均取平方后得

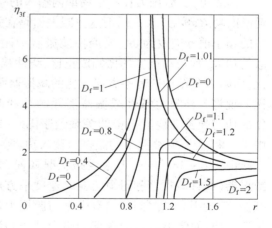

图 6-17　具有摩擦阻尼时弹簧
动挠度振幅扩大倍率

$$z_{r0}^4 \left(\frac{8\gamma\omega^2}{3\pi} \right)^2 + z_{r0}^2 (K - M\omega^2)^2 - (Ma\omega^2)^2 = 0$$

根据一元二次方程解出 z_{r0}^2 为

$$z_{r0}^2 = \frac{1}{2} \left(\frac{3\pi}{8\gamma\omega^2} \right)^2 \left[-(K - M\omega^2)^2 \pm \sqrt{(K - M\omega^2)^2 + \frac{4(8\gamma\omega^2 Ma\omega^2)^2}{(3\pi)^2}} \right]$$

上式中只有在 ± 号中取 + 号时 z_{r0} 才是有意义的, 否则 z_{r0} 为虚数, 从而得

$$z_{r0} = \frac{3\pi}{8\gamma\omega^2} \sqrt{\frac{1}{2} \left[\sqrt{(K - M\omega^2)^4 + \frac{4(8\gamma\omega^2 Ma\omega^2)^2}{(3\pi)^2}} - (K - M\omega^2)^2 \right]}$$

$$= \frac{3\pi M}{8\gamma r^2} \sqrt{\frac{1}{2} \left[\sqrt{(1 - r^2)^4 + \left(\frac{16\gamma a^2}{3\pi M} \right)^2 r^4} - (1 - r^2)^2 \right]} \qquad (6-49g)$$

由式 (6-49g) 可见, 具有阻尼力与速度平方成正比的减振器, 在任何速度条件下, 包括 $r = 1$ 的共振时, 其振幅均为有限值。

从以上分析可以看出: 有些减振器, 例如线性减振器和阻尼力与振动速度平方成正比的减振器, 在任何情况下, 其振幅均为有限值; 而某些减振器, 如摩擦减振器, 当相对阻尼系数 $D_f < 1$ 时, 很难保证系统在临界速度下振幅为有限值。下面用激振力输入的功和阻尼力消耗功之间相互关系比较直观地说明上述问题。

根据式 (6-48) 可知, 激振力 P 可以表达为 $P = Ma\omega^2 \sin\omega t$

根据式 (6-48a) 悬挂动挠度的表达式为 $z_r = z_{r0}\sin(\omega t - \delta)$

则有振动一周时激振力输入的功为

$$W = 2\int_{-z_{r0}}^{z_{r0}} P dz_r = \int_0^T P\dot{z}_r dt = Ma\omega^2 z_{r0} \int_0^{2\pi} \sin(\omega t)\cos(\omega t - \delta) d(\omega t)$$

$$= Ma\omega^2 z_{r0} \left[\int_0^{2\pi} \sin(\omega t)\cos(\omega t)\cos\delta d(\omega t) + \sin\delta \int_0^{2\pi} \sin^2(\omega t) d(\omega t) \right]$$

$$= \pi Ma\omega^2 z_{r0} \sin\delta \qquad (6-50)$$

由此可见, 激振力在一个周期内输入的功 W 与弹簧动挠度振幅成正比。减振器振动一周耗散的功 R 可见表 6-1, 但这里减振器是在强迫振动条件下消耗的功, 故表 6-1 中 R 的公式中的频率值 p 应改为 ω。常摩擦减振器所耗散的功 R_f 及摩擦力与挠度成正比的减振器所耗散的功 R_φ 均与动挠度的振幅成正比, 线性减振器所耗散的功 R_c 与悬挂动挠度振幅平方成正比, 而阻力与振动速度平方成正比的减振器所耗散的功 R_γ 是与悬挂动挠度振幅的三次方成正比。现将各种阻力特性减振器消耗的功和激振力所作的功与弹簧动挠度振幅的关系绘于图 6-18 中。图中 W_1、W_2 为不同线路上的激振力输入功。

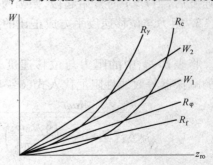

图 6-18 阻尼功与激振力功之间的关系

由图 6-18 可见, 不论线路状况如何, 黏性阻力减振器 (线性减振器和阻力与振动速度平方成正比的减振器) 的阻力功之间一定有一个与激振力功相等的平衡振幅, 而摩擦阻力减振器的阻力功线与激振力功线除完全重迭情况外, 在坐标原点以外无交点。两线完全重叠时, 摩擦阻力功与激振力功在任何振幅条件下均相等 ($D_f = 1$)。在阻力功线与激振功线不重叠时, 若摩擦阻力功线的斜率小于激振功线, 则共振时无法限制系统的振幅增长; 若摩擦阻力功

线的斜率大于激振力功的斜率,则系统无法起振,车体处于刚性受力状态。因此摩擦减振器只能适应某一特定波幅的线路而不能完全适应各种不同轨道波幅的线路。从阻力特性来看,粘性阻力减振器的性能优于摩擦阻力减振器。但粘性阻力减振器目前制造和维修成本较高,一般限用于客车。货车上常用成本较低的摩擦减振器。

摩擦减振器的阻尼大小应适当选择,一般取 $D_f < 1$,但 D_f 的大小与线路不平顺幅度 a 有关,故 D_f 是随线路状况不同而变化的。多年运用经验,摩擦力与挠度成正比的减振器的相对摩擦系数 φ 应选择在 $0.06 \sim 0.1$ 之间,当 f_{st} 数值较大时取低值,f_{st} 数值较小时取高值。

(四)车辆通过局部不平顺时的瞬态响应

机车起动时车轮空转、轮对抱死闸等都可能擦伤轨面。路基各部分物理特性不均匀,轨道在垂向的局部突起或下陷等都是轨道的局部不平顺。机车车辆在运行中经常会遇到这些局部不平顺。下面研究车轮通过这些局部不平顺时车辆产生的瞬态振动情况。在研究周期性激振条件下的稳态强迫振动时,只考虑了振动方程式(6-43b)中的特解,即稳态强迫振动。而式(6-43b)中的齐次方程的通解所对应的是自由振动,这种振动是随时间的增加而逐渐衰减的,故未列入研究之中。当研究车轮通过局部不平顺的车辆瞬态振动时,自由振动的作用与强迫振动的作用具有同等意义,不能忽略自由振动的作用。

设线路局部不平顺长度为 L,用 z_t 表示不平顺向下凹陷的变量。以线路局部不平顺的起点与下凹量平均线的交点为坐标原点,作坐标系 xOz,x 轴的方向沿轨道向前,z_t 轴向上为正,轨道局部不平顺沿轨道方向的变化规律为

$$z_t = a\left[1 - \cos\left(\frac{2\pi x}{L}\right)\right] \qquad (6-51)$$

若以车轮在不平顺起点处作为时间的起始点,而车轮前进速度为 v,则车轮走行距离为 $x = vt$,则式(6-51)可改写成

$$z_t = a\left[1 - \cos\left(\frac{2\pi vt}{L}\right)\right] = a(1 - \cos\omega t)$$

式中,$\omega = \dfrac{2\pi v}{L}$。

轮对簧上质量系统的力学模型如图6-19所示。在该模型中不考虑减振器的作用,于是以弹簧动挠度为变量的运动方程为

$$\ddot{z}_r + p^2 z_r = -\ddot{z}_t = -a\omega^2\cos\omega t \qquad (6-52)$$

式中　z_r——弹簧动挠度;

　　p——自振频率,其值为

$$p^2 = \frac{K}{M}$$

其中　M——簧上质量,

　　　K——悬挂刚度。

式(6-52)的全解为对应齐次方程的通解及非齐次方程的特解之和

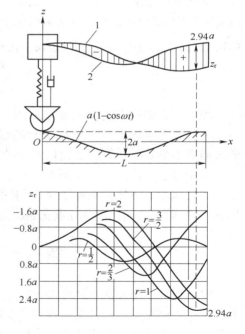

图6-19　车轮通过局部不平顺时
弹簧动挠度变化

$$z_r = A_1 \cos pt + A_2 \sin pt + B \cos \omega t \qquad (6-52a)$$

将特解 $B \cos \omega t$ 代入式(6-52)后可以求得

$$B = -\frac{a\omega^2}{P^2 - \omega^2} = -\frac{ar^2}{1 - r^2}$$

式中,$r = \dfrac{\omega}{p}$。

积分常数 A_1、A_2 可根据运动的初始条件求得,设轮对运动至局部不平顺起始点前,系统无上下振动,即 $t = 0$ 时 $z_r = 0$、$\dot{z}_r = 0$,于是可以求得

$$A_1 = -B = \frac{ar^2}{1 - r^2},\ A_2 = 0$$

已知 A_1、A_2、B 之后就可以写出瞬态运动方程为

$$z_r = \frac{ar^2(\cos pt - \cos \omega t)}{1 - r^2} \qquad (6-52b)$$

式(6-52b)只适用于 $t \leqslant \dfrac{L}{v}$ 的范围,即车轮处在局部不平顺的范围之内。车轮通过局部不平顺之后,轮对簧上质量系统不再受局部不平顺激扰的作用,这时系统的振动是以车轮最后离开局部不平顺瞬间时系统的位移、速度和加速度为初始条件的自由振动。车轮通过局部不平顺时,弹簧产生动挠度,轮轨之间将产生增载或减载力为

$$P_d = K z_r$$

z_r 越大,轮轨之间动载荷(增、减载)越大。

下面分析车辆以不同的运行速度通过局部不平顺时对增、减载的影响。其计算结果列于图6-19中,图中示出在不同 r 的情况下,在局部不平顺长度范围内弹簧动挠度 z_r 的变化。由图可见,最大动挠度 $(z_r)_{max} = 2.94a$。出现在 $r = \dfrac{3}{2}$ 时,它对应的最不利速度为

$$v = \frac{3L}{4\pi}\sqrt{\frac{K}{M}}$$

图6-19中线1为轮对通过局部不平顺时的车体质心的轨迹,线2为线路局部不平顺。线1和线2之间的垂向距离为悬挂动挠度。图中 +、- 号表示弹簧的压缩、拉伸。由图可见,通过局部不平顺时弹簧挠度变化大于局部不平顺的最大值。

由于这里讨论的线路局部不平顺是按正弦(余弦)规律变化的,可用比较简单的方法求解。如局部不平顺按其他规律变化,求系统的瞬态振动的方法就要复杂得多。局部不平顺的形状不同,轮轨之间产生的动载荷也将随之而变化。

第三节　车辆系统的振动

以上研究了简化的车辆模型,即一个自由度的轮对簧上质量系统的自由振动和强迫振动,并找出了一些车辆振动的基本规律。实际车辆的自由度较多而且振动形式也比较复杂,但这些基本方法和基本规律仍适用于实际车辆,掌握这些方法和规律之后,不难分析和求解车辆系统在运行中的一些动力学问题和现象。

一、车辆的自由度、广义坐标和振型

铁路车辆是一个多自由度系统,在车辆运行中会出现复杂的振动现象,但是这些振动是由

若干个基本运动组合而成的结果。

　　车辆是由车体、转向架构架、轮对等基本部件组成的,在机车车辆动力学研究中,把这些部件近似地视作刚体,只有在研究车辆各部件的结构弹性振动时,才把它们视作弹性体。车辆各基本部件之间有弹性约束或刚性约束,以限制车辆结构中各零部件之间的相对运动。车辆支持在弹性元件(弹簧)上的零部件称为簧上质量,这通常指车体(包括载重)及摇枕质量。车辆中与钢轨直接刚性接触的质量称簧下质量,通常有轮对、轴箱装置和大多数货车三大件转向架的侧架。具有两系悬挂系统的转向架构架,一般称簧间质量。

　　根据力学中的运动学可知,任何一个自由刚体,在空间内可以有六个自由度。车辆的车体一般来讲也有 6 个自由度,为了确定车体的位置一般用 6 个广义坐标来表示。在车辆动力学中确定车体在运动中的位置用 6 个专用的广义坐标并有固定的术语。过车体质心 O 作三个互相垂直的笛卡尔右手坐标系 $Oxyz$,并规定 x 轴与车辆前进方向一致,y 轴水平向右,z 轴向下。这时车体有 6 种可能的运动方式,即沿 x、y、z 轴三个方向的直线运动和绕 x、y、z 轴的回转运动 θ、φ、ψ。车体在空间的位置由这 6 个广义坐标来确定,如图 6-20 所示。在一般情况下,车体的运动是上述 6 种运动形式的组合。

　　在车辆动力学中,习惯上对 6 种运动形式给定专门的术语:

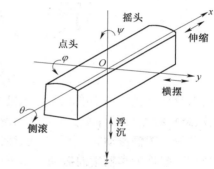

图 6-20　车体在空间的坐标位置

　　浮沉运动——即车体沿 z 轴方向所作的平行位移;

　　横摆运动——即车体沿 y 轴方向所作的平行位移;

　　伸缩运动——即车体沿 x 轴方向所作的平行位移;

　　摇头运动——即车体绕 z 轴的回转 ψ;

　　点头运动——即车体绕 y 轴的回转 φ;

　　侧滚运动——即车体绕 x 轴的回转 θ。

　　在一般车辆结构中,车辆前后转向架的结构是基本相同的,车体结构和载荷前后左右是对称的或十分接近对称的,当车辆系统振动时,车体会出现独立的浮沉振动〔图 6-21(a)〕、伸缩振动〔图 6-21(b)〕、摇头振动〔图 6-21(c)〕、点头振动〔图 6-21(d)〕。由于车辆结构和悬挂弹性约束的作用,车体的横摆和侧滚振动永远耦合在一起而形成两种振动方式:一种绕纵向轴振动,纵向轴处于车体重心以下,这种振动称为车体下心(一次)滚摆,如图 6-21(e)所示;另一种也是绕纵向轴的振动,纵向轴处于车体重心以上,这种振动称为车体上心(二次)滚摆,如图 6-21(f)所示。

　　整个车辆系统的自由度 DOF 可按下列公式求出:

$$DOF = 6N - R \tag{6-53}$$

式中　N——车辆系统中的刚体数目;

　　　　R——车辆系统中的刚性约束数。

　　车辆系统中的刚体数目甚多,在实际车辆动力学分析中,刚体数目要根据研究的目的来确定,在研究车辆主要零部件的振动时,可以不计某些不大的零部件的影响作简化分析,否则自由度过多将给分析工作带来很大困难。

　　车辆系统中除车体外还有其他较大的刚体,其振动形式与车体不尽相同,应根据零件的构造特点和约束而定。

　　车辆在实际运行中,出现的振动有自由振动,如轨缝冲击后的振动,有周期性的稳态强迫

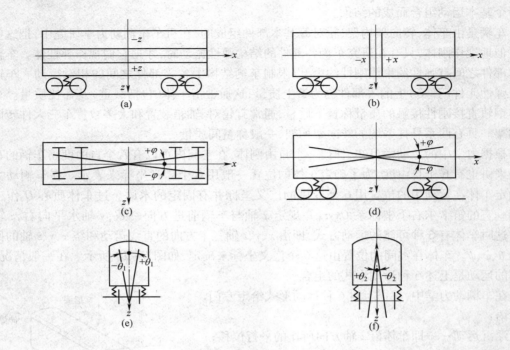

图 6-21   车体振动形式

振动以及线路随机不平顺激发的随机振动。其合成的振动形式要根据线路结构、车辆结构及装载、悬挂特点及运行速度等具体情况而定。

在研究车辆振动时,为了方便,往往把发生在纵垂面内的车辆各零部件的浮沉及点头振动归结在一起称为车辆垂向振动。而车辆的横摆、侧滚和摇头等归结在一起称横向振动。由于车辆的结构特点,一般车辆的垂向振动与横向振动之间是弱耦合,因此,车辆的垂向和横向两类振动可以分别研究。车辆的纵向伸缩振动一般在车辆起动、牵引、制动、调车等纵向牵引力和速度发生变化时出现,一般在列车动力学中研究。

二、具有一系悬挂装置转向架车辆在纵垂平面内的自由振动

货车转向架一般只有一系悬挂装置。在传统的三大件式货车转向架中,轮对与轴箱之间不设悬挂装置,而在转向架侧架与摇枕之间设置悬挂装置。由于线路的刚度比悬挂的刚度大得多,它对车体的振幅和频率影响不大,因此可以认为线路是刚性的。这样,分析工作可以简化而且又可保持足够的精度。在一般车辆上,车体及装载货物的合成质心处于车体对称的纵垂面和横垂面的交线上。一系悬挂转向架车辆的垂向无阻尼的自由振动模型示于图 6-22 中。

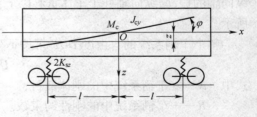

图 6-22   一系悬挂车辆在垂向的自由振动模型

设车体处于静平衡位置,过车体质心作右手坐标系 xOz,如图 6-22 所示。若车辆在自由振动的某一瞬间,车体质心离开平衡位置的垂向位移为 z,车体的点头角为 φ,每台转向架垂向悬挂刚度为 $2K_{sz}$,当车体在纵垂面内自由振

动时,有

前转向架的垂向悬挂反力 $\quad R_1 = -2K_{sz}(z + f_{st} - l\varphi)$

后转向架垂向悬挂反力 $\quad R_2 = -2K_{sz}(z + f_{st} + l\varphi)$

式中 f_{st}——悬挂弹簧静挠度;

$\quad\quad l$——车体质心至转向架悬挂中心之间的纵向距离;

$\quad 2K_{sz}$——每台转向架垂向悬挂刚度。

车体的重力为 $\quad\quad\quad\quad\quad\quad\quad P = M_c g$

式中 M_c——车体质量。

设车体浮沉振动的惯性力为 $M_c\ddot{z}$,车体点头振动的惯性力矩为 $J_{cy}\ddot{\varphi}$,其中 J_{cy} 为车体绕 y 轴的转动惯量。根据达伦贝尔原理,所有作用在车体上的静力和惯性力之和为零,即

$$\sum F_z = -M_c\ddot{z} + R_1 + R_2 + M_c g = 0 \tag{6-54}$$

将 R_1、R_2,的值代入式(6-54),且根据车体在弹簧上静平衡条件 $M_c g = 4K_{sz}f_{st}$,得

$$M_c\ddot{z} + 4K_{sz}z = 0 \tag{6-54a}$$

同理,所有绕车体质心的力矩亦为零,即

$$\sum M_y = -J_{cy}\ddot{\varphi} + R_1 l - R_2 l = 0 \tag{6-55}$$

经整理后得 $\quad\quad\quad\quad\quad J_{cy}\ddot{\varphi} + 4K_{sz}l^2\varphi = 0 \tag{6-55a}$

由式(6-54a)、式(6-55a)可见,当车辆对纵垂面和横垂面对称时,浮沉振动和点头振动的方程是独立的,也就是两种振动互相不联系。比较式(6-54a)与式(6-13)可见,若在式(6-54a)中取 $K = 4K_{sz}$,或式(6-55a)中以 M 代替 J_{cy},以 K 代替 $4K_{sz}l^2$,以 z 代替 φ,则式(6-54a)、式(6-55a),与式(6-13)完全相同。

若在一系悬挂转向架中设置线性减振器,则同样可得

车体浮沉振动的微分方程 $\quad M_c\ddot{z} + 4C_{sz}\dot{z} + 4K_{sz}z = 0 \tag{6-56}$

车体点头振动的微分方程 $\quad J_{cy}\ddot{\varphi} + 4C_{sz}l^2\dot{\varphi} + 4K_{sz}l^2\varphi = 0 \tag{6-57}$

式中 $2C_{sz}$——每台转向架的线性阻尼系数。

比较式(6-56)、式(6-57)与式(6-23),三式完全相似,只要改变参数的表示形式可以写成相同形式。

由此可以看出,当一系悬挂车辆对纵垂面和横垂面对称时,其纵垂面内的自由振动与轮对簧上质量系统的自由振动相似。研究轮对簧上质量系统的自由振动所得的规律完全适用于一系悬挂车辆在纵垂平面内的自由振动。

三、具有一系悬挂装置车辆在纵垂面内的强迫振动

设有一辆一系悬挂的车辆沿波形线路运行,如图6-23所示。假定车辆前后左右完全对称。车辆在波形线路上运行时,第一、第二、第三、第四轮对的垂向位移分别为 z_{t1}、z_{t2}、z_{t3}、z_{t4},则其表达式可分别写为

$z_{t1} = a\sin\omega t$, $\quad\quad z_{t2} = a\sin(\omega t - \beta_1)$

$z_{t3} = a\sin(\omega t - \beta_2)$, $\quad z_{t4} = a\sin(\omega t - \beta_3)$

式中 a——线路上下波幅;

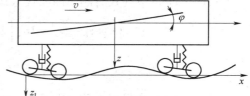

图6-23 具有一系悬挂的四轴车沿波形线路运行时的强迫振动

ω——线路激振频率,其值为 $\omega = \dfrac{2\pi v}{L_r}$

其中　L_r——线路波形的波长,

　　　　v——车辆运行速度;

　　　　β_1——第二轮对落后于第一轮对的相位角,其值为 $\beta_1 = \dfrac{2\pi l_1}{L_r}$;

　　　　β_2——第三轮对落后于第一轮对的相位角,其值为 $\beta_2 = \dfrac{4\pi l}{L_r}$;

　　　　β_3——第四轮对落后于第一轮对的相位角,其值为 $\beta_3 = \dfrac{4\pi(l+l_1)}{L_r} = \beta_1 + \beta_2$;

其中　l_1——转向架轴距之半,

　　　　l——车辆定距之半。

由于车辆弹簧安装在侧架的中央,车辆沿轨道运行时前转向架上弹簧下支承点的垂向位移为

$$z_1 = \frac{1}{2}(z_{t1} + z_{t2}) = \frac{1}{2}\left[a\sin\omega t + a\sin(\omega t - \beta_1) \right]$$

$$= a\sin\left(\omega t - \frac{\beta_1}{2} \right)\cos\frac{\beta_1}{2} \tag{6-58a}$$

后转向架弹簧下支承点的垂向位移为

$$z_2 = \frac{1}{2}(z_{t3} + z_{t4}) = a\sin\left(\omega t - \beta_2 - \frac{\beta_1}{2} \right)\cos\frac{\beta_1}{2} \tag{6-58b}$$

设每一转向架垂向悬挂刚度为 $2K_{sz}$,线性减振器垂向阻尼系数为 $2C_{sz}$,根据达伦贝尔原理列出作用在车体上垂向力的平衡方程和车体绕重心的力矩平衡方程为

$$M_c\ddot{z} + 2C_{sz}(\dot{z} - l\dot{\varphi} - \dot{z}_1) + 2K_{sz}(z - l\varphi - z_1)$$

$$+ 2C_{sz}(\dot{z} + l\dot{\varphi} - \dot{z}_2) + 2K_{sz}(z + l\varphi - z_2) = 0 \tag{6-59a}$$

$$J_{cy}\ddot{\varphi} - 2C_{sz}l(\dot{z} - l\dot{\varphi} - \dot{z}_1) - 2K_{sz}l(z - l\varphi - z_1)$$

$$+ 2C_{sz}l(\dot{z} + l\dot{\varphi} - \dot{z}_2) + 2K_{sz}l(z + l\varphi - z_2) = 0 \tag{6-59b}$$

经整理后式(6-59a)、式(6-59b)可写成

$$M_c\ddot{z} + 4C_{sz}\dot{z} + 4K_{sz}z = 2K_{sz}(z_1 + z_2) + 2C_{sz}(\dot{z}_1 + \dot{z}_2) \tag{6-59c}$$

$$J_{cy}\ddot{\varphi} + 4C_{sz}l^2\dot{\varphi} + 4K_{sz}l^2\varphi = 2K_{sz}l(z_2 - z_1) + 2C_{sz}l(\dot{z}_2 - \dot{z}_1) \tag{6-59d}$$

由式(6-59c)和式(6-59d)可见,如果车辆前后左右对称,车辆有阻尼的强迫振动中浮沉和点头振动的方程是独立的,因而两种振动是不耦合的。

式(6-59c)中等式右侧中两项代入式(6-58a)和式(6-58b),并简化后可得

$$2K_{sz}(z_1 + z_2) = 2K_{sz}\left[2a\cos\frac{\beta_1}{2}\cos\frac{\beta_2}{2}\sin\left(\omega t - \frac{\beta_3}{2} \right) \right]$$

$$\tag{6-60a}$$

$$2C_{sz}(\dot{z}_1 + \dot{z}_2) = 2C_{sz}\left[2a\omega\cos\frac{\beta_1}{2}\cos\frac{\beta_2}{2}\cos\left(\omega t - \frac{\beta_3}{2} \right) \right]$$

式(6-59d)中等式右侧中两项代入式(6-58a)和式(6-58b),并化简后可得

$$2K_{sz}l(z_2 - z_1) = -4K_{sz}al\cos\frac{\beta_1}{2}\sin\frac{\beta_2}{2}\cos\left(\omega t - \frac{\beta_3}{2}\right)$$

$$2C_{sz}l(\dot{z}_2 - \dot{z}_1) = 4C_{sz}al\omega\cos\frac{\beta_1}{2}\sin\frac{\beta_2}{2}\sin\left(\omega t - \frac{\beta_3}{2}\right)$$ (6 – 60b)

将式(6 – 60a)、式(6 – 60b)代入式(6 – 59c)、式(6 – 59d)后得

$$M_c\ddot{z} + 4C_{sz}\dot{z} + 4K_{sz}z = P_1\sin\left(\omega t - \frac{\beta_3}{2} + \alpha\right)$$ (6 – 60c)

$$J_{cy}\ddot{\varphi} + 4C_{sz}l^2\dot{\varphi} + 4K_{sz}l^2\varphi = P_2\cos\left(\omega t - \frac{\beta_3}{2} + \alpha\right)$$ (6 – 60d)

式中

$$\left.\begin{aligned}P_1 &= 4a\sqrt{K_{sz}^2 + (C_{sz}\omega)^2}\cos\frac{\beta_1}{2}\cos\frac{\beta_2}{2}\\[4pt]P_2 &= -4al\sqrt{K_{sz}^2 + (C_{sz}\omega)^2}\cos\frac{\beta_1}{2}\sin\frac{\beta_2}{2}\\[4pt]\alpha &= \arctan\left(\frac{C_{sz}\omega}{K}\right)\end{aligned}\right\}$$ (6 – 60e)

车辆在线路上运行时的强迫振动方程式(6 – 60c)、式(6 – 60d)、式(6 – 60e)也可以写成矩阵形式

$$M\ddot{x} + C\dot{x} + Kx = p$$ (6 – 60f)

式中　M——质量矩阵,$M = \begin{bmatrix} M_c & 0 \\ 0 & J_{cy} \end{bmatrix}$;

C——阻尼矩阵,$C = \begin{bmatrix} 4C_{sz} & 0 \\ 0 & 4C_{sz}l^2 \end{bmatrix}$;

p——广义外力矢量,其值为

$$p = \left\{\begin{aligned} &4a\sqrt{K_{sz}^2 + (C_{sz}\omega)^2}\cos\left(\frac{\beta_1}{2}\right)\cos\left(\frac{\beta_2}{2}\right)\sin\left(\omega t - \frac{\beta_3}{2} + \alpha\right) \\ &-4al\sqrt{K_{sz}^2 + (C_{sz}\omega)^2}\cos\left(\frac{\beta_1}{2}\right)\sin\left(\frac{\beta_2}{2}\right)\cos\left(\omega t - \frac{\beta_3}{2} + \alpha\right) \end{aligned}\right\}$$

$x,\dot{x},\ddot{x}$——对应每个广义坐标位移矢量、速度矢量、加速度矢量,其值为

$$x = \left\{\begin{matrix} z \\ \varphi \end{matrix}\right\}, \dot{x} = \left\{\begin{matrix} \dot{z} \\ \dot{\varphi} \end{matrix}\right\}, \ddot{x} = \left\{\begin{matrix} \ddot{z} \\ \ddot{\varphi} \end{matrix}\right\}$$

式(6 – 60f)中,如果 $C = 0$ 即为无阻尼的强迫振动方程;如果 $C \neq 0, p = 0$ 即为有阻尼的自由振动方程;如果 $C = 0, p = 0$ 即为无阻尼的自由振动方程。

如果式(6 – 60c)中,$\beta_1 = \beta_2 = \beta_3 = 2\pi n(n = 1,2,3,\cdots)$,即 4 个轮对同相,并取 $K = 4K_{sz}$,$C = 4C_{sz}$,$P = P_1$ 则与式(6 – 43a)完全相同,这时一系悬挂车辆在纵垂面内的强迫振动也相当轮对簧上质量系统的强迫振动。但在一般情况下,β_1、β_2、β_3 不可能同相,故四轴车辆的 4 个轮对作用于车辆上的合成浮沉激振力小于轮对簧上质量系统($K = 4K_{sz}$,$C = 4C_{sz}$)中一个轮对作用于质量上的激振力,其缩减倍数为 $\cos\frac{\beta_1}{2}\cos\frac{\beta_2}{2}$。若 $\cos\frac{\beta_1}{2} = 0$ 或 $\cos\frac{\beta_2}{2} = 0$,则 4 个轮对的激振

力相互抵消车体不产生浮沉强迫振动。

一系悬挂车辆的强迫点头振动也具有浮沉振动类似的形式,仅方程中系数不同而已。

由式(6-60d)可见,若 $\cos\dfrac{\beta_1}{2}=1$ 且 $\sin\dfrac{\beta_2}{2}=1$,则点头强迫振动的振幅最大;若 $\cos\dfrac{\beta_1}{2}=0$ 或 $\sin\dfrac{\beta_2}{2}=0$,则不产生点头强迫振动。由以上分析可见,车辆定距、转向架轴距与有缝线路的轨条长度对车辆强迫振动有较大影响,合适的车辆定距和转向架轴距可以减小车辆的强迫振动振幅。但实际上,车辆定距和转向架轴距很难随意调整,增加车辆定距会增加车辆自重并且影响车辆端部和中部在曲线上的偏移量从而减小车辆容许宽度,增加转向架轴距会增加转向架重量。

一系悬挂车辆的浮沉强迫振动和点头强迫振动,虽然是独立存在的,但在车辆运行中同时存在在车体上,因此车体上的振动应是两种振动的叠加。

通过车辆在纵垂面内的强迫振动分析可以看出,有关轮对簧上质量系统强迫振动的规律和结果,完全适用于一系悬挂车辆。

四、具有两系悬挂装置车辆在纵垂面内的自由振动

世界各国的客车,大多数采用两系悬挂装置,即轮对与转向架构架之间设置第一系弹性悬挂装置(轴箱悬挂装置),转向架构架与车体之间设置第二系弹性悬挂装置(摇枕悬挂装置),使车辆具有良好的运行品质,改善旅客舒适条件。

(一)无阻尼的自由振动

两系悬挂系统车辆在纵垂面内的力学模型如图6-24(a)所示,图中符号如下:

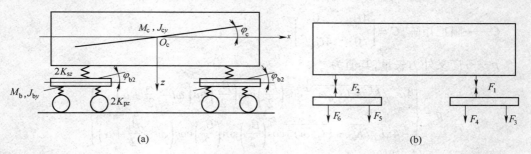

(a)　　　　　　　　　(b)

图6-24　两系悬挂车辆在纵垂面内的振动模型

J_{cy}——车体绕通过其质心的 y_c 轴的转动惯量;

M_c——车体质量;

J_{by}——一个转向架构架绕通过其质心的 y_b 轴的转动惯量;

M_b——一个转向架构架的质量;

$2K_{sz}$——一台转向架上第二系悬挂的垂向刚度;

$2K_{pz}$——一个轮对上第一系悬挂的垂向刚度;

$2l$——两转向架之间的中心距(车辆定距);

$2l_1$——转向架轴距。

当车辆处于平衡状态,过车体质心 O_c 作右手坐标系 $O_c x_c y_c z_c$,x_c 指向车辆运行前方,z_c 轴向下,y_c 轴水平向右。过前、后转向架质心 O_{b1}、O_{b2} 作右手坐标系 $O_{b1} x_{b1} y_{b1} z_{b1}$ 和 $O_{b2} x_{b2} y_{b2} z_{b2}$,各

轴的方向同车体坐标系。两系悬挂车辆在纵垂面内的自由度为 6 个,系统的位置由 6 个广义坐标来确定,即车体的垂向位移 z_c 和点头角 φ_c;前转向架构架的垂向位移 z_{b1} 和点头角 φ_{b1};后转向架构架的垂向位移 z_{b2} 和点头角 φ_{b2}。

车辆自由振动时,车体与转向架构架受力情况示于图 6 – 24(b) 中。车辆自由振动时,车体上受前后转向架上的第二系悬挂弹簧的垂向作用力 F_1、F_2 为

$$F_1 = -2K_{sz}(z_c - l\varphi_c - z_{b1})$$
$$F_2 = -2K_{sz}(z_c + l\varphi_c - z_{b1})$$

前后转向架构架上所受的第二系悬挂弹簧的垂向力分别为 $-F_1$、$-F_2$。

前转向架构架上所受的第一系悬挂弹簧的垂向力为

$$F_3 = -2K_{pz}(z_{b1} - l_1\varphi_{b1})$$
$$F_4 = -2K_{pz}(z_{b1} + l_1\varphi_{b1})$$

后转向架构架上所受的第一系悬挂弹簧的垂向力为

$$F_5 = -2K_{pz}(z_{b2} - l_1\varphi_{b2})$$
$$F_6 = -2K_{pz}(z_{b2} + l_1\varphi_{b2})$$

根据牛顿第二定律,可以列出作用在车体及转向架构架上的外力及外力矩平衡的 6 个方程为

$$M_c\ddot{z} = F_1 + F_2 = -4K_{sz}\left[z_c - \frac{1}{2}(z_{b1} + z_{b2})\right]$$

$$J_{cy}\ddot{\varphi}_c = -F_1 l + F_2 l = -4K_{sz}\left[l^2\varphi_c - \frac{1}{2}(z_{b2} - z_{b1})l\right]$$

$$M_b\ddot{z}_{b1} = -F_1 + F_3 + F_4 = 2K_{sz}(z_c - l\varphi_c) - (4K_{pz} + 2K_{sz})z_{b1} \qquad (A)$$

$$J_{by}\ddot{\varphi}_{b1} = -F_3 l_1 + F_4 l_1 = -4K_{pz}l_1^2\varphi_{b1}$$

$$M_b\ddot{z}_{b2} = -F_2 + F_5 + F_6 = 2K_{sz}(z_c + l\varphi_c) - (4K_{pz} + 2K_{sz})z_{b2} \qquad (B)$$

$$J_{by}\ddot{\varphi}_{b2} = -F_5 l_1 + F_6 l_1 = -4K_{pz}l_1^2\varphi_{b2}$$

式(B) + 式(A)得　　$M_b(\ddot{z}_{b1} + \ddot{z}_{b2}) = 4K_{sz}z_c - (4K_{pz} + 2K_{sz})(z_{b1} + z_{b2})$

式(B) – 式(A)得　　$M_b(\ddot{z}_{b2} - \ddot{z}_{b1}) = -4K_{sz}l\varphi_c - (4K_{pz} + 2K_{sz})(z_{b2} - z_{b1})$

经整理后得

$$\left.\begin{array}{l} M_c\ddot{z}_c + 4K_{sz}(z_c - z_1) = 0 \\ 2M_b\ddot{z}_1 - 4K_{sz}z_c + (4K_{sz} + 8K_{pz})z_1 = 0 \end{array}\right\} \qquad (6-61a)$$

$$\left.\begin{array}{l} J_{cy}\ddot{\varphi}_c + 4K_{sz}l^2\varphi - 4K_{sz}lz_2 = 0 \\ 2M_b\ddot{z}_2 - 4K_{sz}l\varphi_c + (4K_{sz} + 8K_{pz})z_2 = 0 \end{array}\right\} \qquad (6-61b)$$

$$J_{by}\ddot{\varphi}_{b1} + 4K_{pz}l_1^2\varphi_{b1} = 0 \qquad (6-61c)$$

$$J_{by}\ddot{\varphi}_{b2} + 4K_{pz}l_1^2\varphi_{b2} = 0 \qquad (6-61d)$$

式中,$z_1 = \frac{1}{2}(z_{b1} + z_{b2})$,$z_2 = \frac{1}{2}(z_{b2} - z_{b1})$。

由式(6-61)可见,具有两系悬挂装置车辆在纵垂面内的自由振动方程可以分成互不耦合的四组,其中式(6-61c)、式(6-61d)表示独立的转向架点头振动;式(6-61a)表示车体的浮沉 z_c 与两转向架构架浮沉平均值 z_1 互相偶合在一起的车辆浮沉振动;式(6-61b)表示车体点头 φ_c

与两转向架浮沉差 z_2 耦合在一起的振动;式(6 – 61a)和式(6 – 61b)中均包含两个广义坐标,故均为两个自由度的自由振动。下面进一步分析式(6 – 61a)和式(6 – 61b)。

式(6 – 61a)对应的力学模型如图6 – 25(a)所示。图6 – 25(a)所示模型是一个两系悬挂的轮对簧上质量系统。这种两系悬挂系统的振动方程为式(6 – 61a)。其中第一系悬挂刚度为车辆各轴箱弹簧刚度之和,第二系悬挂刚度为车辆摇枕弹簧刚度之和。第一个质量为两转向架构架质量之和 $2M_b$,第二个质量为车体质量 M_c。在图6 – 25(a)所示的模型中,分别取 M_c 和 $2M_b$ 为分离体,列出平衡方程即可得出式(6 – 61a)。

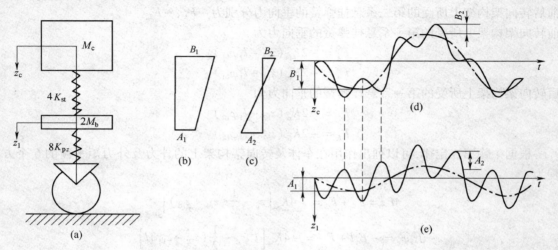

图6 – 25 车体及转向架的浮沉自由振动

为了书写简便采用下列符号:

$$a_1 = \frac{4K_{sz}}{M_c}, a_2 = \frac{-4K_{sz}}{M_c}, a_3 = \frac{-4K_{sz}}{2M_b}, a_4 = \frac{4K_{sz} + 8K_{pz}}{2M_b}$$

式(6 – 61a)可以简化为

$$\left.\begin{array}{l} \ddot{z}_c + a_1 z_c + a_2 z_1 = 0 \\ \ddot{z}_1 + a_3 z_c + a_4 z_1 = 0 \end{array}\right\} \qquad (6 - 62)$$

式(6 – 62)是一个有两个变量的二阶常系数齐次线性方程组,其解可设为

$$\left.\begin{array}{l} z_1 = A\sin(pt + \alpha) \\ z_c = B\sin(pt + \alpha) \end{array}\right\} \qquad (6 - 62a)$$

式中 A、B——分别为转向架构架及车体的自由振动振幅;

$\qquad$ p——系统的自振频率;

$\qquad$ α——为相位角。

A、B 及 α 可由初始条件确定。下面求系统的自振频率。将式(6 – 62a)代入式(6 – 62)中,并消去方程中共同的公因子后得

$$\left.\begin{array}{l} (a_1 - p^2)B + a_2 A = 0 \\ a_3 B + (a_4 - p^2)A = 0 \end{array}\right\} \qquad (6 - 62b)$$

上式中 $A = 0, B = 0$ 为一组解。这组解是振幅为零的静平衡情况,对于研究振动无意义。显然,在振动时 A 和 B 不能恒为零,所以式(6 – 62b)仅在满足下列行列式为零的条件才有解

$$\begin{vmatrix} a_1 - p^2 & a_2 \\ a_3 & a_4 - p^2 \end{vmatrix} = 0 \qquad (6-62\mathrm{c})$$

式(6－62c)为两系悬挂车辆轮对簧上质量系统的特征方程,展开后得

$$(a_1 - p^2)(a_4 - p^2) - a_2 a_3 = 0$$

或

$$p^4 - (a_1 + a_4)p^2 + a_1 a_4 - a_2 a_3 = 0 \qquad (6-62\mathrm{d})$$

式(6－62d)可以求出方程式的两个根分别为

$$p_{1,2}^2 = \frac{1}{2}\left[(a_1 + a_4) \pm \sqrt{(a_1 + a_4)^2 + 4(a_2 a_3 - a_1 a_4)}\right]$$

$$= \frac{1}{2}\left[(a_1 + a_4) \pm \sqrt{(a_1 - a_4)^2 + a_2 a_3}\right] \qquad (6-62\mathrm{e})$$

若将 a_1、a_2、a_3、a_4 的值代入上式后得

$$p_{1,2}^2 = \left[\frac{1}{2}\left(\frac{4K_{sz}}{M_c} + \frac{(4K_{sz} + 8K_{pz})}{2M_b}\right) \pm \sqrt{\left(\frac{4K_{sz}}{M_c} + \frac{4K_{sz} + 8K_{pz}}{2M_b}\right)^2 - \frac{16K_{sz}8K_{pz}}{2M_c M_b}}\right] \quad (6-62\mathrm{f})$$

由式(6－62f)可见,p_1^2、p_2^2 均为大于零的实数,故 p_1、p_2^2 均为实根,均为有意义的解。应当特别指出,有两个自由度的系统的振动,其振动频率不再是一个而是两个。这两个频率的振动往往是同时存在的,所以两个自由度系统的自由振动是两个广义坐标表示的振动,并且每个广义坐标的振动是由两个频率的振动波形合成的。

如将式(6－62f)中开平方根的部分用二项式定理展开,并根据车辆结构的特点 $M_c \gg 2M_b$,于是可求得根式的近似值为

$$\sqrt{\left(\frac{4K_{sz}}{M_c} + \frac{4K_{sz} + 8K_{pz}}{2M_b}\right)^2 - \frac{16K_{sz}8K_{pz}}{2M_c M_b}}$$

$$\approx \frac{4K_{sz}}{M_c} + \frac{4K_{sz} + 8K_{pz}}{2M_b} - \frac{1}{2}\frac{16K_{sz}8K_{pz}}{2M_c M_b\left(\frac{4K_{sz}}{M_c} + \frac{4K_{sz} + 8K_{pz}}{2M_b}\right)}$$

将上列展开式代入式(6－62f)中,可求得两个频率中较低一个频率为

$$p_1 = \sqrt{\frac{16K_{sz}8K_{pz}}{8M_c M_b\left(\frac{4K_{sz}}{M_c} + \frac{4K_{sz} + 8K_{pz}}{2M_b}\right)}} = \sqrt{\frac{1}{\frac{2M_b}{8K_{pz}} + \frac{M_c}{8K_{pz}} + \frac{M_c}{4K_{sz}}}}$$

$$\qquad (6-62\mathrm{g})$$

$$= \sqrt{\frac{1}{\frac{M_c + 2M_b}{8K_{pz}} + \frac{M_c}{4K_{pz}}}} = \sqrt{\frac{g}{f_{st1} + f_{st2}}} = \sqrt{\frac{g}{f_{st}}}$$

式中　$f_{st1} = \left(\dfrac{M_c + 2M_b}{8K_{pz}}\right)g$——第一系悬挂静挠度;

$\qquad f_{st2} = \dfrac{M_c g}{4K_{sz}}$——第二系悬挂静挠度;

$\qquad f_{st} = f_{st1} + f_{st2}$——车辆悬挂装置总静挠度。

用同样方法,可求得两个频率中较高的频率 p_2 为

$$p_2 = \sqrt{\left(\frac{4K_{sz}}{M_c} + \frac{4K_{sz} + 8K_{pz}}{2M_b}\right) - \frac{16K_{sz}8K_{pz}}{8M_c M_b\left(\frac{4K_{sz}}{M_c} + \frac{4K_{sz} + 8K_{pz}}{2M_b}\right)}} \qquad (6-62\mathrm{h})$$

上式根号中第二项比第一项小得多,可以忽略不计,并采用 $8K_{pz} = \dfrac{(M_c + 2M_b)g}{f_{st1}} - 4K_{sz} = \dfrac{M_c + g}{f_{st2}}$ 代入式(6 – 62h)中后得

$$p_2 = \sqrt{\frac{g}{f_{st2}} + \frac{M_c g}{2M_b f_{st2}} + \frac{(M_c + 2M_b)g}{2M_b f_{st1}}}$$

$$\approx \sqrt{\frac{2M_b f_{st1} g + M_c g f_{st1} + (M_c + 2M_b)g f_{st2}}{2M_b f_{st1} f_{st2}}} \tag{6 – 62i}$$

$$\approx \sqrt{\frac{f_{st1} + f_{st2}}{f_{st1} f_{st2}} \left(\frac{M_c + 2M_b}{2M_b}\right) g}$$

$$\approx \sqrt{\frac{f_{st1} + f_{st2}}{f_{st1} f_{st2}} \left(1 + \frac{M_c}{2M_b}\right) g}$$

由式(6 – 62g)及式(6 – 62i)可以看出,在车体及转向架构架浮沉振动的两种频率中,比较低的一个频率 p_1 与车辆的总挠度 f_{st} 有关,而与两系静挠度之间的分配关系不大,而较高的一个频率 p_2 不仅与总静挠度有关,而且与两系悬挂中挠度分配以及车体与转向架构架的质量比有关。客车在重车条件下的转向架悬挂装置的总静挠度一般取 160 ~ 200 mm 之间,因此浮沉的自振频率 $\dfrac{p_1}{2\pi}$ 在 1 ~ 1.5 Hz 之间,$\dfrac{p_2}{2\pi}$ 在 8 ~ 11 Hz 之间。

由于车体及转向架的浮沉振动均由两种频率的振动组成,因此,车体及转向架构架的浮沉自由振动都是由两种振动频率的振动波形叠加而成的,即

$$\left.\begin{array}{l} z_c = B_1 \sin(p_1 t + \alpha_1) + B_2 \sin(p_2 t + \alpha_2) \\ z_b = A_1 \sin(p_1 t + \alpha_1) + A_2 \sin(p_2 t + \alpha_2) \end{array}\right\} \tag{6 – 62j}$$

式中　B_1、B_2——分别为车体浮沉自由振动中低频和高频振动波的振幅;

　　　A_1、A_2——分别为转向架构架浮沉自由振动中低频和高频振动波的振幅。

根据式(6 – 62b)的关系可知,在低频和高频自由振动条件下车体和转向架构架之间的振幅值各在每种频率下都具有固定的比例,即

当 $p = p_1$ 在较低频率振动时　$\dfrac{A_1}{B_1} = \dfrac{a_1 - p_1^2}{-a_2} = \dfrac{-a_3}{a_4 - p_1^2}$

当 $p = p_2$ 在较高频率振动时　$\dfrac{A_2}{B_2} = \dfrac{a_1 - p_2^2}{-a_2} = \dfrac{-a_3}{a_4 - p_2^2}$ 　　$(6 – 62k)$

由 a_2 代表的意义可知 a_2 为负值,$-a_2$ 为正值。下面再分析 $a_1 - p_1^2$ 和 $a_1 - p_2^2$ 的符号。由式(6 – 62e)可知

$$a_1 - p_1^2 = a_1 - \frac{1}{2}\left[(a_1 + a_4) - \sqrt{(a_1 + a_4)^2 + 4(a_2 a_3 - a_1 a_4)}\right]$$

$$= \frac{1}{2}\left[(a_1 - a_4) + \sqrt{(a_1 - a_4)^2 + 4a_2 a_3}\right] > 0$$

$$\left(因为 \sqrt{(a_1 - a_4)^2 + 4a_2 a_3} 为正值,且 a_1 > a_4\right)$$

$$a_1 - p_2^2 = a_1 - \frac{1}{2}\left[(a_1 + a_4) + \sqrt{(a_1 + a_4)^2 + 4(a_2 a_3 - a_1 a_4)}\right]$$

$$= \frac{1}{2}\left[(a_1 - a_4) - \sqrt{(a_1 - a_4)^2 + 4a_2 a_3}\right] < 0$$

$$\left(\text{因为}\sqrt{(a_1-a_4)^2+4a_2a_3}\text{ 为正值}\right)$$

由 $a_1-p_1^2$ 和 $a_1-p_2^2$ 的值可导出转向架构架与车体之间在不同频率下的振幅比为

$$\left.\begin{array}{l}\dfrac{A_1}{B_1}=\dfrac{a_1-p_1^2}{-a_2}>0\\[3mm]\dfrac{A_2}{B_2}=\dfrac{a_1-p_2^2}{-a_2}<0\end{array}\right\}\qquad(6-621)$$

即 A_1 和 B_1 具有相同的符号,而 A_2 和 B_2 具有相反的符号。

从以上分析可知,车体与转向架构架浮沉自振低频振动分量中转向架构架和车体的位移是同相的[图 6-25(b)],在高频分量中,转向架构架和车体的位移是反相的[图 6-25(c)]。转向架构架与车体之间振幅比值 $\dfrac{A_1}{B_1}$ 和 $\dfrac{A_2}{B_2}$ 是根据振动系统中具体参数值确定的,它们与振幅的绝对值无关。车体和转向架构架固定的振幅比例关系和相位关系构成了车辆浮沉振动的低频主振型和高频主振型。对于车体或转向架构架而言,每个刚体上既有高频振动,也有低频振动,高频振动叠加在低频振动波形上。图 6-25(d)为车体的浮沉振动两种频率振动的合成波形,图 6-25(e)为转向架构架的浮沉振动两种频率振动的合成波形。

为了对车辆悬挂刚度与车辆自由振动的频率和振型的关系有一个量的概念,在表 6-2 中列出同一车辆在总挠度一定而第一系悬挂和第二系悬挂不同挠度的比情况下,车体和转向架构架在浮沉自由振动时的频率和振幅比。计算时取车体质量为 $M_c=45\text{ t}$,两转向架构架质量为 $2M_b=4.5\text{ t}$,弹簧总静挠度为 $f_{st}=f_{st1}+f_{st2}=170\text{ mm}$。

表 6-2　悬挂挠度比对车辆浮沉自由振动的频率和车体与转向架构架的振幅比的影响

f_{st2}/f_{st1}	83/17	76/24	69/31	65/35	55/45	52/48	40/60	25/75
$\dfrac{p_1}{2\pi}$(Hz)	1.21	1.21	1.21	1.21	1.21	1.21	1.21	1.21
$\dfrac{p_2}{2\pi}$(Hz)	11.3	10.0	9.2	8.9	8.5	8.5	8.7	9.8
B_1/A_1	5.9	4.2	3.2	2.9	2.2	2.1	1.7	1.3
$-B_2/A_2$	0.016	0.023	0.030	0.034	0.043	0.049	0.059	0.075

如表 6-2 所示,在低频振动分量下车体振幅大于转向架构架的振幅,在高频振动分量下转向架构架的振幅大于车体振幅。在实际客车转向架结构中,为了减少车体的高频振动,一般情况下,悬挂静挠度大部分分配给第二系悬挂。在低频情况下,车体与转向架构架之间的振幅比为

$$\frac{A_1}{B_1}=\frac{-a_2}{a_1-p_1^2}=\frac{\dfrac{g}{f_{st2}}}{\dfrac{g}{f_{st2}}-\dfrac{g}{f_{st1}+f_{st2}}}=\frac{1}{1-\dfrac{f_{st2}}{f_{st1}+f_{st2}}}=\frac{f_{st}}{f_{st1}}$$

即相当于车体总静挠度与一系悬挂静挠度之比。

以上分析了式(6-61a)车辆浮沉自由振动的情况,同理可以分析式(6-61b)车辆点头振动的情况。车辆点头振动也有两个频率 p_3 和 p_4,其中低频 p_3 为

$$p_3=\sqrt{\dfrac{g}{\sqrt{f_{st1}+\left(\dfrac{\rho_{cy}}{l}\right)^2f_{st2}}}}$$

高频 p_4 为

$$p_4 = \sqrt{\dfrac{\left[f_{st1} + f_{st2}\left(\dfrac{\rho_{cy}}{l}\right)^2 g\left(1 + \dfrac{M_c}{2M_b}\right)\right]}{f_{st1}f_{st2}\left(\dfrac{\rho_{cy}}{l}\right)^2}}$$

式中　ρ_{cy}——车体绕 y 轴的惯性半径;

　　　l——车辆定距之半。

根据客车的实际情况,$\rho_{cy} < l$,所以车辆点头自振频率略高于车辆浮沉自振频率。

式(6-61c)和式(6-61d)为一个自由度的转向架构架点头自由振动,不难用前述一个自由度振动分析的方法求出其自振频率。

(二)第二系悬挂中具有线性阻尼的自由振动

现在我国的客车转向架中多数都设置了液压减振器。在快速客车和高速客车转向架中的一系和二系悬挂均设置有液压减振器,而在一般低速客车转向架中仅在第二系悬挂中安装液压减振器,而在第一系悬挂中不设减振器。以低速客车为例,车辆在纵垂面内的自由振动方程式为

$$\left. \begin{array}{l} M_c\ddot{z}_c + 4C_{sz}(\dot{z}_c - \dot{z}_1) + 4K_{sz}(z_c - z_1) = 0 \\ 2M_b\ddot{z}_1 - 4C_{sz}(\dot{z}_c - \dot{z}_1) - 4K_{sz}(z_c - z_1) + 8K_{pz}z_1 = 0 \end{array} \right\} \quad (6-63a)$$

$$\left. \begin{array}{l} J_{cy}\ddot{\varphi}_c + 4C_{sz}(l^2\dot{\varphi} - l\dot{z}_2) + 4K_{sz}(l^2\varphi_c - lz_2) = 0 \\ 2M_b\ddot{z}_b - 4C_{sz}(l\dot{\varphi}_c - \dot{z}_2) - 4K_{sz}(l\varphi_c - z_2) + 8K_{pz}z_2 = 0 \end{array} \right\} \quad (6-63b)$$

$$J_{cy}\ddot{\varphi}_{b1} + 4K_{pz}l^2\varphi_{b1} = 0 \quad (6-63c)$$

$$J_{cy}\ddot{\varphi}_{b2} + 4K_{pz}l^2\varphi_{b2} = 0 \quad (6-63d)$$

式中　z_1——前、后两转向架构架平均垂向位移,其值为 $z_1 = \dfrac{1}{2}(z_{b1} + z_{b2})$;

　　　z_2——后、前两二转向架构架垂向位移差之半,其值为 $z_2 = \dfrac{1}{2}(z_{b2} - z_{b1})$。

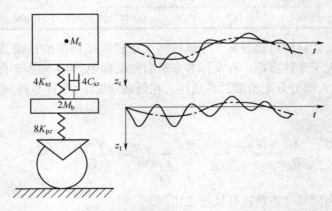

图 6-26　有阻尼的两系悬挂轮对簧上质量系统的自由振动模型

方程式(6-63)仍可分为互不耦合的四组,其中,式(6-63a)为车体及转向架构架两个自由度的有阻尼的浮沉自由振动;式(6-63b)为车体及转向架构架两个自由度的有阻尼的点头自由振动;式(6-63c)及式(6-63d)为转向架构架无阻尼的自由振动。

式(6-63a)方程组的力学模型为在第二系悬挂中有阻尼的两系轮对簧上质量系统,如图

6－26 所示。

为了书写方便,采用下列符号:

$$m_1 = \frac{4C_{sz}}{M_c}; a_1 = \frac{4K_{sz}}{M_c}; a_2 = \frac{-4K_{sz}}{M_c}; m_2 = \frac{4C_{sz}}{2M_b}; a_3 = \frac{-4K_{sz}}{2M_b}; a_4 = \frac{4K_{sz} + 8K_{pz}}{2M_b}$$

则式(6－63a)可简化为

$$\left.\begin{array}{l} \ddot{z}_c + m_1 \dot{z}_c + a_1 z_c - m_1 \dot{z}_1 + a_2 z_1 = 0 \\ \ddot{z}_1 - m_2 \dot{z}_c + a_3 z_c + m_2 \dot{z}_1 + a_4 z_1 = 0 \end{array}\right\} \quad (6-64)$$

设式(6－64)的解为　　　　　　　$z_c = Be^{\lambda t}, z_1 = Ae^{\lambda t}$

式中　A、B、λ——待定系数。

将假设的解式代入式(6－64)中并消去公因子后得

$$\left.\begin{array}{l} (\lambda^2 + m_1\lambda + a_1)B + (-m_1\lambda + a_2)A = 0 \\ (-m_2\lambda + a_3)B + (\lambda^2 + m_2\lambda + a_4)A = 0 \end{array}\right\} \quad (6-64a)$$

由于在振动过程中 A 和 B 不可能等于零,故只有下列行列式为零时式(6－64a)才有意义,所以得特征方程为

$$\left| \begin{array}{cc} \lambda^2 + m_1\lambda + a_1 & -m_1\lambda + a_2 \\ -m_2\lambda + a_3 & \lambda^2 + m_2\lambda + a_4 \end{array} \right| = 0 \quad (6-64b)$$

式(6－64b)展开后得

$$\lambda^4 + (m_1 + m_2)\lambda^3 + (a_1 + a_4)\lambda^2 + [m_1(a_3 + a_4) + m_2(a_1 + a_2)]\lambda + a_1 a_4 - a_2 a_3 = 0 \quad (6-64c)$$

由于特征方程式为一元四次方程,一般无通用解式,只能采用数值解。在阻尼不太大的条件下,解式为两对共轭复根,即

$$\left.\begin{array}{l} \lambda_{1,2} = n_1 \pm \mathbf{i}p_1 \\ \lambda_{3,4} = n_2 \pm \mathbf{i}p_2 \end{array}\right\} \quad (6-64d)$$

式中　n_1、n_2——表示阻尼大小的正数,前面负号表示振动是衰减的;

　　　p_1、p_2——表示有阻尼自由振动的两个频率。

若利用高等数学中的欧拉方程 $e^{ipt} = \cos pt + \mathbf{i}\sin pt$ 的关系,则式(6－64)的解可写成

$$\left.\begin{array}{l} z_c = B_1 e^{-n_1 t}\sin(p_1 t + \beta_1) + B_2 e^{-n_2 t}\sin(p_2 t + \beta_2) \\ z_1 = A_1 e^{-n_1 t}\sin(p_1 t + \beta_1) + A_2 e^{-n_2 t}\sin(p_2 t + \beta_2) \end{array}\right\} \quad (6-64e)$$

式中　β_1、β_2——相位角。

车体和转向架上均出现高频和低频波形互相叠加的振动,但低频和高频波形分别按 $e^{-n_1 t}$ 和 $e^{-n_2 t}$ 指数规律衰减的,如图6－26所示。

式(6－63b)代表有阻尼的两系悬挂车辆点头自由振动,其运动规律与有阻尼的两系悬挂车辆的浮沉自由振动相类似。

五、具有两系悬挂装置车辆在纵垂面内的强迫振动

(一)无阻尼强迫振动

当两系悬挂装置车辆沿波状起伏的轨道上运行时,车辆产生强迫振动,这时车辆振动方程式中应包括轮对的上下激振运动。在研究一系悬挂车辆在纵垂面内的强迫振动时已经指出,

四个轮对的激振运动可以归并为一个正弦或余弦的激振运动,见式(6-58a)及式(6-58b)。

设线路的波形为 $z_1 = a\sin\omega t$,则两系悬挂车辆的强迫振动方程为

$$\left.\begin{array}{l} M_c\ddot{z}_c + 4K_{sz}(z_c - z_1) = 0 \\[2mm] 2M_b\ddot{z}_1 - 4K_{sz}z_c + (4K_{sz} + 8K_{pz})z_1 = 8aK_{pz}\cos\dfrac{\beta_1}{2}\cos\dfrac{\beta_2}{2}\sin\left(\omega t - \dfrac{\beta_3}{2}\right) \end{array}\right\} \quad (6-65a)$$

$$\left.\begin{array}{l} J_{cy}\ddot{\varphi}_c + 4K_{sz}(\varphi_c l^2 - z_2 l) = 0 \\[2mm] 2M_b\ddot{z}_2 - 4K_{sz}\varphi_c l + (4K_{sz} + 8K_{pz})z_2 = -8aK_{pz}\cos\dfrac{\beta_1}{2}\sin\dfrac{\beta_2}{2}\cos\left(\omega t - \dfrac{\beta_3}{2}\right) \end{array}\right\} \quad (6-65b)$$

$$J_{by}\ddot{\varphi}_{b1} + 4K_{pz}\varphi_{b1}l^2 = -4K_{pz}al\sin\dfrac{\beta_1}{2}\cos\left(\omega t - \dfrac{\beta_1}{2}\right) \quad (6-65c)$$

$$J_{by}\ddot{\varphi}_{b2} + 4K_{pz}\varphi_{b2}l^2 = -4K_{pz}al\sin\dfrac{\beta_1}{2}\cos\left(\omega t - \dfrac{\beta_1}{2} - \dfrac{\beta_3}{2}\right) \quad (6-65d)$$

式中　　z_1——前后转向架构架平均垂向位移,其值为 $z_1 = \dfrac{z_{b1} + z_{b2}}{2}$;

　　　　z_2——后前两转向架构架垂向位移差之半,其值为 $z_2 = \dfrac{z_{b2} - z_{b1}}{2}$;

　　　　β_1——第二轮对落后于第一轮对的相位角,其值为 $\beta_1 = \dfrac{4\pi l_1}{L_r}$;

　　　　β_2——第三轮对落后于第一轮对的相位角,其值为 $\beta_2 = \dfrac{4\pi l}{L_r}$;

　　　　β_3——第四轮对落后于第一轮对的相位角,其值为 $\beta_3 = \dfrac{4\pi(l + l_1)}{L_r}$

其中　　L_r——轨道不平顺波长,

　　　　l_1——转向架轴距之半,

　　　　l——车辆定距之半。

由式(6-65)可见,在车辆前后左右对称的条件下,两系悬挂车辆的垂向强迫振动方程仍可分成四组独立的方程,其中,式(6-65a)为车体浮沉 z_c 与两转向架构架浮沉平均值 z_1 互相耦合在一起的强迫振动;式(6-65b)为车体点头 φ_c 与两转向架构架浮沉差 z_2 耦合在一起的强迫振动;式(6-65a)和式(6-65b)具有相似的形式,均为两个自由度的强迫振动;式(6-65c)和式(6-65d)为前后转向架点头强迫振动,是一个自由度的强迫振动。

由于第二轮对、第三轮对和第四轮对相对第一轮对在波形线路上的位置存在一定的相位角,故四个轮对合成的线路激振波幅一般小于一个轮对簧上质量系统的线路激振波幅。

下面单独分析车体浮沉与两转向架浮沉之和的强迫振动方程。

式(6-65a)的力学模型为一个两系悬挂的轮对簧上质量系统,其中线路激振波幅为 4 个轮对合成的线路浮沉激振波幅 $a\cos\dfrac{\beta_1}{2}\cos\dfrac{\beta_2}{2}$,式(6-65a)还可以进一步简化为

$$\left.\begin{array}{l} \ddot{z}_c + a_1 z_c + a_2 z_1 = 0 \\[2mm] \ddot{z}_1 + a_3 z_c + a_4 z_1 = q\sin\left(\omega t - \dfrac{\beta_3}{2}\right) \end{array}\right\} \quad (6-66)$$

式中　　　　　　　　$a_1 = \dfrac{4K_{sz}}{M_c}, a_2 = \dfrac{-4K_{sz}}{M_c}, a_3 = \dfrac{-4K_{sz}}{2M_b}, a_4 = \dfrac{4K_{sz} + 8K_{pz}}{2M_c}$

$$q = \frac{8aK_{pz}\cos\dfrac{\beta_1}{2}\cos\dfrac{\beta_2}{2}}{2M_b}$$

其中，$a\cos\dfrac{\beta_1}{2}\cos\dfrac{\beta_2}{2}$ 称为 4 个轮对合成的线路浮沉激振波幅，简称合成浮沉激振波幅，如图（6 – 27）所示。

式（6 – 66）的特解形式为

$$z_1 = A\sin\left(\omega t - \frac{\beta_3}{2}\right)$$

$$z_c = B\sin\left(\omega t - \frac{\beta_3}{2}\right)$$

式中　A、B——待定的转向架构架和车体的强迫振动振幅。

1. 强迫振动的振幅

将所设的特解代入式（6 – 66）中，并消去每项都有的公因子 $\sin\left(\omega t - \dfrac{\beta_3}{2}\right)$ 后得

$$\left.\begin{aligned}a_2 A + (a_1 - \omega^2)B &= 0\\(a_4 - \omega^2)A + a_3 B &= q\end{aligned}\right\} \qquad (6-66a)$$

解出方程式（6 – 66a），便可求得车体和转向架的浮沉振动振幅分别为

$$\left.\begin{aligned}B &= \frac{-a_2 q}{(a_1 - \omega^2)(a_4 - \omega^2) - a_2 a_3}\\A &= \frac{q(a_1 - \omega^2)}{(a_1 - \omega^2)(a_4 - \omega^2) - a_2 a_3}\end{aligned}\right\} \qquad (6-66b)$$

由式（6 – 66b）可以看出，车体和转向架构架浮沉强迫振动的振幅不仅与系统的参数有关，而且与强迫振动的频率 ω 有关。当 $\omega = p_1$ 或 $\omega = p_2$ 时，即强迫振动的频率与系统的自振频率相等时，则根据式（6 – 62d）可知式（6 – 66b）中的分母为

$$(a_1 - \omega^2)(a_4 - \omega^2) - a_2 a_3 = 0$$

于是车体和转向架构架的振幅将无限增大。由此可知，两个自由度系统有两个共振的频率，每一次出现共振时，强迫振动频率与系统的一个自振频率相对应。

根据所得的车体强迫振动振幅 B 和转向架构架强迫振动振幅 A 可以求出车体的振幅扩大倍率为

$$\eta_c = \frac{B}{a\cos\dfrac{\beta_1}{2}\cos\dfrac{\beta_2}{2}}$$

转向架构架的振幅扩大倍率为

$$\eta_b = \frac{A}{a\cos\dfrac{\beta_1}{2}\cos\dfrac{\beta_2}{2}}$$

图 6 – 27 示出两系悬挂车辆浮沉强迫振动时车体与转向架构架振幅扩大倍频 η_c、η_b 与强迫振动频率之间的关系。

当 ω 由 0 到达 p_1 之前，车体和转向架构架的振幅都大于 4 个轮对合成的线路浮沉激振振

幅 $a\cos\dfrac{\beta_1}{2}\cos\dfrac{\beta_2}{2}$，而且 η_c 和 η_b 均为正值，即车体和转向架构架的振动与合成的激振波形同相。当强迫振动频率 ω 接近系统较低的自振频率 p_1 时，η_c 和 η_b 都接近无穷大。当车辆速度超过第一个临界速度后，η_c 和 η_b 都变为负值，即车体和转向架构架的振动波形均与合成的激振波形反相，而车体与转向架构架的强迫振动仍同相。当车辆速度继续提高，即 ω 继续提高，η_b 经过零线后变成正值，而 η_c

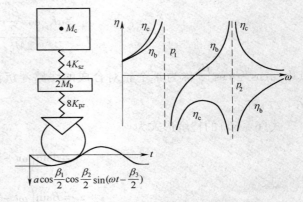

图 6 – 27 两系悬挂轮对簧上
质量系统的强迫振动模型

到达某一极大值后又继续向下，于是转向架构架的强迫振动与合成激振波形由反相变为同相，而车体与合成激振波形继续保持反相，即车体与转向架构架的强迫振动反相。当强迫振动频率接近于系统较高自振频率 p_2 时，车体与转向架构架的强迫振动的振幅又无限增大；当 ω 大于 p_2 时，车体与转向架构架的振幅均逐渐减小，最后渐近于零。

2. 强迫振动的振型

由式(6 – 66b)可以求得转向架构架与车体强迫振动振幅比为

$$\frac{A}{B}=\frac{a_1-\omega^2}{-a_2}$$

当 $\omega=p_1$ 或 $\omega=p_2$ 时，上式的比值与式(6 – 62k)完全一致，即车辆强迫振动频率与系统某一自振频率一致而出现共振时，强迫振动的振型与该频率下的自振振型相同，这一规律在后面将要引用。

方程组(6 – 65b)也是一个两个自由度的强迫振动，其形式是车体点头和两转向架构架浮沉位移之差，其振动规律与式(6 – 65a)所表示的浮沉振动相类似，这里不再分析。

式(6 – 65c)和式(6 – 65d)均为一个自由度的强迫振动，这类振动前面已讨论过，在此不再赘述。

（二）具有线性阻尼的强迫振动

如果在每个转向架构架左右两侧安装第二系悬挂垂向线性减振器，每个减振器的阻尼系数为 C_{sz}，则车体与转向架构架浮沉强迫振动方程为

$$\left.\begin{aligned}
&M_c\ddot{z}_c+4C_{sz}(\dot{z}_c-\dot{z}_1)+4K_{sz}(z_c-z_1)=0\\
&2M_b\ddot{z}_1-4C_{sz}(\dot{z}_c-\dot{z}_1)-4K_{sz}(z_c-z_1)+8K_{pz}z_1=8aK_{pz}\cos\frac{\beta_1}{2}\cos\frac{\beta_2}{2}\sin\left(\omega t-\frac{\beta_3}{2}\right)\\
&2M_b\ddot{z}_2-4C_{sz}(\dot{\varphi}_c l-\dot{z}_2)-4K_{sz}(\varphi_c l-z_2)+8K_{pz}z_2=-8aK_{pz}\cos\frac{\beta_1}{2}\sin\frac{\beta_2}{2}\cos\left(\dot{\omega}t-\frac{\beta_3}{2}\right)\\
&J_{cy}\ddot{\varphi}_c+4C_{sz}(\dot{\varphi}_c l^2-\dot{z}_2 l)+4K_{sz}(\varphi_c l^2-z_2 l)=0\\
&J_{by}\ddot{\varphi}_{b1}+4K_{pz}\varphi_{b2}l^2=-4alK_{pz}\sin\frac{\beta_1}{2}\cos\left(\omega t-\frac{\beta_1}{2}\right)\\
&J_{by}\ddot{\varphi}_{b2}+4K_{pz}\varphi_{b2}l^2=-4alK_{pz}\sin\frac{\beta_1}{2}\cos\left(\omega t-\frac{\beta_2}{2}-\frac{\beta_3}{2}\right)
\end{aligned}\right\}(6-67)$$

式(6-67)也可以写成矩阵形式

$$M\ddot{x} + C\dot{x} + Kx = P \qquad (6-67')$$

其中各种矩阵及各种矢量请读者自己推导,在此也不再展开推导。

由式(6-67)可见,此方程组可以解耦为四组方程:车体浮沉与两转向架浮沉之和耦合在一起组成两个自由度的联立方程;车体点头与两转向架浮沉之差组成两个自由度的联立方程;每个转向架点头均为一个自由度的强迫振动方程。

下面单独分析车体浮沉与两转向架浮沉之和的强迫振动方程并简写成式(6-67a)。

$$\left.\begin{array}{l} \ddot{z}_c + m_1\dot{z}_c + a_1 z_c - m_1\dot{z}_1 + a_2 z_1 = 0 \\ \ddot{z}_1 - m_2\dot{z}_c + a_3 z_c + m_2 z_1 + a_4 z_1 = q\sin\left(\omega t - \dfrac{\beta_3}{2}\right) \end{array}\right\} \qquad (6-67a)$$

式中,$m_1 = \dfrac{4K_{sz}}{M_c}$,$m_2 = \dfrac{4K_{sz}}{2M_b}$,$a_1$、$a_2$、$a_3$、$a_4$、$q$ 的意义见式(6-66)后的说明。

式(6-67a)为常系数非齐次线性方程组,其全解为该方程的特解与对应齐次方程通解之和。后者见式(6-64e),该部分为有阻尼的自振,很快衰减,故只要求出式(6-67a)的特解即为稳态强迫振动。

设方程(6-67a)的特解为

$$\left.\begin{array}{l} z_1 = A_3\sin\left(\omega t - \dfrac{\beta_3}{2}\right) + A_4\cos\left(\omega t - \dfrac{\beta_3}{2}\right) \\ z_c = B_3\sin\left(\omega t - \dfrac{\beta_3}{2}\right) + B_4\cos\left(\omega t - \dfrac{\beta_3}{2}\right) \end{array}\right\} \qquad (6-67b)$$

将式(6-67b)代入式(6-67a)后得

$$\left.\begin{array}{l} \left[(-\omega^2 + a_1)B_3 - m_1 B_4\omega\right]\sin\left(\omega t - \dfrac{\beta_3}{2}\right) + \left[(-\omega^2 + a_1)B_4 + m_1 B_3\omega\right]\cos\left(\omega t - \dfrac{\beta_3}{2}\right) \\ + (m_1\omega A_4 + a_2 A_3)\sin\left(\omega t - \dfrac{\beta_3}{2}\right) + (-m_1\omega A_3 + a_2 A_4)\cos\left(\omega t - \dfrac{\beta_3}{2}\right) = 0 \\ (m_2\omega B_4 + a_3 B_3)\sin\left(\omega t - \dfrac{\beta_3}{2}\right) + (-m_2\omega B_3 + a_3 B_4)\cos\left(\omega t - \dfrac{\beta_3}{2}\right) \\ + \left[(-\omega^2 + a_4)A_3 - m_2\omega A_4\right]\sin\left(\omega t - \dfrac{\beta_3}{2}\right) + \left[(-\omega^2 + a_4)A_4 + m_2\omega A_3\right]\cos\left(\omega t - \dfrac{\beta_3}{2}\right) \\ = q\sin\left(\omega t - \dfrac{\beta_3}{2}\right) \end{array}\right\} \qquad (6-67c)$$

式(6-67c)成立,则两式中各项按 $\sin\left(\omega t - \dfrac{\beta_3}{2}\right)$ 和 $\cos\left(\omega t - \dfrac{\beta_3}{2}\right)$ 归类后,消去共同项 $\sin\left(\omega t - \dfrac{\beta_3}{2}\right)$ 或 $\cos\left(\omega t - \dfrac{\beta_3}{2}\right)$ 后,根据这个关系可得求解待定系数 A_3、A_4、B_3、B_4 的4个联立方程

$$\left.\begin{array}{l} a_2 A_3 + m_1\omega A_4 + (a_1 - \omega^2)B_3 - m_1\omega B_4 = 0 \\ -m_1\omega A_3 + a_2 A_4 + m_1\omega B_3 + (a_1 - \omega^2)B_4 = 0 \\ (a_4 - \omega^2)A_3 - m_2\omega A_4 + a_3 B_3 + m_2\omega B_4 = q \\ m_2\omega A_3 + (a_4 - \omega^2)A_4 - m_2\omega B_3 + a_3 B_4 = 0 \end{array}\right\} \qquad (6-67d)$$

解联立方程(6-67d)可得 A_3、A_4、B_3、B_4 值为

$$A_3 = \frac{q \begin{vmatrix} m_1\omega & a_1 - \omega^2 & -m_1\omega \\ a_2 & m_1\omega & a_1 - \omega^2 \\ a_4 - \omega^2 & -m_2\omega & a_3 \end{vmatrix}}{\Delta}$$

$$A_4 = \frac{-q \begin{vmatrix} a_2 & a_1 - \omega^2 & -m_1\omega \\ -m_1\omega & m_1\omega & a_1 - \omega^2 \\ m_2\omega & -m_2\omega & a_3 \end{vmatrix}}{\Delta}$$

$$B_3 = \frac{q \begin{vmatrix} a_2 & m_1\omega & -m_1\omega \\ -m_1\omega & a_2 & a_1 - \omega^2 \\ m_2\omega & a_4 - \omega^2 & a_3 \end{vmatrix}}{\Delta}$$

$$B_4 = \frac{-q \begin{vmatrix} a_2 & m_1\omega & a_1 - \omega^2 \\ -m_1\omega & a_2 & m_1\omega \\ m_2\omega & a_4 - \omega^2 & -m_2\omega \end{vmatrix}}{\Delta}$$

$$\Delta = \begin{vmatrix} a_2 & m_1\omega & a_1 - \omega^2 & -m_1\omega \\ -m_1\omega & a_2 & m_1\omega & a_1 - \omega^2 \\ a_4 - \omega^2 & -m_2\omega & a_3 & m_2\omega \\ m_2\omega & a_4 - \omega^2 & -m_2\omega & a_3 \end{vmatrix}$$

将所得的 A_3、A_4、B_3、B_4 代入式(6-67b),即可求得车体及转向架构架强迫浮沉振动的振幅值为

$$z_1 = A_3 \sin\left(\omega t - \frac{\beta_3}{2}\right) + A_4 \cos\left(\omega t - \frac{\beta_3}{2}\right) = A\sin\left(\omega t - \frac{\beta_3}{2} + \delta_1\right)$$

$$z_c = B_3 \sin\left(\omega t - \frac{\beta_3}{2}\right) + B_4 \cos\left(\omega t - \frac{\beta_3}{2}\right) = B\sin\left(\omega t - \frac{\beta_3}{2} + \delta_2\right)$$

式中　A——转向架强迫浮沉振动的振幅,其值为 $A = \sqrt{A_3^2 + A_4^2}$;

　　　B——车体强迫浮沉振动的振幅,其值为 $B = \sqrt{B_3^2 + B_4^2}$;

　　　δ_1——转向架强迫浮沉振动与合成激振波形之间的相位角差,其值为

$$\delta_1 = \arctan\left(\frac{A_4}{A_3}\right)$$

　　　δ_2——车体强迫浮沉振动与合成激振波形之间的相位角差,其值为

$$\delta_2 = \arctan\left(\frac{B_4}{B_3}\right)$$

由于有阻尼的存在,A_4、B_4 不为零,车体和转向架构架的强迫浮沉振动与合成激振波形之间存在一定的相位角。如果 $C_{sz} = 0$,则变为车辆无阻尼的强迫浮沉振动情况。这种情况,前面已经分析过了,车体和转向架构架的强迫浮沉振动根据强迫振动的频率不同有时与合成激振波形同相,有时反相,有时车体或转向架构架之一与合成激振波形同相而另一个反相。

根据以上导出的公式,可以研究如何选择转向架第一系悬挂和第二系悬挂静挠度合理分配以及如何选择减振器的合理阻尼系数。最佳的静挠度分配和减振器合理阻尼系数应保证车辆在运行速度范围内车体强迫振动的加速度均具有较小的数值。

现将某一车辆在总静挠度为常数时而第一系悬挂和第二系悬挂有各种不同挠度比和各种阻尼值,在不同速度下车体加速度计算结果绘于图 6 – 28 中。

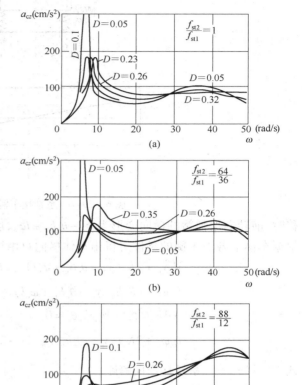

在计算时根据我国客车情况,车体质量取 $M_c = 45$ t,两转向架构架质量取 $2M_b = 4.5$ t,弹簧垂向总静挠度 $f_{st} = 170$ mm。其中,图 6 – 28(a)选取 $f_{st2}:f_{st1} = 1$,计算后得 $p_1 = 5.8$ rad/s,$p_2 = 37.2$ rad/s;图 6 – 28(b)选用 $f_{st2}:f_{st1} = 64:36$,计算后得 $p_1 = 5.8$ rad/s,$p_2 = 38.7$ rad/s;图 6 – 28(c)选用 $f_{st2}:f_{st1} = 88:12$,自振频率为 $p_1 = 5.8$ rad/s,$p_2 = 44.7$ rad/s。

上列各图中纵坐标为车体垂向加速度,其单位选用 cm/s^2,横坐标为强迫振动频率 ω,其单位选用 rad/s。在每种挠度分配下选用不同的减振器阻尼系数,图中用相对阻尼 D 表示。

比较图 6 – 28 中各条曲线可见,当 $f_{st2}:f_{st1} = 64:36$,而 $D = 0.21 \sim 0.26$ 时,加速度相对较小。在其他各种组合时,不是在共振区车体加速度有较大的峰值,或在共振区以后较高速度时车体具有较大加速度。现有客车设计往往在最大容许悬挂总静挠度条件下,第一、第二两系悬挂的静挠度比选择在 35:65 至 25:75 之间,相对阻尼系数 D 选择在 0.2 ~ 0.3 之间。

图 6 – 28　车体加速度

减振器阻尼系数虽可任意选择,但实际运用中,因车辆零部件标准化限制,往往在规定的系列中选用合适的减振器。

六、车辆的横向振动

(一)一系悬挂车辆的横向自由振动

一般具有一系悬挂的货车在上下心盘之间摩擦力矩不大,在摇枕与转向架构架之间有一定的横向间隙。一系悬挂车辆在横向的运动有车体横摆 y_c、侧滚角 θ_c 和摇头角 φ_c 三个自由度,如图 6 – 29 所示。

在平衡位置时过车体质心作右手坐标系 $Oxyz$,坐标轴的方向如图 6 – 29 所示。

设每台转向架上摇枕每端有一组弹簧,其铅垂刚度为 K_z,横向刚度为 K_y,并认为在振动过程中上下心盘之间始终保持平面接触,悬挂中无阻尼。当车体有横摆 y_c、侧滚 θ_c 和摇头 φ_c 位

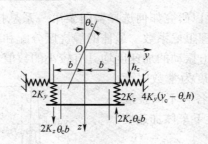

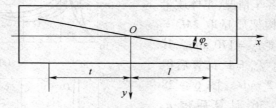

图 6 - 29 一系悬挂车辆的横向振动模型

移时,前转向架弹簧的横向变形为 $y_c - \theta_c h_c + l\varphi_c$,后转向架弹簧的横向变形为 $y_c - \theta_c h_c - l\varphi_c$。根据车体上各力平衡的条件可得出车体横向自由振动的微分方程

$$
\left.
\begin{aligned}
&M_c\ddot{y}_c + 2K_y(y_c - \theta_c h_c + \varphi_c l) + 2K_y(y_c - \theta_c h_c - \varphi_c l) = 0 \\
&J_{cx}\ddot{\theta}_c - 2K_y h_c(y_c - \theta_c h_c + \varphi_c l) - 2K_y h_c(y_c - \theta_c h_c - \varphi_c l) \\
&\quad + 4K_z b^2 \theta_c - M_c g h_c \theta_c = 0 \\
&J_{cz}\ddot{\varphi}_c + 2K_y l(y_c - \theta_c h_c + \varphi_c l) - 2K_y l(y_c - \theta_c h_c - \varphi_c l) = 0
\end{aligned}
\right\}
\tag{6-68}
$$

式中 $2b$ ——一系悬挂横向跨距;

$2l$ ——两转向架中心距;

h_c ——车体重心离悬挂上支承面的高度;

$M_c g$ ——车体重量。

式(6-68)整理后得

$$
\left.
\begin{aligned}
&M_c\ddot{y}_c + 4K_y y_c - 4K_y h_c \theta_c = 0 \\
&J_{cz}\ddot{\varphi}_c - 4K_y h_c y_c + (4K_y h_c^2 + 4K_z b^2 - M_c g h_c)\theta_c = 0
\end{aligned}
\right\}
\tag{6-69a}
$$

$$
J_{cz}\ddot{\varphi}_c + 4K_y l^2 \varphi_c = 0
\tag{6-69b}
$$

由式(6-69a)可见,车体横摆与车体侧滚是耦合在一起的,式(6-69b)是独立的车体摇头自由振动方程。

下面分析车体横摆与侧滚耦合在一起的自由振动。令

$$
a_1 = \frac{4K_y}{M_c}, a_2 = \frac{-4K_y h_c}{M_c}, a_3 = \frac{-4K_y h_c}{J_{cx}}, a_4 = \frac{4K_y h_c^2 + 4K_z b^2 - M_c g h_c}{J_{cx}}
\tag{6-70}
$$

则式(6-69a)可改写成

$$
\left.
\begin{aligned}
&\ddot{y}_c + a_1 y_c + a_2 \theta_c = 0 \\
&\ddot{\theta}_c + a_3 y_c + a_4 \theta_c = 0
\end{aligned}
\right\}
\tag{6-70a}
$$

比较式(6-70a)与式(6-62),除变量符号和 a_1、a_2、a_3、a_4 代表的意义不同外,其形式是相似的,都是两个自由度的振动方程。设式(6-70a)的解为

$$\left.\begin{aligned} y_c &= B\sin(\omega t + \beta) \\ \theta_c &= A\sin(\omega t + \beta) \end{aligned}\right\} \tag{6-70b}$$

车体横摆及侧滚耦合的振动频率也可写成式（6-62e）的形式

$$p_{1,2}^2 = \frac{1}{2}\left[a_1 + a_4 \pm \sqrt{(a_1 + a_4)^2 + 4(a_2 a_3 - a_1 a_4)}\right]$$

$$= \frac{1}{2}\left[a_1 + a_4 \pm \sqrt{(a_1 - a_4)^2 + a_2 a_3}\right] \tag{6-70c}$$

两个自由度的车体横摆和侧滚自由振动也具有两个自振频率和每个频率下的振型。y_c 和 θ_c 均为两种频率的振动，即

$$\left.\begin{aligned} y_c &= B_1\sin(p_1 t + \beta_1) + B_2\sin(p_2 t + \beta_2) \\ \theta_c &= A_1\sin(p_1 t + \beta_1) + A_2\sin(p_2 t + \beta_2) \end{aligned}\right\} \tag{6-70d}$$

式中　　　β_1、β_2——频率为 p_1、p_2 时振动相位角；

　　　A_1、A_2、B_1、B_2——频率为 p_1、p_2 时车体侧滚及横摆时的振幅。

车体侧滚及横摆时的振幅和相位角可根据振动的初始条件求出，但是在同一频率下车体横摆及侧滚的振幅保持一定的比例，比例由系统结构所决定。根据两个自由度自由振动的特点〔参考式（6-62k）〕，第一种频率 p_1 情况下车体横摆与侧滚的振幅比为

$$\frac{B_1}{A_1} = \frac{-a_2}{a_1 - p_1^2}$$

第二种频率 p_2 情况下车体横摆与侧滚的振幅比为

$$\frac{B_2}{A_2} = \frac{-a_2}{a_1 - p_2^2}$$

根据 a_2 的定义，$-a_2$ 为正值，在正常的条件下，有

$$4K_y h_c^2 + 4K_z b^2 > M_c g h_c$$

故 $a_4 > 0$，a_3 为负值，a_4 为正值，于是

$$a_1 - p_1^2 = \frac{1}{2}\left(a_1 - a_4 + \sqrt{(a_1 - a_4)^2 + 4a_2 a_3}\right) > 0$$

$$a_1 - p_2^2 = \frac{1}{2}\left(a_1 - a_4 - \sqrt{(a_1 - a_4)^2 + 4a_2 a_3}\right) < 0$$

从而可知　　$\dfrac{B_1}{A_1} = \dfrac{-a_2}{a_1 - p_1^2} > 0$　　　（即 B_1 与 A_1 之间符号相同）

　　　　　　$\dfrac{B_2}{A_2} = \dfrac{-a_2}{a_1 - p_2^2} < 0$　　　（即 B_2 与 A_2 之间符号相反）

亦即当车体以低频 p_1 作耦合的横摆及侧滚振动时，横摆与侧滚同相，于是两种运动耦合成的振动将是绕 O_1 轴转动的滚摆振动，如图 6-30(a) 所示。O_1 在车体重心以下的距离 h_1 可以根据 O_1 点在 p_1 频率下滚摆时无横向位移条件求出：

$$A_1 h_1 + B_1 = 0$$

或　　　　　　$h_1 = \dfrac{a_2}{a_1 - p_1^2} = \dfrac{a_2}{\dfrac{1}{2}\left(a_1 - a_4 + \sqrt{(a_1 - a_4)^2 + 4a_2 a_3}\right)}$　　　（6-70e）

这种振动称下心滚摆，如图 6-30(b) 所示。

当车体以高频 p_2 作耦合的横摆及侧滚运动时，横摆和侧滚反相，于是两种运动耦合而成

的振动将是绕 O_2 轴转动的滚摆振动,振动轴 O_2 在车体重心之上,其距离 h_2 可根据 O_2 点在 p_2 频率下振动时无横向位移的条件求出:

$$A_2 h_2 + B_2 = 0$$

或 $h_2 = \dfrac{a_2}{a_1 - p_2^2} = \dfrac{a_2}{\dfrac{1}{2}\left(a_1 - a_4 - \sqrt{(a_1 - a_4)^2 + 4a_2 a_3}\right)}$

$$(6-70f)$$

这种振动称上心滚摆,如图 6-30(b)所示。

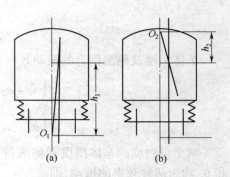

图 6-30 车体的滚摆振动

(二)两系悬挂车辆横向自由振动的简化计算

具有两系悬挂装置的客车,有些转向架的第二系悬挂中采用摇动台结构,见图 6-31。摇动台的作用类似单摆,在横向力作用下,摇动台产生横向位移,当横向力消失后,在重力作用下摇动台即自动摆向平衡位置,故摇动台也是一种横向弹性装置。

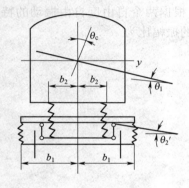

图 6-31 两系悬挂车辆
的滚摆振动

对于有垂向吊杆的摇动台,在横向摆动量不大的情况下,每台转向架一侧摇动台吊杆换算横向刚度(不包括弹簧横向刚度)为

$$K_{sl} = \frac{M_c g}{4 l_{sl}}$$

式中　M_c——车体及摇枕质量;

　　　l_{sl}——摇动台吊杆两销孔垂向中心距。

由上式可见,吊杆长度愈大,摇动台的换算刚度愈小。目前客车转向架的摇动台都采用垂向吊杆,其长度在 500～600 mm 左右,故摇动台换算横向刚度均不大。

某些客车上采用倾斜安装的吊杆,每台转向架一侧的换算横向刚度为

$$K_{sl} = \frac{M_c g}{4 l_{sl}\left[\cos\alpha - \left(\dfrac{h_c}{b_c}\right)\sin\alpha\right]} \quad ①$$

式中　α——在静止情况下吊杆中心线与垂线间的倾斜角;

　　　h_c——车体重心至第二系弹簧下支承面之间距离;

　　　$2b_c$——摇动台左右吊杆下销中心横向跨距。

在一般转向架上,吊杆倾斜角 α 的数值不大,例如我国的 202 转向架 $\alpha = 5°54'$,所以 $\cos\alpha - \dfrac{h_c}{b_c}\sin\alpha$ 是一个略小于 1 的数值。由此可见,斜吊杆摇动台的换算横向刚度略大于垂向吊杆的换算横向刚度。

摇动台上除摇枕吊杆以外,起横向弹性作用的还有第二系弹簧的横向弹性。设第二系弹簧在每台转向架一侧的横向刚度为 K_{ss},在横向力作用下,两种弹性元件起串联作用,因此第二

①　见 M·B·维诺库洛夫著《车辆学》,人民铁道出版社,1957。

系悬挂在每台转向架一侧的横向刚度为

$$K_{sy} = \cfrac{1}{\cfrac{1}{K_{sl}} + \cfrac{1}{K_{ss}}}$$

根据已知的第一系和第二系悬挂的垂向刚度和横向刚度，第一系和第二系悬挂的横向跨距和车体质心离第二系悬挂上支承面之间垂向距离可以列出车体及转向架构架横向运动方程式。在车辆对纵垂面和横垂面对称的条件下可以得出车体和转向架横移与侧滚耦合在一起的四个自由度的滚摆振动方程式。解这种方程由于无通用的解式，一般只能用数值解。这里介绍一种简化方法，即认为转向架构架相对车体而言是一个不大的质量，在分析中可以不计其惯性作用，于是可把 4 个自由度系统简化为两个自由度系统，即用式（6 - 69）和式（6 - 70）来分析车辆的滚摆振动。在作简化时必须把两系悬挂的垂向刚度和横向刚度正确换算成当量一系悬挂刚度，尽可能减小由于简化造成的误差。

1. 当量一系悬挂横向刚度

当量一系悬挂横向刚度相当两系悬挂车辆的第一系弹簧的横向刚度和第二系弹簧横向刚度串联的结果，即

$$K_{cy} = \cfrac{1}{\cfrac{1}{K_{sl}} + \cfrac{1}{K_{ss}} + \cfrac{1}{2K_{py}}}$$

式中　K_{py}——每台转向架上一侧轴箱上弹簧组的横向刚度。

2. 当量一系悬挂垂向刚度

当车体上有横向力矩 T_c 作用时，车体相对转向架构架的转角为 θ_2，转向架构架相对轮对的转向角为 θ_1。于是车体相对轮对的转角 θ_c 为

$$\theta_c = \theta_2 + \theta_1$$

当车体相对轮对转动时，第一系悬挂和第二系悬挂的复原力矩均等于作用力矩 T_c 其值为

$$T_c = 4K_{sz} b_2^2 \theta_2 = 8K_{pz} b_1^2 \theta_1$$

式中　$2b_1$、$2b_2$——分别为第一系悬挂和第二系悬挂的横向跨距。

根据以上关系可以求出转角 θ_1、θ_2 为

$$\theta_1 = \frac{T_c}{8K_{pz} b_1^2} \quad , \quad \theta_2 = \frac{T_c}{4K_{sz} b_2^2}$$

设每台转向架一侧的当量一系悬挂垂向刚度为 K_{ez}，其横向跨距为 $2b_2$，在横向力矩 T_c 作用下车体相对轮对的转角为 θ，于是

$$T_c = 4K_{ez} b_2^2 \theta_c \quad , \quad \theta_c = \frac{T_c}{4K_{sz} b_2^2}$$

根据 $\theta_c = \theta_1 + \theta_2$ 的条件可以求得

$$4K_{ez} = \cfrac{1}{\cfrac{b_2^2}{4K_{sz} b_2^2} + \cfrac{b_2^2}{8K_{pz} b_1^2}}$$

$$K_{ez} = \frac{2K_{pz} K_{sz}}{2K_{pz} + K_{sz} \left(\dfrac{b_2}{b_1} \right)^2}$$

用一系悬挂当量垂向刚度 K_{ez} 和横向刚度 K_{ey} 代替式（6 - 70）中的 K_z、K_y，即可求出简化两

系悬挂车辆的横向自振频率和振型。

上列简化计算方法仅适用于研究自振频率较低的车辆横向振动,若要研究自振频率较高的车辆横向振动,则需解出 4 个自由度的车辆滚摆振动。

下面讨论两个车辆横向振动有关的问题:

1. 车辆横向振动减振器合理安装位置

根据前面的分析可知,减振器的主要作用之一是减小车辆在临界速度附近运行时的振幅和加速度。在两系悬挂车辆的浮沉振动的研究中也已指出,车辆在共振时的振型相当于对应自振频率下的振型[见本章第三节五(一)]。以上揭示的规律不仅适用于轮对簧上质量系统而且也适用于车辆其他形式振动。车辆横向自由振动频率较低的三种振型有车体的摇头,上心滚摆和下心滚摆。当车辆运行速度较高时,有可能达到这三种振动的临界速度并出现共振,在安装车辆横向振动减振器时应充分考虑这三种振动的振型。为了充分发挥减振器的作用,减振器应安装在产生该种振动相对运动最大的车辆零部件之间,且减振器活塞中心与运动方向一致。例如车体摇头振动减振器应水平安装在车体与转向架构架之间而且减振器中心线垂直于车体的纵向轴线。车体下心滚摆的减振器可安装在车体与转向架构架之间且减振器中心线与下心滚摆中心 O_1 和减振器在车体上的销结点连线相垂直,如图 6 – 32(a)所示。至于车体上心滚摆减振器应如图 6 – 32(b)所示位置安装。我国早期的 202 型转向架曾采用图 6 – 32(a)的位置安装,但因减振器活塞及缸套磨损严重而改成垂向安装。国外某些转向架的横向振动减振器安装位置见图 6 – 32(a)和图 6 – 32(b)。

在瑞典的 X2000 摆式列车的转向架上,安装 4 个一系减振器,其中转向架一端的一对是按图 6 – 32(a)形式安装,另一端的一对按图 6 – 32(b)形式安装。

如果用一个减振器兼顾多种振动,则在安装减振器时应考虑在多种振动情况下减振器是否均能发挥减振作用。

2. 车体在弹簧上的抗倾覆稳定性

车辆在横向力作用下,车体产生横摆 y_c 和侧滚 θ_c,当外力消失后,在悬挂装置的复原力及复原力矩作用下,车体向平衡位置方向移动并引起自由振动,在各种阻力作用下,自由振动逐渐衰减并恢复到静平衡位置。车体离开平衡位置后,能自动恢复到平衡位置的工作状况称为车体在弹簧上具有抗倾覆稳定性。如果车体离开平衡位置后,不能自动恢复到平衡位置而继续保持倾斜状态,甚至逐渐增加倾斜而使车体倾覆,这种工作状况称为车体在弹簧上丧失抗倾覆稳定性,出现这种现象是车辆安全运行所不允许的。在车辆设计中应确保车体在弹簧上有足够的抗倾覆稳定性。

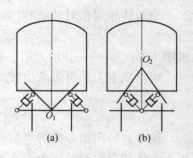

图 6 – 32　车体滚摆振动
减振器安装位置

下面分析车体在弹簧上保证抗倾覆稳定性的条件。车体离开静平衡位置后恢复到静平衡位置过程中一定伴随着振动,亦即自振频率应大于零,根据式(6 – 70c)可知,车体滚摆振动频率大于零的必要条件是

$$a_1 a_4 - a_2 a_3 > 0$$

或将 a_1、a_2、a_3、a_4 的具体参数代入上式得

$$4K_z b^2 > M_c g h_c$$

或

$$\frac{4K_z b^2}{M_c g} > h_c$$

根据船舶浮心理论,令 $h_M = \dfrac{4K_z b^2}{M_c g}$ 为车体在弹簧上的浮心高度。若车体浮心高度大于车体重心高度,即 $h_M > h_c$ 时,车体在弹簧上具有抗倾覆稳定性;车体浮心高度小于车体重心高度,即 $h_M < h_c$ 时,车体在弹簧上丧失抗倾覆稳定性;车体浮心高度等于车体重心高度即为随遇平衡这种状态为稳定与失稳的临界状态。

若车辆为两系悬挂,则用当量一系垂向刚度 K_{ez} 代替一系悬挂垂向刚度 K_z 时,可求得两系悬挂车辆的浮心高度 h_M 为

$$h_M = \frac{8K_{pz} K_{sz} b_1^2 b_2^2}{M_c g (2b_1^2 K_{pz} + b_2^2 K_{sz})} \tag{6-71}$$

为了确保车体在弹簧上有足够的抗倾覆稳定性,苏联铁路规定车体浮心高度 h_M 应大于车体重心高度 h_c 的量在 2 m 以上,即

$$h_M - h_c > 2 \text{ m}$$

由浮心高度的公式可见,增加第一系、第二系弹簧的垂向刚度 K_z 和横向跨距 b 均可增加浮心高度。但增加弹簧垂向刚度,减小了弹簧静挠度 f_{st},会影响车辆垂向运行品质,一般采用增加弹簧的横向跨距的办法来提高浮心高度。我国 206、209 转向架就是采用外侧悬挂这种措施来提高车体的抗倾覆稳定性。

有些车辆的车体重心高而且质量大,例如我国新造的双层客车,为了增加车体在弹簧上的抗倾覆稳定性,在第二系悬挂中增加了抗侧滚扭杆,抗侧滚扭杆对车体的浮沉和点头运动无影响。当车体侧滚时可产生较大的复原力矩,加强了车体抗倾覆稳定性。新双层客车和一些新设计的车辆,采用扭杆弹簧后取得了较好的效果,在我国已开始广泛运用。

车辆在横向的强迫振动与垂向振动相类似,只要在车辆横向自由振动方程的右侧增加各项激扰力,即为强迫振动方程。

第四节　轮轨蠕滑与轮对蛇行运动

在讨论锥形踏面车轮引起的自由轮对运动学(蛇行运动)时,已给出了蛇行运动的波长 [见式(6-10)]。在分析轮对蛇行运动时,通常假定轮轨之间的黏着力足够大,车轮在钢轨上无任何滑动。事实上,车轮和钢轨都不是绝对刚体,在外力作用下轮轨之间不是理论上的一点接触,而是一个小面积的接触,称为接触斑。这种现象把车轮看作橡胶材料做成橡胶轮胎便很容易理解。事实上,如果我们在轮轨之间放一张复写纸和一层白纸也可以看到轮轨间的压印在白纸上是一个接近椭圆的面形。

当车轮受牵引力的作用时,轮轨之间的黏着力使车轮材料在接触斑附近产生剪切变形,钢轨在接触斑附近也产生剪切变形,两者的变形是不一样的。图 6-33 示出车辆受牵引力时车轮和钢轨在接触区附近表面变形情况(图中"+"表示拉伸变形;"-"表示压缩变形)。

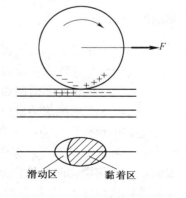

图 6-33 轮轨接触区
表面受力情况

由图可见,车轮在牵引力作用下要向前运动,如果轮轨间黏着力不足,则车轮在钢轨上产生滑行,如果黏着力充分,则车轮在钢轨上滚动。由于黏着力的作用,车轮表面材料在接触区的前部受拉伸后部受压缩,同样受黏着力的作用(钢轨上所作用的黏着力和车轮上受的黏着力方向相反)在钢轨上接触区前面表面材料受压缩后部受拉伸。在这种变形工况下,车轮沿钢轨滚动时,轮轨在黏着区虽无相对滑动,但是车轮表面材料是在拉伸状态下通过接触区,而钢轨表面材料是在压缩状态下通过接触区。当车轮和钢轨表面材料离开原来接触区较远而黏着力的影响减小时,轮轨表面材料就要恢复到无变形状态,即车轮表面材料要缩短,而钢轨表面材料要放长。因此车辆的车轮在钢轨上所走行的距离要小于没有弹性变形的纯理论滚动所走的距离,也就是车轮实际表面速度低于理论表面速度。这种现象和我们在分析皮带传动时一样,当皮带在拉伸状态下通过皮带轮时,皮带实际表面速度低于理论表面速度。这种现象在皮带传动中称为皮带蠕滑,在机车车辆轮轨关系中称为轮轨蠕滑。

轮轨之间的蠕滑是在一定条件下产生的。首先,轮轨是弹性体,如果车轮和钢轨均为绝对刚体,那么它们在垂向载荷和切向力作用下不产生弹性变形也不会有切向变形,因此车轮沿钢轨滚动时也不会产生轮轨表面材料的相对运动,亦即不会出现蠕滑现象;其次,如轮轨虽为弹性体而轮轨之间没有正压力和切向力,因此轮轨间不存在切向的黏着力和切向变形,轮轨间也不会出现蠕滑现象;最后,如果轮对静止地停留在钢轨上不滚动也不会显示出蠕滑现象。因此,轮轨之间出现蠕滑的条件有三个,即轮轨为弹性体,车轮和钢轨之间有一定的正压力和切向力使车轮沿钢轨滚动。缺少以上三个条件中任何一个,均不会出现蠕滑。

一般把轮轨之间的接触面(接触斑)分为两个区域,其中轮轨表面材料之间无滑动的区域称为黏着区,另一部分为轮轨弹性变形逐渐消失的区域称为滑动区。

轮轨之间在纵向牵引力作用下有纵向蠕滑,同样,轮对上有横向力作用时,轮轨表面材料在横向也会出现横向剪切变形和横向蠕滑。

一、蠕滑及蠕滑力

20 世纪 20 年代英国 F. Carter 开始研究轮轨间的蠕滑力和轮对蛇行运动,并对轮轨之间的纵向和横向蠕滑率提出了明确的定义。在一些文献中,蠕滑率也简称蠕滑,其定义为

纵向蠕滑率
$$\xi_x = \frac{v_x - v_{xr}}{v_x} \tag{A}$$

横向蠕滑率
$$\xi_y = \frac{v_y - v_{yr}}{v_x} \tag{B}$$

式中　　v_x——车轮实际前进速度;

$\quad\quad v_{xr}$——车轮纯滚动前进速度;

$\quad\quad v_y$——车轮实际横向速度;

$\quad\quad v_{yr}$——车轮纯滚动横向速度。

上式中车轮实际前进速度是指轮对在钢轨上运行时,由于存在纵向蠕滑作用而形成的车轮中心实际的纵向速度。车轮纯滚动前进速度,是指车轮和钢轨之间没有弹性变形和绝对粘着而没有任何滑动时车轮沿钢轨滚动时的理论前进速度,两者之差即为纵向蠕滑速度。同理,车轮实际横向速度,是指轮对在钢轨上运行时由于存在横向蠕滑作用而形成的车轮中心实际横向速度。车轮纯滚动横向速度,是指车轮和钢轨之间没有弹性变形和绝对粘着而没有滑动时,车轮在钢轨上滚动时车轮中心的理论横向速度。两者之差即为车轮横向蠕滑速度。

上列(A)、(B)两式中分母均为车轮实际前进速度(有些文献中,分母中用纯滚动前进速),其目的使蠕滑率成为无量纲的量,可适用于各种工况,具有普遍意义。

轮轨在接触斑附近受力后变形,车轮沿钢轨滚动时出现轮轨蠕滑,使轮轨产生蠕滑的力称为蠕滑力,蠕滑力与蠕滑率之间存在一定关系。根据大量理论分析和实验测试表明,蠕滑力与蠕滑率之间有如图6-34所示的关系。当蠕滑率很小时,蠕滑力与蠕滑率之间呈线性关系。蠕滑率超过一定范围后,蠕滑率与蠕滑力之间呈非线性关系,当蠕滑率增大到一定程度后,蠕滑就变成滑动,而蠕滑力也就变成摩擦力了。在线性范围内,蠕滑力与蠕滑率之间的关系可以写成:

$$F = -f\xi \tag{6-72}$$

上式中取负号,是因为蠕滑力永远和蠕滑率的方向相反,其中 f 为蠕滑系数。确定蠕滑率的方法很多,为了说明蠕滑的基本性质,仅用最简单的 Carter 公式:

$$f = 147\sqrt{RN} \quad (kN) \tag{6-73}$$

式中　R——车轮半径(mm);

　　　N——分配在每个车轮上的轴重(t)。

为了加深对蠕滑的理解下面举一个实例。客车车轮直径为 915 mm,轮对轴重为 18 t,则按式(6-73)可算出蠕滑系数为 $f = 9\ 432.7\ kN$。如果轮对上每个车轮上有向前的蠕滑力 $F = 1\ kN$,可以算出蠕滑率 $\xi = \dfrac{1}{9\ 432.7}$,也就是有 1 kN 向前作用的蠕滑力,则车轮向前滚动了 9 432.7 转时,实际车轮向前运动少走了一个轮周长度,这种即为蠕滑现象。

为了说明蠕滑在轮轨关系方面的应用,下面介绍一种自由轮对在蠕滑力作用下的蛇行运动分析。通过这个实例可以了解如何求蠕滑率以及蠕滑对轮对蛇行运动的影响。

二、在蠕滑力作用下锥形踏面轮对的蛇行运动

由于影响蛇行运动的因素很多,这里所讨论的局限于以下情况:

1. 自由轮对,即轮对与转向架之间无任何约束;

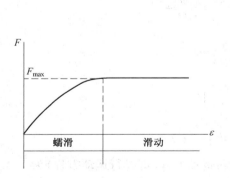

图 6-34　蠕滑力 F 和蠕滑率
ξ 之间关系

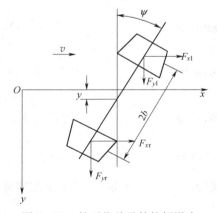

图 6-35　轮对位移及轮轨蠕滑力

2. 轨道是平直的,路基是刚性的,轨距无变化,轮对前进速度为 v,轮对前进时的转速为 Ω;

3. 车轮始终与钢轨接触,轮对横移量不大,轮缘不与钢轨侧面相接触,车轮与钢轨之间的蠕滑率保持在线性范围内;

4. 纵向和横向蠕滑系数相等;

5. 车轮的名义半径为 r_0，踏面斜度为 λ_0。

设在某一瞬间，轮对中心相对轨道中心线的偏移量 y，横向速度为 $\dot{y}$，轮对摇头角为 ψ，摇头角速度为 $\dot{\psi}$，左右车轮滚动圆之间距离为 $2b$，见图 6-35。这时在右轮上：

右轮滚动半径
$$r_r = r_0 + \lambda_0 y$$

实际前进速度
$$v - b\dot{\psi} = r_0\Omega - b\dot{\psi}$$

纯滚动前进速度
$$r_r\Omega = (r_0 + \lambda_0 y)\Omega$$

实际横向速度
$$\dot{y}$$

纯滚动横向速度
$$r_0\Omega\psi$$

纵向蠕滑率
$$\xi_{xr} = \frac{r_0\Omega - b\dot{\psi} - (r_0 + \lambda_0 y)\Omega}{r_0\Omega} = -\frac{b\dot{\psi}}{r_0\Omega} - \frac{\lambda_0 y}{r_0}$$

横向蠕滑率
$$\xi_{yr} = \frac{\dot{y} - r_0\Omega\psi}{r_0\Omega} = \frac{\dot{y}}{r_0\Omega} - \psi$$

纵向蠕滑力
$$F_{xr} = f\left(\frac{b\dot{\psi}}{r_0\Omega} + \frac{\lambda_0 y}{r_0}\right)$$

横向蠕滑力
$$F_{yr} = -f\left(\frac{\dot{y}}{r_0\Omega} - \dot{\psi}\right)$$

在左轮上：

左轮滚动半径
$$r_r = r_0 - \lambda_0 y$$

实际前进速度
$$v + b\dot{\psi} = r_0\Omega + b\dot{\psi}$$

纯滚动前进速度
$$\Omega r_1 = \Omega(r_0 - \lambda_0 y)$$

实际横向速度
$$\dot{y}$$

纯滚动横向速度
$$r_0\Omega\psi$$

纵向蠕滑率
$$\xi_{x1} = \frac{r_0\Omega + b\dot{\psi} - (r_0 - \lambda_0 y)\Omega}{r_0\Omega} = \frac{b\dot{\psi}}{r_0\Omega} + \frac{\lambda_0 y}{r_0}$$

横向蠕滑率
$$\xi_{y1} = \frac{\dot{y} - r_0\Omega\psi}{r_0\Omega} = \frac{\dot{y}}{r_0\Omega} - \psi$$

纵向蠕滑力
$$F_{x1} = -f\left(\frac{b\dot{\psi}}{r_0\Omega} + \frac{\lambda_0 y}{r_0}\right)$$

横向蠕滑力
$$F_{y1} = -f\left(\frac{\dot{y}}{r_0\Omega} + \dot{\psi}\right)$$

根据轮对动平衡条件，可确定在蠕滑力作用下轮对运动方程（即蛇行运动方程）为

$$M_w\ddot{y} - F_{y1} - F_{yr} = 0$$

$$J_{wz}\ddot{\psi} + F_{xr}b - F_{x1}b = 0$$

或

$$\left.\begin{array}{l} M_w\ddot{y} + 2f\left(\dfrac{\dot{y}}{v} - \psi\right) = 0 \\[3mm] J_{wz}\ddot{\psi} + 2f\left(\dfrac{b^2\dot{\psi}}{v} + \dfrac{\lambda_0 yb}{r_0}\right) = 0 \end{array}\right\} \qquad (6-74)$$

式中　　M_w——轮对质量；

$\qquad J_{wz}$——轮对绕 z 轴的惯性矩。

三、低速时的蛇行稳定性

当车辆运行速度很低时，惯性力可以略去不计，这时式(6-74)为

$$\left.\begin{aligned}\dot{y}-v\psi&=0\\\dot{\psi}+\frac{v\lambda_0 y}{br_0}&=0\end{aligned}\right\} \tag{6-74a}$$

若将式(6-74a)中第一式对时间取导数并代入第二式，则得

$$\ddot{y}+\frac{v^2\lambda_0}{br_0}y=\ddot{y}+\omega^2 y=0 \tag{6-74b}$$

式中，$\omega=\sqrt{\dfrac{\lambda_0}{br_0}}v$。

若取初始条件 $t=0$ 时 $y=0$，$t=\dfrac{\pi}{\omega}$ 时，$y=y_0$，则得

$$y=y_0\sin\omega t \tag{6-74c}$$

比较式(6-74c)与式(6-8b)，两式完全相同，因此在低速运行条件下，锥形踏面轮对有蠕滑力作用时仍按运动学蛇行运动规律运动。

四、速度较高时自由轮对的蛇行稳定性

当运行速度比较大时，不能忽视轮对的惯性力。由于式(6-74)为常系数齐次线性微分方程组，故方程的解可以写成

$$y=y_0 e^{\lambda t},\quad \psi=\psi_0 e^{\lambda t} \tag{6-75}$$

式中　　y_0、ψ_0、λ——待定系数(注意本章内 λ 与 λ_0 具有不同的意义)。

将式(6-75)代入式(6-74)后可得

$$\left.\begin{aligned}\left(M_w\lambda^2+\frac{2f}{v}\lambda\right)y_0-2f\psi_0&=0\\\frac{2f\lambda_0 b}{r_0}y_0+\left(J_{wz}\lambda^2+\frac{2fb^2\lambda}{v}\right)\psi_0&=0\end{aligned}\right\} \tag{6-75a}$$

式(6-75a)的一种解为 $y_0=0$，$\psi_0=0$，即轮对无任何横向和摇头运动，这时轮对完全处于对中状态，即轮对在钢轨上滚动时轮对中心作直线运动。如果由于任何原因轮对相对轨道中心线有横向偏移及摇头角时，即 $y_0\neq0$，$\psi_0\neq0$，则式(6-75a)仅在满足下列行列式为零的条件下有解，即

$$\begin{vmatrix}M_w\lambda^2+\dfrac{2f}{v}\lambda & -2f\\[2mm]\dfrac{2f\lambda_0 b}{r_0} & J_{wz}\lambda^2+\dfrac{2fb^2}{v}\lambda\end{vmatrix}=0 \tag{6-75b}$$

式(6-75b)称为式(6-75a)的特征方程，展开后得

$$J_{wz}M_w\lambda^4+\frac{2f}{v}(J_{wz}+M_w b^2)\lambda^3+\frac{4f^2 b^2}{v^2}\lambda^2+\frac{4f^2 b\lambda_0}{r_0}=0 \tag{6-75c}$$

式(6-75c)为四次代数方程,有 4 个根 λ_1、λ_2、λ_3、λ_4。一般情况下四次方程无通解,只能用数值方法求解。解出方程式的根可能有三种情况,即实数、虚数和复数。下面分别讨论式(6-75c)根的性质与轮对运动的关系。

1. 根为实数 $\lambda = \alpha$

如果 α 是正实数,则轮对运动为发散的运动,即时间愈长轮对偏离对中位置愈远,如图6-36(a)所示。

如果 α 是负实数,则轮对的运动为收敛的运动,即轮对有初始位移时,时间愈长,轮对逐渐收敛至对中位置,如图6-36(b)所示。

2. 根为虚数 $\lambda = \pm i\beta$

β 为实数,$i = \sqrt{-1}$。如果 λ 是虚数,则轮对的横移及摇头角均为恒幅振动,如图6-36(c)所示。

3. 根为复数 $\lambda = \alpha \pm i\beta$

如果 α 是正实数,则轮对的运动为发散的周期运动,如图6-36(d)所示。

如果 α 是负实数,则轮对的运动为收敛的周期运动,如图6-36(e)所示。

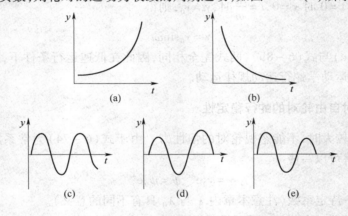

图6-36 特征根与运动的关系

在运动学研究中认为,如果一个物体的运动,当时间越长偏离物体原来平衡位置越远则称运动失稳,如图6-36(a)和图6-36(d)所示;当时间越长,运动体越接近原来平衡位置称为运动稳定,如图6-36(b)和图6-36(e)所示。图6-36(c)为运动稳定和失稳的临界状态。因此判别运动是否失稳,可根据特征根的性质来判别,如果所有特征根的实部都小于零,则运动稳定,否则为运动失稳或处于临界状态。

轮对在轨道上的蛇行运动应当保持运动稳定,即轮对中心沿轨道中心线运动,即使某些原因使轮对中心偏离轨道中心线后,也希望很快收敛到轨道中心线上;如果轮对运动时,其中心越来越偏离轨道中心,则轮对蛇行运动失稳,轮对的横移量及摇头角越来越大,以致轮缘打击钢轨,损伤车轮和钢轨,甚至引起脱轨。如果安装在转向架上的轮对蛇行运动失稳,会引起车辆剧烈振动,影响旅客舒适、安全和所运货物的完整。因此蛇行稳定性是机车车辆动力学研究中十分关注的问题。

判断运动是否失稳,除上面介绍的直接根据运动方程的特征根来判别外,还有许多方法,其中 Routh - Hurwitz 准则,是一种比较常用的方法,使用起来很方便,只要知道特征方程的系数就可以判别运动是否失稳,不需要解方程求特征根。这里仅介绍具体应用(证明见

N. G. Cetaev"The stability of Motion", P75　Pergamom perss. NewYork　1961）。下面简单介绍 Routh – Hurwitz 准则。

若有一个具有多项式形式的特征方程：

$$\lambda^m + a_1\lambda^{m-1} + a_2\lambda^{m-2} + \cdots + a_i\lambda^{m-i} + \cdots + a_m$$

$$m = 2n$$

式中　　　　　　　　　n——系统的自由度；

$a_i(i=1,2,3,\cdots,m)$——已知的特征多项式实系数。

用特征多项式系数组成一个数组：

$$
\begin{matrix}
a_1 & 1 & 0 & 0 & 0 & \cdots & 0 \\
a_3 & a_2 & a_1 & 1 & 0 & \cdots & 0 \\
a_5 & a_4 & a_3 & a_2 & a_1 & \cdots & 0 \\
a_7 & a_6 & a_5 & a_4 & a_3 & \cdots & 0 \\
\multicolumn{7}{c}{\cdots\cdots\cdots\cdots\cdots\cdots\cdots\cdots\cdots} \\
0 & 0 & 0 & 0 & 0 & & a_m
\end{matrix}
$$

上列数组中元素 a_r，如下标 $r > m$，则 $a_r = 0$。在上列数组中对角线方向为 $a_1,a_2,a_3,\cdots,a_m$。

根据数组的阵列构成许多子行列式：

$$\Delta_1 = a_1,\Delta_2 = \begin{vmatrix} a_1 & 1 \\ a_3 & a_2 \end{vmatrix},\Delta_3 = \begin{vmatrix} a_1 & 1 & 0 \\ a_3 & a_2 & a_1 \\ a_5 & a_4 & a_3 \end{vmatrix},\cdots,\Delta_m = a_m\Delta_{m-1}$$

Routh – Hurwitz 根据各个子行列式的正负来判别特征根的符号。Routh – Hurwitz 判别准则为：

特征方程所有根值 $\lambda_i = \alpha \pm \mathbf{i}\beta$ 具有负实部 α 的必要条件和充分条件为所有 $\Delta_1,\Delta_2,\cdots,\Delta_m$ 均为正。

下面可根据 Routh – Hurwitz 准则来分析自由轮对的蛇行运动的稳定性。根据特征方程 (6 – 75c) 的系数组成各子行列式，并确定每个子行列式的正负，其中：

$$\Delta_1 = \frac{2f(J_{wz} + M_w b^2)}{J_{wz}M_w v} > 0$$

$$\Delta_2 = \begin{vmatrix} \dfrac{2f(J_{wz} + M_w b^2)}{J_{wz}M_w v} & 1 \\ 0 & \dfrac{4f^2 b^2}{J_{wz}M_w v^2} \end{vmatrix} > 0$$

$$\Delta_3 = \begin{vmatrix} \dfrac{2f(J_{wz} + M_w b^2)}{J_{wz}M_w v} & 1 & 0 \\ 0 & \dfrac{4f^2 b^2}{J_{wz}M_w v^2} & \dfrac{2f(J_{wz} + M_w b^2)}{J_{wz}M_w v} \\ 0 & \dfrac{4f^2 b\lambda_0}{r_0 J_{wz}M_w} & 0 \end{vmatrix} < 0$$

$$\Delta_4 = \frac{4f^2 b\lambda_0}{J_{wz}M_w v}\Delta_3 < 0$$

由上列子行列式值可见 $\Delta_3 < 0, \Delta_4 < 0$,故根据 Routh – Hurwitz 准则,自由轮对的蛇行运动是失稳的,只有在 $v \approx 0$ 的条件下,不计惯性力时,自由轮对的蛇行运动是恒幅振动过程。

如果轮对通过悬挂与转向架相连接,组成统一的车辆系统,分析整个车辆系统的蛇行运动,可根据系统内部的约束关系,得出车辆系统横向运动方程。通过一定的数学处理,可求得车辆系统横向蛇行运动的特征根,并根据特征根的实部来判定车辆横向运动是否失稳。此类问题的具体分析方法可参考车辆动力学有关书籍及文献。

第五节　车辆运行品质及其评估标准

车辆沿轨道运行时,由于轮轨相互作用,使车辆系统内的零部件产生位移、速度和加速度。尤其车体的振动,直接影响旅客的舒适和所运货物完整。车辆振动,不仅与线路状态有关,而且与车辆本身结构有密切关系。为了正确衡量车辆的运行品质,各国铁路都根据运送货物和输送旅客的要求,制定各种指标来评估车辆及其转向架的运行品质。评估方法很多,下面介绍几种常用的评估方法和标准。

一、动荷系数

动荷系数是车辆在运行时产生的动载荷幅值 P_d 与车辆静止时的载荷 P_{st} 之比。动荷系数分横向 K_{ld} 和垂向 K_{vd} 两种,即

$$\left.\begin{aligned} K_{ld} &= \frac{P_{ld}}{P_{st}} \\ K_{vd} &= \frac{P_{vd}}{P_{st}} \end{aligned}\right\} \qquad (6-76a)$$

式中　P_{st}——车体作用在转向架上的静载荷;

P_{ld}、P_{vd}——分别为车体作用在转向架上横向和垂向动载荷。

P_{ld} 和 P_{vd} 可以用计算或实测求得。若已知车体的横向及垂向加速度为 a_l 及 a_v,则动荷系数为

$$K_{ld} = \frac{a_l}{g}, K_{vd} = \frac{a_v}{g} \qquad (6-76b)$$

有时也用弹簧动挠度 f_d 来求动荷系数,其值为

$$K_{vd} = \frac{f_d}{f_{st}} \qquad (6-76c)$$

式中　f_d——弹簧动挠度;

f_{st}——弹簧静挠度。

在现场试验时发现,利用加速度和弹簧静挠度所得的动荷系数不一致,并且相差甚大,可归结为以下原因:

1. 实际车辆振动往往是由很多频率振动叠加的结果,而测出的动挠度往往只反映振幅最大的低频振动。振幅不大而频率很高的振动未能反映到所测的动挠度中,因此两者结果不一致,只有在简谐振动中两者才能完全一致。

2. 加速度计安装位置不恰当,以致车辆零部件的局部振动加速度也反映到加速度记录中,造成一定误差。

3. 如果对于非线性较强或者具有一定迟滞特性的弹簧,上式将会产生较大的误差。

因此在实测车辆动载荷时应适当选择加速度仪位置,排除其他干扰。

我国并未采用动荷系数作为衡量车辆的运行品质的指标,苏联不仅用动荷系数衡量货车运行品质,同时也用于衡量客车的运行品质(见表6－3、表6－4)。

表6－3　客车运行品质标准及评定

运行品质评定	动荷系数		车体加速度(m/s²)		运行平稳性指数 W
	垂向	横向	垂向	横向	
优等	<0.10	<0.05	<0.1	<0.05	≤1
良好	0.10~0.15	0.05~0.10	1.0~1.5	0.5~1.0	≤2
容许	0.16~0.20	0.11~0.15	1.6~2.0	1.1~2.0	≤3.25
不能长期运行(对结构和人体生理有不良作用)	0.36及以上	0.26及以上	3.6及以上	3.1及以上	≤5
长期运行危险(对结构和人体生理有害)	>0.7	>0.4	>7	>5	>5

二、车体加速度的幅值

车体垂向和横向加速度幅值大小 a_v、a_1 表示车体垂向和横向动载荷,对旅客和货物平稳性有较大影响,若振动为简谐振动,则

$$a_v = z_0 \omega_z^2, a_1 = y_0 \omega_y^2 \qquad (6-77)$$

式中　z_0, y_0——车体的垂向及横向振动振幅;

　　　ω_z, ω_y——车体的垂向和横向振动圆频率。

车体加速度幅值可以计算或实测求得。

表6－4　货车运行品质标准及评定

运行品质评定	动荷系数		车体加速度(m/s²)		运行平稳性指数 W
	垂向	横向	垂向	横向	
优等	<0.20	<0.08	<2.0	<1.0	≤1
良好	0.20~0.35	0.08~0.15	2.0~3.5	1.0~1.5	≤2
满意	0.36~0.45	0.16~0.25	3.6~4.5	1.6~3.0	≤3.25
容许	0.46~0.65	0.26~0.35	4.6~6.5	3.1~4.5	≤4
不能长期运用(对强度不利)	0.65	0.36	6.5	4.6	≤5
长期运用危险(有损车辆强度)	≥0.7	≥0.4	≥7.0	≥5.0	>5

三、Sperling 平稳性指数

国际铁路联盟(UIC)以及前社会主义国家铁路合作组织(ОСЖД)均采用德国人 Sperling 提出的平稳性指数来评定车辆的运行品质。Sperling 等人在大量单一频率振动的实验基础上提出影响车辆平稳性的两个重要因素。其中一个重要因素是位移对时间的三次导数,亦即 $\ddot{z} = \dot{a}$(加速度变化率)。由于 $M_c \ddot{z} = F$,如两边对时间取导数,则 $M_c \dddot{z} = \dot{F}$ 或 $\dddot{z} = \dfrac{\dot{F}}{M_c}$。由此

可见,$\ddot{z}$ 在一定意义上代表力的变化率。F 的增减变化引起冲动的感觉。

如果车体作简谐振动,$z = z_0 \sin\omega t$,则 $\dddot{z} = -z_0\omega^3\cos\omega t$,其幅值为

$$|\dddot{z}|_{max} = z_0(2\pi f)^3, \quad \omega = 2\pi f$$

影响平稳性指数的另一个因素是振动时的动能大小,车体振动时的最大动能为

$$E_d = \frac{1}{2}M_c\dot{z}^2 = \frac{1}{2}M_c(z_0\omega)^2 = \frac{1}{2}M_c(z_0 2\pi f)^2$$

所以

$$\frac{2E_d}{M_c} = (z_0 2\pi f)^2$$

Sperling 在确定平稳性指数时,把反映冲动的 $z_0(2\pi f)^3$ 和反映振动动能 $(z_0 2\pi f)^2$ 的乘积 $(2\pi)^5 z_0^3 f^5$ 作为衡量标准来评定车辆运行品质。车辆运行平稳性指数的经验公式为

$$W = 2.7\sqrt[10]{z_0^3 f^5 F(f)} = 0.896\sqrt[10]{\frac{a^3}{f}F(f)} \tag{6-78}$$

式中　z_0——振幅(cm);

　　　f——振动频率(Hz);

　　　a——加速度(cm/s²),其值为 $a = z_0(2\pi f)^2$;

　　$F(f)$——与振动频率有关的加权系数,$F(f)$ 对于垂向振动和横向振动是不同的。

表 6-5　频率修正系数 $F(f)$

垂向振动		横向振动	
0.5 ~ 5.9 Hz	$F(f) = 0.325f^2$	0.5 ~ 5.4 Hz	$F(f) = 0.8f^2$
5.9 ~ 20 Hz	$F(f) = 400/f^2$	5.4 ~ 26 Hz	$F(f) = 650/f^2$
> 20 Hz	$F(f) = 1$	> 26 Hz	$F(f) = 1$

以上的平稳性指数只适用一种频率一个振幅的单一振动,但实际上车辆在线路上运行时的振动是随机的,即振动频率和振幅都是随时间变化的。因此在整理车辆平稳性指数时,把实测的车辆振动加速度记录,通常按频率分类,进行频谱分析,求出每段频率范围的振幅值,然后对每一频段计算各自的平稳性指数 W_i,然后再求出全部频段总的平稳性指数

$$W_{tot} = (W_1^{10} + W_2^{10} + \cdots + W_n^{10})^{0.1}$$

四、客车、货车运行品质标准

由于客车和货车运送的对象不同,因此对于车体的动荷系数、加速度和平稳性指数的要求是不同的,即使用同一种评估方法,世界各国的标准也不相同。

表 6-6　客货车平稳性等级

平稳性等级	评定结果	平稳性指数	
		客车	货车
一级	优	< 2.5	< 3.5
二级	良好	2.5 ~ 2.75	3.5 ~ 4.0
三级	合格	2.75 ~ 3.0	4.0 ~ 4.25

注:凡新造的客货车,其平稳性等级不应低于二级标准。

我国对车辆的运行品质,主要用 Sperling 的平稳性指数来评价车辆的平稳性等级。国家标准 GB 5599 – 85 规定的客车货车平稳性等级列于表 6 – 6 中。我国还规定,可以用平均最大加速度来确定客货车平稳性等级,和用最大加速度来确定货车的限制速度。

当车辆进行动力学试验时,每次记录的分析段时间为 6 s,在每个分析段中选取一个最大加速度 $a_{i\max}$,若在每个速度等级有 m 个分析段,则平均最大加速度为

$$\bar{a}_{\max} \frac{\sum\limits_{i=1}^{m} a_{i\max}}{m} \quad (i = 1,2,3,\cdots,m) \tag{6–79}$$

当用平均最大加速度评定 $v \leqslant 140$ km/h 的客车平稳性等级时,采用下列公式:

$$\bar{a}_{\max} \leqslant 0.000\,27v + C_p$$

式中　$\bar{a}_{\max}$——客车车体平均最大振动加速度(cm/s^2);

　　　v——车辆运行速度(km/h);

　　　C_p——评定客车平稳性等级的常数。

当用平均最大加速度评定速度 $v \leqslant 100$ km/h 的货车平稳性等级时,采用下列公式:

垂向振动　　　　　　　　$\bar{a}_{\max} \leqslant 0.002\,15v + C_f$

横向振动　　　　　　　　$\bar{a}_{\max} \leqslant 0.001\,35v + C_f$

式中　C_f——评定货车平稳性等级的常数;

　　　$\bar{a}_{\max}$ 和 v 的意义同上;

　　　C_p 和 C_f 的取值列于表 6 – 7。

表 6 – 7　评定平稳性等级常数 C_p、C_f

运行平稳性等级	C_p		C_f	
	垂向振动	横向振动	垂向振动	横向振动
优	0.025	0.010	0.06	0.08
良好	0.030	0.018	0.11	0.13
合格	0.035	0.025	0.16	0.18

货车以最大加速度为振动强度极限值,垂向振动的最大加速度为 $0.7\,g$;横向振动的最大加速度为 $0.5\,g$。在 100 km 试验区段内,按规定标准测定货车通过直道、弯道、车站侧线时的最大振动加速度,在货车的限制速度范围内超限加速度不应大于 3 个。若超限加速度大于 3 个,则应重新规定被试验货车的限制速度。

五、客车在曲线上舒适性及其标准

列车通过曲线时,除了直线上的各种线路不平顺作用外,车辆上还经受线路上曲线、缓和曲线和超高等线路平面和纵垂面形状改变的影响,从而影响乘坐旅客的舒适性。

1. 未平衡的离心加速度及其标准

列车通过曲线时,车辆和旅客都要经受离心力和离心加速度。离心加速度为

$$a_c = \frac{v^2}{R} \quad (m/s^2) \tag{6–80}$$

式中　v——列车通过曲线时的速度(m/s);

　　　R——曲线半径(m)。

离心加速度的量纲也可以用重力加速度的多少倍来表示,这时离心加速度可写成

$$g_c = \frac{v^2}{Rg} \tag{6-81}$$

式中　g——重力加速度($g = 9.81 \text{ m/s}^2$)。

为了减少列车通过曲线时旅客经受的离心加速度和轮轨之间相互作用力,国内外铁路都采用在曲线上设置超高的办法。

曲线超高一般设置在外轨上,即把外轨抬高,而内轨保持原来高度不变。这样,轨道平面不再保持水平面,而是与水平面之间呈一定夹角称为超高角。有些国家用超高角的大小来表示线路超高的程度,我国采用外轨加高量(mm)来表示超高。

当曲线上存在超高时,车辆及所载旅客本身重量有一个指向曲线内侧的横向分量,它使车辆产生重力加速度的横向分量,如图6-37(a)所示。

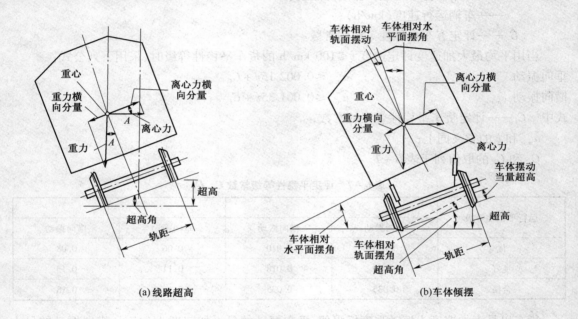

(a)线路超高　　　　　　　　　　　(b)车体倾摆

图6-37　车辆通过曲线时由于线路超高及
车体倾摆车辆上作用的横向力

有了超高以后,旅客承受的离心加速度和重力加速度横向分量可互相抵消一部分。这时旅客经受的未平衡的离心加速度为

$$g_c = \frac{v^2}{Rg} - \frac{h}{S} \tag{6-82}$$

式中　h——外轨超高量(mm);

　　　v——车辆运行速度(m/s);

　　　S——两钢轨顶面中心距离(mm),$S = 1\,500$ mm。

或写成

$$g_c S = h_d = \frac{Sv^2}{gR} - h \tag{6-83}$$

如果 $h_d = \frac{Sv^2}{gR} - h > 0$,即离心加速度大于重力加速度横向分量,$h_d$ 称为欠超高;如果 $h_d =$

$\dfrac{Sv^2}{gR}-h<0$，即离心加速度小于重力加速度横向分量，h_d 称为过超高；如果 $h_\mathrm{d}=\dfrac{Sv^2}{gR}-h=0$ 这时的离心加速度恰巧与重力加速度的横向分量相平衡，这时的列车速度称为平衡速度或均衡速度。

在客货运混跑线路上，由于客货列车行车速度不同，在设置线路实际超高时要兼顾客、货列车的运行速度，因此列车在实设超高的曲线上运行时，旅客列车往往出现欠超高，而货物列车出现过超高。

未被平衡的离心加速度或欠超高过大，往往使旅客感到不适，尤其是在曲线多的山区铁路，会造成旅客晕车。根据国内外铁路大量试验和实践证明，未被平衡的离心加速度 g_c 有如下经验数据：

（1）$g_\mathrm{c}<0.04\ g$，旅客对未被平衡的离心加速度无明显感觉；

（2）$g_\mathrm{c}=0.05\ g$，则旅客能觉察未被平衡的离心加速度，但无不舒服的感觉；

（3）$g_\mathrm{c}=0.077\ g$，一般旅客能长时间承受这种未被平衡的离心加速度；

（4）$g_\mathrm{c}=0.1\ g$，一般旅客能承受不频繁的这种未被平衡的离心加速度。

国外有些铁路按未被平衡的离心加速度作为旅客在通过曲线时的舒适度标准，并规定：

在条件较好的线路上，旅客列车的未被平衡的离心加速度 $g_\mathrm{c}<0.05\ g$，在山区和提速线路上 $g_\mathrm{c}<0.077\ g$，最大不超过 $0.1\ g$。

我国铁路用限制欠超高的形式来保证列车通过曲线时的安全性和旅客舒适度，按铁路设计规定：

（1）在等级较高的线路上，旅客列车的欠超高 $h_\mathrm{d}<70$ mm；

（2）在一般线路上，欠超高 $h_\mathrm{d}<90$ mm；

（3）在既有线路上提速时，某些线路的欠超高 $h_\mathrm{d}\leqslant110$ mm。

未被平衡的离心加速度与欠超高之间的关系（见表 6–8）。

表 6–8　g_c 与 h_d 的对应关系

未被平衡的离心加速度 g_c	0.05 g	0.073 g	0.077 g	0.1 g
欠超高 h_d（mm）	75	110	115.5	150

由上表可见，我国采用的欠超高规定与国外采用未被平衡的离心加速度标准比较接近，但我国的规定比较严格一点。

2. 曲线限速及提速措施

列车在曲线半径为 R 的曲线上行驶，由于实设超高已定，而且欠超高量 h_d 不能超过规定标准，因此列车在曲线上的最大限制速度为

$$v_\mathrm{h}=\sqrt{\dfrac{(h+h_\mathrm{d})R}{11.8}}\qquad(6-84)$$

式中　v_h——曲线限速（km/h）；

　　h——实设超高（mm）；

　　h_d——规定欠超高限值（mm）；

　　R——曲线圆曲线半径（m）。

由上式可见，要提高列车在曲线上的限速，必须加大曲线半径，增高线路超高或增大容许欠超高量。增大曲线半径，往往受地形地貌的限制，要改变地形地貌需要大量工程费用，不能

轻易变更。实设超高是兼顾客货列车速度设置的。另外根据列车过曲线时安全性要求,我国实设超高 $h < 150$ mm,不可能继续增加。容许欠超高与旅客舒适度有关也不能轻易变更加大。

为了提高列车通过曲线时的速度,国外发展各种形式的摆式列车。其主要功能是通过各种措施,使客车的车体,在通过曲线时可以向内侧倾摆,亦即车体相对轨道平面转动一个角度,如图 6 - 37(b)所示。车体转动角和轨道超高角的转动方向一致。在车体内的旅客感受到的超高角是线路实设超高和车体倾角之和,因此旅客感受到的重力加速度的横向分量显著增加,可以大幅度抵消列车提速后的离心加速度。摆式车辆车体的倾角相当增加轨道实设超高。摆式车辆车体倾角的大小在一定范围内,可以随离心加速度的增加而增加,离心加速度小,车体倾摆角小;离心加速度大,车体倾摆角亦大,可使旅客感受的未被平衡的离心加速度保持在容许范围之内。因此采用摆式车辆可以比较高的速度通过曲线而不降低旅客的舒适度。

车体倾摆角和车体倾摆的当量超高 h_t 之间关系不难根据几何关系求得并列于表 6 - 9 中。

表 6 - 9　车体倾摆角与当量超高

车体倾摆角 θ_t (°)	1	2	3	4	5	6	6.5	7	8
当量超高 h_t (mm)	26	52	78	104	131	157	171	184	211

考虑了摆式车辆车体倾角后,摆式列车通过曲线时的限速公式为

$$v_h = \sqrt{\frac{R(h + h_d + h_t)}{11.8}} \qquad (6-85)$$

式中　h_t——车体倾摆后的当量超高(mm)。

表 6 - 10 列出常规车辆,摆式车辆倾摆角为 3°、6.5°时在不同曲线半径时的曲线限速。在计算中取 $h = 125$ mm, $h_d = 110$ mm。

表 6 - 10　曲线限速 v_h (km/h)

曲线半径(m)		250	300	350	400	500	600	1 000	1 500
常规车辆		71	77	83	89	100	109	141	172
摆式车辆	3°	81	89	96	103	115	126	162	199
	6.5°	93	101	110	117	131	143	185	226

由表可见,采用摆式车辆可在不改变线路平面、不影响货物列车正常运行的条件下提高旅客列车通过曲线的限速,而且倾摆角越大,允许曲线限速也越大。

根据国外运用经验,采用摆式车辆可提高曲线限速 30% ~ 40% ,提高旅行速度 15% ~ 20% 。

3. 曲线运行的其他规定及措施

车辆通过缓和曲线时的舒适度标准。

车辆通过缓和曲线时外轨上的车轮逐渐上升而内侧钢轨上的车轮保持高度不变,如果不考虑弹簧的动态变形,则在缓和曲线上车体相对轨道平面的侧滚角逐渐加大,车体侧滚角速度也影响旅客的舒适度,尤其是车辆通过反向曲线,车体反复滚动对旅客舒适度的影响最大,我国铁路设计标准规定如下:

(1)对于一般铁路

$$v_{\max} < \frac{l_s}{9h} \qquad (6-86)$$

式中　$v_{\max}$——列车通过曲线时的最大速度（km/h）；

　　　l_s——缓和曲线长度（m）；

　　　h——实设超高（m）。

若换成外侧车轮上升速度，则

$$h/t < 31 \text{ mm/s} \qquad (6-87)$$

式中　t——列车通过缓和曲线的时间。

（2）对于困难地段

$$v_{\max} < \frac{l_s}{7h} \qquad (6-88)$$

若换算成外侧车轮上升速度

$$h/t < 40 \text{ mm/s} \qquad (6-89)$$

（3）国外采用摆式列车在既有线路上提速时，采用列车通过缓和曲线时车体侧滚角速度作为旅客舒适度标准之一并规定：

$$\theta/t < 5°/s \qquad (6-90)$$

式中　θ——车辆通过曲线时相对水平面的侧滚角（°）；

　　　t——车辆通过缓和曲线时间。

外轨车轮上升速度与车体侧滚速度之间的换算关系见表 6-11。

表 6-11　车轮上升速度与车体侧滚角速度

h/t	31　mm/s	40　mm/s	131　mm/s
θ/t	1.18°/s	1.52°/s	2°/s

此外，国外对摆式车辆的车体倾摆角加速度还规定不大于 $15°/s^2$。

为了减少摆式车辆以较高速度通过曲线时产生的轮轨力，在车辆结构上还采用其他一些措施，如采用径向转向架、独立轮对、减小轴重等。

第六节　车辆运行安全性及其评估标准

影响车辆运行安全的有车体在弹簧上的倾覆、车辆倾覆和车轮脱轨等事故。为了保证车辆在线路上运行安全，不发生任何倾覆和脱轨等重大事故，在车辆设计、制造、维修运用工作中，应采取各种措施保证轮轨之间正常接触，使车辆上所受的力保持在安全范围之内。车体在弹簧上的倾覆稳定性问题，已在本章第二节中讨论过，本节将着重分析其余各种影响车辆运行安全的因素及确保运行安全的条件。

一、车辆抗倾覆稳定性及其评估标准

车辆沿轨道运行时受到各种横向力的作用，如风力、离心力、线路超高引起的重力横向分量以及横向振动惯性力等。在这些横向力作用下造成车辆的一侧车轮减载，另一侧车轮增载。如果各种横向力在最不利组合作用下，车辆一侧车轮与钢轨之间的垂向作用力减少到零时，车辆有倾覆的危险。

车辆在横向力作用下可能倾覆的程度用倾覆系数 D 来表示。D 的定义是：

$$D = \frac{P_d}{P_{st}} = \frac{P_2 - P_1}{P_2 + P_1} \qquad (6-91)$$

式中　P_{st}——无横向力作用时轮轨间垂向静载荷；

　　　P_d——在横向力作用下轮轨间垂向力变化量；

　　　P_2——增载侧轮轨间垂向力；

　　　P_1——减载侧轮轨间垂向力。

当车辆的减载侧车轮上垂向力 $P_1 = 0$ 时，车辆已到达倾覆的临界状态，这时 $D = 1$，即倾覆的临界值。为了保证车辆不倾覆，倾覆系数 D 不能超过临界值。GB5599 – 1985 规定的容许倾覆系数 $D < 0.8$。

如果车辆以高于规定的速度通过曲线，则超高不足以平衡离心力，而且风力和振动横向惯性力与离心力一致时，则车辆向曲线外侧倾覆，根据图 6 – 38 可求出车辆的倾覆系数。为了简化计算，略去一些影响较小的因素，即不计车体倾侧时横向力作用点至轨面的高度变化，不计车辆簧下部分所受的风力，不计簧上部分垂向惯性力，不计簧下部分的垂向和横向惯性力，不计车钩力的作用。按照以上假定并按图

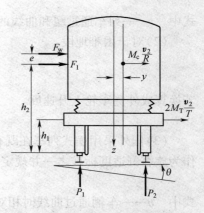

图 6 – 38　车辆上的横向作用力

6 – 38 所示关系，根据作用在车辆上各力平衡条件可求出内侧和外侧车轮上的垂向力 P_1 和 P_2。根据 P_1 和 P_2 值不难导出车辆的倾覆系数 D 为

$$D = \frac{P_2 - P_1}{P_2 + P_1}$$

$$= \frac{M_c y_c \left(\dfrac{v^2}{R} \sin\theta + g\cos\theta \right) + \left(M_c h_2 + 2M_b h_1 \right) \left(\dfrac{v^2}{R}\cos\theta - g\sin\theta \right) + (h_2 + e) F_w + h_2 F_1}{\left(M_c + 2M_b \right) b \left(\dfrac{v^2}{R}\sin\theta + g\cos\theta \right)} \qquad (6-92)$$

式中　M_c——车体质量(含旅客及货物)；

　　　M_b——每台转向架质量；

　　　v——车辆运行速度；

　　　R——曲线半径；

　　　θ——超高角；

　　　h_1——转向架重心至轨面高；

　　　h_2——车体重心至轨面高；

　　　F_1——车体横向振动惯性力；

　　　g——重力加速度；

　　　$2b$——左右轮轨接触点之间的跨距；

　　　y_c——在横向力作用下车体横移量，其值为

$$y_c = \frac{F_w + F_1 + M_c \left(\dfrac{v^2}{R}\cos\theta - g\sin\theta \right)}{4K_y}$$

其中　K_y——每台转向架一侧悬挂横向刚度，

F_w——横向风压力，

e——风压力中心与车体重心之间垂向距离。

根据同样原理还可以计算车辆向曲线内侧倾覆系数和在平直道上的倾覆系数。

二、轮对抗脱轨稳定性及其评估标准

铁路自开始正式运营以来，从未间断过对脱轨问题的研究。但由于其影响因素较多和随机性，导致了其分析的复杂性和准确性，使得脱轨的机理目前在理论上尚无定量的确定标准。

车辆沿轨道直线部分运行时，在正常工作条件下，车轮上的踏面部分与钢轨顶面相接触。当车辆进入曲线时，由于各种横向力的作用，如离心力、风力、横向振动惯性力等作用，使前轮对外侧车轮的轮缘贴靠钢轨侧面。如果轮对前进方向相对轨道有正冲角时，则轮轨接触点 A 不在过轮对中心线的垂向平面内，接触点 A 离开垂向平面有一个导前量，如图 6－39（a）所示。在接触点 A' 处，车轮给钢轨的横向作用力为 Q，钢轨给车轮的横向反力称为导向力。在导向力作用下轮对连同转向架顺着曲线方向前进。如果在某种特定条件下，车轮给钢轨的横向力 Q 很大，而车轮给钢轨的垂向力 P 很小，以致车轮在转动过程中新的接触点 A' 逐渐移向轮缘顶部，车轮逐渐升高。如果轮缘上接触点的位置到达轮缘圆弧面上的拐点，即轮缘根部与中部圆弧连结处轮缘倾角最大的一点时，就到达爬轨的临界点。如果在到达临界点以前 Q 减小或 P 增大，则轮对仍可能向下滑动，恢复到原来稳定位置。当接触点超过临界点以后如果 Q、P 的变化不大，由于轮缘倾角变小，车轮有可能逐渐爬上钢轨直到轮缘顶部达到钢轨顶面而脱轨。车轮爬上钢轨需要一定时间，这种脱轨方式称为爬轨，一般发生在车辆低速情况。另一种脱轨方式发生在高速情况，由于轮轨之间的冲击力造成车轮跳上钢轨，这种脱轨方式称跳轨。另外当轮轨之间的横向力过大，使轨距扩宽，车轮落入轨道内侧而脱轨。

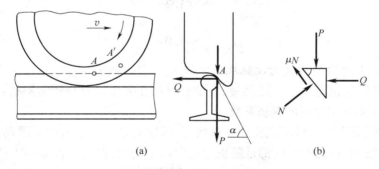

(a)　　　　　　　　　　　　(b)

图 6－39　轮轨接触与作用力

评定轮对抗脱轨稳定性的标准有好几种，现分别介绍如下。

（一）根据车轮作用于钢轨的横向力 Q 评定车轮抗脱轨稳定性

此评定方法由 Nadal 提出。Nadal 的假定是：设有一车轮，已经开始爬轨并达到临界点（即已经到达轮缘倾角最大点），为了简化分析，不考虑轮对冲角和轮轨接触点提前量的作用。

取轮缘上轮轨接触斑为割离体，见图 6－39（b）。作用在接触斑上的车轮垂向力为 P，横向力为 Q，钢轨作用在接触斑上的作用力有法向力 N，阻止车轮向下滑动钢轨给接触斑的摩擦力为 μN。设轮缘角为 α。接触斑在以上各力作用下处于平衡状态，亦即车轮处于向下滑而不能滑动的状况。将作用于接触斑 A 上的力分解为法线方向和切线方向的分量后可求得车轮爬轨的条件：

$$P\sin\alpha - Q\cos\alpha = \mu N$$
$$N = P\cos\alpha + Q\sin\alpha$$

$$(6-93)$$

式中　α——最大轮缘倾角(简称轮缘角);

　　　μ——轮缘与钢轨侧面的摩擦系数。

解方程(6-93)可得

$$\frac{Q}{P} = \frac{\tan\alpha - \mu}{1 + \mu\tan\alpha}$$

$$(6-93a)$$

上式表示轮对在爬轨临界点的平衡状态。如果 $\frac{Q}{P}$ 大于式(6-93a)中右项,车轮有可能爬上钢轨,反之则向下滑。因之车轮爬轨的条件为

$$\frac{Q}{P} \geq \frac{\tan\alpha - \mu}{1 + \mu\tan\alpha}$$

$$(6-93b)$$

比值 $\frac{Q}{P}$ 称为车轮脱轨系数,$\frac{\tan\alpha - \mu}{1 + \mu\tan\alpha}$ 为车轮开始爬轨时的临界值,简称车轮脱轨系数临界值。临界值的大小与轮缘角 α 和轮缘与钢轨侧面的摩擦系数 μ 有关。图 6-40 给出不同摩擦系数 μ 和不同轮缘角 α 时车轮脱轨临界值。

由图可见,轮缘角 α 越小,摩擦系数 μ 越大,越容易出现爬轨。我国标准锥形车轮的轮缘角为 $69°12'$,实测为 $68° \sim 70°$,轮缘摩擦系数一般为 $0.20 \sim 0.30$,若取 $\alpha = 68°$,而 $\mu = 0.32$,则

$$\frac{\tan\alpha - \mu}{1 + \mu\tan\alpha} = 1.2$$

根据 GB5599-85 规定,当横向作用力 Q 的作用时间大于 0.05 s 时,脱轨系数,即

容许值　　　　　　　　　　　　$$\frac{Q}{P} \leq 1.2$$

安全值　　　　　　　　　　　　$$\frac{Q}{P} \leq 1.0$$

(二)根据构架力 H 评定轮对抗脱轨稳定性

由于轮轨之间的横向力 Q 较难测量,在试验时往往采用轮对与转向架相互作用的构架力(轮轴横向力)H 来评定轮对的脱轨系数。

设有一轮对,其左轮正处于爬轨的临界状态,即轮对趋于向下滑而不滑动状态,这时左右钢轨给左右车轮的摩擦力的方向都是阻止轮对向右滑动的方向,如图 6-41 所示。分别取左轮接触斑 A 和右轮接触斑 B 为割离体,左轮作用在接触斑 A 上的垂向力和横向力分别为 P_1、Q_1,右轮作用在接触斑 B 上的垂向力和横向力分别为 P_2、Q_2。左轨作用在接触斑 A 上的力分别为法向力 N_1 和阻止车轮向下滑的摩擦力 $\mu_1 N_1$,右轨作用在接触斑 B 上的力分别为法向力 N_2 和阻止车轮滑动的摩擦力 $\mu_2 N_2$。由于左右接触斑上的作用力平衡,可以根据 $\mu_2 N_2$ 确定 Q_2 的方向,如图 6-41 所示。

根据左右轮轨接触斑 A、B 上各力平衡的条件可得

$$\frac{Q_1}{P_1} = \frac{\tan\alpha_1 - \mu_1}{1 + \mu_1\tan\alpha_1}$$
$$\frac{Q_2}{P_2} = \frac{\tan\alpha_2 + \mu_2}{1 - \mu_2\tan\alpha_2}$$

$$(6-94)$$

式中　α_1、α_2——分别为左轮轮缘角和右轮踏面倾角;

μ_1、μ_2——分别为左轮轮缘和右轮踏面与钢轨之间的摩擦系数。

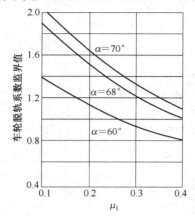

图 6-40　车轮脱轨系数临界值

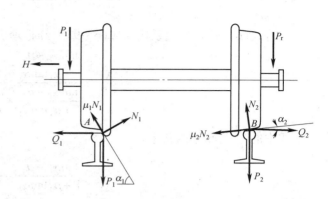

图 6-41　轮对与轨道的接触及相互作用力

左右车轮给左右接触斑的水平力 Q_1、Q_2 是由构架力产生的,由图 6-41 可知 $H = Q_1 - Q_2$,于是

$$\frac{H}{P_1} = \frac{Q_1}{P_1} - \frac{Q_2}{P_1} = \frac{Q_1}{P_1} - \frac{P_2}{P_1}\left(\frac{\tan\alpha_2 + \mu_2}{1 - \mu_2\tan\alpha_2}\right) \qquad (6-94a)$$

$\tan\alpha_2$ 数值不大,可取 $\tan\alpha_2 \approx 0$,于是可得轮对脱轨条件

$$\frac{Q_1}{P_1} \approx \frac{H + \mu_2 P_2}{P_1} \geqslant \frac{\tan\alpha_1 - \mu_1}{1 + \mu_1\tan\alpha_1} \qquad (6-94b)$$

$\dfrac{H + \mu_2 P_2}{P_1}$ 称为轮对脱轨系数,我国规定 μ_2 取 0.24,同时规定了由构架力确定的脱轨系数标准。当 H 的作用时间大于 0.05 s 时,轮对脱轨系数,即

容许值
$$\frac{H + 0.24 P_2}{P_1} \leqslant 1.2$$

安全值
$$\frac{H + 0.24 P_2}{P_1} \leqslant 1.0$$

(三)根据轮重减载率评定车轮抗脱轨稳定性

上面分析了轮轨横向力及构架横向力对轮对脱轨的影响,这种脱轨原因是横向力 Q_1 大而垂向力 P_1 小的结果,但实际运用中还发现,在横向力并不很大而一侧车轮严重减载的情况也有脱轨的可能。下面分析轮重严重减载情况。

如果构架力 H 很小,设 $H \approx 0$,而 P_2 很大,P_1 很小,即 $P_2 \gg P_1$,由于某种原因,左轮轮缘已在轮缘角最大处与钢轨接触。由于右轮在很大的踏面摩擦力 $\mu_2 N_2$ 的作用下,左轮仍旧可以保持脱轨的临界状态。从式(6-94a)可以导出轮重减载与脱轨的关系。

令式(6-94a)中的 $H = 0$,并将式(6-94b)中的 $\dfrac{Q_1}{P_1}$ 与摩擦系数和轮缘角之间关系代入式(6-94a)中后得

$$\frac{P_2}{P_1}\left(\frac{\tan\alpha_2 + \mu_2}{1 - \mu_2\tan\alpha_2}\right) \geqslant \frac{\tan\alpha_1 - \mu_1}{1 + \mu_1\tan\alpha_1} \qquad (6-95)$$

如果用新的符号　　　　$P = \dfrac{1}{2}(P_1 + P_2)$, $\Delta P = \dfrac{1}{2}(P_2 - P_1)$

于是
$$P_1 = P - \Delta P, P_2 = P + \Delta P \tag{6-95a}$$

式中 P——左右车轮平均轮轨垂向力即轮重;

ΔP——轮重减载量。

将式(6-95a)的关系代入式(6-95),经整理后得

$$\frac{\Delta P}{P} \geqslant \frac{\dfrac{\tan\alpha_1 - \mu_1}{1 + \mu_1\tan\alpha_1} - \dfrac{\tan\alpha_2 + \mu_2}{1 - \mu_2\tan\alpha_2}}{\dfrac{\tan\alpha_1 - \mu_1}{1 + \mu_1\tan\alpha_1} + \dfrac{\tan\alpha_2 + \mu_2}{1 - \mu_2\tan\alpha_2}} \tag{6-96}$$

上式中的 $\dfrac{\Delta P}{P}$ 为轮重减载率。

当
$$\frac{\Delta P}{P} = \frac{\dfrac{\tan\alpha_1 - \mu_1}{1 + \mu_1\tan\alpha_1} - \dfrac{\tan\alpha_2 + \mu_2}{1 - \mu_2\tan\alpha_2}}{\dfrac{\tan\alpha_1 - \mu_1}{1 + \mu_1\tan\alpha_1} + \dfrac{\tan\alpha_2 + \mu_2}{1 - \mu_2\tan\alpha_2}}$$

其值称为轮重减载率临界值。

当轮重减载率超过其临界值后,轮对有脱轨的趋势。式(6-96)为轮重减载率可能造成脱轨的标准。若用不同的 α_1、μ_1、$\mu_2 = \dfrac{\mu_1}{1.2}$ 及 $\alpha_2 = \arctan\left(\dfrac{1}{20}\right)$ 代入轮重减载率临界值中,其结果列于图6-42中。

我国 TB449-76 锥形踏面的 $\alpha_1 = 68° \sim 70°$,$\alpha_2 = \arctan\left(\dfrac{1}{20}\right)$,$\mu_1 = 0.2 \sim 0.25$,则 $\dfrac{\Delta P}{P} \geqslant 0.65$ 时,车轮有爬轨的危险。我国规定轮重减载率为

容许标准 $\qquad \dfrac{\Delta P}{P} \leqslant 0.65$

安全标准 $\qquad \dfrac{\Delta P}{P} \leqslant 0.60 \tag{6-96a}$

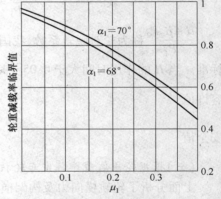

图6-42 轮重减载率临界值与 μ_1 的关系

脱轨系数和轮重减载率都是根据轮对爬上钢轨的必要条件出发而导出的结果。从爬轨过程来看,轮对爬上钢轨轮缘必需贴靠钢轨,轮对与轨道应有一定正冲角并且爬轨过程需要一定的时间。往往在实测中发现,脱轨系数和轮重减载率都已超过规定限度而并未出现脱轨,这是因为其他条件不具备的缘故。尤其是轮重减载率并不能直接反映轮缘与钢轨贴靠情况。

(四)车轮跳轨的评定标准

我国对轮轨瞬时冲击而造成车轮跳上钢轨的脱轨系数目前尚无明确规定,其主要原因式跳轨的机理还一直处于研究的过程中。一些国外国家铁路规定,当轮轨间横向作用力的作用时间小于0.05 s时,容许的脱轨系数为

$$\frac{Q_1}{P_1} \leqslant \frac{0.04}{t} \tag{6-97}$$

式中 t——轮轨间横向力作用时间(s)。

(五)轮轨间最大横向力 Q 的标准

轮轨间横向力过大时会造成轨距扩宽,道钉拔起或引起线路严重变形,如钢轨和轨枕在道

床上横向滑移或挤翻钢轨等。轮轨间最大横向力应当限制,其标准 Q 如下:

1. 道钉拔起,道钉应力为弹性极限的限度:

$$Q \leqslant 19 + 0.3P_{st} \tag{6-98}$$

2. 道钉拔起,道钉应力为屈服极限的限度:

$$Q \leqslant 29 + 0.3P_{st} \tag{6-99}$$

3. 线路严重变形的限度:

木轨枕

$$H \leqslant 0.85 \left(10 + \frac{P_{st1} + P_{st2}}{2}\right) \tag{6-100}$$

混凝土轨枕

$$H \leqslant 0.85 \left(15 + \frac{P_{st1} + P_{st2}}{2}\right) \tag{6-101}$$

式中　　Q——轮轨横向力(kN);

H——轮轴横向力(构架力)(kN);

P_{st}、P_{st1}、P_{st2}——分别为车轮平均、左轮、右轮静载荷(kN)。

车轮脱轨是铁路运输中的一项重大事故,它直接影响人民生命财产的安全,影响铁路全线的运输工作。预防脱轨事故的发生是铁路运输工作中十分重要的问题。影响车辆脱轨的因素很多,有线路的原因、车辆的原因以及列车编组及运用中的原因。但从前面的理论分析可见,影响脱轨的原因是轮轨间的横向力过大和垂向力减载。如果轮轨横向力大的一侧又出现垂向力减少和车轮处于正冲角状态时,脱轨的可能性增大。因此在分析车辆脱轨的原因时应从以上原因着手并采取积极的防治措施。

1. 线路状态

(1)曲线超高使车辆的重力产生横向分量。当车辆运行速度低于规定曲线上的速度时,外侧车轮减载,高于规定速度时,内侧车轮减载。因此为了防止车轮减载,在设置超高时应考虑车辆通过时的实际速度,在超高已定的条件下应按规定速度运行,尽可能减少内外侧车轮减载。

(2)线路的顺坡、三角坑以及局部不平顺,都会使车辆各轮局部减载。例如在缓和曲线上,内轨铺在同一水平面上而外轨的超高由直线部分至圆曲线部分逐步增加,因此内外两轨的轨面不处于同一平面内。当车辆由直线向缓和曲线运行时,前轮对外轮增载,而由圆曲线进入缓和曲线时,前轮对的外侧车轮减载。不少车辆脱轨事故往往发生在由圆曲线进入缓和曲线的情况。为了防止车辆在缓和曲线上脱轨,一方面要保持缓和曲线一定长度以减少线路翘曲程度,同时在转向架设计中要考虑转向架结构的柔性,以使其能适应在翘曲线路上运行。

(3)线路方向不平顺,曲线半径过小以及通过道岔等局部横向不平顺均可引起较大的横向力,因此对线路而言,应尽量减少横向不平顺,采用大曲线半径、大号数道岔,在车辆设计中应使转向架结构适应曲线运行。

(4)机车在 S 曲线上推送列车时,各车之间的车钩力将引起很大的轮轨横向力,因此在有反向曲线的区段应尽可能加长缓和曲线。在缓和曲线之间设置足够长的直线段,避免在 S 曲线上推送列车。

2. 车辆结构

(1)转向架构架或车体扭曲,车辆各弹簧垂向变形不同,形成各轮增减载,因此在车辆制造及检修中应严格控制制造公差,减小弹簧之间高差,确保各轮均载。

（2）心盘和旁承摩擦力矩过大、轴箱定位刚度过大都会影响转向架曲线通过性能，增加轮缘力。因此应控制心盘和旁承的摩擦力矩，适当选择轴箱定位刚度或采用其他措施使车辆过曲线时轮对处于径向位置，减小轮对冲角、减少轮轨间横向力和轮轨冲击力。

（3）转向架一系悬挂垂向刚度大，车辆在翘曲线路上运行时车轮的增、减载大，因此减小一系弹簧刚度或采用变刚度弹簧可减少空车时车轮的增减载。三大件转向架结构中应使侧架在垂向平面内有可能相对转动，以适应在翘曲线路上运行。

（4）车辆重心位置高，在横向力作用下，左右车轮的增、减载大。例如棚车、罐车的重心高，出现脱轨事故占的比例也大，因此棚车、罐车应选抗脱轨稳定性较好的转向架。

（5）车轴平行度、轮缘角及摩擦系数等均对脱轨稳定性有影响，在制造检修中应当注意。

3. 运用情况

（1）装载状态对脱轨有很大影响，例如：空车的弹簧静挠度比较小，通过翘曲线路时车轮减载率就比较高；货物偏载使车辆重心偏向车辆一端或一侧，车轮出现增减载。实际运用中发现，空车脱轨比重车多，偏载车脱轨更多，因此要严格规定和控制车体及所载货物的重心位置，防止偏载。在转向架设计中采用两级弹簧刚度提高车辆空车的静挠度。

（2）列车中如果有长短车联挂，当通过曲线时，长车的车钩偏离线路中心的距离比短车大，如果车钩在冲击座处横向间隙不足，则车钩间产生较大横向力会引起短车脱轨。《铁路技术管理规程》规定尽可能避免在列车中长短车联挂。

（3）严格控制列车通过曲线速度，防止因超高不足或超高过剩使轮轨横向力过大和轮重减载。

脱轨是铁路运输中的恶性事故。影响脱轨的因素很多，只有线路、车辆、运用各部门密切配合，加强检测和维修，严格执行规章制度，防患于未然，才能防止这种事故的发生。

三、柔度系数及其标准值

柔度系数 s 的定义见本书第一章第四节 UIC 动态限界，并规定如果 $s > 0.4$ 时要对车辆最大结构限界进行缩减。

四、轮对冲角、磨耗功和磨耗指数

国内外车辆动力学有关文献中经常提到的一些指标，这些指标目前虽无界定标准，但常常作为各种车辆运行品质相对比较的一个尺度，这些指标有：

1. 轮对冲角 ψ 是轮对中心线落后于其径向位置的角度，当轮对冲角为正时，轮缘部分可能与钢轨侧面接触，有时会出现车轮踏面与钢轨顶面、轮缘与钢轨侧面同时两点接触，这时车轮绕踏面上接触点（瞬时转动中心）转动，而轮缘沿钢轨侧面滑动，使轮缘与钢轨侧面产生磨损。如果轮缘上的作用力过大，也可能出现车轮爬轨。

2. 轮轨间的磨耗功 W_t。国外文献中把轮轨间的蠕滑力与蠕滑率之间的乘积定义为磨耗功，其单位为 kN·m/m，磨耗功越大，轮轨之间的磨耗功率越大，轮轨间的磨损越严重。

3. 轮轨间的磨耗指数 W_i。某些文献中把轮轨之间的横向力与轮轨冲角的乘积定义为轮轨间的磨耗指数。因为轮对冲角和轮轨横向力的大小均影响轮轨间的磨损。

第七节　车辆动力学计算机仿真简介

本章在第一节至第四节中,采用各种方法,把车辆简化为一个或两个自由度的轮对簧上质量系统;用最简单的力学模型,阐明车辆动力学的基本原理和方法,求解振动频率、振型以及在运行中速度变化时强迫振动振幅、加速度等的变化规律;用直观形象的方法,说明各种减振器在车辆振动时的作用。这些内容是车辆动力学的基础,可以定性说明车辆运行时的各种性能。但是轮对簧上质量系统仅是车辆运行时的一种工况,若要定量确定车辆在线路上的运行性能,除以前讨论的一些车辆和轨道情况外,还需要细致地考虑车辆和线路的各种具体特点。

一、车辆和线路的一些动力学性能特点

(一)实际车辆是一个多体多自由度系统

车辆由许多部件组成,各部件之间通过刚性的和弹性的元件联系在一起,由于车辆结构和装载不完全对称,联系之间存在诸多非线性因素,车辆的各种部件的运动是相互影响的,在一般情况下,各个广义坐标之间可能有较强的耦合。

有时为了研究车辆某些性能还要考虑车辆结构的弹性或内部设备的弹性,这样使车辆结构系统更加复杂。

总之,车辆系统是一个多体及多自由度系统,比两个自由度系统要复杂的多。

(二)车辆零部件的非线性

车辆采用的弹性元件和阻尼元件有线性的和非线性的,而且很多是非线性的。

1. 弹性元件的非线性

非线性的弹性元件很多,例如为保证空重车的性能,货车转向架采用两级或者多级刚度弹簧,Y32 型转向架的一系弹簧为两段线性,圆柱形螺旋弹簧的横向刚度是随弹簧高度变化的,空气弹簧刚度与内部压力有关,在振动过程中刚度随压力变化,橡胶弹簧的刚度是随振动频率变化的,频率越高,刚度越大。

2. 阻尼非线性

液压减振器和空气弹簧的阻尼大小与节流孔有关,在节流孔为等截面的条件下,其阻力与流体速度呈平方关系。KONI 抗蛇行减振器的特性曲线也是呈非线性,转 K2 型转向架摩擦减振器位移和力的特性在上升和下降时不是同一条直线,控制型转向架采用常摩擦减振器等。

3. 游间和止挡

当车辆两部件之间存在游间时,两部件可以自由相对运动,其约束刚度为零,当相对运动量超过游间时,两部件之间出现接触刚度。当两部件之间存在止挡,当止挡接触时,除原有的弹性刚度外,还应当另加一个止挡的刚度。

除此以外,车辆系统中还存在其他各种非线性因素,应当根据实际情况在车辆系统建模时加以考虑。

(三)轮轨关系

轮轨关系包括两个部分,即轮轨之间接触几何关系和轮轨之间的蠕滑关系。

1. 轮轨接触几何关系

由于车轮轮廓面和钢轨轮廓面是由弧面组成,当车轮相对钢轨移动时车轮与钢轨的接触点不同,在接触点处车轮与钢轨的滚动半径和弧面横向的主曲率半径不同,轮轨公切面和车轴

中心线相对轨面的侧滚角也发生变化,形成特殊的轮轨接触几何关系,这种关系在动力学分析中应仔细考虑。

2. 轮轨间的蠕滑

根据荷兰 Kalker 教授的研究,轮轨之间的蠕滑有纵向蠕滑、横向蠕滑和回旋蠕滑三种,纵向蠕滑产生沿钢轨方向的纵向蠕滑力,横向蠕滑产生横向蠕滑力,回旋蠕滑产生绕轮轨接触斑法线的蠕滑力矩。蠕滑系数的大小与轮轨接触斑的形状大小有关,接触斑的形状大小又与轮轨接触几何关系和轮轨间的法向力有关。而轮轨接触斑的位置在车辆运行中是不断变化的。

蠕滑率和蠕滑力之间呈非线性关系,见图 6 - 34,当蠕滑率达到一定程度,蠕滑就变成滑动。轮轨之间的蠕滑比本章第四节中讨论时用的 Carter 公式要复杂得多。

在研究车辆蛇行运动时要求考虑轮轨间的蠕滑,在研究车辆在轨道不平顺作用下的响应时,也要考虑轮轨间的蠕滑力的作用。

(四)车辆蛇行运动及其临界速度

在本章第四节中曾讨论过自由轮对的蛇行运动及其失稳情况,说明轮对具有蛇行运动的特点。实际车辆中,轮对是转向架的一个组成部分,它与转向架是不可分割的,轮对的运动影响整个车辆的运动,车辆的运动有反过来影响轮对的运动,而且各个轮对之间的运动是互有影响的。

(五)轮对的运动

轮对是车辆运行的基础。轮对在线路上有各种运动,如轮对的横向移动、摇头、侧滚和转动等,而且轮对上受各种外力作用,具有不小的质量和惯性。轮对本身就是一个运动体,它的运动也影响车辆的运动。

(六)线路实际情况

在研究车辆运行的实际性能时,应当考虑各种激扰因素的影响,除了线路的波浪形不平顺等周期性和局部不平顺激扰外,还应当考虑各种随机不平顺和线路在曲线上的变化。

1. 线路随机不平顺

线路随机不平顺是随时随地始终不断地作用在车辆上的,是影响车辆运行平稳性的一项重要因素。近年来世界各铁路强国,均对本国铁路区段进行检测,并整理出各自的线路随机不平顺的数据和数学模型,例如美国对自己的各种等级线路进行大量检测以后,整理出自己 6 种等级线路的四种轨道随机不平顺功率谱密度函数:

(1)高低不平顺

$$S_v(\phi) = \frac{A_v \phi_2^2 (\phi^2 + \phi_1^2)}{\phi^4 (\phi^2 + \phi_2^2)} \tag{A}$$

(2)水平不平顺

$$S_{cr}(\phi) = \frac{A_{cr} \phi_2^2}{(\phi^2 + \phi_1^2)(\phi^2 + \phi_2^2)} \tag{B}$$

(3)方向不平顺

$$S_a(\phi) = \frac{A_a \phi^2 (\phi^2 + \phi_1^2)}{\phi^4 (\phi^2 + \phi_2^2)} \tag{C}$$

(4)轨距不平顺

$$S_g(\phi) = \frac{A_g \phi_2^2}{(\phi^2 + \phi_1^2)(\phi^2 + \phi_2^2)} \tag{D}$$

式中　A_v, A_{cr}, A_a, A_g——分别为轨道高低不平顺,水平不平顺,方向不平顺和轨距不平顺的粗
　　　　　　　　　　糙度,其大小根据线路等级确定;

　　　　　　　ϕ——不平顺的频率;

　　　　　　ϕ_1, ϕ_2——统计截止频率,其大小根据线路等级和不平顺种类而定。

2. 曲线地段和道岔

车辆运行时不仅要通过直线区段还要经过曲线区段和道岔。

曲线区段的线路结构,在第一章中已有介绍,在仿真时要考虑线路的曲线半径,曲线长度,
外轨超高和缓和曲线长度以及缓和曲线曲率的变化规律。

通过道岔时要注意道岔号数,导曲线半径以及有无有害空间等问题。

3. 轨道的弹性

在某些情况,如分析轮轨之间的相互作用力时还要考虑轨道在垂向和横向的弹性。

(七)车体、转向架、轮对、轨道是一个完整的大系统

在考虑车辆和轨道的各种具体特点时,定量确定车辆在线路上的运行性能中,应当把车辆
中车体、转向架、轮对以及轨道作为一个大系统来考虑,这项工作用一般的解析方法难以处理,
只有采用仿真手段,利用计算机强大的处理和运算能力才能实现。

二、车辆动力学仿真的目的、原理和方法

(一)车辆动力学仿真的目的

通过仿真可以测定车辆在线路上运行时的各种性能,这项工作,在车辆的设计阶段尤为重
要。由于车辆结构复杂,线路条件恶劣,在以往科学技术水平下,无法预测设计中车辆的各种
性能,所以经常采用经验设计的方法来设计车辆。设计工作完成之后,制造样车进行性能试
验,用试验结果来检查车辆运行性能。如果不满足设计要求,则修改设计,重新制造样机进行
试验,再修改再试验直到满足运行要求后,才能进行小批量和批量生产。车辆从开始设计到定
型,要经过漫长的时间,花费大量人力物力,且在线路试验中存在极大的安全隐患。随着科学
技术不断发展,车辆动力学有关科学技术也相应发展和进步,对车辆零部件工作机理和性能,
轮轨之间各种关系也有了深刻的了解,尤其是电子计算机强大的分析和处理能力,可以代替人
力去解决十分复杂动力学问题。只要提供的车辆和线路状况越逼近实际,则仿真结果越精确,
可以充分反映车辆在线路上运行的实际情况。因此车辆动力学仿真在设计阶段可以预测车辆
运行性能,进行方案筛选和优化参数,使设计中的车辆具有良好性能。在设计阶段进行仿真可
以缩短制造周期,节省试制费用。车辆由过去的经验设计到通过仿真的科学设计,是车辆设计
工作的一次飞跃。车辆动力学仿真也可以用于既有车辆,对其问题进行再现,以制定处理措
施。

车辆动力学仿真时采用的各种条件必须符合车辆和线路的实际,否则就成为纸上谈兵。

目前车辆动力学仿真用得比较多的有以下几个方面:

(1)预测车辆在线路上运行时,在各种激扰情况下的响应。如零部件之间的相对位移和
速度,相互作用力和加速度,轮轨之间的作用力以及车辆垂向和横向的运行品质和平稳性指
数。

(2)预测车辆在通过曲线和道岔时的相互作用力、车轮冲角、脱轨系数、磨耗功率和磨耗
指数等各项安全、阻力、寿命有关的指数。

(3)研究车辆蛇行运动,确定车辆蛇行运动失稳的临界速度,采取措施使车辆蛇行运动临

界速度超过其最高运行速度。

(4)研究车辆所采用的零部件对车辆各项运行性能的影响和优化车辆性能。

(5)研究车辆运行时对所运人员及特殊设备的影响。

(6)研究车辆运行时车辆外形的包络线与车辆限界的关系等。

(二)车辆动力学仿真的原理和方法

车辆动力学性能仿真原理与本章第一至第四节介绍的内容一样是建立在动力学基础之上,其步骤也相似。

(1)建立实际车辆的力学模型,抓住主要矛盾,略去某些不重要的枝节,模型中应包括关键细节,如车辆结构特点,悬挂、阻尼的安装方式和性能,轨道的结构特点和参数。为了保证仿真结果正确,建立模型时必须周密细致。

(2)建立车辆运行时的数学模型,即建立车辆在线路上运行时的动力学方程,其一般形式为

$$M\ddot{x} + C\dot{x} + Kx = p$$

式中　M, C, K——分别为质量矩阵,阻尼矩阵和刚度矩阵;

　　　$x, \dot{x}, \ddot{x}$——分别为广义坐标的位移、速度和加速度矢量;

　　　p——激扰力矢量。

如果车辆系统中存在非线性因素,则阻尼矩阵,刚度矩阵中的元素不一定是常数。

(3)选用合理的数学方法解线性或非线性运动方程。

(4)编制计算机仿真软件。

(5)计算机根据软件的各项指令进行各种处理和运算,输出仿真所需的各项结果。

(三)仿真软件

车辆运行性能的仿真是通过计算机实现的,计算机是由软件中的指令来一步一步操作。仿真结果是否正确与软件的编制是否完善有密切的关系。

编制计算机仿真软件是一件非常烦琐而要求十分准确的工作,往往编制一个车辆动力学软件需要很多专家花费大量时间才能完成,工作量很大,不可能每个车辆设计人员都去做这项工作,一般由专人精心研制成现成的软件提供设计人员使用。

车辆动力学仿真软件分两类,一类是专用软件,一类是通用软件。

专用软件是针对某一类车辆编制一种仿真软件,这类软件,有如列入铁道部科技规划、由西南交通大学等教学科研单位共用开发、研制的车辆动力学系列专用软件,这些软件我国有自主知识产权。

专用软件的特点是,一种专用软件只适用一种车辆,选好适用某种车辆的软件之后,只要向计算机输入车辆的参数数据即能得出所需的结果,针对性很强,使用方便。

通用软件有很多,如 SIMPACK、NUCARS 等。这类软件有一个数据库,使用者在数据库中选择所需的模型和文件,并按规定安装搭配,使之适合各种车辆力学模型,然后输入有关数据进行运算,得出结果。

通用软件适用性能很强,可适用各种车辆,也适用其他机械,但在仿真前的准备工作较为烦琐,使用人员必须熟悉各项规则,否则无从着手。所以两类仿真软件也都各有优缺点而并存。车辆动力学仿真技术也是随着科技进步而不断完善和发展。

(四)车辆动力学仿真实例

1. DF$_{11}$型内燃机车平稳性分析

DF_{11}为20世纪90年代开发的C_0—C_0大功率准高速内燃机车,轮对和轴箱存在间隙,1、3、4、6轴沿车轴中心线方向的间隙为3 mm;2、4轴的间隙为10 mm。二系悬挂为高圆簧,采用垂向和横向液压减振器,二系悬挂底部为油浴式旁承,当作用力较小时二系悬挂按线性变形,作用力等于油浴旁承的滑动摩擦力时,在游间范围内滑动,游间走完之后二系悬挂继续变形。另外车体与转向架之间安装 KONI 抗蛇行减振器,其特性曲线也是非线性的。

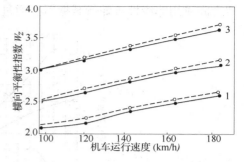

图6-43　DF_{11}前司机室横向平稳性指数
与机车速度之间的关系
1—优良线路;2—中等线路;3—较差线路

图6-43为DF_{11}前司机室的横向平稳性指数随机车运行速度的变化关系。图中实线按非线性仿真结果;虚线为人为地把非线性因素近似为线性的结果。

2. 货车构架式转向架的曲线通过性能

转向架采用类似Y25型的结构,采用单侧利诺尔减振器,即有一侧刚性束缚在导框内,轴箱一侧的纵向约束刚度较大。一系悬挂为非线性刚度曲线。转向架轴重为25 t。

车辆通过的曲线$R = 300$ m,超高$h_{se} = 100$ mm,运行速度为60 km/h,圆曲线长度为60 m,缓和曲线长度也为60 m,车辆总重为100 t。仿真结果示于图6-44中。图中横坐标为车辆通过曲线时的行程。图6-44(a)为通过曲线时各轮对上的轮轨横向力,图6-44(b)为各轮对冲角,图6-44(c)为各轮对磨耗功率,图6-44(d)为各轮对的磨耗指数。

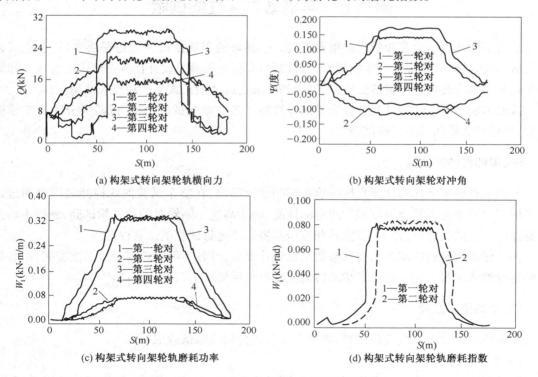

(a) 构架式转向架轮轨横向力

(b) 构架式转向架轮对冲角

(c) 构架式转向架轮轨磨耗功率

(d) 构架式转向架轮轨磨耗指数

图6-44　构架式转向架货车通过曲线时的性能

3. 某250 km/h高速客车的平稳性指数和蛇行临界速度。

　　该车一系悬挂采用钢弹簧和液压减振器,二系悬挂为空气弹簧和节流孔阻尼,车体与转向架之间采用非线性抗蛇行减振器。通过仿真后得到的性能如图 6 - 45 所示。

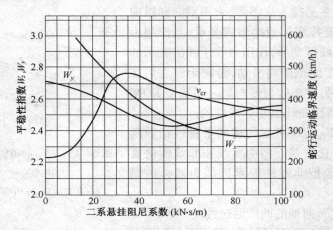

图 6 - 45　二系悬挂阻尼与蛇行运动临界速度和
垂向、横向平稳性指数的关系

　　由图可见,二系悬挂阻尼系数对蛇行临界速度、垂向和横向平稳性指数有较大影响,在选择阻尼系数时要兼顾各方面的要求。

第八节　车辆动力学性能试验

　　铁道车辆是运输旅客和货物的重要工具。一种新的车辆在设计制造完成之后,在正式运用之前,必须对车辆样车进行实物试验,考核新造车辆是否满足设计任务书规定的要求。如果达不到要求则应改进设计重新试验,直到达到要求之后才能正式生产和投入使用。

　　铁道车辆动力学性能试验可分为零部件性能试验和整车试验,整车试验又分为台架模拟试验、环形线试验和铁路正线试验。

一、零部件性能试验

　　车辆上有些零部件的性能直接影响车辆的运行品质,在整车试验前或检修之后要通过试验考核实际性能是否符合该零部件规定的性能,例如高速车辆轮对的动平衡试验、悬挂中的弹簧要通过特性试验、空气弹簧、节流孔和液压减振器要进行试验测试其性能等。

　　为了保证组装后的部件的技术参数满足设计要求,其各零部件需要经过选配安装,组装后还要进行整体试验。例如高速车辆的转向架在组装后要求进行参数测试。

二、车辆整车试验

　　车辆整车试验有正线线路试验、环形道试验和台架模拟试验三种。

(一)线路试验

　　铁道车辆是在线路上运送旅客和货物,满足旅客的各种旅行要求,保证货物的运送安全。车辆在正线上的试验结果,能真实反映该车的运行性能,在线路试验之前要进行一系列的准备工作。线路正线试验结果是车辆鉴定和验收的唯一依据。

1. 试验线路区段的选择

试验线路应具有典型性,能代表车辆运行区域的基本情况。试验区段确定之后,要详细了解该区段线路的基本特点,直线段曲线段的分布情况,车站位置,直线段、曲线段长度,曲线半径,缓和曲线情况,超高,钢轨情况及养护情况,以便确定车辆试验时在何处采集数据。

因为车辆试验是在营业线路上进行,因此要得到铁路管理部门的许可,并在列车运行图中安排试验列车的运行时间。

2. 试验车辆的准备工作

车辆在试验之前先确定测试部位,并安装传感器,如力传感器、位移传感器和加速度传感器等,还要安装能表示车辆在线路上位置的信号。例如测量车内舒适度和平稳性指数,则在车体内适当位置安装垂向和横向加速度仪;测量轮轨相互作用力及脱轨系数,轮重减载率等,在轮对上安装力传感器,测量轮对冲角,在轴箱上安装位移传感器等。

车辆进行线路试验时,在试验列车中,除牵引的机车和被试车辆外,还要加挂一辆试验设备车(简称试验车)和隔离车。

试验车中安装各种测试仪表和记录仪表,被试车辆中测到的各种数据信号,通过有线和无线的方式输送到试验车的仪表中,经过数据处理后送入存储数据的仪表中。试验车中还有电源,供各种仪表用电,另外还配备各种通讯设备以便与机车和车站联系,指挥机车运行。

隔离车是把被试车辆和机车隔开,减少机车对测试的影响。

3. 数据处理

试验结束后,对所测得的数据进行整理。最后整理成试验报告供有关部门审查,经铁道部批准后才能批量生产和投入使用。

在 GB5599 – 85 中对车辆动力学试验有各项具体规定。

铁路正线试验是在营业线路上进行的,一次试验要影响很多列车正常运行,试验的代价很高,一般只有在对车辆最终考核时,才在正线上进行试验。

(二)环形线试验

为了能有充分的时间对车辆进行试验而不影响营业线上列车的运行,我国在铁道科学院的试验基地内专门建筑了环形试验线。试验线做成环形,见图 6 – 46。环形线有一个大环和一个小环,大环全长 9 km,曲线半径为 1 432m,超高 h_{se} = 105 mm;小环全长为 8.5 km,曲线半径为 1 000 m,超高 h_{se} = 120 mm,另外在小环中还设有 R = 800 m,R = 350 m 的小曲线段和直线段。

由于环形试验线是专门的试验线路,因此试验条件和设备比较完整,试验不受任何干扰。环形线比较接近实际线路,但环形线终究不是实际正线。

(三)台架模拟试验

不少国家除专门的试验线外,还有台架模拟试验台,如德国慕尼黑建造了整车滚动、振动试验台,美国在铁路试验基地分别建造了滚动试验台和振动试验台。我国四方车辆研究所也分别建造了滚动试验台和振动试验台,西南交通大学国家重点试验室也建造了整车滚动、振动试验台。

1. 滚动试验台是用滚轮模拟钢轨,车辆的轮对架设在试验台的滚轮上,车辆不动,试验台的滚轮由电机驱动。滚动试验台主要用来测试车辆蛇行运动的临界速度。

2. 振动试验台也是把车辆放在试验台上,用液压作动器给车轮各种激扰,模拟线路不平顺给车轮的作用。

在试验以前先要在线路上采集某一特定区段车辆运行时的各种轮轨激扰信号,这些信号

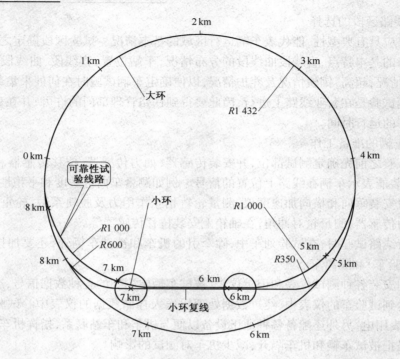

图6-46 环形试验线路示意图

存储在试验室的数据库中,在试验时把这些连续信号变成各种指令使作动器在轮对上实现,于是重现轮对在线路上的激扰,从而模拟车辆在线路上运行情况。根据安装在车辆上的传感器发出的信号从而测得车辆的各种响应。

3. 整车滚动、振动试验台

滚动、振动试验台是把滚动和振动试验台合成一个试验台。车辆安装在滚轮上,轮对随滚轮一起转动,同时在滚轮上施加各种垂向和横向激扰。整车滚动振动试验台试验比二者分开试验更接近实际。图6-47为整车滚动振动试验台示意图。

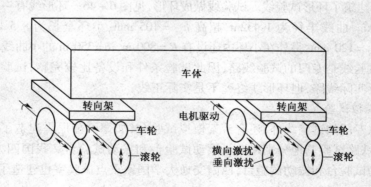

图6-47 整车滚动振动试验台示意

台架试验的优点是试验方便,试验台在试验室内,可以为试验创造比较方便的条件,尤其是各种方案比较,更换零部件方便,试验成本低,在一定条件下能够优化结构参数和性能。

台架试验采用滚轮代替钢轨,与实际线路试验还存在一些差距,例如台架试验很难模拟车辆动态通过曲线情况,轮轨关系和轮轮关系还存在一定差别等。

总之,只有实车实线试验最能反映车辆在线路上的真实情况,因此国内外的机车车辆的鉴定标准仍基于线路动力学试验结果。

第九节　列车空气动力学

随着列车速度的提高,空气流问题越来越受到人们的重视。如日本新干线的营业速度已经超过轻型飞机的持航速度并接近喷气飞机的起飞速度。因此空气动力学不仅是航空要解决的关键问题,也是高速列车无法回避的问题。

列车速度提高之后,所产生的气流对铁路有以下影响:增加列车空气阻力,列车通过时出现列车风;会车时出现压力波;列车通过隧道时引起隧道内的压力波动和微气压波等问题。

一、明线(非隧道)上运行的列车

1. 气流特点

列车在明线上运行时产生的气流如图6-48所示。由图可见气流基本上可分为三部分,即挤压区(第一部分),摩擦区(第二部分)和尾流区(第三部分)。

(1)列车头部的挤压区

高速列车运行时,由于空气惯性,引起列车前面的空气堆积,静压力升高。在接近列车头部时,空气向列车头部两侧分流,产生一个很快的气流运动,空气压力的势能转化为动能因而堆积压力消失而形成局部低压,因此在列车头部形成一个压力波和吸入波。压力波和吸入波的大小与列车头部形状、列车下部的自由空间结构形状和列车速度有关。

(2)摩擦区

在第二部分气流为摩擦区,这里的气流呈线流,分布在列车大部分长度上。在第一部分和第二部分之间有一小段气流分离区,当气流重新附着在列车上以后建立起一个边界层。边界层随列车长度方向逐渐加厚并随列车一起运动。

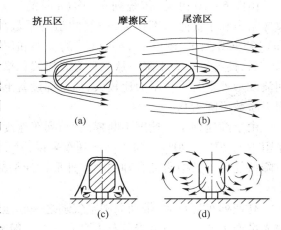

图6-48　列车空气流
(a)头部;(b)尾部;(c)边界层及涡流;
(d)尾流区中纵向涡流

(3)尾流区

列车驶过以后,所占的空间立即被空气填充,这就引起空气快速运动。因而在列车末端形成低压波。列车带给空气的能量被空气内部摩擦消耗。尾流的特点是具有很强的涡流运动,在列车驶过以后一段时间仍能感觉到。

2. 空气阻力

根据伯努利方程,空气阻力与列车的速度平方成正比,可近似地用下式表示:

$$R = C_x \left(\frac{\rho}{2} v^2 A \right) \tag{6-102}$$

式中　C_x——空气阻力系数;

ρ——空气密度；

v——列车速度；

A——列车横截面积。

图 6-49 所示为日本 200 系列和两种 star21 高速列车在不同速度下的空气阻力。虽然每种车的阻力大小不同，但均接近列车速度的平方关系。

列车空气阻力有三种，即列车头部和尾部压力差所引起的阻力称压差阻力，压差阻力与列车头部及尾部的形状有很大关系；由空气粘性使作用于车体表面的气体剪切力产生的阻力称摩擦阻力。这部分阻力与列车长度有关；另一部分阻力是由于气流受到列车表面的突出或凹陷的干扰而产生的阻力称干扰阻力。这些阻力来源于车灯、扶手、转向架之间间隙、车辆底部及顶部设备对气流的干扰。由于车辆外形不同、列车长度不同产生的空气阻力大小和各种阻力的份额也不相同。图 6-50 为各种列车的空气阻力及组成份额。

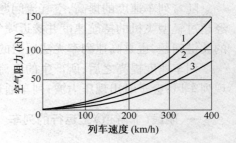

图 6-49　明线上空气阻力
1—200 系列；2—star 21（营业）；
3—star 21（改进）

由图 6-50 可见，传统列车［图（a）］的压差阻力、摩擦阻力和干扰阻力都很大，空气的阻力系数可达 1.85。APT 列车［图（b）］，TGV 列车［图（c）］和 ICE 列车［图（d）、（e）、（f）］的头部和尾部采用细长的流线外形和各种流线形外罩等措施后，使各种阻力下降。从三种 ICE 流线化措施比较可见，当列车只有流线形头尾而不加任何流线形外罩时干扰阻力比较大，如全部设备上均加流线形外罩并封闭车辆之间间隙后，空气阻力系数可降为 0.77。

由于高速列车的速度不断提高，当列车速度到达 250 km/h 以上时，空气阻力可占整个列车阻力的 80% ~ 90%。对于高速列车来说，减少列车空气阻力，一方面可以提高列车速度，又可降低能耗。其中研究合理的列车外形设计是减少空气阻力的一个有效措施。

3. 列车风

高速列车运行时，带动周围空气随之一起运动形成列车风。列车风对站台上的旅客及工作人员产生的气动力可能危及人身安全。一般来说离列车越近，列车风的气动力越强，对人的危害越大。

图 6-51 为高速列车在离轨道中心 3.5 m，离轨面高为 2 m 处的列车风。图中横坐标为观测点至列车前端距离；纵坐标为列车风速 v_w 与列车速度的比值。由图可见，当列车逐渐接近观测点时列车风逐渐加大，最大峰值出现在车头略过观测点之后的地方。列车风的大小与列车头部形状有关，流线形车头的列车风低于钝头列车的列车风。列车风随着轨道中心距离的增加按负指数函数减小。国外高速铁路运行经验认为，对站立者而言，最大的列车风速不允许超过 17 m/s，相当于七级风。根据实测，当列车速度为 200 km/h 时，在轨面上方 0.814 m，距列车 1.75 m 处的列车风，就可以达到这种速度。为了安全，要求在有高速列车通过的站台上离列车 1.9 ~ 3 m 处设置栅栏。列车尾部通过时也会产生强劲的列车风，但这种列车风产生在列车离去之后，其危险性较列车头部稍弱。

4. 会车压力波

两列车相会时，通过车的车头对另一列观测车的侧壁产生强列的压力波（压力脉冲）。高速列车的会车压力波很强，甚至有可能震破车窗玻璃，引起旅客耳膜压力突然变化，造成旅客

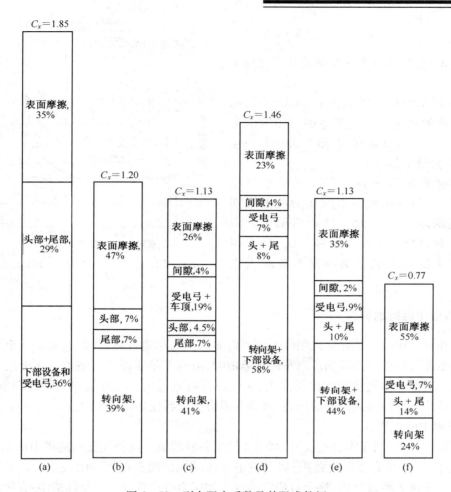

图 6 – 50　列车阻力系数及其阻成份额

（a）传统列车；（b）APT – E；（c）TGV；（d）ICE 无任何流线形外罩；（e）ICE 在转向架之间
下部设备加流线形外罩；（f）ICE 加转向架裙板，下部设备全部加流线形外罩，受电
弓外罩并封闭车辆之间间隙

不适，此外会车压力波使对方车辆接受一个横向冲击，影响列车运行稳定性。会车压力波是确定高速铁路线间距的主要考虑的因素。

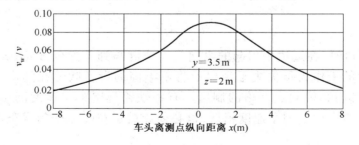

图 6 – 51　列车风

图 6 – 52 为三种不同列车头形的会车压力波。图中为压力波峰值在观测车上的变化情况。

图中横坐标为通过列车和观测列车车端之间纵向距离 x，纵坐标为压力波波幅系数 ΔC_p，

$\Delta C_{\mathrm{p}} = \Delta P / \left(\dfrac{\rho v^2 A}{2} \right)$，其中 ΔP 为会车压力波波幅。图中 $\lambda = v_0 / v$ 即观测列车速度和通过列车车速之比。

由图可见，当观测列车静止时（$\lambda = 0$），通过列车在观测列车车壁上产生的压力波由车头向观测列车后部逐渐移动，虽然大小有一定变化，但变化量不是很大。

当通过列车和观测列车以同样速度相对开行时，观测列车侧壁上的压力波由端部至尾部逐渐增大直到列车通过后消失。由图还可以看到当列车车头为钝形时，在观测列车侧壁上的压力波比流线形车头时大很多。

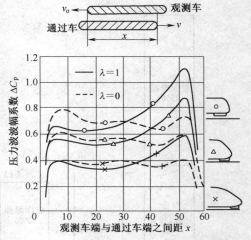

图 6－52　三种不同车头的会车压力波峰值

二、隧道中运行的列车

列车在隧道中的气动效应比明线上强列得多。当列车通过隧道时，它就象一个具有一定间隙的活塞在气缸中高速运动。列车进入隧道时，被列车挤压的空气被迫大体上沿平行于隧道轴流动。大部分空气被列车挤排出去，而一部分将通过列车与隧道壁之间环形空间返回。隧道壁面的强迫效应导致气流的压力、流速和阻力都比明线条件下大得多。

1. 隧道中的气流特点

在隧道中，除了列车本身速度外，列车还诱发各种气流。这种气流和隧道中的阻塞比 A/S（A 为列车截面积，S 为隧道截面积）以及隧道壁面的光洁度有很密切的关系。在平滑的长隧道中一旦列车进入阶段完成，将会有稳定的气流和压力变化贯穿在整个隧道中；在短小的隧道中或有连通井而且结构复杂的隧道中，贯穿隧道的气流是非常不稳定的。

2. 列车阻力

在隧道中的空气阻力要比明线条件下的阻力高一倍以上，甚至可以大很多倍。对于高速客运列车，空气阻力可占总运行阻力的 90% 以上。

隧道中的空气阻力除前面明线上讨论的因素外，极大地取于隧道的横截面积、长度以及机车车辆的特点。

3. 列车风

列车通过隧道时，在隧道中引起的纵向气流速度与列车速度成正比。在隧道中列车风可以导致路旁的工作人员失去平衡以及将不牢固的设备吹落在隧道中。由于这些潜在的危险，铁路部门必须制定严格的制度。有些铁路规定列车速度高于 160 km/h 时不允许员工进入隧道。即使列车速度稍低，也必须让员工在隧道中的避车洞内等待列车通过。

4. 列车在隧道内的压力波

当列车进入隧道时产生的压力波在隧道内以声速传播，在隧道口或列车头部重复反射并在隧道内往复作用，因此产生压力的变化。这种压力变化会引起车厢内外压力差，造成车内乘客耳胀等不舒适。

5. 隧道微气压波

列车进入隧道时产生的压力波在隧道内以声速传播到达隧道口时,一部分压力波以脉冲波的形式向外放射,同时发出爆破声,这种波称为隧道微气压波。隧道微气压力波的大小和到达隧道口的压力波波面梯度成比例。在短隧道情况下,微气压力波大小和列车进入隧道口的速度三次方成正比。在长大隧道中,微气压力波还与轨道结构类型有关。减小压力波梯度可以减少微气压力波,一般可采用在隧道入口处加装喇叭形缓冲装置;利用隧道中的支坑道通路使压力外泄;用薄壳连结两个相邻隧道并开设沟槽减少压力;另外还可采用流线形车头和缩小列车断面等办法。

6. 隧道内会车压力波

由于隧道内空间窄,列车在隧道内会车时的压力波更加复杂,既有明线上会车时的压力波,又有两辆车在隧道内形成的隧道压力波,而且互相影响和干扰。

三、在压力波作用下的舒适度标准

由于会车及通过隧道等原因高速列车车厢外部产生强烈的压力波,同时也影响到乘坐旅客,使耳膜压力快速变化引起耳胀和失去听觉。人们感受这种刺激是因人而异的。鉴于这种情况开行高速列车的铁路正在制订允许最大压力变化的标准。

英国铁路规定:在任何 3 s 时间范围内,列车上乘客承受的压力变化限制在 3 kPa 以内。

美国地铁系统 UMTA 规定,在 1.7 s 时间范围内压力变化为 0.7 kPa。如果把压力变化率限制在 0.41 kPa/s 时,允许在较长时间范围内有较大的压力变化。

为了提高舒适度,减少压力变化对旅客的影响,除了改进隧道结构,合理设计列车外形外,还有一种比较实用的办法,就是对车辆结构密封,防止压力瞬变影响车辆内部,与此同时还要采用特殊的换气方法避免列车外部的压力波影响车内正常换气。

机车车辆空气动力学是一门新兴的学科,有很多问题有待探索。根据目前研究成果可以提出一些高速列车设计原则:流线形的车头和车尾;平滑的车体表面;车顶和车底安装流线形外罩;转向架外安装裙板及受电弓导流装置等。这些措施不仅可以降低列车空气阻力,又可减少隧道压力波、微气压力波,从而提高列车运行舒适度和安全性,也可降低环境噪声。

复习思考题

1. 为什么车辆在线路上运行时会出现各种振动?有哪些主要原因?
2. 车辆自振频率大小与振幅有没有关系?
3. 阻尼大小对车辆振动有没有关系?
4. 具有摩擦减振器能有效地防止共振时振幅增大现象?
5. 车辆有哪些振动形式?
6. 在车辆交车检查验收时同一车辆的车钩高度忽高忽低为什么不是一个固定值?摩擦减振器的摩擦矢是多少?
7. 非线性阻尼系统的当量线性阻尼是如何确定的?在振幅变化时当量阻尼是不是变化?
8. 车辆上有激振时,在什么条件下产生共振?共振时的振幅是不是立即变得很大?
9. 对称的车辆与簧上质量系统的自振、强迫振动有哪些共性?有哪些区别?
10. 为什么两个自由度系统有两个自振频率和两种振型?

11. 如果车辆只有一系悬挂,在横向振动时有哪两个滚摆振动?振动中心位置在什么地方?

12. 轮对蛇行运动的根本原因是什么?

13. 客车轮对和货车轮对的蛇行运动的波长是多少?

14. 评定车辆运行平稳性采用什么标准?

15. 影响车辆运行安全性有哪些方面?评定的标准是什么?

16. 车辆柔度系数的含义是什么?当车辆以超过平衡速度通过曲线时柔度系数的大小对车体向外倾斜角度有什么影响?

17. 用计算机仿真手段定量分析车辆动力学问题时应考虑哪些问题?

18. 提高列车速度对列车附近的气流有什么影响?

19. 如何减少高速列车的空气阻力?

20. 会车压力波对车厢内外有什么影响?

参 考 文 献

[1] 西南交通大学. 车辆构造. 北京:中国铁道出版社,1980.

[2] 契尔诺可夫. 车辆减振器. 北京:人民交通出版社,1978.

[3] 维尔欣斯基. 铁路车辆动力学. 北京:中国铁道出版社,1986.

[4] GB5599-1985 铁道车辆动力学性能评定和试验鉴定规范. 北京:技术标准出版社,1985.

[5] G. R. Ahmed. 公路和铁路车辆气动力学. Vehicle System Dynamics V. 14 N4~6,1985.

[6] H. D. Hibrich. 高速列车的某些气动力学问题. Schienenfahrzeuge ,N. 6 1990.

[7] 前田达夫. 新干线高速化的气动力学问题. JREA,37,1994.

[8] 雷波. 明线上高速列车的列车风和会车压力波研究. 西南交通大学博士论文. 1995.

[9] 严隽耄. 客车自振频率及振型简化计算及减振器安装位置的选择. 唐山铁道学院学报. N. 1,1961.

[10] 严隽耄. 客车减振器参数的确定. 圣彼得堡:交通大学论文通报,1961.

[11] И. И. 契尔诺可夫. 货车减振器参数的确定. 莫斯科:苏联科学院论文通报,1958.

[12] V. J. Garg. Dynamics Railway Vehicle Systems. Academic Press 1984.

[13] 诺维库洛夫. 车辆学. 北京:人民铁道出版社,1957.

[14] UIC Code 505-1. Interna tional Union of Railways. 2003(1).

[15] Cetaev. The Stability of Motion. New York:Pergaman Press. 1961.

[16] 严隽耄,等. 常规线路提速车辆动力学及其主动控制研究报告. 国家自然科学基金项目编号 59475016,1998.

[17] R. V. Duppipati. Computer Aided Simulation in Railway Dynamics. New York:Macel Dekke Inc. 1987.

[18] 严隽耄,翟婉明,陈清,傅茂海. 重载列车系统动力学. 北京:中国铁道出版社,2003(1).

[19] 傅茂海,葛来熏,严隽耄. 高速机车车辆的线性和非线性随机响应以及平稳性指数预测. 铁道学报增刊,1994(6).

第七章　车端连接装置

车端连接装置是车辆最基本的也是最重要的部件组合之一,其作用是连接机车车辆、减缓列车的纵向冲动(或冲击力)、传递列车电力、通信控制信号和连接列车风管。

最初的车端连接装置只是一副简单的挂钩,并无缓冲装置可言,至今仍能从欧洲铁路的链子钩上发现它的缩影。为了减轻车辆冲击,开始采用带缓冲装置的车端连接装置。随着列车技术装备的进步,车端连接装置的性能不断提高,其型式也不断变化。至今,已形成了形式多样,能适应各种机车车辆需要的车端连接装置。

车端连接装置主要包括车钩、缓冲器、风挡、车端阻尼装置、车端电气连接装置等,一些货车和动车组上还使用牵引杆装置。现今的客、货车辆上均装有车钩和缓冲器,通常将二者合称为车钩缓冲装置,其是车端连接装置中起牵引连挂和冲击作用的主要部件。风挡和车端阻尼装置仅在客车车辆上使用,而牵引杆则是随着重载运输发展起来的新型的铁路车辆连接方式,其一般仅运用在重载货车车辆上,电气连接器是列车动力和控制通信的重要设备。

在车钩缓冲装置中,如果牵引连挂和缓和冲击的作用是由同一装置来承担的,那么该装置称之为牵引缓冲装置;如果它们的作用分别由不同的装置来承担,则分别称之为牵引连挂装置和缓冲装置。牵引连挂装置用来实现车辆之间的彼此连接、传递和缓和牵引(拉伸)力的作用;缓冲装置(缓冲盘)用来传递和缓和冲击(压缩)力的作用,并且使车辆彼此之间保持一定的距离。

按照牵引连挂装置的连接方式,可分为自动车钩和非自动车钩。自动车钩不需要人工参与就能实现连接,非自动车钩则要由人工完成车辆之间的连接。我国铁路车辆均采用自动车钩。

自动车钩又可分为两种基本类型:非刚性车钩和刚性车钩。非刚性车钩允许两个相连接的车钩在垂直方向上有相对位移〔见图7-1(a)〕,当两个车钩的纵轴线存在高度差时,连接着的两钩呈阶梯形状,并且各自保持水平位置。刚性车钩不允许两相连接车钩在垂直方向彼此存在位移,但是在水平方向可产生少许转角〔见图7-1(b)〕,如果在车辆连接之前两车钩的纵向轴线高度存在偏差,那么在连挂后,两车钩的轴线处在同一直线上并呈倾斜状态。两车钩的尾端采用销接,从而保证了两连挂车辆之间的位移和偏角。

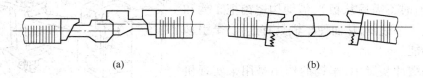

(a)　　　　　　　　　　　　　　(b)

图7-1　非刚性车钩与刚性车钩

(a)非刚性车钩;(b)刚性车钩

刚性车钩减小了两个连接车钩之间的间隙,从而大大降低了列车运行中的纵向冲动,提高了列车运行的平稳性,同时也降低了车钩零件的磨耗和噪声。另外,刚性车钩有可能同时实现车辆间的气路和电路的自动连接。非刚性车钩结构较简单,强度高,重量轻,与车体的连接较为简单。

我国铁路一般客、货车均采用非刚性的自动车钩,对于高速列车和城市的地铁和轻轨车辆则应采用刚性的自动车钩,即密接式车钩。

我国铁路客车所采用的风挡装置包括铁风挡、橡胶风挡及密接式风挡。其中,铁风挡的密封性、安全性、保温性以及隔热性均较差;而橡胶风挡的密封性能比铁风挡有较大程度的提高,并具有良好的纵向伸缩性和横向、垂向弹性,能适应车辆通过曲线和缓冲振动。随着客车运行速度的不断提高,密接式风挡在提速客车上得到了大量的应用。该风挡和橡胶风挡相比,密封性能进一步提高,较好地解决了传统列车连接处噪声大、灰尘多、气密性差以及保温、隔热不良等问题。

列车运行速度的提高使得车体的摇头、侧滚等振动问题更加突出,成为影响列车运行品质的主要因素。车端阻尼装置主要起着衰减车辆间相对振动的作用,其对车辆各个自由度振动的约束作用显得尤为重要,能大大提高运行舒适度。车端阻尼装置一般指除了车钩缓冲装置以外的车辆端部具有阻尼特性、能够衰减车辆间相对振动的连接设备,其中最主要的是车端减振器。车端减振器包括纵向减振器和横向减振器。其中,纵向减振器主要是衰减车体间的相对点头及纵向运动;横向减振器主要衰减车体间的相对横移摇头和侧滚运动。

牵引杆装置作为新型的铁路车辆连接方式已经在国外重载运输的单元列车中得到成功应用,如美国、澳大利亚、南非、加拿大和巴西等国均不同程度地在长大重载货物列车上采用了牵引杆装置。由于牵引杆装置取消了车钩,减轻了重载列车的间隙效应对纵向动力学性能的影响。

此外,车端电气连接装置和总风软管连接器也是车端连接装置的重要组成部分,且对列车的运行和安全起着举足轻重的作用。车端电气连接装置包括电力连接器、通信连接器、电空制动连接器等。其与邻车的连接器相连,以沟通列车的供电回路、通信回路和电空制动回路。客车或货车制动时需要风(压缩空气),客车的风动门、空气弹簧、集便器等设备的正常工作也需要风,而总风软管连接器就是连接相邻车的总风管,以便机车向客车或货车供风。车端电气连接装置和总风软管连接器在相应的专业书中有专门叙述,本书将不作介绍。

第一节 车钩缓冲装置的组成、安装及车钩的开启方式

一、车钩缓冲装置的组成及功能

车钩缓冲装置由车钩、缓冲器、钩尾框、从板等零部件组成。图7-2为车钩缓冲装置的一般结构形式。在钩尾框内依次装有前从板、缓冲器和后从板(有时不需后从板),借助钩尾销把车钩和钩尾框连成一个整体,从而使车辆具有连挂、牵引和缓冲三种功能。

在车钩缓冲装置中,车钩的作用是用来实现机车和车辆或车辆和车辆之间的连挂和传递牵引力及冲击力,并使车辆之间保持一定的距离。缓冲器是用来减缓列车运行及调车作业时车辆之间的冲撞,吸收冲击动能,减小车辆相互冲击时所产生的动力作用。从板和钩尾框则起着传递纵向力(牵引力或

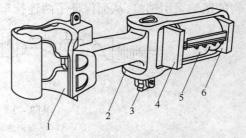

图 7-2 车钩缓冲装置
1—车钩;2—钩尾框;3—钩尾销;
4—前从板;5—缓冲器;6—后从板

冲击力)的作用。

二、车钩缓冲装置在车辆上的安装及尺寸要求

车钩缓冲装置一般组成一个整体安装于车底架两端的牵引梁内,其前、后从板及缓冲器卡装在牵引梁的前、后从板座之间,下部靠钩尾框托板及钩体托梁(货车)或复原装置(客车)托住,各部相互位置如图7－3(a)所示。

当车辆受牵拉时,作用力的传递过程为:车钩→钩尾框→后从板→缓冲器→前从板→前从板座→牵引梁,如图7－3(b)所示。当车辆受冲击时,作用力的传递过程为:车钩→前从板→缓冲器→后从板→后从板座→牵引梁,如图7－3(c)所示。由此可见,车钩缓冲装置无论是承受牵引力,还是冲击力,都要经过缓冲器将力传递给牵引梁,这样就有可能使车辆间的纵向冲击振动得到缓和和消减,从而改善了运行条件,保护车辆及货物不受损坏。

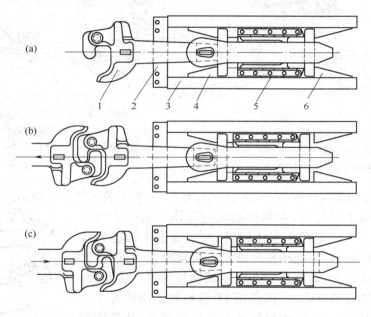

图7－3　车钩缓冲装置在车上的安装位置及受力状态
(a)在车上的安装位置;(b)牵拉状态;(c)压缩状态
1—车钩缓冲装置;2—冲击座或复原装置;3—中梁(牵引梁);
4—前从板座;5—钩尾框托板;6—后从板座

为了保证车辆连挂安全可靠和车钩缓冲装置安装的互换性,我国机车车辆有关规程规定:车钩缓冲器装车后,其车钩钩舌的水平中心线距钢轨面在空车状态下的高度,客车为880^{+10}_{-5} mm,货车为(880±10)mm,守车为(870±10)mm;两相邻车辆的车钩水平中心线最大高度差不得大于75 mm;牵引梁前、后从板座之间距离为625 mm,牵引梁两腹板内侧距为350 mm(部分早期生产的货车为330 mm),客车用1号车钩及一体式铸钢从板座时为406 mm。另外,考虑到在受到特大冲击力时,缓冲器完全被压死,使部分冲击力直接由底架端梁传递到车底架,规定了车钩钩肩冲击面距冲击座之间的距离:早期采用2号车钩时为116 mm;采用13号车钩时为76 mm。

三、车钩的开启方式及复原装置

车钩的开启方式分为上作用式及下作用式两种。由设在钩头上部的提升机构开启的,叫

上作用式,大部分货车车钩为上作用式。这种方式开启灵活、轻便。还有部分货车,例如,平车、长大货物车或开有端门的货车,因有碍货物的装卸,或活动端门板需要放平,钩头的上部不能安装钩提杆。对于客车,因车体端部有折棚和平渡板装置,故也无法采用上作用式,而采用下作用式。这时,借助于设在钩头下部的推顶杆的动作来实现开启,它不如上作用式轻便。图7-4为上作用式车钩装置。图7-5为下作用式车钩装置。

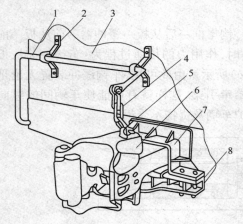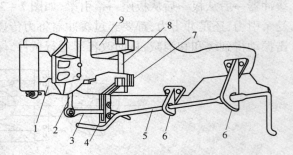

图 7-4　上作用式车钩装置

1—车钩提杆;2—车钩提杆座;3—车体端墙;
4—提钩链;5—锁提销;6—钩头;
7—冲击座;8—钩身托梁

图 7-5　下作用式车钩装置

1—钩头;2—锁推销;3—下锁销杆;4—下锁销托吊;
5—车钩提杆;6—车钩提杆座;7—车钩托梁;
8—吊杆;9—冲击座

车钩解钩提杆的安装位置:货车装在一、四位车端;客车装在二、三位车端。

当车辆在曲线上运行时,车钩中心线与车体纵向中心线之间将产生一定偏角。由于客车车体较长,在曲线上车钩的偏移量较大,如果车钩偏移后不能迅速地恢复到正常位置,势必会增加车辆运行时的摆动量,而且还会造成车辆摘挂困难。因此,在客车上均装有车钩复原装置,我国装用15号系列车钩的客车上采用摆块式车钩复原装置,它由吊杆和车钩托梁组成,其结构如图7-6所示。

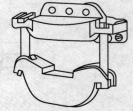

图 7-6　摆块式车钩
复原装置

第二节　车钩的类型、组成、作用及材质

一、客货车常用车钩的类型、组成及三态作用

(一) 车钩的类型

我国铁路客货车上所使用的车钩一般属非刚性自动车钩,所谓自动车钩即在拉动钩提杆或两车互相碰撞时就能自动完成解开或连挂的动作。这种车钩的特征为钩头上有可绕钩舌销转动的钩舌,所以也称为关节式车钩。

我国货车上采用的车钩类型有2号、13号、16号、17号车钩,客车上采用1号、15号车钩。随着列车运行速度的提高和牵引吨位的增加,对车钩的强度提出了更高的要求,1号和2号车钩已不能适应运输的要求,正在逐渐淘汰。为了降低列车纵向冲动,改善列车的动力学性能,在13号车钩的基础上改进并研制出了13A型车钩,主要是对车钩连接轮廓进行了重要改进,缩小了车钩连挂间隙。13A 型车钩的连挂间隙为 11.5 mm,比 13 号车钩的连挂间隙 19.5 mm 减少了 41%,该车钩 2002 年开始在新造货车上推广使用,而目前 2 号和 13 号车钩已基本停止生产。现在新造货车几乎全部采用 13 号或 13A 型车钩,新造客车采用 15C 型车钩。为了满足大秦线运煤万吨单元列车的特殊要求,我国还研制了 16 号、17 号联锁式固定和转动车钩,装于运煤敞车上,17 号联锁式固定车钩已成为新的通用货车车钩。

几种主型车钩的结构特点、性能参数及主要几何尺寸列于表 7-1。

表 7-1 主型(标准型)车钩的参数性能

车 钩 名 称		1 号钩	2 号钩	13 号钩	15 号钩	16 号钩	17 号钩
尺 寸 (mm)	钩舌高	280	280	300	280	280	280
	钩颈(宽×高)	130×130	178×127	203×166	176×130	φ179	163.5×163.5
	钩尾至钩舌连接线距	1 778	788	845	1 000	732.5	735
	钩尾至钩头台肩距离	1 518	540	540	663	571	572
	钩身壁厚	17.5	20	垂直面22 水平面19~22	25	17.5	17.5
	钩耳孔形状	圆孔 φ42$^{+0.6}_{0}$	圆孔 φ42$^{+0.62}_{0}$	长圆孔 φ42~44	圆孔 φ42$^{+0.62}_{0}$	长圆孔 φ44~φ45.5	长圆孔 φ44~φ45.5
	钩舌销直径	φ41	φ42$^{-0.2}_{-0.6}$	φ41	φ42$^{-0.17}_{0}$	φ41	φ41
	钩尾(宽×高)	圆弧面 130×232	平 面 127×232	平 面 135×166	圆弧面 130×130	球 形 212×155.5	圆弧面 191×171.5
	尾销孔	φ52	长圆孔 93×94	长圆孔 110×44	长圆孔 130×50	长圆孔 110×100	长圆孔 110×100
	钩尾销	φ50	长圆 90×32	长圆 100×40	长圆 92×32	φ97	φ98
材 料		ZG230-450	ZG230-450	ZG230-450/ ZG25MnCrNiMo	ZG230-450/ ZG25MnCrNiMo	QG-E1 (ZG25MnCrNiMo)	QG-E1 (ZG25MnCrNiMo)
抗拉强度(kN)		1 600~1 700	1 600~1 800	2 400~2 600/ 3 000 以上	1 600~1 700/ 2 300~2 400	3 432	3 432
质量(kg)		238.5	164	203	166.4	232.5	240.6
开启方式		下作用	上、下作用	上、下作用	下作用	下作用	下作用
使用车辆		21 型客车,旧型客车	部分货车,正在淘汰	新造货车	新造客车	C$_{63}$	C$_{63}$

提高车钩的强度有两种途径:一是根据运用要求设计出结构更合理、强度更高的新型车钩;另一种途径是保持现有车钩的结构形式,通过改变车钩的材质(例如采用高强度低合金钢)或改变热处理工艺。后一种途径往往更受欢迎,因为仅改变材质或热处理工艺不会产生新老类型车钩零件之间互换困难的问题,而且又不会增加车钩的重量。例如,用 C 级铸钢代替普通铸钢(ZG230-450)制造的 13 号车钩,抗拉强度可从 2 400~2 600 kN 提高到 3 000 kN 以上,即抗拉强度提高约 20%。

(二)车钩的组成

车钩及其零件大都由铸钢制成。车钩可分为钩头、钩身、钩尾三个部分。钩头与钩舌通过钩舌销相连接,钩舌可绕钩舌销转动,钩头内部装有钩锁铁、钩舌推铁、钩提销(下作用式车钩为钩推销)等零件。图 7-7 为 2 号、15 号车钩及钩头零件,这两种类型车钩钩头结构基本相同,钩头小零件可以互换。当这些零件处于不同位置时,可使车钩具有闭锁、开锁、全开三种作用,俗称三态作用。钩身部分为空腹的厚壁断面,钩尾部分开有钩尾销孔,可借助于钩尾销与钩尾框相连接。

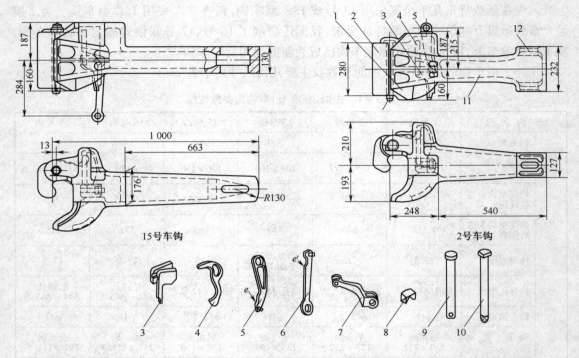

15号车钩　　　　　　　　　　　　　　　2号车钩

图 7 - 7　2 号、15 号车钩及钩头零件

1—钩头;2—钩舌;3—钩锁铁;4—钩舌推铁;5—锁提销(上作用);6—锁推销(下作用);

7—下锁销杆(下作用);8—防尘盖(下作用);9—钩舌销(上作用);10—钩舌销(下作用);11—钩身;12—钩尾

图 7 - 8 所示为我国货车上使用的 13 号车钩。13 号车钩的设计较合理地安排了钩头与钩舌及钩舌与钩舌销之间的间隙。在锁闭位置时,可使钩舌销不受或较少地分担作用力,从而更充分地发挥了车钩各部材料的承载能力,故车钩的强度较大。由普通铸钢制造的 13 号车钩的抗拉破坏强度约 2.5 MN 左右,当采用 AAR 标准 C 级低合金高强度铸钢时,其抗拉破坏强度可达 3 MN 以上。

13 号车钩钩头、钩舌及钩舌销之间的间隙配置如图 7 - 9 所示。钩头与钩舌上下两个牵引突缘之间的间隙 δ_1 最小,两个护销突缘之间的间隙 δ_2 稍大,钩耳孔与钩舌销之间的间隙 δ_3 最大,即 $\delta_1 < \delta_2 < \delta_3$。车钩受牵拉时,两个牵引突缘最先受力,当牵引突缘受磨耗间隙增大后,它与护销突缘一起传递牵引力。当各突缘间经磨耗后间隙均增大时,则牵引突缘、护销突缘与钩舌销三者共同承受牵引力。此外,将钩耳孔做成长圆形,既可保证纵向的合理间隙,又避免了横向的间隙过大。

图 7 - 10 所示为 13A 型车钩。13A 型车钩是在 13 号车钩基础上改进研制开发的,其钩头零件与 13 号车钩基本相同,主要是对钩舌外形尺寸进行了重要改进,如图 7 - 11 所示为 13 号与 13A 型钩钩舌外形主要尺寸。其中 S 形连接面尺寸的改变使车钩连挂间隙缩小了,13A 型车钩的连挂间隙为 11.5 mm,比 13 号车钩的连挂间隙 19.5 mm 减少了 41%,可有效地降低列车纵向冲动,改善列车的动力学性能,该型车钩 2002 年开始在新造货车上推广使用。

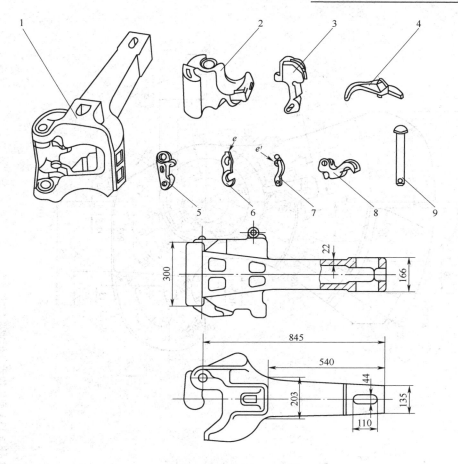

图 7-8 13 号车钩及钩头零件

1—钩头;2—钩舌;3—钩锁铁;4—钩舌推铁;5—上锁销杆(上作用);

6—上锁销(上作用);7—下锁销(下作用);8—下锁销杆(下作用);9—钩舌销

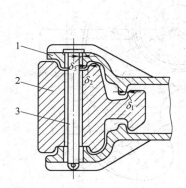

图 7-9 13 号车钩钩头、钩舌、

钩舌销各部间隙

1—钩头;2—钩舌;3—钩舌销

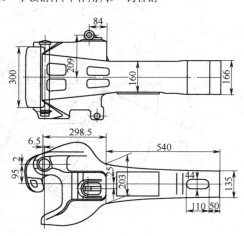

图 7-10 13A 型车钩

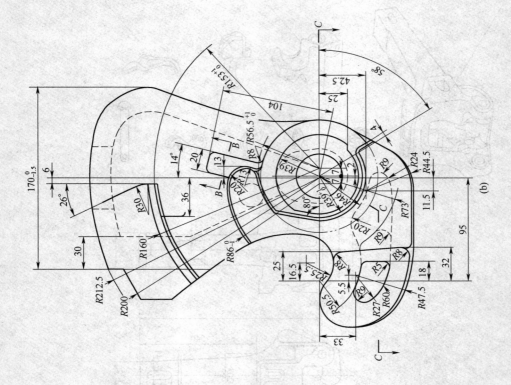

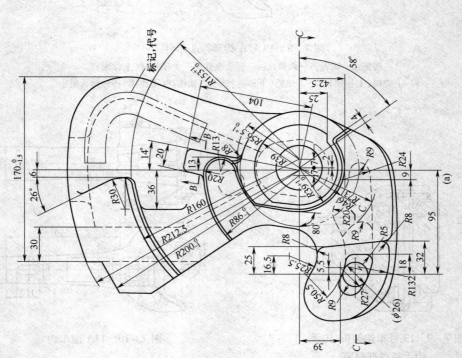

图 7 - 11 13 号与 13 A 型钩舌外形主要尺寸

(a)13 号钩舌；(b)13 A 型钩舌

13A 型车钩可以与 13 号车钩互换,并能与 13 号、16 型、17 型车钩实现自由连挂;增加安装了钩体磨耗板,以适应厂修、段修工作的需要,可方便运用和检修,提高了车钩的使用寿命和可靠性。13A 型车钩钩体、钩舌上的型号铸造标记为"13A"。

16 号、17 号联锁式固定和转动车钩是为我国大秦线运煤万吨单元列车配置的重要车辆部件,也用于 70 t 级货车。整个列车固定编组,在卸煤场设有自动列车定位机和翻车机,当装有转动车钩的车辆进入翻车机位翻转卸煤时,可不摘钩连续作业,从而大大缩短了卸货作业的辅助时间,提高了运输效率。运煤敞车(C₆₃型)一端装 16 号转动车钩,另一端装 17 号固定车钩,整列车上每组相连结的两个车钩,一为转动车钩,一为固定车钩,彼此相互搭配。当车辆进入翻车机位时,翻车机带动待翻车辆以车钩纵向中心线为转轴翻转 180°,这时被翻车辆连同一端装有转动车钩的钩尾框相对于转动车钩钩身旋转,这时转动车钩由于受相邻车辆上与其连挂的固定车钩的约束而静止不动,被翻转车辆另一端的固定车钩带动相邻车辆上与其连挂的转动车钩一起旋转,完成自动卸货作业。

16 号、17 号联锁式固定和转动车钩采用 AAR 标准 F 型连接轮廓,其纵向间隙比一般货车车钩小,为 9.5 mm。车钩连接后有联锁功能及能适应车辆翻转作业要求的特点,并且有三态作用和能与 13 号或 13A 型车钩连挂的性能。车钩的结构如图 7-12 所示。

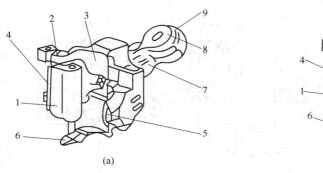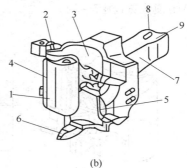

(a)　　　　　　　　　　　　　(b)

图 7-12　16 号、17 号联锁式转动和固定车钩

(a)16 号联锁式转动车钩;(b)17 号联锁式固定车钩

1—钩舌;2—钩舌销;3—钩头;4—联锁套口;5—联锁套头;6—联锁辅助支架;

7—钩身;8—钩尾端面;9—球台状钩尾(16 号)、钩尾凸肩(17 号)

图 7-13 为 16 号转动车钩及其与车体连接部分的旋转系统图。为使车钩相对于车底架转动灵活,减少钩身与车钩支承座间的转动阻力,钩身制成圆柱形,并将车钩尾端与从板接触

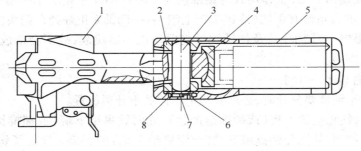

图 7-13　16 号车钩转动系统图

1—钩头;2—转动套;3—钩尾销;4—从板;5—钩尾框;

6—钩尾销托;7—开口销;8—插销

部制成球面。图示转动套 2 可在钩尾框 5 头部直径为 270 mm 的内圆柱体空腔内作 360° 回转,转动套的前端由钩尾框的前端凸缘挡住,通过钩尾销 3 将车钩与转动套 2 连成一体,并由钩尾销托 6 托住,钩尾销托装设于钩尾框销托安装槽中并由插销 8 锁定。由于钩尾框内缓冲器的弹力,使车钩尾端的球面紧顶在带有球面凹坑的从板上。当钩头 1 受到扭转力矩的作用时,钩身连同钩尾销 3 以及与其连接的转动套 2 相对于钩尾框 5 绕钩身纵向轴线转动。

17 号车钩为连锁式固定车钩,钩头结构与 16 号车钩相同,零件可以互换。它与钩尾框的连接与一般车钩相同。

16、17 号车钩及钩尾框、转动套、从板等均采用 QG–E1 高强度低合金铸钢制造。钩舌静拉破坏强度达 3 432 kN,钩体与钩尾框达 4 MN 以上。

(三)车钩的三态作用

1. 1 号、2 号和 15 号车钩的三态作用

1 号、2 号和 15 号车钩的钩头内部结构完全相同。零件可以互换,故这三种类型车钩三态作用的原理完全相同。所不同的是 2 号车钩有上作用式和下作用式,1 号和 15 号车钩仅有下作用式。另外,三种车钩的钩身结构和尺寸也有所不同。

现将上作用式车钩的三态作用位置及原理分述如下。

(1)闭锁位置(图 7 – 14)

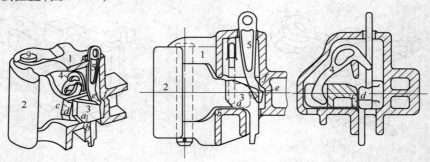

图 7 – 14　车钩闭锁位置

车辆连挂后,两个车钩必须处于闭锁位置才能传递牵引力。这时,钩锁铁底部 a 坐在钩头内表面 b 上,钩锁铁的右侧被钩头的内壁所阻挡,而其左侧 d 又挡住了钩舌尾部 c,使钩舌在钩头内不能绕钩舌销转动。此为闭锁位置。

为了防止在闭锁位置时钩锁铁因车辆振动而自动跳起造成脱钩,在钩锁铁上面的后部开有倾斜的凹槽,锁提销下端(下作用式为锁推销的上端)[1]有十字销居于凹槽中。这时,由于锁提销(或锁推销)的自重使其下端(或锁推销上端)有一凹部 e 正好处在钩头内壁对应的挡棱 f 的下方,此时锁提销(或锁推销)及钩锁铁虽受振动也不能跳起,故不会造成脱钩。此种作用称为车钩的防跳作用。

(2)开锁位置(图 7 – 15)

两连挂着的车辆欲要分开时,必须有一个车钩处于开锁位置。

扳动钩提杆,使锁提销上提(或锁推销推起),此时锁提销下端(或锁推销上端)的销耳沿钩锁铁斜槽滑到槽顶,从而使锁提销下端(或锁推销上端)的凹部 e 摆脱了钩头内壁挡棱 f 的阻挡,带动了钩锁铁一起上升,到一定的高度后(此时放下锁提销),由于钩锁铁前部偏重,致

---

[1]　括号内所示为下作用式情况。

使钩锁铁的下脚 h 处的缺口坐落在钩头内壁对应的挡棱 b' 上，锁提销也落到一定的位置。这时即使放下钩提杆，钩锁铁也不会落下。这样，钩锁铁下部的坐锁面 g 与钩舌尾部的上面几乎处在一个平面内，钩锁铁不再阻碍钩舌的转动。如果这时钩舌受到牵引力就能绕钩舌销转动，此时即为开锁位置。

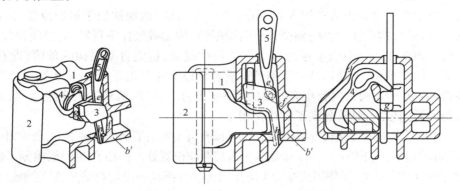

图 7 - 15　车钩开锁位置

（3）全开位置（图 7 - 16）

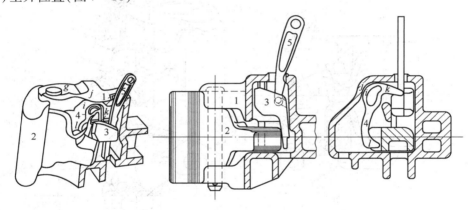

图 7 - 16　车钩全开位置

在车辆彼此连挂之前，必须有一个车钩处于全开位置，才能达到自动连挂的目的。

当车钩达到开锁位置后，继续用力提起钩提杆，使锁提销继续往上提升（或锁推销推起），同时带动钩锁铁一起上升，这时钩锁铁推动钩舌推铁的 k 部，使钩舌推铁绕着其背面与钩体内壁接触的 j 处为支点而转动，同时钩舌推铁的下脚 l 部推动钩舌尾部的背面，使钩舌绕钩舌销转开成全开状态。此时放下钩提杆，钩锁铁则坐落于钩舌尾部末梢的上面，即成全开位置。

当两车连挂时，由于钩舌尾部与坐落在其上的钩锁铁接触部分是一弧面，当钩舌向闭锁位旋转时，使钩锁铁前部往上抬起，钩锁铁下脚 h 处的缺口即可摆脱钩头内挡棱 b'（图 7 - 15）而垂直落下，恢复成闭锁位置。故此时只需两车相互碰撞就能实现自动连挂。

下作用式车钩与上作用式车钩其闭锁开锁及全开位置作用原理相同，下作用式的锁推销与上作用式的锁提销以同样的方法与钩锁铁连接，钩锁铁上推即成开锁或全开位置。

2. 13 号、16 号和 17 号车钩的三态作用

13 号、16 号和 17 号车钩的钩头内部结构基本一致，其也具有闭锁、开锁、全开三种作用位置，即三态作用。在结构上与 2 号和 15 号车钩的区别是，钩头零件中的钩舌推铁不是竖立地

放置在钩头腔内,它带有突出的转轴成水平位置插在钩头腔内相应的孔中。在装配位置方面,钩锁铁不像 2 号车钩那样坐在钩头腔内的台阶上,而是坐在钩舌推铁的一端。该型车钩钩头内腔和钩锁铁形状都较复杂,不易检查控制,不如 2 号、15 号车钩灵活轻巧。

(1)闭锁位置(图 7 – 17)

钩锁铁的中部台阶 a 坐落在钩舌推铁的一端 b 上,此时钩锁铁处于最低位置,钩舌尾部 c 受钩锁铁 d 处阻挡,钩锁铁的另一侧受钩腔内壁阻挡,钩舌被锁住不得转动,呈闭锁位置。

为了防止列车在运行中由于振动而引起钩锁铁跳动,造成自动脱钩的危险,设有防跳装置。对于上作用式车钩,上锁销杆的下部销钉沿着上锁销的弯孔滑下,致使上锁销杆下部弯钩及上锁销顶部 e 处倒入钩头内腔相应位置的挡棱 f 下方。这样,钩锁铁虽受振动,但因上锁销顶部被钩头内的挡棱所顶挡,起到了防跳作用。

对于下作用式车钩,下锁销沿着钩锁铁下部长圆孔滑至钩头下部的挡棱下方,当钩锁铁受振动虽有往上跳起的趋势,但下锁销顶部 e' 受到钩头内相对应位置处的挡棱 f' 的阻挡,限制了钩锁铁上升,起到了防跳作用。此外,下作用式车钩为防止因钩提杆摆动而发生自动开钩,还加装了二次防跳装置。图 7 – 17 中在下锁销杆的 m 处受钩体相对应的 n 处所阻挡,从而防止自动脱钩。

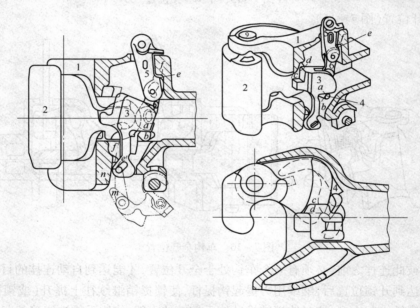

图 7 – 17 13 号车钩的闭锁位置

注:假想线为下作用式作用位置,以下两图同

(2)开锁位置(图 7 – 18)

扳动钩提杆,提起上锁销杆,此时上锁销杆的下部圆销沿上锁销上部的弯孔上滑,使上锁销绕钩锁铁的小提梁转动,从而摆脱了挡棱 f 的阻挡,继而提起钩锁铁,使钩锁铁中部前面的下端与钩舌尾部几乎处于同一平面。钩锁铁的 g 处高于钩舌尾部,这时放下钩提杆,则钩锁铁因头重前仰使下部的缺口 h 处坐在钩舌推铁的一端 b 上,此时钩舌受牵引力即可自由转动,呈开锁位置。

对于下作用式车钩,当扳动钩提杆时,下锁销杆绕钩头下部的固定点转动,推动下锁销,使下锁销的耳轴沿着钩锁铁下部的长圆孔上滑,从而摆脱了钩头内腔挡棱 f' 的阻挡,继而推起钩锁铁。与上述情况相同,钩锁铁坐在钩舌推铁的一端上面,呈开锁位置。

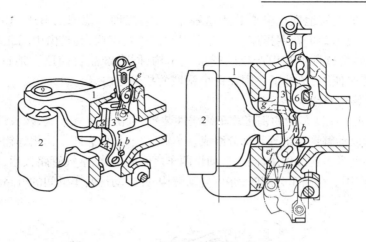

图 7 - 18　13 号车钩的开锁位置

（3）全开位置（图 7 - 19）

如果继续扳转钩提杆至极限位置，使钩锁铁上升至其前端上部的 i 处与钩头内腔的 j 处接触，并以此点为支点，钩锁铁下面的 k 部踢拨钩舌推铁的相应端，则钩舌推铁绕其转轴水平转动，其另一端踢拨钩舌尾部，使钩舌转开至全开状态。此即为全开位置。

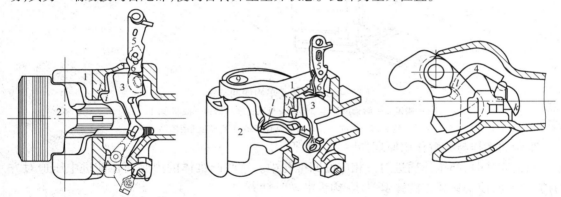

图 7 - 19　13 号车钩的全开位置

在车辆连挂之前，必须有一个车钩处于全开位置，才能实现自动连挂。

13A 型车钩基本结构与 13 号车钩一致，故其三态作用与 13 号车钩相同。

二、密接式车钩的类型、组成及作用原理

对于高速列车、城市地铁和轻轨车辆的车钩缓冲装置常采用机械气路、电路均能同时实现自动连接的密接式车钩。这种车钩属刚性自动车钩，它要求在两钩连接后，其间没有上下和左右的移动，而且纵向间隙也限制在很小的范围之内（约 1 ~ 2 mm）。这对提高列车运行平稳性、降低车钩零件的磨耗和噪声均有重要意义。同时，由于车钩的连挂精度大大提高，在列车连挂和分解时，钩缓装置也能自动地实现列车间空气管路的自动连接和分离。密接式钩缓装置能够保证列车连挂的可靠性、运行的舒适性和安全性。

密接式车钩的构造和工作原理与上述的一般车钩完全不同，目前国内外常见的有四种结构形式：第一种为日本新干线高速列车上所采用的柴田式密接式车钩，我国北京地铁车辆的车钩即属此列；第二种为 Scharenberg 型密接式车钩，常见于欧洲国家所制造的地铁、轻轨及高速车辆上,德国制造的上海地铁车辆亦装用这种车钩;第三种为德国的 BSI – COMPACT 型密接式车钩;第四种是我国 25T 新型提速客车上采用的密接式车钩,其是由中国北车集团四方车辆研究所研制开发的具有自主知识产权的密接式车钩,同类产品目前已在地铁轻轨、高速动车组、提速客车上普遍使用,填补了我国在这个领域的技术空白。

(一)北京地铁密接式车钩

图 7 – 20 为北京地铁车辆的密接式车钩缓冲装置,它由密接式车钩、橡胶缓冲器、风管连结器、电气连结器和风动解钩系统等几部分组成。车辆连挂时,依靠两车钩相邻钩头上的凸锥和凹锥孔相互插入,起到紧密连接作用,同时自动将两车之间的电路、空气管路接通,并起到缓和连挂中车辆间的冲击作用。在两车分解时,亦可自动解钩,并自动切断车辆间的电路和空气通路。

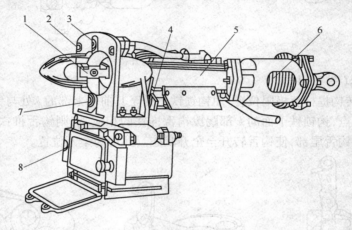

图 7 – 20　密接式车钩缓冲装置

1—钩舌;2—解钩风管连结器;3—总风管连结器;4—截断塞门;

5—钩身;6—缓冲器;7—制动风管连结器;8—电气连结器

车钩的连挂与分解作用原理如图 7 – 21 所示。

两钩连挂时,凸锥体插进对方相应的凹锥孔中。这时凸锥体的内侧面在前进中压迫对方的钩舌转动,使解钩风缸的弹簧受压,钩舌沿逆时针方向旋转 40°。当两钩连接面相接触后,凸锥的内侧面不再压迫对方的钩舌,此时,由于弹簧的作用,使钩舌顺时针方向旋转恢复到原来的状态,即处于闭锁位置。

要使两钩分解,需由司机操纵解钩阀,压缩空气由总风管进入前车(或后车)的解钩风缸,同时经解钩风管连结器送入相连挂的后车(或前车)解钩风缸,活塞杆向前推并带动解钩杆,使钩舌逆时针向转动至开锁位置,此时两钩即可解开。如果采用手动解钩,只要用人力推动解钩杆,也能使钩舌转动至开锁位置实现两钩的分解。

(二)上海地铁密接式车钩

上海地铁车辆所采用的全自动密接式车钩缓冲装置由机械连接、电气连接和气路连接三部分组成。机械连

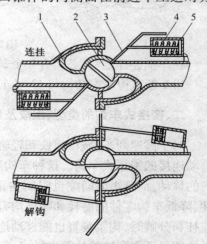

图 7 – 21　密接式车钩作用原理

1—钩头;2—钩舌;3—解钩杆;

4—弹簧;5—解钩风缸

接部分设于钩头中央,电气连接箱分设在左右两侧,中心轴下方设气路连结器,其结构如图 7

－22 所示。车钩相对于车体最大水平摆角为 ±40°，最大垂向摆角为 ±5°，以满足车辆过水平曲线和竖曲线的要求。

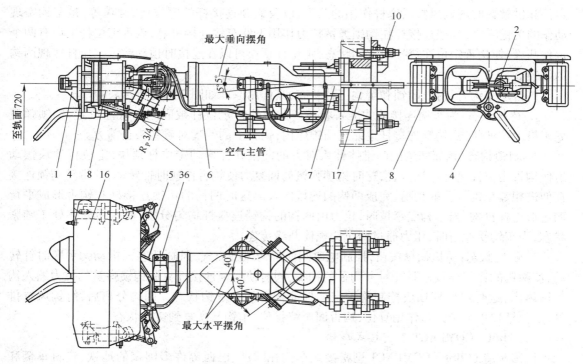

图 7－22　上海地铁全自动密接式车钩缓冲装置

钩头机械连接部分如图 7－23(a)所示，它由壳体 1、钩舌 2、中心轴 3、钩锁连接杆 4、钩锁弹簧 5、钩舌定位杆 6 及弹簧 7、定位杆顶块 8 及弹簧 9 和解钩风缸 10 等组成。壳体的前部，

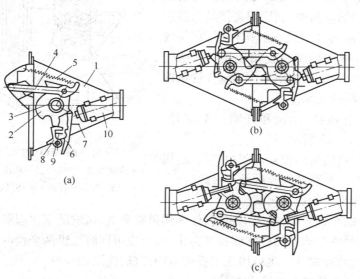

图 7－23　上海地铁自动车钩的作用原理

(a)待挂状态；(b)闭锁状态；(c)解钩状态

1—壳体；2—钩舌；3—中心轴；4—钩锁连接杆；5—钩锁弹簧；6—钩舌定位杆；
7—钩舌定位杆弹簧；8—定位杆顶块；9—定位杆顶块弹簧；10—解钩风缸

一半为凸锥体,一半为凹锥孔,两钩连挂时相邻车钩的凸锥体和凹锥孔互相插入;中心轴上固定有钩舌,钩舌绕中心轴转动可带动钩锁连接杆动作;钩舌呈不规则几何形状,设有供连接时定位和供解钩时解钩风缸活塞杆作用的凸舌,以及钩锁连接杆的定位槽、钩嘴等,是车钩实现动作的关键零件;钩锁连接杆在钩锁弹簧拉力作用下使车钩连接可靠;钩舌定位杆上设有两个定位凸缘,使钩舌定位在待挂或解钩状态;定位杆顶块可以在连接时顶动钩舌定位杆实现两钩的闭锁。

该自动车钩有待挂、闭锁和解钩三种状态,其作用原理如图 7 - 23 所示。

1. 待挂状态:为车钩连接前的准备状态。此时钩舌定位杆被固定在待挂位置,钩锁弹簧处于最大拉伸状态,钩锁连接杆退缩至凸锥体内,钩舌上的钩嘴对着钩头正前方。

2. 闭锁状态:相邻两钩的凸锥体伸入对方的凹锥孔并推动定位杆顶块,定位杆顶块摆动迫使钩舌定位杆离开待挂位置,这时钩锁弹簧的回复力使钩舌作逆时针转动,并带动钩锁连接杆伸进相邻车钩钩舌的钩嘴,完成两钩的连接闭锁。这时两钩的钩锁连接杆和钩舌形成平行四边形连杆机构,当车钩受牵拉时,拉力由两钩的钩锁连接杆均匀分担,使钩舌始终处于锁紧状态,当车钩受冲击时,压力通过两车钩壳体凸缘传递。

3. 解钩状态:司机操纵按钮,控制电磁阀使解钩风缸充气,风缸活塞杆推动钩舌顺时针转动,使两钩的钩锁连接杆脱开对方钩舌的钩嘴,同时使钩锁连接杆克服钩锁弹簧的拉力缩入钩头锥体内,这时定位杆顶块控制钩舌定位杆使钩舌处于解钩状态。两钩分离后,解钩风缸排气,定位杆顶块由于弹簧作用复位,钩舌回至待挂位,车钩又恢复到待挂状态。

（三）BSI - COMPACT 型密接式车钩

德国制造的 BSI - COMPACT 型密接式车钩在欧洲、巴西等许多国家的地铁、轻轨车辆和城郊列车上获得广泛应用。这种车钩钩头的壳体设有凸锥体和凹锥孔,在凸锥体的内侧面配备有用于车钩机械连接的锁栓,锁栓由高强度钢制成,置于钩头前端的套筒中,利用弹簧使其保持正常位置。在凸锥体的外侧设有解钩杠杆,它与气动的(或液压的)解钩控制装置相连接。其结构如图 7 - 24 所示。钩头也被用来作为空气管路连结器和电气连结箱的支承体。

这种车钩也有待挂、闭锁和开锁三个位置。其作用原理如图 7 - 25 所示。

当两钩连挂时,两钩的锁栓侧面相互挤压,压缩各自的定位弹簧,直至两锁栓的鼻子彼此咬合,弹簧回复原位,达到两钩连挂闭锁。

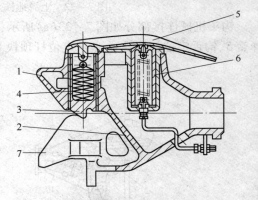

图 7 - 24　BSI - COMPACT 型密接式车钩
1—凸锥体;2—凹锥孔;3—锁栓;4—锁栓定位弹簧;
5—解钩杠杆;6—解钩风缸;7—导向杆

欲将两连挂的车钩分解,操纵电磁阀,使解钩风缸充气,风缸活塞顶起解钩杠杆,将一个钩的锁栓回拉到与另一个钩的锁栓能够脱开为止,或者也可同时操纵两个钩的解钩风缸,使两钩的锁栓同时动作,彼此脱开。也可用人工扳动解钩杠杆,使两钩分解。

（四）25T 新型提速客车密接式车钩

我国 25T 新型提速客车为满足运行需要采用了密接式车钩。其可以使车辆连挂时车钩紧密连接,最大限度地减小纵向连接间隙,使列车的纵向冲动水平下降,提高列车舒适性和安全性。

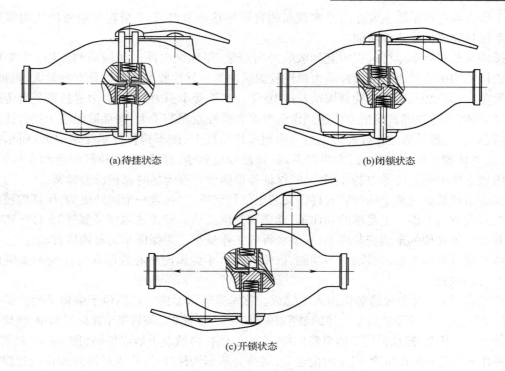

(a)待挂状态　　　　　　　　　　　　(b)闭锁状态

(c)开锁状态

图 7 - 25　车钩的连挂、闭锁与开锁位

图 7 - 26 是 25T 新型提速客车密接式车钩缓冲装置,其主要由连挂系统、缓冲系统和安装吊挂系统三大部分组成。

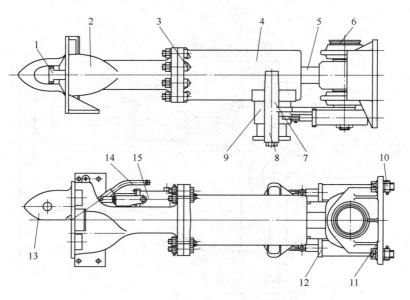

图 7 - 26　25T 提速客车密接式车钩缓冲装置

1—钩舌;2—钩体;3—连接螺栓;4—缓冲器;5—车钩拉杆;6—钩尾销;
7—支架;8—钩高调整位置;9—支承弹簧盒;10—安装螺栓螺母;11—安装座;
12—水平复原弹簧盒;13—凸锥;14—解钩风缸;15—解钩手柄

车钩自动连挂系统主要作用是实现车钩自动连接和分解,25T 型客车用密接式钩缓装置连挂系统只完成机械连挂功能。

缓冲系统在列车运行过程中起到吸收冲击能量、缓和纵向冲击和振动的作用。25T 型客车用密接式钩缓装置所用的缓冲器为弹性胶泥缓冲器。弹性胶泥缓冲器具有容量大、阻抗小,结构简单、性能稳定的优点,检修周期长达 10 年。车钩受牵引力时,牵引力通过法兰盘传递到缓冲器壳体,再通过碟簧筒把力传递到碟形弹簧和弹性胶泥芯子上,弹性胶泥芯子把力传递到内半筒总成上,最后通过拉杆配合把力传递到车钩拉杆上,使车钩拉杆承受牵引力;而车钩受压时,压力传递的顺序依次为:内半筒总成、弹性胶泥芯子、碟簧组成、拉杆配合和车钩拉杆。碟簧组成上顶板既起传递力的作用,又能保证碟形弹簧行程走尽时保护碟形弹簧。

安装吊挂系统对整个钩缓装置提供安装定位和支撑,并包含一个回转机构,保证钩缓装置在各自由度方向上能产生足够的动作量,动作和复位灵活。密接式钩缓装置通过 4 个 M38 螺栓安装在车体底架的车钩安装座上,安装和拆卸工作量小。为保证车钩解钩后自动连挂,密接式钩缓装置具有水平面内自动对中功能,以便解钩后车钩纵向中心线能保持在与列车纵向中心线平行的位置。

密接式车钩缓冲装置的解钩由人工完成。首先需确认手柄定位销位于解钩手柄的销孔中(图 7 – 27 位置 1),而不能位于钩体的销孔中(图 7 – 27 位置 2);随后机车需向后微退,使待分解车钩处于受压状态;搬动解钩手柄至解钩位,在钩体销孔内插上手柄定位销(图 7 – 27 位置 2),之后操作人员离开操作位置,机车向前运动,将待分解车钩拉开;操作人员离开操作位置拔出手柄定位销,使车钩处于待挂状态,并将定位销插回解钩手柄的销孔中(图 7 – 27 位置 1)。

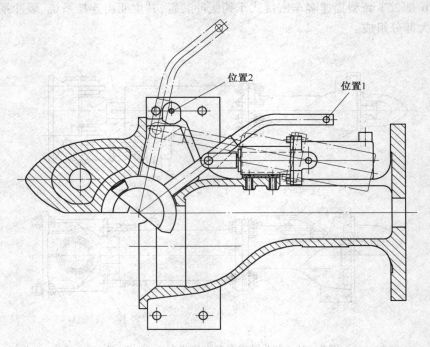

图 7 – 27　密接式车钩钩体开闭位置示意图

三、车钩的强度及材质

随着列车的运行速度、牵引总重和调车连挂速度的提高,作用在车钩上的载荷也随之加剧,从而对车钩的强度提出了更高的要求。

列车在运行中车钩除受到随机的、交变的牵拉力和压缩力外,由于车钩连接中心线高度的偏差和线路的原因,车钩还承受弯矩的作用。另外,货车在调车作业时,车钩还受到很大的冲击力。

长期以来我国一直采用普通铸钢 ZG230 - 450(其性能相当于美国 AAR 规定的 B 级铸钢)制造车钩。为了适应提高车钩强度的要求,近 10 余年来相继研制了多种适用于车钩的高强度低合金铸钢。例如 ZG25MnCrNiMo、ZG29MnMoNi 和 QG - E1 铸钢等,前两种和后一种钢种性能已分别达到美国 AAR - M - 201 规定的 C 级和 E 级铸钢性能的要求。ZG25MnCrMoNi 和 ZG29MnMoNi 的 13 号车钩,其静拉破坏强度均已超过 3.0 MN,已达到美国 C 级铸钢的 E 型车钩的水平;QG - E1 铸钢的 13 号车钩的静拉破坏强度达 3.8 MN(就车钩强度而言,我国 13 号车钩和美国的 E、F 型车钩结构强度相同),其强度已不低于美国 E 级铸钢的 E 型车钩(详见表 7 - 4)。基本上能够满足我国 5 000 ~ 6 000 t 重载列车和万吨单元列车、组合列车对车钩强度的要求。

我国普通 B 级铸钢、低合金高强度 C 级铸钢和 E 级铸钢的化学成分和机械性能分别列于表 7 - 2 和表 7 - 3 中。

表 7 - 2　B 级、C 级、E 级铸钢的化学成分

钢　种	C (%)	Si (%)	Mn (%)	P (%)	S (%)	Cr、Ni、Mo (%)
E 级钢 (QG - E1)	≤0.35	≤1.50	≤1.85	≤0.04	≤0.04	<0.2
C 级钢 (ZG25MnCrNiMo ZG29MnMoNi)	≤0.35	≤1.50	≤1.85	≤0.04	≤0.04	<0.2
B 级钢 (ZG23 - 450)	0.22 ~ 0.32	0.20 ~ 0.45	0.50 ~ 0.80	≤0.05	≤0.05	—

表 7 - 3　B 级、C 级、E 级铸钢的机械性能

钢　种	σ_b (MPa)	σ_s (MPa)	δ_4 (%)	ψ (%)	-40 ℃ AKV (J)	NDTT (℃)
E 级钢 (QG - E1)	≥827	≥689	≥14	≥30	≥27	< -56.6
C 级钢 (ZG25MnCrNiMo ZG29MnMoNi)	≥620	≥413.5	≥22	≥45	≥44	< -56.6
B 级钢 (ZG230 - 450)	450	230	≥20	≥32	—	—

注:ZG25MnCrNiMo 采用正回火处理,其机械性能可达到 C 级钢水平;若采用调质处理则可达到 E 级钢水平。

对车钩的强度要求,与列车的总重、机车的牵引方式(单机或是多机牵引)、列车的运行速度、线路的状态、车辆的纵向刚度、制动机和缓冲器的特性、调车作业时车辆连挂速度等因素有关,也与司机的操纵技术有很大关系。

应该根据我国铁路运输近期和远景发展规划,合理地、科学地制订车钩的强度要求,这对于研制新型车钩或车钩材料均有指导意义。我国 TB/T1335 - 1996《铁道车辆强度设计及试验鉴定规范》规定:货车车钩抗拉破坏强度不小于 3.1 MN,客车车钩不得小于1.8 MN。另外,在《铁路技术管理规程》中对车钩的最大永久变形量也有限制。对于车钩钩体内腕特定位置(见

图7－28），在1.6 MN静拉力下最大永久变形量不得大于0.8 mm；对于钩舌内腕特定位置，在1.0 MN静拉力下最大永久变形量不得大于0.8 mm。从而保证了车钩正常运用。

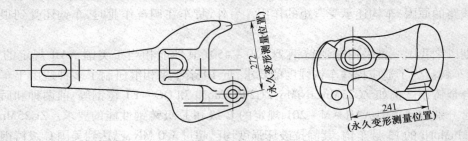

图7－28 钩体、钩舌永久变形测量位置

运用经验表明，列车的牵引总重与车钩的静拉破坏强度大致有以下的关系：破坏强度为1 800 kN的2号车钩适用于牵引总重1 500～2 500 t的列车；ZG230－450铸钢的13号车钩（破坏强度为2 400～2 600 kN）适用于总重3 000～4 000 t的列车；C级（ZG25MnCrNiMo）铸钢的13号车钩（破坏强度在3 000 kN以上）适用于5 000～6 000 t的列车。目前13号车钩已基本停止生产，13A型车钩钩体、钩舌的材质为C级钢，锁铁为E级钢，其他钩腔内零件均采用B级钢材质制造。我国从1996年开始生产的13号车钩和钩尾框及13A型车钩、13A型钩尾框的材质为C级钢，采用牌号为ZG25MnCrNiMo的C级钢时铸有"C"字标记，采用牌号为ZG25MnMoNi的C级钢时铸有"CC"字标记。

在美国，与我国13号车钩同类型的E型车钩几十年来在车钩的材质上经历了从B级铸钢到C级铸钢和E级铸钢的发展过程。美国的E型车钩的静拉破坏强度，从B级铸钢的2 495 kN提高到C级铸钢的3 295 kN和E级铸钢的3 674 kN，从而满足了美国现时列车牵引总重达5 000～6 000 t的要求。美国E级铸钢的E型车钩已用于牵引总重达10 000 t以上的组合列车和单元列车。我国主型车钩及美国、苏联车钩的材质、静拉破坏强度和适用列车牵引总重的数据列于表7－4。

由于车钩的破坏形式主要是疲劳或脆性断裂，为了提高车钩的强度和使用寿命，除了要求材料有较高的屈服极限和强度极限外，还应有较好的断裂韧性和低温冲击韧性，同时还要求有良好的焊接性能和耐磨性等。自然，改变车钩材质例如采用低合金钢等能够达到这些要求，另外采用合理的热处理方法也是实现上述要求的重要途径。目前我国车钩生产工厂采用的热处理工艺均为正火加回火，如果采用调质处理（淬火加回火），则材料的机械性能会有较大幅度的提高。有资料指出，通过调质处理较之原来的正回火处理，材料的屈服极限可提高25%～30%；强度极限提高13%～20%；耐磨性提高20%。车钩的强度和耐磨性都将会有较大的提高。

表7－4 国内外几种主要车钩型号、材质、静拉破坏强度及适用列车牵引总重

车钩型号	质量（kg）	材 料	材料强度极限（MPa）	车钩静拉破坏强度（kN）	适用列车牵引总重（kt）
2 号	164	ZG230－450	≥450	1 600～1 800	2～2.5
13 号	203	ZG230－450	≥450	2 400～2 600	3～4
	203	ZG25MnCrNiMo	≥637	3 000～3 300	5～6
	203	ZG29MnMoNi	≥780	3 300	5～6
	203	QG－E1	≥827	3 800	5以上，万吨列车

续上表

车钩型号	质量（kg）	材　料	材料强度极限（MPa）	车钩静拉破坏强度（kN）	适用列车牵引总重（kt）
16 号、17 号		QG－E1	≥827	3 432	6~10,单元列车
美国 E 型	200	B 级	≥482	2 495	3~4
	200	C 级	≥620	3 295	5~6
	200	E 级	≥827	3 674	万吨列车、组合列车
前苏联 CA－3	200	20ГФП	539	3 290	5

在设计车钩缓冲装置时,应综合考虑组成车钩缓冲装置的钩舌、钩体、缓冲器、钩尾框以及车辆底架整个系统最合理的强度设计,应使钩舌→钩体→钩尾框→缓冲器→车底架逐级加强。亦即在整个系统中,钩舌的强度储备最小,钩体稍大,依此类推,车底架强度储备最大。这样在运用中如遇到意外特大的牵拉力或冲击力时,最经济、也是最便于更换的钩舌最先破坏,从而可保护缓冲器和车底架不致损坏。

第三节　缓冲器的类型、结构及性能

缓冲器的作用是用来缓和列车在运行中由于机车牵引力的变化或在起动、制动及调车作业时车辆相互碰撞而引起的纵向冲击和振动。缓冲器有耗散车辆之间冲击和振动能量的功能,从而减轻对车体结构和装载货物的破坏作用,提高列车运行的平稳性。

缓冲器的工作原理是借助于压缩弹性元件来缓和冲击作用力,同时在弹性元件变形过程中利用金属摩擦、液压阻尼和胶质阻尼等吸收冲击能量。

根据缓冲器的结构特征和工作原理,一般可将缓冲器分为以下几种类型:弹簧式缓冲器;摩擦式缓冲器;橡胶缓冲器;摩擦橡胶式缓冲器;黏弹性胶泥缓冲器;液压缓冲器及空气缓冲器等。目前应用最广泛的为摩擦式缓冲器和摩擦橡胶式缓冲器。这两种缓冲器具有结构简单、制造方便、成本低的优点。随着我国铁路的几次大提速,对缓冲器的容量和阻抗力要求越来越高,根据车辆使用要求多样化,缓冲器的多样化、系列化要求已经成为共识,近年来弹性橡胶泥缓冲器也因此得到了发展和运用。

以前我国铁路车辆上所采用的缓冲器,客车上为 1 号环弹簧缓冲器,货车上为 2 号环弹簧缓冲器,MX－1 橡胶缓冲器和 3 号摩擦式缓冲器等。3 号缓冲器容量太小,性能不稳,基本上被淘汰。为了改进现有的几种缓冲器的性能,以满足铁路运输发展的要求,因而提出了多种改进方案,如 G1 型、G2 型等,在保持原 1 号、2 号等结构形式基本不变的前提下,增大了容量,改善了性能。

随着我国列车运行速度和牵引总重的提高,5 000~6 000 t 的重载货物列车和万吨单元列车的开行,对缓冲器容量、性能提出了更高的要求,诸多缓冲器已经不能适应运输发展的需要。20 世纪 90 年代我国借鉴美国 Mark－50 型缓冲器的技术研制的 MT－2、MT－3 型缓冲器已投入批量生产,满足了我国重载列车和单元列车对缓冲器的要求。2006 年以来,我国在运煤专线上开行了 20 000 t 级的重载货物列车,对缓冲器提出了更进一步的高要求。

我国铁道车辆强度设计规范（TB1335－1996）规定货车结构允许的最大纵向力为 2.25 MN,比美国和苏联都低（美国为 4.54 MN;苏联为 2.5 MN）。要求货车缓冲器的最大

阻抗力不大于 2 000 ~ 2 500 kN,容量不小于 45 ~ 100 kJ,要求客车缓冲器的最大阻抗力
≤800 kN,容量≥20 kJ。因此,我国货车缓冲器应该是低阻抗、大容量,为此应在钩肩间隙
允许范围内尽可能地增大缓冲器的行程(例如可将行程增大至 80 ~ 100 mm),以限制最大
作用力。

一、缓冲器的主要性能参数及容量确定

缓冲器的性能直接影响着列车的牵引总重、运行速度、车辆的总重、编组作业效率、货物的
完好率等涉及铁路运输效能的主要技术经济指标。决定缓冲器特性的主要参数是:缓冲器的
行程、最大作用力、容量及能量吸收率等。

1. 行程:缓冲器受力后产生的最大变形量称为行程。此时弹性元件处于全压缩状态,如
再加大外力,变形量也不再增加。

2. 最大作用力:缓冲器产生最大变形量时所对应的作用外力。

3. 容量:缓冲器在全压缩过程中,作用力在其行程上所作的功的总和称为容量。它是衡
量缓冲器能量大小的主要指标,如果容量太小,则当冲击力较大时就会使缓冲器全压缩而导致
车辆刚性冲击。

4. 初压力:缓冲器的静预压力。初压力大小将影响列车纵向舒适度。

5. 能量吸收率:缓冲器在全压缩过程中,有一部分能量被阻尼所消耗,其所消耗部分的能
量与缓冲器容量之比称为能量吸收率。吸收率愈大,则表明缓冲器吸收冲击能量的能力愈大,
反冲作用就愈小,否则,缓冲器必须往复工作几次方能将冲击能量消耗尽,这将导致车钩、车底
架过早疲劳损伤,并且加剧列车纵向冲动。根据使用要求,缓冲器的吸收率也不能设计为
100%,一般要求能量吸收率不低于70%。

表 7 - 5 为我国采用的几种主型缓冲器和改进型缓冲器的性能参数。

表 7 -5 我国几种主型缓冲器的性能参数

缓冲器型号	1 号	2 号	3 号	MX - 1 型	G1 型	G2 型	MX - 2 型	MT - 2 型	MT - 3 型
类 型	摩擦式	摩擦式	摩擦式	摩擦橡胶式	摩擦式	摩擦式	摩擦橡胶式	摩擦式	摩擦式
外形尺寸 (mm)	514×317 ×228	514×317 ×228	568×317 ×225	568×318 ×226	514×317 ×228	514×317 ×228	563×318 ×228	555×320 ×227	555×320 ×227
最大作用力 (kN)	580	1 200	900	1 700	800	1 630	1 800	2 000 ~2 300	2 000
行 程(mm)	61~68	64~68	58~60	65	73	73	76	83	83
容 量(kJ)	14	23~24	18~20	40~43	18	42	45	54~65	45
吸收能量(kJ)	10	13~14	14~17	35~40	13.5	37~41	38	46~55	37
能量吸收率 (%)	72	57	78~85	90	75	75	85	≥80	≥80
质 量(kg)	106	116	184	133	106	116	160	175	175

缓冲器的行程受到钩肩间隙(从车钩钩肩到冲击座的距离)的限制。缓冲器装车的一个
重要原则是:车辆的钩肩间隙必须大于缓冲器的行程。这样,才能保证车辆的纵向冲击力从车
钩经由缓冲器传到底架牵引梁,从而避免冲击力直接从车钩到冲击座传到底架端梁。我国新

造车车钩钩肩间隙原定为 76 mm。如果装用 MT – 2 型或 MT – 3 型缓冲器,则钩肩间隙应扩大至 91 mm。

缓冲器的最大作用力,也称最大阻抗力,其值应与货车结构所能承受最大允许纵向力相适应。我国《车辆强度设计规范》规定货车结构允许的最大纵向力为 2.25 MN,缓冲器的最大作用力应不大于该值,这样缓冲器才能起到保护车辆和所载货物的作用。

缓冲器所需的容量取决于列车的运行工况和调车工况。列车运行工况对缓冲器容量的要求,与列车的总重、列车编组方式、制动机的性能、车钩的纵向间隙以及列车的操纵方法等诸多因素有关,可以根据列车动力学试验或仿真模拟计算予以确定。对于货车缓冲器容量很大程度上决定于调车冲击工况,根据货车允许连挂速度和车辆总重,可按动量守恒和能量守恒定律计算出各种载重货车在不同组合和不同冲击速度下所需缓冲器容量值。

设有总重分别为 W_1 和 W_2 的车辆,各以 v_1 和 v_2 的速度运动(设 $v_1 > v_2$),冲击后两车以共同的速度 v_0 一起运动,据动量守恒定律,有

$$\frac{W_1}{g} \cdot v_1 + \frac{W_2}{g} \cdot v_2 = \frac{W_1 + W_2}{g} \cdot v_0 \tag{7-1}$$

则

$$v_0 = \frac{W_1 v_1 + W_2 v_2}{W_1 + W_2} \tag{7-2}$$

据能量守恒定律,在两车组成的系统中,冲击前后动能的损失应等于冲击力压缩缓冲器所作的功 A_1,冲击力压缩车体所作的功 A_2 以及冲击力使货物移动所作的功 A_3 的总和,即

$$\frac{W_1}{2g} \cdot v_1^2 + \frac{W_2}{2g} \cdot v_2^2 - \frac{W_1 + W_2}{2g} \cdot v_0^2 = A_1 + A_2 + A_3 \tag{7-3}$$

由于车体的变形相对于缓冲器的变形量要小得多,可略去不计。货物相对车体移动所作的功也可略去,再将式(7 – 2)代入式(7 – 3),简化后得

$$A_1 = \frac{1}{2g} \frac{W_1 W_2}{W_1 + W_2} (v_1 - v_2)^2 \tag{7-4}$$

如果两个相互冲击的车辆装设同型缓冲器,其容量为 E,则 $A_1 = 2E$,再令冲击速度 $v = v_1 - v_2$,代入上式,可得每个缓冲器容量 E 的计算公式为

$$E = \frac{1}{4g} \frac{W_1 W_2}{W_1 + W_2} v^2 \tag{7-5}$$

由此可见,缓冲器的容量决定于冲击车和被冲击车的重量和冲击时两车的相对运动速度。车辆重量愈大,冲击速度愈高,则要求缓冲器的容量也愈大。所以,在选择缓冲器的容量时,应考虑我国现时车辆的总重和规定的货车调车允许安全连挂速度。

我国货车总数中,载重 50 t 总重 70 t 的货车仍占有一定的比例,20 世纪 70 年代后期生产的大都为载重 60 ~ 65 t 总重为 84 t 的 4D 轴货车,从 2006 年开始,我国大批量生产轴重为 23 t 的 70 t 级货车,在运煤专用线上主要是总重为 100 t 的 4E 轴货车。

在计算缓冲器容量时,车辆的总重可取为 70、84 及 100 t 三种,分别考虑其 6 种不同组合的工况(见表 7 – 6)。我国编组站货车允许的安全连挂速度现规定为 5 km/h。为了提高编组站的作业效率,将来有必要将货车允许的安全连挂速度提高到 7 km/h,甚至提高到 10 km/h。

表 7 - 6 不同冲击工况下缓冲器容量计算值

工况	W_1 (kN)	W_2 (kN)	$\dfrac{W_1 W_2}{W_1 + W_2}$ (kN)	E (kJ)					
				5 km/h	6 km/h	7 km/h	8 km/h	9 km/h	10 km/h
1	840	840	420	20.66	29.76	40.44	52.83	66.90	82.59
2	840	700	382	18.79	27.06	36.77	48.03	60.84	75.12
3	1 000	840	457	22.50	32.38	44.07	57.57	72.79	89.86
4	700	1 000	412	20.77	29.19	39.74	51.90	65.62	81.01
5	700	700	360	17.25	24.81	33.76	44.09	57.34	70.79
6	1 000	1 000	500	24.64	35.43	48.14	62.89	79.64	98.32

表 7 - 6 为两辆不同重量车辆在 6 种不同组合工况下相互冲击时,按式(7 - 5)计算出冲击速度为 5、6、7、8、9、10 km/h 时所需的缓冲器容量值。从表中所列的计算值可见,冲击速度为 5 km/h 时,要求缓冲器容量 18 ~ 24 kJ,我国 3 号缓冲器容量为 18 ~ 20 kJ,2 号为 23 ~ 24 kJ,故目前我国装用这两种缓冲器的货车允许的安全连挂速度只能限制在 5 km/h 左右。如果将允许的安全连挂速度提高到 7 km/h,缓冲器的容量至少应达到 35 ~ 48 kJ。如果将允许的安全连挂速度提高到 10 km/h,缓冲器的容量至少应达到 72 ~ 100 kJ,这需要大容量的缓冲器才能实现。

二、我国常用缓冲器的类型、结构与性能

(一)MT - 2 型与 MT - 3 型缓冲器

MT - 2、MT - 3 型缓冲器的出现,是为了适应我国大秦线开行 6 000 t 至 10 000 t 重载单元列车,主要干线开行 5 000 t 级重载列车,以及发展 25 t 轴重大型货车的需要而研制和开发的新一代大容量通用货车缓冲器。其是参照美国 AAR - 901E 标准批准的 Mark - 50 型缓冲器的结构所研制的一种弹簧摩擦式缓冲器。MT - 2 型与 MT - 3 型结构和外形尺寸完全相同。MT - 2 型容量为 54 ~ 65 kJ,用于大秦线专用敞车;MT - 3 型容量为 45 kJ,可用于一般的通用货车。为满足纵向动力学性能要求,新造货车一般都采用 MT - 2、MT - 3 型缓冲器。

该型缓冲器由摩擦金属弹性元件组成,其结构如图 7 - 29 所示,性能指标列于表 7 - 5 中,图 7 - 30 为其实体构造图。

当缓冲器受冲击时,中心楔块 5 与楔块 7 沿着固定斜板 8 滑动,同时夹紧动板 4。当楔块移动到一定距离后与动板 4 一起移动,这时动板 4、固定斜板 8 和外固定板 3 构成另一组摩擦部分,消耗吸收一部分动能,并共同推动弹簧座 10 压缩内、外弹簧 12、13 和角弹簧 14,将一部分冲击动能转变为弹簧的位能。当缓冲器卸载时,复原弹簧 9 借助弹力使中心楔块 5 复位,防止卡滞。

该型缓冲器的挠力特征,在车辆空载或在较低冲击速度时,缓冲器的刚度小且变化平缓,当车辆满载或为大型车,且冲击速度在 7 km/h 以上时,刚度增长较快。缓冲器结构合理,容量大,稳定性好,其检修周期可达 16 年,较适合我国大秦线开行重载单元列车和主要干线发展重载货物列车运输对缓冲器的要求。装设这种缓冲器的总重 84 ~ 100 t 大型货车,调车允许连挂速度可提高到 7 km/h 以上,是一种具有广阔发展前景的新型货车缓冲器。

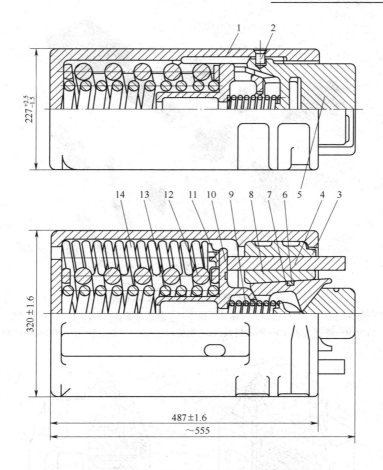

图 7 - 29　MT - 2、MT - 3 型缓冲器

1—箱体；2—销子；3—外固定板；4—动板；5—中心楔块；6—铜条；7—楔块；8—固定斜板；
9—复原弹簧；10—弹簧座；11—角弹簧座；12—外圆弹簧；13—内圆弹簧；14—角弹簧

（二）MX - 1 和 MX - 2 型橡胶缓冲器

为了解决我国货车上所使用的 2 号、3 号缓冲器容量太小，不能满足运输发展需要的矛盾，而设计制造了橡胶缓冲器。MX - 1 型为当前大批量生产和装车的摩擦橡胶缓冲器，容量达 40 kJ，其结构如图 7 - 31 所示。

缓冲器头部为楔块摩擦部分，由三个形状完全相同且带倾斜角的楔块、压头和箱体小口部分组成。楔块介于压头与箱体之间，其倾角为 52° 和 1°30′。缓冲器的后部为弹性元件部分，有 9 片形状相同的橡胶片，用顶隔板、两块中间隔板及底隔板将其分隔成三层，每层三片。橡胶片的两面与 2 mm 厚的钢板黏结，并经硫化处理。钢板上带有两个定位用的球形凹凸脐。底板与箱体大敞口边缘的凹槽卡合，使整个缓冲器封闭在箱体内。

缓冲器组装时，由箱体底部依次将各零件放入，并在压机上把橡胶片压缩，使底板倾斜进入箱体内，并卡合在箱体对应位置的凹槽内。缓冲器的外部尺寸与 3 号缓冲器相同，装车时可与 2 号、3 号缓冲器互换使用。

橡胶缓冲器的工作原理，是借助于橡胶分子内摩擦和弹性变形起到缓和冲击和消耗能量的作用。为了增大缓冲器容量，在头部装有金属摩擦部分，借助三个带有倾角的楔块，在受压时与箱体及压头间各接触斜面产生相对位移，通过摩擦而消耗冲击能量。

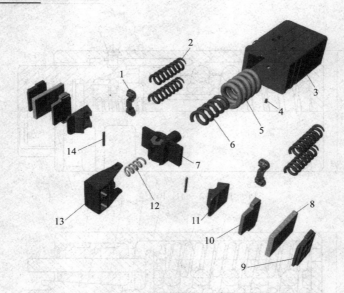

图 7-30 MT-2、MT-3 实体构造图

1—角弹簧座;2—角弹簧;3—箱体;4—销子;5—外圆弹簧;6—内圆弹簧;7—弹簧座;
8—动板;9—外固定板;10—固定斜板;11—楔块;12—复原弹簧;13—中心楔块;14—铜条

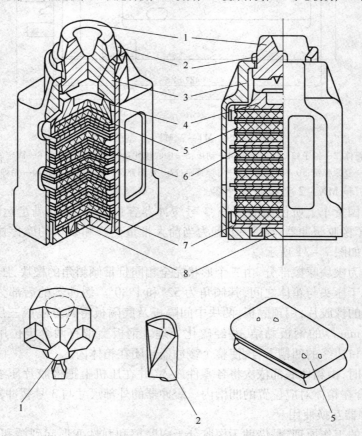

图 7-31 MX-1 型橡胶缓冲器

1—压头;2—楔块;3—箱体;4—顶隔板;5—橡胶片;6—中隔板;7—底隔板;8—底板

MX-1 缓冲器的优点是:容量大,可达 35 kJ 以上,性能良好,其能量吸收率高达 90%,能适应于各种不同的冲击能量,缓冲器的变形随着冲击力的增大而渐趋缓慢,阻抗显著增大。另外,缓冲器的结构较简单,零件少、重量轻、成本低、制造方便、检修容易。

MX-1 型橡胶缓冲器在运用中存在的问题主要是橡胶的性能不稳定,受气温的影响和老化问题,箱体结构不合理容易产生裂纹。箱体采用底部大敞口结构,当橡胶片损坏需调换时,检修操作不便。此外,橡胶的反冲作用的速度较快,调车作业时易引起车辆分离,而且当冲击力超过橡胶强度时,将使橡胶破损。所以这种缓冲器对于更大的冲击力和更高的调车冲击速度已不能适应。

MX-2 型橡胶缓冲器是在原 MX-1 型缓冲器基础上研制的一种改进型橡胶缓冲器,将原来整体式底部大敞口的箱体改成上下组合式底部封闭箱体,以便利组装和检修。橡胶片由原来的 9 片改为 8 片,每片的厚度由原来的 35 mm 增大至 40 mm。缓冲器的最大作用力为 1 800 kN,行程 76 mm,容量可达 45 kJ。

（三）1 号、2 号、3 号缓冲器

1 号缓冲器为一种摩擦式缓冲器,它由前、后两部分组成。前部为螺旋弹簧,后部为内、外环弹簧,彼此以锥面相配合,两部分之间有弹簧座板分隔。金属弹簧用来缓和冲击作用力,环弹簧两滑动斜面间的摩擦力用来消耗冲击动能,起到吸收能量的作用。

缓冲器的结构如图 7-32 所示。弹簧盒借助螺栓将两个半环状盒体连成一体,前端有一盒盖,其中部有六角形凸缘,与盒盖的折缘部分卡住,从而保证盒盖受压后沿盒体方向移动。弹簧盒的后端有底板,构成一封闭的缓冲器盒。盒内前端为双卷螺旋弹簧,后端装环弹簧,共有六个外环弹簧、五个内环弹簧及两个半环弹簧,内环的外面和外环的内面都做成 V 形锥面,

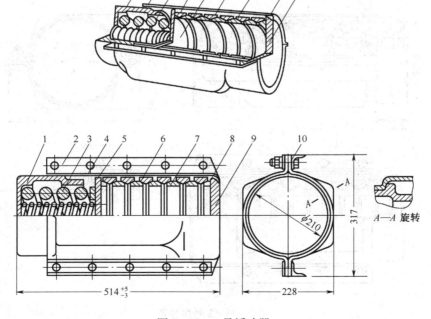

图 7-32　1 号缓冲器

1—盒盖;2—簧盒;3—外卷圆簧;4—内卷圆簧;5—弹簧座板;6—外环弹簧;

7—内环弹簧;8—半环弹簧;9—底板;10—角铁、螺栓

锥度为 15°。组装时,要求有 15 kN 的初压缩力,以保证环弹簧锥面间的密贴配合。

当缓冲器受冲击力时,盒盖向内移动,压缩螺旋弹簧,并将力通过弹簧座板传递给环簧。由于内、外环为锥面配合,受力后外环扩张,内环缩小,产生轴向弹性变形,起到缓冲作用。与此同时,内、外环锥面间有相对滑动,因摩擦而作功,从而使部分冲击能变为摩擦功而耗散。当外力去除后,各内、外环由于弹力而复原,此时同样也要消耗部分冲击能量。

该型缓冲器由于具有刚度较小的螺旋弹簧,灵敏性好,初始刚度小,在受到较小的冲击力时也能起到缓冲作用,故较适合于客车的要求。但是 1 号缓冲器容量仅为 14 kJ,不能满足扩编旅客列车和双层客车对缓冲容量的要求。另外 1 号缓冲器维修工作量大,使用寿命短,在新生产的客车上已停止使用。

2 号缓冲器外形与 1 号完全相同(图 7 - 33),其结构上的主要区别在于盒内前部的螺旋弹簧也用环弹簧代替,前部环弹簧的外径和断面的厚度较后部的环弹簧要小,且其中有两个内环开有切口,其目的是为了减小初始刚度,增加缓冲器的灵敏性。

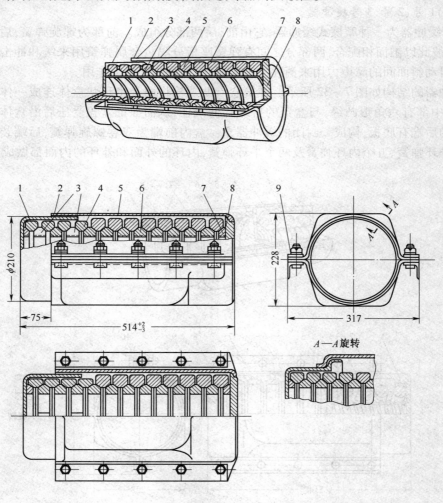

图 7 - 33 2 号缓冲器

1—盒盖;2—簧盒;3—开口内环弹簧;4—小外环弹簧;5—大外环弹簧;
6—内环弹簧;7—半环弹簧;8—底板;9—角铁、螺栓

2 号缓冲器主要装在货车上使用,为了增加缓冲的容量,环弹簧断面尺寸较 1 号缓冲器的环簧要大些。缓冲器内共有 25 个环簧,其中大环簧 8 个,小环簧 4 个,内环簧 9 个,开有切口的内环簧及半环簧各 2 个。

环弹簧缓冲器的特点是:

1. 环簧受力较合理,能充分发挥材料的作用;

2. 性能较稳定,即使少数环簧折损,仍能起缓冲作用;

3. 使用中磨损较少,检修容易;

4. 制造时对材质、加工要求较高,加工量大;

5. 内、外环簧容易产生永久变形,外环簧尺寸扩大,内环簧缩小,致使环簧在箱体内处于松弛状态,运用中加剧列车的纵向冲击。

3 号缓冲器亦称华氏缓冲器,也是一种摩擦式缓冲器,其容量仅 18 ~ 20 kJ。缓冲器由六种零件组成(见图 7 – 34),即箱体、两个导板(即摩擦楔块)、两组瓦片簧(每组八片)、一块矩形弹簧压板以及内、外螺旋弹簧。

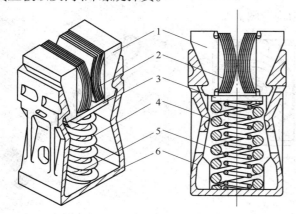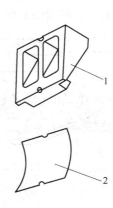

图 7 – 34　3 号缓冲器

1—导板;2—瓦片簧;3—弹簧压板;4—外圆弹簧;5—内圆弹簧;6—箱体

导板的斜面与箱体开口端的相应部分接触,并借助于瓦片簧的弹力使之紧密贴合,导板的一端顶在弹簧压板上,压板的另一端顶住安放在箱体内的双卷螺旋弹簧。箱体的中部开有弹簧检查孔及导板预压加垫孔。

当缓冲器受压缩时,导板沿箱体的斜面向内滑动,一方面推动压板压缩螺旋弹簧,另一方面也压紧瓦片簧。这时,作用在缓冲器上的冲击能,一部分由导板与箱体斜面间的摩擦而转变为热能消失,另一部分动能变为弹簧的弹性势能。当压力去除后,弹簧的弹力使导板复位,在此过程中又消耗了部分动能。

这种缓冲器结构简单,制造容易,但容量小,在运用中箱体、导板磨耗严重,瓦片簧永久变形和断裂较为严重,性能不稳定,故现已停止生产。

(四)G1 型和 G2 型缓冲器

为提高原 1 号和 2 号缓冲器的容量,有关科研单位和制造工厂提出了两种改进型缓冲器——G1 型和 G2 型缓冲器。G1 型缓冲器可用于双层旅客列车和扩编旅客列车,G2 型缓冲器可供 5 kt 重载列车和大秦线重载列车使用。

G1 和 G2 型缓冲器在保持原 1 号和 2 号缓冲器外形尺寸和簧盒内的内、外环簧总数不变的前提下将环簧的材料由原来的 60Si2Mn 弹簧钢（屈服极限 1 200 MPa）改为高强度的 60Si2CrVA 弹簧钢（屈服极限 1 700 MPa）。适当改变环簧断面及缓冲器的结构尺寸，行程从原来的 68 mm 增加至 73 mm，最大作用力分别达到 0.8MN 和 1.33 ~ 1.63MN，从而使 G1 型缓冲器的容量达 18 kJ，G2 型缓冲器的容量达 42 kJ，较之原 1 号和 2 号缓冲器容量有较大幅度的提高。

G1 型和 G2 型缓冲器环簧的受力较为合理，其最大的工作应力在内环簧断面。例如 G2 型缓冲器内环簧最大工作应力为 1 437 MPa，低于环簧材料 60Si2CrVA 弹簧钢的屈服极限，而原 2 号缓冲器内环簧最大工作应力高达 1 622 MPa，超过环簧材料 60Si2Mn 弹簧钢的屈服极限。从而避免了原 1 号和 2 号缓冲器运用中出现环簧产生永久变形、环簧断裂、卡环以及容量不稳等缺陷，提高了缓冲器的使用寿命。

（五）ST 型缓冲器

由于 MT 系列缓冲器的成本较高，为降低成本和探索缓冲器多品种化的路子，有关科研单位研制了 ST 型全钢干摩擦式弹簧缓冲器。ST 型缓冲器与原苏联的 Ⅲ - 1 - TM 型缓冲器结构类似，图 7 - 35 为 ST 型缓冲器的结构构造图。

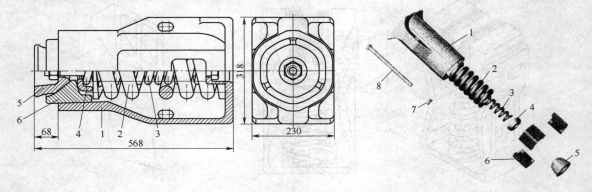

图 7 - 35 ST 型缓冲器
1—箱体；2—外弹簧；3—内弹簧；4—限位垫圈；5—推力锥；6—摩擦楔块；7—螺母；8—螺栓

当推力锥受到冲击时，摩擦楔块沿着箱体口部的斜面向里移动，这时将有一部分冲击动能转化为热能而消失。同时，限位垫圈受到摩擦楔块的压缩而压缩内、外圆弹簧，将另一部分动能转化为弹簧的势能而储存。当冲击动能消除时，圆弹簧储存的势能又推动推力锥和摩擦楔块向外移动，这样就通过摩擦楔块与箱体口部斜面的摩擦，将弹簧的势能转化为热能而消失，从而达到缓和冲击的目的。

ST 型缓冲器具有结构简单、零件少、自重轻、造价低、性价比较好及对使用环境要求不高等特点。鉴于其技术性能明显高于 2 号、3 号及 MX - 1 型缓冲器，且具有良好的互换性，因此 ST 型缓冲器最初设计定位为在一段时期内作为上述旧型缓冲器的替代产品，满足载重 60 t 级铁路货车运输的需要。与 MT 系列缓冲器相比，ST 缓冲器结构简单，成本较低，但其容量较小，且因箱体参与摩擦，寿命较低，只能适应于 3 000 t 以下的小吨位列车。受其容量限制，对货车调车速度的提高形成了障碍，故 ST 型缓冲器适合有限范围的应用。随着铁路运输提速重载的快速发展，铁道部已从 2005 年 6 月起停止了新造 ST 型缓冲器的生产。

（六）弹性胶泥缓冲器

我国客车上使用的旧型缓冲器是 1 号缓冲器，新造车上使用的是 G1 缓冲器。2004 年第 5 次大提速的 25T 型车上使用的缓冲器全部是弹性胶泥缓冲器，其中有两种形式：一种是与密接

式车钩配套使用的弹性胶泥缓冲器(缓冲系统),另一种是与15号小间隙车钩配套使用的
KC15弹性胶泥缓冲器。另外,在机车或货车上使用的弹性胶泥缓冲器QKX100大容量弹性胶
泥缓冲器也得到了长足的发展。

　　弹性胶泥缓冲器具有容量大、阻抗小,结构简单、性能稳定、检修周期长的优点。由于弹性
胶泥具有流体的特性,因此,弹性胶泥缓冲器具有良好的动态和静态特性。在编组场调车时的
动态特性使得冲击速度很大,编组作业效率高,可以加速货车周转;在紧急制动时的动态特性
使列车的紧急制动力大幅降低;在列车运行工况下的静态特性使机车车辆间的车钩力和机车
车辆的纵向加速度很小,具有较高的舒适性。

　　弹性胶泥缓冲器中起缓冲作用的关键部件是弹性胶泥芯子。缓冲器通过胶泥芯子的往复
运动吸收能量,运动过程中弹性胶泥的分子之间产
生内摩擦、弹性胶泥通过阻尼孔产生摩擦而耗散能
量。弹性胶泥芯子的结构见图7-36。当活塞杆受
到外力作用而压缩时,活塞杆向左运动,使活塞杆左
侧弹性胶泥压力上升,弹性胶泥通过阻尼孔向右流
动,使缓冲器能承受压力。当外力撤消后,压缩胶泥
膨胀,使活塞杆自动回复原位,

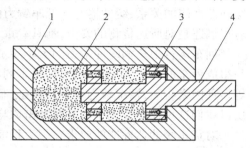

图7-36　弹性胶泥芯子结构
1—圆筒;2—弹性胶泥;3—单向阀;4—活塞杆

　　图7-37为KC15弹性胶泥缓冲器结构示意图。
KC15弹性胶泥缓冲器的初压力低,只有20~30 kN,
而既有的G1型客车缓冲器的初压力为100 kN。初
压力过高容易造成车钩磨耗加剧、钩尾框上跳和车钩敲击摆块等一系列问题。KC15弹性胶泥
缓冲器的容量比G1缓冲器大12 kJ,容量过小容易造成缓冲器压死,产生极大的车钩力,损害
车体和车钩。KC15弹性胶泥缓冲器的吸收率也比G1缓冲器高,如果缓冲器吸收率低,则容
易造成列车频繁的纵向冲动。KC15弹性胶泥缓冲器在我国铁路客车上已经广为应用,25B
型车上有少量应用,25T型车上与15号小间隙车钩配套使用的缓冲器全部是KC15弹性胶泥
缓冲器。

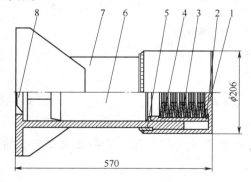

图7-37　KC15弹性胶泥缓冲器
1—大套筒;2—弹性挡圈;3—碟形弹簧;4—套筒;
5—半环;6—弹性胶泥芯子;7—箱体;8—插入件

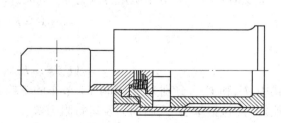

图7-38　密接式车钩用弹性胶泥缓冲器

　　图7-38是25T型车上与密接式车钩配套使用的弹性胶泥缓冲器(缓冲系统)示意图。
其基本原理与KC15弹性胶泥缓冲器相同,缓冲器性能参数也与KC15弹性胶泥缓冲器基本一
致,只是外形尺寸略有差异。

第四节　车辆冲击时车钩力与缓冲器性能的关系

列车在运行中的起动、加速、减速、制动,货车在编组场上进行编组作业,以及在意外事故中车辆或列车间的正面冲突尾追等,都会对车辆产生纵向冲击作用。除了事故冲突外,在正常的情况下,以列车运行时的突然起动,列车低速运行时的紧急制动和车辆编组作业时产生的冲击最为严重。当冲击的剧烈程度超过了车辆结构及装载货物所能承受的能力时,就要造成车辆和货物的损坏。例如,车钩断裂,缓冲器裂损,前后从板座铆钉切断,牵引梁的下垂、涨鼓,心盘的裂纹等等,都是典型的由于纵向冲击所造成的破坏现象。因此,研究车辆冲击时车钩力与缓冲器性能的关系,缓冲器对降低车钩力的作用,以及如何降低车钩力的有害影响等等,不论对车辆还是对所运货物的安全,都具有重大的现实意义。

列车运行中车辆间冲击力的大小除了与缓冲器的性能及车体纵向刚度等因素有关外,还与组成列车的总重和车辆的数目,机车的功率,制动机的性能,线路状况,以及司机的操纵技术等多种因素有关,情况较为复杂。但是,车辆间的最大冲击力一般发生在调车溜放冲击工况,所以我们这里仅研究调车溜放时冲击力与缓冲器性能的关系。

对货车缓冲器性能的要求在很大程度上取决于调车作业时货车的连挂速度。我国《铁路技术管理规程》规定,编组站货车允许连挂速度不得大于 5 km/h。随着铁路运输提速重载的发展,编组站货车允许连挂速度可能大于 5 km/h。如果缓冲器的容量太小,在低于允许连挂速度时缓冲器就已被压死,从而产生刚性冲击,冲击力和冲击加速度必急剧上升,必将导致车辆过早疲劳破坏或装载货物的破损。

以图 7 – 39 所示的任意相邻两节车辆作为分析的基础。

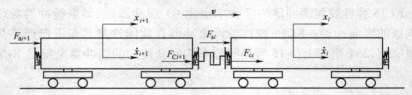

图 7 – 39　相邻两车辆的动力学模型

设第 i 和 $i+1$ 节车质量分别为 m_i 和 m_{i+1},则有

$$\begin{cases} m_i \cdot \ddot{x}_i = F_{ai} + F_{ci} \\ m_{i+1} \cdot \ddot{x}_{i+1} = F_{ai+1} + F_{ci+1} \\ F_{ci} = -F_{ci+1} \end{cases} \tag{7-6}$$

式中,F_{ci} 和 F_{ci+1} 分别为第 i 和 $i+1$ 节车的车钩力;F_{ai} 和 F_{ai+1} 分别为第 i 和 $i+1$ 节车所受的其他外力(包括牵引力、制动力及运行阻力等)。

假定相邻两节车的相对位移为 Δx,则有

$$\Delta x = x_{i+1} - x_i \tag{7-7}$$

由式(7-6)可得

$$\Delta \ddot{x} = \ddot{x}_{i+1} - \ddot{x}_i = \left(\frac{F_{ai+1}}{m_{i+1}} - \frac{F_{ai}}{m_i} \right) - \left(\frac{1}{m_{i+1}} + \frac{1}{m_i} \right) F_{ci} \tag{7-8}$$

引入等效质量 M_e 和等效外力 F_{ae}:

$$M_e = \frac{m_i \cdot m_{i+1}}{m_i + m_{i+1}} \tag{7-9}$$

$$F_{ae} = M_e \cdot \left(\frac{F_{ai+1}}{m_{i+1}} - \frac{F_{ai}}{m_i} \right) \tag{7-10}$$

将 M_e 和 F_{ae} 代入式 $(7-8)$ 并整理得

$$M_e \cdot \Delta \ddot{x} = F_{ae} - F_{ci} \tag{7-11}$$

将上式两边对 Δx 进行积分,得

$$M_e \cdot \int \Delta \ddot{x} \cdot \mathrm{d}\Delta x = \int F_{ae} \cdot \mathrm{d}\Delta x - \int F_{ci} \cdot \mathrm{d}\Delta x \tag{7-12}$$

假设冲击前后车辆的相对速度分别为 v_0 和 v_1,冲击前后车辆的相对位移分别为 Δx_0 和 Δx_1,则冲击前后缓冲器势能的变化为

$$\Delta A = \int_{\Delta x_0}^{\Delta x_1} F_{ci} \cdot \mathrm{d}\Delta x = \frac{M_e}{2} \cdot (v_0^2 - v_1^2) + \int_{\Delta x_0}^{\Delta x_1} F_{ae} \cdot \mathrm{d}\Delta x \tag{7-13}$$

方程 $(7-13)$ 为冲击过程中的能量平衡方程,即缓冲器工作的能量方程。由此方程可知,车辆冲击时,缓冲器势能的变化等于外力对冲击质量作的功及冲击质量相对动能变化的和。

在调车作业中,两车辆间作用的外力很小,几乎为零,外力在冲击质量相对位移变化中作的功可以忽略,于是对方程 $(7-13)$ 进行简化,有

$$\Delta A = \int_{\Delta x_0}^{\Delta x_1} F_{ci} \cdot \mathrm{d}\Delta x \approx \frac{M_e}{2} \cdot (v_0^2 - v_1^2) \tag{7-14}$$

即缓冲器势能的变化约等于冲击质量相对动能的变化,此时车辆间一对一的冲击接近于纯粹的速度冲击,如图 $7-40(a)$ 所示。

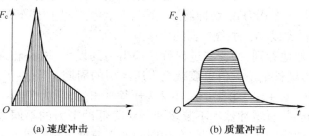

(a) 速度冲击　　　　　　(b) 质量冲击

图 7-40　冲击过程中缓冲器势能的变化

而在列车紧急制动时,由于制动波速高,车辆间的相对速差很小,冲击过程中因速差变化导致的能量变化可以忽略,同样有

$$\Delta A = \int_{\Delta x_0}^{\Delta x_1} F_{ci} \cdot \mathrm{d}\Delta x \approx \int_{\Delta x_0}^{\Delta x_1} F_{ae} \cdot \mathrm{d}\Delta x \tag{7-15}$$

也即缓冲器势能的变化约为冲击过程中外力在冲击质量相对位移变化中作的功,此时车辆间一对一的冲击接近于纯粹的质量冲击,如图 $7-40(b)$ 所示。由图 $7-40$ 可见,在调车工况下,缓冲器的冲击时间短,但冲击力比较大,即所谓的"尖峰冲击";而在列车工况下,车辆间冲击的时间较长,但冲击力没有调车工况下的大,且冲击比较"平坦"。

一般说来,在货车进行编组作业时,车辆相互冲击有以下四种工况:一辆车冲一辆车;一辆车冲一组车;一组车冲一辆车;一组车冲一组车。无论是何种工况,冲击过程中缓冲器工作的能量平衡方程是一致的,所反映的缓冲器的冲击特性也是相似的。图 $7-41$ 为一辆车冲一辆

车试验记录的车钩力(即冲击力)和缓冲器位移的波形图。

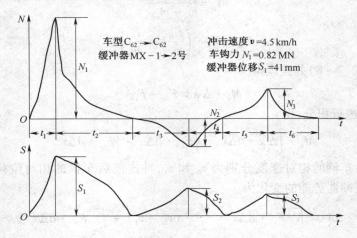

图7-41 装有缓冲器的车辆,一辆对一辆冲击时的车钩力和缓冲器位移

当冲击发生时,首先两车的车钩相互接触,缓冲器被压缩,致使两车产生相对位移(相互接近)。相对速度由冲击时的最大值逐渐减少到零,两车达到一个共同的速度并一起运动,这时车钩力在 t_1 时间内急剧增长至 N_1,继而在 t_2 时间内衰减至零,这即为冲击的第一个循环。接着由于缓冲器的复原反弹作用,使两车重心彼此相背而远离,相对速度随之增大。但由于这时两车已连挂在一起,从而产生拉伸冲击(使相互连结着的车钩承受拉伸冲击的作用),拉伸车钩力为 N_2,同样经历了车钩力的增长和衰减,这为冲击的第二个循环。在此之后如果两车仍存在相对速度,又可能发生再一次的压缩冲击,产生压缩车钩力 N_3。如此继续交替发生压缩冲击和拉伸冲击,直至车钩力完全衰减消失,两车相对运动停止为止。不论车钩承受压缩冲击或拉伸冲击,对缓冲器而言均受压缩作用。从图7-41可见,对应于压缩车钩力 N_1 缓冲器的位移为 S_1,继之产生拉伸车钩力 N_2 对应的缓冲器位移为 S_2,当再产生压缩车钩力 N_3 时,缓冲器的位移为 S_3,等等。

从图7-41可清楚地看到,冲击的过程就是冲击力的发生、增长和衰减的过程,在冲击的第一个循环里,车钩力增长至最大值再衰减至零所经历的周期 $T=t_1+t_2$。冲击的第二个循环为拉伸冲击,周期为 $T=t_3+t_4$。第三个循环又为压缩冲击,周期为 $T=t_5+t_6$。

为了比较在车辆上装有缓冲器和不装缓冲器对降低冲击力的不同效果,试验时在冲击车和被冲击车上用矩形铸钢箱代替缓冲器,在相同的冲击速度下测定其车钩力,从图7-42可见其车钩力增长时间 t_1 比有缓冲器冲击时短得多,车钩力的数值也大得多。由此可见,装设缓冲器后延长了冲击的增长时间,减缓了冲击力的增长速度,降低了冲击力的数值,从而达到

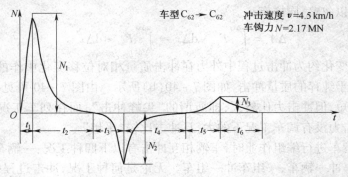

图7-42 不装缓冲器(以铸钢箱代替缓冲器)冲击时车钩力波形图

了缓和冲击和降低车钩力的效果。

缓冲器的性能不同对降低车钩力的效果也不相同,对于我国货车上所使用的几种主型缓冲器——2 号、3 号、MT - 3 和 MX1 型缓冲器,在一辆车对一辆车冲击时,两车均装设同型缓冲器,测得在不同的冲击速度下的车钩力,示于图 7 - 43(a)中。图中还画出了不装缓冲器(即以铸钢箱代替缓冲器)车辆冲击时的车钩力。可以看出:与不装缓冲器相比,装设缓冲器后,同一冲击速度下,车钩力将大幅度地下降。不同型号缓冲器对降低冲击时车钩力的效果也不相同,冲击速度在 6 km/h 以下时,以 2 号缓冲器的效果最佳,MT - 3 和 MX1 型缓冲器次之,3 号缓冲器最差。对于 2 号和 3 号缓冲器,在冲击速度与车钩力的关系曲线上有明显的转折点,超过这一点车钩力增长速率急剧上升,转折点意味着这时缓冲器已达全压缩行程,缓冲器已不起缓和冲击的作用,车辆彼此呈刚性冲击。

几种缓冲器在不同组合时,对冲击时车钩力的影响也不相同。试验表明:当冲击速度低于 6 km/h 时,3 号与 2 号组合时车钩力最低,MX - 1 型与 2 号车钩力稍高,MX - 1 型与 3 号组合时车钩力最高。可见,在非同型缓冲器组合时,凡与 MX - 1 型组合者其车钩力均偏高〔详见图 7 - 43(b)〕。MT - 3 型与 MX - 1 型组合时随着冲击速度提高车钩力增长较为平缓,所以MT - 3 型缓冲器较适宜于冲击速度较高的情况。

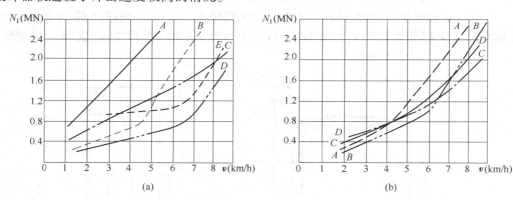

图 7 - 43　装设同型和不同型缓冲器车辆冲击时的车钩力

(a)同型缓冲器的冲击:A - 钢箱→钢箱;B - 3 号→3 号;C - MX - 1→MX - 1;D - 2 号→2 号;E - MT - 3→MT - 3。

(b)不同型缓冲器的冲击:A - MX - 1→3 号;B - 3 号→2 号;C - MX - 1→2 号;D - MT - 3→MX - 1

所以不论同型还是非同型缓冲器组合条件下,对降低车钩力的效果以 2 号、特别是 2 号与 2 号组合时为最佳。3 号缓冲器在冲击速度小于 4.5 km/h 时尚可,大于 4.5 km/h 时性能急剧恶化。MX - 1 型缓冲器在低速冲击时性能较差,但在大于 7 km/h 时车钩力增长比 2 号和 3 号缓冲器缓慢,其主要原因是由于 MX - 1 型缓冲器容量较大。MT - 3 型缓冲器不论是低速或高速冲击时性能均优于 MX - 1 型缓冲器,较适宜于冲击速度较高的工况。

当一组车冲一辆车或一组车冲一组车时,在装设同样缓冲器的情况下,车钩力比一辆冲一辆车稍有增加,试验表明一般仅增加10% ~15%。这是因为一组车中各辆车之间并非刚性连结,而是通过缓冲器彼此弹性连结,另外,各车钩间还具有间隙所致。

列车运行中车辆间的冲击力与缓冲器性能的关系,比调车冲击工况要复杂得多,影响因素也多得多。根据我国大秦线 5 000 t 重载列车纵向动力学试验资料,最大车钩力发生于低速(10 ~20 km/h)紧急制动工况,位于列车长度的 2/3 处,为压缩力;当低速拉车长阀制动时,最大车钩力发生于列车长度的 1/3 处,为拉伸力;低速缓解时,车钩力沿列车长度由压缩状态,经自由状态,再过渡到拉抻状态,在列车的 1/2 处出现最大拉伸力,拉断车钩往往发生于这种工况。缓冲器的作用主要是吸收车辆的冲击动能,减小剩余冲击动能,降低车辆的车钩力和加速度。合理选择缓冲器的容量和阻抗特性,达到与列车总重,车辆单重,冲击速度等最合理的匹配关系,方能获得最大限度地降低列车运行时的车钩力和纵向加速度。

第五节　风挡和牵引杆装置

一、我国客车用风挡的类型、结构与性能

为了防止风沙、雨水侵入车内及运行时便于旅客安全地在相互连挂的车辆间通过在车辆两端连接处装有风挡装置。我国的客车风挡有帆布风挡、铁风挡、国际联运铁风挡、橡胶风挡、单层密封折棚式风挡、密接胶囊式风挡等型式。

帆布风挡用于 22 型客车及一些老型客车上,由帆布折棚组成。特点为结构简单,维修方便,但不太美观且易损坏。

铁风挡是我国现有客车上保有量最大的风挡,该型风挡为客车通用件,分 KT10 - 00 - 74、KT228 - 00 - 76 两种形式,前者用于部分 21 型客车上;后者主要用于我国主型客车 22、25 型车上。特点为结构简单,车辆之间连挂方便。但风挡噪生大,磨损及腐蚀严重,维修量比较大。25 型客车广泛采用的铁风挡装置如图7 - 44所示。铁风挡由风挡框组成、渡板及缓冲装置、

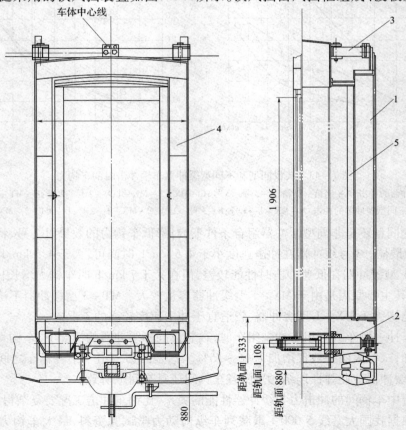

图 7 - 44　铁风挡组成

1—风挡框组成;2—渡板及缓冲装置;3—弓弹簧组成;4—磨耗面板;5—风挡胶皮

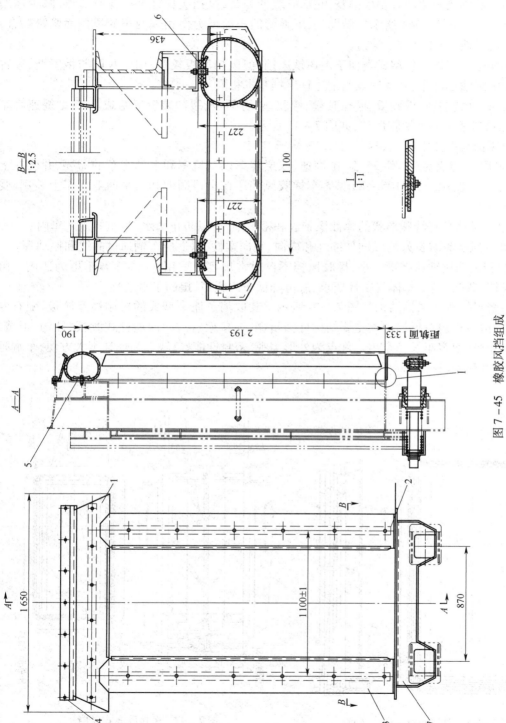

图 7-45 橡胶风挡组成

1—横橡胶囊组成;2—立橡胶囊组成(右);3—立橡胶囊组成(左);
4—防晒板组成;5—橡胶垫;6—橡胶套;7—渡板组成

叠板弹簧组成、磨耗面板和风挡胶皮五部分组成。在风挡面板表面装有耐磨耗板,采用抽芯拉铆钉紧固。铁风挡的顶部有叠板弹簧,底部有缓冲弹簧,风挡缓冲杆采用橡胶节点,减少运用的磨耗及噪音,如图 7 - 44 所示。借助上、下弹簧的压缩反力使相邻两车的风挡面紧密贴合,从而保证密封性,使旅客安全通过。

国际联运铁风挡结构型式类似于上述铁风挡,但风挡面板较宽,用于我国与俄罗斯、蒙古等国家的国际联运客车,其优缺点与上述铁风挡基本相同。

橡胶风挡由左右立橡胶囊、横橡胶囊、橡胶垫、防晒板、缓冲装置等组成。25 型提速客车即 25K 型系列客车采用橡胶风挡,如图 7 - 45 所示。

橡胶风挡具有如下的优点:

1. 应用广,能满足 22 型、25 型、准高速、双层客车以及机车和电动客车的需要,并已在上述机车、客车上使用。SY2105 - XJ 型客车橡胶风挡还在出口缅甸和马来西亚客车上装用,受到用户好评。

2. 橡胶风挡具有特殊形状的弹性橡胶囊和密封垫,可以防止雨水、尘土等进入车内。

3. 橡胶风挡具有良好的纵向伸缩性和横向、垂向柔性,以适应车辆通过曲线和振动等。

4. 橡胶风挡比铁风挡噪音小,橡胶风挡不仅对常规客车适用,对高速客车更为适用。由于橡胶风挡有利于满足车体气密性要求,故可降低车内噪声,提高了舒适性。

单层密封折棚式风挡结构如图 7 - 46 所示。其取消了原来型式的折棚柱及渡板,配有专用渡板,且把渡板包在风挡内。主要结构件为折棚、连接架、拉杆、四连杆式渡板、挂钩、板簧、锁盒等,用于提速客车及动车组。优点为外形美观、密封性能好;缺点为连挂不太方便,车端阻尼小,耐候性较差。

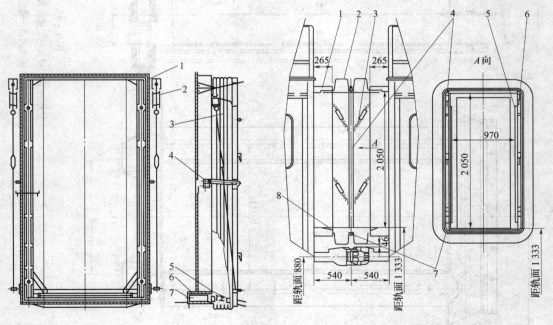

图 7 - 46　单层密封折棚式风挡
1—连接架;2—连杆;3—折棚;4—挂钩;
5—渡板;6—踏板;7—板簧

图 7 - 47　密接胶囊式风挡
1—风挡座;2—胶囊;3—风挡悬挂装置;4—对接框;
5—内饰板;6—手动夹紧装置;7—密封条;8—渡板

随着我国铁路运输业的快速发展,对旅客列车的安全舒适性提出了更高的要求。对于提速客车,风挡装置不仅要美观舒适,还应具有良好的纵向伸缩性和横向、垂向柔性,以承受和适应车辆之间在运行中的错动和冲击,保证列车安全通过曲线和道岔。尤其是 200 km/h 以上的高速客车用风挡,对气密性、隔声性要求更高。密接胶囊式风挡就是为 200 km/h 以上的电动车组研制的,主要由风挡座、胶囊、对接框、风挡悬挂装置、内饰板、渡板、手动夹紧装置等组成,结构如图 7-47 所示。

风挡座是由钢板制造的箱形框架,其作用等同于 25 型客车的风挡框,用螺栓紧固于客车外端墙上(也可焊装于外端墙上)。风挡座主要用来支承和悬挂风挡装置。胶囊是风挡的主体,选用优质橡胶材料制成,具有足够的强度、弹性及良好的阻燃、隔声、隔热和防腐性能。它与风挡座、对接框分别密接,承受连挂车辆间各种相对运动所造成的位移,使风挡相对车内保持密接状态。对接框用铝合金或不锈钢型材制成,一侧与胶囊密接,另一侧与邻车对接框连挂,其上镶有起密封作用的密封条,通过定位销定位,可靠地实现与邻车风挡对接连挂,并保证接触面平整严密。风挡悬挂装置由风挡吊簧和各种簧座组成,可柔软平滑地承受、缓和各运动件的重力与冲击。内饰板由内顶板和内侧板组成。主要通过合页与风挡座连接。其作用是装饰内面,防止挤伤旅客,同时改善风挡内表面的舒适性。渡板由数块板状部件及滑道构成。随着车辆间的相对运动而改变形状,方便乘客在运行的车辆间自由通行。手动夹紧装置置于对接框内部,打开侧部装饰板即可摘挂或锁定。其作用是使连挂后的风挡始终处于弹性的密接状态,具有良好的气密性。密封条是起主要密封作用的部件,置于对接框连挂表面。

该风挡与国内同类产品相比具有以下优点:

(1)提高了乘客通过的安全性。由于采用内饰板及新结构渡板,避免乘客挤伤手脚现象的发生。

(2)具有良好的气密性。风、雨、雪、沙尘不能侵入,同时防噪声效果大大提高,使乘客乘坐舒适性大大提高。

(3)过道美观。内饰板选择合适的贴面,可以实现与客室同色调。

(4)可圆滑地过渡列车走行时发生的两车之间的错动。

(5)风挡胶囊采用特殊橡胶材料制成,可耐高温 150 ℃,耐低温 -40 ℃。

二、牵引杆装置

牵引杆装置作为新型的铁路车辆连接方式已经在国外重载运输的单元列车中得到成功应用,如美国、澳大利亚、南非、加拿大和巴西等国均不同程度地在长大重载货车上采用了牵引杆装置,按其组成可分为普通牵引杆装置和无间隙牵引杆装置,主要区别为前者带有缓冲器,后者无缓冲器;其中核心部件牵引杆按其使用性能可分为旋转牵引杆和不旋转牵引杆。无间隙牵引杆装置由于斜楔的自锁、黏滞作用容易造成机构卡死现象而影响车辆的曲线通过能力,也不便于车辆检修,且无间隙牵引杆装置与现有车辆的牵引缓冲装置不能互换,因此没有得到大范围的推广。

我国的 RFC 型牵引杆是根据大秦线重载运输的需要,针对大秦线重载货车运用的特点和进一步发展的要求,遵照具有一定强度储备原则和与现有 16、17 型车钩互换的原则研制的可旋转牵引杆,其结构如图 7-48 所示。牵引杆整体为杆状铸件,牵引杆杆身为箱体结构;牵引杆的一端为固定端,另一端为转动端,在中间设有与拨车机匹配的挡肩;牵引杆与从板配合的两端面为球面。其采用与安装车钩时相同的缓冲器及钩尾框,牵引杆的长度与车钩的连接长度一致,实现与车钩缓冲装置的互换。

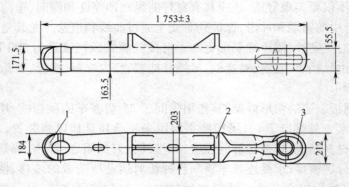

图 7 - 48 RFC 型牵引杆
1—固定端;2—挡肩;3—转动端

该牵引杆具有结构强度高、耐磨性能好、互换性好和转动功能等特点;使用该牵引杆装置的列车可缩小列车的纵向间隙,减轻长大列车由于间隙效应对纵向动力学性能的影响;由于取消了车钩,简化了车辆结构,不仅降低了车辆自重,而且降低了制造及检修成本。

第六节　国内外车端连接装置的发展概况

根据我国铁路运输发展规划和铁路技术政策,客运繁忙干线行车速度为 140 ~ 160 km/h,并开始运行或准备开行速度达 250 ~ 300 km/h 的高速动车组,即将动工修建的京沪高速铁路设计时速 350 km/h,初期运行速度 300 km/h。货运繁忙线路要求开行 5 000 ~ 6 000 t 重载列车,个别线路要求开行万吨单元列车或组合列车。因此对车钩、缓冲器等车端连接装置提出了许多新的更高的要求。

对于速度小于 160 km/h 的普通客车,采用 C 级低合金铸钢的 15 号车钩强度能够满足要求,缓冲器的容量应不小于 18 kJ,额定阻抗力不大于 800 kN,初压力 15 ~ 25 kN,吸收率不小于 60%。为提高车辆运行的平稳性和舒适度,现正着手研究如何减小车钩的纵向间隙。如研制小间隙 15 号车钩;研制高性能的新型客车缓冲器,如弹性胶泥缓冲器和液压缓冲器;推广应用密接式车钩缓冲装置。

运行速度在 200 km/h 以上的高速列车,一般均应采用密接式车钩缓冲装置,最大限度地减小车钩的纵向间隙,以达到机械、电气和空气管路的自动连接,改善列车运行的纵向动力性能。根据列车动力配置的不同可分为动力集中和动力分散两种形式。对于动力集中式,由于车辆间采用密接式车钩或铰接结构连接,彼此之间无相对运动,这样,相互连挂的车辆就成为一个质量很大的刚性车组,要达到足够大的连挂速度就要安装容量较高的缓冲器。例如法国 TGV 铰接式高速列车,为保证连挂速度 8 km/h,装用了容量为 58 kJ 和 62.5 kJ 的弹性胶泥缓冲器。对于动力分散式,由于连挂速度较易控制,分解连挂的次数也相对较少,因此,连挂速度也可小些,缓冲器的容量就可低些。例如上海地铁列车为二动一拖为一车组,车辆连挂速度为 5 km/h,采用容量为 18.1 kJ 的环弹簧缓冲器。

发展 5 000 ~ 6 000 t 重载货物列车要求车钩的静拉破坏强度不低于 3.1 MN,万吨单元列车或组合列车对车钩强度要求必然更高。为了提高车钩的强度,一方面在材质上采用高强度低合金的 C 级和 E 级铸钢代替原普通铸钢,13 号车钩的强度可得到较大幅度的提高(见表

7－4)；另一方面可研制新型的高强度车钩,如新研制的 16 号、17 号连锁式转动和固定车钩,满足大秦线万吨运煤单元列车不解钩上翻车机卸货的要求,并能与普通货车车钩连挂。

随着车辆载重、列车总重和运行速度的增大,以及货车编组场车辆允许连挂速度的提高,车辆之间的纵向动力作用越趋加剧。为了保护车辆结构和所装运的货物不受损害,各国都致力研究大容量、高性能的新型缓冲器。

美国近 50 年来,为了适应铁路运输发展的需要,北美铁路协会(AAR)曾几度修改有关缓冲器的标准,从早期颁布的 AAR－M901 规定的缓冲器容量不得低于 24.8 kJ,最大阻抗力 1.36 MN,至 1959 年颁布的 AAR－M901E,规定缓冲器容量不得小于 49.6 kJ,最大阻抗力为 2.27 MN。20 世纪 70 年代以后,美国发展载重 90 t(总重约 120 t)和 110 t(总重约 140 t)的大型货车,车辆允许连挂速度要求达到 9.7～11.3 km/h,则要求缓冲器的容量更大。除了传统的安装在车底架牵引梁前、后从板座之间的缓冲装置之外,对于运输易碎,贵重货物的专用车辆,采用活动中梁。在活动中梁与底架之间装设附加的液压阻尼装置,行程达 508 mm 以上,用以吸收冲击能量。在中梁的两端再装设普通的缓冲器,整个系统的总容量达 200 kJ。

Mark－50 型缓冲器为美国 AAR－901E 标准批准的一种弹簧－摩擦式缓冲器,其容量为 53.67kJ,行程 82.55 mm,适用于总重 80.5～100 t 的货车,允许车辆安全连挂速度 7～8 km/h。我国的 MT－2、MT－3 型缓冲器就是借鉴该型结构设计的,现已推广应用。

弹性胶泥缓冲器是近 20 年来欧洲新开发的一种新型缓冲器,在法国、德国、波兰的高速列车、客车和货车上应用获得成功,现已被纳入 UIC 标准(UIC526－1;UIC526－3)。这种缓冲器取用一种未经硫化的有机硅化合物,称为弹性胶泥作为介质,它具有弹性、可压缩性和可流动性,其物理化学性能在 －50～＋250 ℃ 范围内具有较高的稳定性,抗老化、无臭、无毒,对环境无污染。它具有固体和液体两种属性的特征,其动黏度比普通液压油大几十至几百倍,且可据需要改变配方予以调节,因此在液压缓冲器中十分困难的密封问题在这里变得极为简单。

弹性胶泥缓冲器的工作原理为,在充满弹性胶泥材料的缓冲器体内,设有带环形间隙(或节流孔)的活塞。当活塞杆受到冲击力时,弹性胶泥材料受压缩产生阻抗力,并通过环形间隙(或节流孔)的节流作用和胶泥材料的压缩变形吸收冲击能量。由于胶泥材料的特性,冲击力越大,缓冲器的容量也随之增大。当活塞杆上的压力撤除后,弹性胶泥体积膨胀或利用加设的复原弹簧使活塞回到原位,这时胶泥材料通过环形间隙流回原位。其结构工作原理如图 7－49 所示。这种缓冲器的力—位移特性曲线呈凸形(见图 7－50),与一般摩擦式缓冲器相比,在相同的阻抗力和行程条件下,它的容量要大得多。

所以,弹性胶泥缓冲器具有容量大、阻抗力小,结构简单、性能稳定、体积小、重量轻的优点,据国外介绍在同样容量下,可减轻重量达 30%～50%,检修周期长达 10 年,故它是一种很有前途的新型缓冲器。

我国近年来也加强了对弹性胶泥缓冲器的研究和开发,在 25T 新型提速客车上所使用的缓冲器全部是中国自行研制的弹性胶泥缓冲器。由于弹性胶泥缓冲器的使用,列车纵向舒适度得到了提升,车钩零部件磨损减少,客车主要受力部件的疲劳寿命增加。重载列车用弹性胶泥缓冲器也得到了长足的发展。大秦线上约有 800 辆重载 SS₄ 机车上装用 QKX100 大容量弹性胶泥缓冲器。株洲电力机车有限公司与西门子公司新研制的大功率重载机车上也装用 QKX100 大容量弹性胶泥缓冲器。图 7－51 为 QKX100 大容量弹性胶泥缓冲器示意图。该缓冲器最大阻抗力小于等于 2 500 kN,容量大于等于 100 kJ,2005 年在大秦线两万吨重载运输试验中运用良好。根据列车纵向动力学仿真计算结果,装有 100 kJ 弹性胶泥缓冲器的 2 万 t 组合列车,在紧急制动工况下改善最大冲动 93.55% ;在常用全制动工况下改善最大冲动 42.11% ;在循环制动工况下改善最大冲动 153.85% 。在同样线路条件、列车编组和操纵方式下进行比较,100 kJ 弹性胶泥缓冲器改善最大车钩力的效果为 16% ~40% 。

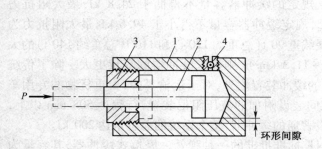

图 7 - 49　弹性胶泥缓冲器的工作原理

1—缓冲器壳体;2—活塞与活塞杆;3—带密封盖;4—充料阀

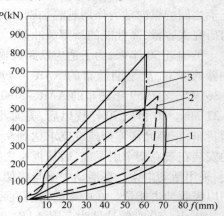

图 7 - 50　弹性胶泥缓冲器与摩擦式
缓冲器力—位移($P-f$)特性曲线

1—胶泥缓冲器;2—1 号缓冲器;
3—G1 型缓冲器

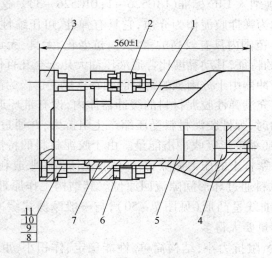

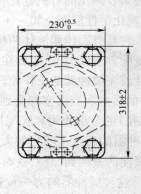

图 7 - 51　QKX100 大容量弹性胶泥缓冲器

1—壳体;2—连接板;3—预压板;4—垫板;5—弹性胶泥芯子;6—垫块;

7—减磨套;8—螺母防松板;9—螺杆;10—螺母;11—垫圈

苏联在二轴和四轴货车上采用 Ⅲ - 1 - TM 型缓冲器。它是旧型 Ⅲ - 1T 缓冲器的改进型,容量增大至 55 ~65 kJ,最大作用力达 2.5 ~2.8 MN 。其结构如图 7 - 52(a)所示。在新发展的八轴货车上装用容量更大的 Ⅲ - 2 - T 型缓冲器,其结构示于图 7 - 52(b),行程增大至 110 mm,当作用力为 2.0 MN 时,容量为 65 kJ 。

根据苏联铁路远景规划,在设计新缓冲器时,当调车允许连挂速度按 9.5 km/h 考虑时,对于四轴货车,缓冲器容量应不小于 60 kJ,六轴及八轴货车应不小于 110 kJ 。当调车允许连挂速度提高到 11 km/h 时,对于四轴货车,缓冲器容量应不小于 100 kJ,六轴和八轴货车应不小于 160 kJ。

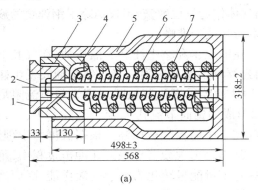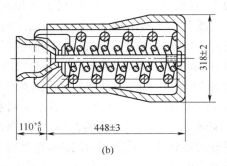

(a)　　　　　　　　　　　　　(b)

图 7 - 52　Ⅲ - 1 - TM 型和 Ⅲ - 2 - T 型缓冲器

(a)Ⅲ - 1 - TM 型缓冲器；(b)Ⅲ - 2 - T 型缓冲器

1—压盖；2—螺栓；3—楔块；4—压垫；5—筒体；6—内弹簧；7—外弹簧

除了摩擦式缓冲器外，国外还有采用液体来吸收冲击能量的液压式缓冲器，主要用于客车或装运易碎货物的专用货车。液压缓冲器的工作原理如图 7 - 53 所示，在外力作用下，活塞 1 向右移动，压缩弹簧 2，并将活塞右侧空腔的液体经溢流孔 a 压入活塞的左侧空腔。控制溢流孔 a 截面的大小，即可保证缓冲器达到所要求的特性曲线。图 7 - 54 为一种液压缓冲器的结构。

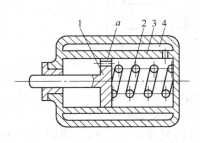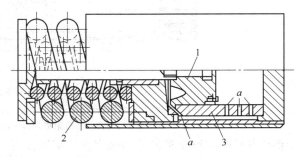

图 7 - 53　液压缓冲器的工作原理

1—活塞；2—弹簧；3—缸体；4—空腔

图 7 - 54　液压缓冲器的结构

1—活塞；2—圆弹簧；3—缸体

液压缓冲器在受冲击时，阻抗力的大小决定于活塞运动的速度、溢流孔 a 的截面尺寸和所采用的液体的黏度，当冲击速度越大，缓冲器的阻抗力也随之增大，容量也就越大。所以，其挠力特性曲线形状较为合理，这是液压缓冲器的一大特点。但是，当缓冲器受到缓慢的压缩时，即相当于列车平缓地起动或爬坡时，缓冲器几乎没有受到液体阻力而被压缩，阻抗力显得太小。当液压缓冲器中的圆弹簧刚度较小时，在接连不断地受到冲击时，缓冲器几乎不起缓冲作用，这是该型液压缓冲器的一个主要缺点。

液压缓冲器虽具有上述优点，但在国内铁道机车车辆上的应用目前仍是空白，究其原因主要是液压密封件的可靠性问题。随着液压领域的技术进步，密封效果和密封寿命得到了大大提高，完全可以满足液压缓冲器的使用要求，适合于不同场合的液压缓冲器在工业自动化生产线上得到了广泛的应用，并逐渐扩展到交通运输领域。目前，液压缓冲器在起重机、汽车等领域已得到较为广泛的应用。由于铁道机车车辆所需缓冲要求的特殊性，使得液压缓冲器在铁道机车车辆上的应用受到一定的限制。液压缓冲器一般多采用钢弹簧作为复原弹簧，而由于铁道机车车辆经常出现往复性冲击,钢弹簧的疲劳寿命问题极大地限制了其应用。液气缓冲器正是为克服这一缺陷发展起来的,其采用压缩气体作为复位弹簧,不仅消除了钢弹簧的疲劳现象,且实现了无磨耗工作,可大大提高其使用寿命和减少维修。

图7-55所示为液气缓冲器的结构原理图。在油腔①和②中注满了液压油,在气腔1中充有一定初始压强的氮气,液压油与氮气之间通过浮动活塞4隔离。当相邻车辆间发生碰撞时,柱塞1即被压入油腔①中,油腔①中的液压油从油腔①通过节流阻尼环8与节流阻尼棒10所形成的环缝,再流经单向锥阀6与柱塞端部形成的锥阀节流孔7,流到油腔②中,使得油腔②的油量增大,从而使浮动活塞4向左移动,气腔2中的氮气被压缩。根据流体力学理论,压缩的氮气可起到弹簧的作用,但与钢弹簧相比,其不会出现疲劳现象。在冲击过程中,绝大部分动能转变为热能,并由缸体逸散到大气中,只有少量能量转化为油液的液压能,因而液气缓冲器的能量吸收率比较大。当车辆间的冲击减缓或消失时,氮气通过活塞给油腔②的液压油施以压力,将液压油通过柱塞端部的单向阀流回到油腔①中,柱塞又回到工作位置。其中,单向锥阀可相对柱塞端部轴向移动,但其只在缓冲器被压缩加载时才打开。当缓冲器卸载时,单向锥阀在液压油压力作用下压紧在柱塞端部的阀座,锥阀节流孔7被封闭,而油腔②的油则通过柱塞端部的单向阀流回到油腔①,完成缓冲器的卸载。

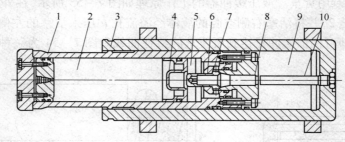

图7-55 液气缓冲器的基本结构及工作原理

1—柱塞;2—气腔;3—缸体;4—浮动活塞;5—油腔②;6—单向锥阀;

7—锥阀节流孔;8—节流阻尼环;9—油腔①;10—节流阻尼棒

节流阻尼棒的形状和尺寸是确定液气缓冲器特性的关键,只要正确选取节流阻尼棒的形状和尺寸,就能使缓冲器达到比较理想的缓冲特性。对于型号和行程相同的液气缓冲器,改变节流阻尼棒的形状和尺寸,缓冲力可在相当大的范围内变化,以满足各种运行速度和牵引重量对机车车辆缓冲器的要求。同其他模式缓冲器相比,液气缓冲器的这一特性使其具有更为广泛的使用范围,故近10年来在欧洲得到广泛的应用。我国相关单位也正在对其进行研制,具有自主知识产权的新型液气缓冲器将在不久的将来应用到我国的铁道机车车辆上。

随着列车技术装备的进步,旅客列车的运行速度不断提高,旅客对列车运行舒适度的要求也越来越高。但同时,速度的提高使车体的摇头、侧滚等振动问题更加突出,成为影响列车运行品质的重要原因。人们逐渐认识到车端连接设备的刚度和阻尼特性对车辆各个自由度振动的约束作用,以及这种约束对列车运行舒适度的影响。为了提高舒适度,一些铁路发达国家开始在车辆的端部采用除缓冲器以外的专门的减振装置,或改进原有的某些车端连接设备,如风挡的阻尼特性,使之能够衰减车辆之间的相对振动。

法国TGV高速列车由于采用铰接式结构,转向架位于车端连接部位,转向架的各种减振器必须布置在车端。其TGV-PSE在车辆端部采用了一系悬挂轴箱减振器、抗蛇行减振器、横向减振器和垂向减振器,而TGV-A高速车取消了垂向减振器,在车端4个顶角增加了4个纵向减振器。其中的横向减振器和纵向减振器就属于车端阻尼装置的范畴。纵向减振器分上、下两层布置在 4 个角点上,主要衰减车体间的相对点头及摇头运动;横向减振器布置在车体与风挡之间,主要衰减车体间的相对横移及侧滚运动。减振器的阻尼特性取决于其功能。纵向减振器工作行程很小,振动速度低,但要求有足够的阻尼力,故纵向减振器采用具有陡前沿饱和特性的非线性减振器,具有起始段斜率大,达到饱和阻力后阻力几乎为常数,不随作用速度增加的特性,其优点是输出力恒定,不会产生过大的冲击,过弯道时又不至于对车体产生过大的纵向力。

　　日本铁路非常重视车端阻尼装置对提高列车运行舒适性的作用,车端阻尼装置广泛应用在特快电动车组和新干线车辆上。车端阻尼装置包括垂向车端减振器和纵向车端减振器 2 种型式,其中既有线车辆仅使用垂向车端减振器;新干线车辆从 500 系电动车组开始,同时使用 2 种型式的车端阻尼装置。垂向车端减振器是安装在通过台上部的阻尼装置,相邻两车的车端减振器通过反对称拉杆相互连接,具有防止摇头和侧滚振动的作用。日本 20 系卧铺车安装有 YD1 车端减振器和 E491 系安装 YD2 车端减振器。而其新干线列车从 0 系开始,各电动车组一直采用 YD4 型车端减振器。纵向车端减振器是装在端墙下部车钩两侧的液压减振器,主要应用在高速新干线车辆上,在既有线上没有采用,在新干线其他列车中也只是在采用半主动或主动悬挂的电动车组上使用。在新干线高速车辆上,因编组位置的不同,横向摇动的程度也有所不同,一般情况是车辆后尾部摇动大。抑制车辆间相互摇动的解决办法就是安装纵向车端减振器。500 系新干线电动车组是世界上首次采用车体间减振器的非铰接式车辆。

　　由于连接方式的不同德国 ICE1、ICE2 高速列车不使用与 TGV 和新干线相似的车端阻尼装置,其速度更高的 ICE3 动车组也没有采用专门的车端阻尼装置。约束相邻两车端相对侧滚、摇头等相对运动所必需的刚度和阻尼完全依靠 ICE 独特的风挡结构提供。

　　我国普通 22 型客车采用铁风挡。提速之后,最初 25 型客车采用橡胶风挡,都没有采用专门的车端阻尼装置。这 2 种风挡都有较大的纵向刚度和抗侧滚摩擦力矩,可以对车端相对运动进行一定的约束,但气密性不能满足客车运行速度提高的要求。因此,25K 型车采用了折棚风挡,不但外形美观,气密性也较好。但这种风挡刚度和阻尼很小,几乎不能对车体间相对运动产生约束。随着 25K 型客车运行速度的提高,车端相对运动剧烈,严重影响了客车的横向和垂向平稳性,甚至出现了由于相邻车端剧烈的反相点头运动产生的车钩频繁冲击摆块吊的现象。在这种情况下,国内开始考虑采用车端阻尼装置。

　　为了弥补折棚风挡刚度和阻尼特性的不足,2000 年,四方机车车辆厂为 25K 型车开发了一种特殊的车端阻尼装置,在北京—青岛的 K25/26 次列车上安装使用。这种装置由安装座、缓冲弹簧和磨耗板组成,装在折棚风挡上方,依靠相互压紧的磨耗板的摩擦力来耗散能量,约束车端相对运动。但由于车端部空间有限,又不能影响列车的自动连挂和分解,车端阻尼装置只能装在风挡的顶部,由于安装位置太高,作用点距车体断面中心太远,作用力不均衡,因此对约束车辆间的点头和侧滚振动颇为不利。而且由于圆弹簧本身不吸收能量,只能靠磨耗板提供横向和垂向的等效摩擦阻尼,因其结构导致阻尼不足。所以这种车端阻尼装置可以对某些形式的车端相对运动起到一定的约束作用,但效果不理想,装有车端阻尼装置的 25K 型车除纵向和垂向加速度峰值稍有下降外,在这两个方向的运行平稳性并不比普通列车有明显改善。在列车稳定运行时(不发生车钩冲击,也没有各自由度的冲动),安装了车端阻尼装置的 25K 型列车的车端横向、垂向振动情况改善也不明显。

　　我国 25T 新型提速客车上也采用了车端阻尼装置,图 7 - 56 为其安装示意图。车端阻尼装置安装在 25T 型客车车端密封折棚风挡的上方。依靠两装置磨擦板间的摩擦力和弹簧的纵向力增加车辆之间阻尼力,减轻车辆在运行中的横向摆动和车钩撞击现象,提高车辆运行品质和旅客的舒适度。车端阻尼装置安装梁与车端风挡安装座焊接成一体,缓冲装置组成及磨擦梁组成安装于该安装梁上。安装时摩擦梁下沿距风挡上缘不小于 260 mm,导向杆与导筒之间涂润滑脂(凡士林)。

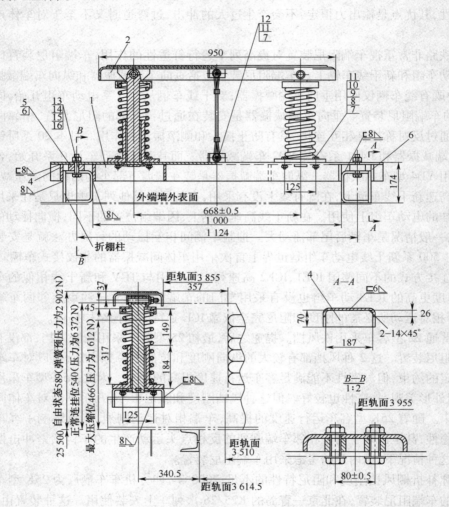

图 7 – 56 25T 客车车端阻尼装置安装示意图

1—安装梁组成;2—车端阻尼装置;3—垫板 φ30;4—连接板 10×187×70;5—垫板 20×40×40;
6—垫板 6×40×40;7—开口销 4×40;8—螺栓 M16×60;9—螺母 M16;10—垫圈 16;
11—垫圈 16;12—销轴 B16×60;13—螺栓 M20×90;14—螺母 M20;15—螺母 M20;16—垫圈 20

车端阻尼装置主要是约束车体的相对摇头、侧滚和点头运动,而衰减车体的这些运动,提高运行舒适度主要应该依靠转向架的一系和二系悬挂,车端阻尼装置只能起到辅助作用。实际上,车端阻尼装置在发挥衰减车端相对运动功能的同时,也会对转向架产生相互作用。动力学计算表明,车端阻尼值增加后,虽然约束了车辆相对运动量,但同时也对转向架产生附加反力,导致轮轨横向力、轮重减载率和脱轨系数上升,列车的曲线通过能力有恶化的趋势。从这一意义上讲车端阻尼装置对列车直线运行平稳性的影响和对曲线通过能力的影响是相互制约的。应该通过对阻尼装置参数的合理选择,与转向架的悬挂参数相适应,保证在提高车辆运行平稳性的同时,尽量减小对列车曲线通过能力的影响。

══ 复习思考题 ══

1. 铁路车端连接装置由哪几部分组成? 它们各起什么作用?
2. 试述我国客货车常用车钩的类型及结构特征。
3. 何谓车钩的三态作用? 举例说明三态作用原理。
4. 密接式车钩有哪几种结构形式? 它与一般车钩有什么区别?
5. 试述车钩强度与列车牵引吨位的关系。提高车钩强度的途径是什么?
6. 缓冲器的主要性能参数是什么? 如何确定缓冲器的容量?
7. 我国客货车缓冲器有哪几种结构类型? 其优缺点是什么?
8. 车辆冲击时的车钩力与缓冲器性能有什么关系? 缓冲器工作的能量方程是什么?
9. 车钩间隙对列车纵向动力学有何影响?
10. 对于高速列车、提速扩编客车以及重载列车,对车端连接装置提出哪些新要求? 解决的途径是什么?
11. 试述我国客车常用风挡的类型及结构特点。

参 考 文 献

[1]樊连波. MT－2 型缓冲器的技术要求及其通用货车匹配关系的研究. 铁道车辆,1994. 12.
[2]王金. 16 号、17 号连锁车钩简介. 铁道车辆,1994. 12.
[3]张振淼,等. 从平车(N16)棚车(P62)冲击试验看提高我国货车允许连挂速度的可能性. 铁道车辆,1990. 6.
[4]谬忠海,等. MT－3 型缓冲器冲击试验报告. 铁道部科学研究院研究报告,1995. 2.
[5]张庆林,等. 铁路机车车辆科技手册. 北京:中国铁道出版社,2000.
[6]陈凯,陈海. 铁道车辆车端阻尼装置. 国外铁道车辆,2004. 4.
[7]黄运华,等. 机车车辆液气缓冲器特性研究. 铁道学报,2005. 5.
[8]严隽耄,等. 重载列车系统动力学. 北京:中国铁道出版社,2001.
[9]陈大名,等. 铁路货车新技术(2004 年版). 北京:中国铁道出版社,2004.

第八章 货车车体

目前在我国由铁路运输完成的货运量占全国货物运输的 55% 左右,铁路货车的数量、品种、质量等对铁路运输能力的提高以及运输质量的保证起着重要作用。

解放初期,我国铁路上使用的货车多数是解放前遗留下来的旧车,不但车种繁杂,而且都是些载重量小(30 t、25 t,甚至 15 t)、容积小(小于 60 m³)的木质车或钢木混合结构车。20 世纪 50 年代初我国开始自行设计制造了载重 30 t 的 C_1 型敞车、P_1 型棚车和 N_1 型平车等货车。建国 50 多年来,我国铁路货车在数量、质量和承载重量上都有了很大发展,而且除了通用货车外还设计制造了许多专用车辆,如漏斗车、自翻车、集装箱专用平车及运输小汽车双层平车等。尤其是近 10 多年,为适应我国经济发展对铁路货物运输的需要,实现我国铁路货物运输的"提速"和"重载"的两个发展方向,我国又陆续研制了一系列新型铁路货车,例如适应干线运输的 70t 级通用货车和适应大秦线开行 2 万吨重载运输列车要求的 80 t 重载运煤专用敞车。今后随着国家社会主义市场经济的发展,铁路运输量的增加,铁路货车还要增加适用的品种;要研制适应重载运输和最高运行速度为 120 km/h 的货车;并大力发展适应于货物集装化、散装化、冷藏化运输的各种专用货车。

第一节 货车类型及车体结构形式

一、货车类型

货车按用途可分为通用货车和专用货车两类。通用货车有平车、敞车、棚车和罐车保温车等。专用货车有长大货物车、漏斗车、自翻车和集装箱专用平车等。每种车都包括几种不同构造和特点的车型。

货车的数量和车种的配备应根据货物运量和所运货物的性质来确定。根据铁道部 2007 年 8 月统计我国铁路现有货车已超过 70 万辆,其车种的构成比例为:敞车约 59%;平车(包括集装箱平车)约 5%;棚车约 15%;罐车约 15%;其他专用车约占 6%。以上各种车中绝大部分为载重量 60 t 左右的四轴货车,六轴以上大载重货车仅占现有货车的 0.08%。

二、车体结构形式

车辆供装载货物或乘坐旅客的部分称为车体。货车车体的主要组成部分包括底架、侧壁(墙)、端壁(墙)、车顶等。

车体的一般钢结构形式如图 8-1 所示,它由若干纵向梁和横向梁(柱)组成,车体底架通过心盘或旁承支承在转向架上。车体钢结构承担了作用在车体上的各种载荷如下:

垂向总载荷:包括车体自重、载重、整备重量以及由于轮轨冲击和簧上振动而产生的垂向动载荷。如图 8-2(a)所示,在大部分情况下,这些载荷是比较均匀地作用在地板面上,对于某些货车,如敞车和平车等,有时也要考虑装运成件货物而造成的集中载荷。

纵向力:当列车起动、变速、上下坡道,特别是紧急制动和调车作业时,在车辆之间以及机车和车辆之间所产生的拉伸和压缩冲击力。此力通过车钩缓冲装置作用于车辆底架的前（或后）从板座上〔图8-2(b)〕。由于列车运行速度、编组长度和总重量增加后，纵向力的数值将增大，对车体来说，也是一种主要载荷。

侧向力：包括风力及离心惯性力〔图8-2(c)〕，当货车内装运散粒货物时，还要计算散粒货物对侧壁的压力。侧向载荷对于车体的局部结构有较大影响，例如可使侧立柱产生弯曲变形，加重侧壁各构件的弯曲作用等。

扭转载荷：当车辆通过缓和曲线区段，或在不平坦线路上运行，或车体被不均匀地顶起时（修车时常会碰到），车体将承受扭转载荷〔图8-2(d)〕。

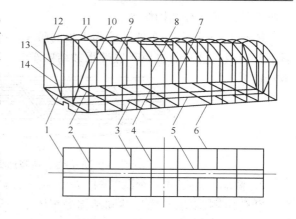

图8-1 车体的一般结构形式

1—端梁；2—枕梁；3—小横梁；4—大横梁；5—中梁；
6—侧梁；7—门柱；8—中间立柱；9—上侧梁；10—角柱；
11—车顶弯梁；12—顶端弯梁；13—端柱；14—端斜撑

此外，车体钢结构上还承受着各种局部载荷，例如：采用翻车机卸散装货物时的载荷；叉车在车体内行走时产生的移动载荷；底架上悬挂的制动、给水、车电等装置引起的附加载荷；客车侧壁上的行李架承载物品时引起的载荷等。

在鉴定车体钢结构强度时，以上各种载荷的取值、作用方式以及作用位置，要符合铁道部颁布的《铁道车辆强度设计及试验鉴定规范》及相关规范所规定的有关标准。

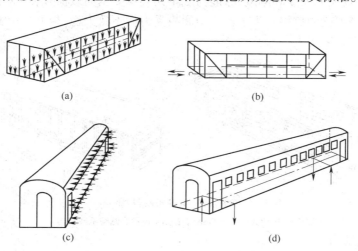

图8-2 车体受力示意图

(a) 铅垂载荷作用；(b) 纵向载荷作用；(c) 横向载荷作用；(d) 扭转载荷作用

车体按其承载特点可分为底架承载结构、侧墙底架共同承载结构和整体承载结构三类。

1. 底架承载结构

全部载荷均由底架来承担的车体结构称为底架承载结构或自由承载底架结构。平车及长大货物车等，由于构造上只要求有载货的地板面，而不需要车体的其他部分，故作用在地板面上的载荷完全由底架的各梁件来承担。正因如此，中梁和侧梁都需要做得比较强大。为了使受力合理，中、侧梁都制成中央断面比两端大的鱼腹形，即为变截面近似等强度梁。图8-3为一典型的底架承载结构简图。

　　还有部分车辆,如车体外墙为木板的敞车、棚车以及活动侧墙棚车等,虽也有侧壁和车顶,但不分担载荷,因此,也属于底架承载结构车辆。

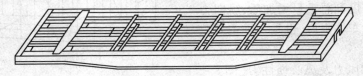

图 8 - 3　鱼腹形梁的底架结构

2. 侧墙和底架共同承载结构

　　载荷由侧、端墙与底架共同承担的车体结构称为侧墙与底架共同承载结构或侧墙承载结构。由于侧、端墙参与承载,提高了整体承载能力,减轻了底架的负担,于是中、侧梁断面均可减小。侧梁相对中梁来说,可用断面尺寸较小的型钢制成,减轻了底架的重量。

　　侧墙承载结构又分为桁架式结构和板梁式结构两种。

　　桁架式结构的侧、端墙为桁架式骨架和木墙板结构。桁架由立柱、斜撑、侧梁及上侧梁组成,如图 8 - 4(a)所示。此种结构能够承受垂向载荷及防止侧墙变形。由于桁架承担纵向作用力的能力很小,故纵向力主要由中梁来承受。为了防止车体的横向变形,有些车辆的端墙也采用斜撑。其斜撑的两端分别与端梁、端角柱或上端梁相连结。这种结构主要出现在一些旧式货车上。

　　当在侧、端墙的骨架上敷以金属薄板后就形成板梁式侧墙承载结构,如图 8 - 4(b)所示。此时侧、端墙具有较大的强度和刚度,除能与底架共同承受垂向载荷外,还能承受部分纵向力,所以可显著地减轻中梁的负担。为了保证金属板受力后不致失稳,板的自由面积不宜过大,通常采用钢板压筋方式来解决。

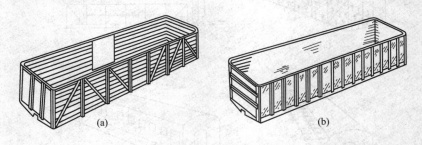

(a)　　　　　　　　　　　　　(b)

图 8 - 4　侧壁承载结构

(a)桁架式侧壁承载结构 ;(b)板梁式侧壁承载结构

3. 整体承载结构

　　如果在板梁式侧墙底架共同承载结构的车体顶部还有由金属板、梁组焊而成的车顶,使车体的底架、侧墙、端墙、车顶牢固地组成为一整体,成为开口或闭口箱形结构,则此时车体各部分均能承受垂向载荷及纵向力,因而称为整体承载结构。

　　整体承载结构又分开口箱形结构和闭口箱形结构两种。图 8 - 5(a)为底架没有金属地板,仅由各梁件和镀锌铁皮组成的开口箱形结构;图 8 - 5(b)为底架地板横梁下面(或底架上面)设有金属地板所组成的闭口箱形结构,也称筒形结构。

　　整体承载结构的车体骨架是由很多轻便的纵向杆件及横向杆件组成一个个封闭环,与金属包板组焊在一起,具有很大的强度和刚度。因此底架的结构可以较侧墙承载时更为轻巧,甚至有可能将底架中部的一段笨重中梁取消,形成无中梁的底架结构。图8-5(c)为我国一种客车车体的无中梁底架简图。由图中可以看出,在底架结构中取消了两枕梁之间的中梁。为了保证载荷的传递,适当地加强了侧梁,而且在底架两枕梁之间铺设波纹地板。无中梁车体和有中梁车体一样能承担各种载荷。对于某些形式的车辆,例如罐车,其罐体本身具有很大的强度和刚度,能承受各种载荷,此时甚至连底架也可以取消,仅在罐体的两端焊上牵引梁和枕梁,供安装车钩缓冲装置和传递载荷用〔图8-5(d)〕,它也是整体承载结构的一种形式。

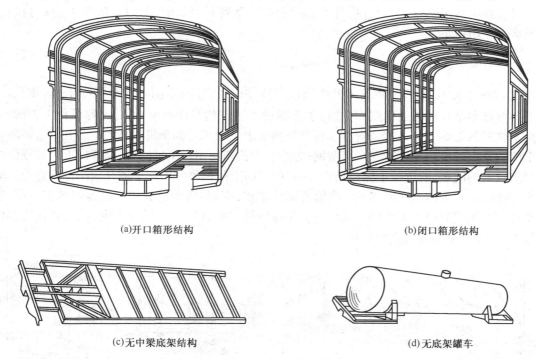

(a)开口箱形结构　　　　　　　　　　　　(b)闭口箱形结构

(c)无中梁底架结构　　　　　　　　　　　(d)无底架罐车

图8-5 整体承载结构

第二节 敞 车

敞车是一种具有端、侧墙而无车顶的车辆,主要供运送煤炭、矿石、建材物资、木材、钢材等大宗货物用,也可用来运送重量不大的机械设备。若在所装运的货物上面蒙盖防水帆布或其他遮篷物之后,可代替棚车承运怕受雨淋的货物。因此敞车具有很大的通用性,在货车组成中数量最多,约占货车总数的59%左右。

敞车按卸货方式不同可分为两类:一类是适用于人工或机械装卸作业的通用敞车;另一类是只适用于大型工矿企业、站场、码头之间成列固定编组运输,用翻车机卸货的专用敞车。

目前我国通用敞车主要有载重60 t级的C_{62}系列、C_{64}系列和载重70 t级的C_{70}系列敞车,这些敞车的共同特点是:侧、端墙高约在2.0 m左右,车体两侧开有侧门,其开启方式也相差不多。

翻车机专用敞车有载重61 t的C_{63}型单元列车敞车,载重60 t的CF型高边无门敞车和C_{16}型低边无门敞车,载重75 t的C_{75}系列敞车和C_{76}系列铝合金敞车,以及载重80 t的C_{80}系列敞车。这些敞车的车体没有中侧门,所装运的散粒货物可通过翻车机直接卸货。

此外,我国还曾有过 M_{11}、M_{12} 型底开门煤车,它除了有侧门外,还在底架上设置底开门,便于煤炭自流卸出,后因在运用中底开门结构出现问题较多,现已大部分改造,取消底门卸货机构改成 C_{62M} 的结构形式。对于载重吨位小、运用检修中问题较多的其他一些旧型车如 C_1、C_6、C_{50} 型等敞车都已基本淘汰。为了适应铁路重载运输需要,提高煤炭运输能力,还研制了载重 100 t 的三支点六轴敞车和载重 75 t 总重为 100 t 的 C_{5D} 型五轴高边敞车。为了解决港口与钢厂间铁路集疏运能不足的矛盾,研制了 100 t 以上的矿料、钢材运输专用敞车。

目前我国常用的敞车有 C_{62} 系列、C_{64} 系列和 C_{70} 系列通用敞车,C_{61}、C_{63} 系列、C_{76} 系列和 C_{80} 系列运煤专用敞车。

一、C_{64} 型系列敞车

C_{64} 型敞车是 C_{62} 型系列敞车的升级换代产品,采用全钢焊接结构,充分吸收了 C_{65} 和 C_{62} 系列等各型敞车结构性能的优点,并进行了不断的改进。其车辆载重 61 t,比容系数 1.2 m^3/t,每延米轨道载重 6.2 t/m,能适合翻车机卸货的要求。为承受翻车机压车力的作用,C_{64} 型敞车的上侧梁及上端梁均采用冷弯专用型钢;为改善因长期使用翻车机卸货,侧开门上门锁锁闭机构变形较大的问题,改进了中侧门结构,加粗侧开门上门锁轴并增加了侧开门中部支点等。如图 8-6 所示,其车体由底架、侧墙、端墙等部件组成,端墙、侧墙与底架牢固地焊接在一起,整个车体为板梁式侧壁底架共同承载结构。车体钢结构的材质选用低合金耐候钢,其强度和刚度较 C_{62} 型系列敞车有较大的加强。

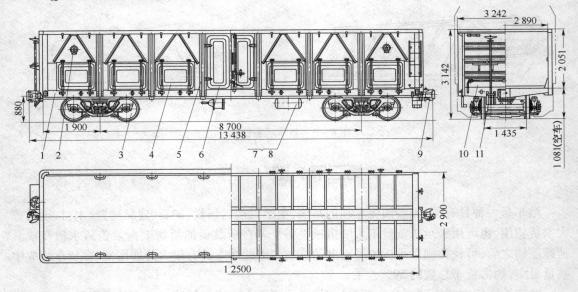

图 8-6　C_{64} 型敞车总图

1—底架组成;2—标记;3—转向架;4—下侧门组成;5—侧墙组成;6—侧开门组装;
7—底架附属件;8—风制动装置;9—车钩缓冲装置;10—端墙组成;11—手制动装置

由于该车是在 C_{62} 型敞车的基础上设计而成的,为保证生产的延承性及主要零部件的通用互换,利于制造和检修,该车主要结构与 C_{62B} 型敞车类似。车体采用耐候钢全钢焊接结构,其车体钢结构梁件断面及板材厚度均是通过有限元法分析和优化设计而确定的,对侧墙和端墙结构作了较大的改进和加强,基本满足翻车机卸货的要求,侧开门采用带有压紧机构的新型门锁装置,配套使用了国内研制和引进消化的制动新技术:QC1 空重车自动调整装置、集尘器和球芯截断塞门组合装置、球芯折角塞门、能适应空重车自动调整及法兰连接的 103 阀、254 × 254 密封式制动缸、407G 高摩合成闸瓦、ST2 - 250 型闸瓦间隙自动调整器,制动管件采用法兰连接,以防止运用中漏泄。C_{64} 型系列敞车中换装用转 8AG 型转向架的车辆,车型确定为 C_{64T} 型,换装用转 K2 型转向架的车辆,车型定为 C_{64K},换装用转 K4 型转向架的车辆,车型定为 C_{64H}。

1. 底架

底架为全钢焊接结构,如图 8 - 7 所示,由中梁、侧梁、枕梁、端梁、小横梁及钢地板组成。中梁用两根材质为 09 V 的 310 型乙型钢组焊而成,侧梁采用 24 型槽钢制成等截面直梁,侧梁上组装有绳栓、下侧门搭扣、脚蹬及中侧门的锁销插等。上心盘采用 $\phi300$ mm 改进后的货车通用上心盘(两侧削斜底板加厚)。枕梁为箱形变截面结构,其上盖板厚 8 mm,下盖板厚 12 mm,腹板厚 8 mm。端梁用厚 7 mm 钢板压成角形断面。全车共有 4 根大横梁,它用厚 8 mm 的上、下盖板及厚 6 mm 的腹板组焊成工字形变截面梁。全车 28 根小横梁均用 12 型槽钢制成。底架上铺厚 8 mm 的钢地板,底架四角设置牵引钩。

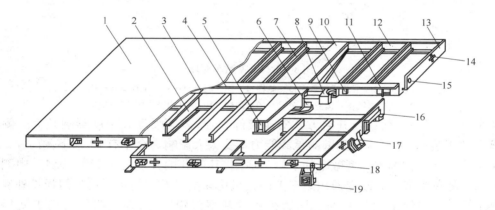

图 8 - 7 C_{64} 型敞车底架组成

1—钢地板;2—大横梁;3—中梁隔板;4—中梁;5—枕梁隔板;6—心盘座角钢;7—小横梁;
8—后从板座;9—磨耗板;10—枕梁;11—前从板座;12—侧梁;13—端梁;
14—绳栓;15—制动主管孔;16—冲击座;17—手制动轴托;18—下侧门搭扣;19—脚蹬

2. 侧墙

侧墙为板柱式侧壁承载结构,由上侧梁、侧柱、侧板、斜撑、侧柱连铁、侧门、内补强座和侧柱补强板组焊而成,如图 8 - 8 所示。侧墙上半部为板梁结构,两侧柱间设人字形斜撑。侧墙下半部由侧柱、连铁和侧梁组成刚性框架,中间开设门孔。侧墙刚度较大,是主要承载的部件之一。该车内高从 C_{62B} 型敞车的 2 000 mm 提高到 2 050 mm。为适应翻车机作业要求,上侧梁采用断面尺寸为 116 × 140 的耐候冷弯型钢制造。上侧梁在中央侧门孔的部分焊有厚 8 mm 钢板压制成的槽形门檐、厚 12 mm 的门孔补强板和厚 8 mm 的三角形门孔补强筋板加强。在上侧梁的外侧焊有吊起下侧门的钩链。为解决侧柱连铁腐蚀严重问题,侧柱连铁采用材质为耐候钢,且上翼缘为斜面的槽形断面梁制造,侧柱连铁开口向外,与侧墙板组焊成封闭形断面,连铁两端部用钢板封堵,以防货物、尘土及水分等浸入。全车 12 根侧柱用 22 号帽形钢制成,侧柱下半部焊有厚 10 mm 的加强板,其内焊有铸钢内补强座。角柱下部焊有厚 8 mm 的加强板,侧柱与侧梁采用铆接。上部侧板为厚 5 mm 的钢板,上面焊有 75 × 50 × 6 的人字形斜撑加强并支撑上侧梁。在 1、4 位端的侧墙上设有扶梯。

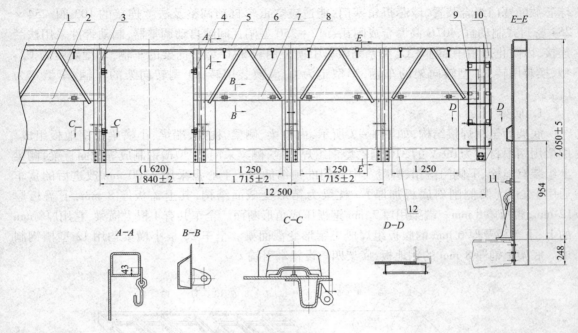

图 8 - 8　C$_{64}$型敞车侧墙

1—侧壁板;2—下侧门折页座;3—侧柱;4—侧开门折页座;5—上侧梁;6—斜撑;
7—侧柱连铁;8—钩链;9—扶梯;10—角柱;11—侧柱内补强座;12—侧梁

敞车侧门的位置、数量及开启方式对于装卸作业、侧墙强度和刚度影响颇大。侧门的开度既要便于装卸,又要保证侧壁的承载能力不受太大影响。全车有 12 扇下侧门及 2 对对开式中侧门。下侧门与 C$_{62B}$型敞车的下侧门通用,其门孔的开度为 1 250×954。中侧门结构与 C$_{62B}$型敞车类似。为改变通用敞车上门锁机构易失灵及两门板对接处门板易外涨变形等问题,该车上门锁采用带有偏心压紧机构的新型门锁装置,在上门锁处门板变形小于 40 mm 时仍可锁闭。同时,在右侧门左边框处焊一通长的门锁垫板,以加强此处的强度,改善了上、下门锁机构的承载能力。为改善采用翻车机卸货时中侧门不利的受力状况,在通长的门锁垫板上增设顶面与侧柱外平面平齐的支点,改善了门板受力工况。下门锁仍沿用 C$_{62B}$型敞车的下门锁机构。

侧开门为双合式车门,分左、右侧。如图 8 - 9 所示,右侧门由门板 5、折页 6 及上、下门锁 4 和 14 组成。左侧门除没有门锁及扶手外,其他与右侧门相同。门板由厚 5 mm 的钢板压制成型,中部向内凹入,四周压成凹筋以代替门框,侧开门的两侧均焊有折页。

上门锁由上门锁杆 2、导架 4 和 8、侧门锁固定座及垫板 10 等组成。各零件间用圆销连结,可相对转动。当关闭侧门时,先关左侧门,再关右侧门。此时将门锁杆往下拉,侧杠杆绕支点的圆销沿顺时针方向转动,推动上锁销沿导架 4 向上滑动,插入门孔加强铁之内。为了防止车体振动时上锁销下滑而侧开门自动开启,开闭杆下端带有弯钩,可轻便地卡入固定座中,锁铁靠自重转到铅垂位置挡住开闭杆弯钩部分,使其不能上升和滑出,起到锁闭作用。

下门锁由手柄 13 和下锁销 15 等组成,同样用圆销连结。侧门关好后放下手柄,下锁销沿着锁销座下滑,插入底架侧梁上的锁销插中,从而关住侧门。此时下门锁铁也靠自重落至最低位置,而挡住下锁销自动升起,达到锁闭作用。

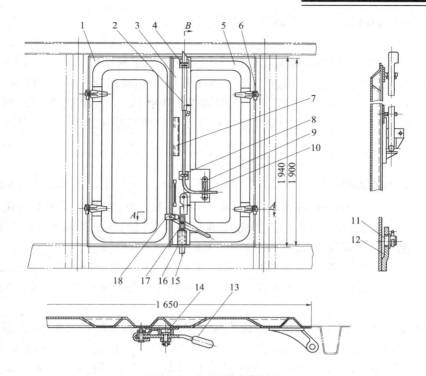

图8-9 C₆₄型敞车侧开门

1—左侧门板;2—上门锁杆;3—门锁垫板;4—导架;5—右侧门板;6—折页;7—支承;

8—导架;9—侧门锁杆固定座;10—垫板;11—圆销;12—锁铁;13—下门锁手柄;14—沉头锁轴;

15—下门锁销;16—下门锁销座;17—上、下门锁销支点;18—下门锁手柄支点

侧门关闭时,必须把上、下门锁一起锁住,才能保证侧门严密。开启侧门时,只要先转动锁铁,采用与上述相反方向的推或拉即可开启。

下侧门由门板3和折页2等组成,如图8-10所示。门板由厚5 mm的钢板压成中间凹入及四周带凹筋的压型板。折页由扁钢制成,其端部卷有圆环,焊接于门板上,借助圆销与侧柱连铁上的折页连结。折页下部伸出板外,关门时插入底架侧梁上的下侧门搭扣座内。折页中

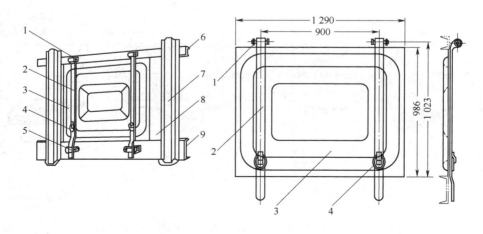

图8-10 C₆₄型敞车下侧门

1—圆销;2—折页;3—门板;4—挂环;5—下侧门搭扣;6—侧柱连铁;7—侧柱;8—侧柱加强板;9—侧梁

部焊有挂环,下侧门开启后,借助上侧梁上的钩链吊挂起来。

3. 端墙

端墙由上端缘、角柱、横带及端板组焊而成。上端梁采用断面尺寸为 116 × 140 的冷弯型钢,在与上侧梁连接处焊有篷布护铁压型件。角柱用 14 a 型槽钢与 7 mm 厚的角柱板组焊而成。角柱板与侧墙板及角柱加强板搭接。三根横带用 140 mm 的耐候冷弯型钢制成,横带两端部与角柱焊成一体,提高了端墙的整体刚度和强度。端墙板采用厚 5 mm 的钢板。

二、C_{70}(C_{70H})型敞车

铁道部运输局装备部、科技司组织相关工厂于 2005 年 3 月完成了 C_{70}(C_{70H})型通用敞车 70 t 级敞车的研制工作;按照铁道部的部署,在 2005 年末之前,各铁路货车制造企业完成 C_{70} 型通用敞车的技术程序,并形成批量生产能力,从 2006 年开始,新造铁路敞车将全面采用 70 t 级新型敞车。该车的载重为 70 t,自重不大于 23.8 t。

该车是供中国准轨铁路使用,主要用于装运煤炭、矿石、建材、机械设备、钢材及木材等货物的通用铁路车辆。除能满足人工装卸外,还能适应翻车机等机械化卸车作业,并能适应解冻库的要求。

该车的主要技术特点是采用屈服极限为 450 MPa 的高强度钢和新型中梁,载重大、自重轻;优化了底架结构,提高了纵向承载能力,适应万吨重载列车的运输要求。车体内长 13 m,满足较长货物的运输要求;对底架结构进行了优化,车辆中部集载能力达到 39 t,较 C_{64} 型敞车提高了 70% ,可运输的集载货物范围更广。采用新型中侧门结构,提高了车门的可靠性,解决现有 C_{64} 型敞车最大的惯性质量问题。采用 E 级钢 17 型高强度车钩和大容量缓冲器,提高了车钩缓冲装置的使用可靠性。采用转 K6 型或转 K5 型转向架,确保车辆运营速度达 120 km/h,满足提速要求;改善了车辆运行品质,降低了轮轨间作用力,减轻了轮轨磨耗。侧柱采用新型双曲面冷弯型钢,提高了强度和刚度,更适应翻车机作业。满足现有敞车的互换性要求,主要零部件与现有敞车通用互换,方便维护和检修。

该车车体为全钢焊接结构,由底架、侧墙、端墙、车门等部件组成,如图 8 - 11 所示。整个钢结构形式与 C_{64} 型敞车类似。

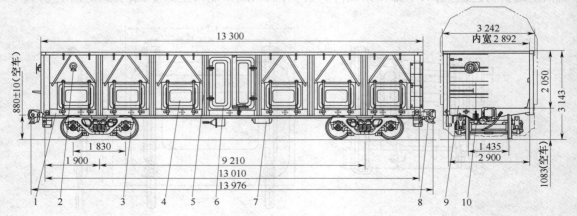

图 8 - 11　C_{70}(C_{70H})型敞车总图

1—底架;2—标记;3—转向架;4—下侧门;5—侧墙;6—侧开门;7—风制动装置;8—车钩缓冲装置;9—端墙;10—手制动装置

该车底架由中梁、侧梁、枕梁、大横梁、端梁、纵向梁、小横梁及钢地板组焊而成,如图8 - 12

所示。中梁采用 310 乙型钢组焊而成,允许采用冷弯中梁。侧梁为 240×80×8 的槽形冷弯型钢;枕梁、横梁为钢板组焊结构,底架上铺 6 mm 厚的耐候钢地板;采用直径为 358 mm 锻造上心盘及材质为 C 级铸钢的前、后从板座,前、后从板座与中梁间、脚蹬与侧梁间均采用专用拉铆钉连接。

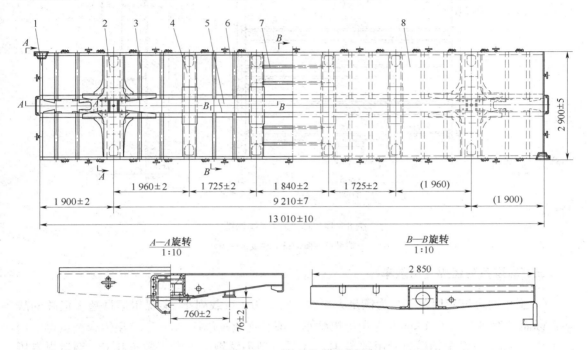

图 8-12 C₇₀ 型敞车底架图

1—端梁;2—枕梁;3—小横梁;4—大横梁;5—中梁;6—侧梁;7—纵向梁;8—地板

侧墙为采用板柱式结构,由上侧梁、侧柱、侧板、侧柱连铁、斜撑、侧柱补强板及侧柱内补强座等组焊而成,如图 8-13 所示。上侧梁采用 140×100×5 的冷弯矩形钢管,侧柱采用 8 mm 厚冷弯双曲面帽型钢。侧柱与侧梁采用专用拉铆钉连接。

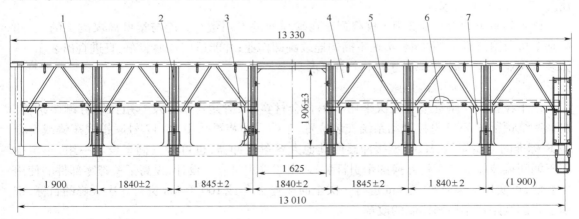

图 8-13 C₇₀ 型敞车侧墙图

1—上侧梁;2—侧柱;3—侧柱内补强座;4—侧板;5—斜撑;6—侧柱连铁;7—侧柱补强板

端墙由上端梁、角柱、横带及端板等组焊而成,如图 8-14 所示。上端梁、角柱均采用

$160 \times 100 \times 5$ 的冷弯矩形钢管,横带采用断面高度为 150 的帽型冷弯型钢。

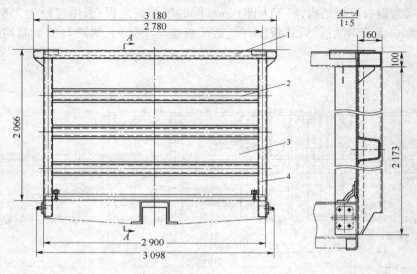

图 8-14 C₇₀型敞车端墙图

1—上端梁;2—横带;3—端板;4—角柱

三、C₈₀型系列运煤专用敞车

C₈₀型系列运煤专用敞车是为满足大秦线开行 2 万 t 重载列车、实现年运量超 2 亿吨的战略目标而开发研制的 120 km/h 专用运煤敞车。该系列敞车包括 C₈₀(C₈₀H)型铝合金运煤专用敞车、C₈₀A(C₈₀AH)型全钢运煤专用敞车、C₈₀B(C₈₀BH)型不锈钢运煤专用敞车和 C₈₀C 型运煤专用敞车。C₈₀A(C₈₀AH)和 C₈₀B(C₈₀BH)的结构一样,只是车体的材质不同,其中下标 H 表示装用转 K5 型转向架。C₈₀C 型运煤专用敞车装用转 K7 转向架。该系列敞车的载重为 80 t,自重为 20 t,自重系数为 0.25,与现有车辆相比,提高运能 6.7% ~ 31.1%,具有显著的经济及社会效益。该系列敞车采用转 K5 型、转 K6 型或转 K7 型转向架,动力学性能良好,能满足最高运行速度 120 km/h 的要求。

该系列敞车为大秦线 2 万 t 重载列车运输煤炭的专用敞车。能与秦皇岛煤码头的三、四期翻车机及附属设备相匹配,实现不摘钩连续翻卸作业;并能适应环形装车、直进直出装车、解体装车作业及运行时机车动力集中牵引要求。

1. C₈₀(C₈₀H)型运煤专用敞车

该车在我国铁路货车上首次采用了铝合金材料、双浴盆式车体及专用拉铆钉铆接结构。制动系统预留了 ECP 电控制动系统安装位置;车钩缓冲装置采用 16、17 号联锁式车钩或符合 AAR 标准的 F 型车钩,MT-2 型缓冲器或其他大容量缓冲器,也可将三辆车设为一组,车组中部车辆间换装能够与车钩互换的牵引杆装置;由于采用可靠性设计,提高了关键零部件的使用可靠性,可实现 2 年或 40 万 km 进行一次全面检查、8 年或 160 万 km 进行一次大修的目标,带动了我国铁路货车检修体制的改革。

该车主要由车体、转向架、制动装置、连缓装置等部分组成,如图 8-15 所示。车体为双浴盆式、铝合金铆接结构,主要由底架、浴盆、侧墙、端墙和撑杆等组成。其中,底架(中梁、枕梁、端梁)为全钢焊接结构;浴盆、侧墙和端墙均采用铝合金板材与铝合金挤压型材的铆接结构;

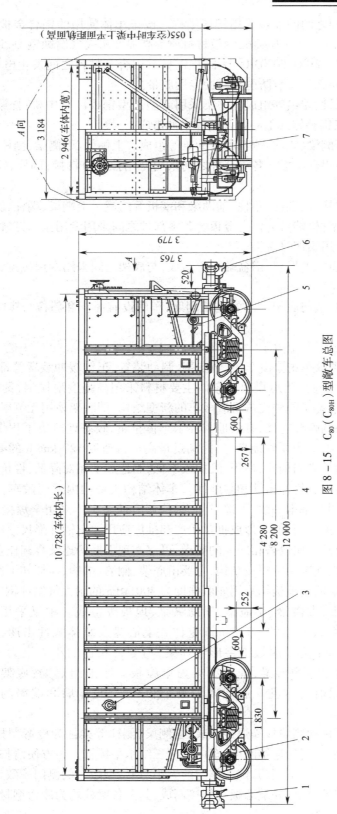

图 8 - 15 C₈₀（C₈₀ₕ）型敞车总图

1—转动车钩缓冲装置;2—转向架;3—标记;4—车体;5—空气制动装置及附属件;6—固定车钩缓冲装置;7—手制动装置

浴盆、侧墙、端墙与底架之间的连接采用铆接结构。该车车体使用的铝合金板材材质为 5083 - H321，铝合金型材材质为 6061 - T6，钢板材材质为高强度耐大气腐蚀钢 Q450NQR1，高强度中梁材质为 B450NbRE 或 PQ450NQR。为防止钢材与铝合金材料之间发生电化腐蚀现象，在钢材与铝合金材料之间必须安装防电化腐蚀专用胶带。

其底架由中梁、枕梁、端梁等组成。中梁采用新型乙型钢或冷弯中梁；枕梁为双腹板箱形变截面结构；采用 C 级钢整体式上心盘及整体式冲击座。

侧墙由上侧梁、下侧梁、侧柱、侧板和辅助梁等组成。上侧梁、下侧梁、侧柱、辅助梁采用专用挤压铝型材，侧板为铝合金板。各零部件之间采用专用拉铆钉铆接；侧柱、辅助梁与侧板间可以采用铝铆钉铆接。

端墙由上端梁、端柱、侧端柱、角柱、辅助梁和端板等组成。上端梁、端柱、侧端柱、角柱、辅助梁采用专用挤压铝型材，端板为铝合金板。各零部件之间采用专用拉铆钉铆接；端板与侧端柱、辅助梁之间可以采用铝铆钉铆接。

浴盆由铝合金材质的弧形板、浴盆端板等组成，与底架之间采用专用拉铆钉铆接。浴盆底部设有排水孔。

为增强两侧墙及侧墙与底架之间的连结刚度，车内设有撑杆和斜撑，其材质为挤压铝型材。

2. C_{80A}（C_{80AH}）型运煤专用敞车

C_{80A}（C_{80AH}）型运煤敞车主要由车体、转向架、制动装置、车钩缓冲装置等部分组成，如图 8 -16 所示。其主要技术特点为运煤敞车车体主要材料采用高强度耐侯钢，具有自重轻、载重大的特点。车体结构借鉴了国外先进重载敞车的新型结构，即底架采用无侧梁和端梁结构；侧墙、端墙与底架间采用圆弧板连接，有效地减轻了车体重量，较好地解决了积煤问题。采用转 K5 型或转 K6 型转向架，动力学性能良好，能满足最高运行速度 120 km/h 的要求。车体的耐腐蚀和耐磨性好，车辆检修周期长，使用、维护成本低，制造成本相对降低，性价比得到提高，且卸货性好，具有更好的抗货物冲击性和耐磨性。车体结构类似国内通用敞车，结构简单，尤其是制动系统布局与通用车基本一致，下部空间大，检修方便。车体采用全焊接结构，制造工艺简单，且可降低检修维护费用，便于形成批量生产和推广应用。车辆外形尺寸满足与秦皇岛港务局三、四期翻车机及其附属设备相匹配的要求，可以实现不摘钩连续翻卸作业。

车体为高强度耐大气腐蚀钢焊接结构，主要由底架、侧墙、端墙、撑杆和下侧门等组成。底架主要梁结构、侧墙、端墙及地板均采用屈服强度为 400 MPa 的耐大气腐蚀钢。

底架由中梁、枕梁、大横梁、小横梁、辅助纵梁、地板等组成。中梁采用组焊中梁或冷弯中梁；采用材料为 C 级铸钢的 ϕ358 mm 整体式上心盘及整体式冲击座；枕梁为双腹板箱形变截面结构，大横梁为单腹板工字形组焊梁，与侧柱相连的小横梁为工字形组焊梁，其他位置的小横梁为冷弯槽形梁，辅助纵梁为单腹板工字形组焊梁；底架枕梁处设置加长的顶车垫板；底架设有排水孔。底架取消侧梁和端梁，与侧墙和端墙的连接采用连接圆弧板焊接结构。

侧墙由上侧梁、侧柱和侧墙板等焊接而成，上侧梁、侧柱等梁柱为冷弯型材。侧墙端部焊有扶梯。为增强两侧墙之间的连结刚度，车内设有三组水平撑杆。为方便清扫车体内的积煤，在每个侧墙中部设置了一个下侧门，该下侧门的大小与 C_{76} 型敞车的侧门一致。

端墙由上端梁、横带、角柱和端墙板等焊接而成，其上各梁柱均为冷弯型材。

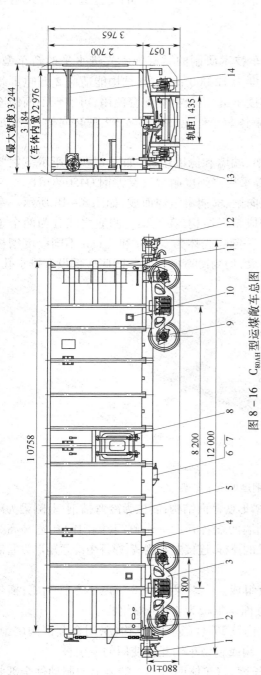

图 8-16 C₈₀ₐₕ 型运煤敞车总图

1—转动车钩缓冲装置；2——位端墙组成；3——位转向架；4——底架；5——侧墙组成；6—风制动装置；7—底架附属件；8—下侧门组成；9—二位转向架；10—标记；11—二位端墙组成；12—固定车钩转向装置；13—手制动装置；14—撑杆组装

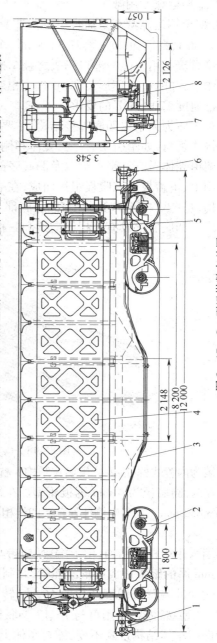

图 8-17 C₈₀c 型运煤敞车总图

1—16 号车钩缓冲装置；2—转 K7 型转向架；3—底架组成；4—侧墙组成；5—下侧门组成；6—17 号车钩缓冲装置；7—端墙组成；8—制动装置

车辆 1 位端采用 E 级钢 16 型联锁式转动车钩及配套 16 型铸造钩尾框;车辆 2 位端采用 E 级钢 17 型联锁式固定车钩,配套 17 型铸造钩尾框或采用 17 型锻造钩尾框;可以采用与 16、17 型联锁式车钩或新型车钩互换使用的牵引杆;采用合金钢钩尾销、MT-2 型缓冲器,采用含油尼龙钩尾框托板磨耗板。

3. C_{80C} 型运煤专用敞车

C_{80C} 型全钢运煤敞车是通过引进南非重载列车技术研制的具有国际先进水平的新车型,其载重为 80 t,自重为 20 t,容积 84.8 m^3,车体长度为 12 000 mm。其结构能适应 2 万吨重载列车运输煤炭之用。能与港口码头之翻车机及其拨车机、定位机等配套使用,可实现不摘钩连续翻卸作业;并能适应环形装车、直进直出装车、解体装车作业。采用转 K7 型转向架,能满足最高运行速度 120 km/h 的要求。

该车车体为无中梁凹底焊接结构,主要由底架、端墙和侧墙组成,如图 8-17 所示。主要承载结构用板材,如牵引梁、枕梁、壳体和侧墙板等采用高强度耐大气腐蚀钢 Q450NQR1。

底架由壳体、枕梁、牵引梁以及凹底底部的纵向梁、横向梁组焊而成,如图 8-18 所示。牵引梁采用上、下盖板及双腹板组焊而成,在端部制成箱形结构,在枕梁与凹底之间分为两个工字形结构,呈"八"字形布置,并与凹底底部对接在一起。壳体为 6 mm 和 7 mm 不同厚度钢板组焊而成。凹底底部设有两根纵向梁和三根横向梁,均为冷弯槽形梁。凹底底部设有排水孔。

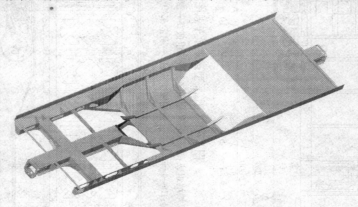

图 8-18 C_{80C} 型全钢运煤敞车底架

侧墙为内置式枕柱、侧柱板梁式结构。枕柱为槽形变截面结构;侧柱为冷弯槽钢;上侧梁为冷弯矩形方钢;侧墙板为 4 mm 钢板压型。在每面侧墙两端各开设一个侧门,侧门门孔宽 × 高为 670 mm × 830 mm。在车内侧柱处布置四组相互交叉的撑杆,连接左右侧墙,撑杆由冷弯矩形方管制成。

端墙采用板柱式结构,由上端梁、横带与端板组成。上端梁采用冷弯矩形方管制成;横带采用 4 mm 厚的钢板压成槽形断面梁,并制成变截面。端板为 4 mm 厚钢板。

车钩缓冲装置采用国产化的 16 号(转动)车钩及 17 号(固定)车钩;采用合金钢钩尾销;采用 MT-2 型缓冲器;采用可与 16、17 型联锁式车钩或新型车钩互换使用的牵引杆。

为保持车体结构形式不变,缩短车体上体的长度,将车体两端挂在端墙上的制动件全部收到冲击座以内。将侧墙、端墙、底架上的耐侯钢板全部换成 TCS 不锈钢板材,增强了车体的抗腐蚀能力。增设了制动缸防雨罩和闸调器防雨罩,更好地保证了制动件防止雨雪侵蚀的能力。定型为 C_{80CA} 型运煤专用敞车。

四、其他型敞车

1. C₆₁型敞车

C_{61}型敞车是为了提高每延米载重而缩短了车长的运输煤炭专用敞车。该车载重 61 t,车体长 11 000 mm,车体容积 69.4 m³,车体为全钢焊接结构,主要梁件材质选用低合金耐候钢。底架由中梁、侧梁、枕梁、端梁、大横梁及钢地板焊制而成,如图 8-19 所示。中梁采用 310 型乙型钢。侧梁、端梁、小横梁结构与 C_{62A} 型敞车相同,大横梁为双腹板箱形结构。侧墙由五根组合的双侧柱、上侧梁、斜撑、侧柱连铁、内加强座、侧壁板、上开式下侧门等组成。上侧梁用 14 型槽钢对焊而成矩形断面以适应翻车机卸货的要求。端壁由上端梁、三根横带、角柱及端壁板组焊而成,上端梁与上侧梁结构相同。C_{61}型敞车车体强度及刚度较大,适应于用翻车机卸货。由于车身短,而转向架每车轴的轴载重不变,因此,每延米轨道载荷可提高到 7 t,能充分利用线路的承载能力。同时在我国铁路站线 850 m 长度条件下,可增加列车编组辆数,进而提高列车的牵引重量。

2. C₆₃型单元列车敞车

为解决晋煤外运,在大秦线上采用了具有国际先进水平的单元列车这一新的铁路运输组织方式。C_{63}型敞车就是为此目的而研制的。该车载重 61 t,容积 70.7 m³,每延米轨道载重 7t。车体为全钢焊接结构,无车门,可在翻车机上不摘钩卸车。采用不摘钩卸车的单元列车比摘钩卸车的列车能提高卸车效率 25% 左右。为了实现在翻车机上不摘钩卸车作业,C_{63}型敞车的一位端装用 F 型转动车钩,二位端装用 F 型固定车钩。

该车底架结构与 C_{62B} 型敞车类似。侧墙由上侧梁、侧柱、横带及地板与侧墙相交处的连接角铁组成。侧柱为热轧帽型钢,在底架枕梁断面处为双侧柱,大横梁断面处为单侧柱,侧柱与下侧梁铆接。上侧梁为用 14a 型槽钢对接组焊成箱形断面,以适应翻车机卸货的要求。侧墙两端设有上、下两根 14a 型槽钢横带。端墙由端角柱、上端梁、端横带和端墙板组成,端角柱为 12 型槽钢与角柱板组焊成闭口断面,端横带为 24a 型槽钢,两端与端角柱组焊在一起,上端梁断面与上侧梁相同,端墙靠近地板处设有排水口,全车共 4 个。

1990 年我国又在 C_{63} 型单元列车敞车的基础上改进设计,取消了侧墙上两端的横带和端墙上的排水口;为了提高该车的通用性,使之可兼作其他敞车之用,则在侧墙上增设 4 个小侧门,4 个牵引钩;在底架侧梁上增加 12 个绳栓,并采用国产的制动装置和国产化的 16 号车钩及 17 号车钩,定型为 C_{63A} 型运煤专用敞车(图 8-20)。

3. C₇₆型系列敞车

C_{76}型系列敞车包括 C_{76A}、C_{76B}、C_{76C} 和 C_{76} 型敞车,该系列敞车均较好地利用了机车车辆的下部限界空间,在车体的底部形成一个类似浴盆的圆弧底结构,有效地增大了装载容积和载重量,具有载重大、重心低、自重轻的特点。其载重为 76 t,自重为 24.2 t,容积为 81.8 m³。其中 C_{76}型敞车是结合 $C_{76A/B/C}$ 三种敞车的运用考验情况下,于 2003 年新设计的供在大秦线 2 万 t 重载列车运输煤炭的专用敞车。

C_{76A}型浴盆式运煤专用敞车,主要由带浴盆的底架、侧墙、端墙、车钩缓冲装、制动装置、25 t 轴重低动力作用货车转向架等组成,如图 8-21 所示。底架为无贯通中梁结构,由牵引梁、枕梁侧梁圆弧形浴盆横梁端梁等组成。为增大车辆定距、缩短牵引梁长度,牵引梁为整体铸造结构,将冲击座、前、后从板座及牵引梁本体铸成一体。采用 $\phi 370$ 重载上心盘。侧梁采用冷弯成型组焊的箱型梁。其下翼缘与浴盆圆弧对接。浴盆由圆弧型的底板、倾斜的端板分别与底

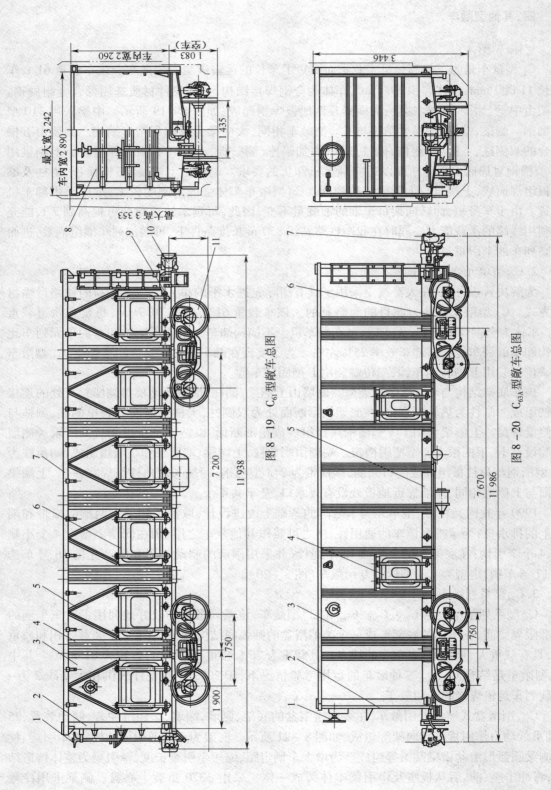

图 8-19 C₆₁型敞车总图

图 8-20 C₆₃ₐ型敞车总图

架侧梁和大横梁组焊而成。车体两侧墙之间设有撑杆、上侧梁为压型槽钢与侧板组焊成箱型结构、侧柱为压型槽钢加盖板组焊成箱型件。端墙由角柱、上端缘、横带和端板组成。上端缘及角柱为冷弯方型钢管,横带为帽型钢。车钩缓冲装置采用符合 AAR 标准的 F 型转动车钩和固定车钩,材质为 E 级钢,缓冲器为 MT-2 型。

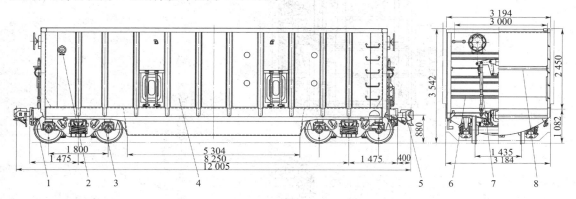

图 8-21　C$_{76A}$型浴盆运煤敞车总图

1—浴盆式底架组成;2—标记;3—25 t 轴重低动力作用货车转向架;
4—侧墙组成;5—车钩缓冲装置;6—端墙组成;7—风制动装置;8—撑杆组成

C$_{76B}$ 和 C$_{76C}$ 的车体结构一样,只是配装的转向架不同而已。采用美国下交叉支撑技术转向架的定型为 C$_{76B}$,采用 2E 轴中支撑低动力作用转向架的定型为 C$_{76C}$。该车车体为全钢单浴盆无中梁焊接结构,主要由底架、浴盆、侧墙和端墙等组成,如图 8-22 所示。车体材料除牵引梁采用 09V,其余均采用 09CuPTiRE 和 08CuPVXt 等耐大气腐蚀钢。底架由牵引梁、侧梁、枕梁、大横梁、端梁等组成。牵引梁为 310 乙型钢。采用心盘、心盘座和后从板座一体式的铸造整体心盘,并与牵引梁组焊在一起,上心盘直径为 ϕ370 mm。枕梁为双腹板箱形变截面结构,侧梁采用型钢与钢板组焊成矩形封闭断面。浴盆由弧形板、浴盆端板等组成,并与底架组焊在一起。浴盆底部设有排水孔。侧墙由上侧梁、侧柱和侧板等组焊而成,上侧梁为 $150 \times 100 \times 6$ 的冷弯矩型钢管,侧柱为 8 mm 厚的 U 形冷弯型钢。侧墙每侧设有侧门两个。端墙由上端梁、端柱、角柱和端板等组成,上端梁为 $140 \times 116 \times 6$ 冷弯矩型钢管。为增强两侧墙及侧墙与底架之间的连结刚度,车内设有撑杆和斜撑。

C$_{76}$ 型敞车(如图 8-23 所示)的主要特点是采用双浴盆式结构,能充分利用下部限界空间,有效降低了车辆重心高度,提高了车辆运行平稳性。采用加强型中梁,优化了牵引梁的结构,提高了强度储备和结构可靠性,可以满足大秦线开行 2 万 t 重载专列的要求。采用转 K5 或转 K6 型转向架,能有效降低轮轨间的作用力,减小各部分磨耗,可实现免维修化管理,大大减少检修工作量。制动系统设置了 ECP 电空制动系统的安装座,可方便加装 ECP 电空制动装置;并可换装牵引杆装置,从而降低重载列车的纵向冲动。

该车车体主要由底架、侧墙、端墙和浴盆等组成。其主要梁件和板材件采用屈服强度为 450 MPa 的 Q450NQR1 高强度耐大气腐蚀钢。铸钢件采用 C 级铸钢或与 AAR M-201 C 级铸钢机械性能相当的整体式上心盘及整体式冲击座。底架由中梁、侧梁、枕梁、端梁及横梁等组成。中梁采用钢板组焊结构或屈服强度为 450 MPa 的 310 乙型钢;为适应 2 万 t 重载运输的要求,牵引梁部分进行了结构优化,采用了加强型冲击座,提高了其可靠性;枕梁为双腹板箱形变截面结构,侧梁采用冷弯槽钢与钢板组焊结构。浴盆由浴盆底板、浴盆端板等组成,并与底架组焊在一起。浴盆底部设有排水孔。侧墙由上侧梁、侧柱和侧板等组焊而成,上侧梁为冷弯

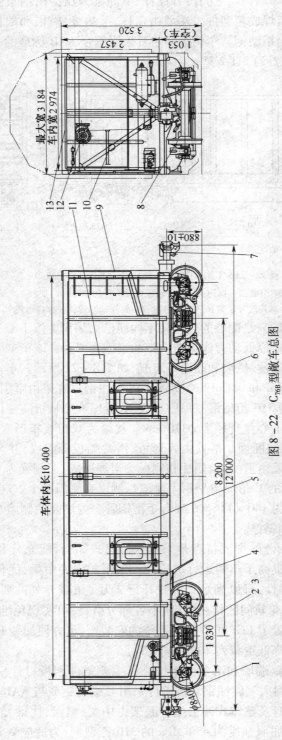

图 8 - 22 C76B 型敞车总图

1—转动车钩缓冲装置;2—风制动装置;3—底架附属件;4—底架组成;5—侧墙组成;6—下侧门组成;7—固定车钩缓冲装置;
8—转向架;9—1 位端墙组成;10—2 位端墙组成;11—撑杆组成;12—标记;13—手制动装置

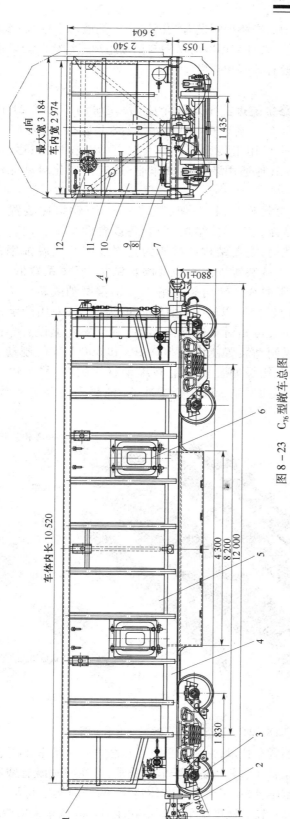

图 8-23 C₇₆型敞车总图

1—1位端墙组成;2—转动车钩缓冲装置;3—转向架;4—底架组成;5—侧墙组装;6—下侧门组成;
7—固定车钩缓冲装置;8—风制动装置;9—底架附属件;10—2位端墙组成;11—撑杆组装;12—手制动装置

矩型钢管,侧柱为帽型冷弯型钢。侧墙每侧设有侧门二个。端墙由上端梁、端柱、角柱和端板等组成,上端梁为冷弯矩型钢管,端柱采用冷弯槽钢与钢板组焊式结构。为增强两侧墙及侧墙与底架之间的连结刚度,车内设有撑杆和斜撑。

4. C_{100} 型三支点敞车

为解决港口与钢厂间铁路集疏运能不足的矛盾,我国研制了轴重 21 t,载重 100 t 的三支点矿料、钢材运输专用敞车。该车在标准轨距线路上运行,主要用于装运矿石、矿粉、钢卷及其它钢材等货物,也可用于装运砂石等大比重的散粒货物;适应单车翻车机摘钩翻转卸货、人工清扫作业及其他通用装卸机械作业;适应机械化自动驼峰调车作业;满足解冻库使用的要求。

该车主要由车体、鞍座、均载装置、转向架、制动装置、车钩缓冲装置、油漆和标记等组成,如图 8-24 所示。车体为全钢焊接结构,两侧各设置两个清扫门,底架采用无下侧梁的结构型式,中梁采用乙型钢,主要结构件材质为高强度耐大气腐蚀钢;鞍座不与车体固接,可因用户的要求而异;均载装置采用斜楔及滚轮结构,摩擦系数低、均载效率高,车辆可安全通过机械化驼峰等竖曲线。转向架采用 21 t 轴重摆动式转向架,一位转向架为标准转 K4 型转向架,二、三位转向架以转 K4 型转向架为原型、采用旁承承载方式,二位摇枕上设有上旁承滑槽,转向架可相对车体横向移动,三位摇枕上设有导向心盘销,转向架可绕车体上的心盘转动;风制动装置能满足 500 kPa 和 600 kPa 的制动主管压力,手制动装置采用 NSW 型手动机;车钩缓冲装置采用 E 级钢材质的 17 号车钩,配套使用 E 级钢材质的 17 号钩尾框,合金钢钩尾销,MT-2 型缓冲器;油漆采用环氧云铁厚浆防锈底漆和溶剂型厚浆醇酸面漆。

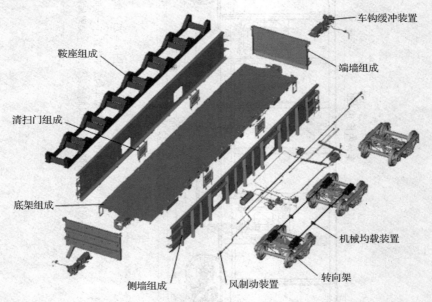

图 8-24　C_{100} 型三支点敞车三维示意图

该车突破了国内外传统的货车技术,采用了三支点承载方式。其主要技术特点在于:①在轴重与现有通用敞车相同的条件下,较大提高了车辆载重,可在我国既有线路上实现重载运输。②缩短了转向架之间的定距,减小了中梁及车体挠度,两转向架之间及车辆中部(2 m 范围)的最大集载能力可达到 50 t,较大地提高了车辆集载能力。③该车采用楔块式机械均载装置,解决了三支点车辆通过平面曲线和机械化驼峰等竖曲线的问题。线路动力学试验及通过驼峰试验结果表明,该车动力学性能良好,可满足我国提速货车商业运行速度 120 km/h 的要求,并可通过机械化驼峰调车场作业。④该车采用无下侧梁和端梁的车体结构,优化了车体结构,有效地降低了车辆自重。⑤该车外形尺寸与我国主要大型钢铁生产企业的现有主型翻车机匹配,可用既有翻车机卸货作业。

均载装置布置在 2 位转向架和 3 位转向架上,如图 8 - 25 所示。2 位转向架的摇枕无心盘,但设有滑槽,上旁承可在滑槽内横向滑动,因此,转向架可相对车体横向移动。该转向架的垂向载荷由旁承传递,纵向载荷由旁承及起牵引作用的连杆传递。横向载荷主要是转向架相对车体横向移动时上旁承与摇枕摩擦板所产生的摩擦阻力。3 位转向架的摇枕上设有心盘销,转向架可绕车体上的心盘转动,该转向架的垂向载荷由旁承传递,纵向和横向载荷由心盘销传递。

5. C$_{31}$型米轨敞车

C$_{31}$型敞车适用于昆明铁路局轨距为 1 000 mm 的米轨线路,可装运煤炭、焦碳、矿石、谷物、建材等货物。该车载重为 31 t,最大运行速度为 80 km/h。该车为全钢焊接结构,其车体主要由底架、端墙、侧墙、车门等部件组成,材质选用低合金耐候钢。

底架由中梁、枕梁、侧梁、端梁、大横梁、小横梁及金属地板组成。中梁由两根材质为 09V 的 310 型乙型钢组焊而成,侧梁采用 18a 型槽钢制成等截面直梁,侧梁上组装有绳栓、下侧门搭扣、脚蹬及中侧门的锁销插等。枕梁由厚 8 mm 的上、下盖板和厚 6 mm 的腹板组焊成箱形结构且为等强度变截面梁。端梁由厚 7 mm 钢板制成"L"形断面。全车设有两根大横梁,它是由厚 8 mm 的上、下盖板和厚 7 mm 的腹板组焊成工字形断面梁。在上述各横向梁之间焊有小横梁,小横梁共有 7 对,由 10 型槽钢制成。整个底架上铺有 8 mm 厚的钢地板。

侧墙由上侧梁、侧柱、侧柱连铁、斜撑、侧墙板、侧柱补强板和侧门组成。上侧梁在侧墙顶部并贯通整个侧墙,它由 14a 型槽钢制成。上侧梁在中央侧门孔的部分焊有厚 8 mm 的钢板压制成的槽形门檐、厚 12 mm 的门孔补强板和厚 8 mm 的三角形门孔补强筋板加强。在上侧梁的外侧焊有吊起下侧门的钩链。全车共有 8 根侧柱(包括侧门柱),侧柱由厚 7 mm 钢板压制成帽形断面,侧柱应尽量与底架枕梁、大横梁在同一车体横断面内,以提高车体结构的整体承载能力。侧柱根部用 6 个 φ20 mm 的铆钉铆在侧梁腹板上,为提高侧墙与底架的连接强度,在侧柱下半部焊有铸钢侧柱内补强座。侧柱中央靠内面焊有用 10 型的槽钢制成的侧柱连铁,槽口背向车内,全车共四根,上侧板上焊有下侧门折页座。立柱和侧柱连铁之间焊有 5 mm 的上侧板,侧板上部与上侧梁内缘焊接。每块上侧板的外表面上焊有八字形的由 75 × 50 × 6 制成的两根斜撑,以增强侧板的刚度,同时对上侧梁也起到支撑的作用。

C$_{31}$型敞车在侧壁的中央部分开有宽 1 620 mm、高 1 700 mm 的侧门孔。侧壁下部的两侧各开有两个开度为 1 250 × 954 的下侧门孔。侧开门为双合式车门,分左、右侧。右侧门由门板、折页、扶手及上、下门锁组成。左侧门除没有门锁及扶手外,其他与右侧门相同。门板由厚 5 mm 的钢板压制成型,中部向内凹入,四周压成凹筋以代替门框,侧开门的两侧各焊有折页一副。下侧门由门板和折页等组成。门板由 5 mm 的钢板压成中间凹入及四周带筋的压型板。折页由扁钢制成,其端部卷有圆环,焊接于门板上,借助圆销与侧板上的折页连接。折页下部伸出板外,关门时插入底架侧梁上的下侧门搭扣座内。折页中部焊有挂环,下侧门开启后,借

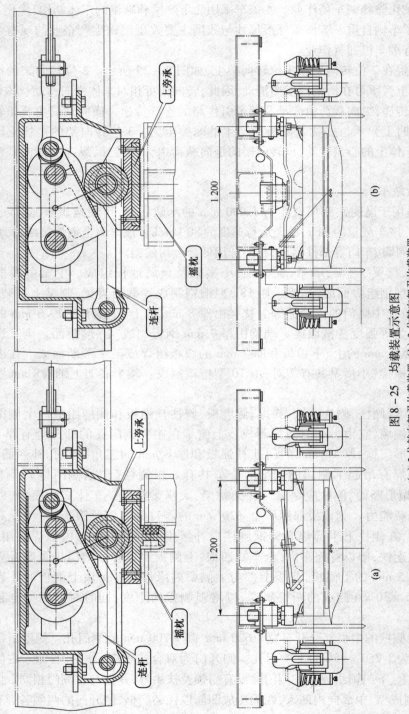

图 8 - 25 均载装置示意图

(a) 2 位转向架及均载装置；(b) 3 位转向架及均载装置

表 8－1 我国主要各型敞车的主要技术参数一览表

型号	重量参数			容积参数		车辆尺寸(mm)			车辆定距 mm	车体尺寸(mm)				底架尺寸(mm)		轴重 (t)	每延米载重 (t/m)	门、窗孔(宽×高) (mm×mm)
	载重 (t)	自重 (t)	自重系数	容积 (m³)	比容 (t/m³)	最大宽度	最大高度	车辆长度		内长	内宽	地板面距轨面高	内高	长度	宽度			
C_{61}	61	23.0	0.38	69.4	1.14	3 242	3 293	11 938	7 200	1 300	2 900	1 078	1 900	11 000	2 900	21.08	6.07	侧门孔1 620×1 800 下侧门孔1 250×954
C_{62}	60	22.3	0.37	71.6	1.19	3 242	3 095	13 438	8 700	12 500	2 890	1 082	2 000	12 500	2 900	21.0	6.1	侧门孔1 620×1 900 下侧门孔1 250×954
C_{64}	61	22.5	0.37	73.3	1.20	3 242	3 142	13 438	8 700	11 000	2 890	1 083	2 260	12 500	2 900	21.0	7.04	下侧门孔1 250×954
C_{65}	60	19.3	0.32	75.0	1.25	3 190	3 267	13 938	9 200	12 490	2 890	1 082	2 050	13 000	2 910	20.8	6.2	侧门孔1 620×1 900 下侧门孔1 250×954
C_{16}	60	19.7	0.33	50	0.83	3 192	2 527	13 442	8 700	12 488	2 888	1 079	1 400	12 500	2 900	19.9	5.9	
CF	60	20.8	0.35	68	1.13	3 192	3 027	13 442	8 700	12 488	2 880	1 079	1 900	12 500	2 900	20.2	6.0	清扫门700×749
C_{70}	70	23.6	0.34	77	1.1	3 242	3 143	13 976	9 210	13 000	2 892	1 083	2 050	13 010	2 900	23	6.69	
C_{76}	76	24.2	0.32	81.8	1.09		3 604	13 442	8 200	10 728		1 055		11 200	3 168	25	8.33	下侧门孔945×748
C_{80}	80	19.9	0.25	87	1.09	3 184	3 793	12 000	8 200	12 000	2 946	1 055				25	8.33	
C_{80A}	80	20	0.25	84.8	1.06	3 244	3 765	12 000	8 200	12 000		1 057	2 700			25	8.33	
C_{80C}	80	20	0.25	84.8	1.06	3 380	3 548	12 000	8 200	10 000						25	8.33	门孔830×670
C_{100}	100	25.9	0.26	61	0.61			15 800	9 800	13 710	2 892	1 085	1 540			21	7.97	
C_{31}	31	15.6	0.50	43	1.39	2 692	2 960	10 918	6 400	10 000	2 390	1 020	1 800	10 010	2 400	12	4.27	侧门孔1 620×1 700 下侧门孔1 250×954

助上侧梁上的钩链吊挂起来。

端墙由上端梁、角柱、横带和端墙板组成。上端梁的断面尺寸与上侧梁相同,在与上侧梁连接处焊有篷布护铁压型件。角柱采用 14 型的等边角钢,角柱下部与底架端、侧梁铆接,为加固角柱上部结点强度,在角柱与上侧梁、上端梁连接点的上平面处加焊有 8 mm 厚的连接板补强。端墙板采用厚 5 mm 的钢板,其下部与底架端梁搭焊,在端墙板上焊有两根由 14 型槽钢制成的横带,采用这种闭口断面形且断面尺寸较大的端墙横带,大大提高了端墙的刚度,防止端墙外涨。

除以上介绍的几种敞车外,我国还生产了专供运输精矿粉及粒度不大的矿石用的 C_{16} 型低边无门敞车和运输煤炭用的 CF 型高边无门敞车。为了适应我国铁路与东南亚铁路货物运输提高载重的要求,我国还研制了载重 40 t 的米轨敞车。此外,为探索我国重载运输发展所需货车的结构形式,20 世纪 80 年代我国还研制了载重 75 t 的五轴 5D 型高边敞车等等。

我国目前主要的各型敞车的主要技术参数、结构特点等参见表 8-1。

第三节　棚　车

棚车是铁路货车中的通用车辆,在我国铁路货车总数中约占 15%。它主要用来运输怕日晒、雨淋、雪浸的货物。这些货物包括各种粮谷、食品、日用工业制成品及贵重仪器设备等。加上一些必要的附属设备后,一部分棚车还可运送人员和马匹。

我国棚车种类较多,旧有的棚车大部分是载重 30 t 的钢木混合结构的小型车,如 P_1、P_3 型棚车,这种棚车远不能满足我国铁路运输发展的需要,现已全部淘汰。从 1953 年起我国开始研制载重 50 t、容积 101 m^3、车体为全钢铆焊结构的 P_{50} 型棚车。1957 年以后,先后设计制造了载重 60 t、容积为 120 m^3 的 P_{13}、P_{60}、P_{61} 型棚车。1980 年开始设计制造了 P_{62} 和 $P_{62(N)}$ 型棚车。进入 20 世纪 90 年代初,我国又研制了大容积的 P_{64} 型棚车,其后在此基础上陆续研制了 P_{64A} 和 P_{64G} 等 P_{64} 型系列棚车。为了适应铁路货车提速和行包快运的需要,20 世纪末我国又研制了 P_{65} 型行包快运棚车和带押运间的 P_{65S} 型快运棚车。为适应铁路运输装备跨越式发展的需要,2005 年我国又研制了更大载重量的 P_{70} 型棚车。

一、P_{64} 型系列棚车

P_{64} 型系列棚车是在 $P_{62(N)}$ 型棚车的基础上改进设计的具有内衬结构的棚车,载重为 58 t,容积为 116 m^3,车体为全钢电焊结构。将 P_{64} 型棚车的人字形结构车顶改为圆弧形车顶,扩大了容积,即为 P_{64A} 型棚车。为了提高 P_{64A} 型棚车的载重,在充分考虑其的强度、刚度和耐腐蚀性前提下,通过优化结构设计和采用新型材料,我国在 2001 年完成新型减重棚车的设计,即 P_{64G} 型棚车,其载重可以达到 60 t。该系列棚车的结构形式大体相同,均由底架、侧墙、端墙和车顶组成,其钢结构主要梁件及板材件均采用低合金耐候钢,内衬板和地板采用竹材板,如图 8-26 所示。以 P_{64G} 型棚车说明该型棚车的主要结构。

底架由中梁、枕梁、下侧梁、大横梁、小横梁、端梁和纵向梁组成。中梁采用材质为 09V 的 310 型乙型钢组焊而成。枕梁为双腹板、单层上下盖板组焊成闭口箱形断面。侧梁为 30a 型槽钢和 14a 型槽钢组焊成鱼腹梁结构。大横梁为单腹板结构,由厚上、下盖板及腹板组焊成工字形断面。小横梁共 38 根由 10 型槽钢制成,端梁由钢板压制成"L"形,并组焊有 6 mm 厚的上盖板。底架上铺设 30 mm 厚的竹材层压板,地板中部设火炉安装孔,3 位角部设置便器。

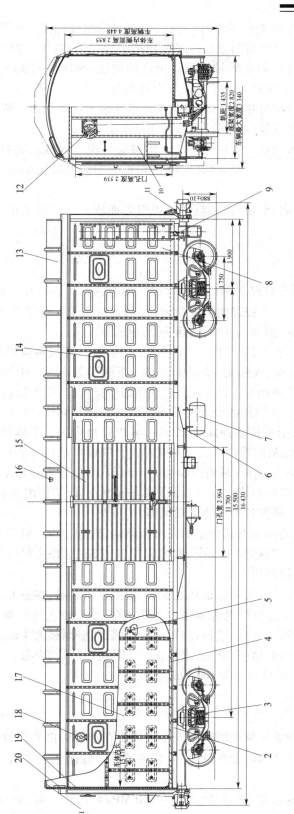

图 8-26 P_{64GK} 型棚车总图

1—车顶木结构;2—底架组成;3—转向架;4—底架木结构;5——位侧端木结构;6—底架附属件;7—风制动装置;8——位侧墙组成;9—便器组装;10—端端组成;11—车钩缓冲装置;12—手制动装置;13—车顶钢结构;14—车窗;15—车门;16—烟囱座;17—侧墙木结构;18—标记;19—端端木结构;20—电气组装

侧墙为板柱式结构,主要由侧墙板与侧柱、门柱、上侧梁等组焊而成。侧板为厚 2.3 mm 钢板压型结构,其冲压的方筋可以提高侧墙板的刚度和稳定性,充分发挥材料的承载能力,且外形美观,同时也解决了制造时焊接变形较大调修困难的问题;侧柱采用 80 × 60 × 4 冷弯 U 型钢,门柱采用压型组焊结构;上侧梁为冷弯方管与冷弯角型钢组焊而成。侧墙内加装 8 mm 厚的竹编胶合板,车体每侧设一对对开式车门,每侧侧墙设 4 扇下翻式车窗。侧墙内部凹筋内设有紧固内衬板用的吊座,紧固压条的螺栓可直接挂在吊座上。

端墙为板柱式结构,主要由端板与端柱、角柱、上端横梁等组焊而成。端板采用 3 mm 厚钢板;端柱采用 14a 型槽钢;角柱采用 125 × 125 × 10 的角钢。端墙内加装 8 mm 厚的竹编胶合板。

车顶主要由车顶板与上侧梁、车顶弯梁、端弯梁等组焊而成。车顶板采用 2 mm 厚钢板。车顶内加装 3 mm PVC 板内衬。

二、P$_{65}$ 型行包快运棚车

P$_{65}$ 型行包快运棚车是为适应铁路货车提速和行包快运的需要而研制开发的,其主要用于装运行包等各种轻浮和怕日晒、雨雪侵袭的贵重货物,也可运送人员。由于多考虑轻浮货物,因此其容积较大,达到了 135 m^3,载重为 40 t,自重为 25.9 t。

该车主要由底架、侧墙、端墙、车顶、车门、制动装置、车钩缓冲装置、转向架等部分组成,如图 8 - 27 所示。底架由端梁、枕梁、大横梁、小横梁、中梁、下侧梁等组成。中梁由两根 310 乙型钢组焊而成;侧梁为 30b 型槽钢和 14a 型槽钢组焊成鱼腹形结构;底架上铺设 30 mm 厚竹压板地板,地板中部设火炉安装孔,3 位角部设置便器。侧墙由侧板与侧柱、枕柱、门柱等组焊而成。侧板为 3 mm 厚钢板压型结构,侧墙内加装 15 mm 厚 PVC 板内衬。车体每侧设一对对开式车门,门孔宽为 2 964 mm。每侧侧墙设 4 扇下翻式车窗。端墙由端板与端柱、角柱、上端横梁等组焊而成。端板采用 4 mm 厚钢板,端墙内加装 15 mm 厚 PVC 板内衬。车顶由车顶板与车顶侧梁、车顶弯梁、端弯梁等组焊而成。车顶板采用 2 mm 厚钢板,车顶内加装 5 mm 厚 PVC 板内衬。车顶中部设有烟囱座,两侧各设有两个通风器。

该车的结构特点为车顶采用增加车顶侧梁的圆弧顶结构,充分利用了机车车辆上部限界,达到了扩容的目的,使该车总容积达到 135 m^3。车门采用新型 3m 对开式车门,提高了车门刚度,增强了车门开闭灵活性,方便使用。

随着行包快运专列的开行,押运的问题也随之而来,根据这一情况,在原 P$_{65}$ 型行包快运棚车的基础上设计了带押运间的 P$_{65S}$ 型行包快运棚车。该车在 P$_{65}$ 型行包快运棚车的基础上增加了间壁墙和押运间。其间壁墙由角柱、端柱、间壁墙板组成,间壁墙板为 4 mm。押运间内的车内设施主要有一张硬卧铺、便器、边座、茶桌、水桶支架、灭火器等车内设备。

该车采用转 K1 型转向架,最高时速为 100 km。

三、P$_{70}$(P$_{70H}$)型棚车

P$_{70}$(P$_{70H}$)型通用棚车于 2005 年研制成功。该车适用于在中国标准轨距铁路上运输免受日晒、雨雪侵袭的成件、包装、袋装货物及各种箱装、零担货物。除满足人工装卸外,还能适应叉车等机械化装卸作业。

该车的主要特点是:①主要结构采用屈服强度为 450 MPa 的高强度钢,载重大、自重轻;优化了底架结构,提高了纵向承载能力,适应万吨重载列车的运输要求;②该车容积 145 m^3,载

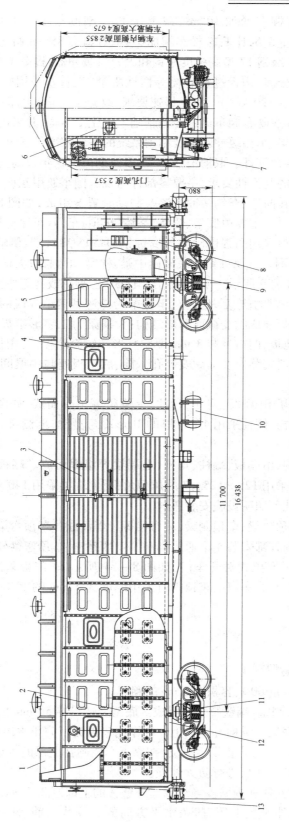

图 8-27 P$_{65S}$ 型行包快运棚车总图

1—车顶组装;2—侧墙组成;3—装货间车门组装;4—车窗组装;5—间壁墙组成;6—端墙组成;7—手制动装置;
8—押运间车门组成;9—车内设备;10—制动装置;11—转向架;12—底架组成;13—车钩缓冲装置

重 70. t,容积比 P_{64GK} 型棚车增加 10 m^3,载重比 P_{64GK} 型棚车增加 10 t,单车载重量提高了 16.7%;③该车每延米重 5.5,比 P_{64GK} 棚车增加 0.4 t,在既有 850 m 站场及线桥条件下,列车提高运能 300 t;④采用 E 级钢 17 型高强度车钩和大容量缓冲器,提高了车钩缓冲装置的使用可靠性,有助于解决车钩分离、钩舌过快磨耗等惯性质量问题;⑤采用转 K6 型或转 K5 型转向架,确保车辆运营速度达 120 km/h,满足提速要求;改善了车辆运行品质,降低了轮轨间作用力,减轻了轮轨磨耗;⑥在既有棚车运用经验基础上优化了结构,并采用高强度钢材料,提高了车体的疲劳强度;转向架、车钩缓冲装置及制动系统的主要零部件通过可靠性设计和完善的工艺、质量保证,实现了寿命管理。取消辅修修程,段修期由 1.5 年提高到 2 年,降低了检修维护成本;⑦满足现有棚车的互换性要求,主要零部件与现有棚车通用互换,方便维护和检修。

该车主要由车体、转向架、车钩缓冲装置及制动装置等组成,如图 8-28 所示。该车车体为全钢焊接整体承载结构,主要由底架、侧墙、端墙、车顶、车门、车窗等组成。

底架主要型钢、板材采用高强度耐大气腐蚀钢 Q450NQR1,端、侧墙及车顶的主要型钢板材采用 09CuPCrNi—A 耐大气腐蚀钢。底架由中梁、枕梁、下侧梁、大横梁、端梁、小横梁、纵向梁、地板等组成,如图 8-29 所示。中梁采用热轧 310 乙型钢或冷弯中梁;采用直径为 358 mm 的锻钢上心盘和 C 级铸钢的前、后从板座;下侧梁为冷弯型钢组焊成的鱼腹形结构;枕梁为双腹板、单层上下盖板组焊而成的变截面箱形结构;大横梁为工字形组焊结构;底架铺设铁路货车用竹木复合层积材地板,门口处装 3 mm 厚扁豆形花纹钢地板,装用铁路货车车号自动识别系统车辆标签,预留便器安装座及火炉安装孔。前、后从板座与中梁间,脚蹬与侧梁间均采用专用拉铆钉连接。

侧墙为板柱式结构,由侧板、侧柱、门柱、上侧梁等组焊而成,如图 8-30 所示。侧板为 2.3 mm 厚钢板压型结构,侧柱采用 4 mm 厚的 U 形冷弯型钢,上侧梁为冷弯矩形管与冷弯角型钢组焊而成。

端墙为板柱式结构,由端板、端柱、角柱、上端梁等组焊而成。端板采用 3 mm 厚钢板,端柱采用热轧槽钢,角柱采用 125×125×7 的压型角钢,上端梁采用 140×60×6 的压型角钢,端板上预留电源线通过孔及照明设施安装座。

车顶由车顶板、车顶弯梁、车顶侧梁、端弯梁等组焊而成。车顶弯梁为圆弧形结构,车顶侧梁采用冷弯型钢。车顶外部安装 4 个通风器和 1 个烟囱座,车顶弯梁处设有照明设施安装板。

车体每侧安装一组推拉式对开车门,如图 8-31 所示,车门板采用 1.5 mm 厚冷弯波纹板。车体每侧设 4 扇下翻式车窗。车顶内衬采用厚度为 5 mm 的 PVC 板,侧端墙内衬采用厚度为 3.5 mm 的竹材板。

四、其他棚车

1. P_{13}、P_{60}、P_{61} 和 P_{62} 型棚车

这几型棚车均为载重 60 t、容积 120 m^3 的棚车。

P_{13} 型棚车由底架,侧壁、端壁及车顶组成。底架上铺设厚 50 mm 的搭口木地板,并借助压条及螺栓将它固定在底架各纵向补助梁上。在车门口处为了防止木地板磨损,还铺有厚 5 mm 的网纹钢地板(磨耗板)。为防止发生火灾,在靠近车轮闸瓦上部的木地板,加装 2×250×400 的金属防火板或将该处木地板进行防火处理。

侧壁由外壁板、侧立柱和内壁板等组成。外壁板的上部厚 2.5 mm,下部厚 3 mm。为增加强度、防止墙板失稳,外壁板上压有 9 条水平方向的波纹状凸筋。侧立柱由厚 4 mm 的钢板压

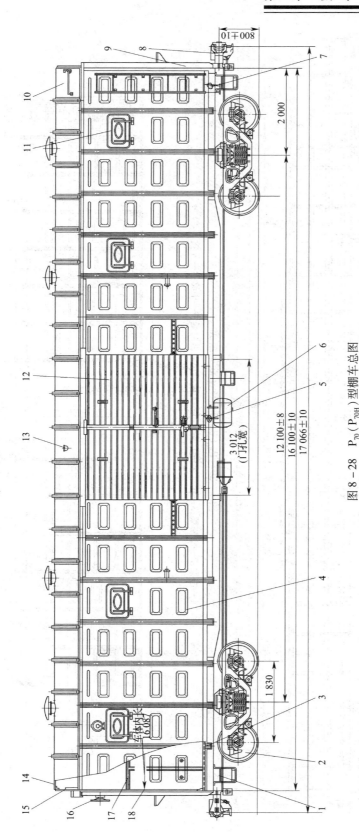

图 8－28　P₇₀（P₇₀H）型棚车总车图

1—底架组成;2—转向架;3—底架木结构;4—侧墙组成;5—底架附属件;6—风制动装置;7—便器组成;8—车钩缓冲装置;9—端墙组成;10—车顶组成;11—车窗组成;12—车门组成;13—烟囱座组成;14—车顶木结构;15—电气安装;16—手制动装置;17—侧墙木结构;18—端墙木结构

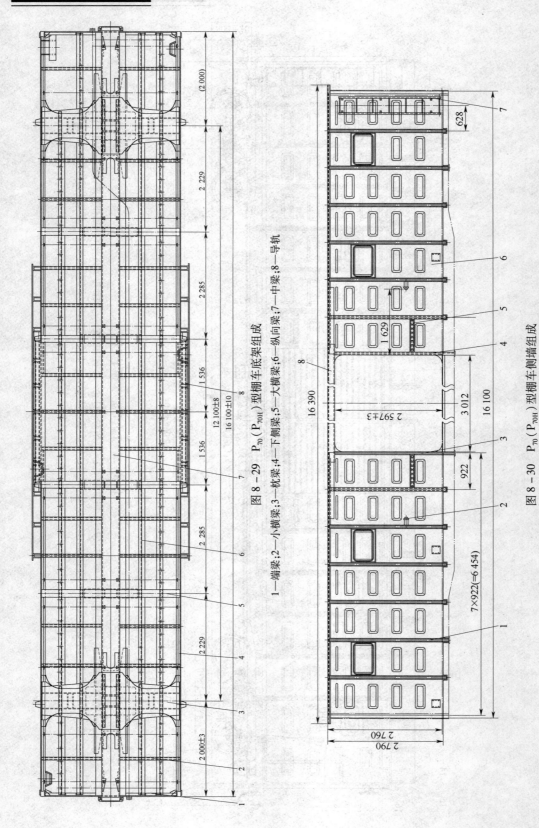

图 8 - 29 P₇₀（P₇₀H）型棚车底架组成

1—端梁；2—小横梁；3—枕梁；4—下侧梁；5—大横梁；6—纵向梁；7—中梁；8—导轨

图 8 - 30 P₇₀（P₇₀H）型棚车侧墙组成

1—侧柱；2—车门止挡；3—左门柱；4—右门柱；5—开门门座；6—侧墙板；7—扶梯；8—上侧梁

制成乙字型断面,其上固定有木立柱和木窗框,以便安装内壁板。木质内壁板上部厚 15 mm、下部厚 25 mm 的搭口板。侧墙中部装有滑动拉门一个,车门宽度为 2m,门孔两侧分布 8 个通风和采光用的车窗。端墙板用厚 3 mm 的钢板并压制有六根横向大凸筋和小压筋,用以增加端墙板的强度和刚度。厚 15 mm 的端墙木板竖直地钉在波纹凸槽内的木梁上。角柱采用 75 × 75 × 6 的角钢。

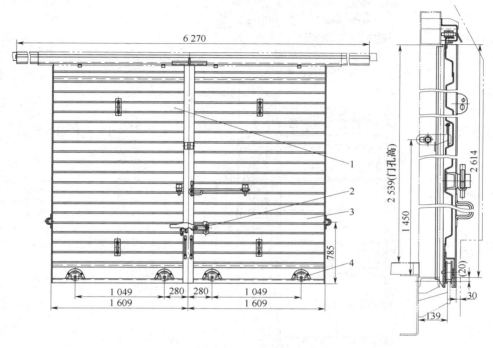

图 8 – 31　P_{70}(P_{70H})型棚车车门组成

1—左门组成;2—门锁安装;3—右门组成;4—滑轮组装

车顶由顶板和上侧梁组成,没有车顶弯梁。顶板厚 2 mm,压制有粗大的横向波纹凸筋,内部铺设厚 15 mm 的纵向木顶板。上侧梁由 75 × 75 × 6 的角钢和 50 × 50 × 5 的角钢组焊,门孔部分加焊 75 × 75 × 6 角钢呈槽形断面。车顶上开有四个宽 600 mm、长 800 mm 的装货口,装货口盖借助折页和锁闭装置固定在车顶上。装货口除了供机械化装粮谷外,还可以将其顶盖撑成一定角度,以便在运行中进行通风换气。车顶中部开有烟囱口,供安装火炉烟囱用。

由于 P_{13} 型棚车存在车窗和卸货口的锁闭装置不够可靠;装卸货口的存在给管理工作带来极大不便;木材消耗量较多等缺点。所以后来取消车顶装货口和侧壁卸货口,将车内部分木板改用纤维板,将车型改为 P_{60} 型棚车。

P_{61} 型棚车与 P_{13}、P_{60} 型棚车最大区别在于车门、车窗、地板和端壁这几部分。车门改为双向拉门,开启时两半门左右分开,便于两台叉式起重车同时向车内两端装卸货物。车门下部装有带钩的滑轮装置,以避免车门稍有变形时滑出来。车窗部分把容易积垢存水、腐蚀严重的凹槽式车窗滑道改为斜坡窗台,车窗下部加装防脱钩。底架结构相应地有所加强,如:采用厚 6 mm 的单层铁地板;采用较多的小横梁以使木地板支承加密;车门附近的侧梁采用 30b 型槽钢制作;门孔两侧的大横梁上盖板也适当加宽等。为防止端壁外涨,采用四根 14a 型槽钢制成的端柱和厚 4 mm 的端壁板,并在端壁板上压有六条梯形凸筋或九条等截面凸筋。

P_{62} 型棚车是在 P_{61} 型棚车的基础上改进设计而成,如图 8 – 32 所示,是我国 20 世纪 80 年

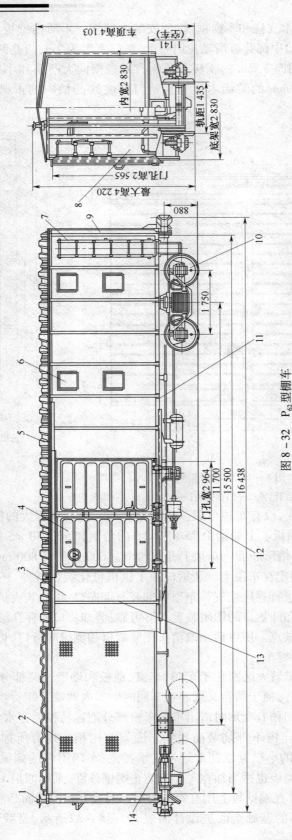

图 8-32　P₆₂ 型棚车

1—手制动装置；2—通风孔；3—侧墙组成；4—车门组成；5—车顶组成；6—车窗组成；7—扶梯组成；8—端端木结构；
9—端墙组成；10—轴向架；11—底架组成；12—风制动装置；13—侧柱；14—车钩缓冲装置

代初的棚车产品。与 P_{61} 型棚车相比,主要是提高了地板面高度,取消了内侧墙板、内端墙板和床托、拦马杆座等,车窗改为百叶窗式的通风口和通风口罩结构等。

为了提高车辆耐腐蚀性能,提高车辆的使用寿命,减少厂、段修的检修工作量,于 20 世纪 80 年代末我国又研制了结构与 P_{62} 型棚车基本相同,其钢结构主要梁件及板材均用低合金耐候钢的 $P_{62(N)}$ 型棚车。

2. P_{66} 型活动侧墙棚车

P_{66} 型活动侧墙棚车是为了适应我国货物运输品种、要求多样化发展起来的侧墙采用全开门结构的新型棚车。该车适用于在中国标准轨距线路上运行,可装运各种怕日晒、雨雪侵袭和较贵重的托盘、箱装、袋装、打包货物,以及外形较规则稳定的长大货物。特别适合各型规格的叉车等机械化装卸作业。

该车的主要特点是:

①全新结构设计,扩大了货物装载范围。该车侧墙采用全开门结构,车门开度大(达 7 670 mm),可以方便装载较长大贵重货物。还可装运部分国标集装箱。

②极大地改善了机械化装卸作业条件,提高了装卸效率。每侧侧墙的四扇门可实现多种开门组合,可以实现任一处完全无侧墙遮挡装卸,极大地满足了叉车机械化装卸作业条件。可实现叉车不上车作业和多台叉车同时作业,成倍地提高了装卸效率。

③车门开启可靠。该车左右各加一防护门栏,保证即使在出现货物倒塌挤压车门的情况下,车门也至少左右各有一扇可打开,不影响装卸。

④为我国发展托盘运输提供了必要的装备。托盘运输作为一种先进快捷的运输方式在欧美各国都有广泛的应用,托盘运输对于提高货车周转率和提高货物的运输装卸质量等方面都有着很大优势,该运输方式在国内的推广应用将成为必然的趋势。活动侧墙棚车的出现将为该运输方式推广应用提供必要的装备。

P_{66} 型活动侧墙棚车的载重 60 t,容积 135 m³,车体为全钢焊接底架承载结构。它主要由底架、端墙、隔墙、车顶、和车门(中门和侧门)组成,如图 8 – 33 所示,其钢结构主要梁材及板材件均采用耐大气腐蚀的 09CuPTiRE 或 09CuPCrNi—A 材质,端墙和车顶加装 PVC 内衬板。

底架由中梁、侧梁、枕梁、端梁、大横梁、小横梁、钢地板组焊而成。中梁由上、下盖板和双腹板组焊成箱形结构,并制成鱼腹型,中梁最大截面高 800 mm;侧梁采用 32a 型槽钢制成;枕梁由厚 8 mm 上盖板、厚 12 mm 下盖板及厚 8 mm 腹板组焊成双腹板的箱型结构;端梁采用厚 6 mm 钢板压制成角型断面;大横梁由厚 8 mm 上盖板、厚 8 mm 下盖板及厚 7 mm 腹板组焊接成的工字形结构;小横梁采用 8 型槽钢制成;底架上铺设 4.5 mm 厚耐候扁豆型花纹钢地板;底架侧梁外还有供车门开闭的导轨。

端墙为板柱结构,由端板与端柱、角柱、侧门框、上端横梁等组焊而成。端板采用 3 mm 厚钢板压筋,端柱、上端横梁为冷弯槽形结构,角柱由冷弯矩形空心型钢 160 mm × 80 mm 制成,端墙内加装 PVC 板,内衬板用压条、螺栓、螺母固定在钢结构上。

隔墙由内柱、立柱及斜撑等组焊而成,立柱上设有活动锁座。

车顶为板梁结构,由车顶侧梁、车顶端墙、车顶弯梁及车顶板等组成,车顶侧梁外设有供侧门运行的车顶导轨和供中门运行的车顶外轨。车顶板采用 1.5 mm 厚钢板压筋;车顶侧梁由冷弯矩形空心型钢 160 mm × 80 mm 及 3 mm 厚的 Z 形梁组焊而成;车顶内加装 PVC 内衬板,内衬板用压条、螺栓、螺母固定在钢结构上。

全车有四对(八扇)全钢车门。其中位于两端的两对侧门为滑动门,位于中部的两对中门

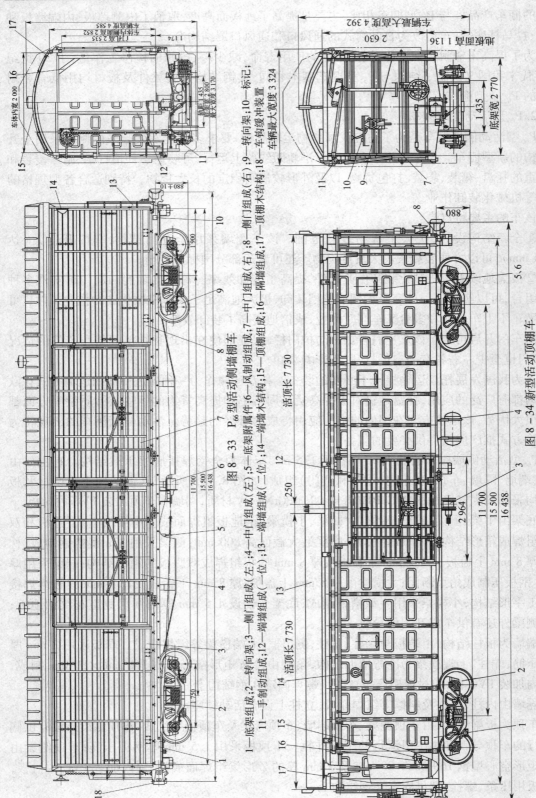

图 8-33 P₆₆型活动侧墙棚车

1—底架组成;2—转向架;3—侧门组成(左);4—中门组成(左);5—底架附属件;6—风制动组成;7—中门组成(右);8—侧门组成(右);9—转向架;10—标记;11—手制动装置;12—端墙组成(一位);13—端墙组成(二位);14—端墙木结构;15—顶棚组成;16—隔墙组成;17—顶棚木结构;18—车钩缓冲装置。

图 8-34 新型活动顶顶棚车

1—底架组成;2—转向架;3—风制动装置;4—底架附属件;5—侧窗组成;6—内窗组成;7—端墙组成;8—车钩缓冲装置;9—端墙木结构;10—手制动装置;11—车顶开闭机构;12—车门组成;13—车顶钢结构;14—标记;15—底架木结构;16—货物托架组成;17—侧墙木结构

为塞拉门。侧门为板柱结构,由门框、中立柱、门板、滚轮等组成。门板采用 1.5 mm 厚的波纹钢板组焊而成。中门钢结构也为板柱结构,由上、下门框和左、右门框及门柱、门板等组成。中门上还设有锁闭开启机构和曲轴机构。

3. 新型活顶棚车

新型活顶棚车的主要特点是整个车顶由 1 扇固定车顶和 2 扇活动车顶组成,通过传动机构可将其中一扇活动车顶升起,车顶打开时,两活顶重叠,一次可打开整个车顶的一半,完成货物的垂直装卸。同时其车门采用 3m 宽塞入式车门。门板采用波纹板;车门上设置两个曲拐,曲拐上部加装导向轮,下部与走行小车相连,下部滑轮中加装了滚动轴承,提高了车门刚度,增强了车门开闭的灵活性。当该车不作为活顶棚车使用时,可通过车门装货,作为通用棚车使用。车顶采用圆弧形车顶结构,充分利用车辆上部限界,使该车总容积为 130 m³。

该车由车体、制动装置、车钩缓冲装置和转向架等组成,如图 8-34 所示。其车体由底架、侧墙、端墙、车门、车顶、活顶开闭机构、货物运输托架等组成。

底架由中梁、侧梁、枕梁、大横梁、小横梁、纵向梁等组焊而成。中梁采用 310 乙型钢组焊而成;侧梁由 3 段槽钢组焊而成;枕梁由上、下盖板及腹板组焊成箱形结构;横梁由上、下盖板及腹板组焊成工字形结构;小横梁采用 12 型槽钢,纵向梁采用 5 mm 的乙字型压型件。侧梁、端梁、枕梁、大横梁等件的材质均采用耐大气腐蚀低合金钢,中梁材质采用 09V 低合金钢。底架上铺设 30 mm 厚的竹材层压板地板。

侧墙由上侧梁、侧柱、门柱及侧板组焊而成。侧柱采用 5 mm 的 U 形断面压型件,门柱采用压型组件,侧板采用 3 mm 的钢板压型件。车内每根侧柱处均组焊有绳栓。侧墙内加装 10 mm 厚的胶合板内衬,内衬板的横、纵拼缝用压条压紧,内衬板用压铁紧固,门孔、通风口罩处及侧墙上部用压板固定,螺母均采用自锁螺母。

端墙钢结构由角柱、横带、上端横梁、上端缘和端板组焊而成。角柱采用 12 型槽钢与钢板组焊而成,上端横梁、上端缘均采用 12 型槽钢,端板采用 4 mm 厚的平板。端墙内加装 10 mm 厚的胶合板内衬,内衬板的横、纵拼缝用压条压紧,内衬板用压铁紧固,端墙与侧墙间设角压条。螺母均采用自锁螺母。

车门采用 3 mm 宽塞入式拉门。门框采用冷弯型钢方管。车门板采用 2 mm 厚冷弯型钢波纹板。车门上安装曲拐,曲拐上端装有导向轮,下端与走行小车相连,曲拐中部设开、关车门的手把。车门下部设车门锁及手锁,侧墙门柱上设车门止挡。

车顶由固定车顶和活动车顶两部分组成。固定车顶由车顶弯梁、车顶板、雨挡和连接拉杆等件组焊而成。车顶弯梁采用 80×60×4 的冷弯型钢方管,车顶板采用 3 mm 厚的耐大气腐蚀低合金钢板。在固定车顶的内部加装木梁及 3 mm 厚的胶合板内衬,木梁通过螺栓紧固在车顶弯梁上,内衬板通过螺钉用铝合金压条固定在木梁上。活动车顶由车顶侧梁、车顶端梁、车顶弯梁、雨挡和车顶板组焊而成。车顶侧梁、车顶端梁均采用 80×60×4 的冷弯型钢方管,雨挡采用 3 mm 的钢板压型件,车顶板采用 1.5 mm 的耐大气腐蚀低合金钢板。同时,在车顶侧梁上组焊供开关车顶用的推杆。在活动车顶的内部加装了木梁及 3 mm 厚的胶合板内衬,木梁通过螺栓紧固在车顶弯梁上,内衬板通过螺钉用铝合金压条固定在木梁上。

活顶开闭机构由支腿组成、传动轴、导轨、长臂、短臂、双联杠杆、主动臂、下部传动装置、轴承、扭转弹簧等组成。支腿组成由支腿、支承架、走行滑轮、挡轮等组成;传动轴由连接杠杆、连接管、举升滑轮、滑轮架和连接轴等件组焊而成;下部传动装置由丝杠、丝母、衬套、齿轮、手轮轴、齿轮箱和定位板等件组成。

货物运输托架由上托架、下托架、挡块及包带等组成。下托架由侧梁、枕梁、纵向梁、连接板、连接块及连接梁组焊而成;上托架由弧形架、端梁、连接梁、连接板等组成;挡块由横梁、挡木、限位环等组成;包带由拉环、夹板、卡带等组成。上、下托架间用 8.8 级螺栓和 ST2 型防松螺母紧固。

4. P_{31} 型棚车

为解决昆明铁路局的米轨铁路以及与东南亚米轨铁路联运的问题,在 20 世纪 50 年代末我国生产了一批 P_{38} 型米轨棚车,70 年代末生产了 P_{30} 型米轨棚车,以及 90 年代研制了 P_{31} 型米轨棚车。P_{31} 型棚车的制动系统采用 104K 阀、ST2-250 型闸调器、球芯塞门、法兰接头,管件系内壁磷化处理等新技术,增加了制动系统的可靠性。采用铸钢三大件控制型转向架,提高了抗菱刚度,改善了轮轨动力作用,提高了车轮和钢轨的使用寿命。

P_{31} 型棚车是一种具有内衬结构的棚车,载重 31 t,容积为 65.8 m^3,车体为全钢焊接结构,由底架、端墙、侧墙、车顶、车门、车窗等部件组成。

底架钢结构由中梁、侧梁、枕梁、端梁、大横梁、小横梁和纵向梁组成。中梁采用材质为 09V 的 310 乙型钢组焊而成。侧梁由三段槽钢组焊成鱼腹形结构,中段为 20 型槽钢,两端为 12 型槽钢。枕梁由厚 8 mm 上盖板、厚 10 mm 下盖板及厚 6 mm 腹板组焊成双腹板变截面箱形结构。端梁由 6 mm 厚钢板压制成角形断面,并组焊有 8 mm 厚的上盖板。大横梁共四根,由厚 8 mm 上、下盖板及 6 mm 厚的腹板组焊成变截面工字形断面。小横梁共四根,由 10 型槽钢制成。纵向梁采用厚 6 mm 的耐候钢板压制成乙形断面。底架地板采用厚为 30 mm 的竹材层压板,地板下面在中梁及侧梁位置设有厚 20 mm 垫木,地板通过方颈螺栓和压条与纵向梁紧固在一起。

侧墙为板柱式结构,由侧柱、侧墙板和侧门组成。侧柱采用厚 6 mm 钢板压制成乙形结构。侧墙板采用 2.5 mm 厚钢板,侧板上压有通长凸筋。侧柱上安装有木梁结构,用于紧固内衬板。每侧侧墙设有 6 个横拉式车窗,设为两排,上排为 4 个,下排为 2 个,这样改善了车内的通风条件,兼顾了人员及货物运送的需要。窗孔设有防盗栅栏,车窗配有弹簧窗锁和窗铧,加强了车窗的安全防盗性能。侧墙木结构内衬板采用厚 10 mm 竹材层压板,每位侧墙分 8 块内衬板组装,内衬板纵拼缝为搭扣形式,横拼缝用压条压紧。

端墙也是板柱式结构,由端柱、角柱、端墙板和上端缘组成。端柱采用 6 mm 厚钢板压制成乙形结构,角柱采用 $100 \times 100 \times 8$ 的角钢,端墙板上部厚 4 mm,下部厚 5 mm。端墙木结构内衬板采用厚 10 mm 竹材层压板,每位端墙分 8 块内衬板组装,用压条与端柱压紧,端墙与侧墙连接处用三角木压紧。

车顶由上侧梁、车顶弯梁、车顶中央弯梁、车顶端弯梁和车顶板组成。上侧梁由三段组焊而成,中段为 12 型槽钢,两侧为 $80 \times 80 \times 8$ 的角钢。车顶板采用 2 mm 厚钢板压制成人字形结构。车顶端弯梁采用 $63 \times 63 \times 6$ 的角钢压制成人字形结构。车顶中央弯梁采用 4 mm 厚乙形钢压制成人字形结构,并设有灯钩安装座。车顶弯梁采用 4 mm 厚乙形钢压制成人字形结构。弯梁处配有木弯梁,用于车顶内衬的安装。车顶木结构采用厚 5 mm 编织竹胶板内衬,内衬板拼缝用木条与车顶木紧固。

车门为滚轮式单扇钢质拉门,车门配有门锁、门止铁等配件。门孔尺寸为 2 145 mm × 2 000 mm,能满足叉车装卸作业。

我国目前主要的各型棚车的主要技术参数、结构特点等参见表 8 - 2。

表8-2　我国主型棚车的主要技术参数一览表

型号	重量参数			容积参数		车辆尺寸(mm)			车辆定距(mm)	车体尺寸(mm)				底架尺寸(mm)		轴重(t)	每延米载重(t/m)	门、窗孔(宽×高)(mm)
	载重(t)	自重(t)	自重系数	容积(m³)	比容	最大宽度	最大高度	车辆长度		内长	内宽	地板面距轨面高	内高	长度	宽度			
P13	60	22.6	0.38	120	2.0	3 338	4 547	16 442	11 500	15 470	2 830	1 144	2 740	15 500	3 030	20.7	5.0	门孔 1 954×2 578 窗孔 494×394
P60	60	22.2	0.37	120	2.0	3 338	4 547	16 442	11 500	15 470	2 830	1 144	2 740	15 500	3 030	20.6	5.0	门孔 1 950×2 578 窗孔 494×394
P61	60	23.9	0.40	120	2.0	3 338	4 540	16 442	11 500	15 480	2 850	1 072	2 765	15 500	3 030	21.0	5.1	门孔 2 960×2 685 窗孔 492×391
P62	60	24.0	0.40	120	2.0	3 312	4 220	16 438	11 700	15 490	2 820	1 141	2 760	15 500	2 820	21.0	5.1	门孔 2 964×2 597
P64	58	25.4	0.43	116	2.0	3 312	4 160	16 438	11 700	15 466	2 796	1 143	2 705	15 500	2 820	21.0	5.1	门孔 2 964×2 542 窗孔 690×415
P65	40	25.9	0.65	135	3.38	3 320	4 675	16 438	11 700	15 462	2 790	1 130		15 500	2 820	18	4.3	门孔 2 964×2 531
P66	60	24	0.4	135	2.25	3 170	4 585	16 430	11 700	15 476	2 800	1 124	2 852	15 500	2 800	21	5.1	门孔 7 670×2 535
P70	70	24.6	0.35	145	2.07	3 300	4 770	17 066	12 100	16 087	2 793	1 136	2 855	16 100		23	5.5	门孔 3 012×2 539
P31	31	16.1	0.52	65.8	2.12	2 994	3 556	12 868	8 400	11 920	2 310	1 062				12	3.66	

第四节 平 车

平车主要用于运送钢材、木材、汽车、拖拉机、军用车辆、机械设备等体积或重量比较大的货物,也可借助集装箱装运其他货物。对装有活动墙板的平车也可用来装运矿石、沙土、石砟等散粒货物。此外还可以装运桥梁等特殊长大货物和需跨装运输的一般超长货物。

平车因没有固定的侧壁和端壁,故作用在车上的垂向载荷和纵向载荷完全由底架的各梁承担,是典型的底架承载结构。

新中国成立以来,我国研制了多种平车。从结构上看,有不设端、侧板的平车,有仅设端板的平车和设有端、侧板的平车。从用途上分有通用平车、集装箱专用平车、运输小汽车专用平车和运输集装箱和散件货物的两用平车等。在 20 世纪 50 至 60 年代,我国先后开发了载重为 30 t 的 N_1 型平车、载重为 40 t 的 N_4 型平车、载重为 50 t 的 N_5 型平车、载重为 60 t 的 N_6、N_{60}、N_{12} 和 N_{16} 型平车。70 年代之后,我国主要对 N_{17} 型平车进行了大量的改进,形成了 N_{17} 系列产品。为适应我国集装箱运输的发展需要,我国于 80 年代开始研制了 X_6 系列集装箱专用平车。为了提高铁路运输效率,减少车辆运用中的排空,上世纪末,我国又研制开发了 NX_{17} 型平车—集装箱共用平车。同时为了适应我国小汽车工业的发展以及国际贸易的扩大,我国又开发了 SQ 系列运输小汽车专用平车。

一、N_{17A} 型平车

N_{17A} 型平车由底架和活动端墙组成,如图 8 – 35 所示。底架结构由中梁、侧梁、枕梁、端梁、横梁、小横梁和纵向辅助梁组成。

由于作用在 N_{17A} 型平车上的载荷全部由底架承担,因此底架各主要梁件具有较大的断面。中梁由两根 56a 型工字钢及厚 10 mm 的上、下盖板组成,两工字钢腹板内侧距为 350 mm,以适应两端安装缓冲器的要求。中梁两端因受地板面高度和转向架心盘高度的限制,其断面高度一般在 300 ~ 350 mm 左右,比中间部分小,因此中梁呈鱼腹形状。侧梁和中梁一样也采用 56a 型工字钢,且作成鱼腹形。中梁、侧梁采用鱼腹形梁,不仅受力合理、减轻了自重,而且也利于转向架的检修。侧梁腹板外侧装有结扎货物用的绳栓和安装木侧柱用的柱插,为了防止柱插超出限界,在安装柱插处的侧梁上翼缘割出切口,切口周围用补强板加固,以弥补切口对侧梁强度的消弱。端梁用厚 8 mm 的钢板折压成不等翼的槽形断面。端梁上固定有绳栓、钩提杆座、手制动座(一位端)及脚踏板托架等零件。枕梁由厚 12 mm 的上、下盖板及厚 8 mm 的双腹板组焊成封闭的箱形断面,枕梁是把侧梁承受的垂直载荷传至心盘的最重要的梁件,也是承受纵向水平载荷重要梁件之一,所以此断面较强大,且为变截面的等强度梁。大横梁共 2 根,布置在枕梁之间,它由厚 10 mm 的上、下盖板和厚 6 mm 的腹板组焊成工字形断面梁,上、下盖板均分为两段,搭焊在中梁上、下盖板及侧梁上、下翼缘上。6 根小横梁采用 12 型槽钢。

底架上铺设有 70 mm 厚的木质地板,地板用地板卡铁和螺栓固定在纵向辅助梁上,共有 4 根 12 型槽钢制成的纵向辅助梁。地板四周的边缘包有地板压条,用螺栓把压条和地板固定于侧梁上,以加强连结并防止地板边缘开裂、磨损擦伤。

N_{17A} 型平车两端设有用厚 6 mm 的钢板压型后与 50 ×50 ×5 的角钢焊制的矮活动端墙,活动端墙能放平作渡板,便于移动装运在平车上的车辆。N_{17A} 型平车是 1992 年在 N_{17} 型平车的基础上改进设计。N_{17} 型平车除底架、端墙外两侧各装有 6 扇高度为 467mm 的活动侧墙,活

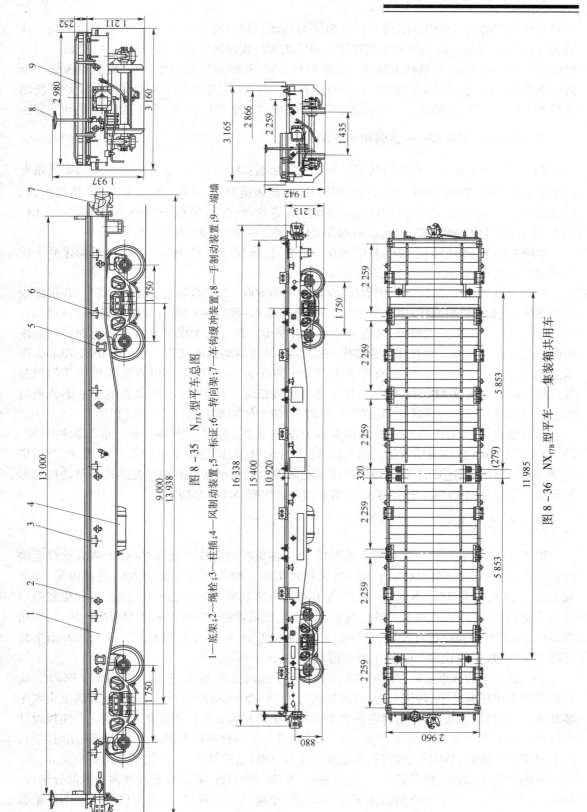

图 8 - 35 N_{17A} 型平车总图

1—底架;2—绳栓;3—柱插;4—风制动装置;5—标证;6—转向架;7—车钩缓冲装置;8—手制动装置;9—端墙

图 8 - 36 NX_{17B} 型平车——集装箱共用车

动侧墙有木结构和钢板组焊结构两种。为了与活动端墙高度衔接，每侧两个端侧板作成"抹斜式"（即有上倒角），活动侧墙采用锁铁式锁闭机构。锁铁的中部开有长椭圆孔，锁铁一端为楔形。当侧壁板关闭后，锁铁下部插在支座内并卡紧，此时楔形端挡住折页，使侧壁板处于垂向位置紧密关闭；当放下侧壁板时，只需将锁铁往上推起，此时锁铁能绕支座轴旋转180°使侧壁板处于放下位置，而锁铁楔形端还能卡住折页，使之侧壁板放下后运行不会产生晃动现象。

二、NX$_{17}$型系列平车——集装箱共用车

NX$_{17}$型系列平车——集装箱共用车为在我国标准轨距上运行、兼有普通平车和集装箱专用平车双重功能、载重为60 t的四轴两用平车，即能装运原木、钢材、汽车、拖拉机、成箱货物、机械设备、大型混凝土桥梁、军用设备（如坦克）等货物，还可装载 ISO668 所规定的 1AAA、1AA、1A、1AX、1CC、1C、1CX 型集装箱和 TB2114 规定的铁路 10 t 通用集装箱。

车辆由底架、木质地板、集装箱锁闭及门挡装置、风制动装置、手制动装置、车钩缓冲装置及转向架等组成，如图 8-36 所示。

底架为型钢、板材拼组的全钢焊接结构，中梁为 600×200 的 H 型钢制成鱼腹形并组焊成箱形结构；侧梁为单根 600×200 的 H 型钢制成鱼腹形；底架两端设有端梁和箱形结构枕梁；底架中央设有一根中央大横梁，两边为工字形大横梁。端、枕、大横梁均为钢板组焊结构。采用锻钢上心盘。侧梁上设有柱插及绳栓，两端梁处设有活动钢质端门。底架上铺有 70 mm 厚木质地板，符合 TB1134 的要求，且容重不得大于 460kg/m³。底架上设有集装箱锁及门挡装置。集装箱锁在装载 TB2114 规定的 10 t 通用集装箱时为外翻转式，装载其他标准集装箱时为原位翻转式。门挡为翻转式，其在工作位时，可防止铁标集装箱门非正常打开。

制动装置采用 120 型空气控制阀并设有防盗装置，采用 KZW-4G 型空重车调整装置、356 mm×254 mm 整体旋压密封式制动缸、球芯折角塞门、铁路制动编织软管总成、组合式集尘器、制动管路法兰连接，安装 ST2-250 型闸瓦间隙自动调整器。采用折叠链式手制动机。车辆钩缓冲装置采用 13 号下作用式 C 级钢车钩及钩尾框，MT-3 型缓冲器。

三、NX$_{70}$型共用车

2002 年，随着铁路货车制造技术的发展，25 t 轴重转向架技术逐渐成熟，为适应重载运输的新形势，我国开始研制大载重平车——集装箱共用车。2005 年该车定为 NX$_{70}$型共用车，该车轴重定为 23 t，载重 70 t。NX$_{70}$型共用车是在我国标准轨距上运行，兼有普通平车和集装箱专用车双重功能，既能装运原木、钢材、汽车、拖拉机、成箱货物、机械设备、大型混凝土桥梁、军用设备（如坦克）等货物，还可装载 ISO668 所规定的 1AAA、1AA、1A、1AX、1CC、1C、1CX 型集装箱和 TB2114 规定的铁路 10 t 通用集装箱。

NX$_{70}$共用车的载重量较以前的 NX 系列共用车提高了近 20%，速度提高到 120 km/h。该车集载能力比现有平车、共用车高，最大集重可达 55 t/5 m，提高约 10%，可以较好满足重要军事装备、大型机械的装载要求，对各种大型设备等集载货物有更好的装载适应性。在地板设计中材质选用了 70 mm 厚木地板和 45 mm 厚竹木复合层积材两种方案。全车普遍采用耐候钢，整车耐腐蚀性能好，整体寿命较长，维修费用较少，运载适应性更广，车辆的运用效率提高。

车辆由底架、地板、集装箱锁闭装置、端门、车钩缓冲装置、制动装置及转向架等部分组成，如图 8-37 所示。底架为全钢焊接结构，由端梁、中梁、侧梁、枕梁、中央大横梁、大、小横梁和辅助梁等组焊而成。中梁为两根 630×200 的 H 型钢制成鱼腹形，加 10 mm 厚的上、下盖板组

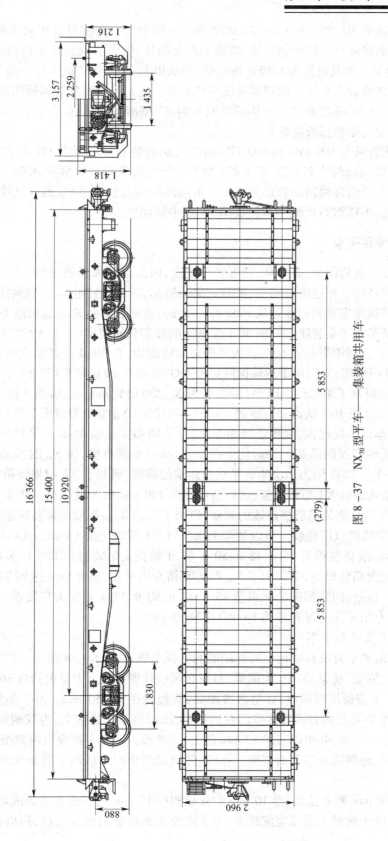

图 8-37　NX₇₀型平车——集装箱共用车

焊成箱型结构,侧梁为单根 600×200 的 H 型钢切鱼腹制成。底架设有中央大横梁以及工字形大横梁。中、侧梁间设有纵向辅助梁,端梁上设有绳栓,侧梁上设有柱插和绳栓。采用直径为 358 mm 锻钢上心盘及材质为 C 级铸钢的前、后从板座。前、后从板座与中梁间采用专用拉铆钉连接,装用铁路货车车号自动识别系统车辆标签。底架上设有集装箱锁闭装置,锁头可原位翻转。采用 E 级钢 17 型联锁式车钩或新型车钩、17 型锻造钩尾框、合金钢钩尾销、MT-2 型缓冲器,含油尼龙钩尾框托板磨耗板。

采用主管压力满足 500 kPa 和 600 kPa 的空气制动装置。主要由 120 型控制阀、直径为 254 mm 的整体旋压密封式制动缸、ST2-250 型双向闸瓦间隙自动调整器、KZW-A 型空重车自动调整装置、货车脱轨自动制动装置等组成。采用编织制动软管总成、奥—贝球铁衬套、高摩擦系数合成闸瓦、不锈钢制动配件和管系,NSW 型手制动机。

四、集装箱专用平车

集装箱运输具有货损少、效率高、速度快等优点,因此近年来发展很快。国外集装箱货车的发展先后大致经历了普通集装箱车、关节式集装箱车、双层集装箱车、公铁两用车、驮背运输车等过程。我国铁路集装箱运输是从 1955 年开始的,当时没有运输集装箱的专用车辆,而是用通用敞车或平车装运集装箱。一辆 50 t 或 60 t 的敞车只能装运 12 个 3 t 集装箱或 6 个 5 t 国标型集装箱,载重利用率只有 60%。为了提高运输能力,自 1980 年开始我国研制了第一代 NJ_{4A} 型集装箱专用平车,专门用于运输国际标准 ISO 的 40 ft、20 ft 和 5D 型 5 t 集装箱及 10 t 集装箱。1986 年又研制了第二代 NJ_{6A} 型(后改名为 X_{6A} 型)集装箱平车,该型车除运输国际标准箱外,还能装运 J10 型 10 t 铁道部标准箱。1993 年研制的 X_{6B} 型集装箱平车是在 X_{6A} 型基础上改进设计,由于车体长度加大,载重量增加了,而且还增加了运输 45 ft 集装箱的性能,适应我国国际贸易和运输发展的需要。为简化生产工艺、减轻车辆自重,在 X_{6B} 的基础上,1996 年又研制了 X_{6C} 型平车。2000 年为适应集装箱快速运输的需要,研制了 X_{1K} 型集装箱专用平车。该车采用焊接构架式的转 K3 型转向架,运行速度达到 120 km/h,为我国第一代快运集装箱专用平车。2004 年为满足集装箱双层运输的需要,研制了 X_{2H}(X_{2K})型双层集装箱运输车辆。该车载重达到 78 t,集装箱双层叠装。可以装运 ISO668:1995 所规定的 1AAA、1AA、1A、1AX、1CC、1C、1CX 型国际标准集装箱及 45 ft、48 ft、50 ft、53 ft 等长大集装箱。2005 年为提高集装箱专用平车的适用范围和装载量,又研制了 X_{4K} 型集装箱专用平车,该车载重达到 72 t,采用转 K6 型转向架,也可以装运国际标准集装箱及 45 ft、48 ft、50 ft、53 ft 等长大集装箱。截止 2007 年中,我国集装箱专用平车的保有量约 10 000 多辆。

1. X_6 型系列集装箱平车

X_{6B} 型集装箱平车为没有活动侧墙和端墙的平板车辆,如图 8-38 所示。底架为全钢焊接结构,它由中梁、侧梁、枕梁、端梁、大横梁、斜撑和闭锁装置组成。中梁由两根 36b 型工字钢及厚 10 mm 的上、下盖板组焊而成,且呈鱼腹形梁,腹板间距为 350 mm。由于集装箱的重量通过四个"脚"以集中载荷的方式直接作用在侧梁上,所以侧梁比较强大,为双侧梁结构。内、外侧梁均为 40b 型工字钢,并组焊有厚 12 mm 的上、下盖板。两工字钢腹板内侧距为 360 mm,内侧梁为鱼腹形梁,外侧梁为等截面直梁。在内、外侧梁的中间一段的下盖板为两层板,内层宽 370 mm,外层宽 320 mm。

枕梁由厚 10 mm 的上盖板、厚 10 mm 的腹板和厚 12 mm 的下盖板组焊成箱形断面,腹板间距 260 mm。由于枕梁上盖板宽度较大,为了避免上盖板悬出部分失稳,所以在上盖板宽度

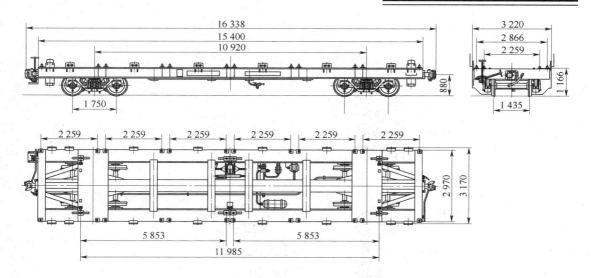

图 8-38 X$_{6B}$型集装箱专用平车

方向的两端组焊有两个 14a 型槽钢的外顺梁。枕梁所以采用较宽的上盖板,主要考虑车辆承受纵向冲击力时,提高横向抗弯刚度,加强枕梁承受和传递纵向水平载荷的能力。

端梁由厚 10 mm 钢板轧制成角形,并焊有下翼板呈"F"形断面。大横梁共 4 根,用厚 10 mm 的上、下盖板和厚 8 mm 的腹板组焊成工字形断面,横梁下盖板分别与中梁下翼缘和侧梁下翼缘搭焊。在底架两端的端梁和枕梁之间各组焊有 2 根 18 型槽钢的斜撑,以加强底架的整体刚度。

锁闭装置采用固定锁头和翻转式锁头两种。集装箱是通过下部四个下"脚"件座入底架锁闭装置的锁座上,锁闭装置的锁头沿车辆纵向能承受相当于 3g 加速度作用力的纵向载荷,有足够的强度以保证安全。在侧梁上还装有门止挡装置以防集装箱在运输过程中箱门意外开启。X$_6$ 型系列集装箱平车的主要参数及性能比较见表 8-3。

表 8-3 X$_6$ 型系列集装箱平车主要性能比较

性能参数		X$_{6A}$	X$_{6B}$	X$_{6C}$
自重		18.2 t	22.4 t	20 t
载重		50 t	60 t	60 t
车辆长度		13 938 mm	16 338 mm	16 338 mm
底架长度		13 000 mm	15 400 mm	15 400 mm
车辆定距		9 300 mm	10 920 mm	10 920 mm
锁闭装置		不可旋转	可旋转	固定式、翻转式
集装箱型	20 ft	2	2	2
	40 ft	1	1	1
	45 ft	不可装载	1	1
	10 t 箱	5	6	6

2. X$_{2H}$(X$_{2K}$)型双层集装箱平车

为实现铁路跨越式发展,我国于 2003 年研制了第一代双层集装箱专用平车。该车是在中国标准轨距、且其建筑限界满足双层集装箱车运行的铁路上使用。集装箱采用双层叠装方式,

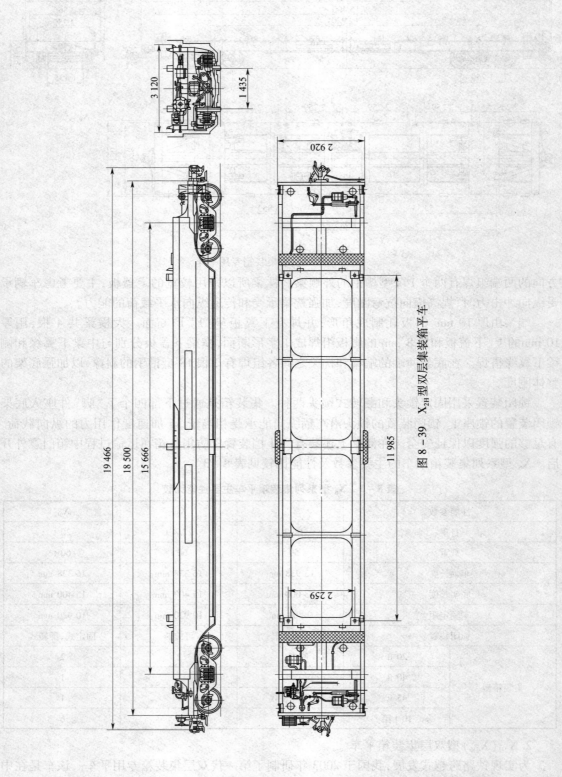

图 8 - 39 X$_{2H}$型双层集装箱平车

下层装载 20 ft、40 ft 国际标准箱,上层装载 20 ft、40 ft 国际标准箱或 45 ft、48 ft、50 ft 及 53 ft 等长大集装箱。

该车车体为全钢焊接结构,主要由端部底架、中部底架及侧墙等组成凹底形式,如图8－39所示。主要型钢及板材均采用屈服强度为 450MPa 高强度耐候钢。

端部底架由牵引梁、枕梁、前端梁、后端梁等组成。牵引梁采用 310 乙字钢。后从板座与枕中隔板采用整体 B 级钢铸造结构,并与牵引梁组焊在一起。上心盘、冲击座与牵引梁铆接。枕梁、前后端梁为板材组焊件。中部底架由下边梁、横梁等组成。下边梁采用特殊的型钢组焊结构,承载集装箱角件处设置锻钢弯角。横梁为冷弯槽型钢加盖板组焊而成。侧墙由上边梁、侧梁、侧柱、侧板等组成。上边梁为冷弯矩形管,侧梁、侧柱为冷弯槽型钢,侧墙顶上安装有集装箱导向止挡装置。下层集装箱与车体间采用固定式锁头定位,锁头设置在车体凹底处。上、下层间的箱锁装置为双头旋转式安全锁闭装置。

采用主管压力能满足 500 kPa 和 600 kPa 的制动装置。采用 1 个 120 型控制阀、2 套 ST2-250型闸瓦间隙自动调整器、2 个 254 mm × 254 mm 旋压式制动缸、1 套 KZW-4G 型或 TWG-1 型空重车自动调整装置,采用新型高摩闸瓦、编织制动软管总成、球芯折角塞门、组合式集尘器、不锈钢制动管系及配件等。采用 NSW 型手制动机。采用 E 级钢 17 号固定式联锁车钩,MT-2 型缓冲器。

3. X$_{4K}$ 型集装箱平车

X$_{4K}$ 型集装箱平车是供在准轨使用、装运国际标准集装箱的专用车,可以同时装运 3 个 20 ft箱或 1 个 40 ft 箱和 1 个 20 ft 箱,也可以单独装运 1 个 40 ft、45 ft、48 ft、50 ft 或 53 ft 集装箱。该车优化了断面结构和连接方式,有效地减轻了自重,提高了载重,增加了装箱数量,在相同站场条件下,可较大幅度提高运能,满足铁路货车提速、重载的发展要求。

如图 8－40 所示,该车主要由底架、集装箱锁闭装置、转向架、车钩缓冲装置和制动装置等组成。底架为高强度耐候钢焊接结构,主要由中梁、端梁、枕梁、横梁、大横梁及端侧梁等组成,如图 8－41 所示。中梁采用高强度耐候钢组焊成箱形变截面鱼腹形结构,采用整体式冲击座,与牵引梁组焊在一起。采用 φ358 mm 的锻造上心盘和材质为 C 级钢的后从板座。端梁、枕梁和大横梁均采用双腹板变截面箱形结构。端侧梁采用 300 × 87 × 7 的冷弯槽钢。中部侧梁采用 60 × 60 × 4 的冷弯槽钢,与横梁、大横梁间采用螺栓连接。

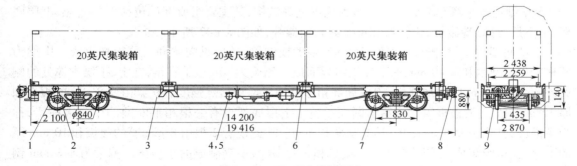

图 8－40 X$_{4K}$ 型集装箱平车

1—转 K6 型转向架;2—标记;3—底架组成;4—空气制动装置;

5—底架附属件;6—集装箱锁闭装置;7—转 K6 型转向架;8—车钩缓冲装置;9—手制动装置

底架上设有集装箱锁闭装置,两端为固定式锁头,中部为原位翻转式锁头,锁头结构对集装箱具有防倾覆和跳起功能。该车采用 E 级钢 17 型车钩,配套采用 17 型锻造或铸造钩尾框、

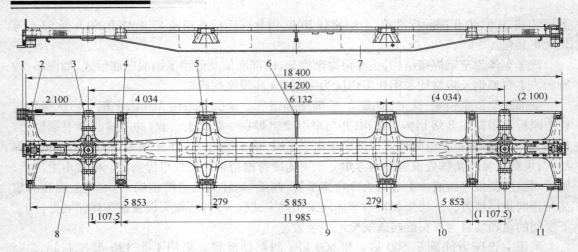

图 8 - 41　X_{4K} 型集装箱平车底架组成

1—脚蹬组成(1)；2—端梁组成；3—枕梁组成；4—横梁组成；5—大横梁组成；
6—小横梁组成；7—中梁组成；8—端侧梁；9—下侧梁(1)；10—下侧梁(2)；11—脚蹬组成(2)

合金钢钩尾销、MT-2 型缓冲器、含油尼龙钩尾框托板磨耗板、装用车号自动识别标签。

该车采用转 K6 型转向架，改善了车辆运行品质，满足在既有线桥条件下 120 km/h 运行速度的要求。采用主管压力满足 500 kPa 或 600 kPa 的空气制动装置。包括 120 型控制阀、$\phi254$ mm 整体旋压密封式制动缸、ST2-250 型双向闸瓦间隙自动调整器、KZW-A 型空重车自动调整装置、货车脱轨自动制动装置等。采用 NSW 型手制动机。

五、SQ 型系列运输小汽车双层平车

随着我国汽车工业的发展及国际贸易的扩大，小汽车运输量逐年增加，过去一直采用通用平车运输；运量小，运能损耗大。从 20 世纪 80 年代末开始我国研制运输小汽车的 SQ_1 型双层平车，随后又在 SQ_1 型基础上研制了 SQ_2 和 SQ_3 型运输汽车双层平车，1999 年又研制了 SQ_4 运输汽车专用车。该车略短于 SQ_3 型车，采用全封闭结构，侧墙将网状框架改为整体钢板制成，并安装了可开关的百页窗。

1. SQ_1 型运输小汽车双层平车

SQ_1 型运输小汽车双层平车车体为全钢电焊结构，其主要组成部件包括下层底架、上层底架、上下层支撑、端渡板、止轮器和钢丝绳紧固器等，如图 8 - 42 所示。

下层底架由中梁、侧梁、枕梁、大横梁、辅助横向梁、辅助纵向梁和波纹地板组成。中梁为两根 310 乙型钢和厚 10 mm 的下盖板组焊而成。侧梁为 30b 型工字钢，在上、下层支撑处的侧梁外侧焊有 6 mm 厚的加强板，组成局部箱形结构以增加结点强度。枕梁由厚 8 mm 的腹板和厚 12 mm 的上、下盖板组焊成箱形断面。整个下层底架设有一根箱形断面的中央大横梁，称为主横梁，其腹板厚 8 mm，上、下盖板厚 12 mm。除此还有 2 根由 8 mm 厚的腹板和 10 mm 厚的上、下盖板组焊成工字形断面的大横梁和 8 根 18 型槽钢制成的小横梁。端梁为厚 8 mm 钢板压制而成。为铺设地板，在下层底架组焊有 2 根纵向辅助梁和 16 根辅助小横梁，均采用 8 型槽钢。

上层底架由上边梁、上端梁、上横梁、中顺梁、上顺梁和波纹地板组成。上边梁采用 24b 型槽钢，呈鱼腹形，端部高度为 140 mm，上端梁采用 14 型槽钢。上层底架沿车体纵向中心线铺设一根由 12 型槽钢和厚8mm盖板组焊成断面的纵向梁，即中顺梁。两根上顺梁采用 8 型槽

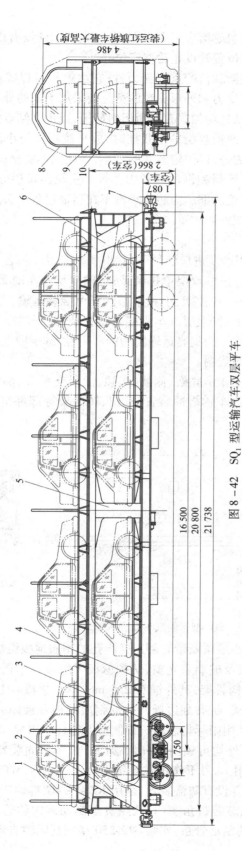

图 8-42 SQ₁ 型运输汽车双层平车

1—上底架;2—上下层支撑架(二、三位);3—转向架;4—下底架;5—上、下层支撑架(中);6—上、下层支撑架(一、四位);7—车钩缓冲装置;8—防护装置;9—渡板;10—手制动装置

钢制成,28 根上横梁由厚 6 mm 钢板压制成槽形断面。上、下层底架均铺设有由 6 mm 厚钢板压制成的波纹地板,并根据小汽车停放位置开设止轮器定位孔。

上、下层支撑是支撑并传递上层底架载荷的重要受力件,它由钢板组焊成箱形结构,每侧设有两个端支撑和一个中间支撑,根据受力和外形美观的情况而采用不同的外部形状。上、下层支撑分别组焊在上、下侧梁上,在连结处均加焊有三角形斜筋板,以提高结点强度和稳定性。

端渡板采用 N_{17A} 型平车端墙结构,两辆双层平车联挂时,放平渡板可使小汽车安全通过。止轮器是 SQ_1 型双层平车的重要装置之一,以固定装载的汽车,保证汽车安全运输。目前采用的止轮器有滑槽式止轮器、螺旋摆动止轮器和钢丝绳紧固器等。止轮器每层分布 16 个,每辆汽车 4 个,分别置于汽车前轮前部和后轮后部。为防止小汽车在运输过程中丢失,或被意外砸坏,车体的上、下层均设有用铁丝网制成的防护罩。

2. SQ_4 型运输小汽车双层平车

SQ_4 型运输汽车专用车主要用于国产及进口各种微型、小型和中型(轿、客、货、客货两用)汽车的铁路运输。运输微、小型汽车时采取双层单排装载;运输中型汽车时采取下层单排装载,上层根据净空高可配装微、小型汽车;各种微、小和中型汽车可混装运输。采用手拉葫芦,可将上层支撑架一端降至下层地板面上,供上层汽车直接自行驶装卸;下层净空高可调整,汽车紧固装置采用止轮器和捆绑联合作用。为提高运输货物的通用性,减少回空率,在下层地板上还可以均布装运汽车零件及其他成箱货物。

车体为全钢焊接筒形结构。车辆主要由底架、侧墙、车顶、上层支承架、端门、汽车紧固装置、随车附件、风制动装置、手制动装置、车钩缓冲装置、标记、转向架等部件组成,如图 8-43 所示。

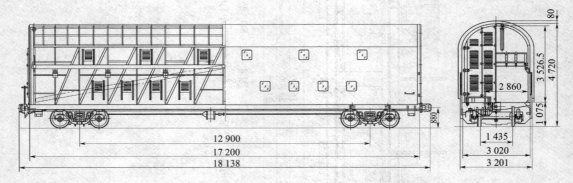

图 8-43 SQ_4 型运输汽车双层平车

底架由中、侧、枕、横、端、小横梁、小顺梁及带有翻边椭圆孔的钢质地板组焊而成。侧墙由槽钢侧立柱、上侧缘、角钢斜撑、侧墙板及玻璃采光窗、防护窗板等组成。车顶形状为圆弧形,由上边梁、弯梁、纵向梁组成全钢焊结构骨架,其外铺有 2.5 mm 厚车顶板。上层支承架由槽钢侧梁、空心矩形型钢端梁、槽钢小横梁、带有翻边椭圆孔的钢质地板及锁闭装置组成。端门由空心矩形型钢门框、六扇对折端门及用国际集装箱门锁制造的锁杆等组成,端门门板为百页式。端门另设有专用门锁,在车体内、外均可锁闭和开启端门。汽车紧固装置由轿车紧固带(带自张紧装置)、止轮器等组成。采用 13 号下作用式 C 级钢车钩及尾框,MT-3 型缓冲器。

制动装置采用 120 型空气控制阀并设有防盗装置,采用 KZW-4G 自动空重车调整装置、254 mm×254 mm 整体旋压式制动缸、球芯折角塞门、铁路货车制动编织软管总成、组合式集尘器、制动管路法兰连接及磷化处理的制动管系,安装 ST2-250 型闸瓦间隙自动调整器。采用折叠链式手制动机。

转向架为转8AG型滚动轴承转向架,采用高摩合成闸瓦、贝氏体(ADI)斜楔、制动梁加装防脱装置、弹性旁承。

六、其他型平车

1. N_{60}型平车

N_{60}型平车装有木梆活动端壁及侧壁,底架长度为13 m,宽度为3 m。活动侧壁和活动端壁都是由钢框和木板制成。每边侧壁有四块壁板,各块壁板均能单独的上、下翻转,侧壁板由三块木板通过压条用螺栓连接而成。侧壁板上装有折页,它与底架上的折页座相连接。侧壁板的端部装有侧壁支撑装置,支铁能绕安装在其上部的螺栓回转。在侧梁相应的位置,设有侧壁支铁支架。当侧壁竖起时,支铁支撑在支架上,使侧壁保持直立状态,以承受散粒货物的侧压力。

侧壁板的高度一般希望尽可能高些,以充分利用平车装运更多的散粒货物,但是在装运集载成件货物时平车侧壁板要经常翻下,故侧壁板的最大高度是根据其在放下位置时,车辆下部限界尺寸所允许的最低位置来确定的。N_{60}型平车侧壁板高470 mm。在侧壁板上还设有钩环,它与侧梁上的侧壁钩相钩住,可防止侧壁板处在翻下位置运行时产生摆动现象。为了防止侧壁板下翻时产生的剧烈冲击,在底架侧梁上安装有缓冲挡木(或弹簧)。靠近端壁的侧壁板,其端部制成斜坡,并装有锁钩装置,高度与端壁板相同,以便与端壁板能相互锁住。

端壁板由两块厚55 mm的木板组成,壁板折页与侧壁相同,端壁板的高度应保证在两相邻平车的端壁板同时放下,且两车缓冲器处于全压缩状态时,仍能安全地通过最小半径的曲线线路,而不使两车的端壁相碰撞。当平车装运比底架稍长的货物或跨装货物时,可将端壁板支放在焊在端梁上的托架上而成水平状态,使底架的装货面加长。尤其是对于装运汽车、坦克等货物时,可借助其自身动力由端头站台行驶至列车上。

N_{16}型平车与N_{60}型平车比较,其不同点主要在于没有活动侧壁,仅有活动的全钢端壁板,克服了木质端板强度不足的情况,适应于运输坦克及汽车时自行装卸。

2. 米轨平车

为了提高昆明铁路局米轨铁路平车货物的运输能力,20世纪80年代,我国开发了载重为30 t的N_{30}型低边平车和宽车。90年代末又开发了N_{31}型米轨平车,该平车通用性强,既能作为通用平车装运建材、木材、机械设备以及钢材、矿渣等体积较大货物和散装货物;又能用为集装箱平车装运ISO668国际标准集装箱(1A、1C)。根据用户要求可按超限货物装载ISO668的1AA、1CC集装箱和铁标10 t集装箱,填补了我国米轨平车不能装运集装箱的空白。

N_{31}型米轨平车为底架承载的全钢焊接结构车辆,全车主要梁件均采用耐候钢或低合金钢,并经机械抛丸除锈处理。该车由底架、活动侧墙、活动端墙、旋锁装置、风手制动装置,车钩缓冲装置及转向架等部件组成。

底架为全钢焊接结构,由中梁、侧梁、枕梁、横梁、小横梁及纵向梁组焊而成。由于作用在N_{31}型平车上的载荷全部由底架承担,因此底架各主要梁件具有较大的断面。底架上铺设8 mm厚耐候钢地板,中梁采用两根45b型工字钢变截面鱼腹形梁。侧梁为36b型工字钢等截面梁,每侧侧梁上设有插柱座8个以及脚踏、扶手及绳栓等附件,以满足装运多种货物及调车使用。枕梁由上盖板,下盖板和腹板组成变截面双腹板箱形结构。端梁采用钢板压制成"F"形并加焊下盖板。1、2、4、5位横梁由横梁上盖板、横梁下盖板、横梁腹板组成工字型断面,3位

表 8-4 我国主要各型平车的主要技术参数一览表

型号	重量参数			车辆尺寸(mm)			车辆定距(mm)	底架尺寸(mm)		轴重(t)	每延米载重(t/m)	平车集载									
	载重(t)	自重(t)	自重系数	最大宽度	最大高度	车辆长度		长度	宽度			1m	2m	3m	4m	5m	6m	7m	8m	9m	10m
N₁₂	60	20.5	0.34	3 166	1 840	13 408	9 350	12 500	3 070	20.1	6.0	25	30	40	45	50	53	55	57	60	
N₆₀	60	18.0	0.30	3 192	1 921	13 908	9 300	13 000	3 000	19.5	5.6	22.9	24.2	25.8	27.6	29.6	32	34.8	38	42	47
N₁₆	60	19.7	0.33	3 192	2 026	13 942	9 300	13 000	3 000	20.0	5.7	25	27.5	30	32	35	37.5	40.5	44	49	
N₁₇	60	19.5	0.33	3 180	2 050	13 942	9 300	13 000	3 000	19.9	5.7	25	30	40	45	50	53	55	57	60	
N₃₁	31	17	0.55	2 804	1 390	13 708		12 800	2 580	12	3.5										
NX₁₇B	61	22.4	0.37	3 165		16 338	10 920	15 400	2 960	21	5.1										
NX₇₀	70	23.8	0.32	3 157	4 770	16 366	10 920	15 400	2 960	23	6.1	30	35	45	50	55					
X₆A	60	18.2	0.3	3 224		13 938	9 300	13 000	3 070	21	5.6										
X₆B	60	22.4	0.37	3 170		16 338	10 920	15 400	2 970	21	5.1										
X₆C	60	20	0.33	3 220		16 338	10 920	15 400	3 070	21	4.9										
X₂H	78	22	0.38			19 466	15 666	18 500	2 912	25	5.2										
X₃K	61	21	0.34	2 890		19 338	14 600	18 400		21	4.2										
X₄K	72	21.8	0.3			19 416	14 200	18 400	2 630	23	4.7										
SQ₄	40	30	0.75	3 201	4 720	18 138	12 900	17 200	3 020	18	3.9										

横梁由上盖板,下盖板和腹板组成变截面双腹板箱形结构。纵向梁采用槽钢制成。在枕梁与横梁、横梁与横梁之间,布置有六对小横梁,枕梁与端梁之间布置有两对小横梁。底架上设有16组伸缩式集装箱旋锁,供装运1C、1A集装箱时使用,并预留装铁标10 t集装箱用旋锁。

车体每侧设活动侧墙6个,高400 mm,每个侧墙由压型件和型钢等组焊而成,为了与活动端墙高度衔接,每侧两个端侧板做成"抹斜式"(即有上倒角),活动侧墙采用锁铁式锁闭机构,锁铁的中部开有长椭圆孔,锁铁一端为楔形。当侧壁板关闭后,锁铁下部插在支座内并卡紧,此时楔形端挡住折页,使壁板处于垂向位置紧密关闭;当放下侧壁板时,只需将锁铁向上推起,此时锁铁能绕支座轴旋转180°使侧壁板处于放下位置,而锁铁楔形端还能卡住折页,使侧壁板放下后在车辆运行中不会产生晃动现象。

车体两端设有活动端墙,高200 mm,以及相应的翻转活动锁紧机构和支撑装置。活动端墙能放平做渡板,便于移动装运在平车上的车辆。

我国目前主要的各型平车的主要技术参数、结构特点等参见表8-4。

第五节 罐 车

罐车是一种车体呈罐形的车辆,用来装运各种液体、液化气体及粉末状货物等。这些货物包括汽油、原油、各种黏油、植物油、液氨、酒精、水、各种酸碱类液体、水泥、氧化铝粉等。罐车在铁路运输中占有很重要的地位,约占我国货车总数的15%。解放初期我国只能生产载重25 t,有效容积仅为30.5 m³的油罐车,1953年开始设计制造了载重50 t,有效容积51 m³的全焊结构罐车,以后又制造了有效容积60 m³、载重52 t的罐车以及有效容积77 m³载重63 t的各种罐车。目前我国生产的直径和容积最大的罐车是中部直径为3 100 mm,有效容积为110 m³的GQ型液化气体罐车,其罐体呈鱼腹形。多年来,经过不断的实践、认识及改进,我国的罐车设计和制造水平逐步提高,结构日趋完善。其结构改进主要有几个方面:增大容积,提高载重;改进罐体结构,减少附加应力;简化底架结构,降低自重;加温装置的变更;排油装置的改进;安全阀的改进;外梯及工作台的改进;进人孔装置的改进等等。

罐车的标记载重过去是指装水时的重量,所以50 t的载重量意味着罐体容积为50 m³。现在的标记载重量是以实际所装运油类、酸碱类的比重计算的。由于各种液体的密度不同,罐车的实际载重量就须根据所运货物的性质来确定。因此,罐车的装载能力以体积来度量更为合适。罐内液体的重量不是用地磅来量得,而是测量罐体内所盛液体水平面的高度,然后根据罐体容积表查得所盛液体的重量。对于每一种规格的罐体,均有其容积折算表。

罐车按结构特点可分为有底架、无底架罐车;有空气包、无空气包罐车;上卸式和下卸式罐车。按用途可分为轻油类罐车、黏油类罐车、酸碱类罐车、液化气体类罐车及粉状货物罐车等。

罐车的车型虽然很多,但均为整体承载结构,一部分罐车的车体都是由罐体和底架两大部件组成,如 G_{17} 型黏油罐车和 G_{60} 型轻油罐车。由于罐体是一个整体厚壁(壁厚一般在8~10 mm)筒形结构,具有较大的强度和刚度,罐体不但能承受所装物体的重量,而且也可承担作用在罐体上的纵向力。因此,罐车的底架较其他种货车底架结构简单,新研制的罐车一般取消了底架,称为无底架罐车,如 G_{19}、G_{60A}、G_{70}、G_{70A} 型等无底架轻油罐车;G_{17A}、G_{17B} 型无底架黏油罐车等。近年来开发的70 t级罐车 GQ_{70} 型轻油罐车和 GN_{70} 型黏油罐车、GY_{80S} 和 GY_{100S} 型液化气体罐车等等均采用无底架结构。

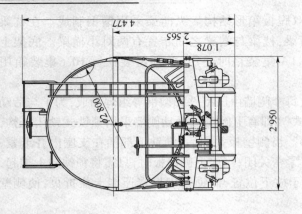

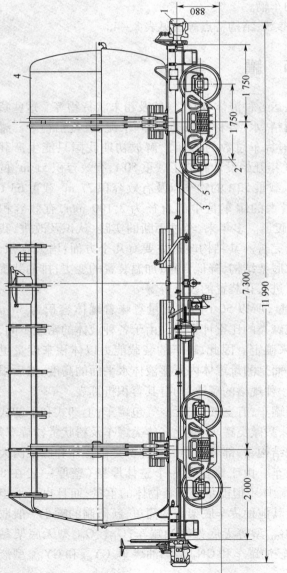

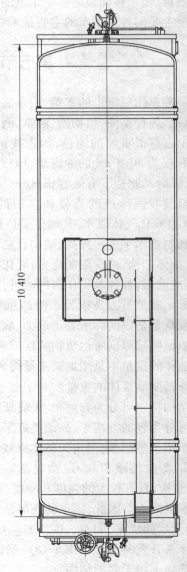

图 8 - 44 G₁₇ 型轻油罐车

1—车钩缓冲装置;2—转向架;3—空气制动装置;4—罐体;5—底架

一、G₁₇型黏油罐车

G₁₇型黏油罐车由底架、罐体、加温套、暖气加温装置和排油装置等组成,如图8-44所示。

由于罐体本身具有很大的刚度,因此罐内液体的重量主要由罐体来承担,然后通过托架及枕梁传至转向架。罐车底架主要承受水平的纵向牵引力和冲击力,因此G₁₇型罐车底架结构比较简单,它由中梁、端侧梁、枕梁、罐体托架及端梁等部件组成,如图8-45所示。中梁采用两根30b型槽钢和厚7 mm上盖板组焊而成,在中梁上盖板上焊有四块下鞍板,以便与罐体上

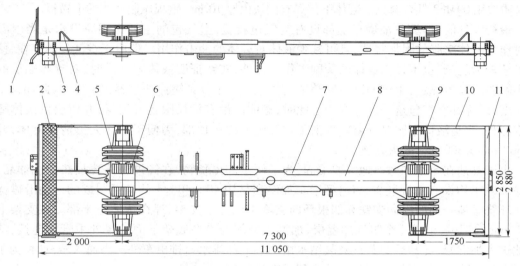

图8-45　G₁₇型黏油罐车底架

1—栏杆;2—走板;3—脚蹬;4—扶手;5—罐体托架;6—中部支承垫木;7—下鞍板;8—中梁;9—枕梁;10—侧梁;11—端梁

的上鞍板用螺栓连接,借以防止罐体与底架之间的纵向错动。G₁₇型罐车底架不设通长的侧梁,仅在枕梁与端梁之间组焊有一段连系梁,一般称端侧梁,它由16型槽钢制成。枕梁由7 mm厚的腹板和10 mm厚的上、下盖板组焊成箱形结构。罐体托架由厚8 mm的压形蹼形板和12型槽钢及连接板组焊而成(图8-46)。槽钢内设有纵木座,枕梁上盖板设有两组中木

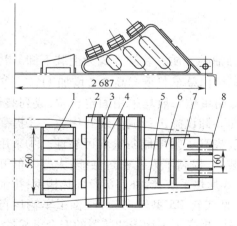

图8-46　罐体托架

1—中木座;2—纵木座;3—木座托铁;
4,5—蹼形板;6,7—连铁板;8—卡带座

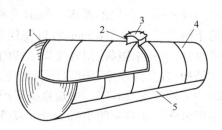

图8-47　罐体结构

1—端板;2—进人孔(或气包);
3—进人孔盖(或气包盖);4—上板;5—底板

座,组装时根据罐体外形研配各木座。枕梁两端焊有厚 10 mm 的卡带座,与固定罐体的卡带紧固连接,防止运行中由于振动使罐体产生垂直方向或横向移动。端梁用厚 6 mm 的钢板压制而成,其下部焊有 6 mm 厚的下翼板。

该罐车的罐体内径为 2 800 mm,长 10 410 mm,有效容积为 60 m³,总容积为 62.09 m³。筒体部分由上板、底板和端板焊接而成(图 8-47)。上板由厚 8 mm 的钢板卷制成型,底板由于受力较大而采用厚 10 mm 的钢板,底板约占筒体周长的 1/4 左右。端板为厚 10 mm 的钢板热压成带有过渡圆弧部分的球形凸面板,一般罐车端板球面半径约为 3 500 mm,过渡半径为 100 mm。罐体材质选用 09Mn2 低合金钢。罐体下部焊有四块由厚 10 mm 钢板压制而成的上鞍板。

最初设计的 G₁₇ 型黏油罐车上部设有空气包装置,空气包的主要作用原设想是当气温变化时作为液体膨胀的附加容器,且可减少液体对罐体的冲击作用。但由于空气包的存在,使制造工艺较为复杂,也不便于罐体的清刷工作。此外,实践证明液体未装满时,对罐体端板的冲击影响并不显著,故后生产的罐车取消了空气包。为了保证罐体的总容积不变,因此加长了罐体长度,以弥补空气包这一部分容积。此时,罐体内设有标尺限定载油量,并留出供液体膨胀的空容积,避免液体膨胀时外溢。取消了空气包的罐车顶部,为便于工作人员清洗罐体,开设有 567 mm×300 mm 的人孔座。

由于黏油在冬季和寒冷地区要凝固,为了便于卸出货物,在卸油时需要加热溶化油品,因此黏油罐车均设有加温装置。G₁₇ 型罐车加温套是用 40×40×4 的角钢制成的一根沿罐体中心线环绕罐体一周的纵向支铁和四根环向支铁组成一个支架,焊在罐体下半部。在支架上覆盖 5 mm 的钢板,组成一个暖气加温层,加温层两侧与设在底架下面的暖气主管相连接,蒸汽由此进入加温套,冷却后的蒸汽及凝结水由两端下部排水口排出车外。当通入蒸汽时,为了排出加温套的冷空气,在加温套两端的上部设有排气口。

G₁₇ 型黏油罐车采用车下操纵的下卸式排油装置,罐内液体直接由排油阀卸出。为保护罐车的安全运用,罐体上装有呼吸式安全阀。罐车顶部还设有走板、工作台和安全栏杆,罐内设有内梯,供清洗和检修罐体内部时工作人员进入罐内使用。

罐体与底架的连接是通过两枕梁处的四根罐带和罐体上鞍板与底架中梁处的下鞍板间的 32 个 M24 螺栓紧固的。罐带断面为 80 mm×10 mm,其两端部焊有卡带连结杆,与底架枕梁端部的卡带座紧固连接。

二、GN₇₀(GN₇₀ₕ)型黏油罐车

GN₇₀(GN₇₀ₕ)型黏油罐车主要用于装运一般性黏油类介质。装卸方式为上装下卸。其主要特点为:①运输效率明显提高,与 G₁₇ₐₖ 型黏油罐车相比单车载重提高 7 t,增加 11%。②可满足我国现有装卸台位的要求。我国主要的罐车使用单位一般均采用固定台位,成列装卸。该车的车辆长度为 12 188 mm,可以使用现有的地面装卸设施进行成列装卸作业。③提高了运用可靠性,采用单腹板、侧管支撑结构的牵枕形式,提高了强度储备量和可靠性。④采用斜底罐体结构,提高卸净率。⑤采用新型助开式人孔装置,提高了人孔密封性能;大幅降低开启人孔时的劳动强度。⑥GN₇₀ 加热系统采用内置排管式加热系统,罐外底部设加热槽钢;排油装置中采用带蒸汽加热套的下卸阀座。⑦采用转 K6 型或转 K5 型转向架,改善了车辆运行品质,可适应 120 km/h 提速要求;采用 E 级钢 17 型车钩,提高了车钩缓冲装置的安全可靠性,可适应编组万吨重载列车牵引的要求。制动装置采用车端集中方式布置,方便制造、检修。

GN₇₀ 型黏油罐车采用无中梁结构。主要由罐体装配、牵枕装配、加热及排油装置、制动装

置、车钩缓冲装置、转向架、安全附件等部件组成,如图 8－48 所示。车端不设通过台。

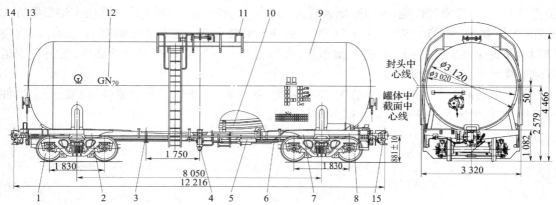

图 8－48　GN₇₀型黏油罐车

1、8—转向架;2、7—牵枕装配;3—标签安装;4—排油装配;5—风制动装配;6—吊托装配;9—罐体装配;
10—加热管路装配;11—侧梯及走台装配;12—车辆标记;13—70 t 轻、黏油罐车手制动装配;14、15—17 号车钩缓冲装配

罐体装配主要由封头、筒体、人孔等组成。罐体采用直锥圆截面斜底结构,底部向筒体中间截面下斜,斜度为 1.2°。封头采用 1:2 标准椭圆封头,内径为 $\phi3\,000$ mm,壁厚 10 mm,材质为 Q295A 低合金高强度结构钢。筒体两端内径 $\phi3\,000$ mm,中部内径 $\phi3\,100$ mm;壁厚上 8 mm 下 10 mm,材质为 Q345A 低合金高强度结构钢。罐体顶部设助开式人孔,改善了密封性能,同时降低工人开启人孔劳动强度。

牵枕装配主要由牵引梁装配、枕梁装配、边梁装配、端梁装配等组成。牵引梁装配由牵引梁、冲击座、前从板座和一体式后从板座等组成。牵引梁采用屈服强度为 450 MPa 的 310 乙型钢,前从板座和一体式后从板座材质采用 C 级铸钢。前从板座与牵引梁采用拉铆结构连接,其余为焊接结构。枕梁采用单腹板、侧管支撑结构,枕梁包角 120°。枕梁腹板、下盖板壁厚 16 mm,材质为 Q345A 低合金高强度结构钢。

加热装置采用内置排管式加热结构,主要由罐内加热排管和罐外进汽排水管路两部分组成,加热面积为 21.94 m²。排油装置中采用带蒸汽套的下卸阀座。蒸汽进口、排油三通与 G_{17}、G_{17B} 相同,与现有加热、卸油设施相配套。

采用 E 级钢 17 号车钩及 E 级钢钩尾框,采用 MT-2 型缓冲器。罐体顶部设呼吸式安全阀,采用不锈钢阀芯,提高了可靠性。在车辆中部设有侧梯,罐顶设工作台和防护栏杆,罐体内设有内梯。制动装置由风制动装置和手制动装置组成。风制动装置采取车端集中布置方式,简化了制动布置,便于检修作业。主要由座式 120 控制阀、KZW-A 型空重车自动调整装置、254 mm×254 mm 整体旋压密封式制动缸、ST2-250 型双向闸调器、球芯折角塞门、组合式集尘器、不锈钢制动管系等组成。手制动装置采用 NSW 型手制动机。

三、GQ₇₀(GQ₇₀ₕ)型轻油罐车

GQ₇₀(GQ₇₀ₕ)型轻油罐车主要用于装运汽油、煤油、轻柴油等轻油类介质。装卸方式为上装上卸。其基本特点为:①容积大、载重大,同 G₇₀ 轻油罐车相比,有效容积增大 9 m³,载重增加 8 t,提高 13% 。②该车车辆长度 12 216 mm,适应现有地面装卸设施,能利用现有地面设施成列装卸,用户的装卸设施不需作任何改造;按 5 000 t 列车编组计算,车辆总长度为 648 m,比 G₇₀ 罐车减少 72 m。③牵枕装置借鉴 G₇₀ 罐车及美国成熟的牵枕结构方案,通过优化设计提高

该车关键部件的可靠性、安全性。④采用斜底罐体结构,提高卸净率。⑤采用新型助开式人孔装置,提高了人孔密封性能;大幅降低开启人孔时的劳动强度。⑥制动装置采用车端集中方式布置,方便制造、检修。⑦采用转 K6 型或转 K5 型转向架,改善了车辆运行品质,可适应120 km/h提速要求;采用 E 级钢 17 型车钩,提高了车钩缓冲装置的安全可靠性,可适应编组万吨重载列车牵引的要求。

GQ70型轻油罐车主要由罐体装配、牵枕装置、制动装置、车钩缓冲装置、转向架、安全附件等部件组成,如图 8−49 所示。车端不设通过台。

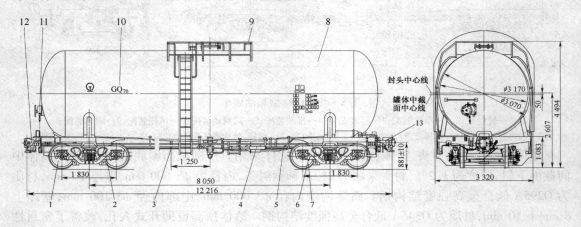

图 8−49 GQ70型轻油罐车

1、7—转向架;2、6—牵枕装配;3—标签安装;4—风制动装置;5—吊托装配;8—罐体装配;9—侧梯及走台装配;
10—车辆标记;11—70 t 级轻、黏油罐车手制动装置装配;12、13—17 号车钩缓冲装置

罐体装配主要由封头、筒体、人孔、聚液窝等组成。罐体采用直锥圆截面斜底结构,底部向筒体中间截面下斜,斜度为 1.2°。封头采用1:2.5 椭圆封头,内径为 $\phi 3\,050$ mm,壁厚10mm,材质为 Q295A 低合金高强度结构钢。筒体两端内径 $\phi 3\,050$ mm,中部内径 $\phi 3\,150$ mm,壁厚10 mm,材质为 Q345A 低合金高强度结构钢。罐体顶部设助开式人孔,改善了密封性能,同时降低工人开启人孔劳动强度。罐体底部设聚液窝。

牵枕装配主要由牵引梁装配、枕梁装配、侧梁装配、端梁装配等组成。牵引梁装配由牵引梁、冲击座、前从板座和一体式后从板座等组成。牵引梁采用屈服强度为 450 MPa 的 310 乙型钢,前从板座和一体式后从板座材质采用 C 级铸钢。前从板座与牵引梁采用拉铆结构连接,其余为焊接结构。枕梁采用单腹板、侧管支撑结构,枕梁包角120°。枕梁腹板、下盖板壁厚16 mm,材质为 Q345A 低合金高强度结构钢。

采用 E 级钢 17 号车钩及 E 级钢钩尾框,采用 MT-2 型缓冲器。制动装置由风制动装置和手制动装置组成。风制动装置采取车端集中布置方式,简化了制动布置,便于检修作业。主要由座式 120 控制阀、KZW-A 型空重车自动调整装置、254 mm × 254 mm 整体旋压密封式制动缸、ST2-250 型双向闸调器、球芯折角塞门、组合式集尘器、不锈钢制动管系等组成。手制动装置采用 NSW 型手制动机。罐体顶部设呼吸式安全阀两个,采用不锈钢阀芯,提高了可靠性。在车辆中部设有侧梯,罐顶设工作台和防护栏杆,罐体内设有内梯。

四、GF70（GF70H）型氧化铝粉罐车

为满足市场需求,我国于 1987 年研制开发了 GF1 型氧化铝粉罐车,该车为卧罐小底架全

钢焊接结构,罐体整体承载,强度高。罐体采用 10 mm 厚 Q235 钢板制造,罐内采用大流化床结构,与罐体、支架和多孔钢板焊接成一体,既可提高罐体垂向刚度,又增加了罐体承受纵向载荷的能力。2001 年,随着我国铁路货车提速改造,定型为 GF$_{1T}$ 型氧化铝粉罐车。该车罐体采用标准椭圆形封头,罐内采用斜槽流化床,并安装有自主知识产权的吹风装置。2000 年,还研制了上装上卸的 GF$_{1M}$ 型氧化铝粉罐车。该车也采用卧罐小底架全钢焊接结构,载重达 60 t,罐体材质为 16 MnR,相对流化效果好,残存量少。

为适应我国既有铁路线路、桥梁的实际承载能力,加快铁路货物运输装备现代化进程,2005 年又研制了 GF$_{70}$(GF$_{70H}$)型氧化铝粉罐车。该车实供我国准轨铁路使用,装运容重 0.95 ~1.0 t/m³ 氧化铝粉的专用铁路车辆,载重为 70 t。它可满足上装上卸作业,卸货时采用气卸方式。该车采用卧式小底架全钢焊接结构,罐体内铺设水平流化床,容积可达 76 m³。

该车主要由车体、制动装置、车钩缓冲装置及转向架等组成,如图 8 - 50 所示。车体为无通长中、侧梁小底架及卧罐全钢焊接结构,主要由牵枕装置、罐体、流化装置、风灰管路和外梯走板等组成。牵枕装置由牵引梁、枕梁、侧梁和端梁等组焊而成。牵引梁采用高强度耐大气腐蚀钢 Q450NQR1 制成,前、后从板座采用 C 级钢铸造,并用专用拉铆钉铆接,采用新型冲击座和 ϕ358 mm 的锻造上心盘。

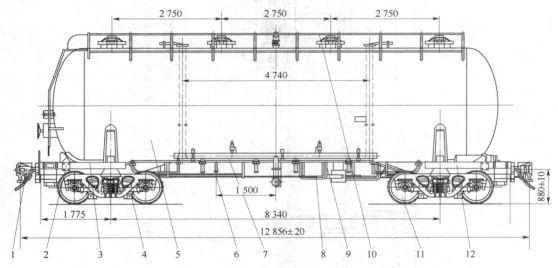

图 8 - 50　GF$_{70}$ 型氧化铝粉罐车

1—车钩缓冲装置;2—车辆标记;3—1 位牵枕装配;4—转 K6 型转向架;5—罐体装配;6—电子标签安装组成;
7—进风管路装配;8—制动装置;9—底架附属件;10—外梯装配;11—转 K6 型转向架;12—2 位牵枕装配

罐体全部采用高强度耐大气腐蚀钢 Q450NQR1 制造,罐体和封头采用 8 mm 厚钢板,封头为标准椭圆形封头。罐体顶部对称布置 4 个 ϕ418 mm 装料孔,还有两根 152 mm 卸料管。罐体内装设改进型水平流化装置,其结构简单、自重轻,流化效果好,残存量少。进风管路装配由横管组成、进气管组成、安全阀和蝶阀等构成。横管布置在罐体下部中央位置,6 根进气管将主进风管送来的压缩空气分流引入罐内的流化床下部。

空气制动装置采用 120 型控制阀、254 mm × 254 mm 整体旋压密封式制动缸、嵌入式储风缸、ST2-250 型闸瓦间隙调整器、KZW-A 型空重车自动调整装置、新型高摩合成闸瓦等。采用 NSW 型手制动机。

采用 E 级钢 17 型车钩、17 型钩尾框、MT-2 型缓冲器、含油尼龙钩尾框托板磨耗板等。

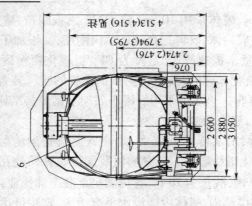

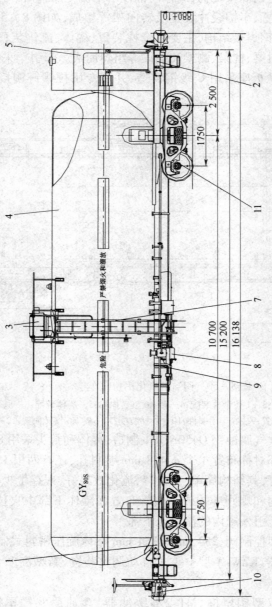

图 8-51 GY₈₀S 型液化气体罐车

1,2—牵枕装配;3—加排系统装配;4—罐体装配;5—押运间装配;6—内梯装配;
7—侧梯及车顶走板装配;8—制动装置装置装配;9—制动吊托板装配;10—车钩缓冲装置;11—转向架

表 8-5 我国主要各型罐车的主要技术参数一览表

型号	载重(t)	重量参数 自重(t)	重量参数 自重系数	容积参数 总容积(m³)	容积参数 有效容积(m³)	车辆尺寸(mm) 最大宽度	车辆尺寸(mm) 最大高度	车辆尺寸(mm) 车辆长度	车辆尺寸(mm) 车辆定距	车体(mm) 罐体总长	车体(mm) 罐体内径	车体(mm) 罐体中心线距轨面高	底架(mm) 长度	底架(mm) 宽度	轴重(t)	每延米载重(t/m)	结构特点
G_{50}	50	19.8	0.40	52.5	50	2 890	4 528	11 542	6 800	10 160	2 600	2 445	10 634	2 890	17.4	6.0	无气包,外梯在一位端,上卸式
G_{60}	51	19.7	0.39	62.1	60	2 930	4 477	11 992	7 300	10 410	2 800	2 565	11 050	2 880	17.7	5.9	无气包,外梯在一位端,上卸式
G_{19}	63	20.7	0.33	80.4	77	3 080	4 617	14 082	9 620	12 960	2 800	2 491	13 140	2 850	20.9	5.9	倾斜底,无底架,无气包,下卸式
G_{70}	60	19.8	0.32	72.0	69.7	3 020	4 505	11 988	7 500	10 700	3 020	2 565			18.3	6.3	无底架,上装上卸式,无气包,轻油罐车
G_{17}	52	22.2	0.43	62.1	60	2 950	4 477	11 992	7 300	10 410	2 800	2 565	11 050	2 850	18.6	6.2	无气包,外梯在一位端,下卸式
G_L	50	25.4	0.51	51.8	50	2 950	4 735	11 958	7 300	10 026	2 600	2 580	11 050	2 850	18.9	6.3	无气包,夹层式加温套,罐外有保温材料
G_{11}	65	20.2	0.31	38.3	36	2 910	4 141	11 992	7 300	10 300	2 200	2 258	11 050	2 850	21.3	7.1	分无气包及有气包两种,上卸式
GQ	50	35.3	0.71	110	93.5	3 136	4 704	17 467	12 925	16 225	2 800~3 100	2 334	16 525	2 800	21.3	4.9	无底架,鱼腹形罐体,顶卸式,有遮阳罩
G_{17B}	62	20.4	0.33	72	69.7	3 020	4 515	11 988	7 500		3 000	2 565			21	6.87	无底架,内置加热系统
GN_{70}	70	23.8	0.34	78.1	73.7	3 320	4 466	12 216	8 050	11 240	3 000~3 100	2 529			23	7.68	无底架,斜罐体结构,内置加热系统
GQ_{70}	70	23.6	0.33	80.3	78.7	3 320	4 494	12 216	8 050	11 100	3 050~3 150	2 557			23	7.66	无底架
GF_1	60	23.5	0.39		65	3 020	4 520	12 856	8 000	10 500	3 000				20.9	6.49	无底架
GF_{70}	70	23.6	0.34	76	75.5	3 020	4 515	12 856	8 340	11 200	3 000				23.4	7.28	无底架结构
GY_{80S}	41.6	36.2	0.87	80.4				16 138	10 700		2 804	2 475					无底架结构
GY_{100S}	42	38.7	0.92	100				19 298	13 860		2 804						

采用转 K6 型转向架或转 K5 型转向架。

五、GY$_{80S}$ 液化气体罐车

GY$_{80S}$ 型液化气体罐车主要用于装运液氨等密度较大的介质,兼顾液化石油气等。其主要特点是采用无底架结构;既可以装运液氨,也可以装运液化石油气;为了便于押运人员工作,二位端设置了押运间。

GY$_{80S}$ 型液化气体铁道罐车采用无中梁结构。该车主要由牵枕装配、罐体装配、侧梯及车顶走板装配、加排系统装配、制动装置装配、内梯、车钩与缓冲装置、转向架、押运间等组成,如图 8-51 所示。

罐体为圆柱状卧式全钢焊接结构,罐体内径为 ϕ2 804 mm,封头为 DN2 800 mm 标准椭圆形,罐体的材质为 16 MnR。罐体顶部中心处设有一个人孔。装卸阀门集中布置在人孔盖上。牵枕结构的形式与 G$_{70}$ 型轻油罐车相似,但是对局部结构进行了加强。牵枕装配采用短边梁的全钢单腹板焊接结构,由牵引梁、侧梁、枕梁、端梁等部件组成,牵引梁采用 310 乙型钢。

采用 C 级钢材质的 13 号上作用车钩,C 级钢钩尾框,ST 型缓冲器。制动装置采用 120 型货车空气控制阀,356 mm×254 mm 整体旋压密封式制动缸,ST2-250 型双向闸瓦间隙自动调整器,高磷铸铁闸瓦,直立链式手制动机,两级空重车调整。

我国目前主要的各型罐车的主要技术参数、结构特点等参见表 8-5。

第六节 特 种 车 辆

一、长大货物车

长大货物车是铁路运输中使用的一种特种车辆,装运各种长大重型货物,例如大型机床、发电机及汽轮机转子、轧钢设备、变压器、化工合成塔及成套设备等。

长大货物车按其结构形式可分:长大平板车;凹底平车(或称元宝车);落下孔车和钳夹车等。由于这些车的载重量及自重较一般平车大,所以,车轴数目需要很多才能适应线路允许的轴重要求。当车辆较长时,通过曲线所产生的偏移量很大,故车辆中部的最大宽度受到车辆限界的限制需要缩小。有的车辆还需设置专门的侧移机构,使车辆在曲线上运行时车体能自动向曲线外侧移动,以保证装载在车辆中央部分的货物及可移的车辆底架中心线与曲线中心线相接近,使货物及车辆底架中央部分不超过车辆限界尺寸或超限货物规定的最大限界尺寸。

1. 长大平板车

图 8-52 为载重 120 t 的 D$_{22}$ 型平板车。D$_{22}$ 型平板车仅有平面底架,其承载情况与平车完全相同,但它的底架是通过中间梁支承在四台二轴转向架上,因此地板面至轨面距离较一般平车要高,为 1 460 mm。由于长大平板车载重大,因此,钢结构底架中各梁件断面大,鱼腹形的中梁和侧梁的中央部分高度为 850 mm,枕梁为闭口箱形断面变截面梁,端梁为工字形断面变截面梁,全车共布置有 6 根大横梁和 10 对小横梁,大横梁上盖板穿过中梁腹板,此外,在底架两端还有两根纵向补助梁。

这种平车主要用来运输 25 m 长的钢轨、桥梁钢架、混凝土梁及长大机械设备等高度不大的长大货物。

2. 凹底平车

对于载重较大的车辆,由于车轴和转向架数量增多,这样就会使地板面抬得很高,从而影

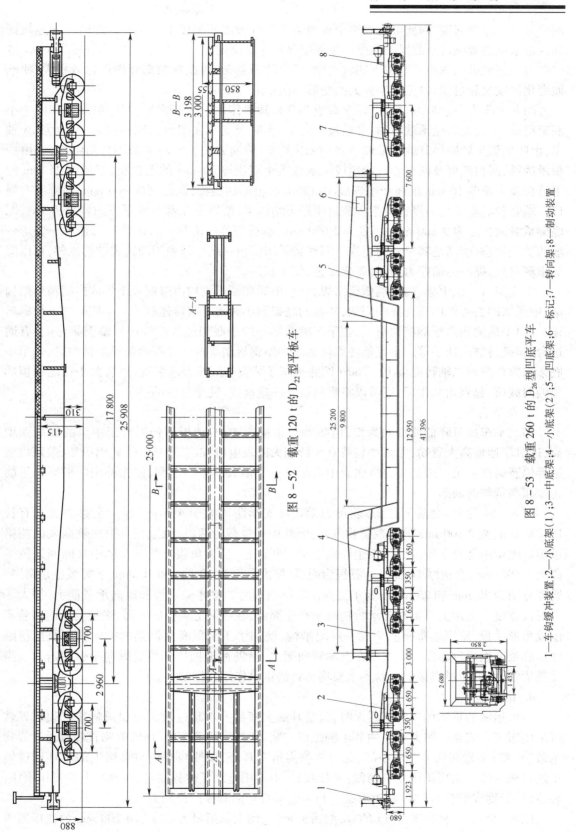

图 8 - 52 载重 120 t 的 D₂₂ 型平板车

图 8 - 53 载重 260 t 的 D₂₆ 型凹底平车

1—车钩缓冲装置;2—小底架(1);3—中底架;4—小底架(2);5—凹底架;6—标记;7—转向架;8—制动装置

响装货物的净空高度,因此可将底架中央的装货部分做成凹形以增大净空。此时中部地板面高度是根据底架纵向承载梁的高度和下部限界尺寸来决定的。

由于底架纵向承载梁制成下凹状曲梁,受力较为复杂,故在弯曲部分做得比较粗大,使断面变化区段缓和过渡,以免产生较大的变形和防止应力集中。

图 8 – 53 为 D_{26} 型凹底平车,该车载重 260 t,其车体由一个凹底架、两个中底架和四个小底架组成,凹底架直接承载货物,并通过中底架、小底架支承在四台二轴转向架上,故为 16 轴车,由凹底架至转向架其载荷采取三级(或用多级)传递方式。凹底架采用折角结构,它由一根承载梁、两根端臂及两根心盘梁组成。承载梁由双层厚 30 mm 的上盖板、三层厚 25 mm 的下盖板及 4 块厚 16 mm 的腹板组焊成闭口断面的箱形结构梁,截面高度 900 mm,两侧装有绳栓。端臂和心盘梁均由厚钢板组焊成封闭箱形结构梁,端臂折角部与水平方向倾角为 75°,凹底架承载面长度为 9 800 mm,宽度为 2 680 mm,承载面高度 1 150 mm(空车),这对于装运一般的重型货物,能满足其尺寸的要求。凹底架采用折角式结构与采用圆角式结构比较,可以降低车辆自重,提高运输能力;同时简化工艺,便于制造。

中底架由一根中梁、两根端横梁组焊而成,中梁和端横梁均由厚钢板组焊成封闭箱形结构梁,中底架的主要作用是支撑凹底架,并在凹底架和小底架之间传递载荷。小底架由一根纵向梁、一根中横梁和两根端横梁组成,位于车辆两端部的小底架还各组焊一根牵引梁,并装有通过台、脚蹬、栏杆、扶手等。小底架各梁件也是由厚钢板组焊成闭口断面的箱形结构梁,每个小底架支撑在两台二轴转向架上。260 t 凹底平车还装设有液压旁承装置,该装置不仅能承担部分侧向载荷,起到均载作用,还可以将货物提升一定高度,便于货物的换装。

3. 落下孔车

凹底平车虽可降低地板面高度,但随着载重量的增加,地板面仍因底架中梁的加高而增高,这对于运输高大货物,尤其是装载直径特别大的发电机和汽轮机转子、轧钢机架、锻压机横梁等仍感高度不足。因此需要将底架中部制成一个很大的矩形空洞,以弥补用凹型车仍不能运输超高货物的缺陷。

图 8 – 54 为 D_{17} 型落下孔车,载重为 150 t(支承距离大于 4.5 m 时)。主梁中央开有长 10 200 mm、宽 2 300 mm 的装载货物方孔,因此中梁被截为两段,载重完全由两侧高大的侧梁承担。侧梁由低合金钢的厚钢板组焊成工字形断面梁,且为鱼腹形梁。车体中央断面处侧梁高为 1 700 mm,腹板厚 14 mm,上翼板为两层,厚度分别为 20 mm 和 16 mm,下翼板也是两层,厚度分别为 20 mm 和 25 mm。为了提高工字梁承载时的整体稳定性和横向承载能力,加大了上翼板宽度。为使上翼板在支承货物时不产生翘曲,在侧梁上翼板的下面、腹板的两侧加装了压成角形撑板,使侧梁断面上部成一封闭结构,增加了工字形断面侧梁的横向刚度及抗扭刚度。底架两端通过球面心盘支承在五轴转向架上,借助冲击挡块来传递纵向牵引冲击力。当装载货物时,可通过焊接的货物支承架将货物的重量作用在侧梁上。

4. 钳夹车

当所运输的货物体积特别庞大时,只要其最大横截面不超过最大级超限货物装载限界就可采用钳夹车装运。钳夹车由两节车辆组成。装运时,将两节车辆分开,货物直接或通过货物承载箱(架)夹置在两节车辆中间,此时货物需带有耳环,以便与车辆钳形梁上的车耳通过销子连接成一体。钳形梁成左右两段:未装载时,下部用连结板使其固定在一起,上部互相顶住;装运时,货物或承载箱(架)和钳形梁一起承受垂直弯曲和纵向作用力。

图 8 – 55 为一种载重 350 t 的 D_{35} 型钳夹车,它用来承运最大宽度达 4 200 mm 的变压器或

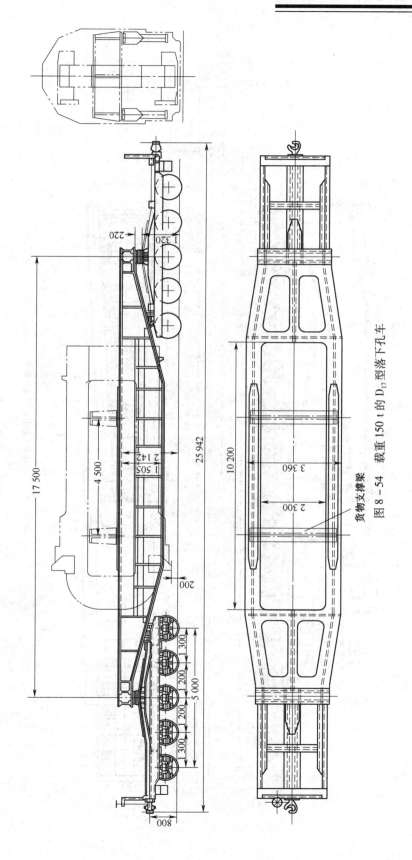

图 8-54　载重 150 t 的 D$_{17}$型落下孔车

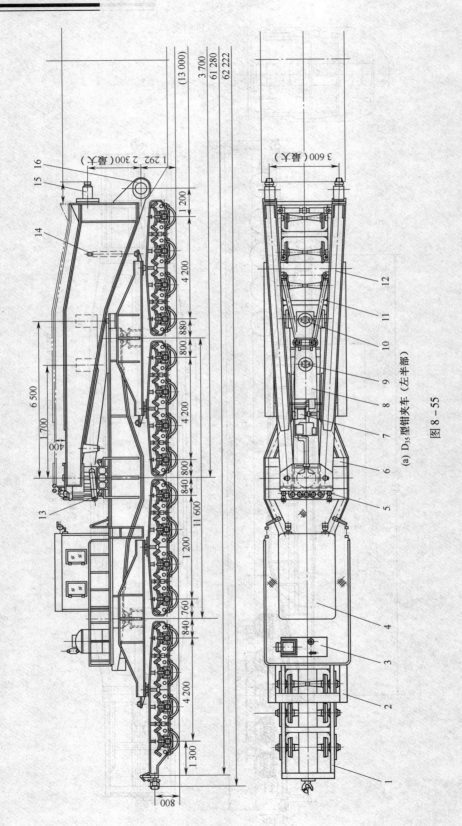

(a) D$_{35}$ 型钳夹车（左半部）

图 8 - 55

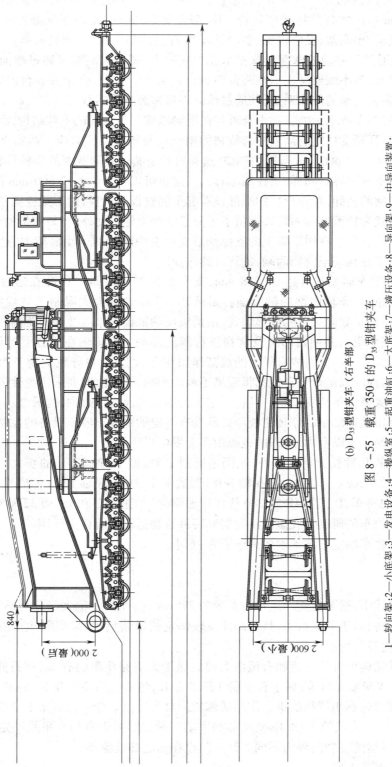

(b) D₃₅型钳夹车（右半部）

图 8-55 载重 350 t 的 D₃₅ 型钳夹车

1—转向架;2—小底架;3—发电设备;4—操纵室;5—起重油缸;6—大底架;7—液压设备;8—导向架;9—中导向装置;
10—内导向装置;11—调瓷装置;12—钳形梁;13—侧移油缸;14—支撑油缸;15—支柱;16—车耳;

直径在 4 000 mm 以内的发电机转子及定子等货物,此外还可借助货物承载箱运输长度为 13 m、宽度为 3 m 以内的各种特重型货物。D₃₅型钳夹车与一般车辆不同处在于其具有钳形梁、导向梁、大底架、小底架、发电设备、各种液压设备及控制系统,并布置有操纵室。D₃₅型钳夹车总重 640 t,通过可移动的球面心盘支承在大底架上,每个大底架又通过球面心盘分别支承在两台小底架上,各小底架又支承在两台四轴转向架上。所以,全车共 8 台四轴转向架,32 根车轴,组成了多级支承的传力系统,并通过球面心盘和旁承传递载荷。

如前所述,钳夹车所承运的货物本身可与钳形梁组成一个共同的承载结构,因此钳夹的宽度、钳头的下部车耳至支柱间的高度应与货物的销结点及支撑点相对应。两钳夹的宽度可借助调节装置在 2 600 ~ 3 600 mm 范围内调整,这样可便于装运不同宽度的多种货物,回空运输时又不致于超出车辆限界。同样,支柱离车耳的高度也可以在 2 000 ~ 2 300 mm 范围内调动。

为了便于货物的装卸,在钳形梁的端部设有起重油缸设备,可将钳形梁连同货物一起往上提升 400 mm,这就为特重货物的装卸提供了十分必要的措施。此外,当装卸货物时,钳形梁带有车耳的一端可通过安装在钳形梁上的支撑油缸支承在中间的两个小底架上,这样每节车就可以互不相关地单独移动至货物两端,进行装卸作业。

D₃₅型钳夹车重车时总长可达 62 218 mm,支承距为 37 000 mm,因此在通过曲线半径为 150 m 的曲线线路时,车辆中部的最大偏移量可达 1.1m,这就大大限制了装载货物的宽度。因此,在车辆上装设了导向装置和侧移装置,借助液压油缸设备来改变导向距离(相当于中心销之间距离,即支承距),并使钳形梁及货物进行侧向移动。当车辆在曲线上运行时,由于偏移引起偏载、振动等原因,会造成有较大的载荷作用在旁承上,这将导致货物及钳形梁受有较大的扭力,对结构强度和运行安全性都将带来不利的影响。因此,需要采用弹性旁承来代替通常的刚性旁承。氮液旁承装置就是一种将一定压力的油液通入油缸内,构成液压旁承,并借助蓄能器中氮气受压储存能量的原理使液压旁承具有一定的弹性。液压设备的控制系统分别布置在大底架上的两个操纵室内,所需的电源由车上发电机组供给。

除以上介绍的几种长大货物车外,我国还研制了 D₂₃型 16 轴 235 t 的长大平板车,D₁₅型 8E 轴载重 150 t 的凹底平车,D₁₈ₐ型 16 轴 180 t 凹底平车,D₁₂型 8 轴 120 t 凹底平车,D₃₀ₐ型 20 轴载重 300 t 的钳夹车,D₃₅型 24E 轴 280 t(用钳形梁时)的钳夹车和 D₃₈型 32 轴载重 380 t 的钳夹车。长大货物车的研制对我国经济发展和特种货物运输起着很大作用。

各型长大货物车的主要技术参数列于表 8 – 6 中。

二、漏 斗 车

我国铁路货运中,散装货物的运量占总量的 77% 左右,而其中绝大部分为煤炭和矿石等。为了加速车辆周转,对于货流量大,且装卸地点较固定的散装货物,采用漏斗车或自翻车可提高装卸效率,获得较好的经济效益。

漏斗车按其结构可分为无盖和有顶两大类。属于无盖漏斗车的有 K₁₃型石砟车,K₁₆型矿石漏斗车,K₁₈型煤炭漏斗车等;属于有顶漏斗车的有 K₁₅型水泥漏斗车及 L₁₈型粮食漏斗车等。这些漏斗车卸货都是利用货物的重力作用从卸货门自流卸出。卸货门有集中或单独的开闭机构,其开关方式可分为风控风动、电控风动和手动三种。车内设有与水平呈一定角度的漏斗板,其倾角随所承运的货物品种而不同。卸货门设在车底部或侧部。

1. KZ₇₀型石砟漏斗车

KZ₇₀型石砟漏斗车是为在铁路现有条件下尽可能提高货运能力,缓解运输紧张形势而研

表 8-6 我国主要各型长大货物车的主要技术参数一览表

型号	重量参数			车辆尺寸(mm)			车辆定距(mm)	车体尺寸(mm)		底架尺寸(mm)		轴重(t)	每延米载重(t/m)	结构特点
	载重(t)	自重(t)	自重系数	最大宽度	最大高度	车辆长度		地板面距轨面高	最低点距轨面高	长度	宽度			
D_{10}	90	29	0.32	3 000	1 800	20 308	14 800	777	196	19 400	3 000	19.8	5.9	凹形底架支承在两台三轴转向架上
D_{17}	150	50	0.33	3 360	2 142	25 942	17 500	2 142	625	18 140	3 360	20.0	7.7	底架支承在两台五轴转向架上，v_{max} < 70 km/h
D_{18A}	180	135.4	0.75	2 855	2 259	35 470	22 440	大底架上平面930	大底架下平面200	大底架3 540	大底架平面2 850	19.7	8.9	两级支承，承载底架通过小底架支承在8台二轴转向架上敞车
D_{20}	280	125(138)	0.45(0.50)	3 000	3 630(3 658)	32 128	15 640			上底架8 320	3 000	20.3(20.9)	9.8(10.1)	两车连结运行，钳夹变压器专用。每车支承在两台五轴转向架上。改造后自重及高度见括号内数据
D_{22}	120	41.4	0.35	3 198	2 208	25 942	17 800	1 460	508	25 000	3 000	20.2	6.2	底架支承在四台两轴转向架上，R_{min} > 180 m
D_{23}	235	104	0.44	3 128	2 443	37 846	25 000	1 728	700	28 000	2 520	21.2	9.0	有大底架及小底架，小底架支承在四台四轴转向架上，R_{min} > 180 m，v_{max} < 60 km/h
D_{30}	370	126	0.34	3 180	4 790	双节40 360	10 892	1 375	375	11 692	3 180	24.8	12.3	每车有两台五轴转向架，R_{min} > 180 m，v_{max} < 25 km/h
D_{35}	355	285				61 168						20	10.5	
D_{38}	380	226	0.59	3 002	4 715	64 818	12 900					18.9	9.35	

制的 70 t 级新型重载漏斗车。该车在设计时立足高水平、高起点、充分满足用户要求的原则,具有车体强度高、车辆载重大、耐腐蚀性强、检修周期长、维修保养费用低、运营成本低等特点。该车适用在标准轨距线路上运行,供新、旧线路铺设石砟或装运散粒货物。

该车在设计结构上继承了 K_{13NK} 型车的优良性能,并采用了转 K6 或转 K5 型转向架、E 级钢 17 号联锁式车钩、MT-2 型缓冲器、高分子材料磨耗件等多项先进成熟技术。其主要技术特点是:①车体主要承载件采用屈服强度为 450 MPa 高强度耐候钢及专用冷弯型钢,应用可靠性设计理念优化断面结构,确保载重 70 t,有效降低车辆自重,提高了车辆的技术经济指标。②对车体钢结构进行了优化,加大了强度储备;侧柱采用双曲面 U 型冷弯型钢,提高了侧墙的刚度、强度和使用可靠性。③单车载重量比 K_{13} 型车增加 10 t,载重量提高了 16.7% 。④车体长度仍保持与 K_{13} 系列车型一致;适合既有 850 m 站场及线桥条件,在提高运能的前提下,可以节省大量的站场和线桥改造资金。⑤操纵室端壁采用波纹板,提高了端壁的刚度,而且改善了整车的外观质量;端、侧门、侧窗及检修门采用新型结构,提高了操纵室的密封性及防盗性。

该车由车体、卸砟系统、制动装置、车钩缓冲装置、转向架等部分组成,如图 8-56 所示,其车辆长度为 12 074 mm,定距为 8 000 mm,最大宽度为 3 168 mm,空车时的最大高度3 726 mm。

该车车体为无中梁全钢焊接结构,由底架、侧墙、端墙、漏斗、操纵室等部分组成,主要型钢和板材均采用高强度耐大气腐蚀钢 Q450NQR1,上部内长为 8 700 mm,上部内宽为 2 920 mm。底架由牵引梁、侧梁、枕梁、端梁、小横梁及钢地板等组焊而成。牵引梁采用热轧 310 乙型钢;枕梁是由上、下盖板及双腹板组焊而成的变截面箱形结构;侧梁为 180 mm 高矩形钢管;采用直径为 358 mm 的锻造上心盘及材质为 C 级钢的前从板座;心盘座与后从板座为一体的结构,材质为 C 级钢。前从板座与牵引梁间,脚蹬、牵引钩与侧梁间,扶手与地板及托梁间均采用专用拉铆钉连接。

侧墙为板柱式结构。由上侧梁、侧板、侧柱等组焊而成。侧柱采用双曲面高强度冷弯型钢;上侧梁采用专用冷弯异形钢管,以防止石砟残存伤及作业人员。

端墙由上端梁、端板、腰带、端柱、斜撑等组焊而成。上端梁、腰带、端柱、斜撑均采用高强度冷弯型钢。1 位端墙上设有观察孔,可观察车内余砟情况,端墙斜度为 36.5°。

漏斗由中、侧漏斗板、中、端隔板、分砟梁、导流板等组焊而成,其中调整板与流砟板用螺栓连接。在中隔板上安装铁路货车车号自动识别系统的车辆标签。

操纵室采用圆弧顶、内外全钢结构,内壁衬装阻燃型隔热材料,内贴仿布纹装饰板。设有侧门、活动式侧窗等,侧门外装有安全链;端部设有端门,供操作人员同时操纵前后连挂车辆。

卸砟系统采用以风动为主、手动为辅的机械传动装置,风、手动操纵能各自单独操纵。共有 6 个卸砟门,每侧各两个,中间两个,底门长度为 2 235 mm,开度≥190 mm。风动操纵通过三个 254 mm×220 mm 新型旋压式双向风缸,由三个操纵阀分别开关两侧和中间底门。手动操纵分别控制两侧底门,中门无手动。手动采用减速箱机构。

采用主管压力满足 500 kPa 和 600 kPa 的空气制动装置。主要由 120 型控制阀、直径为 254 mm 的整体旋压密封式制动缸、ST2-250 型双向闸瓦间隙自动调整器、KZW-A 型空重车自动调整装置、货车脱轨自动制动装置等组成。采用编织制动软管总成、奥—贝球铁衬套、高摩擦系数合成闸瓦、不锈钢制动配件和管系。采用 NSW 型手制动机。

采用 E 级钢 17 型联锁式车钩或新型车钩、17 型锻造钩尾框、合金钢钩尾销、MT-2 型缓冲器,含油尼龙钩尾框托板磨耗板。

2. KM_{70} 型煤炭漏斗车

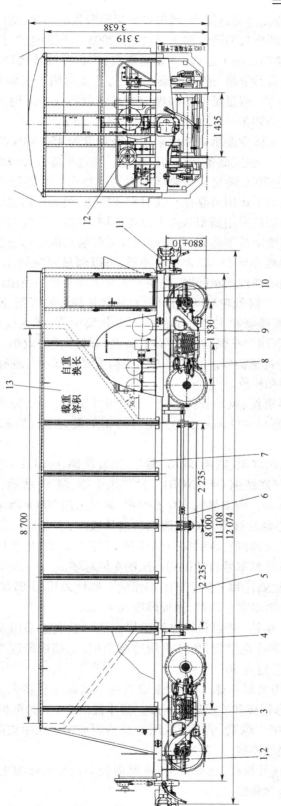

图 8-56 KZ₇₀ 型石碴漏斗车总图

1—底架组成;2—底架附属件;3—转向架;4—端墙组成;5—漏斗组成;6—下部传动装置;7—侧墙组成;
8—上部传动装置;9—风控管路;10—操纵室;11—车钩缓冲装置;12—风手制动装置;13—标记

为在铁路现有条件下尽可能提高货运能力,缓解煤炭运输紧张的形势,适应铁道车辆提速和重载技术的发展趋势,满足不断增长的运输需求,我国于 2005 年研制生产了 70 t 级新型煤炭漏斗车。该车适用于在标准轨距线路上运行,供装运煤炭、矿石等散装货物,可满足固定编组、循环使用、定点装卸、大量转运的电站、港口、选煤、钢铁等企业运用。该车适用于地面设有受料坑传输装置的供两侧同时卸煤、容量足够的卸煤沟或高栈台的现场使用,可自动、快速卸车,在无风源的情况下也可以手动卸车。

该车的主要技术特点为:①车体主要承载部件采用屈服强度为 450 MPa 的高强度耐大气腐蚀钢,中梁采用直梁结构,提高了强度储备和结构可靠性。通过车体疲劳寿命分析和结构的优化,减轻了车体自重,使载重达 70 t,满足了铁路运输发展的要求。②底门开闭装置在成熟顶锁机构的基础上进行优化,提高了运用可靠性。③对车体扶梯、檐板等附属设施进行了人性化设计,提高了操作安全性。④侧柱采用新型双曲面冷弯型钢,提高了强度和刚度。⑤在中央漏斗脊设有拉杆装置,提高了侧墙防外涨能力,并消除因抑制侧墙外涨变形而引起的应力集中现象。⑥采用 E 级钢 17 型高强度车钩和 MT-2 型缓冲器,可以满足万吨列车牵引要求,同时可解决车钩分离、钩舌过快磨耗等惯性质量问题,提高了车钩缓冲装置的使用可靠性。⑦采用转 K6 型或转 K5 型转向架,能有效降低轮轨间的作用力,减轻各部分的磨耗,使该车在预防性计划修基础上,可实现状态修、换件修和主要零部件的专业化集中修,建立按走行千米和"当量千米"相结合的检修模式,显著减少车辆的检修费用,提高车辆的使用效率。商业运营速度达到 120 km/h,满足了铁路货车提速需要。⑧底门开闭机构主要零部件与现有 K_{18AK} 型煤炭漏斗车通用互换,方便了日常维护和检修。

该车主要由车体、底门开闭机构、风动管路装置、车钩缓冲装置、制动装置及转向架等组成,如图 8 - 57 所示,车辆长度为 14 400 mm,定距为 10 500 mm,最大宽度为 3 200 mm,空车时的最大高度为 3 780 mm。

该车车体为全钢焊接结构,由底架、侧墙、端墙、漏斗、檐板扶梯、底门及拉杆等组成。主要型钢和板材均采用高强度耐大气腐蚀钢 Q450NQR1。底架由中梁、侧梁、枕梁、端梁等组成,长度为 13 434 mm,宽度为 3 180 mm。中梁热轧 310 乙型钢;侧梁采用 200×75×7 的冷弯槽钢。采用直径为 358 mm 的锻造上心盘及材质为 C 级铸钢的前从板座;心盘座与后从板座为 C 级钢一体式结构;前从板座与中梁间,脚蹬、牵引钩与侧梁间,扶手与端梁、地板间均采用专用拉铆钉连接;底架中梁上安装铁路货车车号自动识别系统的车辆标签。

侧墙为板柱式结构,由侧板、侧柱和上侧梁等组焊而成。侧柱采用 U 形双曲面冷弯型钢,上侧梁采用 120×60×4 的冷弯矩型空心型钢,侧板厚度为 4 mm。

端墙由端板、上端梁、端柱、角柱、横带和斜撑等组焊而成。上端梁采用专用异形冷弯型钢,端柱、横带和斜撑等采用 U 形冷弯型钢,角柱采用冷弯角钢,上端板厚度为 4 mm,下端板厚度为 5 mm,端板与水平面的夹角为 50°。

在车体中心设一个横向的中央漏斗脊,与中梁上设置的纵向漏斗脊将全车划分成 4 个漏斗区。各漏斗脊由 4 mm 的 ∧ 形钢板和筋板组焊而成。漏斗板由 5 mm 的钢板和纵梁、横梁等组焊而成,与水平面的夹角为 50°。纵梁、横梁等采用 U 形冷弯型钢。在中央漏斗脊设有拉杆装置,拉杆通过支座和螺栓与侧墙连接。

在端墙顶部的外端设有檐板及扶梯,檐板由 3 mm 厚扁豆形花纹钢板与支持梁、边梁等组焊而成。支持梁、边梁等采用冷弯角钢。

底门由门板、大横梁、横梁、立柱、上下门框和立门框等组焊而成,底门长度为 2 800 mm,

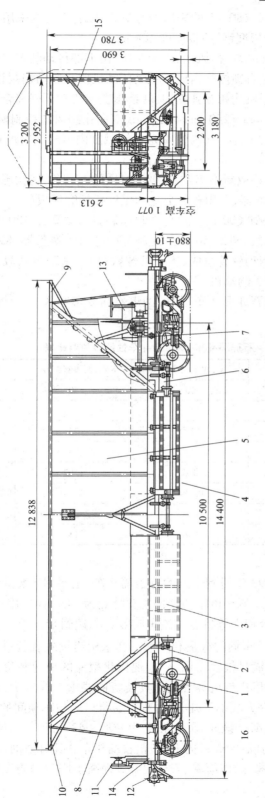

图8-57 KM₇₀型煤炭漏斗车总图

1—底架;2—底架附属件;3—漏斗组成;4—底门组成;5—侧墙组成;6—底门开闭机构;7、8—端墙组成;9、10—檐板及扶梯组成;11—风手制动装置;12—车钩缓冲装置;13—风动管路装置;14—标记;15—拉杆组成;16—转K6型转向架

开度为 460 mm。大横梁采用 140×80×5 的矩形冷弯空心型钢,立门框采用 140×60×5 的冷弯槽钢,横梁和立柱采用 U 形冷弯型钢,门板厚度为 4 mm。

采用两级传动顶锁式底门开闭装置,风动、手动两用,由上部传动装置、连杆、下曲拐、下部传动轴、双联杠杆、长短顶杆和左右锁体等组成。手动传动机构与风动控制管路系统均设在车体一位端的底架上,风、手动控制机构相互独立,其转换由拨叉拨动牙嵌离合器来控制。

风动管路装置由一个 φ356 mm×280 mm 的旋压式双向作用风缸控制两侧 4 个底门的开闭,风源来自列车主管,经截断塞门、给风调整阀充入储风缸内,作为风动开启底门时的动力源。

采用 E 级钢 17 型联锁式车钩或新型车钩、E 级钢材质的 17 型铸造钩尾框或 17 型锻造钩尾框、合金钢钩尾销、MT-2 型缓冲器,采用含油尼龙钩尾框托板磨耗板。

采用主管压力满足 500 kPa 和 600 kPa 的空气制动装置。主要由 120 型控制阀、直径为 254 mm 的整体旋压密封式制动缸、ST2-250 型双向闸瓦间隙自动调整器、KZW-A 型空重车自动调整装置等组成。采用编织制动软管总成、奥—贝球铁衬套、高摩擦系数合成闸瓦、不锈钢制动配件和管系。采用 NSW 型手制动机。

KZ_{70} 型石砟漏斗车、K_{13NK} 型石砟漏斗车、KM_{70} 型煤炭漏斗车和 K_{18AK} 型煤炭漏斗车主要性能参数对比情况如表 8-7 所示。

表 8-7 石砟漏斗车、煤炭漏斗车性能参数对比表

项目	KZ_{70} 型石砟漏斗车	K_{13NK} 型石砟漏斗车	KM_{70} 型煤炭漏斗车	K_{18AK} 型煤炭漏斗车
载重(t)	70	60	70	60
自重(t)	23.8	23.1	23.8	24
轴重(t)	23	21	23	21
容积(m^3)	42	36	75	65
比容(m^3/t)	0.6	0.6	1.07	1.08
自重系数	0.34	0.384	0.34	0.4
每延米重(t/m)	7.77	6.9	6.5	5.7
全车制动倍率	10.9	9.6	11	10.6

3. L_{18} 型粮食漏斗车

L_{18} 型粮食漏斗车是我国 1998 年研制生产的有盖漏斗车,主要用于装运诸如小麦、玉米和大豆等散粒粮食,也可装运磷酸二氨。该车的结构主要特点为:①车体采用具有国际先进水平的圆弧包板结构,具有自重轻、容积大等特点。该车有效容积达到 85 m^3 以上,与原 L_{17} 型粮食漏斗车相比,增大了 7 m^3,提高了车辆的载重利用率。②采用连续式装货口,装货口能满足定点装货和边走边装的要求,即可满足粮食专用码头、现代化粮库的快速装货要求,同时还能适应原有粮库、港口的定点装货和用皮带机等其他工具装货的要求。③装货口盖折页铰轴处采用具有凸轮、弹簧的缓冲装置,大大减小了开、闭过程中装货口盖与车顶间的冲击,提高了使用寿命。④卸货速度快,卸净度高。该车漏斗角度为 40°~42°,卸货口尺寸为 350 mm×800 mm,卸一车 60 t 小麦所用时间约 65 s,同 L_{17} 型粮食漏斗车相比卸货时间大大减少。⑤卸货底门加装了专用锁及专用钥匙,操作简单、安全可靠,提高了底门的防盗性能,减小了粮食运输过程中的损耗。

该车由车体、底门卸货装置、制动装置、车钩缓冲装置、转向架等组成,如图 8-58 所示。

车体为无中梁全钢大圆弧包板整体焊接承载结构,由底架、侧墙、端墙、漏斗、底门、车顶、装货口盖等组成。其主要梁件和板件均采用 08CuPVXt、09CuPTiRE 或与之相当的耐大气腐蚀低合金钢,车体上的铸钢件材质均为 ZG230-450 或符合 AARM-201 的 B 级铸钢。

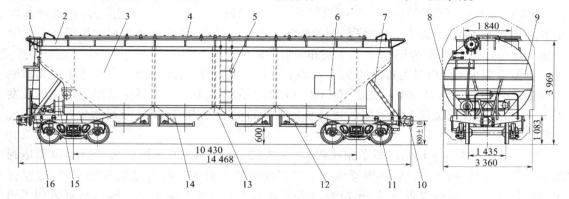

图 8-58 L₁₈ 型粮食漏斗车总图

1—手制动装置;2—车顶组成;3、8—侧墙组成;4—装货口盖组装;5—车内梯组成;6—标记;7、9—端墙组成;
10—车钩缓冲装置;11—转向架;12—底门组装;13—底架组成;14—漏斗组装;15—风制动装置;16—底架附属件

　　底架采用无中梁结构,由牵引梁、枕梁、大横梁、端横梁、下侧梁、端梁等组焊而成。牵引梁由 2 根 310 乙型钢组焊而成;侧梁为 30 型槽钢和钢板压型件组焊结构;枕梁采用双腹板箱型结构;大横梁、端横梁采用工字形单腹板结构;上心盘直径为 350 mm,上心盘和上心盘座、后从板座为三位一体的铸钢件,提高了心盘结点处的强度。为提高上心盘的使用寿命,上、下心盘间配有高分子合成材料的心盘磨耗盘。

　　侧墙采用圆弧包板结构,由侧板、上侧梁、隔板等组焊而成,为增加车体容积,充分利用车辆限界,侧板采用圆弧包板结构,在两侧板之间用隔板连接,将车内分隔为 4 个仓,大大提高了车辆的强度。为保证粮食能纵向流动,在隔板上开设了若干个孔。上侧梁采用专用的冷弯型钢。

　　端墙由端板、上端横梁、横带、斜撑、补强板等组焊而成,为增加端墙抗冲击能力,斜撑采用 12 型槽钢,并用压型补强板将侧板、端板和地板焊接成一体,在端墙上设有扶梯供工作人员上、下车作业。

　　全车有 4 个漏斗,每个漏斗由漏斗板组焊而成,漏斗角度分别为纵向 40° 和横向 42°。底门组成由底门板、齿条、齿轮、横向梁、纵向梁、门锁等组成。底门尺寸为 350 mm × 800 mm。底门开闭采用抽板式结构,由齿条、齿轮机构操纵,可以在车辆的任一侧操作手轮开闭底门,同时在设计上预留了允许地面上专用机械装置来控制底门开关的接口。为满足粮食运输过程中的防盗要求,在底门组成中设置了专用的门锁装置。

　　车顶采用圆弧顶结构,由车顶板与车顶弯梁、纵向梁、装货口边框、车顶走板组焊而成。车顶板采用 3 mm 厚的耐候钢板;车顶弯梁采用 75×50×5 的角钢;装货口边框采用 Γ 形压型件;车顶走台由钢板网和角钢组焊而成,供工作人员在车顶作业走行。

　　该车有 9 个装货口盖,各装货口盖可以独立打开或关闭,相邻两装货口盖之间设置防水盖组成,起密封和防雨水作用,装货口盖关闭后由专用的压紧锁闭机构将装货口盖锁紧。装货口盖采用铰轴翻转式结构,为减少开闭过程中装货口盖和车顶的冲击,在铰轴处设有减振缓冲装置。

三、自翻车

自翻车是一种无盖的货车,大部分用于矿山,是工矿企业的专用车。在卸货地点操纵作用阀,即可利用列车管充入储风筒的压缩空气进入倾翻风缸或由车上油泵供给的高压油进入倾翻油缸顶起车体成45°倾角,同时倾翻侧的侧壁随着自动开启,货物沿着倾斜的地板卸至轨道一侧。这种卸货方式效率极高,适宜于装卸频繁的矿山运输。

目前自翻车中用得最为普遍的是载重60 t的KF$_{60}$型自翻车,此外国内企业还生产和试制了载重70 t的KF$_{70}$型自翻车和载重100 t的KFY$_{100}$型液压自翻车。为适应铁路运输跨越式发展的要求,实现铁路运输矿石等散装货物装备水平的提升,我国于2004年研制生产了KF$_{60AK}$型自翻车。

KF$_{60AK}$型自翻车与KF$_{60}$自翻车相比较,其主要技术特点为:①车箱加长、加高,容积达到29 m^3,车箱边梁、顺梁、横梁、上檐梁采用了高强度耐候钢材质的冷弯型钢等新材料,减轻自重;侧门折页机构进行改进设计,车箱侧门折页处不再超机车车辆限界。侧门折页采用了B级铸钢,强度明显提高;侧门板、端壁板、端柱及角柱采用了高强度耐厚钢材质,提高了强度等级,减轻了自重。②底架中梁采用H形钢,减少了底架中梁组焊时的焊接变形,简化底架制作工艺。底架上组焊的人支撑、方支撑、气缸架等采用B级铸钢,提高了强度等级。③采用了目前铁路制动新技术。克服了KF$_{60}$自翻车无法安装闸瓦间隙自动调整器的弊病,改善车辆运行品质,满足铁路提速的技术政策要求。④采用大容量MT-2型缓冲器。⑤由于该车自重较大,故对转K6型转向架弹簧进行了重新设计,以改善其动力学性能。

该车采用耐大气腐蚀高强度低合金钢铆焊混合结构,由车箱、底架、倾翻装置、转向架、风手制动装置、车钩缓冲装置等部分组成,如图8-59所示。

车箱主要由车箱底架、两侧侧门及两端壁组成。车箱底架由中梁、侧梁、主横梁等组成一体构架。侧梁采用了高强度耐候钢材质的冷弯型钢,主横梁采用H形钢。侧门采用以贯通的上檐梁为主要纵向承载梁,它与折页、下檐梁、侧筋柱组成一体结构。侧门用折页销轴与车箱底架相接,通过侧门开闭机构可随车箱的倾翻而开启卸货。上檐梁采用高强度耐候钢材质的冷弯型钢,侧板采用高强度耐候钢材质的钢板。端壁由上檐梁与端角柱组成构架,并与端壁板组焊成一体。端壁板、端柱及角柱采用了高强度耐厚钢材质的钢板。

底架由两根596×199的H形钢与上、下盖板、隔板组成箱形鱼腹形的底架中梁与端、枕梁组成主体构架。在底架中梁的两侧组焊有倾翻缸架、方支承、人字形支承和其他安装制动及倾翻管路的附件。端梁上安装扶手。采用φ358 mm锻造上心盘并加装心盘磨耗盘。枕梁上焊有转轴下座并装有转轴,以支撑车箱载荷并作为车箱倾翻卸货时的转动轴。在底架中梁上安装铁路货车车号自动识别系统车辆标签。

倾翻装置主要由倾翻管路系统、倾翻缸、侧门开闭机构等部分组成。倾翻管路系统由管路、储风筒及各种阀类组成,它是车箱倾翻卸货的操作系统。通过操纵阀使压缩空气进入倾翻缸,顶起车箱进行倾翻卸货。倾翻缸采用两级活塞式结构,由内、外活塞、活塞杆、倾翻缸外套、顶铁等组成。铸铁的内、外活塞均以橡胶皮碗及压圈等密封。倾翻缸通过轴承安装在底架的缸架上,活塞杆上端以顶铁与车箱相连接。

侧门开闭机构由抑制肘、抑制弹簧、滚子等组成。它是控制侧门开闭的随动机构,直接决定车辆的倾翻性能。

风手制动装置采用制动主管压力能满足500kPa和600kPa的空气制动装置。主要由改

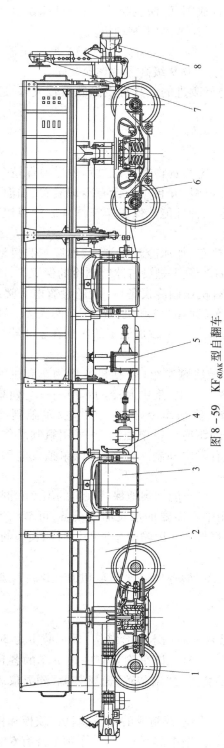

图 8-59 KF₆₀ₐₖ 型自翻车

1—车箱;2—底架;3—倾翻架;4—倾翻风缸;5—空气制动装置;6—转向架;7—手制动装置;8—车钩缓冲装置

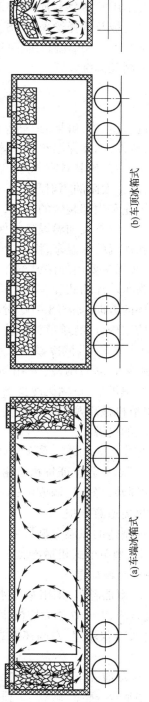

(a) 车端冰箱式

(b) 车顶冰箱式

图 8-60 冰箱式冷藏加温车

进型 120 型空气控制阀、254 mm × 254 mm 整体旋压密封式制动缸、ST2 - 250 型闸调器、编织制动软管总成、球心折角塞门、组合式集尘器、高摩合成闸瓦、法兰接头、奥—贝球铁衬套及配套圆销等组成。制动管系磷化处理。手制动装置采用 NSW 型手制动机。

车钩缓冲装置采用 C 级钢材质的 13A 型上作用车钩、C 级钢材质的 13A 型钩尾框、MT-2 型缓冲器。钩尾框托板及钩托梁采用 FS 型防松螺母。10.9 级高强度螺栓紧固。

KFY_{100} 型自翻车是在 KF_{60} 型自翻车的基础上进行改进的。其特点除载重较大外,还采用了液压传动系统控制其倾翻装置。

四、保 温 车

保温车用于运送鱼、肉、鲜果、蔬菜等易腐货物。这些货物在运送过程中需要保持一定的温度、湿度和通风条件,因此保温车的车体装有隔热材料,并且车内设有冷却装置、加温装置、测温装置和通风装置等,使其具有制冷、保温和加温三种性能。保温车车体外表涂成银灰色,以利阳光的反射,减少太阳的辐射热。

保温车按其用途和内部装置的不同,可分为隔热车、加冰冷藏车、冷藏加温车和机械冷藏车等。隔热车是不设制冷及加温设备的保温车;加冰冷藏车是设有冰箱制冷的保温车;冷藏加温车是设有制冷和加温的保温车;机械冷藏车是设有机械制冷设备(一般还设有电采暖装置)的保温车。目前,我国主要用的保温车有冷藏加温车(冰箱式)和机械冷藏车两大类。冰箱式冷藏加温车可分为车端冰箱式和车顶冰箱式两种。这两种冷藏加温车的区别在于冰箱放置位置和车内空气循环的方向,如图 8 - 60 所示。

机械冷藏车按结构分,有单节机械冷藏车和机械冷藏车组(包括机冷货物车和机冷发电车)。按供电和制冷方式,机械冷藏车又可分为:集中供电,集中制冷的车组——全列车由发电车集中供电,制冷车集中制冷,采用氨作制冷剂,盐水作冷媒;集中供电、单独制冷的车组——由发电车集中供电,每辆机冷货物车上装有的制冷设备单独制冷,采用氟利昂作冷媒,强迫空气循环;单节机械冷藏车——每辆车上均装有发电和制冷设备,可以单独发电和制冷,也可使用集中供应的电源。

机械冷藏车与冰箱式加冰冷藏车比较其优点是:全车能均匀地保持规定的温度和湿度,且较易调节与控制,可以充分保证货物运输质量;运用中不需要加水及加冰设备,可节约大量劳动力,加速车辆的周转,降低运输成本;不受运输路程长短和运输中车辆停留时间长短的限制,可以充分保证货物免遭意外损失。

我国自行设计制造的保温车型号主要有 B_6、B_7、B_{11} 型等加冰保温车和 JB_5、B_{19}、B_{23} 型等机械冷藏车组以及 B_{10} 型单节式机械冷藏车。

1. B_{11} 型冰箱式冷藏加温车

B_{11} 型冰箱式冷藏加温车,采用车顶冰箱式降温装置的钢木混合结构,标记载重为 30 t,有效载重为 24 t,载货容积为 67.2 m^3,总体布置见图 8 - 61。该车除具有一般货车的各种部件外,其车体结构还设有保温层,车内还设有冰箱降温装置、加温装置、通风装置、测温仪表和货物悬挂设备等。

B_{11} 型冰箱式冷藏加温车的车体由钢结构骨架、双层木板制成的地板、墙板、顶板和保温层组成。车体结构由底架、侧壁、端壁、车顶组焊而成。侧壁中部开有门孔,车顶上开有 6 个冰箱口。地板铺在底架上。地板结构如下(由下往上):18 mm 木板——1 mm 油毛毡——3 mm 沥青层——125 mm 隔热材料——3 mm 沥青层——4 mm 空气间隔层——1 mm 油毛毡——

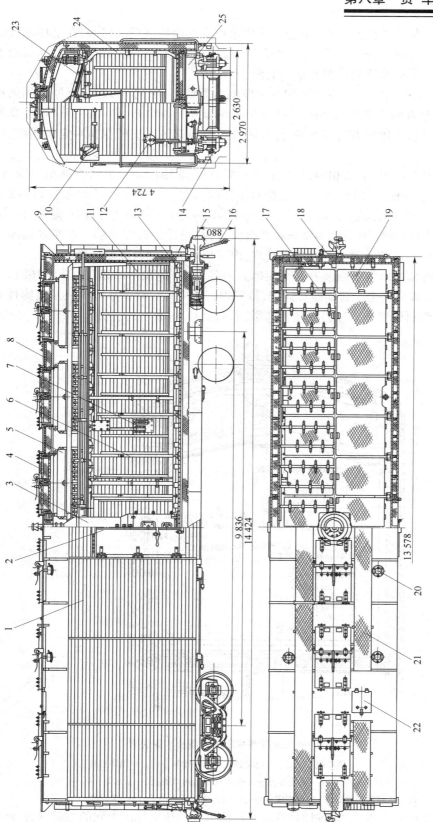

图 8-61 B₁₁ 型冰箱式冷藏加温车

1—侧壁;2—车门;3—采暖装置;4—冰箱盖;5—冰箱;6—冰箱支柱;7—测温装置;8—车顶;
9—活动扶梯;10—循环挡板调节装置;11—通风木条;12—手制动装置;13—地板;14—转向架;15—车钩缓冲装置;16—空气制动装置;
17—货物悬挂梁;18—端壁;19—离水格子;20—排水格子;21—走板;22—通风口盖;23—循环挡板;24—排水装置;25—底架

45 mm木板。此外,为了便于洗刷地板和防止车内水汽渗入地板层造成腐蚀,在上层木板的上面及内墙板下部250 mm以下的一段高度内铺盖一层厚0.7~1 mm的镀锌铁皮。地板面上放有能翻起的离水格子,货物堆放在离水格子上面。

侧墙及端墙钢结构的内外层各铺设20 mm厚的木质墙板,中间为128 mm厚的隔热材料(尿醛泡沫塑料外包有塑料薄膜),在隔热材料与内外墙板间各垫有一层油毛毡,墙板总厚度为170 mm。在内墙板上固定有通风木条,使货物堆放时与车体墙壁间保持一定的间隙,保证车内空气的循环。

车顶的铺设情况与侧墙大致相同,只是隔热材料加厚到154 mm。在外顶板的外面,铺有一层厚0.5 mm的镀锌铁皮,以防雨水和冰盐对车顶的渗透。车体保温层的布置如图8-62所示。车门采用外拉双合式,关闭严密,以保证隔热性能。门的宽度比棚车小,仅有1 350 mm。车门厚175 mm,其外侧为2 mm厚钢板,内部同样铺有保温层。在车顶装冰口处各用双扇冰箱盖盖严,冰箱外部也敷有镀锌铁皮,内部填充泡沫塑料隔热材料。

B_{11}型车的车顶装冰口的下面装有6个装冰容量各为1 t的鞍形冰箱(见图8-62),它由厚3~4 mm的钢板焊成。为了提高冷却效能,箱外焊有散冷片。整个冰箱内外及其附件全部镀锌,以防盐水对钢材的腐蚀。冰箱靠冰箱弯梁,纵向梁和冰箱立柱支托住。

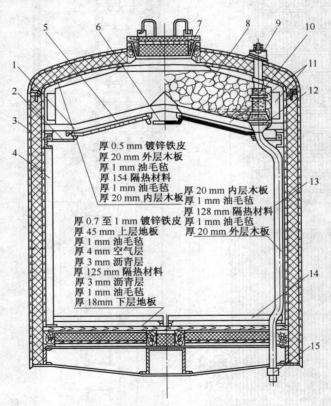

图8-62 B_{11}型加冰冷藏车车体断面及冰箱装置

1—冰箱弯梁;2—侧部调节装置;3—冰箱纵向梁;4—冰箱立柱;5—循环挡板;

6—中部调节装置;7—冰箱盖;8—冰箱;9—排水阀口盖;10—滤水罩;

11—冰箱散冷片;12—排水阀座;13—排水管;14—离水格子;15—水封盆

在冰箱下面设有向车体两侧倾斜的循环挡板,使上升的热空气由中间的空隙流过,经冰箱底面的冷却片受冷却后,由车体两侧下降,与侧墙和货物接触,变成热空气后再次上升,如此循环使货物保持冷却状态[图8-60(b)]。循环挡板中部的间隙和两侧的间隙处均设有调节装置,并在车内外各设有调节手把,可根据实际需要来调节空气循环情况,从而控制冰的溶解速度和车内温度。

冰箱内混有食盐的冰块溶化后变成盐水,积存于冰箱底部的两侧,因此在冰箱两侧最底处开有排水孔,并装有排水装置。排水孔下部安装排水管,排水管由车内伸出至底架下面,管口设有水封盆,见图8-63。平时,由于排水阀座密贴,盐水不能自动排出,但当冰箱内的盐水超过一定高度时,盐水便能通过管状阀杆上的溢水孔,由阀杆内流至排水管而流出。加冰时要先排净盐水,为此在车顶上部装有排水阀口盖,借助排水阀提把将阀提起,可排出冰箱内的盐水。排水管下方的水封盆内始终盛有盐水,保证车外热空气不能经排水管口进入车内。

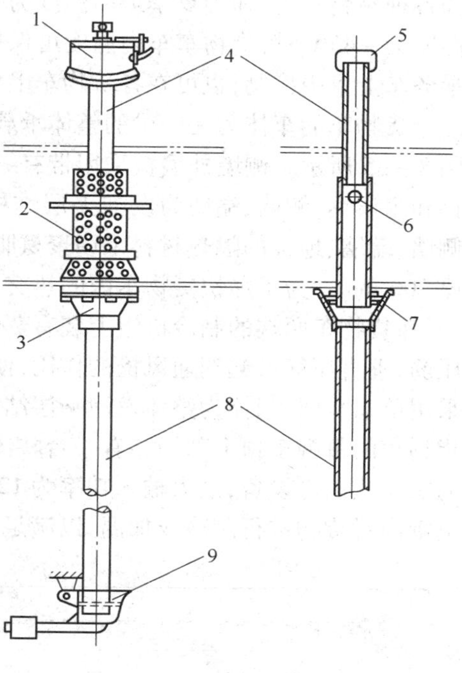

B_{11}型冷藏加温车的车体中央装有固定式火炉一个,外罩有隔热套。冷空气从炉下面进入隔热套内,经暖气筒套加热后将热量均匀地散入车内。为了使车内通风,在车顶端部有两个对角安装的通风口,平时关闭严密,需要通风时将盖打开,支起45°呈半开状态,使车内外空气对流。

车内装有三个遥测压力式指示温度计,能在车内外了解车体中部和两端的温度,测温范围为$-20 \sim +40℃$。

图 8-63 B_{11}型加冰冷藏车排水装置

1—排水阀口盖;2—滤水罩;3—排水阀座;
4—上阀杆;5—手提环;6—溢水孔;
7—排水阀;8—排水管;9—水封盆

2. B_{23}型机械冷藏车组

机械冷藏车是利用压缩制冷的原理达到冷藏车的降温目的,即用压缩机将氨或氟利昂12等制冷剂(或称工质)压缩,提高其压力并在高压下散热到外界空气中使制冷剂冷凝,然后降低其压力而膨胀,借助它的蒸发作用吸收车内空气的热量。图8-64为制冷装置(间接式)原理图。由蒸发器来的过热制冷剂(氨或氟里昂12)蒸气经压缩机1压缩成为高压的蒸气进入油水分离器2,把机油分离出后,蒸气进入冷凝器3。此时,借助风扇4(或冷却水)向外界放出大量热量而凝成液体储集在贮液筒5内,然后经膨胀阀6使液化蒸气的压力降低。进入蒸发器7后因压力降低,液化蒸气膨胀吸热,造成低温且蒸发为蒸气或过热蒸气,重新被压缩机抽出,即制冷剂在冷凝器里向外界放热而在蒸发器里(装在货物间内)从外界吸热,如此反复循环,不断将货物间的热量送到外界,使货物间降温或保

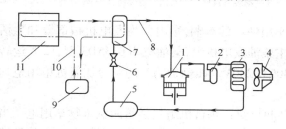

图 8-64 压缩制冷装置原理

1—压缩机;2—油水分离器;3—冷凝器;4—冷却风扇;
5—储液筒;6—膨胀阀;7—蒸发器;8—制冷液管道;
9—水泵;10—冷媒管道;11—冷冻器

持所需温度。

B₂₃型机械冷藏车组由一辆发电乘务车和四辆货物车组成。发电乘务车编挂在车组的中部,两端各挂两辆货物车,各货物车可以任意换位、调头连接。

该车组为集中供电、单车独立制冷或加温的方式,可承运要求温度在 +14 ~ -24℃ 范围内的各种易腐货物:即当夏季最高温度为 +45℃ 时,货物车车内温度可降到 -24℃;当冬季最低温度为 -45℃ 时,货物车车内温度可保持在 +14℃ 左右。各货物车的制冷或加温可以在发电乘务车上集中控制,也可在各货物车上单独控制。

货物车的车体为无中梁的整体承载全钢焊接结构,由底架、侧墙、端墙、车顶组焊而成,如图 8 - 65 所示。侧墙外墙板采用带有纵向压筋的钢板,车体钢结构主要梁件采用高强度合金钢和耐候钢,侧墙、端墙为发泡夹层结构。侧墙厚 138 mm,端墙厚 180 mm,地板厚 140 mm。侧墙、端墙、地板的隔热材料采用聚氨脂泡沫塑料,车顶隔热材料采用聚苯乙烯泡沫塑料,车顶厚 200 mm。为了加快货物车内的热交换,保证在制冷和加热工况下,车内各部位空气温度均匀,在货物车两端的制冷机组上装有蒸发风机,地板上铺有离水格子,侧墙内墙板上压有垂直压筋,垂直压筋可起到通风槽的作用,便于车内空气循环。货物车侧门开度为 2 700 mm,侧门采用单扇滑门,门体为整体发泡夹层结构,门体厚 137 mm,侧门的隔热材料采用聚泡沫塑料。货物车的每端车顶上部均装有一台整体插入式 FAL05613Z 型制冷机组,它是以 R12 为制冷剂的压缩式制冷设备,最大输入功率为 12.5 kW,制冷量为 37 186.2 J/h,可在 ±45℃ 的环境温度范围内对货物进行制冷或加温,以满足不同货物的运输要求。

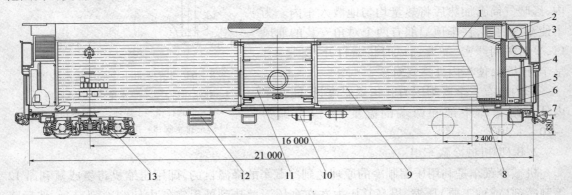

图 8 - 65 B₂₃型机械冷藏车货物车

1—车顶风道;2—机组;3—车顶端部隔板;4—回风道;5—控制柜;6—电气装置;
7—车钩缓冲装置;8—离水格子;9—车体;10—空气制动装置;11—车门;12—备件箱;13—转向架

B₂₃型发电乘务车是集中发电供机械冷藏车组使用的车辆,车内分为发电机械部分和生活休息间部分。机械间内设有两台 64 kW 交流主柴油发电机组,柴油机为 6135D3 型,12 h 运转功率为 88 kW;发电机容量各为 64 kW,电压 400V/230V。四辆货物车的制冷加温机组用电均由主柴油发电机组供给。

在用电设备负荷较高时,两台发电机组可同时运行,每台机组只供给两辆货物车用电。当用电负荷较轻时,也可由任何一台机组供应全列车用电,但两台机组不能并联供电。在机器间内还设有一台容量为 20 kW 的 495AD6 型柴油发电机组作为辅助机组及其他一些附属设备。辅助机组主要用途是当主机停机时,在无外电源引用的地方提供生活用电。此外,发电乘务车下部装有 KFT1 型 5kW 交流感应子车轴发电机一台及 T6450 型客车照明蓄电池一组(共 24

个），供车组照明等负荷用。

在配电室内设有总配电柜一台，其上安装有各种测示仪表、操纵开关及必要的信号装置，以便控制和了解各机器的运行情况。在配电柜上还安装有测温器，以检查各货物车内的温度。供乘务员工作、生活和休息的部分，包括四卧铺包间（大卧室）、三铺位包间（小卧室）、生活休息室、炊事室和卫生室等。

3. B_{10BT}型单节机械冷藏车

为适应社会主义市场经济对铁路冷藏运输市场小批量、快捷化、机动灵活的运输要求，我国在20世纪90年代末开发研制了B_{10}型单节机械冷藏车，该车为无人值守、计算机自动控制的新型机械冷藏车，车体结构和外形尺寸基本上与B_{23}型机械冷藏车组的货物车类似，只是将B_{23}型货物车的两套制冷机组改为一套全自动化的既制冷又可制热的机组。该车的主要特点是机组使用寿命长，车体隔热性能好，车内温度均匀，货物间内温度为$1 \sim 15℃$，节约能源。结合铁路新技术、新工艺、新材料和有关技术政策的变化，并根据运用要求对单节车进行过几次较大的改进，形成了B_{10A}、B_{10B}及B_{10BT}系列产品，其中B_{10A}、B_{10B}型单节车按照铁道部的有关文件要求，参照B_{10BT}型单节机械冷藏车的技术标准进行了改造，以进一步提高技术性能指标和改善乘务人员的乘务条件。

B_{10BT}型单节机械冷藏车适用于外界温度在冬季最低$-40℃$和夏季最高$+40℃$（夏季日平均温度$+36℃$）的条件下，货间温度保持在$+14℃$到$-24℃$之间的易腐货物的运输及预冷水果，蔬菜之用。该车由车体、转向架、空气制动装置、燃油装置、制冷机组、辅助柴油发电机组和电气装置等组成，如图8－66所示。

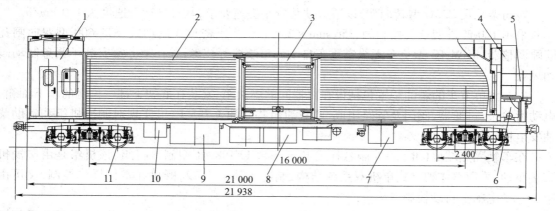

图8－66　B_{10BT}型单节机械冷藏车

1—乘务室；2—货物间；3—车门；4—制冷加温机组；5—机械间；6—燃油箱；
7—备件箱；8—蓄电池箱；9—辅助柴油发电机组；10—空调机组；11—转向架

整个车体分货物间、机器间和乘务室三大部分，采用无中梁筒形整体承载结构，车体为夹层结构，现车灌缝发泡。

货物间车体由底架、四块侧墙、两块隔热端墙和车顶组成，各部件均为预制件。地板、侧墙、隔热端墙为硬质聚氨酯泡沫芯材夹层结构，车顶为硬质聚苯乙烯泡沫塑料填充结构。上述四大部件现场组焊成货物间车体，部件连接处的空隙，现车注入聚氨酯发泡成型，使货物间车体隔热料连成一体。货物间内设有顶棚式风道、回风道、离水格子等设施，构成一端送风、两侧下风，通过离水格子和回风道回风的循环通风系统。

机器间位于车体二位端,由组焊于底架上的外端墙、盖板以及机器间门组成。工作台及扶梯安装在机器间盖板和隔热端墙(Ⅱ)之间,方便维修人员对制冷机组进行操作和检修。外端墙上安装有蜗轮蜗杆式手制动机,内部布置有一件容量为 935L 的车上燃油箱,由其直接向制冷机组供油。

乘务室由隔热端墙(Ⅰ)、两乘务室侧墙、端墙、乘务室车顶组焊而成。乘务室隔热料均采用自熄性聚苯乙烯泡沫现车填装。乘务室设两内开式侧门,两侧墙上各设有一个新型客车标准铝质下开式车窗。车顶设有车顶孔盖,供吊装水箱。乘务室平顶上方安装有一个客车式椭圆形不锈钢水箱,储水量为 730L,提供生活用水。在乘务室设有独立卫生间。卫生间地板为玻璃钢整体成型,周围为玻璃钢围板,下蹲式便器,底架下设有排便筒,以免污损转向架。在乘务室还设有独立炊事间,由间壁和移门将其与卧室隔开。炊事间布置有一套整体厨房设备,包括:一体设计的电灶和洗池、布置在电灶上方端墙的壁柜、排风扇等生活设施。在乘务室靠隔热端墙(Ⅰ)分上下两层设有两张卧铺,上铺可以翻转,下铺下方设有三个储柜。在乘务室端墙上安装有四个电器控制柜和分体式空调机组的室内机(冷暖两用)。通过电器控制柜可以实现对辅助柴油发电机组、制冷机组、货物间检温、照明等的控制,另在端墙上还安装有一个生活备品柜。在乘务室安装了功率为 800 W 和 400 W 的客车固定式电取暖器各一件,用于冬季采暖之用。交流电源由辅助柴油发电机组开启时提供,直流电源由生活蓄电池提供,辅助柴油发电机组开启时可充电。

车体中部两侧各设有一个滑移嵌入式装货门,门孔尺寸为 2 702 mm × 2 306 mm,门体为夹层结构,隔热料及门外板的材质与墙体相同,门内板为聚酯玻璃纤维增强塑料。

转向架采用 Z26G 型转向架,以适应铁路货车提速要求,其最高运行速度为 120 km/h。

采用 120 改进型空气控制阀、356 mm × 254 mm 旋压密封式制动缸、ST1-600 型双向闸瓦间隙调整器、KZW-4G 型货车无级空重车自动调整装置等技术,并在乘务室安装了紧急制动阀和风表。

B_{10BT} 型单节车的燃油装置包括设在机器间的燃油箱、安装在底架下部一位侧的车下油箱、电动齿轮泵、过滤器、阀门及管路组成,两只油箱共储油 1 785 L,可实现对制冷机组和辅助柴油发电机组的供油。

在车辆隔热端墙(Ⅱ)的外侧悬挂安装了一台 LFT98NR 型制冷机组,该机组是由柴油机直接驱动,采用整体独立式单机双系统结构,制冷工质为 R 22,既可在本机操作控制,又可由乘务室微电脑全自动控制。

在底架下部二位侧悬挂安装有一台辅助柴油发电机组,功率为 5 kW。机组的控制采用远程控制,控制柜安装在乘务室,由其可控制机组启动和停止,同时显示机组运行参数(转速、油压、缸温等)并能自动报警。机组的柴油机与发电机采用直接整体式连接,组装在一个吊框中的一个滑移架上,维修时可将柴油发电机组拉出。

在乘务室设有四个控制柜,包括制冷机组,辅助柴油发电机组和生活控制柜、逆变器控制柜。可实现对制冷机组、辅助柴油发电机组的远程控制,其中制冷机组和辅助柴油发电机组实现了四车连挂监控功能(通过本车可对连挂各车进行操作、监控和报警等),以及对整车配电、照明、空调等的控制。

在底架下部设有两个 48V、200A · h 生活蓄电池箱,箱上设有外接电源插座,主要用于停车时由地面对车辆供电。

在乘务室安装了火灾报警、轴温报警、活动检控温装置。

表8-8 我国主要各漏斗车、自翻车和机保车的主要技术参数一览表

型号	重量参数			容积参数		车辆尺寸(mm)			车辆定距(mm)	底架尺寸(mm)		车体尺寸(mm)			轴重(t)	每延米载重(t/m)	结构特点
	载重(t)	自重(t)	自重系数	容积(m³)	比容	最大宽度	最大高度	车辆长度		长度	宽度	内长	内宽	地板面距轨面高			
K_{13}	60	20.1	0.35	36	0.6	3 156	3 104	12 046	8 000	11 008	2 920	11 780	2 950	1 159	21.1	5.7	4个漏斗,两对底门,侧开方式,由风动或手动机构操纵卸货
K_{17}	60	22.4	0.37	30	1.33	3 377	4 256	13 942	9 900	13 000	3 150	8 228	2 920	1 096	20.1	6.7	无中梁4个漏斗,卸渣口每侧两个,中央两个,由风动手动机构操纵卸渣
K_{18}	60	24.9	0.42	64.5	1.08	3 240	3 391	14 742	10 300	13 800	2 960	12 000	3 150	1 070	20.6	5.9	无中梁、高侧梁,3个漏斗,车体有圆顶,6个装货口,3个底部卸货口,6个侧部卸货口
KZ_{70}	70	23.8	0.34	42	0.6	3 168	3 726	12 074	8 000			8 700	2 920	1 082	23	7.77	底门尺寸2 235 mm×190 mm
KM_{70}	70	23.8	0.34	75	1.07	3 200	3 780	14 400	10 500	13 434	3 180			1 077	23	6.5	底门尺寸2 800 mm×460 mm
KF_{60}	60	33.5	0.56	27	0.45	3 325	2 462	13 064	8 686	12 196	2 434	11 230	2 820	1 572	23.4	7.2	车体与底架分开,有倾翻机构,风动倾翻
L_{18}	60	23.6	0.39	85	0.71	3 360	4 195	14 468	10 430					1 083			装货口尺寸11 000 mm×600 mm,卸货口尺寸800 mm×350 mm
B_{10}	38	41.1	1.08	100	0.38		4 640		16 000	21 000	2 874						
B_{11}	30	34.8	1.16	62.2	2.59	3 170	4 718	14 424	9 836	13 516	2 672	3 200	1 062		21.3	6.2	钢骨架木墙板车体,带有6只车顶冰箱,容冰6 t
B_{23}	45.5	38.2		105			4 640			21 000	2 874	3 200					
U_{60}	58	27.0	0.47	48	0.87	3 220	4 353	13 682	9 440	12 740	2 612	13 238	2 630	1 292	16.2	4.5	无中梁底架,装有3个立式罐,压缩空气卸货

第七节 国 外 货 车

铁路运输不但经济、方便、运量大,而且其能源消耗也比公路、航空运输低,因此在很多国家运输业的竞争中,铁路货运占很大优势。铁路货物运输的不断增长,促进了各国车辆事业的发展。

世界各国货车发展的趋势主要是:不断调整货车车种的构成,以适应本国待运货物的种类;加大载重量,改进车辆结构,减少制造和维修费用以提高铁路货运的经济性。

一、根据承运货物的种类和性质研制新型货车

在研制新型货车时,各国注意到要最大限度地适应本国所运输货物的种类和性质,在最低的基建投资和运用费用下,尽量保证货物的完整性。因此,世界各国所研制的车种不尽相同。比如法国的通用货车数量较少,而向专业化货车发展。法国研制了很多种专用货车,如:用于运输托盘货物的全侧门棚车;使货物免受雨雪浸湿的机械帐篷平车;用于运输冶金产品、钢板卷和纸卷等重质货物的活顶车;专运钢板卷的钢板卷运输车;专供运输标准尺寸钢管和铸铁管的钢管运输车;装运集装箱的集装箱平车以及运输小轿车用的专用车等。这些车的主要技术特性见表 8 – 9。

德国的专用货车也较多,仅各型漏斗车就有 3 万多辆。所研制的 Falns121 型重力卸货无盖漏斗车的主要技术参数见表 8 – 10。

表 8 – 9   法国几种专用货车的主要技术特性

技术特性	全侧门棚车	机械帐篷平车		活顶车	钢板卷运输车			钢管运输平车
		RiLs 型	RiL$_{ms}$ 型		国有铁路 5 个托盘	VIC 5 个托盘	国有铁路 7 个托盘	
两缓冲饼外侧面间距离(mm)	21 450	20 090	14 040	14 040	11 500	12 040	12 500	16 790
转向架中心距(mm)	16 410	15 050	9 000	9 000	6 460	7 000	7 460	11 350
有效长度(mm)	2 × 9 670	18 500	12 450	—	10 156	10 800	11 156	15 000
有效宽度(mm)	2 600	2 400	2 400	2 600	2 430	2 400	2 430	2 810
有效面积(m^2)	2 × 25			32				
有效载重(t)	62	55	59.5	57.5	50.5	58	56.5	45
轴重(t)	20	20	20	20	20	20	20	16
转向架型别	Y$_{25}$C$_s$	Y$_{25}$C$_{st}$	Y$_{25}$C$_{st}$	Y$_{25}$C$_s$s	Y$_{25}$C$_{st}$	Y$_{25}$C$_{st}$	Y$_{25}$C$_{st}$	Y$_{31}$B$_1$

表 8 – 10   德国 Falns121 型无盖漏斗车主要技术参数

技术特性	参　数	技术特性	参　数
容积(m^3)	90	装货口长度(mm)	12 120
自重(t)	24.3	装货口宽度(mm)	1 812
最大有效载重(t)	69.7	卸货口长度(mm)	2 × 5 325
最大总重(t)	94	卸货口宽度(mm)	460
最大轴重(t)	23.5	开门时最大宽度(mm)	4 000
车辆长度(mm)	13 040	最大轮径(mm)	920
车辆定距(mm)	7 700	通过最小曲线半径(m)	75
车体宽度(mm)	3 068	构造速度(km/h)	100
空车高度(mm)	4 307		

美国的有盖漏斗车近年来需求量也增大,1995 年占所生产货车的 30%。美国近年来货车车种数量统计见表 8–11。从表中可看出美国近年来货车车种构成的变化。

表 8–11　美国货车车种数量统计(单位:辆)

年代 \ 车种	通用棚车	专用棚车	敞车	无盖漏斗车	有盖漏斗车	平车	保温车	罐车	其他
1990	85 244	96 503	134 462	224 571	296 635	130 076	41 883	188 805	13 982
1991	77 606	96 578	139 568	216 757	292 935	125 651	38 485	189 147	12 993
1992	69 571	98 507	142 141	204 142	295 728	123 770	36 469	190 896	11 912
1993	55 771	110 752	148 541	190 094	302 903	124 796	35 258	194 328	10 689
1994	47 690	116 324	156 628	187 865	311 910	128 767	33 728	199 318	10 182
1995	42 866	117 945	171 217	175 350	325 882	133 056	33 068	209 728	9 815

1992 年日本货车总数为 30 000 辆,其中私有罐车占 39%,石油罐车的运输吨位占货车运输吨位的 32%,石油列车的运输收入在日本国铁货物运输中占主要地位。1993 年后日本所研制的夕キ1000-1 型新型罐车的主要技术参数见表 8–12。

表 8–12　日本夕キ1000-1 型罐车主要技术参数

技术性能	参　数	技术性能	参　数
容积(m³)	61.6	最大高度(mm)	3 918
自重(t)	17.2	车辆定距(mm)	9 370
载重(t)	45	车轮直径(mm)	810
最大长度(mm)	13 570	最高运行速度(km/h)	95
最大直径(mm)	2 900		

为了解决小汽车运输上的问题,日本开发了小汽车运输架的运输系统。该系统的主要特点是去时装运小汽车,回时每个货架可装运 2 个,每辆车装运 4 个运量很大的 JR12F 型集装箱,既解决了小汽车运输系统回空问题,又能通过液压系统改变车顶(即防护罩)的高度,使公路与铁路运输换装及到站装卸较为方便。运输架的总长 9 400 mm,宽度 2 440 mm,高度 2 710 mm,自重 4 000 kg,载重 7 200 kg。用工キ71 型和工キ70 型集装箱货车装运两台运输架。奇数号车和偶数号车各一辆连结成固定编组。其主要技术参数见表 8–13。

表 8–13　工キ71 型和工キ70 型集装箱平车主要技术参数

技术性能	参　数		技术性能	参　数	
	工キ71 型	工キ70 型		工キ71 型	工キ70 型
装载货物	小汽车及集装箱	集装箱及机动车	载重(t)	39.2	40.6
自重(t)	20.7	21.8	车长(mm)	21 300	20 750
车高(mm)	1 947	1 965	构造速度(km/h)	110	110
连接中心高(mm)	550(前)850(后)	550(前)850(后)	车辆定距(mm)	14 800	14 500
车宽(mm)	2 789	2 829			

由于集装箱运输具有效率高、速度快、货损少等优点,已被世界各国广泛采用。法国除制造底架长 18.4m 的 SNCF 集装箱平车外,还生产了底架长为 24.6 m,可装运 4 个 20 ft 箱或 2 个 40 ft箱的集装箱平车;美国铁路普通集装箱平车车型也很多,其中较有代表性的是载重

63.5 t 的 Bethlehem 平车和载重 90.7 t 的平车。前者底架长 21.76 m,可装运 3 个 20 ft 箱或 1 个 48 ft 箱,甚至可装运 1 个 53 ft 箱。后者底架长 24.5 m,允许装运 4 个 20 ft 或 2 个 30 ft 箱, 它具有强大的中梁和轻型的侧梁,采用了加长行程的缓冲器;德国的 SgssY703 型集装箱平车 载重 50 t,底架长 18.5 m,车辆定距 14.2 m。

除以上介绍的普通集装箱平车外,各国还研制了双层集装箱运输车、关节式集装箱运输 车、驮背运输车和公铁两用车等。驮背运输车是为弥补铁路集装箱实现"门到门"运输较为困 难的缺陷,将卡车或拖车原封不动地搭载在平车上运输。由于它可以做到货物直达运输,减少 到发站的分类作业,在集装箱装卸站不需要大型垂直起吊装卸机械,运输成本较低等优点,近 年来发展较快。目前美国、加拿大、墨西哥、日本、西欧和印度等国均采用了这一"驮背运输" 的方式。公路铁路两用车是为解决"驮背运输"中无效载荷与有效载荷比值较大、经济性不太 好的问题而开发的。美国于 20 世纪 70 年代末开发了铁路、公路都能运行的公路铁路两用车 来弥补铁路上"门到门"直达运输的不完整性。目前除美国已普及了这种运输方式外,西欧各 国铁路于 20 世纪 80 年代初也研制了各种公路铁路两用车。

二、提高车辆的每延米载重量,开行重载列车,以提高铁路的运输能力

提高货物列车重量,开行重载列车是提高铁路运能的一项重要措施。而重载运输因其运 量大、效率高、运输成本低而受到世界各国的广泛重视,发展也很迅速。重载列车主要有单元 式(以北美为代表)、整列式和组合式(以前苏联为代表)三种,列车重量都在 5 000 t 以上。一 些国家的单元式列车重量超过万吨。美国开行的一种多单元运煤货车组,由 5 辆敞车通过铰 接式转向架连接成为一个整体,车体间有一个铰接转向架连接,只在每车组的两端设立独立转 向架和端墙,敞车车体之间取消端墙以充分利用端部空间,这样可以使相同载重的列车长度缩 短 30%,在与普通列车相同的情况下,铰接式多单元列车可提高载重 30%。加拿大在 20 世 80 年代末、90 年代初开行的第 2 代单元列车,其基本单元是由无间隙牵引杆将 10 辆车连接成一 个车辆组,以减小车辆间的纵向冲动。车辆组与车辆组之间用传统的车钩缓冲器相连,每 3 组 车编挂于 1 台可控制的机车之后,形成一个单元列车,还可以根据需要编成多单元列车。南非 为开展重载运输,除制造并采用载重量大的新型车辆外,也使用主机无线电遥控操纵同步补机 法开行多机牵引的重载单元列车,在 20 世纪 80 年代中期,其重载列车长度已达 2.3 km,列车 载重量为 10 880 t。重载运输因列车重量大大高于普通货物列车,因此对机车车辆及轨道结构 等均提出更高的要求。

货车大型化、增大每辆车的载重能力、提高货车轴重是目前重载货车发展的方向。美国铁 路采用的新造货车轴重都在 30 t 以上,铝合金敞车、高边车等大型专用货车轴重高达 32.5 t。 俄罗斯也计划将轴重提高到 27 t,并进行相应的试验。加拿大已制造轴重为 35.4 t 的车辆。 研究先进的车辆结构形式,应用高强度耐腐蚀钢和铝合金,减轻车辆自重等均是增加车辆载重 量的途径。美国采用的铝合金高边敞车自重仅为 19.96 t,比钢制货车自重 27.22 t 减轻了 7.26 t。在改进车辆结构方面,加拿大和南非都采用"浴盆式"敞车,充分利用每辆车两台转向 架之间的车辆下部限界,将底架制成下凹形以增加车辆载重量。美国用以单元列车的敞车,只 在每车组的两端设立端墙,敞车车体之间取消端墙,以充分利用端部空间增加载重。

俄罗斯是通过增加车辆轴数,研制多轴车来提高车辆载重量。俄罗斯新研制的八轴敞车 载重量 131 t,自重 45 t,轴重 22 t,每延米轨道载重 6.9 t/m;八轴罐车载重 125 t,罐体内径 3.2 m,每延米轨道载重增加 11%,并通过试验证明在列车长度相同的情况下,使用八轴车比使用四轴车能提高列车重量 25% ~40% ,而八轴车在列车中的动力性能和脱轨稳定性都比四轴车好。

复习思考题

1. 按承载特点,车体结构形式有哪几类? 各有什么特点?

2. C$_{70}$型敞车的结构有哪些特点?

3. 各型载重运煤专用敞车在结构上各有什么特点?

4. P$_{70}$型棚车结构上有哪些特点?

5. 试分析作用在 NX$_{70}$型共用车上的垂直载荷和纵向载荷是如何传递至轮对的?

6. 集装箱专用平车与普通平车其垂直载荷的作用方式有何不同?

7. 为什么有的罐车可以不设底架? 无底架罐车的垂直载荷和纵向载荷是如何传递的?

8. 长大货物车有哪些种? 凹底平车为什么要做成下凹形底架?

9. 钳夹车是如何运输货物的? 不装运货物时该车如何行走?

10. 漏斗车主要装运哪类货物? 结构设计上应该考虑哪些问题?

11. 保温车和冷藏车有哪些特殊设备和结构?

参考文献

[1] 严隽耄. 车辆工程. 北京:中国铁道出版社,1993 年.

[2] 葛立美. 国产铁路货车. 北京:中国铁道出版社,1997 年.

[3] 铁道部运输局装备部. 铁路货车新产品要览. 北京:中国铁道出版社,2002 年.

[4] 陈雷,张志建. 70 t 级铁路货车及新型零部件. 北京:中国铁道出版社,2006 年.

[5] 张庆林. 我国铁路车辆工业的回顾与展望. 铁道知识,1998(3).

[6] 徐小平,张进德,鞠在云. 发展中的我国新型货物车辆. 铁道知识,1998(1).

[7] 铁路货车清查资料汇编. 铁道部计划局、车辆局、运输局,1997.

[8] 徐荣华. 2010 年我国铁路货车发展预测. 铁道车辆,1996(8).

[9] 乐曼蓉. 对新一代集装箱专用平车发展探讨. 铁道车辆,1997(4).

[10] 徐磊. 小组机械冷藏车的发展前景. 铁道车辆,1997(5).

[11] 罗庆中. 90 年代国外铁路重载技术装备新进展. 中国铁路,1998(7).

[12] 宋国文,徐荣华. 国外集装箱发展综述. 国外铁道车辆,1998(3).

[13] 邢澍译. 美国铁路货车发展趋势. 国外铁道车辆,1998(1).

[14] 吴礼本译. 欧洲混合运输和货车的发展. 国外铁道车辆,1995(5).

[15] Ata M. Kham(加). 加拿大重载运输技术. 国外铁道车辆,1996(1).

[16] 邢澍译. 美国新型散装货物车. 国外铁道车辆,1997(6).

[17] 吴礼本译. 俄罗斯发展八轴货车. 国外铁道车辆,1997(6).

[18] 吴礼本译. 新型增大容积的漏斗车. 国外铁道车辆,1995(6).

第九章 客车车体

铁路以其快速、安全、节能和环保等特点,一直是人类最为重要的交通运输工具之一。为了增强铁路与公路、水运和航空运输竞争的能力,必须提高旅客列车的运行速度,缩短旅行时间,改善乘车条件,保证行车安全,制造出轻、快、稳的铁路客车。

回顾我国铁路客车发展的历史,随着国民经济的发展、科学技术的进步和人民生活水平的提高,铁路客车的设计制造水平也不断提高。铁路客车制造业从1953年开始自行设计生产我国的第一代产品,即21型系列客车产品。其中包括硬座车、硬卧车、餐车、行李车和邮政车等,先后共生产了3 110辆,1961年停止生产。该型客车构造速度为100 km/h,由于其构造速度低、制造工艺性差、技术经济指标和舒适性等方面都满足不了要求,所以被22型客车所取代。22型客车是我国的第二代铁路客车,其构造速度为120 km/h,各种性能均较21型客车先进。22型客车系列产品包括硬座车、硬卧车、软座车、软卧车、餐车、行李车、邮政车和发电车等,至1992年底共生产了约26 000余辆。22型客车车体钢结构是由普通碳钢制造,钢结构腐蚀严重,其结构及车辆性能满足不了时代的要求,需要更新换代,由产品性能和技术经济指标更先进的新型客车来代替,即第三代客车,25型客车。该型客车从1966年开始研制,20世纪80年代中期进入批量生产,1993年定型为主型客车。车体长为25.5 m,车辆定距为18 m,耐候钢制车体结构,车辆寿命可达25~30年。

25型客车也发展了系列产品,从车型上分为25型(试验型)、25A型(空调)、25B(燃煤、空调)、25D型(动车组)、25G(25A改型)、25K型(快速)、25S型(双层)、25Z型(准高速)和25T型(提速)等。其主要技术参数如表9-1所示。25型客车发展的过程是一个技术上逐渐成熟的过程,不断改善了工艺设备,引进国外先进技术和样车,这些均为25型客车的设计、制造提供了成熟的技术及可借鉴的经验。

表9-1　25型客车分类

项目 \ 型别	25	25A	25B 燃煤	25B 空调	25D	25G	25S	25K	25Z	25T
构造速度(km/h)	140	140	140		160	140	140	160	160	160
转向架型式	209 206	209 206	209 206		SW-160 CW-2	209G 206G	209PK	209HS 206KP	CW-2 206KP	CW-200K SW-220K
采暖型式	电	电	水		水	电	电	电	电	电
空调装置	有	有	无		有	有	有	有	有	有
制动机型式	104	104	104		JZ—7	104	104	104+电控	F8+电控	104+电控
基础制动	闸瓦	闸瓦	闸瓦		盘形	闸瓦	盘形	盘形	盘形	盘形
防滑器	无	无	无		有	无	有	有	有	有
列车信息系统	无	无	无		有	无	有	有	有	有
轴报器型式	单	单	单		集中	集中	单	集中	单	集中

25 型客车主要技术经济指标明显优于 22 型,现以非空调硬座车为例将两种客车的主要技术经济指标的对比如表 9-2 所示。

表 9-2 22 型、25 型硬座客车主要技术经济指标比较

项 目	车 型	
	YZ$_{22B}$	YZ$_{25B}$
构造速度(km/h)	120	140
车体长度(m)	23.6	25.5
车顶距轨面高(m)	4.283	4.433
平稳性指标(W)	2.75	2.5
客室内噪声(dB)	68(80 km/h 运行时)	68(120 km/h 运行时)
自重(t)	42.1	45.3
每延米重(t/m)	1.784	1.776
定员(人)	118	128
每定员占自重(t/人)	0.356	0.353
钢结构自重(t)	14.2	14
钢结构型式	有中梁、有压筋、整体承载结构	无中梁、无压筋、薄板筒形整体承载结构
钢结构除锈	整体打砂	钢材料预处理
风挡	22 型通用铁风挡	耐磨耗低噪声风挡
车窗	玻璃钢框、上开式	铝合金双层中空玻璃、上窗下开单元式
轮对	无动平衡要求	有动平衡要求
阻燃材料	无要求	采用阻燃材料
车内设备		座椅及车内设备有所改善
车钩	15 号	15 号低合金钢高强度车钩
缓冲器	1 号	G1 型
制动		提高了销套的配合精度,部分采用了 ST$_1$—600 型自动闸瓦间隙调整器

通过表 9-2 对比,可以得出如下结论:

(1)25 型客车比 22 型客车增加了定员,其中硬座车可增加 10 个,硬卧车 6 个,软卧车 4 个。每个定员所占车辆自重降低,经济效益提高。

(2)构造速度提高到 140 km/h 以上,比 22 型客车 120 km/h 高出 16%,标志着技术含量增大,是更新换代产品。

(3)改进了车体钢结构,采用无中梁底架整体承载结构,在车体加长 1.9 m 及车体高出 150 mm 的情况下,钢结构自重仍较 22 型有所降低。试验表明 25 型钢结构具有足够的强度和刚度,标志了设计、制造水平的提高。车体钢结构取消了压筋,简化了工艺,同时也对墙板的不平度提出了较高的要求,各设计工厂均采用了涨拉蒙皮等新工艺措施,使其金属包板不平度值低于 22 型客车。

(4)采用低噪声、耐磨耗风挡,克服了 22 型铁风挡缓冲杆磨耗严重,车辆连挂通过小曲线半径、反向曲线及道岔时,面板错动量大、难以复原,运行中冲击噪声大,甚至危及行车安全等问题。

（5）提高了乘坐舒适性、安全性。舒适性是一个综合性指标，它包括平稳性好、噪声低，内部设备改善。这些都提高了旅客乘坐舒适性。另外，防火、阻燃材料的应用，提高了旅客乘坐的安全性。

（6）新型铝合金单元车窗的采用，提高了车窗的密封性，改善了通风条件，减轻了窗口钢结构的腐蚀，同时也起到美观的作用。轮对进行动平衡试验，这对减少轮轨间的冲击力，改善振动性能，提高轴承寿命，减少燃轴事故都是有益的。

22 型向 25 型的过渡，将会增加一次性投资。一辆 25B 型硬座车将比 22B 型硬座车造价提高 50% 左右，但是由于定员的增加以及舒适度的提高，由此增加的客票收入，在两年左右时间内即可补偿造价的提高。所以说，25 型客车的经济效益和社会效益是极为显著的。

目前，我国各客车制造厂家为适应提速的要求，以生产 25K 型的各型客车为主。根据 2006 年统计资料，全国客车的保有量为 42 500 辆。同时加大 25T 型客车生产。

25 型系列客车，其构造速度为 140 km/h 和 160 km/h 两种。前者为普通 25 型客车，后者为提速 25 型客车。25 型系列客车包括硬座车、硬卧车、软卧车、软座车、餐车、行李车、邮政车和发电车等。

25 型双层旅客列车由硬座车、硬卧车、软座车、软卧车和发电车等组成。该列车的最高运行速度为 140 km/h。中短途、中长途双层旅客列车在客流繁忙的区域对于缓解乘车难的问题起重要作用。

随着我国社会主义市场经济的发展，我国铁路的旅客运输从 20 世纪 90 年代中期开始连续进行了多次大提速。从发展常规客车的同时，也研制生产了不少动车组。这其中包括各速度级、内燃的和电力牵引的、动力集中和动力分散的等等类型。在车体的主要结构和常规客车相差不是很大。限于篇幅，本书中没有专门论述。

除了上述干线旅客列车中的各型客车外，我国在城市轨道交通方面，稳步地发展了地铁交通系统，从 20 世纪 70 年代起，首先在北京、天津两大城市开通了地下铁道交通运营线路。进入 90 年代之后，为了缓解大城市市内交通拥挤程度，北京、上海、广州、天津、深圳及重庆等大城市均大力发展了城市轨道交通系统，因此城市轨道交通客车的需要量也在逐年增加，其车辆型式也越来越多。其城市轨道交通车辆有较大部分是我国自行设计制造，也有一部分是通过进口或者技术合资引进的国外车辆。

随着我国国民经济的发展，人员交往的增多，以及旅游业的兴旺，将需要生产出现代化的，满足不同层次旅客需要的各种新型客车，高级旅游车和高速客车等。

第一节　客　车　类　型

在我国客车总数中，数量最多的新造客车是 25 型客车。25 型客车的主要尺寸和性能见表 9-3。一般长途旅客列车中编挂的车种有硬座车、硬卧车、软卧车、餐车、行李车、邮政车。下面以 25T 的各型车为例进行介绍。

一、YZ$_{25T}$ 型硬座车

如图 9-1 所示，YZ$_{25T}$ 型空调硬座车在两端设通过台；一位端设小走廊、洁具柜、PLC 电气综合控制柜、电茶炉、乘务员室、厕所；中部为客室；二位端为小走廊设垃圾箱、双人洗脸间、厕所。乘务员室设照明监控柜、温水箱控制箱、便器电源柜、办公桌、固定单人座椅凳、安全锤、衣

表9－3 国产部分主型客车（25型）的性能及尺寸

车辆型号	定员	自重(t)	车体材质	车体长	车辆定距	车体外宽	车顶距轨面高	渡板距轨面高	车钩型号	缓冲器型号	电压(V)	供电方式	取暖装置	给水装置形式及容量(L)	通风装置	平稳性指标W	车体平均传热系数[W/(m²·K)]	风挡形式
YZ25A	128 122车长席	45.5	Corten钢	25 500	18 000	3 104	4 433	1 333	15号高强度车钩	G1号	AC380	发电车集中供电	电热取暖	车下水箱≥1 000	车顶单元式空调机组	≤2.5	≤1.1	低噪声耐磨风挡
YW25A	66	45.5												车上水箱1 300				
RW25A	36	46.6												车上水箱1 000				
CA25A	48	44.5												车下水箱1 200				
YZ25B	128 122车长席	47	耐候钢	25 500	18 000	3 104	4 433	1 333	15号高强度车钩	G1号	DC48 AC380	5 kW感应子发电机电车中供电	燃煤锅炉取暖	车上水箱1 200	车顶单元式空调机组	≤2.5	1.16	低噪声耐磨风挡
YW25B	66 60播音车	47												车上水箱1 000				
RW25B	36	51.5												车上水箱1 000				
CA25B	48	54.2												车下水箱1 200				
YZ25G	128 122车长席	46	耐候钢	25 500	18 000	3 104	4 433	1 333	15号高强度车钩	G1号	AC380	发电车中供电	电热取暖	车上水箱1 200	车顶单元式空调机组	≤2.5	1.1	低噪声耐磨风挡
YW25G	66													车上水箱1 150			<1.1	
RW25G	36													车上水箱1 000			1.16	
CA25G	48	46												车下水箱1 200		≤2.75	1.16	
XL25G	17.7 t	46												车上水箱≥440			1.2	
RZ125Z	76	48.5	耐候钢	25 500	18 000	3 104	4 050	1 333	15号高强度车钩	G1号	AC380	发电车中供电		车上水箱1 150	车顶单元式空调机组	≤2.5	1.16	橡胶风挡
RZ225Z	96	48.5																
RZX225Z	56/5.6t																	
CA25Z	32																	
YZ25K	118	46.7	耐候钢	25 500	18 000	3 105	4 433	1 333	15号高强度车钩	G1号	AC380	发电车集中供电	电热取暖	车上水箱1 000	车顶单元式空调机组	≤2.5	<1.16	低噪声耐磨风挡
YW25K	66/60	46.5											电热取暖	车上水箱1 000				
RW25K	36	48.1											燃煤锅炉取暖	车上水箱1 040				
CA25K	48												电热取暖	车下水箱1 200				
UZ25K	18t	46											电热取暖	车上水箱600		≤2.75		
YZ25T	118	46.7	耐候钢	25 500	18 000	3 105	4 433	1 333	小间隙密接式车钩	G1号	AC380	发电车集中供电	电热取暖	车上水箱1 500	车顶单元式空调机组	≤2.5	<1.16	折叠风挡
YW25T	66	46.5											电热取暖	车上水箱1 000				
RW25T	36	48.1											锅炉取暖	车上水箱1 040				
CA25T	48												锅炉取暖	车下水箱1 200				

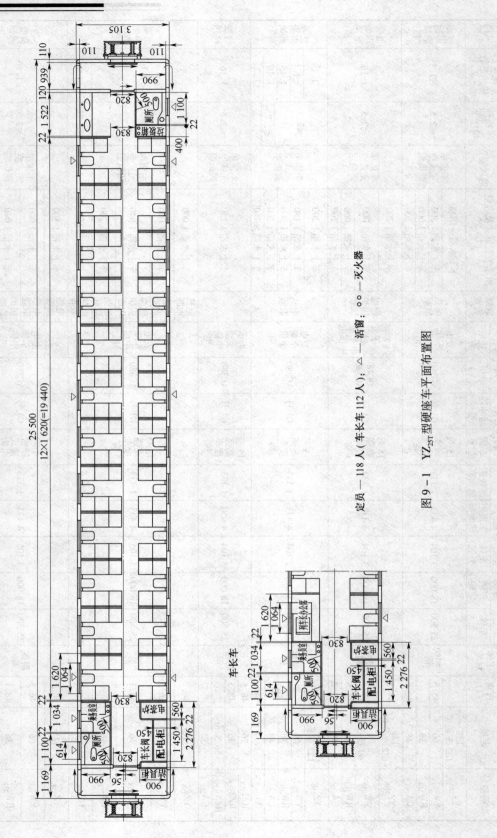

定员—118人（车长车112人）； △ —活窗； ○○—灭火器

图 9 – 1 YZ$_{25T}$型硬座车平面布置图

帽钩、扬声器、电加热器、空调送风口等。采用统型顶灯照明。客室行李架采用铝合金行李架。客室布置按铁道部统型方案执行。车顶设烟火报警器探头、隐藏式空调送风口,采用统型顶灯照明;在座位间的侧壁设带状电加热器;两端设信息显示屏。

1. 车体结构

车体采用整体承载全钢焊接无中梁薄壁筒形结构,其横断面如图 9－2 所示。车体钢结构中板材和型材厚度≤6 mm 的采用镍铬系耐候钢,厚度≤2.5 mm 的采用 05CuPCrNi,型钢和厚度大于 6 mm 的钢板,允许采用普通碳素钢。全车广泛采用冷轧型材及不锈钢板,如通长波纹地板,茶炉室铁地板采用 2 mm 厚不锈钢板,车顶安装空调的平顶采用 3 mm 厚的不锈钢板。车体钢结构的零部件在组焊前均进行钢材预处理和抛丸处理,薄钢板表面进行了化学处理,使其表面清洁度达到 Sa2$\frac{1}{2}$级,局部达到 Sa2 级的要求,处理后均喷涂防锈底漆。车顶两侧及塞拉门门口设雨檐,侧墙无压筋,枕梁内侧 2m 范围内设顶车位。枕梁内侧让开顶车位设裙板。

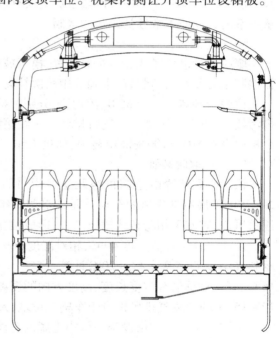

车体内部装修使用的防火板、玻璃钢及隔热材料、地板革等均采用防火阻燃材料,内部装修材料选用阻燃和难燃材料,以提高整车防火安全性能。地板层铺设 PVC 地板革。

在各板、梁、柱间均采用垫加弹性隔音垫的方法,采取一系列减振措施,降低车辆高速运行时的噪声水平。通向车外的管路四周均采用隔音堵,加强了结构的密封性,与钢结构连接的部位采用隔热套(垫)等,隔断热桥。从而保证了整车的隔音、减振、密封性能。

车内间壁板、一二位小走廊平顶板、通过台顶板采用胶合板覆贴防火板;侧墙板、顶板采用模压玻璃钢整体成型;茶炉室、厕所、洗脸间采用仿大理石玻璃钢地板,以保证水不渗到墙、地板内部;厕所、洗脸间采用模压玻璃钢整体成型盒子间。各墙顶板接缝采用明缝不露螺钉。车内五金装饰件采用喷塑或表面敷塑处理工艺,表面色泽与整车美工色彩协调。

图 9－2　YZ$_{25T}$型硬座车断面图

车体隔热材采用玻璃棉板,墙、顶隔热材内侧加铝箔,铝箔设在玻璃棉包装薄膜外侧,覆贴于整车内壁(地板除外)。保证整车的隔热性能。

为减小两车连挂纵向冲动,采用密接式车钩、弹性胶泥缓冲器。部分车辆一位端装设密接式车钩,二位端装设 15 号小间隙车钩,也可方便地更换为密接式车钩。采用密封式折棚风挡,装设车端阻尼装置。

2. 转向架

转向架采用 CW－200K 或者 SW－220K 型无摇枕转向架,能满足 160 km/h 运行要求。并继承了原转向架成熟和稳定的优点,其运行平稳性、安全可靠性得到进一步提高,检修也更加方便。

3. 制动系统

制动装置采用 104 型集成式电空制动装置、气路控制箱、盘形制动及电子防滑器等先进技术。制动机、气路控制箱、各种风缸及管路等通过风缸吊带、螺栓及管卡等安装在吊架上组成制动模块,整体吊装在焊接于车辆底架的安装座上,各大部件通过管路连接起来,管路上设有各种截断塞门、止回阀等。枕梁内侧纵向管路设两路风管,一路为列车制动主管,另一路为总风管。采用管排车下组成,整体吊装于车体底架上,充分保证了管路的组装质量。所有制动管路及截断塞门均采用不锈钢材质,采用球形折角塞门与集尘器联合体,制动软管连接器采用制动软管总成。车辆一位端设手制动机,车上设一个紧急制动阀及制动管和总风管压力表,车上、车下均设缓解阀拉把,车下两侧装设制动 - 缓解显示器。

4. 给水装置

给水装置中车上水箱为不锈钢水箱,设于一、二位端车内顶部,水箱总容量为 1 500 L,所有的给水管路均采用不锈钢管。车外两侧下部各设一注水口,注水口设有防污设施,水箱及各阀均能够便于检修。车内一位端茶炉室设有嵌入式电茶炉一个,采用嵌入式安装的接水面板,茶炉室内另设便于乘务员接水的水阀。

5. 卫生装置

厕所内设进口蹲式真空集便装置、模压玻璃钢台面柜,地漏设水封,顶部设自然通风器,便器控制单元及水增压装置,水阀选用档次较高、性能可靠的手动水阀,水阀材质为铜或不锈钢。一二位厕所各装设一个 550L 污物箱,分别吊挂在厕所相应底架上,污物箱两侧设置 63.5 mm 排污接头,可以从车体两侧进行排污。污物箱设置 80% 、100% 液位传感器。车内乘务员室组合柜内设置 80% 、100% 液位显示、加热工作等显示。

6. 空调取暖装置

该车空调装置由空调机组及送风道、回风道等部件组成;空调机组采用两台制冷量为 29 kW 的平底端部送风的车顶单元式空调机组。机组安装于车的一、二位端车顶部。采用静压送风道,客室采用隐藏式送风型式,形成独立的送风系统。

夏季当外气计算温度 40℃,相对湿度 46% 时,客室温度为 24 ~ 28℃,相对湿度≤65% ;冬季外气温度非高寒车按 - 20℃计算,高寒车按 - 35℃计算,客室内温度≥18℃,厕所温度≥16℃。冬、夏季沿客室度长度、高度方向的温差≤3℃。新鲜空气量:夏季 15 ~ 25 m³/h ,冬季 10 ~ 15 m³/h。废气排风机设于车辆二位端,及时将车内废气排出车外。

空调机组的控制由设于一位小走廊的智能综合电气控制柜完成,空调机组有自动调节位和手动调节位,根据气候的变化可以使车内进行通风换气、降温、除湿、加温、滤尘、排除废气等,使客室保持舒适、清新宜人的优雅环境。空调机组制冷及通风满足 160 km/h 速度运行的要求,在外温 +45℃时保证正常启动,机组安装方便检修和保养。

采暖装置为采用带状板式电加热器采暖。

7. 供电照明装置及其他

采用 DC600 V 供电,分散变流。车端每位角设 KC20D、110 V 改进型连接器、39 芯通信连接器、电空制动连接器各 1 个。一四位角设侧灯插座和侧灯插各 1 个。

本车交、直流电源线在车上控制柜汇合,供电母线设在线漏电检测,控制柜内设 PLC 控制单元,整列车构成无主网络监控系统。

车下设 DC110 V、120 A·h 中倍率碱性蓄电池、DC600 V/DC110 V、8 kW 的充电机一台,输出电压 DC118 ~ 123 V 可调;设额定容量为 2×35 kV·A 逆变器;容量不小于 3.5 kV·A 单相不间断隔离逆变器;容量 15 kV·A 三相四线制隔离变压器。充电机、逆变器执行《旅客列车DC600 V供电系统技术条件》,当充电机或一台逆变器故障时,本车减载。

所有用电设备控制电源均为DC110 V。空调采用AC380 V供电;温水箱、开水炉、电加热器采用DC600 V供电;电伴热采用AC220 V(由车下15 kV·A隔离变压器供电);插座采用AC220 V,由单相不间断隔离逆变器供电;车内照明、信息显示、轴温报警、塞拉门、烟火报警系统等采用DC110 V供电。

照明控制柜、轴温报警之声光报警、车厢管理器、火灾报警、集便器控制、温水控制箱等设备设置于乘务员室内。车端设39芯通信连接器,满足音像、通讯、监控系统的需要。车内外配线布在经部审查过的有内绝缘的金属线槽、线管、金属软管内,车下分支线布在阻燃低烟无卤尼龙管内,并采取措施防止雨水进入线路及连接器,按规定配线时交、直流分设线槽,防止干扰。车内设有播音系统,设48V共线电话插座。

车端设有 DC48V 尾灯插座。

车内照明装置与车内部装修设计格调协调,设应急照明装置。

8. 旅客信息系统

设有集中控制的旅客信息系统,主机设在播音室。旅客信息系统可以显示运行速度、时间、车外温度、前方到站等旅客关心的信息及厕所有无人显示,信息内容可以修改。

9. 监控系统

监控系统包括列车电气监控系统和行车安全监测系统。两系统各自有一套列车网络。车辆级行车安全监测装置设在乘务员室,系统主机设在车辆工程师室,并将相应的行车故障信息发送给设在车辆工程师的列车电气监控系统主控站,由主控站统一向外发送。

设烟火报警系统。本车烟火报警系统控制柜设在乘务员室,并入列车电气监控网络系统,且自成网络。烟火报警系统的通讯协议服从列车电气监控网络。

PLC 系统对空调系统、电源供电系统进行电气性能的监视和控制,对逆变器、充电机进行电气性能的监视。PLC 系统对塞拉门、轴温报警系统、防滑器、烟火报警系统和行车安全检测诊断系统进行监视。

采用 LONWORKS 现场总线,通信介质为双绞屏蔽线。各子系统的通信协议服从本车监控系统。行车安全监测诊断系统的主控站设在车辆工程师室,塞拉门集控系统设在播音室。乘务员室及客室顶板设扬声器。

10. 门、窗

侧门采用带集控功能的电控气动塞拉门;内端门采用电动触摸式自动门;外端门为手动双开拉门;乘务员室门为防挤手折页门设观察窗;隔门为大玻璃窗摆门;厕所门为防挤手折页门。包间门采用拉门,滑道采用新型滑道。

车窗采用整体单元式组合铝窗,车上装有固定和活动窗两种,车窗尺寸分为 614 mm 和 1 064 mm两种。该车窗密封性能好,安装方便并便于检修。

二、YW₂₅ₜ型硬卧车

YW₂₅ₜ型硬卧车按车上布置可划分为系列品种:普通车、播音车、车辆工程师车、播音残疾人车等。如图 9-3 所示,普通车两端设通过台;一位端设小走廊、PLC 电气综合控制柜、电茶炉、乘务员室、蹲式便器厕所;中部设封闭的 11 个 6 人半包硬卧包间;中部二位侧为大走廊;二位端设小走廊、垃圾箱、洁具柜、蹲式便器厕所和三人洗脸间。三人洗脸间采用 SMC 模压玻璃钢体(残疾人车的双人洗手室采用整体玻璃钢),内设扶手、衣帽钩、镜子、二三芯带保护门的

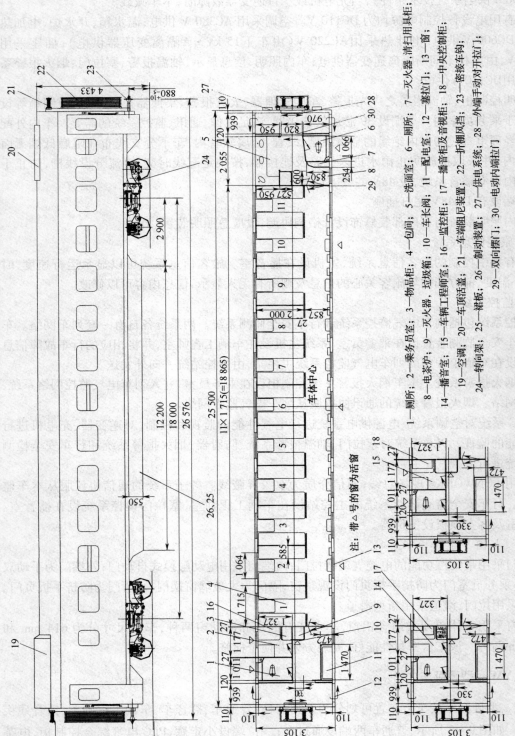

图 9 - 3　YW₂₅T 型硬卧车平面布置图

1—厕所；2—乘务员室；3—物品柜；4—包间；5—洗面室；6—厕所；7—灭火器，清扫用具柜；8—电茶炉；9—灭火器，垃圾箱；10—车长阀；11—配电室；12—塞拉门；13—窗；14—播音室；15—车辆工程师室；16—监控柜；17—播音柜及音视柜；18—中央控制柜；19—空调；20—车顶活盖；21—车端制尼装置；22—折棚风挡；23—密接车钩；24—转向架；25—裙板；26—制动装置；27—供电系统；28—外端手动对开拉门；29—双向摆门；30—电动内端拉门

注：带 △ 号的窗为活窗

车体中心

防水插座、电加热器、排风口、SMC模压玻璃钢台面柜(洗脸盆为不锈钢)、手动冷热水阀、角形灯等设施。播音车和车辆工程师车为将普通车乘务员室分别改为播音室和车辆工程师室,其他布置不变。播音残疾人车为将播音车二位端取消一个包间,二位端部设小走廊、残疾人厕所、垃圾箱、洁具柜和双人洗脸间。其他布置不变。残疾人厕所采用整体玻璃钢,内设扶手、护窗杆、便纸架(两个)、衣帽钩、镜子、电加热器、排风口、玻璃钢台面柜、坐式便器、独立式垃圾箱、手动水阀、顶灯等设施。

半包硬卧间设上、中、下三层硬卧铺各2个、固定茶桌、衣帽钩、上铺脚蹬及拉手、床头灯、烟火报警器探头、空调送风口;门口上部设行李台;茶桌下设带状电加热器。采用统型顶灯照明。YW_{25T}型硬卧车横断面如图9-4所示。

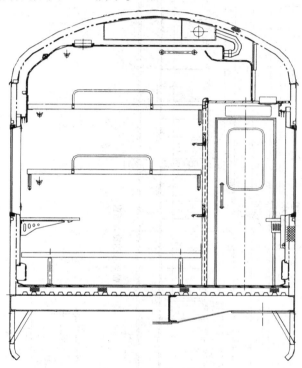

图9-4 YW_{25T}型硬卧车断面图

车体钢结构、转向架、制动系统、给水装置、空调供热装置、卫生装置、旅客信息系统、监控系统和门窗等均与YZ_{25T}型硬座车类似。

三、RW_{25T}型软卧车

软卧车是一种比硬卧更为舒适的客车。RW_{25T}型软卧客车的平面布置图如图9-5所示。两端设通过台;一位端设小走廊、PLC电气综合控制柜、电茶炉、乘务员室、坐式便器厕所;中部设封闭式的9个4人软卧包间,其铺位设有软垫;中部二位侧为大走廊;二位端为小走廊,设垃圾箱、洁具柜、坐式便器厕所。

软卧包间设上、下软卧铺各2个、固定茶桌、衣帽钩、上铺脚蹬及拉手、床头灯、烟火报警器探头、空调送风口;门上部设行李台;茶桌下设带状电加热器。采用统型顶灯照明。该车的横断面如图9-6所示。大走廊侧墙侧设翻板凳、安全锤、扬声器开关、吸尘器插座;两隔门上方

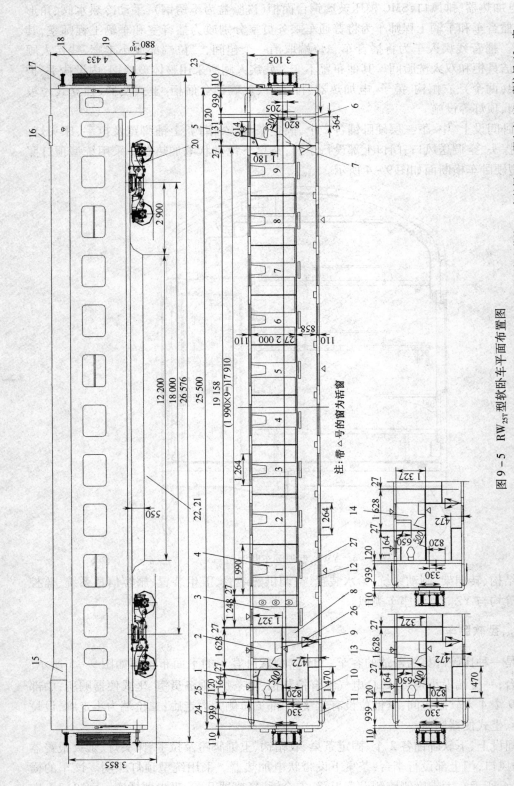

注:带△号的窗为活窗

图 9 - 5 RW₂₅T 型软卧车平面布置图

1—厕所;2—乘务员室;3—洗脸室;4—包间;5—厕所;6—清扫用具柜;7—上部灭火器下部垃圾箱;8—上部灭火器下部电茶炉;9—车长阀;10—配电室;11—塞拉门;12—窗;13—播音室;14—车辆工程师室;15—空调;16—车顶活盖;17—车端阻尼装置;18—折棚风挡;19—密接车钩;20—转向架;21—裙板;22—制动装置;23—供电系统;24—外端手动对开拉门;25—电动内端拉门;26—双向摆门;27—包间拉门

设信息显示屏;侧墙窗上设通长饰带;采用统型顶灯照明。一位端小走廊设电茶炉、电茶炉面板上方设 2 个 2kg 干粉灭火器、电气综合控制柜、紧急制动阀及总风管、电加热器等。采用统型顶灯照明。二位端小走廊设洁具柜、垃圾箱、电加热器等,垃圾箱上部设 2 个 2kg 水性灭火器,采用统型顶灯照明。

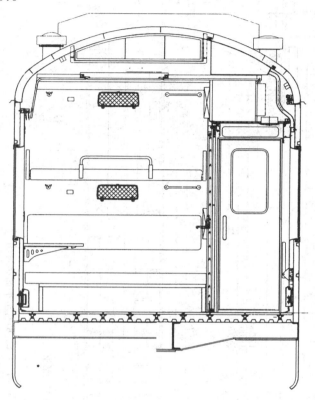

图 9 - 6　RW$_{25T}$型软卧车断面图

车体钢结构、转向架、制动系统、给水装置、空调供热装置、卫生装置、旅客信息系统、监控系统和门窗等均与 YZ$_{25T}$型硬座车类似。

四、CA$_{25T}$型餐车

餐车是为供旅客在旅行中用餐而编挂在列车中的一种车辆。CA$_{25T}$空调餐车的平面布置如图 9 - 7 所示,断面如图 9 - 8 所示。其一位端设 PLC 电气综合控制柜、3 个储藏室、小走廊和送餐小车区域。二位端设电气化厨房、大走廊和厨房用电设备电气柜。中部为 40 定员餐厅和酒吧区。餐厅定员 40 人,餐椅采用固定式餐椅,座面采用阻燃纺织品。餐桌采用固定式,桌面贴防火板,周边用 PVC 封边。

在餐厅两端部间壁设两组旅客信息显示屏,可显示车辆顺位号、前方到站、列车运行速度等相关信息。设有两台液晶电视。两侧墙上装有衣帽钩,窗间设窗帘钩。设两个二、三芯带保护门的交流插座。餐厅及酒吧区交接处采用低玻璃隔断。

酒吧区设吧台、展示冰箱、展示酒柜、清洗水盆和低柜;吧台有工作人员的进出门。吧台对面设吧凳、台面和靠吧。

电气化厨房设备的额定供电电压为 AC380 V,三相四线制,冰箱、微波炉、消毒柜为 AC220 V

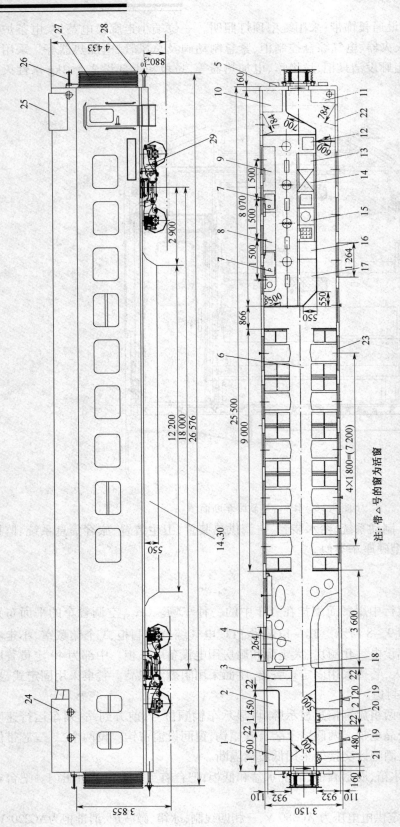

图 9-7 CA₂₅ᴛ型餐车平面布置图

注:带△号的窗为活窗

1—储藏室;2—配电柜;3—送餐小车;4—吧区;5—供电系统;6—餐厅;7—洗池;8—碗柜,切菜桌;9—加冰冰箱;10—立式冰箱;11—配电柜;12—电茶炉;13—电蒸饭锅;14—制动装置;15—电(磁)灶组成;16—碗柜;17—卧式冰箱;18—TV;19—储藏室;20—车长阀;21—灭火器;22—折页门;23—窗;24—空调;26—车顶活盖;27—车端阻尼装置;28—折棚风挡;29—转向架;30—裙板

供电,照明为 DC110 V 供电。厨房设备均采用拉毛不锈钢制作。一侧设有碗柜、吊柜、锅架、刀架、加冰冰箱、卧式冰箱、立式冰箱等储藏设备。配备电炸炉、凹底电磁灶、平底电磁灶、电蒸饭箱、带烧烤功能的微波炉等烹饪设备。设有双盆洗池、单盆洗池、操作台、垃圾箱等洁具。此外还有消毒柜、电开水炉、排油烟装置(带排油烟机)、排风机组成、沥水格、电加热、电风扇等设备。

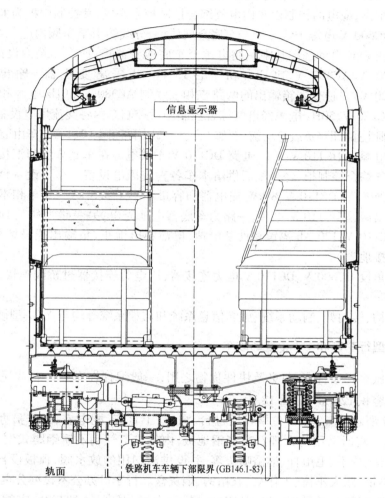

图 9 – 8　CA₂₅ᴛ型餐车横断面

一位端走廊及储藏室设 3 个储藏室、组合电气柜、送餐小车区、空调回风口、照明顶灯等设施。储藏室Ⅰ设 2 个 4 kg 带有可旋转底座、嵌入式安装的水型灭火器,灭火器底座距地板布面约 1 400 mm。储藏室Ⅲ设紧急制动阀及总风表。各储藏室设存放餐料的搁板。

CA₂₅ᴛ型餐车的侧门采用钢制折页门,门板采用合金化镀锌钢板。外端门采用电动触摸式自动门,门上部设钢化玻璃窗,下部为蜂窝板,该门设自动、手动转换开关,具有自动、手动开关门的功能;在断电情况下可以手动开关门。二位端走廊设一个双向摆门。有 5 个内部折页门,3 个为储藏室门,2 个为厨房门。采用 25T 部统型车窗,分固定窗和活窗两种形式,活窗为内翻式,铝型材圆弧内饰框。

空调、通风、采暖装置:采用一台制冷量为 45 kW 的车顶单元式空调机组,它与车内空调控制柜、车内送风道、回风道、废气排风机、自然通风器等组成一个完整的空调系统。电热器分强、弱(全暖和半暖)两挡。

给水装置由水箱、注水管、溢水管、供水管及管路阀门组成。水箱为 1 500L 的整体不锈钢水箱。

本车为 DC600 V 机车集中供电的空调餐车,其供电系统为 DC600 V 两路干线独立供电、分散变流。本车供、配电的控制由车内电气综合控制柜来完成,其控制中枢为 PLC。

Ⅰ、Ⅱ路 DC600 V 电源干线分别经车底金属线槽、分线箱引至车厢内电气综合控制柜,根据需要经手动或 PLC 自动选择其中一路电源至车底逆变器箱;逆变器箱内设两台 35 kV·A 逆变器(DC600 V/AC380 V、50Hz)和一台 15 kV·A 隔离变压器(输出三相四线制 AC380 V/AC220 V)。逆变器箱输出的两路三相三线制 AC380 V、50Hz 电源和一路三相四线制 AC380 V/AC220 V、50Hz 电源经电气综合控制柜后控制车内各交流用电设备。

编组时原则上Ⅰ路、Ⅱ路负载应均衡,例如 1、3、5…车由Ⅰ路供电,2、4、6…车由Ⅱ路供电。

主要控制电源为 DC110 V。Ⅰ、Ⅱ路 DC110 V 干线电源在车底分线箱汇接后经走线钢槽引至车厢内电气综合控制柜,经分配后供给本车各直流用电设备。车下设一台充电器箱。充电器箱内设 DC600 V/DC110 V、8 kW 充电器和容量不小于 3.5 kV·A 单相不间断隔离逆变器。充电器输出两路 DC110 V 电源,一路为车底蓄电池充电,另一路为列车 DC110 V 干线供电。车下设 DC110 V、120 Ah 镉镍碱性蓄电池,电池箱电池正、负输出线设熔断器,箱体采用不锈钢材质并接地。

车端每位角设 DC600 V、DC110 V 电力连接器,用电力连接器过桥线连接,保证全列电力电源贯通。

车体钢结构、转向架、制动系统、旅客信息系统和监控系统等均与 YZ$_{25T}$ 型硬座车类似。

五、XL$_{25K}$ 型行李车和 UZ$_{25K}$ 型邮政车

行李车供旅客托运行李、包裹及快件货物之用,一般编挂在车列的首或尾部。XL$_{25K}$ 型行李车的行李间容积 126 m³,载重 18.4t。

如图 9-9 所示,XL$_{25K}$ 型一位端设通过台、厕所、工具室、配电室、行李员办公室、走廊,二位端为行李间。厕所采用仿大理石玻璃钢地板,内设进口气动不锈钢蹲式便器和洗脸盆、镜子、梳妆台、帽钩、扶手、毛巾杆、淋浴喷头等,并设供清扫用的放水阀,顶板设自然通风器。工具室设吊柜、桌柜、双人座椅、工作桌、衣帽钩、烟灰盒。行李员办公室设办公桌、转椅、保险柜、行李架、票据箱、行包分类吊柜、硬席长座椅、黑板、表框、温度计、烟灰盒、衣帽钩和 1211 灭火器等。走廊设车长办公桌、单人座椅、衣帽钩、烟灰盒和表框。配电室内设有空调控制柜、照明配电箱、电源控制箱、防滑器主机和轴温报警仪等设备。

邮政车专用来运送邮件和在列车运行中办理邮政业务之用,一般编挂在长途旅客列车的首或尾部。UZ$_{25K}$ 型邮政车的两邮件室的总容积为 96 m³,载重 18 t。

如图 9-10 所示,UZ$_{25K}$ 型邮政车的一位端设有通过台、运转车长室、厕所,中部设办公室、休息室、厨房、洗脸室、配电室,邮件室两个分别位于两端。

给水装置为上水箱,采用不锈钢制作,容量为 600L。采暖装置为电热式,采用板式加热带,确保最低温度时能正常使用。车顶一位端安装 KLD79Q 车顶单元式空调机组,功率为 7 kW。供电装置为发电车列车集中供电,车两侧设外接 220 V 及 380 V 电源插座。全车一、二位端各设 1 600 mm 单开拉门,便于邮件的装卸搬运。

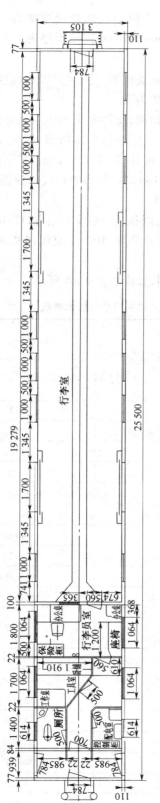

图 9-9　XL$_{25K}$ 型行李车平面布置图

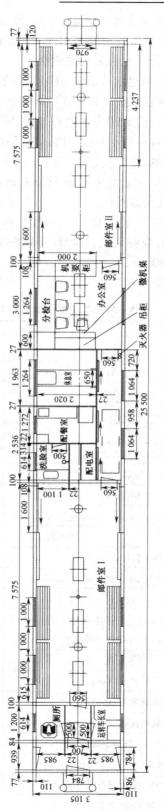

图 9-10　UZ$_{25K}$ 型邮政车平面布置图

UZ$_{25K}$型邮政车车体为全钢结构。侧墙为平墙板。车体钢结构侧墙板厚度为 2.5 mm,顶板厚为 2 mm,邮件室地板厚为 4 mm,其余钢地板厚为 3 mm,邮件室内墙板厚为 1.5 mm 钢板,厨房、卧室及办公室地板为波纹钢板。

隔热材料采用超细玻璃棉,用塑料薄膜严密包装,并覆盖铝箔。隔热材安装应牢固、严密。隔热层的厚度为:侧墙、车顶为 74 mm,端墙为 70 mm,底架为 90 mm。

车体木结构,除厨房为水磨石地板,厕所采用玻璃钢地板,邮件室采用单层铁地板外,其余地板全部为 20 mm 厚硬木胶合板,其上铺厚为 3 mm 铁红色阻燃橡胶地板布,地板布四周卷起 100 mm。该车的主要技术参数:车体长 25 500 mm;车体宽 3 105 mm;车顶距轨面高 4 433 mm;两转向架心盘中心距 18 000 mm;运行速度 160 km/h;车钩中心线距轨面高(空车) 880$^{+10}_{-5}$ mm;通过台渡板面高 1 333 mm;平稳性指标≤2.75。

其他主要部件:采用 15 号高强度车钩;G1 号缓冲器,阻抗力 784 kN,容量 17.65 kJ;采用通过部级鉴定的橡胶风挡;CW1B 型转向架;采用盘形制动装置,104 分配阀,406.4 mm 制动缸,主管压力 600 kPa。

XL$_{25K}$型行李车和 UZ$_{25K}$型邮政车主要结构尺寸和技术参数如表 9 – 4 所示。

表 9 – 4　XL$_{25K}$型行李车和 UZ$_{25K}$型邮政车主要结构尺寸和技术参数

项　目　＼　车　型		XL$_{25K}$	UZ$_{25K}$
运行速度(km/h)		160	160
定员(人)		4	4
自重(t)		43.5	45.1
载重(t)		18.4	18
行李、邮件间容积(m³)		126	101
轴重(t)		16.5	16.5
轨距(mm)		1 435	1 435
通过最小曲线半径	连挂时	145 m	145 m
	单车时	100 m	100 m
车辆平衡性指标(W)		≤2.75	≤2.75
初速 160 km/h 时,平直道上紧急制动距离		≤1 400 m	≤1 400 m
140 km/h 时的噪音[dB(A)]		≤68(工作间)	≤68(办公室)
静止状态下车体平均传热系数(K 值) [W·(m²·k) $^{-1}$](除行李间、邮件室外)		≤1.2	≤1.2
车辆定距		18 000	18 000
车体长度(mm)		25 500	25 500
车体宽度(mm)		3 105	3 105
车顶距轨面高(空车时)(mm)		4 433	4 433
两车钩连接线间距离(mm)		26 576	26 576
车钩中心线距轨面高(空车时)(mm)		880$^{+10}_{-5}$	880$^{+10}_{-5}$
渡板面距轨面高(空车时)(mm)		1 333	1 333
心盘面距轨面高(空车时)(mm)		780	780

续上表

车　型 项　目	XL$_{25K}$	UZ$_{25K}$
转向架型式	SW－160	CW－1B
制动型式	104 或 F8 电空制动，盘形制动	104 或 F8 电空制动，盘形制动
钩缓装置	15 号 C 级钢车钩，G1 型缓冲器	15 号 C 级钢车钩，G1 型缓冲器
风挡型式	一位橡胶风挡，二位密封式折棚风挡	橡胶风挡
空调及通风型式	车顶单元式，9 kW， 切式自然通风器	车顶单元式，9 kW， 切式自然通风器
采暖型式	电热取暖	电热取暖
车窗型式	25K 统型窗	25G 统型窗
给水型式	车上水箱 400L	车上水箱 600L
供电型式	集中供电，两路 AC380/220 V， 三相四线制	集中供电，两路 AC380/220 V， 三相四线制

六、发电车的总体布置

KD 型空调发电车的平面布置图如图 9－11 所示。KD 型空调发电车是为适应铁道部对京广、京沪、京哈、陇海四大干线的提速要求而设计的。该车造型新颖、布局合理、技术先进、功能齐全、操作方便；配电室、乘务员室噪声低。

1. 主要参数

表 9－5　KD 型发电车的主要技术参数

车体长度（mm）	22 000	通过台高度（mm）	1 333
车体宽度（mm）	3 105	车辆定距（mm）	15 400
车体高度（mm）	4 213	运行速度（km/h）	140
轨距（mm）	1 435	总装机功率（kW）	900
自重（t）	60	燃油箱容量（kg）	4 500
通过最小曲线半径（m）	145	限界	符合 GB146.1－83 车限

2. 平面布置

该车一位端为通过台和冷却室；中部为机房；二位端为配电室、乘务员休息室、燃油炉室和卫生间。

机房内部装修有三台功率均为 300 kW 的进口康明斯柴油发电机组，编号从一位端开始分别为 3 号、2 号、1 号机组。总装机容量为 900 kW，最大输出功率为 800 kW。供电时，可由二台或三台机组并网向主干线供电，可供 20 辆空调客车用电。柴油机采用 KTA19G 型，发电机采用 IFC53564TA452 型。车顶上设有三台排风扇，每台风扇排风量为 9×10.3 m³/h。此外还有起动电源箱、柴油发电机组的进风和排气系统、冷却水循环系统、供油管路等。

冷却室设有三套与柴油发电机组配套的独立冷却系统，与柴油发电机组一一对应。每组冷却器上方均设有一台双速电机，外侧均装有滤尘网；冷却装置安装在与底架连接的具有足够强度的钢支架上。在一、二位侧墙上各设两个活动式百叶窗，可以手动调节百叶的角度来控制进风面积。此外还设有工具柜、冷却管、暖气管等。

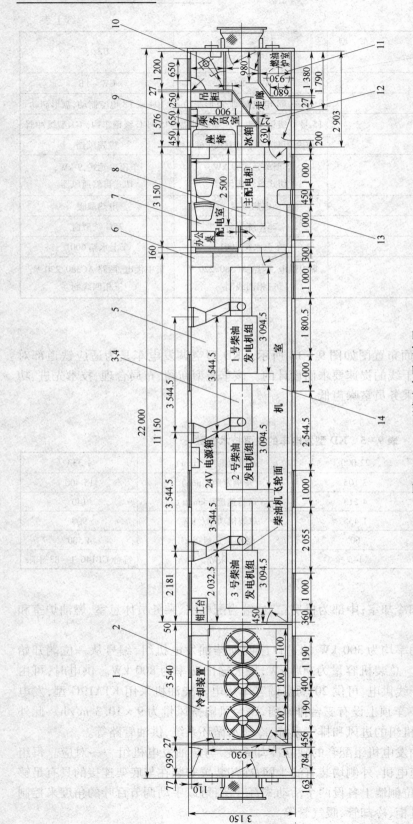

图 9-11 KD 型发电车平面布置

1—冷却室布置;2—冷却装置;3—燃油系统;4—冷却系统;5—车体结构;6—油泵;7—配电室;8—电器控制柜;9—乘务员室布置;
10—卫生间;11—锅炉室布置;12—走廊;13—冷却室布置;14—机房布置

配电室设有控制屏。控制屏分为本车控制屏,1 号、2 号和 3 号控制屏。车顶上设有可供控制屏整体吊装的活顶。乘务员室间壁处设有一个充电柜,上方装有空调控制柜。此外还设有办公桌、瞭望窗、暖气管、电加热器、表框、灭火器、扬声器、门铃等。

乘务员室设有一组双人座椅、一个电冰箱、吊柜、电加热器、防滑器显示仪、灭火器等。卫生间内设便器、洗脸柜、温水箱、自然通风口、淋浴装置等。燃油炉室内设 20 kW 燃油炉、油箱、水箱、控制箱等。

3. 车体

车体钢结构采用整体承载无中梁筒形全钢焊接结构。考虑到发电车柴油发电机组安装的特殊性,所以采用 22 型客车车体断面尺寸,底架、侧墙钢结构采用 25 型车结构。侧墙采用平墙板结构,厚 6 mm 及其以下的钢板和压型件均采用高强度耐候钢。

车体木结构:在配电室、乘务员室及二位走廊地板采用厚 20 mm 胶合板,上铺 3 mm 阻燃橡胶地板。通过台、机房、冷却室地板用厚 4 mm 扁豆形花纹铝板。厕所地板采用带不锈钢便器的仿理石玻璃钢制品。油炉室地板为带斜度的钢板。机房的墙板和顶板采用 1.5 mm 多孔铝板,具有吸音作用。其他部位的墙板和顶板均采用铝板或玻璃钢板。

侧墙、车顶和地板的隔热壁设计均采用玻璃棉板。发电车的内部装修设计尽量减少木材的使用,确保防火安全。

第二节　25 型客车车体结构

25 型客车车体钢结构为全钢焊接结构,由底架、侧墙、车顶和端墙等四部分焊接而成。在侧墙、端墙、车顶钢骨架外面,在底架钢骨架的上面分别焊有侧墙板、端墙板、车顶板和纵向波纹地板及平地板,形成一个上部带圆弧,下部为矩形的封闭壳体,俗称薄壁筒形车体结构。壳体内面或外面用纵向梁和横向梁、柱加强,形成整体承载的合理结构。

虽然 25 型各种客车的结构不全相同,但其外形尺寸和结构形式则基本一致。图 9-12 为 1996 年以后生产的 25 型硬座客车车体钢结构,按其大部件的生产方式,可划分为底架、侧墙、车顶、外端墙、内端墙及其他零部件。

一、底　　架

底架由牵引梁、枕梁缓冲梁、下围梁(或称下侧梁)、枕梁间的纵向金属波纹地板及枕外金属平地板等组成,如图 9-13 所示。

底架自上心盘中心到缓冲梁间的中梁称为牵引梁,由两根 30a 型槽钢及牵引梁上下盖板组焊而成。其上盖板厚 8 mm、宽 490 mm,下盖厚 10 mm、宽 490 mm。为了符合在牵引梁腹板间安装缓冲器的尺寸要求,两槽钢腹板间距为 350 mm,并将牵引梁端部的一段加高至 400 mm 或 420 mm,为适应安装车钩缓冲装置而设计。两槽钢腹板内侧铆接有前后从板座、焊有磨耗板和防跳板。

缓冲梁由 6 mm 厚钢板压制而成的槽形断面,两腹板高 180 mm,中部腹板高 400 mm。在缓冲梁中部开有安装车钩用的缺口,缓冲梁的中央部分与牵引梁端部相互组焊在缓冲梁与端梁间有两根角断面的纵向梁,以增加其连结强度和刚度。

枕梁是由厚 8 mm、间距为 350 mm 的两块腹板及厚 10 mm、宽 600 mm 的下盖板,厚 8 mm、宽 600 mm 的上盖板组焊而成的闭口箱形断面,枕梁近侧梁端为小端,近牵引梁端为大端,它

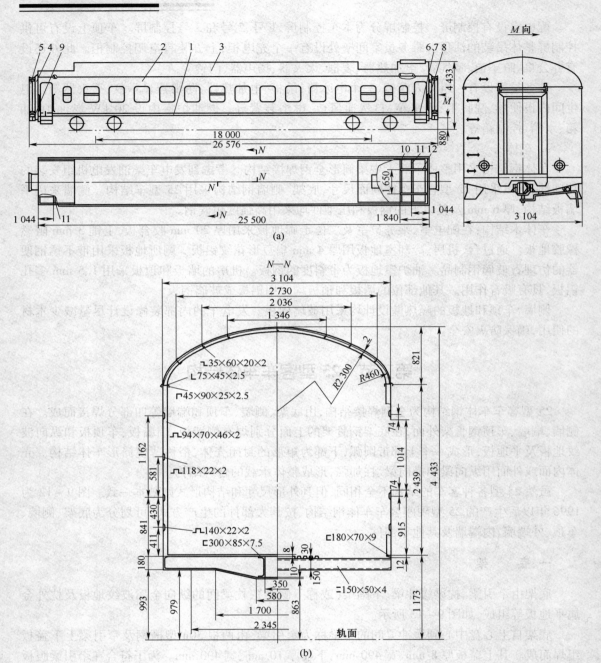

图 9 - 12　硬座车车体钢结构

1—底架钢结构；2—侧墙钢结构；3—车顶钢结构；4—端墙钢结构；5—风挡；6——、四位翻板安装；7—二、三位翻板安装；
8—脚蹬组成；9—钩缓装置；10—水箱横梁；11—横梁；12—水箱吊梁

是一个近似的等强度鱼腹梁。在与牵引梁交叉处安装有心盘座，以提高该处的承载作用，提高枕梁和牵引梁的连接强度和刚度。在枕梁两端的上旁承安装处焊有旁承加强筋板，枕梁端部还焊有供顶车用的防滑垫板。

　　枕梁、缓冲梁与牵引梁组成的结构被称为牵枕缓结构，如图 9 - 14 所示。

　　底架两侧有沿底架两端梁间全长纵向布置的两侧梁，其断面为 18a 型槽钢。在横向，底架

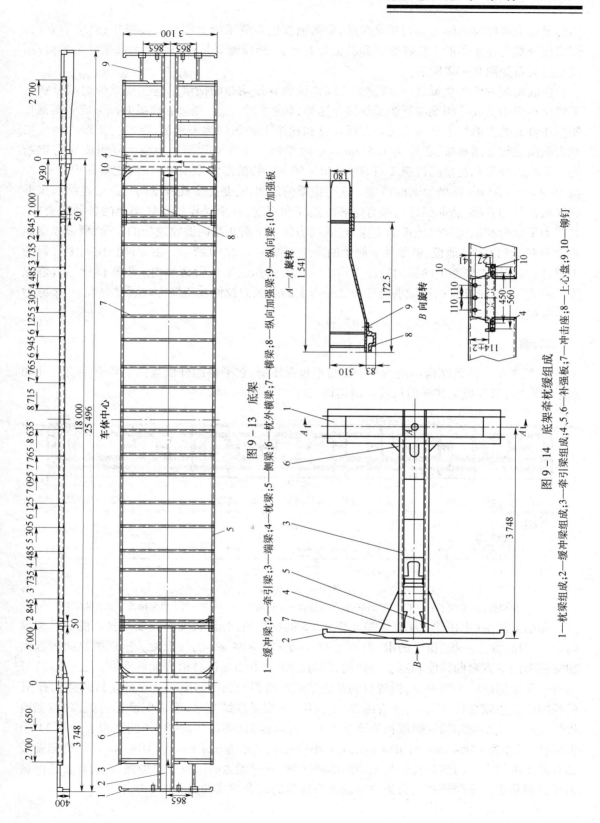

图 9-13　底架

1—缓冲梁；2—牵引梁；3—端梁；4—枕梁；5—侧梁；6—枕外横梁；7—横梁；8—纵向加强梁；9—纵向梁；10—加强板

图 9-14　底架牵枕缓组成

1—枕梁组成；2—缓冲梁组成；3—牵引梁组成；4、5、6—补强板；7—冲击座；8—上心盘；9、10—铆钉

的枕梁及全部横梁的端部都与侧梁焊接,金属地板也与侧梁的上翼缘表面搭接;侧墙的立柱、侧墙板分别焊在侧梁的上翼缘表面和腹板外表面上,所以侧梁是连结侧墙和底架的重要构件。其连接关系如图 9－12 所示。

　　在底架缓冲梁和枕梁之间、两枕梁之间都设置有较均布的横梁。这些横梁的两端分别与下侧梁和牵引梁或是两端与下侧梁焊接。这样,底架的牵枕缓、侧梁和横梁共同形成底架钢骨架。在骨架的上面焊上金属地板。在缓冲梁和枕梁上盖板间为平地板,板厚为 2 mm;两枕梁间为纵向波纹金属地板,板厚为 1.5 mm。由底架钢结构骨架和金属地板共同组成底架钢结构。每端缓冲梁和枕梁间设有 2 对 50×180×50×4 的槽形断面横梁;在两枕梁间设置有 22根 50×150×50×4 的槽形断面横梁。这些横梁的作用:一是把牵枕缓结构与侧梁连结起来形成底架钢结构骨架,从而保证底架有足够的强度和刚度,以承受作用于底架上的各种载荷;二是成为平地板和纵向波纹地板的支撑,在纵向力作用下防止纵向波纹地板的失稳,所以横梁间距均布在 1m 以内。地板、横梁及下侧梁的连结如图 9－12(b)所示。由于两枕梁间无贯通的中梁,因而作用于底架上的纵向拉压力均由波纹地板和底架侧梁来承担。由车体钢结构静强度试验表明,纵向波纹地板能承受三分之一以上的总纵向拉伸或压缩力,这种结构的底架称为无中梁底架。

二、侧　　墙

　　25 型客车车体钢结构的侧墙外表面为平板无压筋,在平整的外墙板内侧焊有垂直立柱和水平纵向梁,形成板梁式平面承载侧墙结构,如图 9－15 所示。

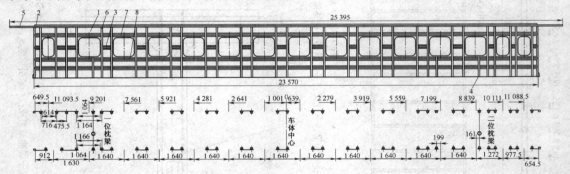

图 9－15　侧墙

1—侧墙板;2—门立柱;3—窗间纵梁;4—窗下立柱;5—上侧梁;6—立柱;7—窗上纵向梁;8—窗下纵向梁

　　侧墙上侧梁(上围梁)为 45×90×25×2.5 的槽形断面梁,长度为侧墙全长。侧墙水平纵向梁共三根,窗上一根,窗下两根,为 24×22×46×22×24×2 的帽形梁。这三根纵向梁起到加强侧墙的垂直弯曲强度和刚度的作用,同时也减少了侧墙板自由表面的面积。在侧墙窗口间有一条短的窗间小纵向梁,设置目的是为增强窗间板的强度与刚度。在各窗口两侧共有 31根垂向的窗边侧立柱,它们与所有纵梁、上侧梁、下侧梁连结起来,组成侧墙钢骨架,并与侧墙板焊接形成侧墙钢结构。侧墙板为厚 2.5 mm 的耐候钢(09CuPCrNiB)。侧墙板上开有 11 个大窗孔,尺寸为 1064 mm×1014 mm,4 个小窗孔的尺寸为 614 mm×1014 mm。每侧侧墙端部有两个侧门孔。门窗开孔处是侧墙的薄弱区域,通过周边的梁柱予以加强,并选择合适的窗角板的圆角半径来降低其应力集中。侧墙与底架的结合方式如图 9－12 所示。

三、车　顶

车顶由上边梁、车顶弯梁、车顶纵向梁、空调机组安装座平台、水箱盖等组成钢骨架。在骨架的外面焊有车顶板,共同组成车顶钢结构,如图 9-16 所示。

车顶上边梁沿车顶两侧全长,为 45×72×2.5 的钢板压制成角形断面。上边梁与顶端横梁组成车顶下部框架。车顶一、二位端各有一个空调机组安装座平台钢结构,作为安装空调机组的基础。二位端还有一个水箱盖组成。车顶的中间部分结构,其上焊有 30 根 26×70×46×70×26×2 的帽形断面车顶弯梁。车顶端部的弯梁为 30×55×62.5×45×2 的折角形钢板压型件。在车顶的横断面上,除两根车顶上边梁外,还有 5 根 30×60×20×2 的乙字形车顶纵向梁。

车顶板由侧顶板和中顶板两部分组成。侧顶板是冷轧型钢,将雨檐与小圆弧板(R458)及纵向梁合为一体制造成型,从而提高了侧顶板的平整度,并提高了小圆弧部分的抗弯刚度和强度,还简化了制造工艺。中顶板为大圆弧板(R2 300),车顶板厚度均为 2 mm。

车顶一、二位端平顶部分钢结构是安装单元式空调机组的支撑结构。两端各有一根 18a 槽钢制成的顶端横梁。

车顶钢结构是由纵横梁件组成的空间梁系,其上焊有曲面金属包板(端部为平板)组成的梁板结构,共同承受作用于其上的各种载荷,车顶结构具有足够的强度和刚度,并通过防漏雨试验。

四、端　墙

客车车体钢结构的两外端,通常称为外端墙。一位端外端墙钢结构如图 9-17 所示。

外端墙有两根强大的槽钢 24b 制成的折棚立柱;两根 59.5×65.5×50.5×61.5×2 钢板压制成折角形的角柱;两根位于端门两侧的 40×70×35×2.5 的乙形门边立柱,还有位于端门立柱和角柱之间的同上断面的乙形立柱。上述所有立柱的上端与车顶的顶端横梁相焊接,下端焊在底架缓冲梁的上翼缘上。在角柱与门边立柱之间焊有两根角形断面的水平横梁,门上横梁是乙形断面,上述梁柱构成端墙钢骨架。在骨架的外表面焊有 2 mm 厚的墙板,与钢骨架组成梁板组焊结构。此外,还有与端墙成垂直的门板、门上板、踏板等与风挡连接,形成由一节车向相邻车通过的安全通道。

在外端墙板内外面还焊装一些如电线槽、角铁、电力连结器座、连接器座、风挡缓冲杆座、扶手等附件。

端墙结构应具有足够的强度和刚度,特别是抗纵向冲击的强度。

为了防止风沙、雨水侵入车内及运行时便于旅客安全地在列车内通行,在车辆两端连接处装有风挡装置,也称折棚装置。

脚蹬翻板装置如图 9-18 所示,由翻板组成、框组成、轴组成、轴座组成、拉簧安装、翻板固定器安装、脚蹬组成及面板等组成。

脚蹬翻板装置的作用是当列车运行时,通过翻板固定器和车侧门使翻板处于水平位置,使通过台形成封闭空间。当旅客在停站上下车时,翻板在拉簧的作用下,可以自动绕着转轴向内端墙侧翻转至垂直位置,旅客可以通过脚蹬踏板上下车。该脚蹬翻板装置既适用于低站台,也适用于高站台。

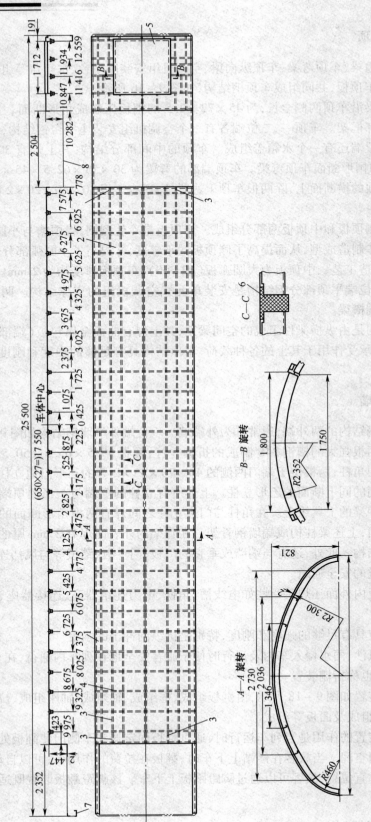

图 9-16 车顶

1—侧板；2—中顶板；3—纵梁；4—车顶弯梁；5—水箱活盖；6—防寒材；7—顶端弯梁；8—平顶结构

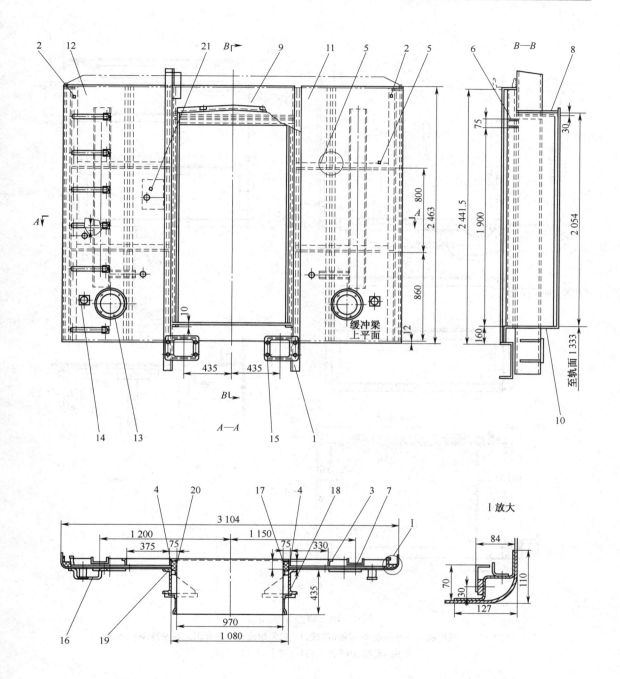

图 9-17 端墙

1—折棚柱;2—角柱;3—立柱;4—门立柱;5—横梁;6—门上横梁;7—线槽;8—门上板;
9—上墙板;10—踏板;11—右墙板;12—左墙板;13—电力连结器座;14—连结器座;
15—风挡缓冲器座;16—扶手;17—右门板组成;18—角铁;
19—防寒材;20—左门板组成;21—垫板

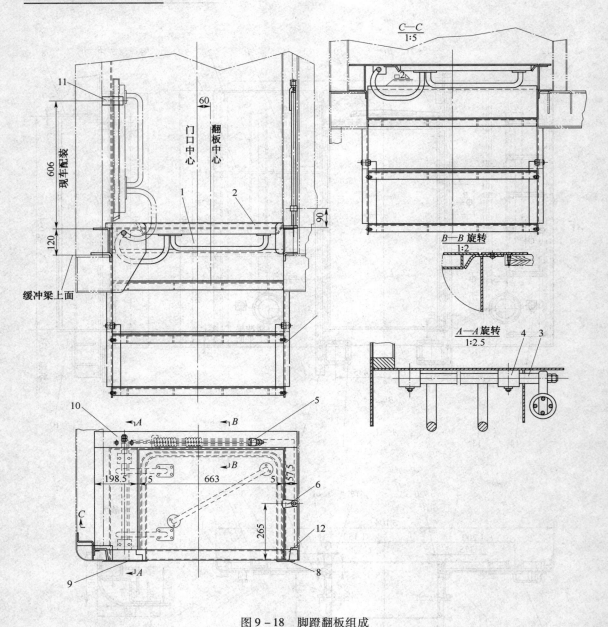

图 9-18 脚蹬翻板组成

1—框组成;2—翻板组成;3—轴组成;4—轴座组成;5—拉簧组成;6—翻板固定器安装;7—脚蹬组成;
8,9—面板;10—踏板;11—锁卡板;12—门槛

第三节 双层客车车体

我国在 20 世纪 50 年代末开始研制第一列双层客车,包括硬座车、可躺式软座车、软硬卧车和行李发电车四种车种。第一代双层客车的构造速度是 120 km/h,高度为 4 667 mm,车体长 23 600 mm,宽 3 106 mm。整个车辆除中部有上、下两层客室外,两端各有一个小客室,即中层客室。硬座车采用 2-2 人半软座位,上层客室定员为 64 人,下层定员为 48 人,中层客室各有 8 人,全车共有定员 128 人。如将座椅两侧扶手全部放下可增加 48 名定员,此时可供 176

名旅客乘坐,但通道比较狭窄。我国第一列双层旅客列车,先后在北京—沈阳、上海—杭州等铁路线上运行,因其载客量较大,结构新颖,运行平稳,曾受到国内外广大旅客的好评与欢迎。第一代双层客车历时20余年的运营,鉴于当时的技术水平,其舒适性难以满足乘客的需要,于1982年报请铁道部批准报废。

从20世纪80年代后期起,开始研制第二代双层旅客列车,其运行速度是140 km/h,车体长25 500 mm,宽3 105 mm,车辆定距18 500 mm(短途双层客车为19 200 mm)。

一、双层空调硬座车概述

双层空调硬座车如图9-19所示。全车设座席174席(上层80席、下层82席、中层12席)。中层一位端设有通过台、侧门、端门、茶炉间、乘务员室、清洁柜、工具室及上下楼梯,并设有6人座席。中层二位端设有通过台、侧门、端门、两个厕所、两个洗脸室、清洁箱、及上下楼梯,并设有6人座席。上层客室座椅排列为3+2,设80人座席,中间为走道;下层客室座椅排列为2+3,设82人座席,中间为走道。行李架能放置全车旅客的行李物品。

乘务员室设双人座椅、物品柜、空调控制柜、茶桌、活动座椅、衣帽钩、顶灯、通风口、扬声器、轴温报警、电话插座、220 V电源插座及运行图表等。

茶炉室设电开水炉一个。工具室设有双人座椅、衣帽钩、顶灯、小茶桌等。洗脸室设洗脸盆、灯具、水阀等。厕所设有蹲式不锈钢便器、洗手器、水阀、通风口和灯具等。

二、双层客车车体

双层空调硬座客车车体钢结构为带非贯通中梁的整体承载薄壁筒体全钢焊接结构。选用6 mm及6 mm以下厚度的钢板为高强度耐候钢板,包括各种钢板压型件。为保证钢结构使用寿命25~30年,在钢结构内表面涂刷了环氧系列配套防锈底漆和沥青浆,在封闭断面型材内使用了防腐液,在钢结构主要外露面采用丙烯酸改性醇酸高档面漆,其他部位涂刷改性醇酸磁漆。

双层客车车体钢结构可划分为一位端墙、二位端墙、底架、一位侧墙、二位侧墙、上层地板钢结构、车顶钢结构七大部件组成,如图9-20所示。车钩缓冲装置、铁风挡、脚蹬和翻板等,这几个部件安装在大部件上。钢结构的主要特点是取消侧门,而采用四个角侧门以适应高低站台,充分利用限界和车内空间,从而达到定员增多的效果。车体所承受的纵向力由侧壁、底架中部、上层和下层波纹地板共同承受。

1. 底架钢结构

双层客车底架钢结构如图9-21所示,由三大部分构成:一、二位中层底架;一、二位楼梯钢结构和中部鱼腹钢结构组焊而成;一、二位中层底架结构与普通单层客车底架的端部结构相似,它由底架的牵枕缓结构、侧梁、横梁及纵向梁组成钢骨架,其上面敷有2 mm厚的金属平地板组成底架端部的钢结构。牵枕缓组成如图9-22所示。

其中牵引梁由槽钢30a制造,端部高400 mm,两槽钢腹板内侧距为350 mm,牵引梁下盖板为厚8 mm的钢板。枕梁为箱形断面,近似等强度鱼腹梁,上盖板宽800 mm,厚10 mm,下盖板宽750 mm,厚10 mm,两腹板内侧距为600 mm,腹板厚10 mm。侧梁采用16型槽钢。缓冲梁为槽形断面,近牵引梁端高400 mm,近侧梁端高160 mm,板厚6 mm。底架端梁采用100×160×50×6乙型断面梁。横梁采用65×60×65×4乙型断面梁。

一、二位端楼梯钢结构是由两根100×40×5型槽钢制成的立柱及一些立柱和横梁组成的

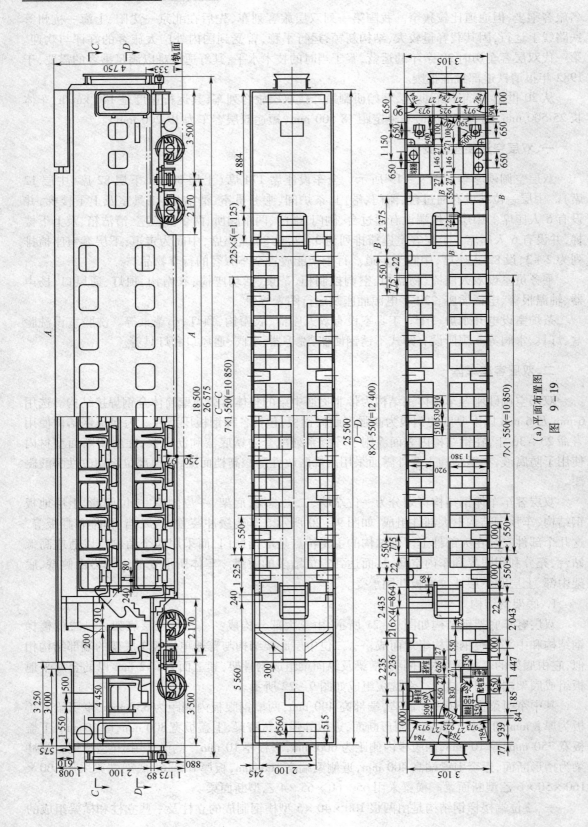

（a）平面布置图

图 9-19

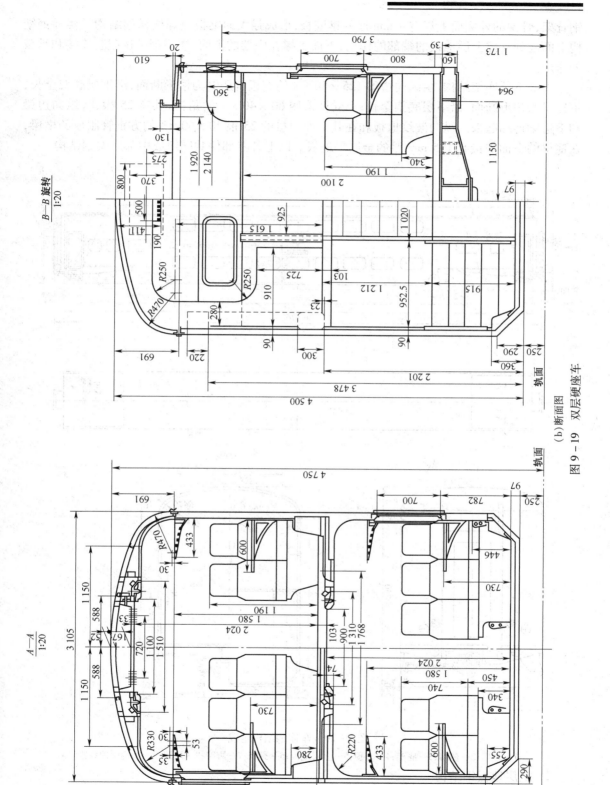

(b) 断面图

图 9 - 19 双层硬座车

钢骨架,骨架的外侧面上焊有 4 mm 厚的钢壁板,形成强大的梁板组焊楼梯钢结构。楼梯钢结构上面起到支撑上层地板的端部的作用,下面支撑在底架的上面,楼梯钢结构起着连接和承载的作用。

中部下层底架结构,由纵向边梁 125×80×8 的钢板有压制为槽形断面,沿下层底架全长;下边梁为角形断面,沿下层底架全长;小立柱采用 60×40×4 的角钢,共有 25 根,将纵向边梁和下边梁连结起来。纵向波纹地板和在其下面焊接的 25 根 40×60×3 的方钢管制成的横梁,在横梁的下面焊接有 1.5 mm 厚的金属平地板。以上各零部件共同组成中部底架钢结构。

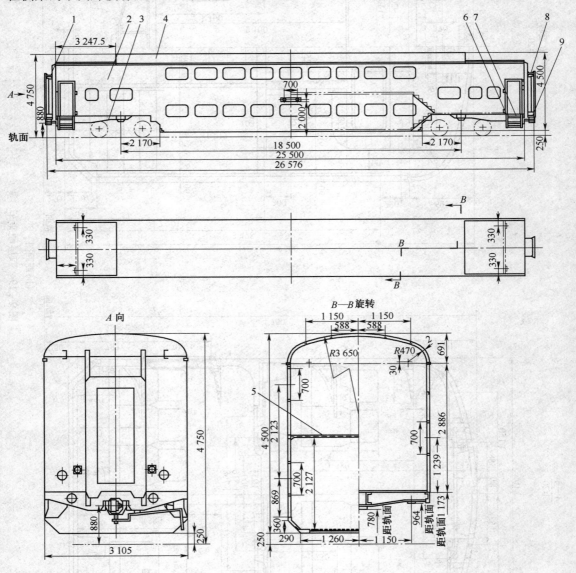

图 9-20　车体钢结构组成

1—端墙;2—侧墙;3—底架;4—车顶;5—上层地板;6—翻板;7—脚蹬;8—风挡;9—车钩缓冲装置

2. 上层地板钢结构

上层地板钢结构如图 9-23 所示。它由门头、横梁、罩板、纵向波纹地板、边梁和上层地板横梁等组成。

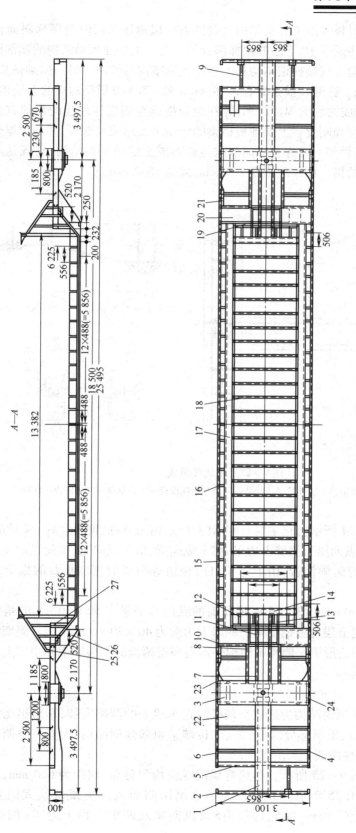

图 9 - 21 底架钢结构组成

1—牵引梁;2—缓冲梁;3—枕梁;4—侧梁;5—端梁;6,14—横梁;7,8—纵向梁;9—纵向补助梁;10—上端梁;11—斜梁;12—底梁;13—侧斜梁;15—边梁;16—小立柱;17—下边梁;18—地板横梁;19—下端梁;20—侧端板;21—加强板;22—金属地板;23—补强板;24—顶锚板;25—楼梯钢结构;26—侧板;27—支柱门头由箱框、边框和衬板等组成。其作用是提供由中层通往下层时与楼梯斜面相匹配的上顶空间结构,便于旅客往返于中、下层的楼梯部分的行走。上层地板钢结构的端部横梁坐落在楼梯的左右两立柱上,起连接楼梯钢结构和上层地板钢结构的作用。另一横梁是长横梁,与两侧墙的纵向梁连接起来。在两长横梁间有 32 根 60×30×3.5 方形钢制成的上层地板横梁,端部与 50×50×5 角钢制成的侧梁焊接起来,并在地板横梁与侧立柱相连的角部有加强立筋板,以加强该处的连结强度和刚度。上层地板横梁的作用是支撑波纹地板,并与边梁焊接形成上层地板钢结构骨架。在骨架上面焊有纵向波纹地板形成上层地板钢结构,它既是上层地板钢结构,又是下层的车顶结构。波纹地板厚 1.5 mm,波高 15.2 mm。

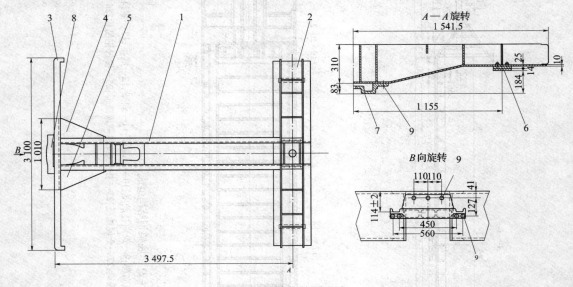

图 9-22 牵枕缓组成

1—牵引梁;2—枕梁;3—缓冲梁;4、5—补强板;6—磨耗板;7—上心盘;8—冲击座;9—铆钉

3. 侧墙钢结构

侧墙钢结构如图 9-24 所示。它主要有侧墙门立柱、窗边立柱、窗上立柱、窗下立柱、窗间立柱等垂直构件;侧墙的纵向梁有侧墙上边梁、窗上纵向梁、窗下纵向梁、窗间纵向梁等水平构件;侧墙板为 2.5 mm 厚的耐候钢板,由上述梁、柱、板组焊而成的侧墙承载的板梁式组焊结构。

在侧墙结构中,32×60×80×32×3 帽形断面的纵向水平梁与 50×50×5 的角钢制成的上层地板纵梁焊结而固定上层地板钢结构。侧墙上边梁为 40×70×3 的角钢。侧墙大多数立柱均为 30×60×50×3 的乙形梁。侧墙钢结构外形是根据两端的中层客室和中部上下层两层的要求形成鱼腹形状结构。

4. 车顶钢结构

双层硬座空调客车车顶钢结构为适应空调机组在车顶上的两端安装,车顶钢结构由车顶组成(中间部分车顶结构)、平顶部分组成(一、二位端平顶部分钢结构,为安装空调机组的座结构)以及其他一些附属件组成。

车顶钢结构组成如图 9-25 所示。车顶弯梁沿纵向均匀分布,间距为 620 mm,共 31 根,形成横向骨架,弯梁采用 35×50×35×3 乙字形钢压制而成。车顶弯梁大圆弧半径为 3 650 mm,小圆弧半径为 470mm。纵向构件由 5 条纵向梁及两根车顶上边梁(侧梁)组成。

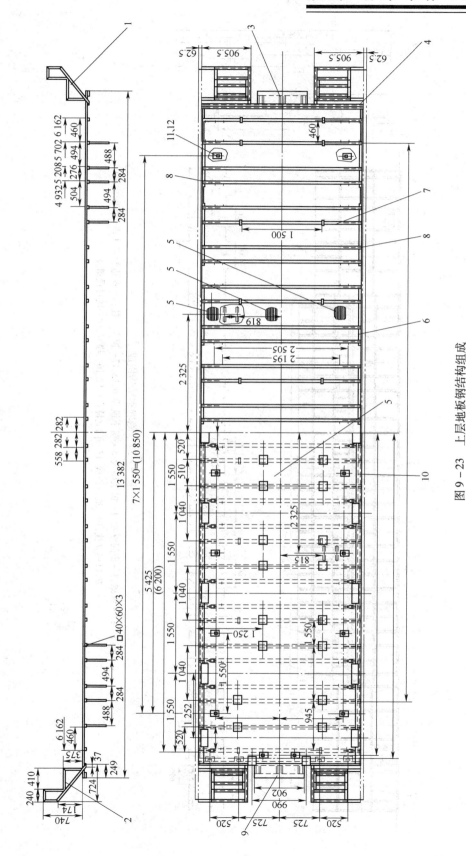

图 9-23 上层地板钢结构组成

1,2—门头;3,4—横梁;5—波纹地板;6—边梁;7—地板横梁;8—筋板;9—端地板;10—罩板;11—吊;12—垫板

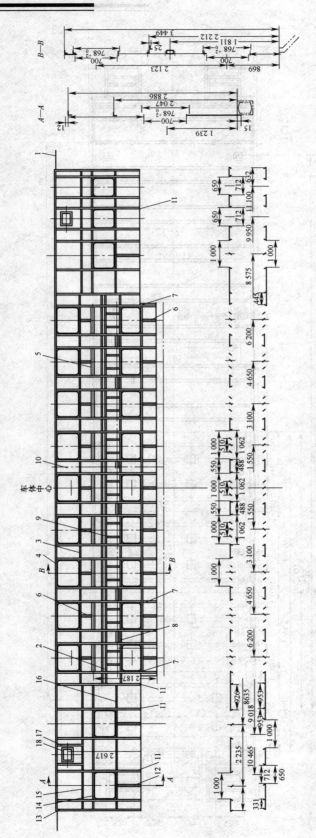

图 9 - 24　侧墙钢结构组成

1—上边梁;2—纵梁;3—窗间纵梁;4—窗上横梁;5—窗下纵梁;6,12,17—窗下立柱;7—窗边长立柱;8—窗间横梁;
9,11—立柱;10—墙板组成;13—门立柱;14,15,16—横梁;18—废排风道座

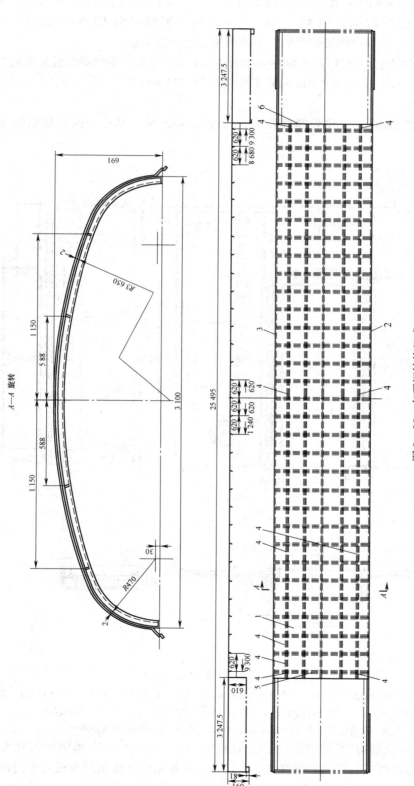

图 9 - 25　车顶钢结构组成

1—车顶板组成;2,3—侧梁;4—车顶纵梁;5,6—车顶弯梁

纵向梁采用 $45 \times 35 \times 4$ 的角钢,两根车顶上边梁沿车顶全长两侧布置,采用 $50 \times 50 \times 3$ 的角钢。车顶最外两端的弯梁采用 $45 \times 70 \times 5$ 的角钢。车顶板由 $R3\ 650$ mm 的中顶板和 $R\ 470$ mm 的两侧板,沿纵向搭接焊组成。小圆弧板带有侧面雨檐。

车顶钢结构两端的平顶部分,由纵横向梁板组焊而成,用来安装空调机组及水箱的基础钢结构。车顶高 691 mm,车顶宽 3 100 mm,车顶全长 25 495 mm。

5. 端墙钢结构

车顶端墙钢结构由一、二位外端墙和一、二位内端墙组成。其中一位外端墙钢结构如图 9-26 所示。

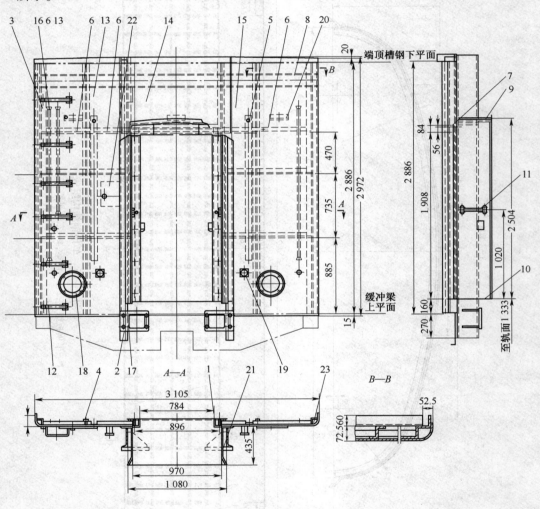

图 9-26 外端墙钢结构组成

1—门板组成;2—折棚柱;3—角柱;4—立柱;5—电线槽;6—横梁;7—上横梁;8—走板;9—门上板;10—踏板;
11—门扶手;12—扶手;13—右端板;14—上端板;15—左端板;16—扩口管;17—风挡缓冲杆座;
18—电力连结器座;19—连结器座;20、21—角铁;22—垫板;23—防寒材

外端墙是车体钢结构的最外端的部分。其钢结构主要由两根 24b 槽钢折棚柱组成,布置在端门两侧,它是保证端墙强度和刚度的重要构件。两根角柱是连接端墙板与侧门板的构件,为钢板压制为 $62 \times 50.5 \times 65.5 \times 50 \times 2.5$ 的角形断面。端墙上还有横梁、立柱等组成的平面

交叉梁系,在梁柱的外面有2.5 mm的耐候钢板组焊在一起构成端墙梁板组合结构。在端墙上还装有风挡缓冲杆座、扶梯、连接器座及电力连接器座等。

由上述底架、上层地板、两侧墙、两端墙和车顶钢结构七大部件组成车体钢结构。车体钢结构组成后做电磁打平,侧墙、端墙板的平面度达到每米内不大于2 mm。车顶钢结构组成后按TB/T1802-1996《铁道车辆漏雨试验方法》进行漏雨试验。

三、双层空调客车内部结构特点

下层地板采用20 mm厚防水胶合板,中层地板采用木骨架铺20 mm厚防水胶合板,上层地板采用木条塞满波谷,上、中、下层地板表面均采用聚氨酯铺装材料代替地板布,其特点是柔软脚感舒适。车内防寒材均采用塑料薄膜包装贴铝箔的超细玻璃棉毡,上层地板底部、下层地板底部均用聚氨酯现车发泡。

第四节 城市轨道交通车辆

城市轨道交通是指具有固定线路、铺设固定轨道、配备运输车辆以及服务设施等的公共交通设施。一般分为有轨电车、地下铁道、市郊快速铁道、轻轨交通、单轨交通、城市磁悬浮等。城市轨道交通车辆一般由车体、转向架、制动装置、风源系统、电气传动控制、辅助电源、通风、采暖与空调、内部装修及装备、车辆连接装置、受流装置、照明、自控监控系统等组成。由于各种城市轨道交通车辆的服务地区、服务对象等差异,因此其具体结构也存在较大差异。本节将以几种新型的城市轨道交通车辆的车体为代表进行介绍。

一、北京复八线交流传动电动车组

北京复八线地铁车辆(B4000型)采用了具有20世纪90年代先进水平又有丰富运用经验的VVVF逆变器控制的交流传动系统、静止逆变器(SIV)辅助低压电源、模拟式电空制动系统、风动门传动系统以及对上述设备的状态进行监视和故障数据处理、记录的列车监控系统、列车自动保护(ATP)车载设备、车载无线电通讯设备等。对行车安全至关重要的车辆走行装置采用了由国外引进技术国产化的具有运行品质好、结构简单、重量轻的无摇枕转向架。作为承载结构的车体,采用了耐候钢板经过防腐预处理后焊接而成的整体承载薄壁筒形结构,强度高,重量轻,设计使用寿命超过30年。车体内部装修饰和设备也借鉴和采用了国内外先进技术。车辆设计中,特别注意了符合国情和北京地下地上联运的实际需要。

列车为6辆编组。列车中包括4个车种,即带司机室的动车M_C、不带司机室的动车M和两种拖车T、T′。列车编组如图9-27所示,M_C车的总体布置如图9-28所示和M_C车的横断面图如图9-29所示。

车辆所采用的电气传动系统主要由可变电压可变频率(VVVF)逆变器和三相交流牵引电动机组成,其工作原理和控制方式完全能满足用户对列车性能的要求。与传统的直流传动系统相比,该系统具有如下明显的优良性能:

(1)可以充分利用黏着,减少列车编组中动车的比例。

(2)主电路无接点化,交流牵引电机无换向器无电刷,可以显著提高列车运行的可靠性,并极大地减少了维修作业,其检修周期长达6年,使用寿命长,并且重量轻、体积小。

(3)再生制动可以从高速持续到5 km/h以下,扩大了恒转矩速度控制范围,节省了电能,

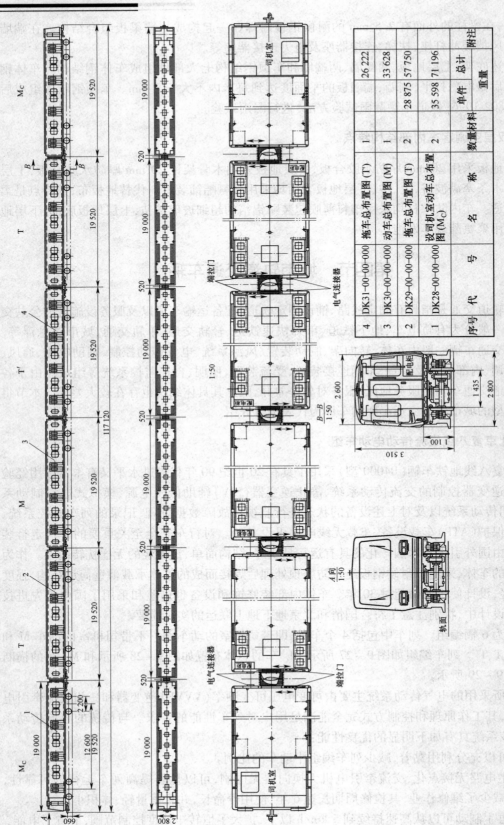

图 9-27 北京复八线交流电动车组编组图

序号	代号	名称	数量	材料	单件	总计	附注
					重量		
4	DK31-00-00-000	拖车总布置图 (T′)	1		26 222		
3	DK30-00-00-000	动车总布置图 (M)	1		33 628		
2	DK29-00-00-000	拖车总布置图 (T)	2		28 875	57 750	
1	DK28-00-00-000	设司机室动车总布置图 (M$_C$)	2		35 598	71 196	

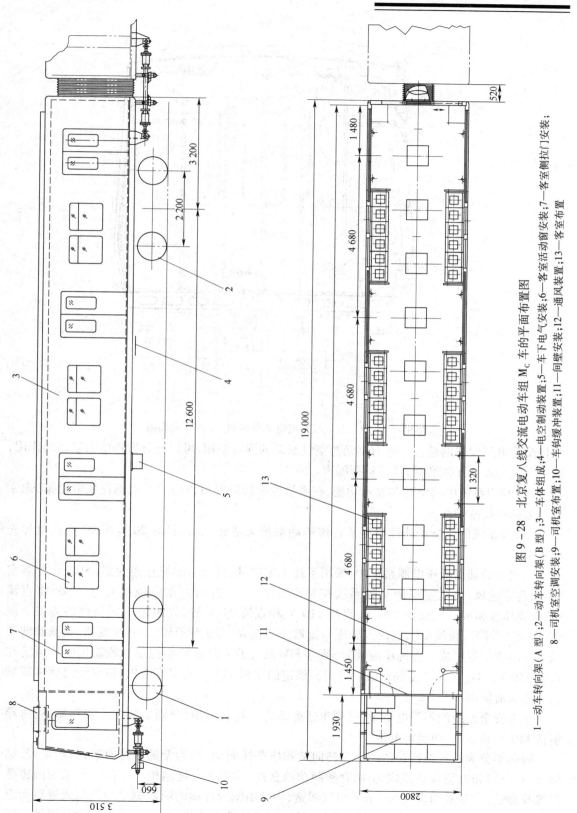

图 9-28 北京复八线交流电动车组 M_C 车的平面布置图

1—动车转向架（A 型）；2—动车转向架（B 型）；3—车体组成；4—电空制动装置；5—车下电气安装；6—客室活动窗安装；7—客室侧拉门安装；
8—司机室空调安装；9—司机室布置；10—车钩缓冲装置；11—间壁安装；12—通风装置；13—客室布置

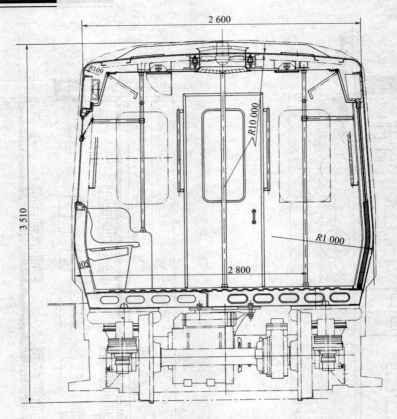

图 9-29 北京复八线交流电动车组 M_C 车客室断面图

并且没有电阻发热的危害。电力制动与空气制动的混合使用,可以充分发挥电力制动的作用,减少空气制动闸瓦的磨耗,降低运行噪声。

(4)利用系统中的监控和显示功能,在系统发生故障时可以引导司机迅速采取对策,入库后可迅速查找故障原因。

(5)本系统的优良调速性能更是直流传动系统无法相比的,具有 20 世纪 90 年代世界先进水平。

在列车的辅助低压电源系统中,采用了技术先进、运行可靠的静止逆变器(SIV)作为客室照明、客室通风、司机室空调及各系统控制设备的电源,并可向蓄电池组充电。SIV 将直流 750 V 高压变换成三相交流 220 V、直流 110 V 和直流 24 V 等,以满足不同负载的需要。该 SIV 系属"升降压斩波型",它由升降压斩波器式的直流/直流变流器、三相逆变器、交流滤波器以及输出变压器组成。在网压波动时,通过 SIV 系统的升降斩波器控制直流输出电压恒定在直流 750 V,再经三相逆变和滤波后可得到稳定的三相 545 V 的交流输出,最终经过变换得到稳定的交流输出。

作为安全系统的不停电电源,每列车还配备有二箱蓄电池,分别安装在二辆拖车下,每箱包括 110 V 和 24 V 两组蓄电池。

转向架分为两种结构相似的动车转向架和拖车转向架,均为无摇枕转向架,其重量轻,结构简单,分解和组装容易,除牵引销套和制动销套外,均为无磨耗结构。一系弹簧采用圆锥叠层橡胶弹簧,二系采用直径 560 mm 空气弹簧,构架由钢板焊接的箱形侧梁与两根无缝钢管组焊而成。在转向架上还设有自动高度调整阀、压差阀、横向液压减振器、基础制动装置等。在动车转向架上还设有牵引电机、齿轮传动装置、联轴节等。

制动系统采用微机控制的模拟式电空制动系统,它由风源设备、总风设备、制动控制设备、防滑设备及辅助风设备等组成,能在司机或 ATP 的控制下对各车进行阶段制动或阶段缓解。列车制动系统的配置是每辆动车和其相邻的一辆拖车组成一个制动单元,在每个单元中优先使用动车的再生制动,当制动要求大于动车再生制动的能力时,再使用拖车的(或动车的一部分)空气制动。再生制动和空气制动之间可以进行连续的混合作用,这样就可以在再生制动达到其最大的能力前不使用摩擦制动,以减少闸瓦的磨耗。设有空重车调整装置,可以根据载荷大小对制动力进行调节,使列车获得的制动率保持恒定。

另外,列车还配备有自动列车保护系统(ATP)、无线电台、列车监控系统等当代先进的车载设备,使列车安全运行得到了充分可靠的保证。

该型地铁车辆的基本性能参数如表 9-6 所示。

表 9-6 北京复八线(B4000 型)地铁车主要技术规格

项 目	主 要 技 术 规 格
车辆	耐候钢制,2 轴转向架,电动车(M_C、M),拖车(T、T')
编组	M_C、T + M、T' + T、M_C
车辆自重	M_C、M:37.5 t,T:30.5 t,T':27.5 t
额定载员	M_C:230 人(超载时 290 人),M、T、T':245 人(超载时 310 人)
轨距	1 435 mm
受电方式	DC750 V,第三轨
车辆尺寸(mm)	19 000(L)×2 800(W)×3 510(H),转向架中心距 12 600,车钩中心线距轨面高度 660,车辆两转向架中心距 2 600,地板面距轨面高度 1 100
转向架	空气弹簧、无摇枕转向架,轴距 2 200 mm,车轮直径 840 mm
传动方式	TD 型挠性板联轴节,I 级齿轮箱减速传动比:100∶13 = 7.69
基础制动装置	杠杆传动式单侧闸瓦踏面制动
空气压缩机	2 级压缩活塞式直流电机 12 kW,排气量 1 452 L/min,900 kPa
制动装置	HRDA 型电气指令式电磁直通制动,带空重车调整,可电空混合制动
牵引电机	3 相 4 级鼠笼形异步机,额定 180 kW,550 V,240A,2 255 r/min,77 Hz
控制系统	VVVF 逆变器,输出 1 200 kV·A,1CAM 方式,GTO:4 500 V/4 000 A
辅助电源	静止逆变器(SIV)40 kV·A,输出 3 相 AC220 V,DC110 V,DC24 V
蓄电池组	碱性镉镍蓄电池(1.2 V),110 V(76 只,60 A·h),24 V(17 只,40 A·h)
车钩缓冲装置	M_C 车前端密接式车钩,编组各车间半永久棒式车钩,橡胶缓冲器
门驱动机构	球形螺母平移式双头丝杠传动(带滚珠),每车 8 套,侧门开度 1 300×1 800
客室通风	轴流式风机,M_C 车 10 台,其他车 12 台,输入功率,200 V·A,风量 2 500 m³/h
客室照明	40 W 荧光灯带,M_C 车 28 只,其他车 30 只
头灯尾灯	150 W×2(DC110 V),8 W×2(DC24 V)
列车广播	集中式,语言合成器自动广播,前后通话
列车无线与自控	天线收发式无线电台,列车自动保护(ATP)+ PTI 应答器
列车监控系统	传输控制方式为 HDLC 式,19.2kb/s(故障显示,运行记录,检修指南)
列车性能	最高速度 80 km/h,加速度 0.83 m/s²,减速度 0.94 m/s²(常用)、1.2 m/s²(紧急)
噪音	80 km/h 速度运行时:客室内不大于 83 dB(A);司机室内不大于 80 dB(A)

列车在发生故障情况下的运行能力:当列车牵引动力损失 1/3 时,列车在额定载员情况下,能直接从发生故障地点维持运行到该列车的终点站,其平均运行速度不低于 50 km/h,其中要通过一段 32‰长度为 340 m 的坡道;在空载情况下,能运行通过 400 m 长、坡度为 34‰的线路区段。

B4000 型地铁车辆的车体结构分为带司机室和不带司机室的两种。车体承载结构承受自重、载重、牵引力、制动力等载荷。

车体采用薄壁筒型整体承载结构,全部采用钢材。板厚度≤6 mm 时,采用耐候钢;各种型钢和厚度 >6 mm 的厚板采用普通钢。型材、板材焊前进行防腐预处理,并采用保护性能优良

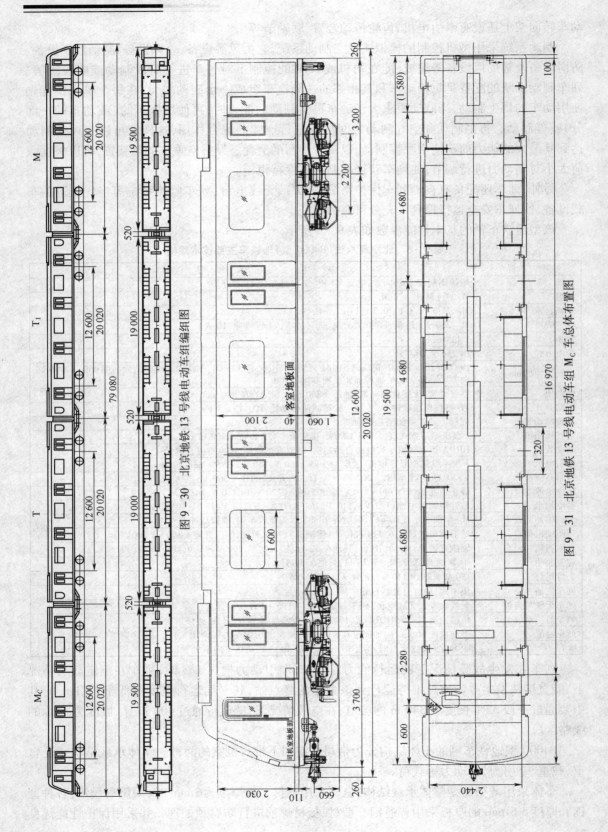

图 9 – 30 北京地铁 13 号线电动车组编组图

图 9 – 31 北京地铁 13 号线电动车组 M_C 车总体布置图

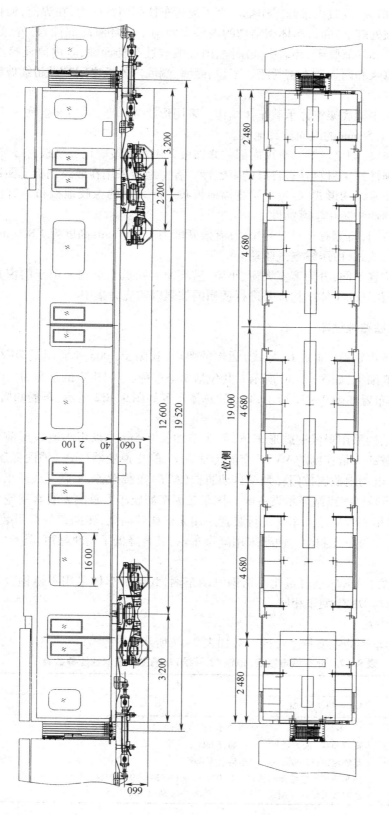

图 9-32　北京地铁 13 号线电动车组 T 车总体布置图

的中间漆、面漆等措施,以减少维修工作量。为了提高车体耐腐蚀能力,在焊前,型材及板材均进行良好的防腐预处理。同时,车体钢结构的内外表面均采用环氧酯底漆,另外,在车外侧还有不饱和聚酯腻子和环氧腻子、环氧中间层漆、丙烯酸改性高档面漆;车内侧还喷涂 2～5 mm 厚的阻尼隔声防腐浆和丙烯酸类密封漆。车顶、侧墙、端墙内外板之间敷设超细玻璃棉作为隔音隔热减震材料。

承载方式为无中梁底架整体承载车体结构。采用形状为梯形,其高×上底×下底为 20×40×54、板厚度为 1.5 mm 的纵向波纹地板。

客室内部装修饰,侧墙、端墙、车顶内部装修饰板采用大型玻璃钢成型板材嵌装结构,接缝少、表面光洁,装饰性好。材料具有良好的阻燃性。客室地板采用在波纹钢板上面铺设陶粒沙和粘贴地板布的非木结构形式,尽量采用宽幅地板布。所采用的橡胶地板布具有良好的抗拉强度、耐磨性、阻燃性和防化学腐蚀性。

客室采用侧拉门,每侧有 4 对对开拉门,有效开度为 1 300 mm,高度为 1 800 mm。车门结构采用对开滑移内藏式,由压缩空气驱动。

车窗根据其位置不同,分为客室大窗、小窗、后端窗和司机室前窗。由于门窗开孔多而且大,因此对门窗开孔处的车体结构都要进行适当的加强以防应力集中。

二、北京城市铁路地铁车

为适应北京城市铁路(地铁 13 号线)运输的要求,我国于 2003 年研制了 DKZ_5 型电动车辆。列车采用 4 辆编组,如图 9－30 所示。共包括 3 个车种:带司机室的动车 M_C、两种拖车 T、T_1。M_C 车的总体布置如图 9－31 所示,T 车的总体布置如图 9－32 所示,车辆的横断面如图 9－33 所示。

该车车体钢结构采用耐候钢鼓形车体,但头车加长 0.5m 并采用小流线形前端造型。电传动系统采用先进的矢量控制的 VVVF 交流传动系统、静止逆变器(SIV)辅助低压电源、模拟式电空制动系统、电动内藏侧拉门、列车自动防护(ATP)车载设备、车载无线通讯设备和列车监控系统及 LED 到站、终点站显示设备等。该车在国产城轨车上首次安装客室空调系统和采暖装置,增加了乘车的舒适性。车辆走行装置采用无摇枕转向架,转向架的牵引装置采用"Z"拉杆结构,基础制动为单元制动。由于采用降噪车轮,显著降低了轮轨噪声,具有安全舒适、美观耐用的特点。

与此同时开发了 DKZ_6 型轻量化不锈钢电动车辆,其除了车体采用不锈钢轻量化结构以外,车辆其他部分与 DKZ_5 型车相同。

1. 车辆技术参数

DKZ_5 型电动车辆的主要技术性能参数如表 9－7 所示。

表 9－7　北京城市铁路(地铁 13 号线)车辆主要技术性能参数表

序号	项　　目	内　　　　　容
1	列车编组	$M_C + T + T_1 + M_C$
2	主要尺寸(mm)	M_C 车长:19 500;　　　　T 车长:19 000; 宽:2 800(最大处);　　　高:3 695; 车辆定距:12 600;　　　车钩高度:660^{+10}_{0} 列车两车钩连接面间长:$2 \times 20\ 020 + 2 \times 19\ 520 = 79\ 080$ 室地板面距轨顶面高:1 100;　　客室内净高:2 100

序号	项　　目	内　　　容
3	定员	M_C 车：226（座席 36）；T 车：244（座席 46）
4	重量*	M_C 车：36.8t（34.5t）；T 车：30.8 t（28.3t）
5	最高运行速度	80 km/h
6	转向架	无摇枕空气弹簧转向架；　　　M_C 车传动齿轮的齿数比：7.69 固定轴距 2 200 mm；　　　　车轮直径：840 mm
7	主要设备	牵引电机：交流电动机功率 180 kW；逆变器装置：约 1 400 kV·A； 电机控制方式 1 – 3，2 – 4；　　　制动电阻：1.3Ω/2 mm； 辅助电源装置：130 kV·A；　　　电动空气压缩机：2 130L/min
8	VVVF 控制方式	采用 PWM 方式进行三相输出电压的变压变频（VVVF）控制，带有再生和电阻制动
9	制动方式	再生、电阻和空气混合制动方式，带有滑行控制功能
10	车载设备	ATP 列车自动防护系统、车载无线通信
11	空调	83 600 kJ/h
12	供电条件	DC750 V，第三轨上部接触受电

* 括号内的数据为不锈钢车 DKZ$_6$ 的数据。

2. 车体钢结构

　　车体钢结构采用底架无中梁薄壁筒型整体承载焊接结构。DKZ$_5$ 型车车体钢结构主要采用耐候钢材料。当板材厚度 >10 mm 的厚板采用碳钢 Q235 – B。为提高车体钢结构的防腐能力，在组焊前，钢板均进行良好的防腐预处理。同时，车体钢结构的内外表面均涂环氧酯底漆。另外，在车外侧还有不饱和聚酯腻子或环氧酯腻子、环氧中间层漆、丙烯酸改性高档面漆；车内侧还喷涂 2～5 mm 厚的阻尼隔声防腐浆和丙烯酸类密封胶。车顶、侧墙、端墙内侧敷设超细玻璃棉，作为隔热减振材料。

　　底架由牵引梁、枕梁、端梁、侧梁、横梁和纵向金属波纹地板组成。DZK$_5$ 型车的牵引梁由两根 8 mm 厚钢板压制而成的槽形断面梁及 10 mm 厚的下盖板组焊而成。枕梁由 8 mm 厚钢板压制而成的槽形断面的上盖板和 10 mm 厚的下盖板组焊而成。牵引梁、枕梁、端梁组成的结构成为牵枕端结构。端梁、横梁由 5 mm 厚钢板压制而成的槽形断面。底架侧梁采用 5 mm 厚钢板压制而成的呈槽形断面的冷弯型钢，侧梁是连接底架和侧墙的重要结构件。波纹地板的波形为燕尾形，材料为不锈钢 0Cr18Ni9，板厚 1.2 mm，波高 13 mm。

　　侧墙由侧墙上侧梁、立柱、横梁、侧门柱和侧墙板组成的板梁式鼓形承载结构。侧墙板为平板无压筋，采用厚度 2 mm 的 05CuPCrNi。侧墙的主要梁柱都是采用 3 mm 厚钢板压制而成。侧墙上侧梁是呈角形断面断面的冷弯型钢。立柱、横梁采用帽形断面。侧门柱由两个钢板压型呈槽形的立柱组焊而成。

　　车顶由侧顶板、弯梁、纵向梁、空调机组安装座平台等组成骨架，在骨架外侧焊有厚度 3 mm 车顶板。侧顶板是厚度 3 mm 的冷弯型钢。弯梁采用厚度 2.5 mm 钢板轧制而成，断面分为乙型和槽形两种。纵向梁采用板厚 2.5 mm 钢板轧制成乙型梁。顶板的厚度 2 mm。

　　端墙由端墙上端梁、端角柱、门立柱、横梁和端墙板组成。端墙板的厚度 2 mm。

　　DKZ$_6$ 型车体钢结构主要采用不锈钢材料，仅底架牵枕端结构仍采用耐候钢焊接结构。由于不锈钢具有良好的防腐能力，不需要对钢板进行防腐预处理，车体外表面不涂刷油漆。在侧墙窗口下侧粘贴装饰彩带。车体主要采用点焊焊接工艺，因此梁柱之间设有连接板。车顶、侧

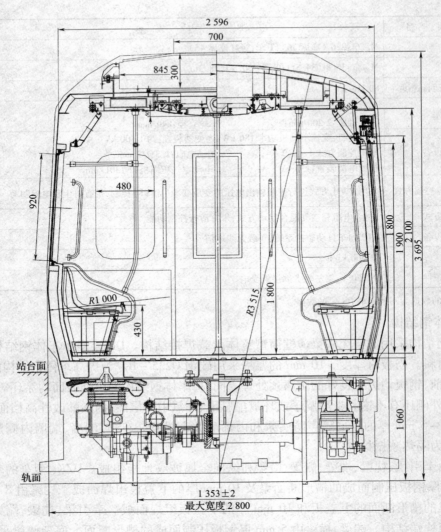

图 9-33 北京地铁 13 号线电动车组车辆横断面图

墙、端墙内侧敷设超细玻璃棉,作为隔热减振材料。

端梁、横梁由 3 mm 厚钢板压制而成的槽形断面。底架侧梁采用 3 mm 厚钢板压制而成的呈槽形断面的冷弯型钢,侧梁是连接底架和侧墙的重要结构件。波纹地板的波形为燕尾形,材料为不锈钢 0Cr18Ni9,板厚 0.6 mm,波高 13 mm。

侧墙由侧墙下侧梁、立柱、横梁、侧门柱和侧墙板组成的板梁式鼓形承载结构。侧墙板为平板无压筋,采用厚度 1.5 mm 钢板制成,分为上墙板、中墙板、下墙板,其表面带有装饰花纹。侧墙的主要梁柱都是采用 1 mm 厚钢板压制而成,立柱、横梁采用帽形断面。侧墙上墙板是呈角形断面断面的冷弯型钢为。

车顶由侧顶板、弯梁、空调机组安装座平台等组成骨架,在骨架外侧点焊有车顶板。侧顶板是厚度 1.5 mm 的冷弯型钢。弯梁采用厚度 1 mm 钢板轧制而成。顶板的厚度 0.6 mm 的波纹顶板,波形为梯形波。

端墙由端墙上端梁、端角柱、门立柱、横梁和端墙板组成。端墙板为平板无压筋,采用厚度 1.5 mm 的钢板,其表面带有装饰花纹。梁柱采用 1.5 mm 钢板压制而成。

3. 客室内部装修饰

侧墙和端墙板采用大型玻璃钢整体成型结构,接缝少、表面光洁、装饰性好。

顶板为铝板喷塑,厚度为 2 mm。中顶板为铝型材结构,表面喷塑,其中部为格栅结构,便于幅流风机的风能从中吹出来。

侧顶板为铝型材结构,表面喷塑。为了方便侧拉门控制机构的检修,所有的侧顶板均能够打开。每个侧顶板的上部装有两个折页,在侧顶板上还设有广告框,在侧门口处的侧顶板上设有线路和到站显示装置。

地板采用在波纹地板上面铺设陶粒砂和粘贴地板布的结构型式。地板的总厚度为40 mm。侧门口区用不锈钢踏板盖住接缝,踏板表面设有防滑的沟槽。地板布为 PVC 具有良好的抗拉强度、耐磨性、阻燃性和防化学腐蚀性能。

M_c 车的客室与司机室之间设有间壁,间壁为铝蜂窝结构,厚度 28 mm。客室侧的间壁上,左右各有一个检查门,分别采用四把锁固定在间壁上。

扶手和立柱采用复合不锈钢管。座椅为玻璃钢座椅。座椅旁边的挡风板为铝蜂窝结构。

4. 电气传动系统

车辆电气传动系统主要由可变电压可变频率(VVVF)逆变器和三相交流牵引电动机组成。在辅助电源系统中,采用了静止逆变器(SIV)电源,每列车还配备有两组蓄电池,分别安装在两辆拖车下,包括 110 V 和 24V 两组蓄电池。

5. 制动系统

制动系统采用微机控制的模拟式电空制动系统。它可以根据载荷信号的大小对制动力进行调节,使列车所获得的制动率保持恒定。

6. 空调与采暖

每辆车客室及司机室内均装有有 2 台制冷能力 83 600 kJ/h 的超薄型车顶单元空调机组。冷空气通过风道及出风口均匀地送入客室及司机室。风道采用具有隔音、隔热功能的铝风道。客室车顶沿车辆纵向布置一定数量的幅流风机。每辆车客室及司机室均加装电采暖装置,采用翅片管式电热器。电热采暖装置由司机进行集中控制。

7. 转向架

转向架分为动车转向架和拖车转向架。一系弹簧为圆锥叠层橡胶弹簧,二系弹簧为空气弹簧,构架由钢板和无缝钢管组焊而成。转向架的牵引装置采用"Z"形拉杆结构。在转向架上设有高度自动调整阀、差压阀、横向油压减振器和单元式基础制动装置等。由于采用降噪车轮,显著降低了轮轨噪声。

三、重庆跨座式单轨车

单轨交通历史悠久,分为悬挂式和跨座式两种形式。单轨交通具有占地少、造价低、噪声低、爬坡能力强、转弯半径小等有点,适合地形起伏的山城,尤其是旅游城市及环保要求高、旧城改造难度大的城市。

重庆轻轨较新线(较场口至新山村)是我国第一条单轨交通。车辆采用具有国际先进水平的 ALWEG 型跨座式单轨车,即:轨道采用高架混凝土轨道梁,车轮为橡胶充气轮胎,车辆跨座在轨道梁上运行。

1. 重庆单轨技术特点

(1) 车辆自重轻,中等运量的交通工具

单轨交通多采用街道、河流上方的高架线路,具有占地少、工程造价低的优点。为了减小高架轨道梁对街道产生的遮光阴影,轨道梁高1 500 mm,宽仅850 mm。转向架走行轮的轴重仅为11 t,这就决定了单轨车辆自重轻,属于中等运量的交通工具,其小时高峰运量10 000～30 000人。

（2）车辆噪声低、爬坡能力强和适宜通过小半径曲线线路

由于采用橡胶充气轮胎,单轨车噪音很小,避免了对环境的噪音污染。重庆单轨车可以通过60‰的坡道和曲线半径为50m的线路,因此与其他城市轨道交通相比,单轨线路的选线范围较高。

（3）车辆动力性能先进

牵引传动系统采用VVVF交流传动系统,供电电压为DC1 500 V,受流方式为轨道梁两侧刚性接触式受流。制动系统采用微机控制的模拟式空气制动装置并能与再生制动协调配合,基础制动为压缩空气为动力带有气液变换器的盘形制动。因此,车辆具有较大起动、制动加速度,动力性能良好。

（4）车辆结构独特

单轨转向架采用跨座式无摇枕转向架,是单轨车最独特的部件。构架为钢板焊接结构。每个转向架除了有4个走行轮、4个导向轮、2个稳定轮,都使用橡胶充气轮胎。为防止轮胎失气,每种车轮都备有辅助安全车轮。车下设有面积很大的裙板,把车下电气设备和转向架遮盖起来。不但增加车辆外在美观性,裙板上安装有吸音材,有效吸收车辆运行产生的噪音。

（5）体现以人为本的设计理念

车体内部装修采用环保材料覆膜铝板。客室内净空高度比地铁车高100 mm,达到2 200 mm高度,端墙内部通道与风挡采用"月亮门"形通透造型,因此,客室宽敞、视野开阔;在M_C车设有专残疾人乘车区,并设有残疾人扶手和轮椅固定器;侧窗采用方便通风的活窗,为防止乘客扔杂物伤人,车窗设有防扔装置。在紧急情况时,除了M_C车设有前端逃生门,每车侧门还设有逃生紧急缓降装置。

列车采用4辆编组,即:$M_{C1} + M_2 + M_3 + M_{C2}$,如图9－34所示。车辆设计寿命为15年。

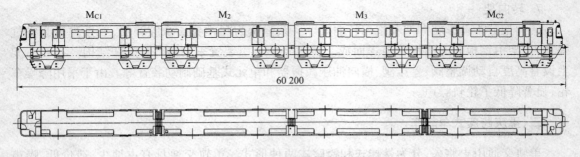

图9－34　跨座式单轨车编组图

2. 跨座式单轨车的主要技术参数

跨座式单轨车采用轻量化铝合金型材焊接结构车体,车体外表面喷漆。全列车安装空调系统,并设有一定数量的幅流风机。客室侧门采用风动内藏侧拉门,每侧设有2对门,全车共4对门。采用跨座式无摇枕二轴转向架,分动力转向架和无动力转向架,每个动力转向架独立布置2台牵引电机,牵引电动机通过2级减速直角传动装置传递转矩。牵引传动系统由VVVF逆变器、微型计算机控制装置和三相鼠笼异步牵引电机组成。采用数字模拟式空气制

动装置并能与再生制动协调配合,带负载补偿装置,能与信号及 ATP 配合。基础制动采用压缩空气为动力通过气液变换器的盘形制动。风挡为蛇腹式贯通风挡。其主要技术参数如表9－8所示,其横断面如图9－35 所示。

3. 车体结构

采用轻量化铝合金车体焊接结构。铝合金车体自重只有4.1 t,主要采用6N01－T5 和7N01－T5 铝合金,满足 JIS H 4000 & JIS H 4100。它有很高的强度,可焊性也很好。A6N01S－T5 具有很强的抗腐蚀性,挤压性能良好。

底架为无中梁结构,地板下边不设纵梁和枕梁。底架由 2 根纵向侧梁、2 个牵枕端和 5 块纵向地板组成。地板的厚度 60 mm,相互之间采用插接方式连接。地板、侧梁采用大断面中空闭口挤压铝型材,材料为 6N01－T5。牵枕端主要采用 7N01－T5 组焊而成。

侧墙主要由开口挤压铝型材 6N01－T5 组焊而成。其中支撑和骨架采用铝板5083－0 和 5083－H112 制造。

车顶由 2 块侧顶板、5 块顶板和车顶弯梁、端顶弯梁组成。车顶的零件均采用开口铝型材,材料为 6N01－T5。

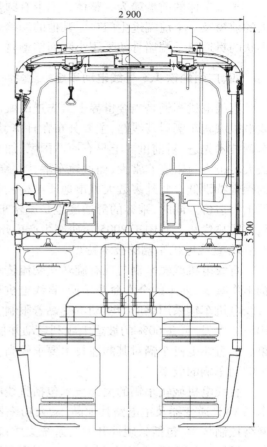

图 9－35 跨座式单轨车横断面图

表 9－8 跨座式单轨车主帅性能技术参数表

项 目	内 容	
列车编组	M_{C1} + M_2 + M_3 + M_{C2} M_C 车:有司机室的动车;M 车:动车	
主要尺寸(mm)	M_C 车辆长:15 500 mm;	M 车辆长:14 600 mm;
	宽:2 900 mm(最大处);	高:3 695 mm;
	转向架中心距:9 600 mm;	车钩高度:760$^{+10}_{0}$ mm;
	列车两车钩连接面间长:4 辆车编组	60 200 mm
	室地板面距轨顶面高:1 100 mm;	客室内净高:2 100 mm
	空调顶部距轨面的高度:3 840 mm;	车辆总高度:5 300 mm
	客室内净空高度:2 200 mm;	轨道面距地板面高度:1 130 mm
定员	M_C 车:151(座席 32);M 车:165(座席 36)	
最高运行速度	80 km/h	
转向架	无摇枕空气弹簧转向架;	
	走行轮轴距:1 500 mm;导向轮轴距:2 500 mm;	
	走行轮直径:1 006 mm;导向轮直径:730 mm;稳定轮直径:730 mm	
	M_C 车传动齿轮的齿数比:7.69	
供电条件	DC1 500 V,轨道梁两侧刚性接触网	

头车车体的前端墙为一整体成形带有圆弧形的铝合金板梁焊接结构,它前面设有一个很大的前窗及一个前端逃生门口。其他的端墙采用板梁式焊接结构,中间设有一个大的月亮门形状的贯通口。端墙骨架采用小断面铝型材。端墙板板厚2.5 mm,材料5083 – O。

四、广州地铁4、5号线电动车组

直线电机车辆是当今世界上最先进的城市轨道交通工具之一。目前世界上已有十几条直线电机城轨车辆运营线路,主要分布在日本、加拿大、美国和马来西亚等国家。直线电机城轨车辆技术先进,目前世界上只有西欧国家、加拿大和日本等极少数国家拥有此项技术。我国多数大城市人口密度非常大,而城轨车辆往往穿越市区繁华区域,因此,要求城市轨道交通车辆的噪音特别低。此外多数大城市地质结构复杂,城市轨道交通工程投资巨大,这就要求尽量降低工程造价。同时,乘客的舒适度也是城轨车辆的重要指标。直线电机城轨车辆在这些方面具有明显优势。我国于2005年研制生产广州4、5号线电动车组,即采用直线电机车辆。

1. 直线电机车辆的技术特点

直线电机城轨车辆与现有旋转式交流传动城轨车辆相比,因采用非旋转电机,磨耗小,维护工作减少,列车的全寿命费用低;直线电机车辆振动小,噪音低,非常适合于城市轨道交通;直线电机车辆采用感应力驱动不受黏着限制,因此列车牵引时,车轮无空转现象,加速性能好,爬坡能力强,可在60‰的坡道上顺利启动并加速牵引及实施救援;列车制动时,车轮无滑行现象。但直线电机车辆对其制造技术要求较高,因为感应定子和转向架上感应板的气隙将直接影响到车辆的效率。

直线电机城轨车辆的关键技术包括直线电机制造;直线电机感应板的设计、制造、安装技术;VVVF逆变器及主电路其他高压、大功率器件生产、匹配;牵引控制系统研制与集成;列车网络控制技术,包括软硬件开发与系统集成;辅助电源系统研制与集成;铝合金车体的研制;直线电机转向架的研制;列车制动技术;列车调试及试验方法;直线电机车辆与轨道、供电、信号、通信、车辆段以及屏蔽门的技术接口与管理接口等。

2. 主要技术参数

广州地铁4、5号线电动车组的主要性能技术参数如表9 – 9所示。

表9 – 9　广州地铁4、5号线电动车组车辆主要技术性能参数表

项　目	内　容
列车编组	—M_C + M = M + M_C—　M_C车:有司机室的动车;M车:拖车 " – "自动车钩;" + "半永久牵引杆;" = "半自动车钩
主要尺寸(mm)	M_C车长:17 200 mm;　　M车长:16 840 mm; 宽:2 800 mm(最大处);　　　高:3 695 mm; 转向架中心距:11 400 mm;　　车钩高度:660$^{+10}_{0}$ mm 列车两车钩连接面间长:2×20 020 + 2×19 520 = 79 080 mm 室地板面距轨顶面高:1 100 mm;　客室内净高:2 100 mm
最高运行速度	90 km/h
转向架	直线电机转向架　固定轴距:2 000 mm;　　车轮直径:730 mm
主要设备	牵引电机:线性感应电动机逆变器装置　牵引逆变器控制:矢量控制
VVVF控制方式	采用一台VVVF逆变器向二台直线感应电动机供电的交流传动系统;VVVF逆变器采用IGBT元件和脉宽调制技术;采用微机控制技术,并有诊断和故障信息储存功能。采用矢量控制方式
制动方式	再生、模拟式电空制动方式
供电条件	DC1 500 V(DC1 000 ~ 1 800 V);接触网和第三轨受电

3. 车体结构及其车辆设施

车体结构是整体承载结构,底架无中梁。车体采用大断面挤压铝型材全焊接结构。地板、车顶、侧墙、端墙采用隔热和隔音材料。每节车每侧设置3套电动塞拉门。

每列列车上装备两台交流驱动的空气压缩机以及与其配套的空气供给系统。空气制动采用微机控制的电空制动系统。具有根据载荷调整制动力的功能。

每列车装有两台(组)辅助逆变器(DC/AC),其功能主要是产生3相380 V、50Hz的交流电源,向空调、风机等交流负载供电;每列车配备两台蓄电池充电机(AC/DC)产生DC110 V直流电源,作为蓄电池充电和直流负载的电源。

每列车装有二组蓄电池,其容量能满足在无DC1500 V电源时,提供列车紧急负载(包括紧急照明、紧急通风、开关门等)运行45 min的要求。

五、地铁车辆防火安全

地铁电动客车在国外曾发生过多次火灾,有过惨痛的教训,造成巨大的损失。因此,地铁车辆的防火十分重要。一旦发生火灾,应尽量使其危害减至最小。避免火害的重点措施应放在确保电气装置的安全可靠方面,为了减小火灾的损失,在地铁客车的结构设计中应采用阻燃结构。在这方面,我国地铁电动客车在制造设计上以下几方面采取措施。

1. 木材防火处理

目前,无论地上或地下客车都采用大量的木结构,为了防火,需要对木材进行阻燃处理。木材的阻燃化处理大体有三种方法。

(1)木制件表面涂防火涂料以达到防火目的。该涂料主要有黏结剂和粉剂,按一定比例调合搅成油漆状的物质。

(2)采用防火漆,如过氯乙烯防火漆、酚醛防火漆等,漆在木制件表面,起到防腐和防火的作用。

(3)采用防火剂,利用无机盐(如磷酸铵、磷酸二氢铵、硫酸铵、硼砂、硼酸等)作为防火剂,溶水中,将木材浸入防火剂溶液中,使防火剂浸入木材,从而达到防火目的。

2. 减少木结构

经防火处理的木材,虽防火性能大大提高,但并不能彻底解决防火问题。为此,必须采用难燃和不燃材料,减少木结构。

(1)采用橡胶敷料地板。在金属波纹地板上面敷设下层为陶砂骨架层,中层为乳胶水泥层,上层为耐磨的地板布,以防火沥青作黏结剂。经多年运用考验,该地板弹性好,防火性能强。

(2)采用复合铝板代替胶合板。由LF5(5号防锈铝)为基材,板厚2.5 mm,其两面粘贴用由里至外的浸过胶的胶膜纸,浸过三聚氰氨的装饰纸,最外层是浸过三聚氰氨的面层纸,经过烘干后,在加温加压状态下进行。成型后表面质量好,耐烫、耐磨,用于车内墙板,代替塑料贴面胶合板,达到防火目的,同时增加客室的美观。

(3)采用铝型材代替木材。地铁电动客车绝大部分的压条可采用各种相应截面形状的铝型材代替原木质压条,门框、窗框也可采用铝挤压型材减少易燃的木材,同时,由于铝型材具有轻巧、美观的特点,使连接部位尽量不露连接螺钉,使整个客室内部显得明快舒适。

第五节　客车车体新材料

车辆自重减轻可以节省牵引动力;减小对轨道的压力,从而减少车轮和轨道的磨耗;降低车辆和线路的维修保养;直接减少车辆材料的消耗等。因而轻量化的客车车体结构有直接的经济效益。世界上各国的旅客列车设计者普遍追求轻量化车体结构。

采用铝合金材料挤压成大型宽幅挤压型材制造铁道车辆构件,使车体仅由少数构件采用少量纵向长焊缝制成车体结构。此结构由于铝合金的比重只有钢的三分之一,可以成为材料轻量化。由于挤压型材的形状和断面设计成与外力及外力矩的分布情况相适应,从而优化了断面,充分发挥材料的力学性能,也节省了材料。大型宽幅挤压型材实质上是许多零件的组合,这样就相当于节省了由零件组合成部件的制造过程,即省工时,又节省了焊缝金属,从而减轻了结构自重。由于铝合金材料抗腐蚀性强,因而省去油漆与刮腻子等工序,既省工时,又减轻了承载结构的自重。

由于不锈钢具有良好的耐腐蚀性能,因此采用不锈钢制造车体钢结构可以不需要涂装防腐蚀的防锈油漆等,同时考虑钢材腐蚀对结构强度的影响而增加的结构强度裕量也可以适当缩小,因此采用不锈钢也可以降低车体自重。

因而,对于轨道车辆用材的选择来说,需要设计人员在轻量化、耐蚀性能、经济成本、运行品质等多方面予以折中考虑。表 9 - 10 为采用不锈钢、铝合金、耐候钢材料生产的车体的性能、重量、制造成本、维护成本的比较。表 9 - 11 中列出日本车体所用不同材料的性能比较。

表 9 - 10　各种车辆材料成本对比

序号	材料	性　能			重量	制造成本	维护成本
		耐腐蚀	能量吸收	寿命			
1	不锈钢	较强	优	长	较轻	较高	低
2	铝合金	较强	一般	较长	轻	较高	低
3	耐候钢	一般	一般	短	重	较低	高

表 9 - 11　各种车辆材料主要特性对比

材　料	铝合金		不锈钢	含铜耐磨钢	
	Al - Zn - Mg	Al - Zn - Si	304	SS41	SPAC
抗拉强度(MPa)	>350	>230	>530	>410	>460
密度(g/mm³)	2.7		7.8	7.8	
表面处理	无涂层,氧化上色处理		无涂层	涂油漆	
制造方法	整体挤压型材组合		板材精轧、压制	板材精轧、压制	
结构质量(18 m)kg	4 500		6 500	7 000 ~ 8 000	
材料费(相对值)	4.60		4.10	1.0	
人工工时(相对值)	1.10 ~ 1.20		1.10 ~ 1.20	1.0	

一、铝合金车体

1896 年,法国首先将铝合金用于铁道车辆客车的窗框。1905 年英国铁路电气化时,利物浦市内的一段高架线路电动车的外墙板和内部装饰采用铝合金。美国在 1923 年 ~ 1932 年间,有近 700 辆电动车及客车的外墙板和车顶等采用铝合金。1952 年伦敦地铁、1954 年加拿大多伦多地铁车辆均采用铝合金。20 世纪 60 年代以后,德国科隆、波恩的市郊电动车以及该国的客车也相继实现了铝合金化。1962 年,日本从原联邦德国引进了铝合金新技术,在山阳电铁首先采用了铝合金车。

1959 年,四方机车车辆厂曾以钢和铝为基材设计生产了一列 8 个品种的铆接和焊接混合结构的低重心轻快列车。该车重量轻、重心低,是我国最早将铝合金用于车体上的轻量化车体结构,是车体轻量化的一次成功尝试,在当时已接近世界先进水平。

目前,铝合金已成为世界各国的轨道车辆尤其是高速客车和城市轨道车辆车体普遍采用的材质。日本高速客车铝合金车体的典型结构是运行在新干线上的 300 系高速电动车组。其侧墙下部 2 根侧梁采用大型中空挤压型材,并大量采用了开口挤压型材,其最大宽度为 660 mm,长度为 24 500 mm,最小板厚为 2.3 mm。日本在 1997 年研制成功的 700 系电动车组,侧墙和车顶均采用大型中空挤压型材,取消了所有的侧墙立柱及车顶弯梁。欧洲在已生产的铝合金车体中,ICE 客车的车体断面与我国的情况比较接近,彻底改变了以往钢制车体的传统结构型式,采用大型中空挤压型材和大型开口型材组成整体铝合金结构。型材长度与车长 25 800 mm 相同,全车主要采用纵向焊缝。

1. 铝合金车辆承载结构的形式

铝合金结构包括骨架为普通钢而外包板为铝合金的车体和全铝合金车体两类。前者的结构形式为传统型,而后者则主要有两种形式:第一种全铝合金结构其底架由数块大截面挤压空心型材组成,这种长度为车体全长的大截面空心挤压型材,不同于以往的各向异性波纹地板,它在两个方向均能承载,故可以取消底架横梁和中梁;底架的侧梁也采用空心挤压型材,而侧墙和车顶为由带空心纵向梁的的铝板组成,侧墙和车顶内侧仍有侧立柱和车顶弯梁等横向构件。另一种全铝合金车体承载结构,除了车顶因受力较小且留有安装灯带和电线槽等空间,仍采用车顶弯梁和包板结构,车体其余部分均由大截面挤压型材拼装而成。这种形式的车体承载结构组装工艺方便,而且减少了钢制结构的冲、压、剪、平、磨等多种工序,因此成为国内外客车竞相采用的结构形式。

车体结构由于采用空心截面的大型材而变得更加简单了。大型型材平行放置,并总是在车体的全部长度上延伸,他们通过自动连续焊接互相连接。这种车体结构也以具有多种多样截面的型材为基础,上述型材利用铝合金的极好的机械性能,可最大限度地减少构件的多样性和数量。

2. 铝合金的特点

铝合金日益被各国广泛采纳,成为高速列车车体和城市轨道车辆承载结构的主选材料之一,因为与其他材料相比,铝合金用于车体结构有以下优点:

(1)加工性能好,可挤压出大截面空心型材:大截面空心型材的宽度大,而长度可达车体全长。因此全车很少有横向焊缝,纵向焊缝也减少且便于自动焊接,这样不但制造工艺大为简化,加工量比钢质车体减少 40%。另外,大截面空心型材的采用,提高了车体承载结构的力学性能,因而可以减少很多车体中的横向构件,有效地减轻了车体自重。全铝合金车体重量约为不锈钢车体的 70%,钢质车体的 50%。

(2)动力性能良好:由于车辆自重减小,不仅降低了列车牵引功率和原材料的消耗,改善了列车启动和制动性能,而且更可以减轻轮轨间动力作用,降低噪声,提高气密性。

(3)维修费用降低,使用寿命延长:由于轮轨间动力作用减小,使车辆和线路的损伤减小,维修费用降低,使用寿命延长。

(4)耐蚀性能优于一般碳钢。

当然,铝合金车体除了具有以上优点外,其缺点也是不能回避的:

(1)铝材弹性模量仅为钢材的三分之一,导致其制成的结构刚度较小,尤其对于轨道车辆来说,由于刚度问题将直接引起一阶垂向模态频率降低,从而影响乘坐舒适性以及易于引发车体结构的疲劳;

(2)铝合金熔点低,因而铝合金车辆一旦失火后车体将较快熔化变形,这也是应该考虑的对于乘客安全的一个潜在威胁;

(3)铝合金尽管具有一定的耐蚀性能,但它也会发生腐蚀,尤其在潮湿和带盐分的空气中,因而外表必须涂保护漆;

(4)由于材料及大截面空心挤压型材的制造成本高,故铝合金车体的生产成本比钢质车体(包括不锈钢车体)都要高。

随着人们在轨道车辆的速度、性能及安全等方面的目标值不断提高,对铝合金材质也提出了相应更严的要求,如更高的材料强度、疲劳性能、抗裂纹能力、良好的表面处理能力和抗腐蚀能力、撞击时不会产生火花、有很好的吸收冲击能力和吸音性能等,同时还要求有良好的焊接性能。目前,适合于轨道车辆用的铝合金主要有 Al - Mg - Si(6000 系列)及 Al - Mg - Zn(7000 系列)两大系列。

6000 系列铝合金具有良好的可成型性、可焊接性、可机加工性和抗腐蚀性能,中等强度,主要用于建筑装备、自行车车架、运输设备、桥梁栏杆、焊接结构件等。

7000 系列铝合金具有良好的可成型性、较好的焊接性,中高强度,但使用中应注意避免出现应力腐蚀裂纹。它主要用于飞机机体结构件、移动式设备及其他高应力部件。较高强度的 7000 系列铝合金抗应力腐蚀裂纹性能有所降低,但在稍微过时效的状态下,可获得强度、抗腐蚀性与断裂韧度较高的综合性能。

此外,5000 系列铝合金在机车车辆上应用也较为普遍。

车体主要是采用通长、大型薄壁、中空挤压型材焊接结构形式。各种型材重量所占的比率达到 70% ~80% 以上,板材使用比率将逐渐被中空型材代替。

图 9 - 36 为某型铝合金车体断面。

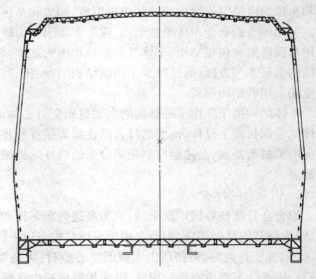

图 9 - 36 铝合金车体断面

二、不锈钢车体

由于不锈钢材料本身的一些特性,决定了不锈钢车体具一些与碳钢不同的特性。现在我国自产的无涂装不锈钢车体主要以 SUS301L 系列材料为主,以 SUS301L 系列材料制造的不锈钢车体有如下的优点：

（1）SUS301L 不锈钢具有高屈服强度，高冷作硬化率和优异的延伸率，能量吸收性能优于铝合金或碳钢车体，可以提高车体的防撞击和防火安全性。

（2）SUS301L 不锈钢通过冷作加工其强度可以得到极大的提升，形成多种强度等级的材料，有利于车体的轻量化。

（3）不锈钢具有加工硬化的特性，发生冲击损坏仅限于局部损坏；具有高耐腐蚀性从而可以不需喷涂；不发生电化学腐蚀，因此不锈钢车体的维护成本较低。

（4）轻量化的不锈钢车运行中对能量的需求较少；不需要涂装，不需要涂料及有机溶剂。因此对环境的影响较小。

（5）不锈钢车体的使用寿命长，国外资料表明其使用寿命最长为 60 年。相比其他材料制造的车体，其寿命周期成本较低。在正常使用条件下，不锈钢车体在整个寿命周期内外表变化较小。

（6）SUS301L 不锈钢具有较好的加工和焊接性能，可以采用电阻点焊和激光焊接，减少焊接的热变形。

生产不锈钢车体的主要难点是不锈钢的热塑变大，焊接时要尽量减少热的输入量，二是压型时回弹率大，成型件不易达到要求，三是和碳钢焊接会产生晶间腐蚀现象。

我国在一些动车组和城市轨道交通车上也已经开始生产不锈钢车体。

目前，世界上一些国家已开始研究非金属材料的车体，并已投入运用。

第六节　国外铁路客车

在第二次世界大战结束后，铁路客运发展缓慢，中远程不如航空运输，短程不如公路运输，曾经戴上了"夕阳产业"的帽子。为了摆脱铁路客运的困境，增强与航空、高速公路的竞争能力，高速铁路是走出低谷的唯一途径。1964 年 10 月日本东海道新干线高速客运列车揭开了世界高速铁路的序幕，它以 210 km/h 的高速运行于东京—大阪之间。后来，西欧的法国、德国等发达国家也开通了运行速度更高（250 ~ 300 km/h）的高速客运列车。高速铁路由于它具有高速、安全、环境污染小、载客量大等优点，因此，20 世纪 80 年代以来，高速客运列车发展的非常快。作为高速列车中的高速客车在常规客车的基础上，在性能、结构、材料和装备上有了重大的改进。世界上，出现了著名的日本新干线列车、法国的 TGV 高速列车、德国的 ICE 高速列车等，与此相适应的高速铁路客车也各有其特点。下面将分别叙述各种典型的高速铁路客车，重点讲述高速铁路客车车体结构及其特点。

一、日本 300 系高速客车

日本铁道高速客车经历了 0 系、100 系、200 系、300 系、500 系、700 系等不同年代的高速客车的发展。由于高速化的目的是为了缩短到达终点的时间，其手段是追求最高直线速度，提高通过曲线、道岔的速度等。在以东海道新干线为代表的各新干线上，最高速度已提高到 300 km/h。为满足高速、安全可靠，又要满足环境保护、舒适良好的全面要求，现以 300 系车辆为例说明新干线高速车辆的特性，如表 9 - 12 所示。

300 系新干线电车车体承载结构采用长度等于车体长的大型宽幅挤压型材，以尽量减少对接焊缝是 300 系车辆的一个特征。300 系高速轻量化车体自重在 6t 以下。在确保气密性的同时对压力变化的标准定为 ± 733.5 Pa 以上,车体相当弯曲刚度要确保在 1.5×10^9 N · m^2 以上。车体钢结构简图如图 9 - 37 所示。

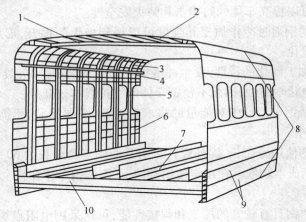

图 9 - 37　日本 300 系新干线电动车用车体结构
1—车顶弯梁;2—车顶板;3—顶侧弯梁;4—窗上立柱;5—窗间立柱;
6—窗下立柱;7—地板;8—侧外板;9—侧梁;10—横梁

为了降低空气阻力和气流噪声以改善空气压力特性,尽可能缩小车体横断面积,提高车体表面的平滑度。300 系车辆车体距轨面高为 3 600 mm,比 100 系车辆车体距轨面高 4 000 mm 降低了 10% 。

表 9 - 12　300 系车辆的特征

主要项目	目 的	主 要 内 容
轻量化	减小转动噪声;减小结构物噪声;减小对线路的动力作用	采用交流电动机;采用无摇枕转向架,空心车轴;动力装置分散配置;车体铝合金化;座椅等车内设备部件轻量化;小窗化
流线型化平滑化	减小空气音;减小隧道内微气压波	车头部流线型化;柱塞式门的采用;缩小窗与外板间高低差;地板下挡板;取消车顶上部百页窗
受电弓周围的构思	降低集电音	母线相连,减少受电弓数量;受电弓罩的最佳化
小断面化低重心化	减小空气音;减小洞内微气压波	将机器(空调等)全放在车下,以减少车顶上部高度

二、德国 ICE 高速客车

德国的 ICE 高速列车,即城市间的高速列车,曾在 1988 年创造了 406 km/h 的当时世界纪录。ICE 高速列车由 ICE1 第一代高速列车发展到第二代高速列车 ICE2 和第三代高速列车 ICE3。最高运行速度由 250 km/h 发展到 280 km/h 和 330 km/h。本节以 ICE1 中间车为例说明其车体结构的组成及特点。ICE1 中间车的车体材质为铝合金,整个车体承载结构由数量不多的纵向宽幅、空心薄壁挤压型材通过少量的焊缝焊制而成的车体结构。ICE1 列车中间车的铝合金车体结构如图 9 - 38 所示。

底架结构由 5 块纵向宽幅空心薄壁桁架式断面挤压长型材,通过纵向对接组焊而成的结构代替了传统的纵向波纹地板和多根横梁组焊的梁板结构。当底架地板结构组成后再与两根空腹多室断面的边梁组焊,即组成 ICE1 车体的底架结构。边梁下面、地板型材下面的沟槽沿底架纵向布置,与型材一并挤压形成,是为吊装车下的设备而设置的。

侧墙结构由下墙板型材、下墙立柱型材、窗间挤压型材、横梁挤压型材、上墙结构挤压型材、上墙结构弯立柱等组焊而成。

　　车顶结构由车顶小圆弧部分挤压空腹型材与车顶大圆弧部分挤压型材,车顶弯梁型材等组焊而成。

　　车端墙结构也是由端墙型材及立柱型材组焊而成。因此,整个 ICE1 中间车车体结构是由纵向宽幅挤压长型材构件和数量不多的横向梁柱型材组焊而成。

　　现代高速客车车体采用铝合金挤压型材来制造的实例很多。例如前述的日本的 300 系车体,德国的 ICE 中间车的车体,意大利的 ETR450、ETR460 等高速客车车体都是属于大型宽幅挤压长型材制造的轻量化车体结构。

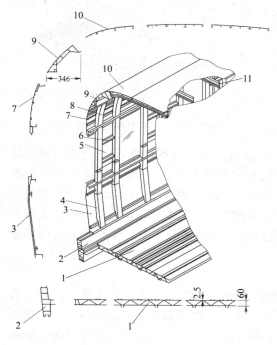

图 9 – 38　德国 ICE 车体结构

1—底架地板型材;2—下侧梁型材;3—下墙板型材;
4—下墙板立柱型材;5—窗间挤压型材;6—横梁挤压型材;
7—上墙结构挤压型材;8—上墙弯立柱;9—车顶小圆弧挤压型材;
10—车顶结构型材;11—车顶弯梁型材

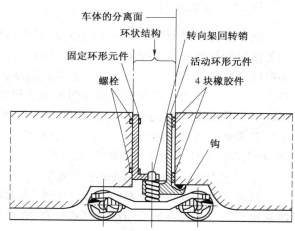

图 9 – 39　法国 TGV 车辆间关节连接原理图

三、法国高速铁路 TGV 客车车体结构

　　法国高速铁路 TGV 创造了惊人的高速度,1990 年曾创造了 515.3 km/h 的世界最高速度记录,2007 年又创造了 574.8 km/h 的高速铁路最高试验速度纪录。TGV 车辆,不论东南线或是大西洋线,共同特点是列车由编组列车的动力车和以关节式连接的中间客车组成,每列车的列车编组是固定的。TGV 车辆间采用关节式连接方式,车辆间用球面轴承连结器连接。通常有人称节点部分为框架,这个框架就是两辆拖车的连接部分。它由两部分组成,一部分为“固定框架”,这种固定框架借助螺栓刚性固定在车体的托架上。另一部分是“活动框架”,它通过一种钩爪机构和橡胶块固定在另一节车体上,恰好就在这个部位,以便用简便适宜的方法,将列车各节车体隔离。图 9 – 39 按照关节部分的实际尺寸比例大致标出结构的设计原理。由于这种关节式连接,列车中部拖车车体长度小于两心盘中心之间的距离。TGV 列车的动车和中间拖车均采用耐候钢制造。为确保车体有足够的强度和刚度,要求 TGV 车体能承受在地板面

位置作用的 2MN 的水平力,车顶平面内为 0.3MN 的水平力。在动车前端的司机室前窗下缘还要承受 0.7MN 的水平冲击力以确保司机室的安全。

TGV 动车车体长 22.16 m,转向架心盘中心距为 14.0 m。TGV 中间拖车车体长 18.7 m,转向架心盘中心销距 18.7 m,其结构示意图如图 9-40 所示。TGV 高速列车为了尽量减小空气阻力,列车组采用流线形,横断面面积减小是靠降低车体距轨面距离的高度 (3.42m,法国现代普通客车是 4.05 m)。TGV 列车组整体的流线形结构是通过风洞试验确定的,所以列车组具有良好的空气动力性能。

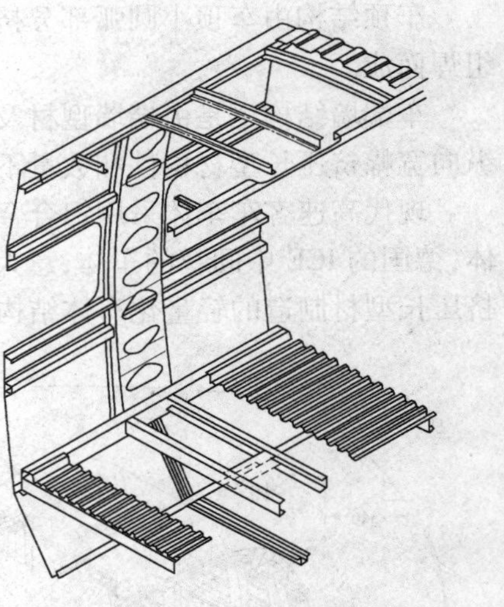

图 9-40 法国 TGV 动车的车体结构

四、国外摆式列车

建立高速铁路新线需要巨大的投资,必须按照铁路的客流量和经济效益实际情况来考虑。因此,很多国家除发展高速铁路外,还在寻求一条比较经济的道路来提高既有线路的列车速度。用高新技术装备机车车辆,在既有铁路上作适当改造之后行驶高速列车以大幅度提高列车速度和缩短旅行时间。西班牙、日本、意大利和瑞典等国作了大量研究,推出了不同形式的摆式列车,在提高列车旅行速度和缩短旅行时间方面取得了显著成果并已在铁路营业运用。其中最令人注目的有西班牙的 Talgo,日本 381 电动车系列,意大利的 ETR-450 和瑞典的 X2000 等。

1. 西班牙的 Talgo Pendular 摆式列车

西班牙国营铁路有大量的小半径曲线,而且线路坡道大。由于线路的直线性差,因此,采用常规车辆很难提高列车速度。西班牙自 20 世纪 70 年代开始研制 Talgo Pendular 列车,1980 年投入运用,其主要结构如图 9-41 所示。车辆采用单轴转向架、独立轮对、连杆导向装置和活节式车体。每两节车共用一个转向架。在车体前后单轴转向架上安装两根高立柱。车辆顶部通过空气弹簧支撑在高立柱上,车体在空气弹簧上可摆动。列车在直线上运行时,当车辆速度超过 70 km/h 而曲线半径小于 1 500 m 时,控制系统即切断空气弹簧的进排气口,左右两侧空气弹簧各自独立变形;在离心力作用下的力矩使车体绕纵向轴转动,最后与车体自重的复原力矩相平衡,使车体倾摆成一定的角度。车体最大倾角为 3.5°时可以补偿 45% 的欠超高。摆式列车与常规列车相比,列车通过曲线的速度可以提高 16%。Talgo Pendular 的最高速度为 160 km/h,现在可以提高到 200 km/h,1988 年 11 月在德国新建高速线上试验速度曾达到 291 km/h。现在 Talgo Pendular 有 1 000 多辆编在 44 组列车上,这种列车不仅在西班牙国内线路上运行,而且还用作国际列车运用,如马德里、巴塞罗那、巴黎、日内瓦、苏黎世、里斯本、米兰等城市间的国际列车。

2. 日本的 381 电动车系列

日本虽然修建了高速干线开行高速列车,但仍不余遗力地开发摆式列车,提高既有窄轨铁路的运输速度。

20 世纪 60 年代后期和 70 年代初,日本开发主动和被动摆式车体内燃动车组,1973 年,日本成功地开发了 381 系列摆式电动车组,并在名古屋—长野之间投入营业使用。该种车辆的倾摆机构由一对滚子和滚子上转动的下表面为凸弧形的摆动梁组成,如图 9-42 所示。当车

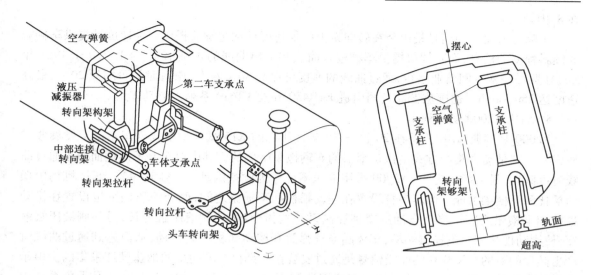

图 9-41 西班牙铁路的 Talgo Pendular 摆式车辆

辆进入曲线后,由于离心力的作用车体绕倾摆装置的摆心回转。车辆采用自然摆的原理,为了车辆通过曲线后有足够的复原力矩,摆心比车体重心高得多,381 系列可倾车的摆心距轨面高为 2 300 mm,车体最大摆角为 5°。这种列车通过曲线时的速度可比常规车辆高 15~20 km/h,采用摆式电动车组后,名古屋到长野之间的旅行时间可缩短 20min 以上,电动车组正继续扩大使用范围。

3. 意大利 ETR-450 摆式动车组

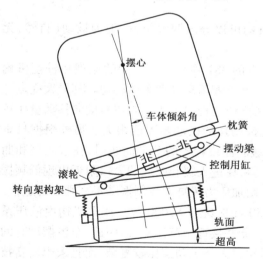

图 9-42 日本 381 系摆式列车
的倾摆系统

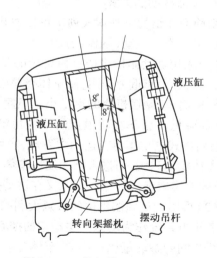

图 9-43 意大利 ETR-450 摆式
列车的倾摆系统

ETR-450 是意大利 Fait 公司制造的由 4~10 节动车和一节拖车组成。该车采用主动倾摆机构,如图 9-43 所示。车辆通过曲线时靠液压系统的作用使车体倾摆。液压缸垂向安装在车体内,液压缸上端与车体相连,下端与摇枕相连,车体与摇枕之间还有倾斜的吊杆。摇枕两端支承在二系悬挂弹簧上。当车辆接受进入曲线的信号后,车体一侧的液压缸按控制系统的指令伸长,另一侧液压缸缩短,从而车体相对摇枕转动。车体最大倾角为 10°。但经常限制在 8°内转动。

　　车辆进入曲线的信号是由装在转向架上的加速度计和陀螺仪提供。加速度计提供车辆需要倾斜程度的信息,而陀螺仪提供车辆进入曲线和退出曲线的正确信息。ETR450 于 1988 年 5 月在罗马—米兰间营业运行,通过曲线的速度可提高 30% 左右,旅行时间可缩短 20%,最高速度达 250 km/h。德国从 Fiat 公司引进 ETR450 开发 VT610 系列内燃动车组。

　　4. 瑞典 X2000 摆式列车

　　X2000 是瑞典 ABB 公司在 20 世纪 70 年代研究的 X15 试验型摆式列车基础上发展改进而成的。它是动力集中方式由机车牵引的 6 辆拖车组成的。其中机车并不倾摆而拖车通过曲线时可倾摆,最大倾角为 8°,X2000 采用液压系统作为倾摆的动力(图 5－4)。倾摆机构由摆动摇枕和下横梁组成。倾斜吊杆设置在摆动摇枕和下横梁之间,两个液压油缸也设置在摆动摇枕和下横梁之间。当液压油缸得到控制系统的指令后,一侧液压缸伸长,另一侧液压缸缩短,使摆动摇枕相对下横梁转动,车体随空气弹簧和摆动摇枕一起转动,从而达到通过曲线时产生倾角的目的。X2000 的曲线信号是通过安装在头部机车转向架的加速度计采集的。由于曲线信号提前采集,从而抵消了加速度仪因滤波而形成的延迟时间。X2000 信号采集系统中设有昂贵的航空陀螺仪。X2000 采用轴箱定位刚度低的自导向转向架(图 5－2),轮轨冲角很小,减小了通过曲线时的轮轨力以及轮缘和钢轨的磨耗。X2000 曾在德国新建高速线和多曲线的既有线路上进行试验,最高时速为 250km。在曲线上的最高运行速度比常规列车高 30%,而且不影响旅客乘坐舒适度。

　　X2000 在美国费城—哈里斯堡线路的试验结果表明,X2000 列车可以高于常规列车的速度通过曲线。

　　5. 车体倾摆的方式

　　由前面介绍的国外摆式列车可以看出,倾摆机构可以分成两大类,一类为被动(自然、无源)摆,另一类为主动(强制、有源)摆。

　　(1)采用被动倾摆机构有西班牙的 Talgo 和日本的 381 系列等。它们的原理和钟摆机构一样,靠离心力和重力作用,使车体绕摆心转动而无外界能源来推动车体转动。其最大优点是摆动机构简单,倾摆机构的重量小。但摆心较高,在摆动过程中车体重心左右横向移动量比较大,从而降低了整车在轨道上的倾覆稳定性,因此被动摆的摆动角不能很大。另外根据日本 381 系列摆式电动车组在运用中发现,当列车通过缓和曲线较短的 S 形曲线时,在进入缓和曲线时车体摆动迟缓,而进入圆曲线后车体又急剧倾斜,在进入缓和曲线的入口附近出现低频振动,影响旅客乘坐舒适性。后来又在被动摆基础上增加压力风缸以控制振动提高乘坐舒适性。

　　(2)采用主动倾摆机构的有意大利的 ETR－450 和瑞典的 X2000 等。摆动机构由液压系统或者机电系统作为动力。主动摆的摆心可以比较低并接近于车体重心,因此,车体摆动时的包络线之间的游动量比较均匀,车体轮廓可以做得比较大。主动摆比较复杂,而且采用高新技术的控制系统和测试系统,要求比较严格。英国试验的可倾列车 APT 由于不能正确按线路状态摆动而导致失败。但是,也有不少主动摆式列车运用非常成功。

══════ 复习思考题 ══════

1. 我国现有铁路客车有哪些车种? 每种客车的用途及特点是什么?

2. YZ$_{25}$型硬座客车车体钢结构由哪些部件组成? 其作用如何? 每个大部件又由哪些小

部件及主要零件组成？其作用又如何？

3. 25 型客车比 22 型客车有哪些改进？为什么 25 型客车是更新换代产品？

4. 为什么要发展双层旅客列车？双层客车与普通客车结构上有哪些区别？

5. 25 型双层硬座客车钢结构由哪些大部件组成？每个部件的作用如何？

6. 地下铁道电动客车车体结构有哪些特点？为什么？

7. 铝合金车体和不锈钢车体各有什么特点？

8. 日本 300 系、德国的 ICE 及法国的 TGV 高速列车的客车车体结构有何结构特点？

9. 什么是摆式车辆？为什么要开发摆式车辆？

10. 西班牙的 Talgo、意大利的 ETR450 和瑞典的 X2000 摆式车体各有怎样的倾摆机构？

参考文献

[1] 严隽耄. 车辆工程. 北京：中国铁道出版社，1999.

[2] 陈伟，王松文. 25 型客车及其新技术. 北京：中国铁道出版社，2001.

[3] 刘刚. 谈 25 型客车的发展. 铁道车辆. 1993(8).

[4] 长春客车厂. 地下铁道电动客车 DK8 说明书. 1988.

[5] 严隽耄，等. 可倾式列车技术及其在中国应用前景. 西南交通大学学报. 1996(5).

[6] 李苒. 国外摆式列车的发展及运用现状. 西南交通大学学报. 1999(6).

[7] 孙翔编译. 世界各国的高速铁路. 成都：西南交通大学出版社，1992.

[8] 长春客车厂. 北京复八线交流传动电动车组. 1998.

[9] 长春客车厂. DK20 鼓形地铁电动客车. 1997.

[10] 中长途双层旅客列车. 铁道车辆. 1997(9).

[11] 葛立美. 国产铁路客车图集. 北京：中国铁道出版社，1995.

第十章 车辆结构强度

解决任何结构的强度计算,一般包括三个主要问题。

1. 结构承受的作用载荷的分析:车辆作为高速运行的承载结构,在运行中承受着复杂的外界载荷,由于它们往往具有随机变化特性,所以各种载荷之间的组合及取值就成为一个课题。

车辆结构强度设计及试验需考虑十几种作用载荷的单独或联合作用,但多年实践表明:整个车辆结构或其组成零部件的强度、刚度或稳定性主要取决于一个或几个作用载荷,其余则处于从属地位。为此可以把对强度、刚度和稳定性具有决定意义的载荷称为"主载荷"。

2. 确定由于上述作用载荷在车辆结构中产生的应力和变形状态,必要时还应校核结构的稳定性。

以往,上述问题通常利用理论力学、材料力学、结构力学和弹性力学的一般方法来解决。尤其从 20 世纪 50 年代初开始自行设计车辆结构,我国主要借鉴苏联有关标准中所推荐的"力法",后由于静强度试验的逐步推广和普及,发现该方法计算与试验应力相比,其准确度不到60% ~70% 。从 20 世纪 70 年代中期,我国在结构强度计算领域中较早采用了有限元法。随着计算机技术和有限元分析技术的飞速发展,静强度的有限元分析结果与试验结果相比已经比较接近。

3. 确定结构在保证运输安全及耐久的条件下,许用应力、刚度和疲劳评估方法。目前随着我国铁路运输进一步提高列车运行速度,铁道车辆及其主要零部件的动态强度问题和疲劳寿命问题日趋严重,我国也采用试验与有限元分析相结合的方式进行了大量研究,取得了相应的成果。

本章主要以我国铁道行业标准 TB/T1335—1996《铁道车辆强度设计及试验鉴定规范》(以下简称《强度规范》)来分析作用在车辆主要零部件上的载荷,及其相关分析和试验规范。该强度规范主要适用于速度不大于 200km/h 的标准轨距铁道客车和速度不大于120 km/h、常规线路列车牵引总重不大于 6 000 t、运煤专线列车牵引总重 10 000 t 及其以上、轴重不大于25 t 的标准轨距铁道货车。对于 200 km/h 及以上速度级铁道车辆强度设计和相关结构强度试验可参照铁道部颁布的相关规范。对于牵引总重达到 10 000 t 的常规线路重载货物列车亦可参照铁道部颁布的有关文件,结合《强度规范》进行设计和试验鉴定。而对于米轨铁道车辆或者出口其他国家的铁道车辆应根据相应的标准或者设计任务书来确定车体上的载荷及其作用方式。国外标准中主要有国际铁路联盟组织(UIC)和北美洲铁路联盟组织(AAR)的关于结构强度的标准。各标准在载荷处理和评定标准上尽管不尽相同,但是其基本原理和分析方法基本上是一致的。

第一节 作用在车辆上的载荷

1. 在进行车辆结构强度设计时,一般情况下均应考虑以下的作用载荷(或力):

（1）垂向静载荷,包括结构自重、载重和整备重量;

（2）垂向动载荷;

（3）侧向力,包括离心惯性力和风力;

（4）纵向冲击力及由它所产生的纵向惯性力;

（5）制动时产生的力,包括制动系统中的力和制动时产生的惯性力;

（6）车辆通过曲线时所受的钢轨横向作用力;

（7）修理时加于车辆上的载荷;

（8）扭转载荷及垂向斜对称载荷。

2. 除上述为各种车辆所共有的作用载荷（或力）外,还应当考虑因车辆用途和结构不同的以下各种作用载荷（或力）:

（1）罐体内压力,包括所装液体的蒸发气体的压力,液体冲击压力及所装液体自重引起的静压力;

（2）散装粒状货物的静、动侧压力;

（3）车辆在机械化装卸时所受的力,包括需上翻车机的敞车和为满足叉车装卸作业地板所受的载荷。

3. 上述所列作用载荷（或力）可归结为下列几种主要计算作用方式:

（1）垂向方式;

（2）纵向方式;

（3）侧向方式;

（4）自相平衡的一些力组,如扭转载荷及斜对称载荷。

4. 除自相平衡的力组外,三种计算作用方式中,垂向和纵向是主要的,即垂向总载荷和纵向力是考察车辆结构强度的主载荷。《强度规范》规定,在考虑车辆相应零部件的强度时,常以垂向静载荷的 10% ～12.5% 来表征侧向力的作用影响,足见垂向和纵向作用方式所产生的应力可占据整个应力总成的 90% 以上。

第二节　作用在车体上的载荷

一、垂向静载荷

作用在车体上的垂向静载荷 P_{st} 包括车体自重、车辆载重以及整备重量。车辆的自重、载重以及允许轴重均用质量的单位（t 或 kg）表示,但在计算它们所产生的重力、离心力和惯性力时,则用 kN（或 N）表示。

（一）车体自重

在进行车辆强度计算时,车体自重包括车体钢结构、木结构的重量以及固接在车体上的车辆其他零、部件的重量。其数值视具体结构而定。

（二）车辆载重

1. 货车载重:对于一般货车,取标记载重（打印在车体上的额定载重）为车辆载重;对于敞车,考虑雨雪增载作用,则取标记载重的 1.15 倍作为敞车的载重。

货车载重一般认为是沿地板面均布的;对于可能装运大型笨重货物的敞车、平车和集装箱专用平车,其载重的分布情况可按设计任务书（或建议书）提出的要求考虑。

2. 客车载重:包括旅客及其自带行李的重量以及乘务人员的重量等。

旅客及其自带行李的重量按车辆容纳人数来计算。

座车的容纳人数分两种情况考虑:长途客车按座位总数加 50% 的超员计算,此时每一旅客及其自带行李的质量之和取为 80 kg;市郊客车按座位总数加上站立人数计算,站立人数按每平方米的地板自由面积(坐者足部所占面积,其宽度自座位边缘起200 mm 不计在内)站立7人考虑,此时每一旅客及其自带行李的质量取为 65 kg。

卧车的容纳人数按卧铺总数计算,此时每一旅客及其自带行李的质量之和取为 90 kg。

餐车的容纳人数按餐桌座位总数计算,每人质量取为 65 kg。

客车乘务人员数目按各型车辆的实际情况考虑。

客车载重一般也认为沿地板面均匀分布的。

(三)整备重量

客车整备重量包括旅客用的水、取暖用的煤(或油)以及餐车的燃料、冰和餐料等的重量,其数值按装满备足的情况考虑。

整备重量的分布可视各型客车结构的具体情况而定。

二、垂向动载荷

垂向动载荷 P_d 是由于轨面不平、钢轨接缝等线路原因以及由于车辆本身状态不良(例如车轮滚动圆偏心,呈椭圆状,踏面擦伤等)等因素,引起轮轨间冲击和车辆簧上振动而产生的。由于上述因素变化复杂,垂向动载荷很难从理论分析得到,通常可由垂向静载荷 P_{st} 乘以从动力学试验测得的垂向动荷系数 K_{dy} 而得,即 $P_d = K_{dy} \cdot P_{st}$。

根据试验研究的有关资料,《强度规范》推荐的垂向动荷系数的经验公式如下:

$$K_{dy} = \frac{1}{f_j}(a + bv) + \frac{dc}{\sqrt{f_j}} \qquad (10-1a)$$

式中　K_{dy}——垂向动荷系数;

f_j——车辆在垂向静载荷下的弹簧静挠度(对于变刚度弹簧,静挠度值为垂向静载荷与相应载荷下的弹簧刚度之比)(mm);

v——车辆的最高运行速度(km/h);

b——系数,取值为 0.05;

d——系数,货车取值为 1.65,客车取值为 3.0;

a——系数,簧上部分(包括摇枕)取值为 1.50,簧下部分(轮对除外)取值为 3.50;

c——系数,簧上部分(包括摇枕)取值为 0.427,簧下部分(轮对除外)取值为 0.569。

具有两系悬挂的转向架构架,垂向动荷系数按式(10-1b)计算:

$$K_{dy} = K_{dys} + (K_{dyx} - K_{dys})\frac{f_{jy}}{f_{j\Sigma}} \qquad (10-1b)$$

式中　K_{dys}——簧上部分的垂向动荷系数;

K_{dyx}——簧下部分的垂向动荷系数;

f_{jy}——二系弹簧静挠度(mm);

f_{jz}——轴箱弹簧静挠度(mm);

$f_{j\Sigma}$——转向架的弹簧静挠度($= f_{jy} + f_{jz}$)。

垂向静载荷与垂向动载荷之和称为垂向总载荷。

三、侧 向 力

作用在车体上的侧向力包括风力与离心力。车辆运行时受到自然界风力的作用。当风从车辆侧面吹来并垂直于车体侧壁,而车辆又运行在线路的曲线区段时,车体所受的侧向力为风力与离心力之和。

（一）风力

我国风力取值系据建筑界有关全国风压分布图的研究而得。计算时取风压力 540 N/m²,风力的合力作用于车体侧向投影面积的形心上。

（二）离心力

车辆运行在线路的曲线区段时,将承受离心惯性力(简称离心力)的作用,整个车辆的离心力作用在车辆的重心上,其方向沿径向指向曲线外侧。计算时通常把车体及转向架的离心力分别考虑。对于货车其车体的重心通常取在距轮对中心线上 1 800 mm 处,客车则取在距轮对中心线上方 1 600 mm 处。离心力使车体产生向曲线外侧倾覆的趋势,并使车辆靠外轨一侧的零、部件产生垂向增载。车体离心力 H_1 的作用情况,如图 10 - 1 所示,其数值可按公式(10 - 2a)计算

$$H_1 = \frac{P_{st}}{gR}\left(\frac{v}{3.6}\right)^2 \quad (\text{N}) \tag{10 - 2a}$$

式中　P_{st}——车体垂向静载荷(N);

$\quad\quad g$——重力加速度(m/s²),其值取 9.81;

$\quad\quad R$——曲线半径(m);

$\quad\quad v$——通过曲线时车辆最大允许速度(km/h)。

为了减小离心力 H_1 对车辆的作用,在线路的曲线区段上外轨铺设得比内轨高出一个 h 值(见图 10 - 1),h 通常称为外轨超高量,其数值与曲线半径 R 的大小有关。由于外轨超高,就使得车辆内倾,从而车体垂向静载荷 P_{st}(包括车体自重、载重等)就会在与离心力 H_1 相反的方向上产生一个分力 H_2,它以抵消一部分离心力的作用。

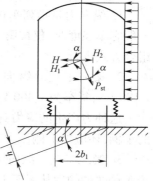

从图 10 - 1 中看出

$$H_2 = P_{st}\sin\alpha = P_{st}\frac{h}{2b_1} \quad (\text{N}) \tag{10 - 2b}$$

式中　h——曲线区段的外轨超高量(mm)(它与曲线半径 R 以及通过曲线时列车平均速度有关,其值可参看铁路工程有关书籍);

$\quad\quad b_1$——轮对两滚动圆之间的距离之半(mm),其值为 $2b_1$ = 1 493 mm。

图 10 - 1　侧向力的作用

考虑到外轨超高影响后,在曲线区段车体仍承受着未抵消的离心力作用,把 H_1、H_2 力沿着垂直于车体侧壁的方向(即 H_2 的方向)投影,其两者之差为

$$H = H_1\cos\alpha - H_2$$

由于 α 角度很小,故 $\cos\alpha \approx 1$,因此

$$H_1 = H_1 - H_2 = P_{st}\left(\frac{v^2}{gR3.6^2} - \frac{h}{2b_1}\right) \quad (\text{N}) \tag{10 - 3}$$

四、扭转载荷

车辆制造的几何误差,线路不平顺等,能使车体产生扭转,即使是静止的重载车体也可以形成扭转。在运动过程中,蛇行运动、车辆进出曲线或道岔侧线均可以使车体扭转。

由于车体重心距心盘面有一定的高度,所以如图 10-2 所示,当第一个转向架进入缓和曲线,而后面转向架仍处于平直道,或当第一个转向架驶出曲线,而后面的转向架仍处于缓和曲线时,都将使车体产生扭转。

《强度规范》规定扭转载荷 M_K 取值40 kN·m。此扭矩作用在车体枕梁所在垂直平面内。

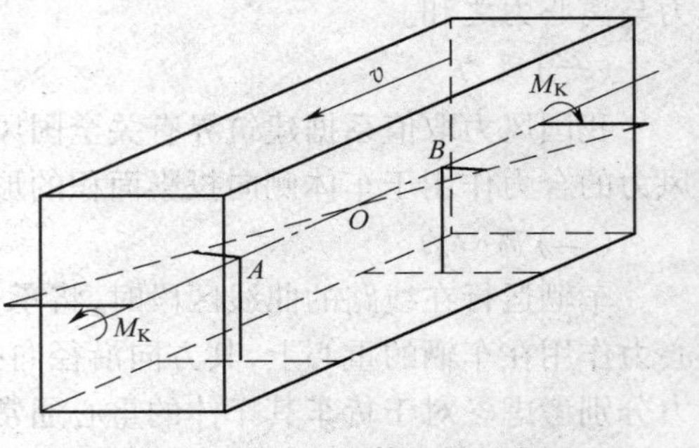

图 10-2 曲线上车体扭转示意图

五、纵 向 力

当列车运动状态发生变化时,车辆牵引缓冲装置上,因相邻车辆间产生速度差,就会导致纵向拉伸或压缩作用力的产生,它经由车辆底架的前(或后)从板座作用于车体,使其产生偏心拉伸(或压缩)变形。

纵向冲动的大小与机车的起动牵引力和列车的重量与速度,甚至机务人员的操作水平等有关,同时也取决于单个车辆本身的质量、车体纵向刚度、所装制动机和钩缓装置的性能。纵向冲动的作用性质也相当复杂,不仅不同工况下其作用力的大小与性质不同,即使同一工况也不是都有统一的特征可言。尤其应当指出的是,不管哪一种工况下发生的纵向动力,其沿列车长度方向的分布都不是均匀的,换句话说,当列车发生纵向冲击时,车辆所处位置不同,其所受力的大小是不等的。

《强度规范》对纵向力及其组合的表述如下。

1. 纵向力是指列车在各种运动状态时,车辆间所产生的压缩和拉伸的力。在计算和试验一般客车强度时,仅按第一工况的载荷组合方式进行;货车必须按第一工况和第二工况的载荷组合方式进行。

2. 第一工况。纵向拉抻力取:客车为 980 kN,货车为 1 125 kN;压缩力取:客车为 1 180 kN,货车为 1 400 kN。该力分别沿车钩中心线作用于车辆两端的前、后从板座上。

这种力产生的应力与垂向总载荷、侧向力、扭转载荷等所产生的应力相加(装运散粒货物的车辆,还应加上侧压力产生的应力),其和不得大于表 10-3 的第一工况的许用应力。

3. 第二工况。纵向压缩力取为 2 250 kN,该力有二种作用方式:一是沿车钩中心线作用于车辆两端的后从板座上;二是沿车钩中心线作用于车辆一端的后从板座上。而为车辆及其所载货物的惯性力所平衡。

货车的走行部分和车体构件,都必须考虑车体总重(车体静载重与车体自重之和)所产生的惯性力的影响,该惯性力沿车体纵向作用在车体(包括货物)的重心处。其大小按式(10-4)计算,即

$$N_g = 2\ 250 \times \frac{车体总重}{车辆总重} \quad (kN) \tag{10-4}$$

式中 N_g——车体总重产生的惯性力(kN)。

由这两种作用方式产生的应力分别与垂向静载荷产生的应力相加(装运散粒货物的车

辆,还应加上侧压力产生的应力),其和不得大于表 10 - 3 的第二工况许用应力。

随着我国铁路运输向高速和重载两个技术方向发展,其纵向力的要求也相应的进行了修改。对于 70 t 级的新型铁路货车,其第一工况的纵向拉伸力为 1 780 kN,纵向压缩力为 1 920 kN;第二工况的纵向压缩力为 2 500 kN。而应用于大秦线重载运输,列车编组超过 10 000 t 的新型铁路货车,其第一工况的纵向拉伸力为 2 250 kN,纵向压缩力为 2 500 kN;第二工况的纵向压缩力为 2 800 kN。

六、散粒货物的动侧压力

货车装运散粒货物时,车体侧、端墙承受着沿其全长(或宽)均匀分布的散粒货物侧压力。

1. 当进行第一工况强度考核时,仅考虑侧墙压力。其单位面积上的压力按式(10 - 5)计算,即

$$p_{s1} = \frac{1}{2} \gamma h \sqrt{(1 - K_v)^2 + A_0^2} \times \sqrt{1 + A_0^2} \times 9.81 \qquad (10-5)$$

$$A_0 = K_h - (1 - K_v)\tan\theta$$

式中　p_{s1}——侧墙单位面积上的压力(Pa);

　　　γ——散粒货物密度(kg/m³);

　　　h——散粒货物实际装载高度(可根据标记载重,货物容重以及车体内长和内宽等确定)(m);

　　　K_v——端墙上在重载车体重心高度处的垂向加速度与重力加速度的比值(一般可取 0.7);

　　　K_h——端墙上在重载车体重心高度处的纵向加速度与重力加速度的比值(一般可取 0.4);

　　　θ——散粒货物的自然坡角(°)。

设计通用敞车时,按装运水洗煤取值 $\gamma = 1.1 \times 10^3 \text{kg/m}^3$,$\theta = 25°$。

2. 当进行第二工况强度考核时,其侧墙单位面积上的压力按式(10 - 6)计算,即

$$p_{s2} = \frac{1}{2} \gamma h [1 + (\tan\theta)^2] \times 9.81 \qquad (10-6)$$

式中　p_{s2}——侧墙单位面积上的压力(Pa);

　γ、θ、h——同式(10 - 5)。

端墙单位面积上的压力按式(10 - 7)计算,即

$$p_{e2} = \frac{1}{2} \gamma h \sqrt{1 + (A_1 + A_2 h)^2 + A_3} \times \sqrt{1 + (A_1 + A_2 h)^2} \times 9.81 \qquad (10-7)$$

$$A_1 = K_h - \tan\theta - K_v \cdot h_0/L + K_v \cdot x \cdot \tan\theta/L$$

$$A_2 = K_v/L$$

$$A_3 = A_2 \cdot x(A_2 \cdot x - 2)$$

式中　p_{e2}——端墙单位面积上的压力(Pa);

　γ、θ、h——同式(10 - 5);

　　　K_v——同式(10 - 5),一般可取 1;

　　　K_h——同式(10 - 5),一般可取 3;

　　　h_0——散粒货物表面至重载车体重心间的距离(m);

L——车体内长的一半(m);

x——重载车体重心至计算侧压力处的水平距离(均匀装载时 $x=L$)(m)。

七、罐体的内压力

装运液体货物的罐车,其罐体承受着液体蒸发气体的内压力、液力冲击时所产生的压力及所装液体自重引起的静压力三部分之和。

液力冲击时产生的单位面积压力等于液体惯性力 N'_g 除以罐体端面的投影面积所得的商。静强度计算及试验时,假定此压力的作用沿整个罐体内壁是均匀分布的。

N'_g 值可用类似式(10-4),取相应工况的纵向力乘以液体载重与罐车总重的比而求得。

罐体内的蒸发气体压力依设计任务书规定的安全阀调整压力取值。

在评价罐体作为壳体的稳定性时,应考虑真空现象(当下部排卸或液体蒸气快速冷却及在进气阀发生故障时,均可能出现这种现象)。罐体承受负压(真空)时的计算值取为 0.05 MPa。

八、车辆在机械化装卸时所受的力

1. 需上翻车机的敞车的上侧梁和立柱必须满足翻车机的作业要求,对于车辆总重为 84 t 的敞车,翻车机一个压头的最大垂向压力取 118 kN,作用在上侧梁的任何位置,匀布于最小 200 mm 的长度上;侧墙立柱根部的内倾总弯矩 235 kN·m,均匀分摊给所有立柱,其所产生的应力均不得大于表 10-3 所规定的第二工况许用应力。其他载重的敞车及固定使用翻车机的敞车,应根据车辆总重和所用翻车机的结构确定上侧梁和立柱的载荷值。

2. 地板应能满足叉车装卸作业的要求,前轮距为 260 mm 时,载荷为 40 kN(每轮 20 kN),作用在地板任何位置所产生的应力不得大于表 10-3 第二工况许用应力。当进行这种强度考核时,钢地板可按四周简支板计算。当木地板直接承载时,其跨距不得大于 400 mm。

九、修理时加于车辆上的载荷

确定车辆强度时,应考虑在车体一端枕梁的两侧或其他顶车处用千斤顶架起重载车体。此时,车体任何断面的应力不得大于所用材料的屈服极限,顶车位置处的结构不得产生永久变形。

使车体承受很大载荷的特定架修方法必须在设计任务书中加以载明,以便在鉴定强度时考虑。

第三节 作用在转向架上的载荷

一、垂向静载荷

(一)作用在心盘上的垂向静载荷 P_{st}

车体的自重、载重和整备重量通过下心盘作用在转向架上,其数值通常采用两种方法计算。

1. 根据车体实际重量计算(俗称"自上而下"的计算方法):对于专用的客、货车转向架,作用在转向架心盘(或相应结构)上的垂向静载荷 P_{st} 是按照车体的实际总重(t)来考

虑,即

$$P_{st} = \frac{车体总重}{2} \times 9.81 = \frac{车体自重 + 载重 + 整备重量}{2} \times 9.81 (kN) \qquad (10-8)$$

按这种计算法所得的心盘载荷来设计转向架,可以使各零、部件具有合理的结构强度和自重,但这种转向架往往缺乏通用性。

2. 根据最大允许轴重计算(俗称"自下而上"的计算方法):对于通用型客、货车转向架,作用在转向架心盘(或相应结构)上的垂向静载荷 P_{st} 是按照该转向架所用轮对压在钢轨上的允许载荷(即允许轴重)来考虑,即

$$P_{st} = (n \cdot P_R - P_T) \times 9.81 \quad (kN) \qquad (10-9)$$

式中 P_R——一个轮对压在钢轨上的允许载荷(允许轴重)(t);

n——一台转向架的轴数;

P_T——一台转向架的自重(t)。

按式(10-9)计算所得的 P_{st} 来设计转向架,由于 P_{st} 与车型无关,故可在允许轴重的范围内应用于各型客车或货车,以提高转向架的通用性。

(二)作用在转向架任一构件上的垂向静载荷 P_{st1}

求得作用在转向架心盘上的垂向静载荷 P_{st} 以后,就可按下列通式计算出作用在转向架任一构件上的垂向静载荷 P_{st1},即

$$P_{st1} = \frac{P_{st} + P_{T1}}{m} \times 9.81 = \frac{n \cdot P_R - P_T + P_{T1}}{m} \times 9.81 \quad (kN) \qquad (10-10)$$

式中 P_{T1}——垂向静载荷自心盘面起至计算构件为止包括所有零件质量之和(包括计算构件本身的自重)(t);

m——一台转向架中平行受力的同名计算构件的数目;

其他符号的含义同式(10-9)。

按式(10-10)计算时,计算构件的自重已包含在 P_{st1} 之中,并以集中力表示而不取分布载荷的形式,这样将使计算简化,对计算结果影响不大,而且是偏于安全的。

现以货车三大件转向架的侧架及客车构架式转向架的构架为例,分析其在垂向静载荷下的受力情况。

1. 侧架受力

以转 K2 型转向架的铸钢侧架为例,按式(10-10)计算时,其中:轴数 $n=2$;D 轴的允许轴重 $P_R = 21t$;侧架数目 $m=2$;P_T 为一台转向架的自重(约取 4.25t);P_{T1} 为摇枕、中央弹簧装置以及两个侧架本身的自重之和。这样,作用在侧架上的垂向静载荷 P_{st1} 就可求得。P_{st1} 力是以集中力的形式作用在侧架中央的弹簧承台上,集中力的数目视中央弹簧的组数而定。转 K$_2$ 型转向架每个侧架上有七组弹簧,在图 10-3 上表示出五个集中力,其中 P_2 是二组弹簧的合力,即

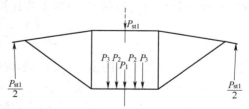

图 10-3 侧架在垂向静载荷
作用下的受力情况

$$P_2 = 2P_1 = 2P_3 = \frac{2}{7} P_{st1}$$

作用在弹簧承台上的 P_{st1} 力由轴箱的反力来平衡。侧架的受力情况如图 10-3 所示。

2. 构架受力

以 CW200 型转向架的构架为例,其中:
$n = 2, P_R = 15.5 \, t(C \text{轴}), m = 1, P_T = 6.3 \, t, P_{T1}$ 为
中央弹簧装置、构架本身以及构架上吊挂设备的
自重之和。故可按式(10 - 10)计算得到 P_{st1} 的
数值。P_{st1} 是通过空气弹簧以两个集中力的形式
作用在构架侧梁的空气弹簧座处,而由轴箱弹簧
的 4 个反力来平衡。构架的受力情况如图 10 - 4
所示。

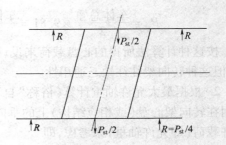

图 10 - 4　构架在垂向静载荷作用下的受力情况

二、垂向动载荷

作用在转向架零、部件上的垂向动载荷 P_{d1} 是由于车辆运行中轮轨之间冲击和簧上振动所
引起的,其数值按式(10 - 11)计算,即

$$P_{d1} = K_{dy} \cdot P_{st1} \quad (\text{kN}) \tag{10 - 11}$$

式中 K_{dy} 为垂向动荷系数,其值按式(10 - 1a)或式(10 - 1b)计算。

P_{d1} 的作用方式与 P_{st1} 相同,对于侧架和构架只要将图 10 - 3 和图 10 - 4 中的 P_{st1} 改为 P_{d1},
就得到在垂向动载荷下的受力简图。

三、纵向力所引起的附加垂向载荷

在第二节中曾指出,车体承受的纵向力有两种工况。其中第一工况以及第二工况中的第
一种作用方式规定车体在底架两端承受着对拉或对压
式的纵向力,此时作用在车体上的纵向力并不引起转
向架产生附加载荷。但是第二工况中的第二种作用方
式(即单端冲击情况),车体的受力如图 10 - 5 所示。
此时作用在车体上的纵向力将引起转向架的附加载
荷。图 10 - 5 中 P_c 为转向架对车体的垂向反力,它的
反方向即为纵向力引起的作用在转向架心盘上的附加
垂向载荷,可见前位(按车辆运行方向)转向架增载,
而后位转向架减载。作用在转向架心盘上的纵向水平力 $N_2/2$ 通常不予考虑。纵向力引起转
向架心盘的附加垂向载荷 P_c 可按下式计算,即

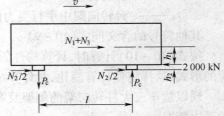

图 10 - 5　单端冲击时车体受力情况

$$P_c = \frac{(N_1 + N_3)h_1 - N_2 h_2}{l} \quad (\text{kN}) \tag{10 - 12}$$

式中　h_1——重载车体的重心至自动车钩中心线的垂向距离(m);

　　　h_2——自动车钩中心线与心盘面之间的距离(m);

　　　l——车辆定距,即两心盘中心之间的距离(m);

　　　N_1——车体自重产生的惯性力(kN);

　　　N_2——转向架自重产生的惯性力(kN);

　　　N_3——车辆所载货物的惯性力(kN)。

在 P_c 作用下转向架零、部件的受力情况,与在垂向静载荷 P_{st} 作用下的情况相同。应注
意:附加垂向载荷 P_c 通常发生在调车作业时,它所引起转向架构件的应力不应与垂向动载荷

所引起的应力相叠加。

四、侧向力引起的附加垂向载荷

侧向力包括风力和车辆通过曲线时的离心力。风力和离心力的大小及作用点见本章第二节所述。在平直道上且无风力作用的情况下,车体支承在两台转向架的心盘上。列车通过曲线时,在离心力以及风力作用下,车体将产生微量倾斜,车体靠近曲线外侧的上旁承将与转向架上同一侧的下旁承接触,这样就会引起转向架的附加垂向载荷。

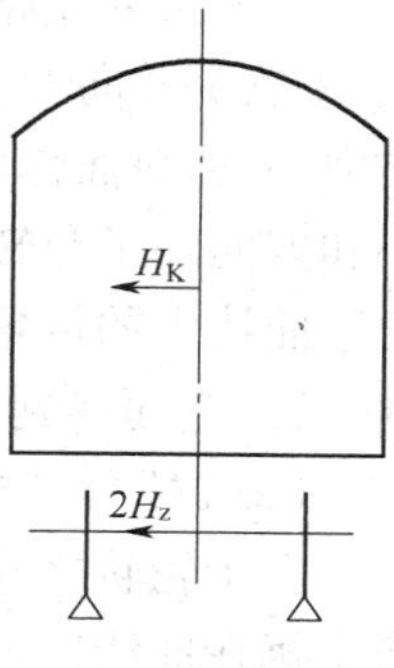

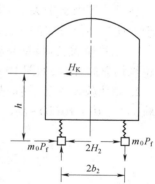

图 10-6 表示车辆承受侧向力的情况。图中 H_K 表示作用在车体上的侧向力;$2H_z$ 表示两台转向架的离心力。假定车体在侧向力作用下不发生倾斜,即转向架的摇动台和弹簧装置不变形的情况下,分析侧架和构架的受力。为此先研究车辆内侧及外侧轴箱(或轴颈)的附加垂向载荷。

图 10-6 车辆承受侧向力情况

1. 车辆内、外侧轴箱的附加垂向载荷

取车体连同中央弹簧装置以及构架(或侧架)、轴箱为分离体,如图 10-7 所示。图中 $2H_z$ 为两台转向架除去轮对后的所有构件的离心力之和,假定此力作用在车轴中心线的水平面内。轴箱处的水平反力暂不研究,而每一个轴箱的垂向反力为 P_f,根据受力平衡可得

$$P_f = \frac{H_K h}{m_0 2 b_2} \qquad (10-13)$$

式中 h——车体侧向力至车轴中心线所在水平面之间的垂向距离(m);

b_2——轮对两轴颈中心线间的水平距离之半(m);

m_0——车辆一侧的轴箱数(即车辆的轴数)。

2. 侧架受力

以处于曲线外侧的侧架为例,由式(10-13)求得车轴轴颈对轴箱的垂向反力 P_f。那么轴箱对侧架的垂向作用力也就是 P_f。知道两个轴箱对侧架的作用力,则侧架中央承簧台上弹簧的反力之和必等于 $2P_f$,可见这时侧架的受力情况与图 10-3 侧架在垂向静载荷作用下的受力完全相同,只是力的大小不同而已。

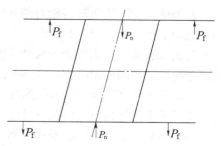

图 10-7 在侧向力作用下,除去轮对后的车辆分离体

3. 构架受力

与侧架不同,构架在侧向力引起的附加垂向载荷作用下的受力情况与在垂向静载荷下的受力不同。构架的受力情况如图 10-8 所示。图中处于曲线外侧的两个轴箱弹簧对构架的作用力向上,而内侧的则向下,每一弹簧作用力的数值等于 P_f。轴箱弹簧对构架的作用力系应由作用在构架二系弹簧座处的 P_n 力系平衡,即

$$P_n = 2P_f$$

侧向力引起的作用在转向架上的水平载荷,不能简单地像附加垂向载荷那样按图 10-7 由静力平衡求

图 10-8 构架在侧向力引起的垂向增减载作用示意图

得,而必须研究转向架在曲线上所处的位置,以及轮轨间相互作用力的实际情况,才能正确地解决。

五、侧向力及轮轨间作用力所引起的水平载荷

车辆进入线路的曲线区段后,转向架承受的水平载荷除了由车体传到心盘上的侧向力 $H_K/2$ 以及转向架本身的离心力 H_z 以外,还有钢轨给车轮轮缘的横向力(对于前轮对,常称导向力)Y 和轨面作用在轮踏面上的摩擦力 F。轮缘横向力的作用位置及大小以及摩擦力的大小和方向除了与转向架所受侧向力 $H = H_K/2 + H_z$ 的数值及转向架结构有关以外,还与转向架处于曲线上的位置及在曲线上的运动情况有关。为此,需要首先研究转向架在曲线上处于何种位置,进而得到轮轨之间的作用力,然后才能进行转向架各零部件承受水平载荷的分析。

（一）转向架在曲线上的三种位置

由于轮轨之间在水平方向有间隙存在(图 10 - 9),当车辆在曲线区段运行时,转向架的前轮对一般均挤向外轨,而前轮对的内侧车轮与钢轨之间存在着侧向间隙,但后轮对则可能靠向外轨、也可能靠向内轨或处于中间位置,这要由车辆运行速度、曲线半径大小和转向架线性尺寸等因素来决定。因此,转向架在曲线上可能处于下述三种位置中的一种。

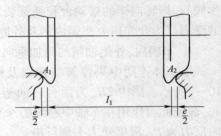

图 10 - 9　平直道上轮轨之间的相对位置

1. 弦形位置:其特征是转向架前、后轮对的外侧车轮轮缘均靠向外轨,如图 10 - 10(a)所示。

2. 最大倾斜位置:转向架前轮对的外侧车轮轮缘靠向外轨,后轮对的内侧车轮轮缘靠向内轨,如图 10 - 10(b)所示。

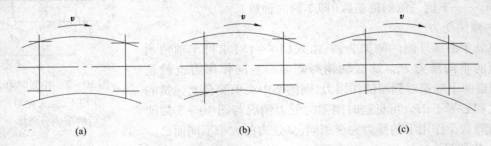

(a)　　　　　　　　　(b)　　　　　　　　　(c)

图 10 - 10　转向架在曲线上的三种位置
(a)弦形位置;(b)最大倾斜位置;(c)中间位置

3. 中间位置:转向架前轮对的外侧车轮轮缘靠向外轨,后轮对的两个车轮轮缘与内、外轨均不接触,如图 10 - 10(c)所示。

转向架在曲线上究竟处于何种位置,这需要根据以下情况来决定。当转向架固定轴距 l、轮对两车轮滚动圆间的距离 $2b_1$、线路的曲线半径 R 以及轮轨间的滑动摩擦系数 μ 的数值一定时,主要决定于车辆在曲线上的运行速度 v。当运行速度很高时,常处于弦形位置;运行速度不高时,转向架常处于中间位置。因此,在转向架强度分析时,通常采用中间位置作为计算工况。

为了分析方便起见,常采用一种示意法来表示转向架在曲线上所处的三种位置。在图 10 - 11 上,如果用 A_1、A_2 表示同一轮对的两个轮缘上可能与钢轨侧面接触的点,e 表示两轮缘与钢轨之间的间隙之和。现在假想把内、外钢轨连同转向架的前、后轮对"压缩"一个距离 l_1

（l_1 为 A_1 和 A_2 间的距离），这时 A_1 与 A_2 重合，而以 A 表示，它代表一个轮对的两个轮缘上可能与钢轨侧面接触的点，同理 B 代表转向架另一轮对的两个轮缘上可能与钢轨侧面接触的点（图 10-11 中以 B'、B'' 和 B''' 表示）。这时 AB 线就代表转向架，而相距为 e 的两条圆弧线则代表曲线上的内、外钢轨。由前述知道，转向架在曲线上无论处于何种位置，前轮对的外侧车轮轮缘都紧靠外轨，故在图 10-11 上 A 点落在外轨上。由于 A 点代表了 A_1 和 A_2，因此它既表示外侧轮缘 A_1 点与外轨接触（间隙为零），又表示内侧轮缘 A_2 点与内轨间的间隙

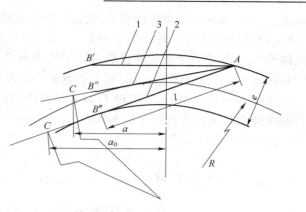

图 10-11　转向架在曲线上
所处三种位置的简单表示法
1—弦形位置；2—最大倾斜位置；3—中间位置

为 e。三种位置中后轮对轮缘可能与外轨或内轨接触或均不接触，故在图 10-11 中 B 点就分别有三种不同的位置：连接 A 和 B'、A 和 B''、A 和 B'''，就得到转向架在曲线上的三个不同位置。

为了分析在曲线上转向架所处三种位置时的受力，还需要确定转向架回转极点的位置。

（二）转向架回转极点的位置

为了分析问题方便起见，把转向架在曲线上的运动分解成二部分：沿转向架纵向中心线方向的移动（车轮纯滚动）和绕着某一点 C 的转动（车轮沿轨面滑动）。C 点就称为回转极点。由理论力学得知，C 点即为自曲线中心引向转向架纵向中心线的垂足。

从图 10-11 中可以看出：弦形位置时，C 点就处于心盘中心的位置，即 C 点处于 AB' 线的中点；最大倾斜位置时，C 点距心盘中心的水平距离 $a_0 = eR/l$，其中 R 为曲线半径，l 为转向架的固定轴距；中间位置时，C 点距心盘中心的水平距离 a 为不定值，但它必定大于零而小于 a_0，即 $0 < a < a_0$。

转向架在曲线上到底处于何种位置，可以通过以下计算求得。首先假定转向架处于中间位置，经计算：如果 $a=0$ 则说明转向架处于弦形位置；$a=eR/l$ 则处于最大倾斜位置；只有当 $0 < a < eR/l$ 时，才说明原假定转向架所处的位置是正确的。

（三）中间位置时转向架的受力分析

1. 整个转向架的受力分析：为使计算简化，需做以下几点假定。

（1）车轮的滚动摩擦力不计。

（2）转向架各车轮作用在钢轨上的垂向载荷 N 均相等，N 为平均分摊在一个车轮上的车辆垂向静载荷。这样，作用在各个轮踏面上的轮轨之间的滑动摩擦力 $F = N\mu$ 也均相同，μ 为滑动摩擦系数，一般取 $\mu = 0.25$。

（3）轮对在水平平面内相对于构架（或侧架）没有位移。

（4）轮轨之间的水平作用力（包括横向力 Y 和摩擦力 F）处于同一平面内。

取整个转向架为分离体，如图 10-12

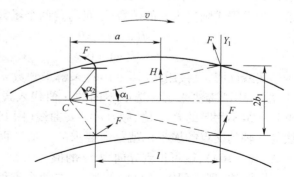

图 10-12　中间位置时转向架的受力情况

所示。这时,转向架所承受的水平载荷有:作用在转向架心盘位置上的侧向力 $H = H_K/2 + H_z$,外轨给前轮对外侧车轮轮缘的导向力 Y_1 以及钢轨给各轮踏面的摩擦力 F。摩擦力的方向是这样确定的:它垂直于各轮轨接触点与回转极点 C 的连线,并阻止转向架绕 C 点的转动。此时暂假定 C 点处于后轮对之后,它与心盘中心的水平距离为 a。

在图 10－12 上作用力 H 和 F,以及转向架的线性尺寸 $2b_1$ 和 l 均为已知值,而导向力 Y_1 及回转极点 C 的位置参数 a 是未知的。

由力的平衡方程得

$$\left.\begin{array}{l} H + 2F(\cos\alpha_1 + \cos\alpha_2) - Y_1 = 0 \\[2mm] H\dfrac{l}{2} + 2F\cos\alpha_2 \cdot l - F(\sin\alpha_1 + \sin\alpha_2)2b_1 = 0 \end{array}\right\} \qquad (10-14)$$

式中各符号的含义如前所述。其中

$$\left.\begin{array}{l} \cos\alpha_1 = \dfrac{a + \dfrac{l}{2}}{\sqrt{b_1^2 + \left(a + \dfrac{l}{2}\right)^2}} \\[6mm] \cos\alpha_2 = \dfrac{a - \dfrac{l}{2}}{\sqrt{b_1^2 + \left(a - \dfrac{l}{2}\right)^2}} \\[6mm] \sin\alpha_1 = \dfrac{b_1}{\sqrt{b_1^2 + \left(a + \dfrac{l}{2}\right)^2}} \\[6mm] \sin\alpha_2 = \dfrac{b_1}{\sqrt{b_1^2 + \left(a - \dfrac{l}{2}\right)^2}} \end{array}\right\} \qquad (10-15)$$

把式(10－15)代入式(10－14),可见式(10－14)中只有两个未知数 Y_1 和 a,故可联立解得。

由于用代数法解式(10－14)中的两个联立方程非常烦琐,故常用下列方法之一来求 Y_1 和 a。

试凑法:把上述各已知值(H、F、l 和 $2b_1$)代入式(10－14),并利用式(10－15)所示的关系,则式(10－14)中第一个方程式就变成 a 和 Y_1 的函数式,而第二个方程式则仅为 a 的函数式,可将这两个函数式简写成

$$f(a, Y_1) = 0 \qquad (10-16a)$$
$$f(a) = 0 \qquad (10-16b)$$

实践证明,直接用式(10－16b)来解未知数 a 也是很繁难的,故常用试凑法来解。选取不同的 a 值代入式(10－16b),得到一组不为零的 $f(a)$ 值,做 $f(a) - a$ 曲线(图10－13),此曲线与 a 轴的交点的横坐标就是所要求的 a 值。再把此 a 值代入式(10－16a),就可得到导向力 Y_1 的值。

图解法:把式(10－14)中的第一、二两个方程式分别除以 $4F$ 和 $2F$,则得

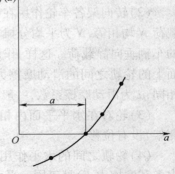

图 10－13　用试凑法求 a

$$\frac{H}{4F} + \frac{1}{2}(\cos\alpha_1 + \cos\alpha_2) - \frac{Y_1}{4F} = 0 \qquad (10-17a)$$

$$\frac{H \cdot l}{4F} + \cos\alpha_2 \cdot l - (\sin\alpha_1 + \sin\alpha_2) \cdot b_1 = 0 \qquad (10-17b)$$

利用式（10-17b），根据我国轮对滚动圆之间的距离 $2b_1 = 1\,493$ mm 以及已知转向架固定轴距 l 的尺寸后，即可绘出一条 a 与 $H/4F$ 的关系曲线。对于给定的不同的四种 l 值，可绘出相应的一组曲线 Ⅰ ~ Ⅳ，如图 10-14 所示。

再利用式（10-17a），当 $H/4F$ 为定值（即为已知值）时，对于不同的 l 值，可以绘出相应的一组 $Y_1/4F$ 与 a 的关系曲线，如图 10-15 所示。

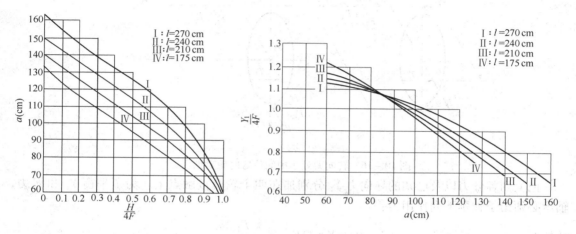

图 10-14 $a \sim H/4F$ 关系曲线　　　　　　　图 10-15 $Y_1/4F \sim a$ 关系曲线

有了图 10-14 和图 10-15 就可以方便地根据已知条件求得 a 和 Y_1 值。使用时先根据图 10-14，由已知的 H 和 F（即 $H/4F$）值和所计算的转向架的固定轴距 l，查得回转极点 C 的位置参数 a；再由 a 和 l 按图 10-15 查得比值 $Y_1/4F$，因 F 已知，则导向力 Y_1 即可求得。

应注意：从图 10-14 可以看出，如果通过曲线时车辆运行速度很高，以致侧向力 H 足够大，当 $H \geqslant 4F$ 时，则 a 值应取零（不可能为负值），它意味着转向架不是处于中间位置而是弦形位置，这时就不能按图 10-12 来分析转向架的受力了，而必须按转向架处于弦形位置时绘出它的受力简图。这时转向架除了承受已知的侧向力 H 和钢轨给予四个轮踏面的摩擦力 F 以外（H 及 F 力的大小、作用点及方向均已知），外轨还要给予前、后轮对的外侧轮缘以导向力 Y_1 和横向力 Y_2，Y_1 和 Y_2 的作用点和方向已知，但大小未知。同理可以写出两个力的平衡方程式，即可求得 Y_1 和 Y_2。如果按式（10-14）求得的 $a = eR/l$，则意味着转向架处于最大倾斜位置。类似于弦形位置，可以绘出转向架处于最大倾斜位置时的受力简图，与弦形位置不同的是 Y_2 力不是外轨作用于后轮对外侧轮缘的横向力，而应是内轨作用于后轮对内侧轮缘的横向力。

求得了 a 和 Y_1（中间位置）或者 Y_1 和 Y_2（弦形位置或最大倾斜位置）以后，仅解决了转向架作为一个整体的受力问题。为了研究转向架主要承载零、部件的受力情况，还需要把转向架"拆开"，以各个零、部件为分离体来分析，而首先要研究轮对的受力。

这里假定转向架是处于中间位置，处于其他位置时，可同理进行分析。

2. 轮对的受力分析：从图 10-12 中，把转向架的前、后轮对取出作为分离体，如图 10-16 所示。把已知的作用在轮踏面上的滑动摩擦力 F 沿坐标轴 x、y 方向分解成下列分力：

$$F_{1x} = F\sin\alpha_1, \quad F_{1y} = F\cos\alpha_1$$
$$F_{2x} = F\sin\alpha_2, \quad F_{2y} = F\cos\alpha_2$$

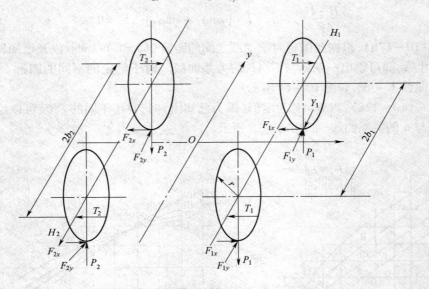

图 10 – 16　转向架处于中间位置时轮对的受力

　　把上列各分力以及已知的导向力 Y_1 分别加在四个轮轨接触点上。为了平衡 Y_1 和 F 力,轴承必须给予轴颈下列作用力:

前轮对 $\qquad\qquad\qquad\qquad H_1 = Y_1 - 2F_{1y}, \quad T_1 = \dfrac{F_{1x}2b_1}{2b_2}$

后轮对 $\qquad\qquad\qquad\qquad H_2 = 2F_{2y}, \quad T_2 = \dfrac{F_{2x}2b_1}{2b_2}$

式中各符号的含义如前所述。

　　必须指出,图 10 – 16 中 H_1 和 H_2 的这种作用方式只适合于滑动轴承的情况,因为滑动轴承车轴的轴颈前轴肩与轴瓦的间隙小于后轴肩与轴瓦的间隙。对于滚动轴承,H_1 和 H_2 可以认为平均分配在同一轮对的两个轴颈上,即前轮对的两个轴承各给予两轴颈以水平力 $H_1/2$,而后轮对的两轴颈所承受的水平力则为 $H_2/2$。

　　为平衡力偶 $H_1 \cdot r$ 和 $H_2 \cdot r$(r 为车轮半径),在前、后轮对的踏面上作用有附加垂向载荷

$$P_1 = \frac{H_1 \cdot r}{2b_1}, \quad P_2 = \frac{H_2 \cdot r}{2b_1}$$

　　3. 侧架的受力分析:以转 K2 型转向架外侧侧架为例,转向架处于中间位置时,已求得作用在前、后轮对外侧轴颈上的作用力 H_1、T_1 和 F_2,其反方向即为轴箱作用在外侧侧架轴箱导框上的力(见图 10 – 17)。为了平衡这些力,在侧架的立柱部位,摇枕必须给予立柱以适当的作用力,该力的作用方式与侧架和摇枕之间的联系状况有关。图 10 – 18 为摇枕与侧架之间联系的示意图。由该图可见,为了平衡 T_1 和 T_2,右楔块必须给予右立柱以 $T = T_1 + T_2$ 力,而 H_1 力则由左、右楔块给予立柱的摩擦力 $F_0 = H_1/2$ 来平衡。这样还存在一个力偶 $H_1/2$ 未被平衡,此力偶要引起侧架顺时针方向转动,致使左、右楔块对立柱的挤压力 N_1 产生了一个偏距 d,以形成力偶 $N_1 \cdot d$ 与 $H_1 \cdot l/2$ 相平衡。这时,外侧侧架所承受的水平载荷已全部求得,如图 10 – 17 所示。

至于内侧侧架的受力情况,也可作类似的分析。

4. 构架的受力分析:首先必须指出,客车转向架的受力分析与货车转向架有两点不同之处:其一,客车转向架的固定轴距较长,当转向架在曲线上处于中间位置时,经计算,回转极点 C 往往位于前、后轮对之间,这将使后轮对的摩擦力分量 F_{2y} 的方向与前述图 10-16 上所示相反,F_{2y} 方向的改变又影响着图 10-16 上 H_2 力的方向。其二,客车转向架上均装用滚动轴承,因此作用在前、后轮对轴颈上的 H_1 和 H_2 力就要平均分摊在该轮对的两个轴颈上,即前轮对的两个轴颈上各作用有 $H_1/2$ 力(指向曲线外侧),而后轮对两轴颈则为 $H_2/2$(也是指向曲线外侧)。

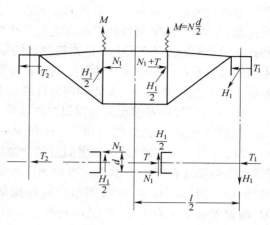

图 10-17 转向架处于中间位置时外侧侧架的受力情况

取构架为分离体(图 10-19)。如前所述,认为轴箱作用在构架弹簧支柱上的力数值上就等于轴箱对轴颈的作用力 $H_1/2$、T_1、$H_2/2$ 和 T_2,只是方向相反。认为上述各力平均分摊在轴箱弹簧上,即分别为 $H_1/2$、T_1、$H_2/2$ 和 T_2。$H_1/2$ 和 $H_2/2$,这一组力由二系悬挂(包括弹簧和横向止挡)在构架横梁上的侧向力 H 来平衡。不难证明,在 y 方向的力以及在 xy 平面内构架所受的力矩也是平衡的,即

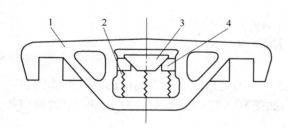

图 10-18 转 K2 型转向架摇枕与侧架的联系示意图

1—侧架;2—弹簧;3—摇枕;4—楔块

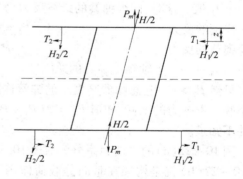

图 10-19 转向架处于中间位置时构架的受力

$$H = H_1 + H_2, H_1 \frac{l}{2} - H_2 \frac{l}{2} = (T_1 + T_2) 2b_2$$

六、垂向斜对称载荷

垂向斜对称载荷是一组垂向作用在构架轴箱部位的自相平衡的力系,此力系对于构架的纵向和横向中心平面均呈反对称分布,如图 10-20 所示。垂向斜对称载荷仅产生在具有刚性构架的转向架上。构架上的垂向斜对称载荷是由于在垂向静载荷作用下,因为线路及转向架结构本身存在缺陷等原因引起构架的四个轴箱反力不等而造成的。因此垂

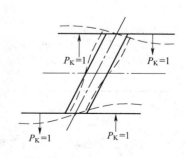

图 10-20 垂向斜对称载荷情况

向斜对称载荷是与垂向静载荷同时存在的。

造成构架四个轴箱反力不等的原因很多,其主要是:各支承点的高度不等(由于构架、轴箱弹簧、车轮直径、轴颈直径等制造误差以及线路不平顺和转向架进入缓和曲线时所造成的)和各支承点的刚度不等(主要是轴箱弹簧的刚度误差)。要同时综合考虑上述诸因素对构架垂向斜对称载荷的影响是比较复杂的。在此先分析某些因素的单独影响(这时假定其他的因素都正常),然后介绍一些实用的定量计算垂向斜对称载荷的方法。

1. 弹簧高度误差引起的垂向斜对称载荷

先假定其他因素都是标准的,仅仅某一轴箱弹簧 B 的高度比标准低一个 Δ 值(图 10-21)。为讨论方便起见,这里假定每个轴箱只有一组弹簧,即构架具有四个支承点。当构架未承受垂向载荷时,如不计构架的自重,这时四组弹簧对构架都没有反力,构架支承在 A、D、C 三点上,B 簧不与构架接触,其间隙为 Δ。当垂向静载荷(以作用在 O 点的合力 P_{st1} 来表示)逐渐增加时,弹簧受载而压缩,构架向下移动。在 B 簧与构架接触的瞬间,A、D 两组弹簧受力而下降 f_1 挠度,并产生对构架的反力,以平衡构架所受的垂向静载荷。注意,这时 C 簧并未受到载荷,也没有挠度,故不产生对构架的反力,否则构架是无法平衡的。当垂向静

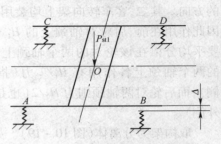

图 10-21 由于弹簧高度误差
引起的垂向斜对称载荷

荷继续增加至最终值 P_{st1},因 A、B、C、D 四簧均已与构架接触,构架向下移动,4 组弹簧同时下降一个 f_2 值。这时,四组弹簧的最终反力为

A、D 弹簧的反力　　　　　　　　　$P_2 = K_1(f_1 + f_2)$

B、C 弹簧的反力　　　　　　　　　$P_1 = K_1 f_2$

式中　K_1——一个轴箱上弹簧的总刚度。

显然 $P_2 > P_1$,它意味着高度小的弹簧连同处于它的对角线上标准高度的弹簧所受的载荷要小些。根据力的平衡,知道 $P_{st1} = 2(P_1 + P_2)$,如图 10-22(a)所示,此时 P_1 和 P_2 的确切数值并不知道。

图 10-22(a)的平衡力系分解成图 10-22(b)和图 10-22(c)两个平衡力系。显而易见,图 10-22(b)就是构架在垂向静载荷作用下的受力简图(参看前面图 10-4),而图 10-22(c)则为构架承受垂向斜对称载荷,即

$$P_K = \frac{P_2 - P_1}{2}$$

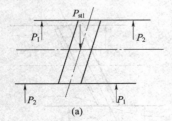
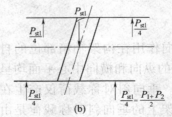
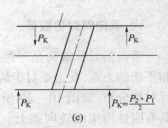

图 10-22 垂向斜对称载荷的产生

如果 B 簧比其他三簧高出一个 Δ 值或者有两组甚至 4 组弹簧的高度都不标准时,可用类

似方法分析,需要强调的是,不论 4 组弹簧的高度怎样任意变化,以及随着这种变化而求出的四组弹簧反力是如何多种多样,但是对角线上两组弹簧的反力始终彼此相等,即仍如图 10 - 22(a)所示。

需指出,对于因为构架不平、车轮和车轴轴颈直径的误差以及线路不平引起构架垂向斜对称载荷的定性分析,也完全可以参照上述关于弹簧高度不等的方法来分析。因为这些因素都可以归结为构架的四个弹簧支承点不处在同一水平面上,即可当量地看成是各弹簧存在高度上的误差。

2. 弹簧刚度误差引起的垂向斜对称载荷

同样,现假定其他因素都是标准的,仅仅某一轴箱弹簧 B 的刚度 K_0 比标准值 K_1 小一些,如图 10 - 23 所示。

当构架未承受垂向载荷时,如不计构架的自重,则构架处于水平位置,A、B、C、D 四簧均与构架接触,但四簧尚未压缩,对构架无反力。当垂向静载荷加上以后,先假设 4 组弹簧均匀下降,由于 A、C、D 三组弹簧的反力相等(因它们的刚度均为 K_1),且大于 B 簧的反力,这样,在 P_{st1} 力作用下构架不能平衡。不平衡的力矩必将使构架绕 A、D 连线转动一个角度,直至各组弹簧的压缩量符合下列关系式时,构架才会停止转动而处于平衡状态,即

$$f_B > f_A > f_C, f_A = f_D$$

而且 4 组弹簧的反力为

A、D 弹簧的反力 $\qquad\qquad P_2 = K_1 f_A = K_1 f_D$

B、C 弹簧的反力 $\qquad\qquad P_1 = K_0 f_B = K_1 f_C$

由于 $f_A = f_D > f_C$,可见 $P_2 > P_1$。根据力的平衡条件得到 $P_{st1} = 2(P_1 + P_2)$,如图 10 - 23 所示。同理,可以参照图 10 - 22 进行力的分解,从而得到作用在构架上的垂向斜对称载荷,即

$$P_K = \frac{P_2 - P_1}{2}$$

如果 B 簧的刚度 K_0 大于其余各簧的标准刚度 K_1,经类似上述的分析后得知,这时 B、C 弹簧的反力 P_1 必将大于 A、D 弹簧的反力 P_2。也就是说,刚度大的弹簧以及处于它的对角线上标准刚度的弹簧所受的载荷要大些。

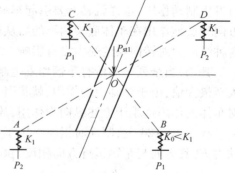

图 10 - 23 由于弹簧刚度误差
引起的垂向斜对称载荷

3. 垂向斜对称载荷的实际算法

上面定性地分析了各种偏差对构架垂向斜对称载荷 P_K 的影响。由于影响 P_K 的因素众多,很难一一考虑,为了求得 P_K 的数值,根据实践经验,通常把上述诸因素的综合影响当量地看成转向架上某一车轮在轨道上升起或下沉一个 z 值,而其他因素均认为是正常的。

经过分析和推导,得到垂向斜对称载荷 $P_K(N)$ 的计算公式

$$P_K = \frac{1}{4}\left(\frac{2b_2 z}{2b_1}\right)\frac{K_1 \cdot K_2}{K_1 + K_2} \quad (N) \qquad\qquad (10 - 18a)$$

式中 K_1——一个轴箱上弹簧的总刚度(N/mm);

$\qquad K_2$——构架抵抗垂向斜对称载荷的刚度(或称构架的抗扭刚度)(N/mm),其值为

$$K_2 = \frac{1}{\delta}$$

其中　δ——构架在一组 $P_K = 1$ N 的力的作用下,构架上 P_K 力的作用点沿 P_K 力作用方向的位移(mm),如图 10 - 20 所示,

b_2——轮对两轴颈中心线之间的水平距离之半(mm),

b_1——轮对两滚动圆之间的距离之半,我国轮对为 $2b_1 = 1\ 493$ mm。

实际计算时,推荐采取 $z = 16$ mm,对于 D 轴转向架 $2b_2 = 1\ 956$ mm,式(10 - 18a)简化为

$$P_K = 0.52 \frac{K_1 \cdot K_2}{K_1 + K_2} \quad (\text{N}) \tag{10 - 18b}$$

在进行构架强度计算时,如果构架的抗扭刚度 K_2 远大于 K_1,可简化成

$$P_K = 0.52K_1 \quad (\text{N}) \tag{10 - 18c}$$

当然按式(10 - 18c)算出的 P_K 值要偏大些,用它来校核构架的强度是偏于安全的。

从式(10 - 18b)亦可看出,如果减小 K_2,P_K 就会减小。因此,为了降低作用在构架上的垂向斜对称载荷,不仅要尽可能减低轴箱弹簧的刚度 K_1,同时构架的抗扭刚度 K_2 也不要做得很大。为此,国外出现了把构架扭转刚度做得很弱的构架,这种构架由于抗扭刚度很小,即在垂向斜对称载荷作用下变形很大,以致上述线路不平及转向架有关零件的制造误差对构架垂向斜对称载荷的影响就很小。

七、制动时的载荷

列车在运行中实施制动时,在车辆上有以下两种纵向力的作用。

其一,在目前采用的空气制动机的情况下,列车开始制动时,由于列车中前、后车辆不是同时发生制动作用,这样就必然要引起车辆间的纵向冲击,其纵向力以集中力的形式、大小相等方向相反地作用在车体底架两端的后从板座上(即前述作用在车体上的第一工况的纵向力)。这种纵向力对转向架的受力没有影响。

其二,当全列车的所有车辆均发生制动作用后,车辆间的纵向冲击消失,制动力却逐渐增大至最大值,由于制动力的作用,就将引起车体和转向架质量的纵向惯性力。这种纵向惯性力对车体的作用远小于上述纵向力作用,故可不计,但它对转向架有一定影响。

在图 10 - 24 上,制动时钢轨作用于车辆的最大制动力 F(其方向与车辆运行方向相反)由下式决定:

$$F = P_{st} \cdot \mu \cdot g \tag{10 - 19}$$

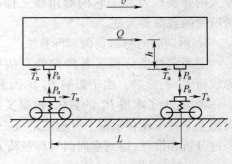

图 10 - 24　制动时的载荷

式中　P_{st}——车辆总重,又称车辆黏着重量(它等于车体和转向架的自重以及车辆载重之和)(t);

μ——轮轨间的黏着系数,一般取 $\mu = 0.25$。

因此在制动力 F 的作用下,车辆的最大减速度为 $a = \mu \cdot g = 0.25g$。这时,车体的纵向惯性力 Q 将引起前、后(按车辆运行方向)转向架的垂向增减载 P_a,以及作用在转向架心盘处的水平载荷 T_a,如图 10 - 24 所示。根据车体受力平衡,得

$$P_a = \frac{Q \cdot h}{L} \tag{10 - 20}$$

$$T_a = \frac{Q}{2} \tag{10-21}$$

式中　　h——重载车体的重心至心盘面的垂向距离(m)；

　　　　L——车辆定距(m)；

　　　　Q——车体的纵向惯性力,其值为 $Q = P_1 \cdot a = 0.25g \cdot P_1(\mathrm{kN})$

　　其中　　P_1——车体垂向静载重(车体自重与载重之和)(t)。

　　目前,在使用空气制动机和铸铁闸瓦的情况下,车辆最大制动力(或最大减速度)是发生在制动过程的最后阶段,即低速时。这时作用在转向架上的其他动载荷如垂向动载荷和侧向力都比较小了,因此,在计算转向架摇枕、侧架(或构架)的强度时,一般都不考虑制动载荷的作用。只是在计算基础制动装置零件的强度时,才必须考虑制动时由制动缸活塞传来的力的作用。

第四节　车辆强度分析

一、车辆按有限元法计算时应考虑的主要问题

　　应用有限元法借助计算机对车辆结构进行强度分析时,首先必须合理地确定计算模型(它包括结构几何图形的确定、结构对称性的利用、结构的离散化、载荷处理以及边界约束的设置等),其次是正确选用或编制合适的结构分析程序,进行仿真分析,最后计算结果进行整理分析。

　　(一)合理地确定计算模型

　　所谓计算模型就是在对实际结构物的构造和受力特性等进行分析的基础上,给出适合于有限元法的计算简图。由于实际结构物的构造和受力往往是很复杂的,且不适合直接采用有限元法进行计算(如边界支承和载荷条件不适合等),这就要求在建立计算模型的过程中,进行一些有必要的简化,也就是说,计算模型与实物相比在不同程度上都具有一定的近似性。一般说来,由于这种近似性所造成的计算误差,要比有限元法理论本身的计算误差大得多,故结构计算模型选择得合理与否,是直接影响计算结果精度的首要因素。因此,在选择计算模型时既要力求最大限度地符合实际结构及其受力特点,又要有利于计算(在保证足够精度情况下适当简化)和节省计算机运算时间。

　　下面就确定计算模型时所必须考虑的几个问题,予以简要阐明。

　　1. 结构几何图形的确定

　　根据结构物的构造情况,其几何图形可以是空间或平面图形。构成实际结构物的一维构件(杆、梁、柱)、二维构件(板、壳)均应以几何线条表示。一维杆件系统中的杆、梁、柱等,要根据其以弯曲变形还是扭转变形为主而定其轴线,若杆件在结构中以承受弯曲变形为主,则取杆件截面形心的轴线代表该杆件；若以承受扭转变形为主则取通过杆件截面弯心的轴线代表该杆件。板、壳的几何图形取其平分板(壳)厚度的中性面表示。

　　实际结构中往往存在一些难以明确划分为一维或二维的构件,例如大截面的薄壁型材,它可以作为杆件考虑,但又可作为由薄板组成的构件。这时就应根据此类构件的受力特点,在结构中的重要性以及计算精度和计算费用的经济性等方面综合考虑,从而确定其几何图形为杆件或是薄板组合构件等。

　　同一个结构,其几何图形在设计的不同阶段,可以是不同的。一般在方案设计阶段几何图

形较简单,而在技术设计阶段则较为复杂。另外,在结构的高应力区或受力复杂区,用于计算的几何图形应复杂些,而低应力区,则允许其几何图形有更大的简化。

还必须指出:如果杆件的截面积、板材的厚度或所用材料,沿杆件全长和整块板面是变化的,那么除了画出代表该杆件和薄板的轴线和平面外,还应标出不同截面(或板厚)和材质的分界点(或线)。

2. 结构对称性的利用

在确定结构的计算模型时,应充分利用结构(包括支承)及载荷的对称性。所谓结构对称是指结构的几何形状、杆件截面(或板厚)以及材料性质均具有对称性。当结构和支承均对称于某一轴线(空间结构为对称于某一平面)而载荷亦同时对称(或反对称)于该轴线(或该平面)时,由于结构中的应力、应变及位移也对称(或反对称)于该轴线(或该平面),故可沿结构的对称轴(对称平面)截开,取结构的一半作为计算对象,这样可大大减少计算工作量、节约机时而保持原有的精度。此时作用于对称轴(对称平面)上的载荷应取其值的 $1/2$,同时,根据力学原理,必须在截断平面处加上相应的约束,以代替另半个结构对该计算对象的影响。例如,当结构对称于 yOz 平面时,在对称载荷作用下,该 yOz 平面上各点均无沿 x 轴的线位移和绕 y 轴及 z 轴的转角,故取半个结构作计算简图时,该 yOz 平面上所有各结点均应加上 x 向的刚性约束和绕 y、z 轴旋转的刚性约束。同理,上述结构受反对称载荷时,则须在对称截面(yOz)上加上反对称的约束(对 yOz 平面为沿 y 轴、z 轴的线性方向的刚性约束及绕 x 轴旋转的约束)。

同理,当结构具有两个对称平面时,则可取 $1/4$ 结构计算。同时,在该两截开平面处,加上相应于载荷的约束(对称载荷下加对称约束,反对称载荷则加反对称约束)。

3. 结构的离散化

当结构的几何图形已确定并考虑了对称性以后,就可进行结构的离散化处理,这主要包括单元类型的选择和单元(网格)的划分。

(1)单元类型的选择:计算时选用何种单元取决于结构的几何形状、受力特点及对计算精度的要求等因素,也与所选取的程序有关。目前用于车辆结构离散中的常用单元为板壳单元、实体单元和梁单元。

一般结构中,可以将型钢梁当作薄板结构处理为板壳单元,但是如果考虑到结构的复杂程度和离散结构的大小,以及计算耗时等因素,可以对截面高度与长度(跨度)之比(又称高跨比)小的小梁(如客车车体上的车顶纵向梁、侧立柱、大小腰带等),作为梁单元进行处理。对于厚度较大的板以及一些铸造的安装座等结构可以选择三维实体块单元进行处理。

(2)单元的划分:对于杆系单元(杆元及梁元等),确定了结点位置就完成了单元划分的工作。确定杆系单元结点的位置,一般需遵循以下原则:不同方向杆件的交点,同一方向的杆件截面或材质发生突变处,杆件的支承点和自由端必须作为结点;而集中外力的作用点、分布载荷的起、止点或载荷强度的突变点也宜作为结点。对于变截面杆件,以若干阶梯形等截面杆件来替代。

对于膜元和板元,划分单元时应考虑以下原则:

①单元的划分应互不重叠地沿着整个结构进行,单元之间只能在结点处相连,一个单元的结点不能是相邻单元的"内点"(如采用 4~8 可变节点等参元者例外);

②单元的划分应力求规则,以保证有限元分析计算结果的精确度,如三角形单元其三条边长不要相差太大,4 结点任意四边形单元的内角不要接近 $180°$;

③单元的划分应使结点和单元的边界线置于板的厚度、载荷以及材料特性发生突变处,即

划分好的膜元或板元应是等厚度和材质均匀的；

④在应力较大或变化急剧的部分,网格可划密些,反之可划分得疏些,相邻单元面积大小尽量不要相差太大,网格从密到疏(或反过来)尽可能逐步过渡；

⑤应尽量采用精度高的单元(如矩形元,6、8 结点等参元等)。

对于某些大型结构,当单元数量过大而计算机容量难以满足(或计算时间太长)时,可以采取分步计算法,即先把单元网格划分得粗一些(因而结点数和单元数少一些)。对整个结构进行第一次计算(称为整体初算),然后把结构中应力较大或变化急剧的区域从整个结构中分离出来,并把这一局部的单元网格划分得细一些,用第一次计算所得到的该局部边界上的结点位移值(或结点力值)作为其位移边界条件(或结点载荷边界条件)进行第二次计算(又称局部细算)。在计算机容量和计算时间允许的条件下,局部细算的区域可适当取大一些。

目前一般的有限元分析软件已经能够在前处理功能里自动划分网格,但是有时候需要人工进行干涉,调整局部单元划分。

4. 载荷处理

对于计算模型中的载荷工况、数值和作用方式,对不同的计算对象,可根据《强度规范》中的有关规定来确定。

根据有限元法的理论,所有载荷必须作用在结构离散图的有关结点上(称为结点载荷)。而对作用于杆、梁单元跨度上,以及作用在板的平面内或边界上的载荷(非结点载荷),必须按一定原则移置到相应结点上,成为等效结点载荷。这种载荷的移置方法,称为载荷处理。

5. 边界约束的设置

采用有限元法进行计算时,必须在计算模型的某些节点上设置一定的约束条件,从而利用这些条件对结构刚度方程组进行处理(称为约束处理),使方程组可解。

边界约束的设置一般有以下几点情况：

(1)根据结构的实际支承情况设置约束。例如车体支承在转向架下心盘上,则可在车体上心盘支承处的节点上,设置一个限制车体在垂直方向位移的刚性约束;若要在上心盘的几个节点上同时设置约束,则可采用几个具有适当刚度的弹性约束或一个刚性约束几个支反力来模拟实际支承情况。

(2)根据结构和载荷的对称条件设置约束。如前所述,在车辆结构和载荷具有对称性时,可取 1/2 或 1/4 结构作为计算对象,此时在截开的对称载面上的所有节点应设置相应的约束条件,此处不再赘述。

(3)根据限制整个结构刚性位移的条件设置约束。当结构承受平衡力系作用而无支承时,或者结构虽具有实际支承,但这些支承条件不足以限制整个结构的刚性位移时,设置或添置若干限制整个结构刚体位移的约束。

结构在平衡力系作用下,约束点及约束方向的设置可以任意选定,因为各节点之间的相对位移值即结构内力与所设置的约束点位置和约束方向无关。但是应指出,所设置(或添置)的约束必须限制在保证结构处于静定状态的范围,而不能设置超静定约束(即多余约束)。如实际结构原来就具有超静定约束,则不属此限制范围。

(二)正确选用或编制合适的结构分析软件

有限元法是现代结构分析中一种广泛应用的先进计算方法,但是必须以计算机作为工具。正确选用或编制合适的结构分析软件则是完成计算,并保证计算结果正确可靠的关键。

随着有限元法的广范应用,国内外不断出现了各种各样的有限元结构分析程序,其中包括前后处理及计算功能较好的微机程序。因此,一般有限元计算均采用现成的结构分析程序。选用程序时,首先,应考虑该程序的计算结果是否正确可靠,这可以通过一些考题(包括多种单元及其组合的大型实际题目)验证,验证的依据是试验结果。当然,也可以与其他公认的程序计算结果对比,间接验证。其次,应考虑该程序的解题范围、规模、速度以及前后处理功能、与其他软件的连接等方面。前者是选用程序时必须要考虑的,后者则应根据具体条件灵活考虑。

上述选用程序需要考虑的问题,对编制结构分析程序同样存在。

(三)计算结果的整理

对于后处理功能强的程序,如 SSAP、ANSYS 和 I – DEAS 等,计算结果的整理是不必要的,因为这些软件具有对计算结果自动整理的功能。

对于车辆主要零部件来说,计算后经整理所得到的结果至少应包括:车体主要梁件(底架的中梁、侧梁,敞车侧立柱和上端梁等)和转向架主要部件(侧架和构架等)的挠度曲线,结构的等应力云图或应力分布曲线;计算构件中若干个绝对值最大的应力值及其发生部位。

由于在结构离散图中,某一结点通常与多个单元相连,即为多个单元所共有。但根据结点处的变形谐调条件,不同单元在同一结点处的位移值是相同的。故构件的挠度曲线可根据计算结果中结点位移分量直接给出,而无需进行整理。

二、计算实例

(一)车辆强度分析用程序简况

在车辆界开展有限元分析的初期,我国曾自编并实施不少专用分析程序,其中使用最广泛的是"空间薄膜结构程序",后发展并完善为"空间杆膜程序",该程序可解算在静载荷作用下,由薄板和空间杆组成的杆膜空间结构。它的单元库由三种平面应力板元(矩形、三角形和六结点三角形)和空间桁条杆单元、边界元组成。20 世纪 80 年代初,我国开始推广线性静动力结构分析程序(SAP5)。该程序的单元库较为丰富,它包括三维桁架、三维梁、平面应力薄膜单元、二维有限单元、三维实体(八节点块体)单元、板和壳单元(四边形)、边界单元、变节点数厚壳和三维单元,三维直管或弯管单元和读入刚度矩阵的单元等。该程序除静力分析外还可以进行动力分析,它包括:确定系统的振型和频率、利用振型叠加的方法,对随时间变化的任意载荷进行动力响应分析、响应谱分析、利用逐步直接积分对随时间变化的任意载荷进行动力响应分析、和频率响应分析等。

近年来,美国的 Algor 公司在原 SAP5 的基础上推出 SSAP 程序,它除已有功能外,可以解决非线性问题,而且,前后处理功能均较为完善。类似的程序还有 ANSYS、I – DEAS 和 NASTRAN等等。

(二)某型货车转向架构架强度计算

为了适应我国铁路货物运输的快速化要求,我国自 20 世纪 90 年代末期以来开发了一些快速货车转向架。本节采用前、后处理功能较强的 ALGOR 软件对其中某型构架式货车转向架的构架来说明有限元分析情况。

该快速货车转向架为"H"形整体焊接构架式转向架,主要由构架、摇枕、轮对轴箱装置、牵引装置、悬挂系统和基础制动系统等组成。悬挂系统采用两系悬挂系统,包括一系液压橡胶复合弹簧和二系橡胶堆弹簧。运行速度为 120 km/h,轴重 21 t,转向架自重 5.5 t,摇枕自重 0.4 t,构架自重 1 t。转向架构架是"H"形整体焊接构架,主要由侧梁、横梁、制动装置夹钳吊座、减振器安装座、牵引拉杆座和横向止挡等组成。

1. 结构离散

由于构架钢结构主要是钢板组焊结构,在进行有限元分析时共离散为 50 552 个节点,形成 52 068 个平面板壳单元,其结构模型和 1/4 离散模型见图 10 - 25(a)和(b)。

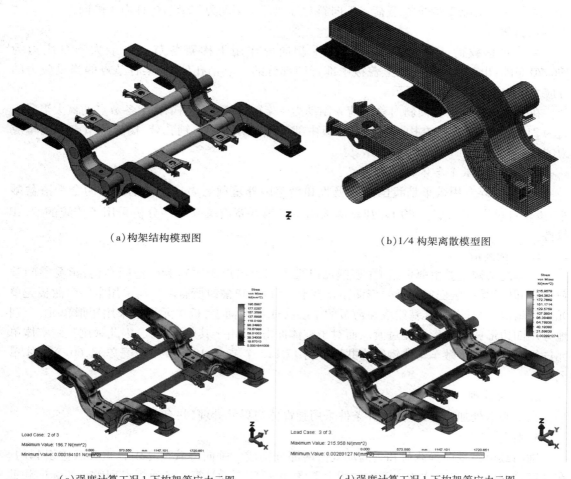

(a)构架结构模型图　　　　　　　　　　　　(b)1/4 构架离散模型图

(c)强度计算工况 1 下构架等应力云图　　　　(d)强度计算工况 1 下构架等应力云图

图 10 - 25　构架强度有限元分析

2. 约束处理

在轴箱弹簧安装部位的导框处施加边界弹性单元,弹性单元模拟轴箱弹簧的三向刚度进行设定,整个构架设置了 96 个弹性单元。

3. 计算载荷。

垂直载荷由垂直静载荷和垂直动载荷两部分构成,作用在二系弹簧在构架侧梁中部的安装面上。垂直静载荷 P_{st} 是由自重和载重引起的。在计算过程中,构架的自重按体积力考虑,由程序自动计算。载重为 361. 989 kN。根据《强度规范》可以计算出 $K_{dys} = 0. 226\ 5$,$K_{dyx} = 0. 293\ 0$,$K_{dy} = 0. 285\ 3$,垂直动载荷为 103. 28 kN。

垂向斜对称载荷为 8. 470 kN,反对称作用在轴箱弹簧安装座位置。

侧向力为 36. 20 kN,作用于构架侧梁中部。

制动力为 123. 61 kN,作用在四个制动吊臂上。

牵引拉杆作用力为 123. 61 kN,作用在牵引拉杆座上。

根据以上载荷分析,计算中载荷分为以下几种工况:

刚度工况:垂直静载荷(刚度工况);

强度计算工况 1:垂向总载荷 + 垂向斜对称载荷 + 侧向力;

强度计算工况 2:垂向总载荷 + 垂向斜对称载荷 + 制动力 + 牵引拉杆力 + 侧向力。

4. 计算结果

在垂向总载荷 + 垂向斜对称载荷 + 侧向力作用下构架各节点的最大当量应力为 196. 70 MPa,出现在构架侧梁上盖板中部下凹部分的中心销孔处,构架各节点的当量应力的等应力图如图 10 – 25(c)所示。

在垂向总载荷 + 垂向斜对称载荷 + 制动力 + 牵引拉杆力作用下构架各节点的最大当量应力为 215. 96 MPa,出现在构架侧梁上盖板中部下凹部分的中心销孔处,构架各节点的当量应力的等应力图如图 10 – 25(d)所示。

(三)C_{80C} 型敞车车体的计算

C_{80C} 型运煤专用敞车是我国充分吸收和借鉴国外重载运煤货车技术研制的全钢浴盆敞车,该车自重为 20 t,载重 80 t。其具体结构参见第八章有关介绍。分析采用了传统的 SSAP 软件。

1. 结构离散

车体的结构主要由薄板组成(型钢可以视为钢板组焊而成),为一空间结构,承受空间载荷,结构既承受拉压变形又承受弯曲扭转变形,所以在离散时所有部件均采用空间弯曲板壳单元进行离散。离散时,其基线取在薄板的中心线或中性面上,板单元尽量采用矩形单元,个别地方用四边形或三角形单元过渡。而对于整体冲击座,由于其厚度较大,因此采用三维实体单元进行离散。整个敞车车体钢结构共划分为 17 112 个节点,19 652 个板壳单元,60 个实体单元。

2. 约束处理

在上心盘处加边界条件,边界条件采用弹性体边界元处理,共有 24 个边界元。

3. 作用载荷

垂向载荷由垂向静载荷和垂向动载荷两部分构成。垂向静载荷是由自重和载重引起的。在计算过程中,敞车车体的自重按体积力考虑,由程序自动计算。该运煤专用敞车的标记载重为 80 t,但为了考虑雨雪增载的影响,取其标记载重的 1. 15 倍作为敞车的载重,即 902. 5 kN,作用在底架地板面和浴盆底部上。根据《强度规范》可以计算得到垂向动载荷系数 K_{dy} 为 0. 298 0,则垂向动载荷为 268. 9 kN。

侧向力 F_j 按以增加垂向静载荷的 10% 考虑,其作用方式与垂向静载荷的作用方式相同。

扭转载荷取 40 kN·m,作用在上旁承座上。

根据列车编组 20 000 t 以上运煤专用敞车的技术条件,C_{80C} 型敞车车体第一工况的纵向拉伸取 2 250 kN;压缩力取 2 500 kN。该力分别沿车钩中心线作用于车辆两端的整体冲击座、整体心盘座上。第二工况的纵向压缩力取 2 800 kN。该力沿车钩中心线作用于车辆两端的整体心盘座上。

散装粒状货物的侧压力作用于垂直侧(端)墙上。第一工况侧墙上单位面积上的压力按式(10 – 5)计算;第二工况侧墙上单位上的压力按式(10 – 6)计算,端墙上单位面积上的压力按式(10 – 7)计算。

翻车机卸货作业载荷按一个压头的最大垂向压力取 140.5 kN,作用在上侧梁的任何位置,均匀分布在最小 200 mm 的长度上。侧墙立柱根部的内倾总弯矩取 279.8 kN·m,均匀分摊给所有立柱。

进行有限元分析计算时考虑以下几种载荷情况:

(1)刚度计算工况:垂向静载荷;

(2)强度计算工况 1:垂向总载荷 + 扭转载荷 F_1 + 侧向力 F_j + 散装货物侧压力(F_{s1}) + 2 250 kN纵向拉伸力;

(3)强度计算工况 2:垂向总载荷 + 扭转载荷 F_1 + 侧向力 F_j + 散装货物侧压力(F_{s1}) + 2 500 kN纵向压缩力;

(4)强度计算工况 3:垂向静载荷 + 散装货物侧压力($F_{d2} + F_{c2}$) + 2 800 kN 纵向压缩力;

(5)强度计算工况 4:垂向静载荷 + 散装货物侧压力(F_{c1}) + 翻车机载荷。

4. 计算结果

C_{80C} 型运煤专用敞车的车辆定距为 8 250 mm。由于该车体结构为无中梁浴盆结构,因此取中梁的挠度和挠跨比的时候采用了浴盆中央小横梁中间的位移。在刚度计算工况下,中梁的挠度为 5.05 mm,挠跨比为 0.918/1 500。

在垂向总载荷 + 扭转载荷 + 侧向力 + 散装货物侧压力 + 2 250 kN 纵向拉伸力作用下节点的最大当量应力为 269.87 MPa,出现在车体底架的侧梁立板开孔附近。

在垂向总载荷 + 扭转载荷 + 侧向力 + 散装货物侧压力 + 2 500 kN 纵向压缩力作用下节点的最大当量应力为 273.21 MPa,出现在车体底架侧梁立板工艺孔附近。

在垂向静载荷 + 散装货物侧压力 + 2 800 kN 纵向压缩力作用下节点的最大当量应力为 359.63MPa,出现在车体侧墙中部侧墙板的压筋附近。

在垂向静载荷 + 散装货物侧压力 + 翻车机载荷作用下节点的最大当量应力为 283.12 MPa,出现在车体侧墙枕柱上施加翻车机弯矩的作用点附近的侧墙板上。

5. 分析结果和试验结果对比

由于有限元计算分析和试验是分别独自完成的,因此在有限元分析和静强度试验中测点的布置没有很好的对应,但是刚度试验的取点是相近的,可以进行对比分析。

在试验中,浴盆底部中央挠度为 5.1 mm。有限元分析中浴盆中央小横梁中央的位移为 5.05 mm,精度为 99.0%。

 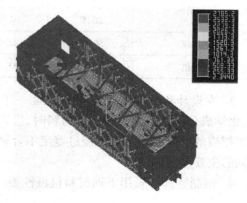

图 10－26　C_{80C}型运煤专用敞车车体有限元分析结果

三、车辆上常用材料及许用应力

1. 车辆焊接结构主要承载件,一般采用纯氧顶吹转炉、平炉或电炉钢。普通侧吹转炉钢仅可用于次要零件,普通底吹转炉钢不得使用。热轧碳素结构钢的含碳量不得大于 0.24% ,硫、磷以及镍、铬和铜等杂质的含量均应相应符合 GB/T699 和 GB/T700 等标准的要求;耐大气腐蚀钢应符合有关国家标准、铁道行业标准或其他相当的标准规定。

2. 车辆焊接结构主要承载件应当采用镇静钢。各种钢材的性能除相应符合 GB/T699、GB/T700 和 GB/T1591 等标准的要求外,还应具有额定冲击韧性值(a_{kv} 值),要求符合如下规定:

(1)当选择新材料牌号时[*1],应按 20、0、−20、−40、−60 ℃五个温度测定 a_{kv} 值的统计平均值和考虑离散度后的下限值,不得低于表 10−1 或表 10−2 中的相应值。

(2)按(1)点选定某种牌号材料后,日常进行采购或入厂检验时,可仅测定 20 ℃下的 a_{kv} 值。取 5 个试样进行试验,其平均值应不小于表 10−1 或表 10−2 中相应温度下的下限值,但只允许 5 个试样中有一个试样的值低于规定值。

(3)除上述两点规定外,a_{kv} 值的测试还应符合 GB/T2106、GB/T2975 和 GB/T4159 等标准的规定。

车辆焊接结构主要承载件应在产品技术条件中明确规定。

车辆用其他黑色金属和有色金属材料,均须符合相应标准的规定,或符合经供求双方协议并按规定程序批准的技术文件的要求。

表 10−1　结构钢的 a_{kv} 值(J/cm²)

试验结果	温　　　度				
	20 ℃	0 ℃	−20 ℃	−40 ℃	−60 ℃
平均值	60.43	36.71	16.39	8.76	4.46
下限值	49.54	29.37	10.75	5.83	3.38

表 10−2　铸钢的 a_{kv} 值(J/cm²)

试验结果	温　　　度				
	20 ℃	0 ℃	−20 ℃	−40 ℃	−60 ℃
平均值	59.67	43.69	28.99	14.66	8.38
下限值	46.95	33.78	22.21	8.76	5.77

3. 在设计和试验时,材料机械性能一律采用相应标准的最低值。当使用没有载明机械性能、化学成分和冶炼方法的金属材料时,应以国标或冶金行业标准规定的方法进行鉴定后,方可按相应的钢号使用。对于经过鉴定不合格以及冶炼方法不能确定的钢材,均不得用于制造车辆的主要承载件。

4. 钢制零部件采用下列材料机械性能。

---

* 在 TB/T1335—96 标准实施前经运用证明未发生低温冷脆者;或经鉴定,低温性能符合原标准要求者,不作为新材料。如 09V、ZG20SiMn、09CuPTiRE、09PCuXt、08CuPVXt,以及表 10−3 中载明的材料(不锈钢、铝合金除外)等。

弹性模量 $\qquad E = 206 \times 10^3\ \mathrm{MPa}$（轧制钢材）

$$E = 172 \times 10^3\ \mathrm{MPa}（铸钢件）$$

切变模量 $\qquad G = \dfrac{E}{2(1+\mu)}$

泊松比 $\qquad \mu = 0.3$

　　5. 材料许用应力按下列各条确定。试验测试应力允许考虑 5% 的误差，但不得与下列第 (3) 项合并提高许用应力值。

　　(1) 按《强度规范》设计的钢质车辆零部件，除本章第五节已载明的试验许用应力外，零部件基体金属的测试应力均不得大于表 10-3 所规定的数值。

　　(2) 若采用表 10-3 中没有载明的其他金属材料时，其许用应力可参照所用材料的屈服极限与表列同类材料的屈服极限之比而决定。

　　(3) 对于主要承受弯曲的车辆杆件，允许按"极限荷重法"提高材料的许用应力，即主要承受弯曲的断面，其断面全部纤维达到屈服时所能承受的弯矩 M_1 比断面外侧纤维达到屈服时所承受的弯矩 M_2 要大，故弯曲时许用应力可按表列许用应力与比值 M_1/M_2 的乘积取值。

　　(4) 车辆各金属零件（弹簧除外）在承受剪切状态下的屈服极限及许用应力取为拉伸屈服极限和许用应力的 0.6 倍。剪切强度极限取为拉伸强度极限的 0.75 倍。

表 10-3　金属零件许用应力表（MPa）

材料及其牌号			车体及转向架零件（轮对除外）		制动零件
			第一工况	第二工况	
普通碳素钢	Q235-A	（$\sigma_s=235$）	161	212	136
	Q275	（$\sigma_s=275$）	188	248	159
耐候钢	Q295GNH	（$\sigma_s=295$）	185	250	156
	Q345GNHL	（$\sigma_s=345$）	216	293	183
	Q450NQR1	（$\sigma_s=450$）	281	380	
	Q550NQR1	（$\sigma_s=550$）	343	464	
不锈钢	1Cr17Mn6Ni5N	（$\sigma_s=275$）	188	248	159
低合金钢	16Mn	（$\sigma_s=345$）	216	293	183
普通铸钢	ZG200-400	（$\sigma_s=200$）	115	154	98
	ZG230-450	（$\sigma_s=230$）	132	177	113
低合金铸钢	B 级钢	（$\sigma_s=280$）	150	200	128
	C 级钢	（$\sigma_s=420$）	195	259	166
	E 级钢	（$\sigma_s=690$）	320	425	
铝合金	LF6	（$\sigma_s=157$） （$\sigma_b=314$）	100　　　140 （转向架零部件除外）		——
弹簧钢	60Si2CrVAT	（$\sigma_s=1700$）	抗压及弯曲变形：1 416 剪切及扭转变形：1 063		

注：1 不锈钢 1Cr17Mn6Ni5N 的力学性能根据 GB/T1220 选取。

　　2 铝合金 LF6 的力学性能根据 GB3193 选取

第五节　车辆零部件强度试验

一、试验目的、载荷及要求

1. 试验目的是鉴定车辆及其主要零部件的强度、刚度和稳定性。

2. 试验加载应最大限度地模拟试件实际运用时的受力状态。

3. 试验载荷应不小于基本作用载荷值，但鉴定标准仍须按基本作用载荷换算。

4. 试验对象的制造质量应具有代表性。其机械性能、化学成分、金相组织、铸件壁厚、外型尺寸及铆焊质量等技术状态均应符合有关图纸及技术文件的规定。

二、车体静强度试验

1. 试验内容

试验内容包括垂向载荷试验、纵向力试验、扭转试验、顶车试验和罐体内压力试验等。

（1）垂向载荷试验：车体支承在两心盘上（旁承承载者为旁承），使底架处于水平状态，然后，加上匀布或集中的试验载荷。

（2）纵向力试验：纵向拉伸力沿车钩中心线加在前从板座上，压缩力加在后从板座上。对已定型车辆进行一般性强度检验时，可由纵向压缩的试验应力换算为纵向拉伸的应力。

（3）扭转载荷试验：在枕梁的四个端部将车体顶起，使上下心盘离开一定距离成四点支承，并处于水平状态。将任意一个对角线的两个支承上升或下降，使车体产生扭转。

加于车体的扭转力矩可用式（10-22）计算，即

$$M_k = b_s \left(\frac{\Delta P_1 + \Delta P_2}{2} \right) \qquad (10-22)$$

式中　M_k——扭转力矩（N·m）；

ΔP_1、ΔP_2——分别为同一枕梁两支点承力的变化绝对值（N）；

b_s——同一枕梁两支承点间的距离（m）。

（4）顶车试验：试验载荷和作用方式见第二节。

（5）罐体内压力试验：采用水压试验。

2. 应力合成及许用应力

（1）应力换算：鉴于试验载荷值与各部件承受的基本作用载荷值通常是不相等的，试验测得的应力应换算成基本作用载荷下的应力。采用下列符号：

σ_{cj}——垂向静应力；

σ_{cL}——试验载荷下测量的应力；

σ_{yL}——第一工况拉伸时的应力；

σ_{yy}——第一工况压缩时的应力；

σ_{ey}——第二工况压缩时的应力；

σ_{nz}——扭转应力；

σ_{ny}——内压应力；

σ_{dc}——顶车应力；

σ_{c1}——第一工况散粒货物侧压力作用下的应力；

σ_{c2}——第二工况散粒货物侧压力作用下的应力；

K_{dy}——垂向动荷系数；

K_c——侧向力影响系数（按第二节取值）。

①垂向静载荷下的应力换算。假定中梁、端梁和横梁（包括斜撑）承受底架自重、载重和底架的整备重量；枕梁、侧墙（包括侧梁）和车顶承受车体自重、载重和底架的整备重量。因此，中梁、端梁和横梁（包括斜撑）的应力按式（10-23）换算，即

$$\sigma_{cj} = \sigma_{cL}\left(\frac{底架自重 + 载重 + 底架的整备重量}{试验载荷}\right) \qquad (10-23)$$

枕梁、侧墙（包括侧梁）和车顶的应力按式（10-24）换算，即

$$\sigma_{cj} = \sigma_{cL}\left(\frac{车体自重 + 载重 + 车体的整备重量}{试验载荷}\right) \qquad (10-24)$$

对于一般货车车体的所有梁件允许按式（10-24）换算。

②纵向力作用下的应力按式（10-25）～式（10-27）换算，即

第一工况
$$\sigma_{yL} = \sigma_{cL}\left(\frac{N_{yL}}{试验载荷}\right) \qquad (10-25)$$

$$\sigma_{yy} = \sigma_{cL}\left(\frac{N_{yy}}{试验载荷}\right) \qquad (10-26)$$

第二工况
$$\sigma_{ey} = \sigma_{cL}\left(\frac{N_{ey}}{试验载荷}\right) \qquad (10-27)$$

式（10-25）～式（10-27）中的 N_{yL}、N_{yy} 及 N_{ey} 分别为第二节中规定的第一工况纵向拉伸力、压缩力及第二工况纵向压缩力。

③扭转载荷作用下的应力按式（10-28）换算：

$$\sigma_{nz} = \sigma_{cL}\left(\frac{40}{试验扭矩}\right) \qquad (10-28)$$

④顶车试验的应力按式（10-29换算），即

$$\sigma_{dc} = \sigma_{cL}\left(\frac{车体自重 + 载重 + 车体的整备重量}{试验载荷}\right) \qquad (10-29)$$

⑤罐车内压力试验的应力按式（10-30）换算，即

$$\sigma_{ny} = \sigma_{cL}\left(\frac{容器内压力}{试验压力}\right) \qquad (10-30)$$

（2）应力的合成：在鉴定强度时，将换算应力值按照"最大可能组合"的原则予以合成。

①第一工况：中梁、端梁、枕梁、横梁（包括斜撑）和货车车顶应力合成为式（10-31a），即
$$\sigma_1 = \sigma_{cj}(1 + K_{dy}) + \sigma_{yL}(或 \sigma_{yy}) + \sigma_{nz} + \sigma_{c1} \qquad (10-31a)$$

侧墙（包括侧梁）和客车车顶合成应力为
$$\sigma_1 = \sigma_{cj}(1 + K_{dy} + K_c) + \sigma_{yL}(或 \sigma_{yy}) + \sigma_{nz} + \sigma_{c1} \qquad (10-31b)$$

罐体应力合成为 $\qquad \sigma_1 = \sigma_{cj}(1 + K_{dy}) + \sigma_{yL}(或 \sigma_{yy}) + \sigma_{ny} \qquad (10-31c)$

式（10-34）、式（9-35）中，仅装运散粒货物的车辆加入 σ_{c1}，下式（10-37）中的 σ_{c2} 同。

②第二工况：各测点的应力合成为式（10-32a），即

$$\sigma_2 = \sigma_{cj} + \sigma_{ey} + \sigma_{c2} \qquad (10-32a)$$

罐体应力合成为 $\qquad\qquad \sigma_2 = \sigma_{cj} + \sigma_{ey} + \sigma_{ny} \qquad (10-32b)$

③顶车应力合成为 $\qquad\qquad \sigma = \sigma_{cj} + \sigma_{dc} \qquad (10-33)$

④许用应力：第一、二工况的合成应力不得大于表10-3规定的相应工况的许用应力；顶

车合成应力不得大于所用材料的屈服极限。

对复杂应力状态下的合成应力,应按(10-34)取当量应力 σ_e 同许用应力作比较,即

$$\sigma_e = \sqrt{0.5\left[(\sigma_1 - \sigma_2)^2 + (\sigma_2 - \sigma_3)^2 + (\sigma_3 - \sigma_1)^2\right]} \tag{10-34}$$

式中　　σ_e——当量应力(MPa);

　　　　σ_i——主应力$(i=1,2,3)$(MPa)。

三、车体刚度试验

1. 试验内容

整体承载的客车车体要做垂向弯曲刚度和扭转刚度试验,用相当弯曲刚度和相当扭转刚度来评定。货车车体仅做垂向弯曲刚度试验,用挠度与车辆定距之比值(即挠跨比)来评定。钢质保温车,对于载荷基本对称和车长在 20m 以下者可仅做垂向弯曲刚度试验。

2. 垂向弯曲刚度试验

在垂向载荷试验时,测定在端梁、枕梁两端和车体中央处的中梁和侧梁的挠度,并换算成中梁中央相对于两心盘的挠度 f_{zc} 和侧梁中央相对于枕梁端部的挠度 f_{cc},然后根据垂直静载荷下应力换算的假定,换算为车体正常运用情况下的挠度(不考虑动载荷和侧向力的影响)。换算公式分别为式(10-35)和式(10-36),即

中梁中央挠度　　　$f_z = f_{zc}\left(\dfrac{\text{底架自重} + \text{载重} + \text{底架的整备重量}}{\text{试验载荷}}\right) \tag{10-35}$

侧梁中央挠度　　　$f_c = f_{cc}\left(\dfrac{\text{车体自重} + \text{载重} + \text{车体的整备重量}}{\text{试验载荷}}\right) \tag{10-36}$

f_{cc} 取一、二位侧梁中央挠度平均值。

3. 垂向弯曲刚度的评定标准

整体承载的客车车体,将垂向弯曲刚度试验所得中梁、侧墙挠度值分别代入式(10-37),求得中梁、侧墙的相当弯曲刚度,即

$$EJ = \frac{W \cdot L_2^2}{384f}(5L_2^2 - 24L_1^2) \tag{10-37}$$

式中　　EJ——相当弯曲刚度$(N \cdot m^2)$;

　　　　W——单位长度载荷(N/m);

　　　　L_1——底架外伸部分长度(m);

　　　　L_2——车辆定距(m);

　　　　f——中梁(f_z)或侧墙(f_c)中央挠度(m)。

推荐用下列评定标准:

中梁　　　　　　　　　　　$EJ \geqslant 1.30 \times 10^9 N \cdot m^2$

侧墙　　　　　　　　　　　$EJ \geqslant 1.80 \times 10^9 N \cdot m^2$

货车车体的挠跨比评定标准推荐如下数值:

底架承载的敞、平车　　　　　　　$\dfrac{f_z}{L_2} \geqslant \dfrac{1}{900}$

侧墙承载的车体　　　　　　　　　$\dfrac{f_z}{L_2} \geqslant \dfrac{1}{1\,500}$

　　　　　　　　　　　　　　　　$\dfrac{f_c}{L_2} \geqslant \dfrac{1}{2\,000}$

受集中载重的平车

$$\frac{f_z}{L_2} \geqslant \frac{1}{700}$$

长大货物车的垂向弯曲刚度评定标准按设计任务书中的要求确定。

4. 扭转刚度试验

扭转载荷试验时,测量加载后四个支撑点相对于刚性基础垂向距离的变化值 δ_i(mm),$i = 1$、2、3、4)。

车体的相对扭转角用(10 – 38)式计算:

$$\phi = \frac{(\delta_1 - \delta_2) - (\delta_3 - \delta_4)}{b_2} \qquad (10-38)$$

式中　ϕ——相对扭转角(rad);

　　　δ_i——加载荷后 i 点垂向距离的变化值(mm)($i = 1$、2、3、4);

　　　b_2——一、二或三、四位两侧点之间的距离(一、二位端应相等)(mm)。

5. 扭转刚度评定标准

相当扭转刚度按式(10 – 39)计算:

$$GJ_p = L\left(\frac{M_k}{\phi}\right) \qquad (10-39)$$

式中　GJ_p——相当扭转刚度(N·m²/rad);

　　　L——相对扭转截面之间的距离(m)。

M_k 和 ϕ 同前。

客车车体的相当扭转刚度值,推荐不小于 5.5×10^8 N·m²/rad。

四、客车转向架静强度试验

1. 试验内容

客车转向架应进行垂向总载荷、侧向力、垂向斜对称载荷试验。

摇枕、构架和中央悬挂装置的零件可以单独进行试验,亦可以对组成的转向架进行试验。

2. 垂向总载荷试验

各试件所承受的垂向静载荷等于转向架总轴重减去试件以下所有零部件重量相应的静载荷,除以转向架中平行受力的相同试件的数目。

垂向动载荷按式(10 – 1a)和式(10 – 1b)计算。垂向试验载荷施加在试件实际的承载面上。

3. 侧向力试验

对组成的转向架进行试验时,采用以下加载方式:即在心盘和旁承上加垂向总载荷,其数值由车体的平衡计算得到。同时在心盘边缘(允许在摇枕端部)加侧向水平力,其值按第二节的侧向力规定进行计算。

对摇枕、构架和中央悬挂装置的零件进行单件试验时,则应按在侧向力、垂向总载荷与钢轨作用力同时作用下,根据力的平衡条件,求得各零件所受的力,并按此受力情况对试件进行支承和加载(详参第三节)。

以上试验所得数据都是侧向力与垂向总载荷的合成应力。

4. 垂向斜对称载荷试验

构架承受垂向斜对称载荷的数值按式(10 – 18a)计算。单件试验时,垂向斜对称载荷施加在构架轴箱处。对于组成的转向架,试验时可按如下方法加载以得到近似的垂向斜对称载荷的数值,即在一、四位(或二、三位)车轮与钢轨之间加 10mm 厚的垫片,然后加上垂向总载荷。试验所得数据是垂向总载荷和斜对称载荷作用下的合成应力。

5. 应力合成及许用应力

摇枕和中央悬挂装置零件的合成应力为垂向总载荷与侧向力作用下应力之和;而对于构架和轴箱还应叠加由于垂向斜对称载荷产生的应力。各零部件的最大可能合成应力均不得大于表 10 – 3 的许用应力值。对复杂应力状态下的合成应力,应按式(10 – 34)取当量应力 σ_e 同许用应力作比较。

五、货车转向架静强度试验

1. 本试验适用于无横向联系梁的铸钢摇枕与侧架。对于具有横向联系梁或结构类似客车转向架的货车转向架应参照上述客车转向架静强度试验要求进行试验和评定。

摇枕和侧架可以单独地进行加载试验,亦可对组成的转向架进行试验。

2. 试验内容和许用应力

摇枕的作用载荷有:垂向载荷 P(P 为一个转向架承受的垂向静载荷,其值等于转向架轴重与轴数的乘积减去转向架自重)和沿车体纵向作用的水平力 $0.25P$ 均以集中力形式作用在摇枕中央截面,并应尽可能接近实际作用方式,摇枕两端弹簧支承面处以刚性支承。

侧架的作用载荷有:垂向载荷 $1.5C$ 和沿车体横向作用的水平力 $0.4C$,垂向载荷可模拟实际受力情况作用在弹簧支承面上;而横向水平力垂直于侧架平面作用在两个立柱上。C 为轮对两轴颈的垂向静载荷,其值等于轴重减去轮对自重。

摇枕和侧架在垂向和横向两种载荷作用下,各测点的最大可能合成应力[复杂应力状态下的合成应力,应按式(10 – 34)取当量应力 σ_e]不大于以下许用应力值:

材质	ZG230 – 450	B 级钢	C 级钢
许用应力(MPa)	103	117	151

摇枕还需作沿车体纵向单独作用的水平力 $0.8P$ 载荷下的试验,此力以集中形式作用在摇枕中央的腹板上,摇枕两端与侧架立柱接触面处以刚性支承。其应力不大于以下许用应力值:

材质	ZG230 – 450	B 级钢	C 级钢
许用应力(MPa)	78	89	115

侧架轴箱导框内侧弯角处,其主要承受弯曲断面的许用应力,允许按前述"极限荷重法"予以提高。

六、转向架主要零部件疲劳试验

(一)客车转向架疲劳试验

本试验适用于载重下总静挠度大于或等于 150 mm 的二轴铸钢转向架,焊接式转向架可参照采用。摇枕和构架可以单独地进行加载试验,亦可对组成的转向架进行试验。

试件个数应不少于两个摇枕和两个构架。当其中有一个摇枕或构架被判定为不合格时,允许按另外增补的一个摇枕或构架的合格与否评定本试验。试验采取等幅载荷加载。

建议仅在新设计的客车转向架强度鉴定时进行本项试验。转向架在结构、材质及工艺等方面有重大改变而影响强度时,按新设计的转向架处理。

1. 摇枕

(1)试验载荷:试验载荷包括垂向载荷与横向载荷。垂向载荷为 $0.7 \sim 1.3P$,加载频率 $2 \sim 7$ Hz;横向载荷为 $0 \sim 0.3P$,加载频率为垂向加载频率的 $0.6 \sim 0.7$ 倍。P 为一个转向架承受的垂向静载荷,其值等于转向架轴重与轴数的乘积减去转向架自重。

(2)结果评定:试验载荷循环次数(以垂向载荷循环次数为准)应大于 2.1×10^6。试验结束后进行检查,不得出现裂纹损坏。

2. 构架

(1)试验载荷:试验载荷包括垂向载荷与横向载荷。垂向载荷为 $0.7 \sim 1.3P$,加载频率 $2 \sim 7$ Hz;横向载荷为 $0 \sim 0.3P$,加载频率为垂向加载频率的 $0.6 \sim 0.7$ 倍。

(2)结果评定:试验载荷循环次数(以垂向载荷循环次数为准)应大于 2.2×10^6。试验结束后进行检查,不得出现裂纹损坏。

(二)货车转向架疲劳试验

本试验适用于二轴转向架无横向联系梁的铸钢摇枕与侧架。对于具有横向联系梁或结构类似客车转向架的货车焊接式转向架应参照客车转向架的疲劳试验要求进行试验和评定(但焊接式构架载荷循环次数应不少于 6×10^6)。试件个数应不少于两个摇枕和四个侧架。当其中有一个摇枕或侧架被判定为不合格时,允许按另外增补的一个摇枕或侧架的合格与否评定本试验。摇枕和侧架单独进行加载试验,试验采取等幅载荷加载。

建议仅在新设计的货车转向架强度鉴定时进行本项试验。转向架在结构、材质及工艺等方面有重大改变而影响强度时,按新设计的转向架处理。

1. 侧架

(1)试验载荷:试验载荷包括垂向载荷与横向载荷,两种载荷同时施加。垂向载荷为 $0.84 \sim 2.9C$(C 参见静强度试验),按实际受力情况作用在弹簧支承面上,加载频率 $2 \sim 7$ Hz;横向载荷为 $0 \sim 0.4C$,平均作用于侧架的两个立柱上,合力作用点按重车位置确定,方向由侧架内侧指向外侧,加载频率同垂向载荷。

(2)结果评定:试验载荷循环次数最小应大于 10 万次,平均应大于 15 万次。试验结束后进行检查,不得出现任何横向裂纹长度扩展到 12 mm 的损坏。

2. 摇枕

(1)试验载荷:试验载荷包括浮沉载荷(作用于心盘中心)与侧滚载荷(交替作用于两个旁承上)。加载以先 2.5 万次侧滚载荷,后 7.5 万次浮沉载荷为加载单元重复进行。

浮沉载荷为 $0.32 \sim 2.3P$(P 见静强度试验),加载频率 $2 \sim 7$ Hz;侧滚载荷为 $0.05 \sim 1.0P$,加载频率 $1 \sim 2$ Hz。

(2)结果评定:试验载荷循环次数:侧滚载荷应不小于 17.5 万次;浮沉载荷应不小于 52.5 万次。试验结束后进行检查,不得出现下列情况之一的损坏:摇枕不能承受规定的试验载荷;摇枕本体上出现任何分离碎块;永久变形量超过 6 mm。

复习思考题

1. 车辆强度计算包括哪几部分工作？

2. 作用在车辆上的载荷有哪几种？

3. 说明主载荷的定义,什么是主载荷的最大可能组合？

4. 垂向动载荷系数与哪些因素有关？客货车辆计算数值不同的实质是什么？

5. 纵向力取值主要取决于哪些因素？

6. 作用在转向架上的载荷有哪几种？

7. 绘图说明转向架在曲线上有哪三种可能出现的位置？并说明回转极点的概念及每种位置回转极点在何处？

8. 敞车侧墙的主载荷是哪些？它们如何计算？

9. 应用有限元法对车辆结构进行强度分析时,合理确定计算模型应考虑的主要问题是哪方面？

10. 客车构架垂向斜对称载荷的试验方法及其试验值确定的依据是什么？

11. 分别叙述客货转向架的疲劳试验载荷及结果评定。

参 考 文 献

[1] 陈忠淦,严隽耄译.(前)苏联铁路员工手册(第六卷,第八册),车辆强度及车辆各组成部分的计算.北京:铁道出版社,1954.

[2] AAR Standard. Specification for design fabrication and construction of freight car,1973.

[3] ORE Standardization of wagons. Question B12. 1975.

[4] 陈忠淦,严隽耄译.(前)苏联铁路员工手册(第六卷,第七册),车辆动力学.北京:铁道出版社,1955.

[5] 洪原山.关于铁道车辆作用载荷组合及许用应力的选取原则问题.铁道科学技术(机辆分册),1974(3)、(4).

[6] 洪原山.无黏着力散粒装货物(散填体)挡墙动侧压力的研究.中国铁道科学,1983.4(1).

[7] 洪原山.车辆焊接结构节点的动强度.交通标准化,1974(4).

[8] 洪原山.车辆结构主载荷最大可能组合及其取值.铁科院论文集,1978.

[9] 洪原山.敞车车体的冲击强度计算.铁道学会车辆委员会论文集,1981.

[10] 洪原山.车钩拉伸破坏强度的确定.铁道车辆,1982(2).

[11] 洪原山,马玲.车辆纵向动力学模型与计算机仿真研究.铁道学报 1989. 11(3).

[12] TB/T1335—1996《铁道车辆强度设计及试验鉴定规范》,北京:中国铁道出版社,1996.

第十一章 车辆总体设计

第一节 概 述

20 世纪 80 年代以来,随着我国国民经济的迅速发展,运输任务大幅度增加,公路、航空与水运发展迅速,各种运输形式之间的竞争在加剧。激烈的市场竞争要求整个铁路部门加速铁路现代化进程,加快开展高速、重载运输,转变服务态度,提高服务质量,提高经济效益,同时也给车辆设计、制造、运营部门提出了许多新的要求。如提供大量重载、高速急需的车辆,在现有的站线、站台长度的条件下,如何增加其运输能力? 如何在运量增大、运行速度提高的情况下保证运输安全? 如何提高修造质量,减少车辆的修程,提高车辆的使用寿命,降低运输成本? 旅客列车如何改善旅客的旅行环境,并大大缩短旅途时间? 货车如何适应编组站提高列车编组速度,适应机械化装卸作业,等等。

当前,随着铁路发展,对铁路运输装备提出了更高的要求。车辆设计、研究的任务相当繁重,除须设计制造那些在铁路干线上担负主要运输任务的常见车种之外,对专门运输某些特种货物的特种车辆也急待改进旧结构和开发新品种。随着经济的发展,路外单位使用铁道车辆或有轨车辆的数量与品种也在急速增长,如解决城市交通的地铁车辆、轻轨客车以及适合厂矿内部短途运输的特种车辆等都需要去研究、改进或开发。此外,国际市场对铁道车辆的需求也为车辆设计、研究工作不断提供机会。

车辆总体设计是一种带规划性质的设计,其目的是要说明该车能否满足设计技术任务书中提出来的各项功能要求,以及通过什么措施或方法来协调设计中出现的各种各样的矛盾或问题。车辆设计是车辆生产的第一道工序。从设计的前后顺序,一般可分为方案设计、技术设计及施工设计三个阶段。从设计的内容上又可分为车辆总体设计及车辆零、部件设计两大部分。

车辆总体设计的工作内容贯穿在整个设计的各个阶段中。在方案设计阶段,参加具体设计工作的人员较少,设计工作带有轮廓性质,可作一个或数个方案。为说明方案在技术上的可行性,应有车辆总图及必要的性能说明和论证。方案经讨论及上级主管部门审批通过后,即进入技术设计阶段。它是在上一阶段设计的基础上对设计内容的进一步细化,总体设计对各大部件的设计所提出的要求,通过部件设计反馈的信息加以协调与解决。在施工设计阶段将完成各零、部件的工作图,工作全面展开,这时需要协调、解决的多数属于零件与部件之间的问题。在设计最后阶段总体设计的工作是在各部件的详细资料的基础上重新绘制车辆总图、编写设计说明书及其他有关的技术文件。

总体设计的图纸和说明文件应符合以下要求。

1. 车辆总图及某些局部图

车辆总图应反映出该车的结构特点、主要尺寸及各大部件之间的位置安排、连接关系等。对于选型设计的部件,如车钩、缓冲器、空气制动装置、转向架等,应画出其结构特点及位置安排,以便与同类其他装置相区别;对于要具体设计的部件,如车体钢结构等,在设计的前两阶段则应尽量详尽,以便及早发现问题并指导该部件的设计,如在总图中反映车体钢结构的梁、柱布置及截面尺寸等;对于某些具有车辆内部设备的车种,应反映出这些设备的布置情况,根据不同情况添加平面布置图、立面布置图等;对于某些特殊的车辆,往往有一些特殊的机构,如自翻车、漏斗车等的倾卸机构、闭锁机构等亦应在方案设计阶段画出该机构的结构及动作范围等图纸,以说明该机构的可行性。

2. 说明文件

总体设计的说明文件也因车种的不同及设计阶段的不同而有所差异。在方案设计阶段,说明文件的主要用途是供上级主管单位审批,或作为投标者在招标竞争中的手段之一。如方案被通过,它将是技术设计阶段的主要依据。该阶段的说明文件应在有一定根据的设想基础上论证该方案既是现实可行、成熟可靠的,在某些方面又是技术先进的,并且要对设计任务书或招标文件提出的各项要求一一做出说明。对于车辆的各大部件,凡选用已有的标准或通用部件,应列出其型号、规格及主要性能,并在同类部件中说明所选部件是适合设计要求的。新设计的部件应给出方案性结构并说明其合理性,如车体钢结构部分可作简单的估算,说明其强度、刚度是符合要求的。除部件外,尚须对整车的性能做必要的说明,如列出该车可能达到的结构参数与性能参数及附上必要的计算依据。

方案设计阶段的技术文件,在招标中既是技术交流的手段,又必须控制技术内容的分寸,注意适当的技术保密,同时还必须对试制的各项费用作必要的估算,这样才能说明该车技术上既有先进性,经济上又合理可行。

在施工设计阶段,待各部件已设计完毕,各部件均有其必要的强度及其他性能计算或试验资料之后,应对原有说明文件加以修改、补充与完善。除应有修改后的结构参数与性能参数外,尚应对整车纳入限界、通过曲线、抗脱轨、抗倾覆、平稳性等进行分析计算。对于车辆内部设备比较多且配置不可能对称的车辆,如客车等,还须进行全车的重量均衡计算。

车辆设计是车辆工作者都可能遇到的一项工作,尤其在社会主义市场经济蓬勃发展的今天,除专业制造厂外,检修、运用部门都有可能承担某种加装改造任务或设计,制造少批量的企业或地方所需的车辆。

车辆作为一种机械产品,其总体设计的原则应是统筹兼顾、讲求效益。效益有社会效益与经济效益,也有全局性与局部性区别。铁路运输在我国的地位十分重要,故在车辆设计中更应着重考虑全局性的效益与社会效益。以国内使用的准轨车辆为例:首先要考虑它对发展国民经济的作用,以及在政治、军事和文化交流方面的需要;其次,从整个铁路系统看也应求得整体的高效益。例如,就车辆部门来说,如仅考虑检修及制造方便,而其他方面考虑不周,就会给铁路其他系统带来较多的麻烦或损害,就不算是一个好的设计,或者车辆制造时省工省料,但给日后检修造成很多麻烦,也不算是一个好设计。

第二节　车辆总体设计

在车辆总体设计中必须考虑以下问题,并协调好相互间的关系。

一、保证运输安全

安全是运输中第一位的问题。随着铁路运输速度的不断提高,其安全性的考虑也更加重要。在各种运输工具中,铁路运输是最为安全的方式之一,用户选择铁路运输的重要原因之一正是因为它更安全。

铁路重大交通事故会造成人员伤亡及财产巨大损失。在车辆总体设计中应使车辆在规定的运行条件下各个部件结构安全可靠,防止因结构不良而引起的事故。在安全方面需要考虑的问题有以下几项:车辆本身不易燃,各种机构动作可靠不会产生动作失误,各构件的结构强度好、有足够的使用寿命、连结件之间的结合可靠以及车辆的运行稳定性良好等。

二、方便使用

车辆设计时还要考虑方便使用。首先,应遵循"用户至上"的原则,对客车来说要给旅客提供各种方便,如乘坐舒适,旅客上、下车方便,洗漱、饮水方便,卫生设施完备等;以及列车员如何才能更方便地对旅客服务,如开、闭车门方便,清扫车厢及厕所方便,送水、送食品方便等;当为旅客及为列车员提供方便与结构设计产生矛盾时,首先应满足旅客的要求,通过修改结构设计优化来实现;在目前条件下各类货车应充分考虑人力装卸货物的方便和机械化作业的操作方便。

其次,在总体设计中考虑车辆各生产环节时应以"运用第一,检修第二,制造第三"为原则。因为对每一辆车来说,一次制造出来后须经过若干次修理,而维护保养几乎天天不能间断。因此,应该把方便让给频繁出现的生产环节。同时尽可能的提高产品的可靠性,努力降低维修的工作强度。

最后,考虑货车的通用性或专用性时也体现了方便使用的原则。通用与专用,看似两个极端,但实际都是为了更好地装运货物。专用货车装运的货物非常专一,不仅装运此类货物方便,而且运输过程中货物损耗也小。但是并非时时、处处都有此类货源待运,因此专用货车利用率偏低,运输成本较高,增加了货主的负担。反之,通用货车的适应性强,考虑了多种货物的装卸可能性,因此利用率高,但对它能承运的大多数货物来说,都不是最佳结构,都会在运输中带来较多的不便或产生较大的损耗。

三、具有合理的技术经济指标和性能

合理的技术经济指标和性能将给整个运用过程带来经济效益。技术经济指标是为车辆间的可比性而定义出来的。国外同型车辆的技术经济指标,虽然可以和国内设计的车辆相比,但因各国经济的发展状况及格局均不相同,因此其可比性就不那么强。在总体设计时,选定技术经济指标一定要立足国内实际,切勿盲目追求设计时技术指标的先进而给以后的检修、运用带来无穷后患。由于考虑此问题时将牵涉到许多情况,因此在下一节还将详细讨论如何选取技术经济指标的问题。

四、减少维修、保养的费用

在总体设计时除了考虑车辆各部分结构应具有良好的制造工艺性之外,更应该着重考虑如何减少该车的保养和维修工作量,少保养或不需保养的设计方案显然优于需要勤于保养的设计方案。若能大量减少保养和维修的人力、物力,虽在制造上需要适当提高成本,但总体效益也是好的。另外,按可靠性概念,使车辆及其零、部件都有明确的使用寿命是减少维修、保养工作的关键问题。各种材料制成的构件都有腐蚀、变形、磨耗、老化或疲劳等问题以致最终失效。在有安全系数的失效期之前可以放心地使用,到达失效期则把原件报废更换新件。

五、结构的工艺性要好

在总体设计中还应考虑生产制造时的结构工艺性,即如何便于生产制造,如何能尽量利用工厂现有的工艺装备,如工具、模具及胎夹具等。但当车辆预期达到的功能与生产工艺装备发生矛盾时,不应以工厂现有工艺条件束缚车辆设计者的手脚。同时注意通过结构设计的先进性促进生产制造工艺的发展。

六、尽量采用标准化、通用化的零、部件

标准化是人类社会生产发展到一定阶段才提出来的。标准化一旦产生即带来了两重性,既带来了方便又带来了制约,但方便是主要的,制约是次要的。就目前来说,标准的级别很多,如国际标准、国家标准、部标准及工厂(或公司)的企业标准等。一般来说,标准化了的尺寸和结构系列都是在生产实践中证明行之有效的。加工这些尺寸(特别是钻孔)的工具装备是现成的;这些标准结构适合当前的生产条件,有专业厂家生产,货源一般比较充足。因此,采用标准化零、部件能提高产品质量、降低生产成本,缩短生产周期,零、部件也易于更换,可确保产品质量的安全、可靠。由于标准也会老化,并不是所有的标准都是先进的,有时标准限制了产品的多样化,特别是标准可能会限制产品的功能,这时要以总的经济效益为前提,考虑是否要突破标准的限制,采用标准之外的材料或结构。

通用化的零部件是带有标准化性质但又比标准化级别低的一类零部件,在铁路机车、车辆系统中分别有客车、货车及机车通用件,其代号分别为 KT、HT 及 JT。在车辆设计中尽量采用本系统的通用件而不用其他系统的通用件,以免配件供应中引起的困难与混淆。

七、材料的来源须充足

车辆作为一个产品,它所使用的金属材料及非金属材料不仅规格品种多,而且用量也很大。因此在选材上,在考虑材料性能的同时,必须要考虑材料大量供应的可能性。如果把大量的车辆用材来源寄托在国际材料市场上,则不一定能保证稳定的生产节奏。

第三节 合理选定技术经济指标

在车辆总体设计中遇到的一个重要问题是如何选择与确定技术经济指标。技术经济指标是一种由许多因素影响的综合性指标,因此必须统筹兼顾影响它的各种因素。主要因素有自重、比容系数、每延米轨道载重允许值、轴重、轴数、运输成本及运行速度等。

一、合理选定自重系数

自重系数是运送每单位标记载重所需的车辆自重。从单纯的技术观点来看,车辆的自重系数显然愈小愈好,因为机车牵引的车辆自重是一种无效重量,并不产生经济效益。在一般情况下,一辆车的自重绝大部分为组成车辆四大部件中金属件所占的重量,在一定的时期内转向架、车钩缓冲装置及制动装置的重量变化不会太大,影响自重最大因素便是车体钢结构。对于客车来说,其内部设备所占的重量在自重中也有相当的比例,改变其材质有可能使这一部分重量发生较大的变化。20 世纪 50 年代初期及中期生产的敞车自重系数多在 0.4 及其以上;60年代设计生产的敞车,如 C_{60}、C_{65} 等自重系数均低于 0.3,但当时单纯减小零部件尺寸,未采取

其他技术措施,使用后经磨损、腐蚀,出现的故障较多;70 年代以后,所设计的车辆其强度、刚度比较好,故障也比较少,自重系数均回升到 0.33 左右;若改变材质、结构等新技术,还可以在不变其使用寿命条下降低自重系数,如采用铝合金材质自重系数可低于 0.3。

在考虑确定货车自重系数时,除少数专用车外,也要注意车辆的通用性。如果车辆的通用性不够好,出现某些货物因车辆容积不够,装满后也达不到标记载重,则实际的自重系数就高于名义的自重系数。

客车没有"自重系数"这个指标,一般有以下几个技术经济指标,即每米车长所能容纳的定员数、每米车长所占自重及每一定员所占自重。客车钢结构在设计时亦必须在保证足够强度、刚度的前提下减轻自重,否则将会带来后患,给检修造成困难。客车内部设备材质的选择对降低自重有较大作用,以塑代钢、以塑代木亦是一种常用选择,但同时也必须选用环保材料。

二、合理选定比容系数

比容系数是标记容积与标记载重的比值,比容系数的确定与该货车装运的货物有关。对于专用货车,这个问题比较好解决,只要令该货车的比容系数等于所运货物的容积再加上必要的装货间隙除以货物重量即可。对于通用货车,首先应该确定该车所装运的货物种类和范围,并根据各种货物的比容及装运该种货物的比率,求出通用货车所装货物的加权平均比容,然后令设计车辆的比容系数等于该加权平均比容。

当该车的比容系数大于所运货物的比容时,车辆的有效容积未能充分利用;反之,当该车的比容系数小于货物的比容时,载重不能充分利用。我国生产的敞车,除 C_{16} 因装运矿石、冶金产品等而把比容系数取为 0.83 m^3/t 外,其余的敞车比容系数多在 1.10 m^3/t 左右。当敞车的比容系数偏大时,装运比重较大的货物而充分利用容积时很易超载,例如运煤敞车装运经过洗煤机后的湿煤时出现超载。我国生产的棚车比容系数多取 2 m^3/t 左右。长期的货运实践表明,按比容系数 2 m^3/t 左右设计的棚车,在充分利用容积之后经常达不到车辆额定载重量,即白白浪费了其载重能力,使实际的自重系数增大。因此,我国棚车的比容系数值应在调查研究的基础上适当加以增大。我国生产的、用于行包快件运输的 P_{65} 棚车其比容系数增加为 3 m^3/t,新型的 70 t 级棚车 P_{70} 型通用棚车的比容系数为 2.07 m^3/t。

三、充分利用每延米轨道载重

1. 利用每延米轨道载重最大允许值的意义

我国铁路的运能已远不能满足客观运量的需要,开行重载货物列车及扩编旅客列车(即增加每列客、货车的车辆数),则受站线长度的限制。因此只有在一定的站线长度内,增大车辆的每延米轨道载重,使车辆大型化且缩短列车长度,才能增加列车的总量以提高运能。

2. 每延米轨道载重的允许值

每延米轨道载重与线路的承载能力有关,它对车辆总体设计也将起制约作用,其最大允许值是根据线路的薄弱环节——桥梁的强度而定的。《铁路桥涵设计基本规范》(TB 10002.1—2005)中规定:铁路列车竖向活载必须采用国家铁路标准活载。其中"普通活载"即针对车辆部分作为均布活动载荷 q 来考虑,当桥梁跨度长为 30 m 时,规定 q 取值为 92 kN,若大于 30 m 时,则延续的部分,q 值取为 80 kN。于是轨道载重不宜大于 80 kN。

3. 车辆结构可能达到的每延米轨道载重

各种车辆都有逐步大型化及提高其每延米轨道载重量的问题,其中提高每延米轨道载重对主型货车尤为迫切。从铁路承运的货物品种和运量来看,最大宗的货物是煤,因此,提高敞车的每延米轨道载重量的意义最大。国产铁路货车中能使每延米轨道载重量达到或超过 8 t/m 的有 K_{16} 型 95 t 矿石漏斗车,这主要是该车所装货物的比容小(即比重大),但这种车并不能作为通用车来使用。

据研究,当取货车的比容系数为 1.15 m^3/t,自重系数为 0.33,两端车钩伸出量之和为 1 m,且敞车总高受翻车机托梁位置及《铁路货物满载加固规则》关于重车重心高度的限制,规定车辆总高不得大于 3.4 m,那么不论采用什么途径,常规结构的车辆,每延米轨道载重很难超过 7.5 t/m。例如车体内高为 2.3 m,车辆外长为 20 m,其每延米轨道载重也只能达到 7.38 t/m。如果能突破对车高的限制:当车体内高为 2.5 m,车辆外长为 20 m 时,该值可接近 8 t/m;当车体内高为 2.6 m,车辆外长为 14 m 时,该值也可以略为超过 8 t/m。所以,提高每延米轨道载重量达到允许值也不是一件容易的事情。我国 21 世纪初生产的一种浴盆式运煤敞车,突破了传统车辆结构形式、增加了车辆容积、降低了车体重心,可使这种车辆的每延米轨道载重达到 8.33 t/m。

四、合理确定车辆的轴重、轴数

就车辆而言,以二轴转向架组成的四轴车的结构最简单,生产和修理都比较方便。增加四轴车辆的轴重可以提高车辆的装载量和运输能力。例如站线长度为 850 m 的铁路区段,可编组约 55 辆敞车的列车,如果车辆轴重为 21 t,列车质量约为 4 620 t;如轴重提高到 25 t,则列车质量为 5 500 t,则每一趟列车可以多运约 880 t 货物。美国、南非和澳大利亚等国家大量沿着四轴车这种典型结构来使车辆大型化的,因此其轴重一般较大,可以达到 35.8 t(G 轴)。我国线路比较薄弱目前尚无条件普遍采用 25 t 轴重的车辆,新造的 70 t 级通用货车虽然转向架采用了 25 t 轴重的转向架,但是整个车辆还是按 23 t 轴重使用。只有在大秦线的煤炭运输专用线,其轴重才允许使用 25 t 轴重。

为了发挥线路潜力,希望不增加轴重而又能提高运能,苏联一直试图发展多轴货车。他们的八轴敞车及八轴罐车每延米轨道载重量较大,而轴重却并不太大。我国多数专家虽然承认八轴车的经济效益高,但对我国是否宜于发展多轴货车则抱着相当谨慎的态度。主要的原因有以下几点:

1. 多轴车车身长,一般车辆制造及修理部门现有的厂房、台位及迁车台均不够长,欲生产多轴车,厂房需改、扩建,且需添置工艺装备。

2. 多轴车的转向架不论是用刚性构架或用由二轴货车转向架加纵向连系梁组成的转向架群,均使结构复杂化,制造、修理的工时与成本增加。

3. 多轴货车转向架下心盘面比普通二轴转向架高,在我国钩高标准为 880 mm 的前提下,底架牵引梁部分不得不做成"刀把梁",致使底架结构复杂,应力增加。

4. 刚性构架的多轴转向架一般通过曲线困难,轮缘磨耗较严重。相邻轮对的轴间距小,对轨道的损坏也加重。

也有相反的意见,认为应该看到多轴货车的经济效益,存在的问题不是绝对不可克服的,主张积极开展研究。

五、全面考虑运输成本

讲求经济效益,必须要考虑成本。铁路运输的成本是由线路、机车、车辆等各部分组成的。

车辆的成本主要是制造及维修费用。所谓运输成本最低是指各方面费用总和最低,这就要求其中的每一项费用都尽量低,或大部分项目费用能降低,虽个别项略微高点也能使总和降低。因此要求在车辆总体设计时不仅要设法降低车辆自身的制造及维修费用,还必须考虑不至于因车辆的结构状态的变化而使其他部门的费用增高。一般应该注意以下几个方面。

1. 要形成合理的车种及车型的构成比例,做到各种货物都有合适或比较合适的车种、车型可用。

我国目前货车车种构成中棚车较缺,致使某些宜于用棚车运送的货物不得不改用敞车加盖篷布运输,以致货物的损耗偏大,篷布的购置及修理费亦高,使敞车的运输成本加高(参见表 11 - 1)。在同一车种内还应有不同的车型可供运货时选择,如载重 60 t、容积 120 m³ 的棚车作短途零担运输时,载重与容积的利用率都较低,可考虑设计载重量较小的棚车以增加运输灵活性。

表 11 -1　运输成本比较

货物种类 车　种	粮　食	水　泥	化　肥	棉　花	盐	日用工业品	农副土特产品	平　均
敞　车	104.48	104.86	107.99	107.21	102.28	102.62	109.11	105.02
棚　车	100	100	100	100	100	100	100	100
差　值	4.48	4.86	7.99	7.21	2.28	2.62	9.11	5.02

2. 大部分货车都应考虑通用性,以减少运输中车辆的回空率。

3. 便于装卸,缩短在站场的停留时间,增加生产吨公里的时间。

4. 经久耐用,设计时要考虑部件不修或少修,这样既节约了修理费用,又节省了待修时间。

5. 合理的车辆大型化,既要在一定的站线长度内增加列车重量,同时又必须使车辆大型化与线路改造同步,避免对线路引起过大的破坏,以期尽量减少线路维修的工作量。还应考虑到车辆大型化主要适合有大宗货源待运的车种。

6. 减少车辆运行阻力,节约机车牵引力,降低燃料消耗,或者在相同的机车牵引力下,使列车能多拉快跑。

六、提高车辆运行速度,应有适当的技术储备

提高列车运行速度是促进铁路技术发展和增加运输能力的重要措施之一。我国列车的平均运行速度,与世界先进水平相比是偏低的。目前我国铁路已经实现六次提速,我国一些段已将开行 200 km/h 的高速列车,同时积极准备逐步提高我国广大地区的列车速度。在总体设计时要考虑提高速度这个因素,例如,车体的强度、刚度以及转向架等装置应有适当的技术储备,当运行速度需要提高时,作某些加装改造后即能适应新的运输形势。

第四节　车辆的轻量化设计及防蚀、耐蚀设计

车辆的防蚀、耐蚀设计及轻量化设计的目的是延长车辆使用寿命、降低车辆自重系数、提高车辆系统的经济效益。且防蚀、耐蚀与轻量化也是一个问题的两个方面,不解决车辆的防蚀、耐蚀,也就谈不上减轻车辆自重。

车辆自重主要由组成它的四大部件的各自重量所决定,减轻每一个部件的自重都对减轻车辆自重起作用,但其中影响最大的是车体钢结构,其次是走行装置。减轻自重要从新材料、新结构和新工艺中去想办法。

一、选用新的材质以减轻车辆自重

例如制动装置中采用高摩合成闸瓦,其原意自然不是为了降低车辆自重,但对同一辆车而言,用高摩合成闸瓦替换普通铸铁闸瓦,达到同样的制动力。每一块闸瓦上的正压力可以减少,换言之可以使用直径较小的闸缸及较轻巧的基础制动系统,这样,客观上也减轻了车辆的自重。又如,在开行重载列车的条件下采用 ZG25 铸钢材质的 13 号车钩强度已嫌不足,在提高车钩强度的措施上既可以仍然采用 ZG25 铸钢而设法增大车钩的承载截面,也可以采用高强度低合金铸钢并适当改变热处理工艺来代替 ZG25。后一种方法可以在不改变 13 号车钩各部分尺寸及重量的条件下来提高其承载能力。

不论客、货车转向架,其构架、侧架、摇枕等主要受力构件,改用高强度低合金钢以后,可以在重量基本不变的前提下提高其承载能力。

改变车体钢结构的材质对防蚀、耐蚀及轻量化都有重大的意义。我国根据自己的资源特点多在耐候钢中加入了稀土元素,提高钢材的耐蚀性,改善钢材的综合机械性能,特别是横向冲击性能。

自 1990 年起,我国新造客、货车全部采用耐候钢。货车由于使用的钢板较厚,用量又大,主要选用铜磷钛系低合金钢。客车相对来说生产的数量少,使用的薄钢板(冷轧钢)多,故选用耐蚀性能更好一些的铜磷铬镍系低合金钢。有关统计资料表明,以 60 t 敞车为例,耐候钢敞车比碳素钢敞车减少 3 次厂修、12 次段修,延长使用寿命 8 年。这样可以节约维修费2.16 万元/辆,创造纯利润 18.19 万元/辆,减少厂、段修建设投资 1.07 万元/辆。

耐候钢中的铜磷钛系低合金钢在大气中的耐蚀性相当于普遍碳素钢的两倍左右,在恶劣环境中的耐蚀性相当于普通碳素钢的 2 ~ 3 倍;铜磷铬镍系低合金钢的一般耐蚀性相当于普通碳素钢的 2 ~ 3 倍,在恶劣环境中耐蚀性可增至普通碳素钢的 3 倍以上。虽然耐候钢在大气中的耐蚀性比普通碳素钢大大提高了。但仍然会腐蚀,所以,仍然需要良好的涂料加以防护。不锈钢的耐蚀性更高,采用不锈钢造的车,可基本不考虑金属腐蚀的因素,因此车体能更轻,使用寿命能更长。

除耐候钢外,把不锈钢、铝合金、复合材料等作为车体受力构件在减轻自重方面潜力很大。我国客车厂已具备了生产铝合金和不锈钢客车的能力,并已形成了批量生产的能力。货车厂也生产制造了一系列铝合金和不锈钢材质的敞车,形成了批量生产的能力,同时为一步推广新材质的使用积累了制造工艺经验。

二、采用新的车辆结构

1. 采用耐蚀或防蚀的钢结构

22 型客车易腐蚀的部位为:车顶纵向压筋;车顶与侧墙结合部位的雨檐、窗台;车窗下两侧转角处,特别是焊有圆角的车窗结构;大腰带;金属地板的两侧;厕所、盥洗室、茶水炉附近的侧墙、侧墙立柱的根部等。针对 22 型客车暴露出来的问题,25 型客车在结构上已作了很大的改进。

对于一般货车来说易腐蚀的部位为:金属地板;地板横梁;侧柱根部、下墙板下部等。对于棚车来说,特别是车门下角,车门板下部,车窗下沿的导框等部位易腐蚀。敞车的金属地板两侧与侧柱、角柱补强板之间形成的死角及沟槽也易腐蚀。对所有车辆来说,蒙皮与梁柱之间点焊、段焊连接会造成水分能钻入的夹缝部位,极易腐蚀。

针对这些情况改变结构设计,使结构尽量避免小转角和沟槽。原用点焊、段焊的部位改为满焊;外部能不用压筋的应尽量不用;客车雨檐作用不大,可考虑取消;对客车中的厕所和洗脸间要改变其结构设计,如可采用整体壳状结构,或该小间的下部用玻璃钢或不锈钢等材质连地板带侧墙根部做成大圆弧转角的整体结构,这样既便于列车员冲洗,使污垢无法积存。又避免污水向车体下部金属结构渗漏……。总之,即使采用耐候钢,也必须在结构上改进,减少或避免污垢及水分的积聚,同时用涂料加以良好的防护。

2. 充分发挥构件的材料性能

构成车辆的梁、柱、轴等零部件欲求发挥其材料的承载能力就要很好研究该构件的外形及截面的形状。如采用空心车轴,既改善车辆的动力性能,又减轻了重量。但空心车轴加工工艺复杂,成本较高,故仅在少量的客车中试用。国外在一些客车中还使用了挤压成型的异形型材,甚至是异形管材。这种充分考虑了车辆金属结构特点及受力特点的异形型材,自然使结构各部受力合理,因此也就减轻了车辆自重,达到轻量化设计的目的。

以上所论及的仅是单个构件。若从整个车体钢结构来看,在满足车辆运输功能的前提下也有如何使各构件配置合理,充分发挥各部分的承载性能,从而使结构的重量减轻的效果更为明显。这就要求我们从理论的高度应用较新的计算、分析方法,如有限元法计算、优化设计、模态分析等,来进行车辆各承载部件的结构设计。

三、加强结构防蚀的工艺措施

对于耐候钢的型材或板材在进行加工之前就应该进行严格的表面预处理,清除表面的污垢及锈蚀,并涂刷防护底漆。在加工过程中应及时清除局部锈蚀并补涂上防护底漆。结构制成后,还应涂上一定厚度的防腐面漆。对于铝合金等轻金属亦可通过化学方法使表面生成一层防护层。

结构与工艺是互相配合的关系,在结构总体设计中就应提出防腐耐蚀的基本工艺要求。

第五节　车辆的人机工程设计

一、人机工程设计的范畴

铁道车辆是一种运输机械,本身并不须专人操纵,结构也不算复杂,但是在其工作过程中处处要与多种作业人员打交道;并且,客车的运送对象是人——旅客,如何在车上为旅客提供一个良好的环境及通过某些视觉标志避免旅客盲目流动也是客车总体设计的一个重要课题。因此车辆的人机工程设计主要是考虑各种作业人员所需的作业空间和作业环境,以及在某些特定姿势中能否发挥人的正常体力,以便使有关作业能高效而安全地进行。客车的人机工程设计除了要考虑工作人员的作业空间和作业环境外,主要是室内环境设计,力求创造一个符合于旅客生理和心理所需的旅行环境。

二、车辆作业空间的分析与设计

车辆在运用过程中需要与多种专业的作业人员接触,每一种专业人员有其职责范围和作业方式,这些都必须在车辆总体设计时加以协调和解决,否则某专业的作业人员会感到这种车不便使用,甚至会因为作业不便而造成事故。

1. 车辆列检人员的作业空间分析

车辆在运用过程中必须要有专职人员时时监护其技术状态,一旦发现技术状态不良,必须及时予以处理或排除。

货车列检人员的具体作业部位主要在车辆下部及端部,作业时常须弯腰或下蹲,甚至钻过车底。客车列检分两种情况,其一是在始发站发车前及在各大站停车时间较长且设有客列检之处,由车站上的客列检人员与随车的乘检人员共同进行列车技术状态的检查,旅客列车虽比货物列车短,但安全性要求更高,其检查的范围和方式与货列检基本相同。其二是在列车到达终点后,空车底送入客车技术检查站进行库列检。这两种情况中第一种作业时间短,且列车有一边靠站台,使作业空间缩小,作业较困难。因此,在设计车辆时,要考虑列检人员在站台下能有检查、更换部分配件及行走的可能性。

2. 货车装卸作业空间分析

货车中敞、棚、保、罐、平等车种装的货物各不相同,有的必须用机械才能装卸,如在平车、敞车上装运集装箱;有的既可用机械装卸也可用人力装卸,如用敞车装运煤等散粒货物;有的目前基本上用人力或半人力装卸,如在棚车或保温车内装卸小箱(篓、袋等)的日用品或农副产品。此外,旅客列车中的邮政车、行李车目前也是靠人力装卸行包及邮件,餐车上的主、副食品也靠人力搬运。设计车辆时,如需靠人力装卸货物,则要详细分析每一种可能承运的货物是如何装卸的,如我国使用的敞车多不设端门或底开门,仅有侧门,如一整车煤靠人力用铁锹卸,就需分析人的动作,从一开始卸直至最后卸尽,人的动作或使用工具上有哪些变化。特别需要注意的是在车辆结构上要考虑如何有利于卸尽墙角、柱脚处的残煤,因未卸尽的残煤不仅会污染其他货物,还可能因其疏松的空隙长期保持一些积水而引起金属结构的腐蚀。又如棚车、保温车的地板面一定要和货站站台的高度配合好,便于搬运小车进出等。

3. 连接调车人员的作业分析

车辆运用中,总离不开机车与车辆或车辆与车辆间车钩的摘挂作业。在车站、编组场等处进行车钩及车辆间其他连结物摘挂作业的人员为连结调车员。由于调车作业中车辆是在运动的,连结调车员时而须跟车跑步前进,时而须攀附在车侧脚蹬处随车前进,有时亦须攀援至手制动处,双手操纵手制动盘以控制车辆溜放速度,故车辆总体设计时要考虑设置供人攀附的脚蹬、手把(机车端部尚需设置踏板)。对货车来说,手制动手轮、钩提杆均设置在人面对车端的左方,折角塞门虽在车端右方,但离车钩较近,两软管接头在车钩下方,连结调车员位于车前方左端即可操纵有关手柄,完成各个动作。为了连结调车员能熟悉这样一种作业环境,货车上的这些装置的位置不能因车种、车型的变化而任意更改。客车没有溜放作业,手制动手把设在一位端端墙内侧,钩提杆设在人面对车端的右方,与货车正好相反。所有车辆折角塞门的位置基本不变。

以上仅对车辆常见的作业作了粗浅的分析,在设计时必须在调查的基础上对该车所需进行的作业作详尽分析,力求使操作环境在许可的范围内变得更合理一些。

三、客车客室设计

客车的车种繁多,除编在旅客列车中常见的车种外,还可能遇到试验车、文教车、公务车、发电车等。这里有两种情况,一种是生产批量较大的客车,其车窗大小及客室安排在设计时应与钢结构统一考虑;一种是利用现在大量生产车种的钢结构改变内部布置,设计成某些特殊用途的客车。对于后者,其窗户的大小及间距都是无法改变的。

客室设计要充分分析该客室应该提供什么功能,完成这些功能应该用什么设备,以及这些设备的形状、大小及表面质感、色彩、放置的位置等。客室设计的分析一方面要通过人机工程学中提供的人体尺寸、视觉分析、色彩知识等;另一方面还要研究现有结构的优缺点,借鉴国外的资料,参考客运飞机、大客车、小轿车中客室设计的成功经验,处理和协调好车内的各种关系;还要在列车乘务、服务人员及旅客中广为调查,征求意见,有些意见在设计人员看来十分苛刻,一时的确难以办到和实现,但必竟为客室设计提供了一个努力的方向。下面以座车客室设计为例,说明客室设计应该考虑的一些问题。

（一）主客室设计

座车的主客室设计关键在于座席的安排与布置,而座席的安排和布置又与定员数和车种有关。在参考现有车辆客室座椅安排的基础上,根据座椅的安排定出客室面积。

固定在区间行驶的旅客列车,不可能在起点站或终点站掉头,所以是双向行驶的。如果设置单面座椅朝着一个方向,则可能在某个行程时所有旅客均背对行驶方向,这会造成某种生理上及心理上的不舒适感。因此铁道车辆上安排座椅采用双面座席和单面翻转座席两种方法。双面座席面对面围坐造成一种社交气氛,冲淡了背朝前进方向旅客在生理上及心理上引起的不舒适感。采用这种安排法,椅背都比较陡直,一般也无法调整椅背的倾斜角度,因双面座椅的每一个椅背供前后两面的旅客倚靠,增大椅背的倾斜角度就会增大了椅背部分在客室地板面上的投影面积。单面单向椅,让座椅可以围绕椅脚下的一个支点旋转或让椅背可以前后翻折,这样,就可以解决不论列车朝那边开,旅客通过调整座椅,使面朝前进方向。这种安排方法的另一个优点是椅背倾斜角度较大且有可能调节,使旅客乘坐较舒适,同时由于减少了面对面的机会,使环境比较安静。其缺点是:凡可活动的东西一般总比不能活动的东西容易损坏,故单面单向座椅的使用寿命较低;又由于椅子能旋转或椅背能翻折,在最后一排座椅的后面必须留出一块无用的空间,以备换向后作为旅客搁脚伸腿的地方,因此在面积利用上形成了一个小缺陷。

从人体尺寸可知,椅子的间距与座垫距地板面的高度有关。当座垫较低矮时,小腿易往前伸,柔软的脊椎并不会因靠垫陡直而取端直的坐姿,一般都容易取臀部外移自动调节脊椎倾斜的姿势,因此椅子的座垫矮,间距就应该宽;反之,当座垫较高时,如果没有专门的搁脚,小腿容易取自然下垂的姿势,故椅子座垫高间距就可以窄一些,但不能让人的脚跟踩不着地板面,显然椅子座垫高的舒适性要比座垫矮的差一些。

客室设计中还应充分考虑便于列车乘务人员清扫客室。客室中不易清扫抹擦的部分是:两层玻璃窗的内侧;座椅下部;座椅与侧墙间的间隙等处。对于可开启的窗户,如能考虑可拆卸或其内层可翻转一个角度都将对擦玻璃窗的内侧面提供了方便。如为不可开启的车窗,则宜注意密封,防止灰尘侵入此夹层而粘附在玻璃内侧面上。地板与侧墙、地板与椅脚尽量采用大圆角过渡以便于清扫。座椅结合部的一些间隙,如座垫与靠背间或座垫、靠背、扶手与侧墙间的间隙,或尽量做小,或间隙放大至 15 mm 以上,若间隙在 3 ~ 10 mm 之间最易在缝隙中嵌塞脏物又不便清扫。前捷克制造的一种市郊用的轻型客车采用无脚的座椅,其座垫的一头固定于侧墙上,另一头通过杆子悬吊在车顶上,这种结构方式虽不甚美观,但却提供了十分便利的清扫条件。

客室的设计中车窗的设计与布置对客室总体效果关系甚大,从物理性能上说,车窗将削弱或影响车体的强度及隔热性能,但在白天必须用它来采光、瞭望和通风(对于非空调客车),甚至在某些紧急状态下是车厢内外沟通的通道,故不能不设。若仅从客室的舒适性出发,受某些落地式大玻璃窗建筑物及豪华型旅游大客车的影响,玻璃窗有加大高度和宽度的发展趋势。当座椅是相向固定安排时,玻璃窗在两相向座椅的中间,其长度受座椅间隔的严格限制;对单面单向式座椅来说,座椅与车窗的位置不一定有严格的匹配关系,安排可自由一些。日本 183 系内燃动车组及 185 系内燃动车组每节车的侧墙上的车窗均采用类似豪华型旅游大汽车式的贯通式车窗。

客车客室设计中今后可能出现的一个倾向是为坐轮椅的残疾人乘车提供尽可能多的方便。

客室的地板、侧墙及天花板等有用其他材料(如表面经过涂塑处理的铝板等)取代木板及木结构的趋垫,这不仅改善了装饰效果,更重要的意义是使车辆本身难以燃烧,从而提高车辆的防火能力,并能减轻车辆自重。从客车防火要求来说,不仅要设法用其他阻燃、不燃的材料取代传统的木板及木结构,还应对车内使用的涂料、窗帘、椅面覆盖材料等选用不燃、难燃的材料,且在受热时这些材料应尽量少地排出烟雾及有毒气体。

使用带心盘的转向架时,客车心盘销与货车不同,是从车体穿过地板、底架钢结构、上心盘而插入转向架上的下心盘及摇枕中去的。因此,在客车地板面的中心线上,位于上心盘的上方要置一个心盘销盖。在设计客室及其他辅助小间时,不能忽略取、放心盘销的操作,故心盘销盖不能置于座椅下或包间间壁等处。

(二)厕所、盥洗室的设计

我国生产的硬、软座车及卧车中均设有供旅客使用的厕所及盥洗室。其中除便器、洗脸池、洗手池等卫生瓷制品以及某些阀、套为标准件之外,其余均不是标准件,故设计这些小间时安排比较灵活。随生产年份、生产厂家和车种的不同有多种结构,以往生产的结构其共同的缺点是:这些小间都是经常要接触水的,室内的管道等钢铁制品除了个别镀件外均未作特殊的防锈处理,故这些小间内的钢铁制品几乎都锈迹斑斑,显得非常陈旧和龌龊。又因小间的地板为一般水泥制品,抗振能力差,开裂后水将从裂纹中向下渗漏;地板即使无裂缝,水分也易从地板与四周墙壁的接缝处向下渗漏,因此这些小间附近的侧墙、底架部分的金属结构严重腐蚀。虽然在这些小间的水泥地板上一般都开有一个 50 mm 左右的排水孔,但易被堵塞,尤其在硬座车的厕所内,因使用的人多,清扫往往不及时,极易积存污水,使人进入厕所难以落脚。蹲式便池因高于水泥地板面,地面污水无法从便池中排出,墙边一排取暖水管及管罩又妨碍清扫,致使厕所尤其是硬座车的厕所成了车上环境最差的地方。

厕所和盥洗室设计中必须考虑以下几个问题。

1. 这两个小间内的设备、附件必须为良好的耐蚀、防蚀制品,如不锈钢制品、铝制品、玻璃钢等塑料制品。卫生瓷虽不会腐蚀但比较笨重。设备不锈蚀就为环境清洁创造一定条件,但在结构上还要尽量创造便于清扫的条件。

2. 这两个小间的结构应尽量简洁,避免沟槽,以便擦抹。其地板及侧墙护板应该用玻璃钢或不锈钢等无蚀制品做成整体盆状构件,要从结构上严格杜绝水渗入地板下的可能性,尤其是厕所,其蹲式便池就应直接做在该盆状构件的最低凹处,侧墙护脚板应与地板无明显分界,采用大圆角过渡,当用水冲洗时要易于从便池处把污水排走。

3. 厕所的窗玻璃必须采用毛玻璃,而盥洗室的窗玻璃是否也采用毛玻璃则必须根据其功能而定。如盥洗室有门且兼更衣室、化妆室的功能,可用毛玻璃,否则用反光玻璃。

4. 在设计这些小间时应充分考虑其空间和面积的利用,使其结构紧凑。例如门,若不考虑残疾人轮椅的进出,其宽度仅容一人进出即可,且折页门也不一定非要能开启 90°以上。对于折页门来说,门旋转形成的扇形面积是面积利用率最低之处;若采用拉门,虽增加了一部分壁厚,但无效面积可缩小。在方便残疾人乘坐的车辆上,设计这些小间时,应充分考虑轮椅进出的可能性,以及残疾人座在轮椅上就能轻便地开关这些小间的门。

客车中因车种不同,各部分、各小间的功能不同,内部的安排与布置是不一样的,但设计的原则却相近,可参照上述分析加以灵活的处理。

第六节　车辆总体尺寸设计

由于各种车辆运输的对象不尽相同,它们各自对运输环境、运输空间有不同的要求;另一方面,铁路限界、车钩高度、每延米轨道载重的允许值、轴重、现有站台高度、装卸设备以及地磅衡等称重设备的特点等,也都对车辆总体尺寸设计起制约作用。此外,车辆长、宽、高三个尺寸相互之间是有一定内在联系的。车辆总体尺寸设计就是要在解决这些矛盾、协调各种关系的基础上得出的一个良好的结果。

一、长度方向尺寸的确定

(一)车体内长

车体内长与运输对象有密切关系。对于客车来说,无论座车、卧车、硬席车、软席车,其座席及铺位之间均有必要的间隔距离。因此,客车车体的长度主要由客室长度(等于若干个间隔距离之和)或包房总长所决定,其余的面积则是辅助性的。厕所、通过台、盥洗室及乘务员室等辅助面积并不因座席或铺位数略有增减而变化。因此,客车发展的趋势也是为增多载客量而增长车体。我国客车只要属于某种车型,其钢结构的外长是一定的,并不因车种而变,故在设计时某些小间的长度可作适当变化以适应主要部分对长度的需要。货车所装货物品类相当多,除去罐车类和保温车类所装的物品,其他货物大致有:

(1) 集装箱:按所装载的吨位,集装箱有固定的长、宽、高系列,它对平车或敞车车体长度设计有影响。

(2)竹、木材及金属管材、线材:作为商品,它们多有固定的长度范围,其中以 11 m 左右长度的木材数量较大,因此敞车的内长为适应运输线材类而必须大于 11 m。

(3) 其他货物:如散碎货物、小袋小筐或小箱包装的货物,不超限不超长的大件货物(如机器设备、锅炉、汽车、拖拉机等),这些货物对车长没有特殊要求,除大件货物外基本按货物比容确定其合适的容积。因此,车体内宽、内高在某个确定范围内时,其内长与容积发生一定的关系。

(二)车辆其他长度尺寸

1. 车辆全长与车体外长间的关系。这两个尺寸之间的关系主要与用什么形式的牵引缓冲装置有关。当货车使用 13 号车钩时,钩舌内侧面距车体外缘约 469 mm,即把车体外长加 938 mm 左右为车辆全长。对于使用 15 号车钩的客车,其钩舌内侧面距车体外缘为 468.5 ~ 469.5 mm。

2. 车体外长与转向架中心距之间的关系。如前所述车辆过曲线时,其端部偏向曲线外侧而中部偏向曲线内侧,为使这两个偏移量尽量相等,则车体外长 L 与两转向架中心距 S 之比最

好等于 $\sqrt{2}$。在 GB146.1-83 准轨铁道限界中规定了两种计算车辆,其中第一种计算车辆为 13.22 m,$S=9.35$ m,车体端部及中部在计算曲线上的静偏移量约为 36.4 mm。若设计车辆在计算曲线上的静偏移量不超过计算车辆的偏移量,则 L 与 S 之比不一定非等于 $\sqrt{2}$ 不可。如运煤专用的缩短型 C_{61} 型敞车车体,由于所装钩缓装置是标准件,从全车比例看,车体底架的牵引梁部分偏长,故 $L/S>\sqrt{2}$。对于客车设计,可采用 GB 146.1-83 所规定的第二种计算车辆,其 $L=26$ m,$S=18$ m,$L/S\approx\sqrt{2}$。如所设计的客车两端及中部在曲线上的偏移量小于该计算车辆的偏移量,则设计车的 L/S 也不一定非等于 $\sqrt{2}$ 不可。例如客车车体 L/S 不等于 $\sqrt{2}$ 的例子是双层客车,为了增大车厢载客的有效面积,有意缩短两端中层地板的长度和尽量加长上、下两层客室的长度。它与同车体长度的普通客车相比,两转向架中心的间距约增长 1 m 左右。其他客、货车 L/S 大致在 $\sqrt{2}$ 左右。

3. 车体长度与铁路限界的关系。限界对车辆最大宽度的制约问题,即车体长度增长后在曲线上的偏移量超过计算车辆的偏移量之后,就得削减车体最大宽度的允许值。当设计车辆的曲线偏移量超过计算车辆的曲线偏移量之后,增长车体就得减少车宽,两相比较,其地板承载面积是否能增加,对客车来说还有在该承载面积上客室设备是否好安排等问题需要考虑。故世界各国的车辆虽有逐渐加长的趋势,但均受相应的机车车辆限界的制约,不能任意加长。

另一个相关的问题是:二支点的车体,当车体总长及两个转向架中心距均相应加长后,支点间跨距及外伸端均加长了,所受弯矩随之加大,为保证车体具有必要的强度与刚度,而必须加大钢结构各梁、柱截面,这样又会使自重加大。对客车而言,为增加载客量只能加长车体;对敞车而言,只要条件许可,最佳的办法还是加高端、侧墙,这样增加的自重不多,但载货的容积却加大了。但侧端墙高度要受到限界,装卸装置(如翻车机)和车辆重心的限制。

二、宽度方向尺寸的确定

车辆宽度方向的尺寸主要受限界的严格控制。原则上,在设计机车车辆时只要在限界的允许范围内,都应想办法把车体设计得尽可能宽些。

我国标准轨距的机车车辆限界中部的最大宽度虽然达到 3 400 mm,但在距轨面 350 ~ 1 250 mm 高度范围内,宽度只有 3 200 mm,而货车地板面及客车侧墙最下部距轨面的高度均在 1 100 ~ 1 200 mm 范围内,故限界下部的宽度 3 200 mm 成了车辆可能达到的最大外宽。在 GB 146.1-83 车限-1A 的图中规定:电力机车在距轨面高 350 ~ 1 250 mm 范围内限界半宽允许增加到 1 675 mm,同时顶部的两条折线可改为由虚线表示的四条折线,因此在电力机车牵引区段中运行的专用车辆有可能把车宽加大到 3 350 mm,同时车顶部的宽度也可能加大一些。

三、高度方向尺寸的确定

1. 车辆地板面高度的确定

除钳夹车、落下孔车等极少数车种外,车辆的运载对象均安置在地板面之上,因此在空车或自重状态下车辆地板面至轨面的高度对形成有效的运输空间关系极大。但是,地板面距轨面高度不能由设计者随心所欲地确定,它将受到客、货车站台高度、车钩高度及转向架心盘面高度等多种因素的制约,而且这些因素对每一种车的影响又不完全一致。

客车中的地铁车辆其地板面与站台高度基本一致,这是适应地铁客流量大,上下车要求迅速方便的结果。一般客车的地板面均高于站台面,旅客可以借助车门内的脚蹬装置上下车,故客车站台高度对客车地板面高度影响不大。货车中的棚、敞、平、保等车种,在用人力或小推车装卸零碎货物时,只有货车地板面与货物站台高度一致才便于作业。其他货车如漏斗车、罐车等有的无地板面。有的车辆(如自翻车、漏斗车等)地板面高度与装卸货物无关,则这些车种的地板面高度与货物站台的高度关系不大。

车钩连挂后为了安全可靠,列车中各辆车的车钩高应基本一致。各国因其历史原因形成不同的车钩高(或盘形缓冲器中心高),我国车辆在新造或修竣时空车状态的钩高标准值为880 mm,西欧各国一般为1 060 mm,苏联为1 040～1 080 mm。车钩缓冲装置装在底架中梁前端的牵引梁内,同时底架又放置在两台转向架上,故车钩高及转向架心盘面高度也成为控制地板面高度的一个因素。转向架心盘面距轨面的高度并非标准值,它既与轮径有关更与结构有关。

2. 车辆上部高度的确定

除了平车等低矮的车种之外,大多数车种都有如何确定上部高度的问题。在确定各种车辆上部尺寸时牵涉到的问题不尽相同,需要按矛盾的性质用不同的方法加以考虑。

客车内部希望有较高的净空,因此车顶必须有一个合适的高度,不同国家的客车车顶高是不同的。对于我国来说,过去车速并不太高,空气阻力还不够明显,并且旅客随身携带的物品较多,座、卧车的行李架经常堆满物品,所以我国的客车应尽量利用限界上部空间。我国准轨机车车辆限界中的车限－1A基本轮廓顶部水平线仅长900 mm,自轨面3 600 mm,高度处分两段折线接到4 800 mm高度处的水平线,故限界顶部偏尖,影响车顶抬高,车顶上如安装切式自然通风器、广播接收天线等物极易超限;车限－1A提供了顶部另一种备用的轮廓,它仅能用于电气化铁路干线上,图中以虚线表示,它自轨面3 850 mm高度才开始在横方向收小,用了四段折线连接到顶部的1 500 mm宽的水平线上。我国于1987年开始生产的一种双层客车就利用了这种轮廓,使上下两层客室的净空尽量大些。对于速度较高的高速动车组车辆,为减小空气阻力等原因适当降低了车顶高度。棚车也希望尽量利用限界上部空间以增大容积,但由于棚车运用区间的不确定性,只能采用车限－1A的基本轮廓。棚车随车顶提高重心有可能超过2 m,它将降低车辆的抗脱轨、抗倾覆的能力,故应选择合适的转向架以增强棚车运行的安全性。

敞车也希望有较高的端墙和侧墙,这样金属结构的重量增加不大,但增大了装载容积,提高了每延米轨道的载重量。从自重系数考虑,增加敞车的车高比增长车体有利,但增加墙高所受到的一个最大限制是翻车机的卡钩或托梁,当它们处于最高位置时其下平面距轨面只有3 400 mm,因此这个数字也常常影响着敞车的高度。

四、车辆相关部件之间间隙的确定

当列车通过曲线或变坡点时,一辆车的某些部件之间以及相邻的两车辆之间,均会产生相对的运动,故需要通过必要的计算以确定各部合理的间隙。主要考虑以下三种情况。

1. 车辆通过平面曲线时,车体与转向架间的相对转动。

车辆底架下部及转向架上部可能有些凸出物,当车辆处于直线区段时两者间有足够的间隙,但当车辆通过曲线时车体与转向架产生相对转动,此凸出部分可能与有关部位相碰,以致损坏车辆构件或引起行车事故。因此在总体设计时应防止这种相碰的可能,为此要算出车辆过曲线时底架与转向架间的相对转角 γ。由第十章第三节知,转向架在车辆通过曲线时可能形成三种位置,且当运行速度较低时必然取最大倾斜位置,车体与转向架之间相对转动的最大夹角就产生在前、后两台转向架均处于最大倾斜位置时,如图 11－1(a)所示。

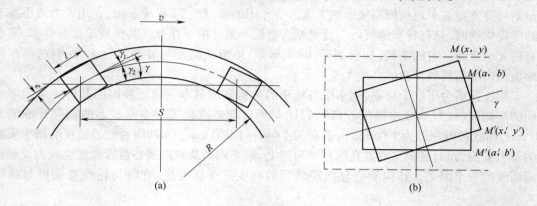

图 11－1　车体与转向架在曲线处的相互位置

　　当不考虑转向架本身的各种游间,即把轮对作为刚性定位考虑时可以使问题简化。此时车体与转向架之间的夹角由 γ_1 及 γ_2 两部分构成,γ_1 是转向架处于最大倾斜位置时,转向架纵向中心线与线路纵向中心线之间的夹角,其值可由下式求得,即

$$\gamma_1 = \frac{e}{l} \tag{11－1}$$

式中　e——曲线外轮轨间总游间;

　　　　l——转向架固定轴距。

　　γ_2 是线路纵向中心线与车体纵向中心线之间的夹角,可从图 11－1 中的几何关系求得

$$\gamma_2 \approx \tan\gamma_2 \approx \frac{S}{2R} \tag{11－2}$$

式中　S——车辆定距;

　　　　R——曲线半径。

所以

$$\gamma = \gamma_1 + \gamma_2 = \frac{e}{l} + \frac{S}{2R} \tag{11－3}$$

　　求得最大夹角后即可确定车体与转向架之间横向或纵向的相对偏移量。在图 11－1(b)中设转向架构架上有两个点 $M(a,b)$ 及 $M'(a,-b)$,当转向架如图反时针偏转 γ 角后,M 及 M' 点的坐标可由解析几何公式求得

$$\left.\begin{array}{l} x = a\cos\gamma - b\sin\gamma \\ y = a\sin\gamma + b\cos\gamma \\ x' = a\cos\gamma + b\sin\gamma \\ y' = a\sin\gamma - b\cos\gamma \end{array}\right\} \tag{11－4}$$

　　就以 M 点为例,它向上偏移了 $y-b$,故转向架与底架这个部位凸出物之间的横向间隙应大于 $y-b$;同理,M 点向左偏移了 $a-x$,也应保证这个部位凸出物的纵向间隙大于 $a-x$。

　　2. 车辆通过平面曲线时,两车端部的最小间隙及车钩的摆角

　　当列车通过半径为 R 的曲线区段时两相邻车辆所处的位置如图 11－2 所示,此时靠曲线内侧的两车端部互相接近,车端有时设有的脚蹬、客车的煤箱、平车常在端部设置端壁板托架,其端壁板常呈水平放置状态,货车的手制动装置常置于底架端梁之外等,均须通过校核,确保两相邻车辆在通过曲线时端部有关部件不会相碰。若两车车体长度、两转向架之间的中心距

及车宽均不相等,且其值分别为 L_1、L_2,S_1、S_2 及 B_1、B_2。

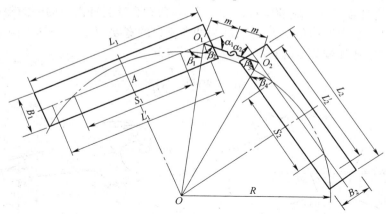

图 11-2　相邻两车辆在曲线上的位置

如不计车钩钩体与钩托板之间以及车钩铰接点处的摩擦,则车钩中心线的位置必处在通过车钩铰节点 O_1、O_2 的连线上,即 O_1、O_2 分别与两车体的纵向中心线之间形成了 α_1 及 α_2 夹角,其值由图可知

$$\alpha_1 = 180° - (\beta_1 + \beta_2),\alpha_2 = 180° - (\beta_3 + \beta_4)$$

若每节车辆两车钩铰节点之间的距离分别为 L_1' 及 L_2',同时 $OA \approx R$,则得

$$\tan\beta_1 = \frac{2R}{L_1'},\tan\beta_2 = \frac{2R}{L_2'}$$

并由 $\triangle OO_1O_2$ 可求得

$$\tan\frac{\beta_2}{2} = \frac{N}{Q - b_1},\tan\frac{\beta_3}{2} = \frac{N}{Q - b_2}$$

式中　$b_1 = OO_1 \approx R,b_2 = OO_2 \approx R$;

$Q = \frac{1}{2}(b_1 + b_2 + 2m)$,即 $\triangle OO_1O_2$ 周长的一半;

$2m$——相邻两车钩铰接点中心间的距离;

$N = \sqrt{\dfrac{(Q - b_1)(Q - b_2)(Q - 2m)}{Q}}$,即为 $\triangle OO_1O_2$ 内接圆的半径。

当 b_1、b_2 求得后,根据图 11-3 中的几何关系即可算出相邻两车的车端有关部件之间间隙 Δ,即

$$\Delta = 2m - \left[\cos(\delta_1 - b_1)\sqrt{\left(\frac{B_1}{2}\right)^2 + K_1^2} + \cos(\delta_2 - b_2)\sqrt{\left(\frac{B_2}{2}\right)^2 + K_2^2}\right] \qquad (11-5)$$

式中,$K_1 = \dfrac{L_1 - L_1'}{2},K_2 = \dfrac{L_2 - L_2'}{2},\delta_1 = \arctan\dfrac{B_1}{2K_1},\delta_2 = \arctan\dfrac{B_2}{2K_2}$。

如相邻的两车辆为同一类型时,式(11-5)可简化为式(11-6),得

$$\Delta = 2\left[m - \cos(\delta - b)\sqrt{\left(\frac{B}{2}\right)^2 + K^2}\right] \qquad (11-6)$$

为了确保相邻两车在通过曲线时端部不会相碰,间隙 Δ 必须大于相邻两个缓冲器的行程及钩缓装置各部分最大纵向磨耗量之和,且应留有必要的安全裕量。车钩相对于车体的摆角(此处略去了两车钩轮廓间可能的转角),即上面求出的 α_1 或 α_2 角,对于客车而言(参见图

7-4)钩身座于摆块复原装置上,随摆块、吊杆一起摆动,不会与其他零部件相碰;对货车而言(参见图7-3)钩身置于冲击座的钩身托梁上,钩身摆动会受到冲击座内壁的限制。设货车车钩在冲击座内最大容许摆动角度为 α_{max},D 为冲击座口的宽度,d 为同一部位钩身的宽度,H 为冲击座口至钩尾销孔处铰节点的长度,则从图11-4可知

$$\alpha_{max} = \arctan \frac{D-d}{2H} \tag{11-7}$$

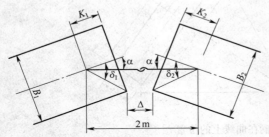

图 11-3　相邻两车辆的端部间隙　　　图 11-4　货车车钩在冲击座内的最大摆角

若 α_1 或 $\alpha_2 < \alpha_{max}$ 则钩身不会与冲击座内壁相碰撞。一般来说短小车辆在小半径曲线上车钩摆角较大,但小半径曲线多在站场,此时车钩力较小,车钩轮廓间可能转动。

3. 在变坡点处两车端部的相对运动

在我们学习了有关线路纵断面的构造及车钩构造、车钩在车体上的安装等知识后,就有可能来分析列车通过变坡点时两车端部的相对运动。当变坡点处的竖曲线为凹曲线时,且车钩力为拉伸力,两相连车钩拉紧呈一条直线,车钩与车体以钩尾销处为铰节点而转动。当钩身前端抬起与冲击座相碰后,两相连的钩头因存在间隙才可能转动。若车钩力为压缩力,则直接以钩头为铰支点而转动。不论何种情况两车相邻的端墙上部均靠拢,但由于正线上竖曲线半径很大,客车端部为带弹性的风挡,货车手制动装置分置相连车钩的左右两侧,故从未发生过竖曲线时端部相碰事故。货车调车时通过驼峰出口处,此处竖曲线不仅半径最小且为凸曲线,两车均以车钩钩头为铰支点而相对转动,两车下端虽靠拢,但车钩一般在端梁处,再向下仅有软管等非刚性悬挂物,亦不会产生硬性相碰事故。由于过变坡点常以钩头部位作为铰支点,故钩舌的磨耗沿高度方向是非均匀分布的,上下两端因受力更大被压溃及磨耗而更甚。

五、车辆配重

所谓车辆配重是在车辆的水平投影面上安排其重心位置的问题。调整车辆设备安放的位置,使车辆簧上部分的重心落在水平投影面的纵、横中心轴线相交点的附近。

若此重心位置离纵横中心轴线交点较远,将产生一些不良的后果。因为车体一般是置于两台性能相同的转向架上的,重心偏移将引起车体偏斜,在运行中不仅容易超过限界,或因各轴重量分配不均而引发行车事故,而且因各种振动形式相互耦合而使车辆运行性能恶化,所以配重是总体设计中必须考虑的问题之一。但并不是所有车辆均需作配重计算,仅对车内设备较多又重量不一的客车及某些货车作此计算。求重心的方法首先必须选定纵、横方向的参考轴,一般选水平投影面上纵、横中心轴线较为方便。然后对车上各不对称配置的设备确定其重量(或质量)及该设备重心在参考坐标系上的坐标。最后各设备重量对坐标轴取矩,若其代数和趋近于零,说明重心在坐标系原点附近;若代数和不为零,可在结构允许的范围内改变某些设

备的安装位置以达到配重的目的。

$$\sum P_i x_i \approx 0, \sum P_i y_i \approx 0 \qquad (11-8)$$

式中 P_i——不对称的设备质量(或重量),并应以运用状态的整备质量为准;

x_i、y_i——该设备重心的坐标(取代数值)。

客车中的餐车由于厨房端与餐厅端设备质量相差悬殊,在纵向中心线上无法使重心落在中心附近,若该车采用空气弹簧转向架,可通过调整高度控制阀使车体保持水平。若该车采用钢质弹簧转向架,则厨房端与餐厅端转向架上的摇枕弹簧应选用两种不同的刚度,且使刚度之比满足式(11-9)的关系,即

$$\frac{K_1}{K_2} = \frac{l_2}{l_1} \qquad (11-9)$$

式中 K_1、K_2——前、后两台转向架的摇枕弹簧刚度;

l_1、l_2——前、后两台转向架心盘至簧上部分重心的纵向水平距离。

209 转向架用于餐车时就采用了这种方法,两端转向架枕簧刚度不等。

第七节 转向架总体设计

一、概 述

转向架是车辆的一个主要部件,对整个车辆的运行平稳性及运行安全性具有重要的影响。大多数转向架具有一定的通用性,能适合多种车型的需要。因此,设计出性能良好的转向架就为设计性能优良的车辆奠定了重要的基础。由于转向架一般具有通用性,设计转向架的机会比设计车辆或车体少得多,故更应该精心加以考虑。

转向架设计的步骤也分为方案设计、技术设计与施工设计三个阶段。其设计的依据仍然是上级下达的设计任务书,或本部门提出的设计建议书经上级批准后作为任务书下达。在为地方工矿企业等部门设计转向架时,经双方协商拟定的对转向架的技术要求亦可作为设计任务书。转向架总体设计工作的重点在于根据该转向架预期达到的功能及技术要求,在综合考虑继承性与先进性的基础上提出切实可行的结构方案。通过总体设计绘制的转向架总图及部分部件图说明该转向架的结构形式及主要尺寸;还要通过适当的计算与校核,论证该方案是现实可行的,并能达到预期的技术要求。

转向架总体设计应遵循的原则亦与车辆总体设计基本一致,仍然是在统筹兼顾、讲求效益的基础上尽量使其结构便于保养与维修并尽量降低维修和保养的费用;尽量使其结构的制造工艺性良好;所使用的材料来源充足;其技术性能应满足设计要求,并有适当的技术储备;保证转向架各构件本身及相互间结合可靠;保证运行安全,使转向架引起的行车事故的可能性减至最小;在满足设计要求的前提下尽量采用标准件及通用件,或借用其他转向架中成熟的零、部件;转向架总体及组成的各零、部件均应符合各种标准。涉及转向架设计的主要技术标准有:限界(准轨为 GB146.1—83),客、货车运行平稳性及安全性(GB/T5599—1985)、铁道车辆强度设计及试验鉴定规范(TB/T1335—1996)、客车转向架通用技术条件(TB/T1490—83)、货车二轴转向架设计参数(TB/T1666—1985)、机车车辆圆柱形螺旋弹簧技术条件(TB/T1025—83)、货车铸钢摇枕和侧架技术条件(TB/T1248—86)、机车车辆焊接技术条件(TB/T1580—85)等。本节二、三、四、五各项并非设计的先后顺序,仅为论述方便而分列,设计中常是交叉进行的。

二、转向架使用条件分析及功能分析

（一）转向架的通用性与专用性

通用转向架与专用转向架在总体设计中是不完全一样的。专用转向架只适用于一种车或很少几种车，转向架的使用条件比较单纯，各种工况比较明确，可按具体车辆的使用条件来设计转向架。如配用在凹底平车、落下孔车、钳夹车等长大货车所用的多轴转向架、动车组中的动车转向架、轨道起重机及轨道车等所用的转向架均属专用转向架。

通用转向架则不同，它适应的车种比较多。例如转 K2 型货车转向架，它几乎可以装在我国制造的各种载重量为 60 t 或车辆总重接近 84 t 的敞、棚、平、罐、冰箱保温车等多种货车上，客车转向架也有类似的情况。为了保证这种通用性，通常要考虑以下几个问题。

1. 作用于转向架上的载荷

为了保证转向架有足够的强度与刚度，要确定出最大可能的计算载荷。如垂向静载荷，应根据转向架选定的轴型、轴数按轴重乘以轴数减去转向架全部或部分自重作为作用在心盘（或旁承）上的载荷或作用在转向架某个零、部件上的载荷。在确定风力引起的货车侧向载荷时则应以侧面积最大的棚车作为计算标准。

2. 转向架与车辆其他部件的接口

转向架与车辆其他部件的接口主要有两个，一是传递车体上的载荷至轨面的接口，最常见的形式是心盘与旁承；另一个是连接空气制动装置及手制动装置的接口。我国客、货车转向架通常采用平面心盘，不仅要选用常见的心盘与旁承形式，还要使转向架上的下心盘和下旁承之间的相对位置符合已经使用的车体结构，如两旁承的横向间距、旁承面与心盘面的高差等都有一定的尺寸要求。心盘面高度是转向架的一个技术参数，因车体放在转向架的心盘上，而车钩缓冲装置又安装在底架内，故转向架心盘面的高度一定后，再通过底架钢结构的一些尺寸关系满足车钩高度；另一方面，下心盘面的高度又与转向架的结构尺寸有关，如轮径、弹簧下支承面的高度、弹簧自由高、弹簧刚度等。在新设计通用型客车转向架或货车转向架时，既要考虑最常见通用转向架下心盘面距轨面的高度，又要比较新设计转向架与原有转向架的垂向总刚度有什么不同，即两者在车体自重下的静挠度相差多大？因客、货车辆在新造落成后车钩高有个允许的变化范围，如新设计的转向架其空车静挠度与原有通用转向架相差不大，可仍按原值设计新转向架的心盘面高度。这样，仅仅在落车后，车钩高公差带可能偏离了原来的名义值。如果两种转向架空车静挠度之差已超过钩高公差允许范围，则必须改变心盘面自由状态下的高度，使其在空车自重下心盘面高度一致。

转向架的基础制动装置与车体上制动装置一般是通过一个销接点来连接，只要接头部位的位置、形式及销子的尺寸与原来一致即可。至于转向架本身的基础制动装置，如闸瓦的材质与常用材质没有区别，可保持原有转向架的制动倍率与整车的制动率，或按常规来确定制动率与转向架的制动倍率。如闸瓦的材质改变，在保持某种合适的制动效果时就得改变制动倍率。

如改用旁承承载或改用盘形制动，则接口形式完全改变，新设计的转向架如能替代现有转向架就必须更改车上部分的相应接口使两者吻合。

（二）转向架零、部件的安全可靠性

因车辆零、部件在运用中突然失效而导致重大行车事故或恶性事故的事例中，以转向架零、部件失效所占的比例最大。目前在列检及修理中重点抓"三裂、二切、一脱落"的预防工作，"三裂"指的是底架中梁、侧架及摇枕因裂纹引起的断裂；"二切"均指切轴，包括冷切与热切;"一脱落"指的是转向架基础制动装置中一些零部件(如制动梁等)的脱落。以上六项中的五项都是属于转向架的,可见转向架总体设计中必须把安全可靠性放在一个重要的位置上,把以往转向架在结构上的不安全因素尽量减小或克服掉。当然,保证转向架各零、部件的安全可靠还需要在制造、装配、检修等一系列生产工序的工艺上加以保证。在设计中一般需要注意以下事项。

1. 重要的零、部件及受力件必须要有较大的安全系数及明确的使用寿命。例如车轴的冷切是疲劳裂纹发展的结果,而疲劳断裂从萌生细微裂纹起到逐渐扩大而最终折断,经历了一段时间,从可靠性的观点及统计的角度,在已萌生了微细裂纹并逐渐扩大而又未折断前就终止其使用是安全而且经济的。

2. 通过改变结构或材质,使容易磨耗的部位成为无磨耗的活动关节(如橡胶关节)或耐磨、少磨结构。磨耗对转向架来说会使零件截面尺寸缩小,间隙扩大,原有性能不能维持,且随某些零件窜动加剧而使动作用力增大,零、部件折断或脱落的可能性就增大了。

3. 转向架的结构要便于检查,便于更换易损零件。如转8改进成转8A转向架时,固定轴距由1 700 mm改成1 750 mm,改小了侧架中部弹簧承台的方孔,主要目的是为了加大侧架两侧的三角孔,以便于检查闸瓦磨耗情况和更换闸瓦。

4. 在考虑改善转向架动力性能时,应注意不要使不安全的因素增大。如摇枕弹簧静挠度加大可能使车辆抗侧滚倾覆稳定性降低;又如,采用旁承支重这种结构,虽然可利用它的回转阻力矩抑制蛇行运动,但该力矩对转向架通过曲线产生不利因素,加大了轮缘的导向力,使脱轨稳定性降低。所以现在有些设计已不靠旁承支重的摩擦力矩作为抗蛇行的阻尼,而改用抗蛇行液压减振器。由于液压减振器在低速位移时几乎不引起阻力,所以它对通过曲线不会造成什么不利的影响。

(三)转向架的功能分析

明确转向架及配用该转向架的车辆的运用条件是转向架功能分析的基础,而功能分析又将为转向架结构选型提供依据。

运用条件包括列车最高可能运行速度、通常运行的速度范围、使用环境及车辆的运输对象等。运行速度是转向架的主要技术指标,也是转向架设计的重要依据。在通常运行的速度范围内车辆应该具有较好的或尽可能好的动力性能。最高试验速度是动力学性能和构件强度计算的依据,同时还需要考虑将来列车速度普遍提高后有提高该转向架动力性能的可能性。

我国由于地域广大,转向架几乎需要在全国路网上运行,各种线路的条件,温差的变化都是应该考虑的。在为云南米轨铁路、工矿地方铁路或为国外设计转向架时,地域范围可能狭窄得多,但此时转向架可能运行于温湿多雨、寒冷干燥等气候环境中,故在设计中要作一些特殊的处理。

运输对象不同也会对转向架提出不同的要求,如货车中的敞车及棚车其运输对象是不同的。棚车在充分利用其容积后往往还不满载;运输对象中的日用品、大牲畜也是怕振的,棚车有时还需运送兵员或旅客;而且棚车的重心比一般货车高。这些特点如果没有反映在转向架的设计上,则实际静挠度达不到转向架技术参数上规定的静挠度值、甚至相差较大,这样平稳性指标既差,抗脱轨稳定性也差。又如客车中的市郊通勤车、地下铁道车辆、双层客车中的硬座车等属于载重量大、载重量变化也大的客车。客车要求有较高的运行平稳性,故要求转向架具有较大的静挠度。这时若采用等刚度钢弹簧则可能因载重量的变化过大而使钩高的变化超出允许的范围,若采用变刚度弹簧虽可控制钩高的过大变化,但当量静挠度又可能不足,唯有采用带高度调整阀的空气弹簧才是较好的解决办法。再者,地铁车辆运行于地下隧道之中,噪音污染比地面车辆严重,如何防止轮轨冲击产生的噪音通过金属构件传入车体,这也是地铁转向架需要注意解决的一个课题。

转向架必须具有的功能,也就是走行装置在整车中所起的作用,在第二章中已作了论述,这是所有铁道车辆(包括二轴车)的走行装置都需要起的作用,即走行、减振缓冲、承载及制动等。世界各国形形色色的转向架结构从某种角度上看正是由于使用条件不同,对上述功能的每一项要求不同才形成的,因此有必要找出每一项功能的特殊性。走行功能主要体现在车辆直线运行的蛇行稳定性及通过曲线的能力上,不仅在厂矿或站场中能通过最小的曲线半径,还能以较大的速度通过正线上的曲线及进出站时的道岔;主要靠轮缘导向还是主要靠蠕滑力导向;如何能减少轮缘的磨耗;如何使转向架具有足够的抗脱轨稳定性等。承载能力主要表现在转向架零、部件所具有的强度和刚度,除与轴重、运行速度有关外,车体不同对转向架的承载能力亦有影响,如用于双层客车的转向架,由于车体重心高,侧面积大,因此将比同轴重的普通客车所受侧向载荷大。制动能力主要表现在能否在规定的距离内停得下车来,它与基础制动装置的结构以及闸瓦材料等有关。磁轨制动装置也只有高速客车转向架才需要。对减振缓冲能力要求的不同将在很大程度上影响转向架的结构,弹簧、减振器、轴箱定位装置、摇动台等均为改善减振与缓冲的性能而设,具体选择时必须根据使用条件来确定。

三、转向架主要技术参数及运行性能的确定

通过上述使用条件及功能分析,已能初步确定出部分技术参数及结构形式,如轮径、轴型、转向架与车体底架的接口形式、与制动装置的接口形式等。另外一些技术参数,如弹簧装置的形式及其柔度或刚度;轴箱定位装置的形式及刚度;抑制蛇行运动的阻尼形式及技术参数;各种减振的阻尼形式及参数等,仅凭经验来确定是远远不够的,要把初步确定出来的技术参数,进行运行性能的分析对比计算。例如设计通用货车转向架,我们可以选定某种确定技术状态的线路,确定几种常见的通用货车,如 C_{64}、P_{64} 等,把拟设计的转向架与现有转向架(如转 8A)的技术参数作对比计算,在相同的运行条件下对比其运行平稳性指数、脱轨系数、轮重减载率、倾覆系数、蛇行运动的临界速度等,据此判定拟设计的转向架在性能上是否达到了一定的水平。当然,在确定转向架的技术参数必须注意它们是合理的、可行的。

四、转向架各零、部件选型与设计

在选择转向架零、部件时,应根据以上分析并结合本章第二节所述原则进行。要注意所选择的零、部件必须安全可靠,性能稳定,成本低廉,来源充足。

1. 弹簧

在选定弹簧类型的同时要确定静挠度值及客车转向架静挠度在两系弹簧中的分配。可参照本书第二章至第六章的内容选择,亦可通过计算模型的计算结果得出,同时要考虑结构上能否安排得下,并考虑空重车静挠度的差值加上适当的磨耗量不得超过车辆运行时允许的车钩最低高度(客车为 830 mm,空货车及守车为 835 mm,重货车为 815 mm)。

2. 车轴

现在使用的车轴钢材及形状尺寸均有标准可循,如选用标准以外的材质及形状,就必须特殊订购钢材和加工毛坯,其成本显著增高,还需经过特殊申请和审批手续后才能在铁路上运行。因车轴对行车安全关系极大,万一因切轴而造成行车事故,其后果无疑是十分严重的。

空心车轴,可减小簧下质量,从动力性能上说的确是好的,但因工艺复杂,成本高且轮座处与车轮的结合力不如实心轴大,故世界各国目前还没有大规模采用。

3. 轴承

新制造的货车转向架全部安装了滚动轴承,客车转向架也早已全部滚动轴承化。车辆上采用的轴承有圆柱滚动轴承及双列圆锥滚子轴承,其规格、型号应根据轴径尺寸和运行速度选用国内外车辆上通用标准产品。如选用非标轴承,因无现货供应,而需要专门向轴承生产厂家订货,故比较麻烦。

4. 构架、侧架、摇枕

构架或侧架是安装转向架其他零、部件的基础,每种转向架均须专门设计构架(侧架)和摇枕。我国批量生产的客、货车转向架中这些大件几乎均采用铸钢件;但生产数量较少时,构架和摇枕亦可采用焊接结构。

铸件和焊件这两种结构形式各有其特点。铸钢结构总的生产成本较低,但铸钢系统占地面积大,熔化钢水耗电量大,需要较多的工艺装备。反之,采用型钢或钢板的焊接结构总的生产成本较高,但生产焊接件工艺准备、工艺装备可以简单一点,车辆厂本身的耗电小,在相同生产批量下占地面积可以少些。从国外的情况看,受各国自身条件、习惯影响,这两种结构形式都有。

5. 其他

建国后,我国自行研制的客、货车转向架种类远多于目前实际使用的转向架类型。一些转向架不能继续生产和使用下去的原因是多种多样的,其中之一是原设计时为了追求先进,过多地采用了不够成熟的零、部件。因此,在今后转向架总体设计中,对待国外虽已成熟的结构,必须经过仔细、详尽的分析论证后才能选用,最好能对部件或零件专门作一系列试验,掌握了它的性能,再用于转向架上,这样成功的把握就会大些。

五、转向架总体尺寸安排

转向架总体设计时在垂向、横向及纵向均有一些控制尺寸必须注意。

带心盘的转向架其心盘面距轨面的高度,还有旁承与心盘面的高度差都是需要控制的尺寸。还须注意构架的侧梁以及侧架上弦杆在上、下旁承接触时是否会碰着底架上的梁件。如果是旁承支重或摇枕弹簧直接支承车体的结构,亦可以参照以上要求检验转向架上的零、部件在运用中是否会与底架相碰。转向架下部的高度控制尺寸是限界中的车限－1B或车限－2,不仅在新设计时不能超限,在考虑了弹簧最大变形以及轮辋等最大摩耗后亦不能超限。

在横向,两轴颈中心的横向间距是一控制尺寸,例如货车D轴是1 956 mm,由于传递垂向力的关系,构架两侧梁中心线的横向间距或两侧架中心线的横向间距均要和两轴颈中心的横向间距一致。此外,转向架横向最外端零件的尺寸必须容纳在限界之内,特别是横向最外端的下部零件,可能正处在限界45°斜线附近,必须考虑最大可能磨耗后,转向架两侧下部不会超出限界。

在纵向转向架的固定轴距虽然是一个技术参数,但它是设计后由摇枕弹簧装置、轮对、基础制动装置在长度方向安排的结果,并不能在设计前就规定死。在第二章中,从冲角及通过曲线的角度已论述过固定轴距不宜太小也不宜太大的道理。此外,还必须考虑列检人员作业时如何便于检查及更换易损零、部件,从这几方面统筹兼顾,就可以确定出较合理的固定轴距。

====== **复习思考题** ======

1. 车辆总体设计的目的是什么？一个详细、完整的总体设计要经过哪些过程？

2. 减小车辆自重系数的意义何在？需要采用什么途径？怎样选取才算合理？

3. 提高设计车辆每延米轨道载重有何意义？是否所有车种都必须提高和可能提高？在设计中会遇到哪些困难？

4. 在车辆设计中为什么要考虑人机工程问题？

5. 车辆长、宽、高三维尺寸间有哪些关联或牵制？

6. 在总体设计中选用转向架时应考虑哪些问题？

7. 一列双层客车在进出某车站时要通过一条半径 $R = 200$ m 的曲线，该车车辆定距为 19.2 m，转向架固定轴距为 2.4 m，设该车于曲线处的轮轨间隙为 40 mm，转向架侧梁端部某 M 的坐标为 $M(1\ 750, 1\ 050)$（参见图 11 - 1），该点纵方向有 300 mm 间隙，横方向有 400 mm 间隙。求该车通过曲线时转向架相对车体的最大转角，侧梁端部距纵、横方向的最小间隙。

8. 一辆 C_{61} 敞车与一辆 S_{11} 守车连挂在一起通过站场中 $R = 145$ m 的一段曲线，现知二位车钩长度 $2\ m = 1\ 420$ mm，两辆车辆的长度 L_1 分别为 11 m 和 7.99 m，两辆车车钩铰节点之间的距离 L' 分别为 10.52 m 和 7.51 m，两车的定距 S 分别为 7.2 m、4.3 m，车端侧向凸出部位均为脚蹬扶手的外缘，它们至纵向中心线分别为 1.58 m、1.55 m（见图 11 - 1）。求通过曲线时两车脚蹬扶手处的最小间隙以及两车钩相对车体的摆角。

====== **参 考 文 献** ======

[1] 西南交通大学. 车辆构造. 北京:中国铁道出版社,1980.

[2] 成建民,姚金山,尤文娅. 车辆设计参考手册(车辆总体及车体). 北京:中国铁道出版社,1988.

[3] GB 10000—88. 中国成年人人体尺寸. 北京:技术标准出版社,1988.

[4] 吴礼本,高魁源. 国外现代铁路客货车辆概要. 青岛:铁道部四方车辆研究所,1987.

[5] 葛立美. 国产铁路货车(上、下册修订版). 北京:中国铁道出版社,1997.

[6] 铁道部运输局装备部. 铁路货车新产品要览. 北京:中国铁道出版社,2002.